液压可靠性
设计基础与设计准则

湛从昌　陈新元　郭　媛　钱新博　编著

北　京
冶 金 工 业 出 版 社
2018

内 容 提 要

本书共13章，第1章介绍液压可靠性的重要性和可靠性的基本定义，液压传动系统的工作原理和组成；第2~6章介绍液压元件工作原理，液压基本回路和系统，液压元件和液压系统故障及排除，液压系统设计方法；第7~11章介绍液压系统可靠性设计及评审，模糊可靠性设计，储存可靠性；第12、第13章介绍可靠性设计准则500余条和液压元件可靠性评估方法。

本书可供机械和液压工程领域从事可靠性设计和液压故障诊断工作的科研、设计、运行和维修的工程技术人员使用，也可作为高等学校相关专业教师、研究生和高年级本科生的教学用书。

图书在版编目(CIP)数据

液压可靠性设计基础与设计准则/湛从昌等编著．—北京：冶金工业出版社，2018.8

ISBN 978-7-5024-7831-5

Ⅰ.①液… Ⅱ.①湛… Ⅲ.①液压装置—可靠性设计 Ⅳ.①TH137

中国版本图书馆CIP数据核字（2018）第182120号

出 版 人 谭学余
地　　址 北京市东城区嵩祝院北巷39号 邮编 100009 电话 (010)64027926
网　　址 www.cnmip.com.cn 电子信箱 yjcbs@cnmip.com.cn
责任编辑 宋 良 美术编辑 彭子赫 版式设计 孙跃红
责任校对 卿文春 责任印制 牛晓波
ISBN 978-7-5024-7831-5
冶金工业出版社出版发行；各地新华书店经销；北京虎彩文化传播有限公司印刷
2018年8月第1版，2018年8月第1次印刷
787mm×1092mm 1/16；23.75印张；578千字；368页
89.00元

冶金工业出版社 投稿电话 (010)64027932 投稿信箱 tougao@cnmip.com.cn
冶金工业出版社营销中心 电话 (010)64044283 传真 (010)64027893
冶金书店 地址 北京市东四西大街46号(100010) 电话 (010)65289081(兼传真)
冶金工业出版社天猫旗舰店 yjgycbs.tmall.com

（本书如有印装质量问题，本社营销中心负责退换）

前　言

“产品的可靠性是设计出来的”，而“设计决定了产品的固有可靠性”。这是我国著名科学家钱学森在20世纪70年代末国防科工委系统的一次可靠性会议上提出的，明确了设计在产品可靠性中的重要性。

随着科学技术的发展，对液压设备的性能、可靠性、安全性和使用寿命的要求越来越高。所以，在设计液压元件和液压系统时，除了满足产品性能要求外，还应考虑提高产品可靠性、安全性和延长使用寿命，这有利于加速推进我国制造业由大变强的转型升级和跨越式发展，在此思想指导下，我们编写了本书。

常规的液压系统设计主要内容有：调查该液压系统服务对象和环境、工艺及特殊要求，执行元件的配置和要求，分析液压系统工况，确定主要参数，负载分析，拟定液压系统图，选择液压元件，液压系统性能验算，绘制装配图和零部件图，编制技术文件等。液压可靠性设计是在常规液压系统设计基础上，除了满足性能要求外，还要进行可靠性设计，即明确液压元件和液压系统对可靠性的要求，对液压系统进行可靠性预测和分配；对一些重要部位和危险部位，应采取措施提高可靠性，同时还要进行维修性预计，使用寿命与可靠性评估等。此外，还要考虑产品的重量、体积和经济性等。达到性能和可靠性要求的产品方可称为高品质产品。

产品实现预定可靠性要求或提高可靠性，其工作内容较多，但关键在设计。在设计中，与设计人员的技术水平有关，与选材及加工有关，与元件可靠性及其组合配置有关等，这些都决定了液压产品的可靠性。

作者在书中提供了可靠性设计准则500余条，供设计人员和相关人员参考，有助于提高液压产品可靠性，提升我国液压产品质量和国际竞争力。

本书内容和特点：第1部分介绍了液压传动的基本内容，其中包括液压传动基本概念，液压元件工作原理，液压基本回路，液压故障及失效，该内容与可靠性设计有密切关系。在介绍液压元件工作原理时，采用液压元件图形符号来阐述，这对于读者来说比较容易接受，这是本书特点之一。第2部分重点介绍液压可靠性设计，这有别于液压系统常规设计，它是以可靠性为中心的设计，如建立可靠性模型、可靠度算法、模糊可靠性和储存可靠性等，其主要目的是提高液压元件和液压系统可靠性、有效度，延长使用寿命，这是本书特点之二。第3部分介绍液压可靠性准则，共有500余条供设计者参考，这是本书特点之三。

本书由武汉科技大学机械自动化学院湛从昌教授等教师编著，其中湛从昌教授编写第1、2、7、9、10、11章，第3、8、12、13章部分内容；陈新元教授编写第4章和第3、5、12、13章部分内容；郭媛教授编写第6章和第3、5、8、12章部分内容；钱新博老师编写第8、12、13章部分内容。全书主要由湛从昌教授统稿，郭媛教授参与完成统稿工作。编写过程中，陈奎生教授、曾良才教授、傅连东教授提供了许多资料充实本书内容，此外，全国液压气动标准化技术委员会罗经秘书长和韶关液压件有限公司黄科夫高工、黄智武高工对本书提供了许多宝贵意见和建议。刘永秀硕士参与整理书稿和绘图工作，吴凛博士和顾德亮、张磊硕士等对整理书稿和绘图工作给予一定帮助。书中还参考引用了一些文献，在此对这些文献作者和参与本书编写工作的人员一并致谢！

本书得到武汉科技大学研究生院的大力支持，并获得研究生教材专项基金资助。

书中不妥之处，敬请读者批评指正。

湛从昌
2018年5月

目　录

1 液压可靠性设计概述

1.1 可靠性设计与设计可靠性

设计工作是制造一台机器的十分重要的前期工作，是确定机器可靠性高低的关键。20世纪70年代末，钱学森指出："产品的可靠性是设计出来的、生产出来的、管理出来的"，同时提出："设计决定了产品的固有可靠性"。有些学者和专业人员提出，一定要把可靠性设计到产品中去，这是最重要的工作。

当产品的设计确定后，其可靠性也是基本确定了。生产部门、使用部门无论在加工工艺、操作维修上作多大的努力，也只能是尽量实现设计所赋予产品的固有可靠性。例如，如果设计中选用了低可靠性的元件和劣质材料，选定的安全系数不够高，则无论生产方如何严格进行生产，使用方如何精心维修，产品的可靠性仍然是不高的。

我国多年来广泛推广全面质量管理，可惜的是全面质量管理的重点还只在生产部门，对于设计部门来说，设计的质量管理还抓得不够。这样，产品的设计质量和设计可靠性不高，真正要提高产品质量还是困难的。

从产品可靠性的定义来说，产品可靠性是产品质量的主要内容，当然，产品可靠性还不是产品质量的全部内容。如一些民用产品，很多要求美观大方，这个是质量指标而不是可靠性指标。但像美观大方这一类非可靠性指标，一般说是比较容易达到的。因此，产品的设计质量主要是产品的设计可靠性。

为了达到产品的可靠性指标而进行的设计，称为可靠性设计。可靠性设计的目的是在达到产品可靠性指标的前提下，配合产品的价值工程设计，尽可能降低产品在寿命周期内的总费用。

可靠性设计的主要内容有[1]：

（1）一般情况下，产品由很多部分组成，从理论上说，每个部分的可靠性都可以提高。可靠性设计的首要任务就是将有限的可用于可靠性的资源（人力、物力、资金）安排在效益/成本比最有利的工作项目或内容上。这就要研究和建立产品的故障判据，建立产品的可靠性模型，对产品各组成部分的可靠性进行分配。由于实际工作过程中取得的结果不一定与原先分配的完全一致，在设计的各个阶段，都要根据不断取得的可靠性信息对产品可靠性进行预测。必要时，对原来分配方案进行适当调整。

（2）提高产品的可靠性，主要是提高产品薄弱环节的可靠性。这样就需要对产品的故障进行分析，哪些部位容易发生故障，受何种因素影响而产生故障，建立故障模型，分析产品薄弱环节，从而可以在设计上预先采取补救措施。如某元件容易出故障，在设计时采用并联结构，可有效地提高产品整体可靠性。

（3）可靠性设计包括一系列旨在提高产品可靠性的设计技术。例如：基本思想是用几个组合的冗余技术；对液压元件或电子元器件进行筛选，尽可能消除早期故障；尽可能防止脆性断裂及疲劳断裂；降额使用元件；对机械件保留适当的安全系数；对产品的组成进行边缘参数设计；对产品进行热设计，防止液压系统油液温度过高，造成液压系统工作寿命降低。

（4）可靠性设计管理，是可靠性设计的根本保证。用通俗的话来说，要使产品可靠性管理得“一滴不漏”。这就需要把管理工作做好。如制定国家、行业、地方、企业的可靠性标准；制订一个可靠性管理规划，并严格予以执行；要建立企业、设计院所、行政管理部门的可靠性设计法规，规定设计工作必须遵循哪些国际标准、国家标准、行业标准、地方标准、企业标准、手册和法规；要建立可靠性信息系统，有目的地从方案设计开始汇集分析产品的可靠性信息，反馈给有关部门；要对产品的设计分阶段组织设计评审，只有评审通过后才能进入下一阶段。

（5）维修性设计属于可靠性设计的一部分，为了突出其重要性，专门进行论述，引以重视。

维修性设计的目的是在达到产品技术指标的前提下，配合产品的可靠性设计和价值工程设计，尽可能降低产品的寿命周期总费用。在产品技术指标中，可用性是一项重要的指标。要提高产品的可用性，就要：

1）降低产品的故障率。这是可靠性设计的任务。

2）缩短产品出故障后的修复时间，这是维修性设计的任务。为了缩短产品出故障后的修复时间，就要：

① 易于进行故障检测及定位，即所谓的测试性，当故障程度和故障点确定后，采取隔离式措施迅速进行修复。

② 保证维修人员可以迅速到达需要维修的部位，以便迅速开展维修工作。

③ 保证维修人员在维修过程中的安全，如断开电源，降低液压系统压力和切断油源等。

④ 降低维修的平均工作时间，如配件准备充分，工具齐全，人员配置合理，实现高效率维修。

⑤ 降低维修费用，提高企业经济效益。如高水平与低水平维修工人比例适当，尽可能减少维修所需的备份材料、零部件的品种与数量，降低管理费用等。

⑥ 遵循人-机工程学的要求进行维修设计，如易操作性，易识别性等。

1.2　可靠性工作的基本内容

可靠性工作基本内容较多，如设计方案的确定、开展可靠性设计、加工可靠性、装配可靠性、性能测试可靠性、包装和运输可靠性、使用可靠性以及管理工作的可靠性等。开展此项工作主要目的是提高液压系统可靠性和使用寿命。随着科学技术的发展，对液压设备的性能和可靠性要求越来越高，加紧开展可靠性工作十分必要。可靠性工作基本内容如表 1-1 和图 1-1 所示。

表 1-1　可靠性工作的基本内容

可靠性工作	基础工作	技术理论基础	可靠性教学；可靠性物理；环境技术；预测技术；数据处理技术；基础实验
		基本设备条件	环境实验设备；可靠性试验设备；特殊检测设备；分析设备；测量设备；辅助设备；实验保证技术

续表 1-1

可靠性工作	技术工作	元件可靠性	用户要求的调查；原材料质量要求；失效分析；新技术应用；可靠性设计；可靠性评价；质量与可靠性控制；可靠性认证；现场数据收集与反馈
		整机可靠性	用户要求调查；可靠性分配；可靠性与维护性设计；元件合理选择与应用；可靠性预测；可靠性评价；使用可靠性规定；现场数据收集和反馈
		使用可靠性	使用条件设置与保证；人的因素维护技术及合理备份；现场数据收集分析与反馈
		可靠性评价	环境界限度试验；失效模拟监视试验；寿命与失效率试验；可靠性选择（包括非破坏检测技术）；可靠性认证；现场数据分析与评价；试验设备评价
	管理工作	可靠性标准	基础标准；试验方法标准；认证标准；管理标准；设计标准；产品标准；使用标准；评估方法标准；技术条件标准
		国家级可靠性管理	制定规划、政策；任务下达与协调；基础研究可靠性；认证制度；可靠性数据交换；可靠性标准；宣传教育；国际协作；技术协会、会议
		企业级可靠性管理	设置可靠性管理体系；制定企业可靠性管理纲要；制定产品可靠性管理规范；制定质量反馈制度；监督与审查；成果鉴定、教育；故障处理；生产和使用单位信息交流并制定企业可靠性标准
	技术教育工作和技术交流工作		开设可靠性课程；编写教材；办学习班；内外培训；内外考察；情报交流；出版刊物；参加学术研讨会和报告会

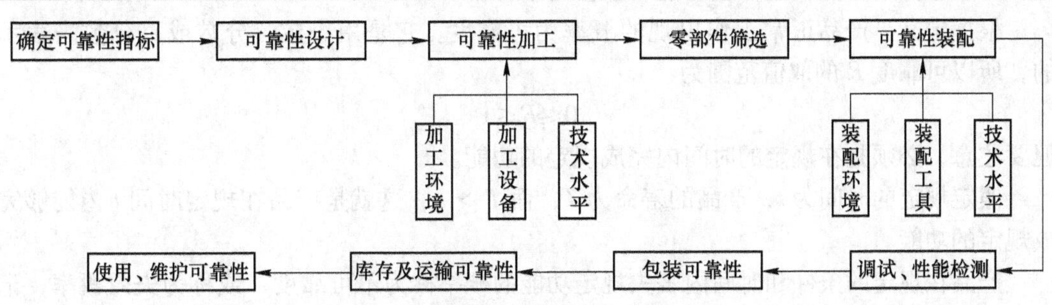

图 1-1 液压设备可靠性主要工作内容

1.3 可靠性的基本定义

1.3.1 可靠性

产品在规定的条件下和规定的时间内完成规定功能的能力，称为产品的可靠性[2]。或者说，产品在出厂后在规定的条件下和规定的时间内，完成规定的任务，称为可靠性。所谓规定的条件，就是指产品所处的环境条件、负荷条件及其工作方式等。如液压装置中的温度、压力和环境。

可靠性是时间的函数，随着时间的推移，产品的可靠性会愈来愈低。通常在设计产品时，就须考虑产品的使用期、保险期或有效期。如轴向柱塞泵设计为3000h的寿命，电磁换向阀100万次换向的寿命。

可靠性与规定的功能有着极为密切的联系。所谓规定的功能，就是指产品的性能指标，如液压泵的压力、流量、转速、容积效率、总效率等。可靠性只是一个定性的名词，没有数量概念，不能作定量计算；如要定量计算，则用可靠度。

1.3.2　可靠度

产品在规定的条件下和规定的时间内完成规定功能的概率，称为产品的可靠度，即产品可靠性的概率度量。可靠度包含五个要素：

（1）对象——产品，包括系统、设备、机器、部件、元件等。它可以是一个简单的零件，也可以是一个复杂的大系统，亦包括物和人等。

（2）规定的条件——对象预期运行的环境及维修、使用条件。如载荷、温度、介质、润滑等；

（3）规定的时间——对产品的质量和性能有一定的时间要求，即产品的工作期限，可以用时间表示，也可以用距离、次数、循环次数等来表示。如方向阀用换向次数，液压泵用时间等；

（4）规定的功能——产品处于正常工作状态，应规定哪些功能，并用功能的指标来衡量属于正常工作或失效（故障）。如液压泵的容积效率达到百分之多少，才符合要求等。

（5）概率——在可靠性中只说明完成功能的能力的大小（即可能性的大小）。这有两种可能性：①可能完成规定的功能；②可能不能完成规定的功能。这是属于随机事件，就是在一定条件下可能发生，也可能不发生的事件。

根据定义，产品正常工作出现的概率为可靠度。它是用小数、分数或百分数来表示的，所以可靠度 R 的取值范围为

$$0 \leqslant R \leqslant 1$$

但要注意，必须是在规定的时间内完成规定的功能。

假定规定的时间为 t，产品的寿命为 T，而 $T > t$，这就是产品在规定时间 t 内能够完成规定的功能。

产品在规定的条件和时间内丧失规定功能的概率称为不可靠度，或称为失效概率，记为 F。由于失效与不失效（正常工作）是相互对立的事件，根据概率互补定理，两对立事件的概率之和恒等于1。因此 R 与 F 之间的关系为

$$R = 1 - F$$

或

$$R + F = 1$$

1.3.3　失效率

失效率是指产品工作到 t 时刻后，Δt 的单位时间内发生失效的概率。当 $\Delta t \to 0$ 时，其数学表达式为

$$\lambda(t) = \lim_{\substack{N \to \infty \\ \Delta t \to 0}} \frac{n(t+\Delta t) - n(t)}{[N - n(t)]\Delta t} \tag{1-1}$$

式中　N——产品总数；

$n(t)$——N 个产品工作到 t 时刻的失效数；

$n(t+\Delta t)$——N 个产品工作到 $n(t+\Delta t)$ 时刻的失效数。

失效率（故障率）的简化定义为，产品工作到 t 时刻后，单位时间内发生失效的概率，也就是等于产品在 t 时刻后的一个单位时间（t，t+1）内，失效数与时刻 t 尚在工作的产品数（也称残存产品数）之比。

设有 N 个产品从 $t=0$ 开始工作，到时刻 t 时的失效数为 $n(t)$，即 t 时刻的残存产品数为 $N-n(t)$，又设在（t，$t+\Delta t$）时间内有 $\Delta n(t)$ 个产品失效，则根据上面的简化定义，在时刻 t 的失效率可用下式表示

$$\lambda(t)=\frac{\Delta n(t)}{[N-n(t)]\Delta t}=\frac{n(t+\Delta t)-n(t)}{[N-n(t)]\Delta t} \tag{1-2}$$

由此可见，失效率是时间 t 的函数，记为 $\lambda(t)$，也称为失效率函数。

失效率是标志产品可靠性常用的数量特征之一，失效率愈低，则可靠性愈高。反之亦然。

1.3.4 失效密度函数与失效率和可靠度的关系

根据前述得知：

$$R(t)+F(t)=1$$

对 $F(t)$ 用时间微分，即时刻 t 发生失效的密度，可称之为失效密度函数（故障密度函数）$f(t)$[3]。

$$f(t)=\frac{\mathrm{d}F(t)}{\mathrm{d}t}=-\frac{\mathrm{d}R(t)}{\mathrm{d}t}$$

通俗地说，失效密度函数 $f(t)$ 等于产品在 t 时刻后的一个单位时间内的失效数与试验产品总数 N 之比。

根据失效率 $\lambda(t)$ 定义，将上面 $\lambda(t)$ 式改写为

$$\lambda(t)=\frac{1}{N-n(t)}\frac{\mathrm{d}n(t)}{\mathrm{d}t}$$

将上式中分子分母各除以 N，得

$$\lambda(t)=\frac{1}{[N-n(t)]/N}\frac{\mathrm{d}n(t)/N}{\mathrm{d}t}=\frac{1}{R(t)}\frac{\mathrm{d}F(t)}{\mathrm{d}t}=\frac{f(t)}{R(t)}$$

于是根据 $f(t)$ 及 $R(t)$，可建立故障率（失效率）$\lambda(t)$ 与可靠度 $R(t)$ 之间的关系式：

$$\lambda(t)=\frac{f(t)}{R(t)}=-\frac{1}{R(t)}\frac{\mathrm{d}R(t)}{\mathrm{d}t} \tag{1-3}$$

当 $R(t)$ 或 $F(t)=1-R(t)$ 求得后，可按式（1-3）求出 $\lambda(t)$。反之，当 $\lambda(t)$ 已知时，对式（1-3）积分，可求得 $R(t)$：

$$\int_0^t\lambda(t)\mathrm{d}t=-\int_1^R\frac{1}{R(t)}\mathrm{d}R(t)=-\ln R(t)$$

所以

$$R(t)=e^{-\int_0^t\lambda(t)\mathrm{d}t}=\exp\left[-\int_0^t\lambda(t)\mathrm{d}t\right] \tag{1-4}$$

式（1-4）即为以 $\lambda(t)$ 为变量的可靠度函数 $R(t)$ 的一般方程。$R(t)$ 是以 $\lambda(t)$ 的时间积分为指数的指数型函数。特别当 $\lambda(t)=\lambda=$常量时，则得

$$R(t)=\mathrm{e}^{-\lambda t}$$
$$f(t)=\lambda\mathrm{e}^{-\lambda t}$$

1.3.5 失效曲线与失效类型

产品的失效可以分为三种基本类型，如图 1-2 所示。

（1）第一种类型，如图 1-2（b）所示。失效率 $\lambda(t)=\lambda=$常数，密度函数 $f(t)$ 和可靠度 $R(t)$ 都是指数形式。它是可靠性研究中的基本形式之一。这种形式反映了失效过程是偶然的（随机的），没有一种失效机理在产品失效中起主导作用，产品的失效完全出于偶然的因素。

（2）第二种类型，如图 1-2（a）所示。失效率 $\lambda(t)$ 随时间而减少，即产品开始使用时失效率高，以后逐渐降低，到后来留下的就不容易发生故障了。它可用来描述产品的早期失效过程。这种失效是由于设计、制造、加工、配合等因素造成的。

（3）第三种类型，如图 1-2（c）所示。失效率 $\lambda(t)$ 随时间而增大。即产品经过一段稳定的运行后，进入损耗阶段。此时，失效率急剧增长，失效密度函数 $f(t)$ 近似成正态分布。掌握它的特点，在零件寿命的分布下限处把零件换下来，可避免发生故障。

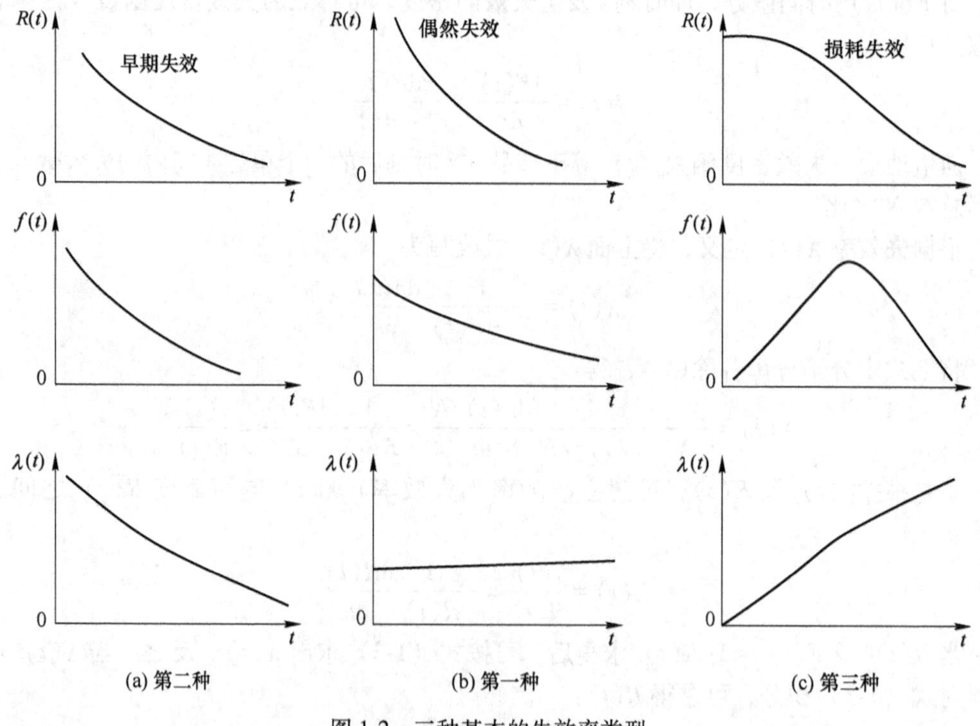

图 1-2 三种基本的失效率类型

对单个元件来说，其失效类型可能属于上述失效型的一种。但对于为数众多相同的或不相同的零件构成的产品或复杂的大系统来说，其失效率曲线的典型形态如图 1-3 所示。此曲线形状似浴盆，故称“浴盆曲线”，它代表了系统失效过程的规律。图 1-3 中曲线明显地分为三段：

（1）第一段：早期失效期。早期失效期出现在产品开始工作后的较早时间，一般为试

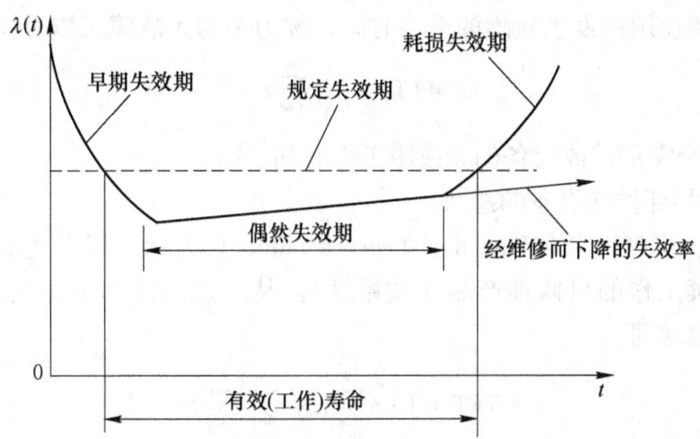

图 1-3　产品典型失效率曲线

车跑合阶段，其特点是失效率较高，且产品失效率随使用时间的增加而迅速下降。产生早期失效的主要原因是，设计缺点、材料不良、制造工艺缺陷和检验差错等。新产品的研制阶段出现的失效多数为早期失效。当采取纠正措施排除缺陷后，可使失效率下降。这个时期的长短随产品的规模和设计而异。因此，为提高可靠性，产品在正式使用前应进行试车和跑合，查找失效原因，纠正缺陷，使失效率下降，运行逐渐趋于稳定。新产品的工业性试验主要是消除这种类型的故障。

（2）第二段：偶然失效期。偶然失效期出现在早期失效期后，其特点是呈现随机失效；失效率低且稳定，近似为常数，与时间的变化关系不大。产品的偶然失效期是产品可靠工作的时期，是设备处于最佳状态时期，这个时期愈长，工作愈可靠。把规定失效率（故障率）以下的区间称为产品的有效寿命 t。台架寿命试验与可靠性试验一般都是针对偶然失效期而言的，即消除了早期故障之后才进行这种试验。研究这一时期的失效因素，对提高产品可靠性具有重要意义。

（3）第三段：耗损失效期。耗损失效期出现在产品使用的后期，其特点是失效率随工作时间的增加而上升。耗损失效是由于构成设备的某些零件老化、疲劳、过度磨损等原因所造成的。改善耗损失效的方法，是不断提高零件、部件的工作寿命。对寿命短的零部件，在整机设计时就制订一套预防性检修和更新措施，在它们到达耗损失效期前就及时予以检修或更换。这样，就可以把上升的失效率降下来，可以延长系统的有效寿命。若为此花费很大，故障仍然很多时，不如把已老化的产品报废更为合算。

为了提高产品的可靠性，掌握产品的失效规律是非常重要的。只有对产品的失效规律有全面的了解，才能采取有效的措施去提高产品的可靠性。尤其是在产品设计阶段提高可靠度，提高产品固有可靠度。

1.3.6　可靠性寿命尺度

1.3.6.1　平均寿命

在可靠性寿命尺度中，最常见的是平均寿命，即产品从投入运行到发生故障（失效）的平均工作时间。它分两种情况[4]：

（1）不可修性。用 MTTF（Mean time to failure）表示，指发生故障就不能修理的零部件或系统。从开始使用到发生故障的平均时间，称为平均无故障工作时间。

$$\mathrm{MTTF} = \frac{1}{N}\sum_{i=1}^{N} t_i \tag{1-5}$$

式中　t_i——第 i 个零部件或设备的无故障工作时间，h；

N——测试零部件或设备的总数。

（2）可修性。用 MTBF（Mean time between failure）表示，指发生故障经修理或更换零部件后还能继续工作的可修理产品（或系统）。从一次故障到下一次故障的平均时间，称为平均故障间隔时间。

$$\mathrm{MTBF} = \left(1/\sum_{i=1}^{N} n_i\right)\sum_{i=1}^{N}\sum_{j=1}^{N_i} t_{ij} \tag{1-6}$$

式中　t_{ij}——第 i 个产品从第 j-1 次故障到第 j 次故障工作时间，h；

n_i——第 i 个测试产品的故障数；

N——测试产品的总数。

MTTF 与 MTBF 等效，统称为平均寿命 m。

$$m = \frac{\text{所有参加测试产品的总工作时间}}{\text{总失效个数（或总故障次数）}} \tag{1-7}$$

如果测试产品数（称为子样）N 比较大，计算总和工作量大，也可按一定的时间间隔进行分组。设 N 个观测值共分为 a 组，以每组的中值 t_i 作为组中每个观测值的近似值，则总工作时间就可用各组中值 t_i 与频数 Δn_i 的乘积和来近似，故平均寿命为

$$m = \frac{1}{N}\sum_{i=1}^{a} t_i \Delta n_i \tag{1-8}$$

上述式（1-5）~式（1-8）是子样平均寿命的计算公式。

由于每一产品出现故障的时间 t_i 是一个随机变量，它具有明确确定的统计规律性。因此，求平均寿命的问题实际上是求这个变量的数学期望（平均数）。

若已知产品总体的失效率密度 $f(t)$，则 m 为 $f(t)$ 与时间 t 乘积的积分：

$$m = \int_0^\infty t f(t)\,\mathrm{d}t$$

由于

$$f(t) = \frac{\mathrm{d}F(t)}{\mathrm{d}t} = -\frac{\mathrm{d}R(t)}{\mathrm{d}t}$$

所以

$$m = \int_0^\infty t\left(-\frac{\mathrm{d}R(t)}{\mathrm{d}t}\right)\mathrm{d}t = \int_0^\infty -t\mathrm{d}R(t)$$

用分部积分法对上式积分，得

$$m = -\left[tR(t)\right]\Big|_0^\infty + \int_0^\infty R(t)\,\mathrm{d}t$$

因为 $t=\infty$ 时，$R(\infty)=0$，则

$$-\left[tR(t)\right]\Big|_0^\infty = -t\times 0 - 0\times R(t) = 0$$

所以

$$m = \int_0^\infty R(t)\,\mathrm{d}t$$

这说明，一般情况下，在 0~∞ 的时间区间上，对可靠性函数 $R(t)$ 积分，可以求出

产品总体的平均寿命。

可靠度函数 $R(t)$ 的一般方程前面已求得：

$$R(t) = e^{-\int_0^t \lambda(t)\,dt}$$

对于 $\lambda(t)=\lambda$ 的特殊情况，$R(t) = e^{-\lambda t}$，则

$$m = \int_0^\infty R(t)\,dt = \int_0^\infty e^{-\lambda t}dt = \int_0^\infty e^{-\lambda t}\left(\frac{-\lambda}{-\lambda}\right)dt$$

$$= -\frac{1}{\lambda}\int_0^\infty e^{-\lambda t}d(-\lambda t) = -\frac{1}{\lambda}[e^{-\lambda t}]\Big|_0^\infty$$

$$= -\frac{1}{\lambda}[e^{-\infty} - e^0] = \frac{1}{\lambda}$$

所以，对指数分布，$\lambda(t) = \lambda =$常数，即有

$$m = \frac{1}{\lambda}$$

即指数分布的平均寿命 m 等于失效率 λ 的倒数。当 $t=m=1/\lambda$ 时，$R(t) = e^{-1} = 0.37$。因此，对于失效规律服从指数分布的一批产品而言，能够工作到平均寿命的仅占37%左右。换句话说，约有63%的产品在平均寿命之前失效。

由于 $R(t) = e^{-1}$的寿命称为特征寿命，则指数分布的特征寿命就等于平均寿命。

1.3.6.2 可靠寿命

可靠度等于给定值 r 时的产品寿命称为可靠寿命，记为 t_r，其中 r 称为可靠水平。这时只要利用可靠度函数 $R(t_r)=r$，就可反解出 t_r：

$$t_r = R^{-1}(r)$$

式中，t_r 为可靠度 $R=r$ 时的可靠寿命；R^{-1}为 R 的反函数。

例如，对 $\lambda=$常数的指数分布，因为

$$R(t_r) = e^{-\lambda t_r} = r$$

两边取对数：

$$-\lambda t_r \lg e = \lg r$$

所以

$$t_r = -\frac{1}{\lambda}\frac{\lg r}{\lg e} = -\frac{1}{\lambda}(2.302\lg r) \tag{1-9}$$

利用对数表，可以求得指数分布在任意可靠水平下的可靠寿命。从有关表中可以看出，各种可靠水平下是以平均寿命 $m=1/\lambda$ 为单位的指数分布的可靠寿命。

1.3.6.3 中位寿命

可靠度 $R(t)=r=0.5$ 时的可靠寿命 $t_{0.5}$又称为中位寿命。当产品工作到中位寿命时，可靠度与不可靠度（累积失效概率）都等于50%，即 $F(t)=R(t)=0.5$，参加测试的产品有一半已失效，只有一半产品仍在正常工作。

中位寿命也是一个常用的寿命特征。对于指数分布，由式（1-9）得

$$t_{0.5} = -\frac{1}{\lambda}(2.302\lg 0.5) = \frac{1}{\lambda}(0.693) = 0.693\text{m}$$

1.3.6.4 寿命方差和寿命标准离差

寿命方差 σ^2 和寿命标准离差 σ 是反映产品寿命相对于平均寿命 m 离散程度的数量指

标。σ^2 和 σ 可根据产品样本测试所取得的寿命数据按下式计算：

$$\sigma^2 = \frac{1}{N-1}\sum_{i=1}^{N}(t_i - m)^2$$

$$\sigma = \sqrt{\frac{1}{N-1}\sum_{i=1}^{N}(t_i - m)^2} \tag{1-10}$$

式中　t_i——第 i 个测试产品的实际寿命，h；

m——测试产品的平均寿命，h；

N——测试产品的总数。

寿命方差 σ^2 也可用失效概率密度函数 $f(t)$ 直接求得

$$\sigma^2 = \int_0^\infty (t-m)^2 f(t)\,\mathrm{d}t$$

如对 $\lambda(t)=\lambda$ 的指数分布 $f(t)=\lambda \mathrm{e}^{-\lambda t}$，$m=1/\lambda$，则

$$\begin{aligned}\sigma^2 &= \int_0^\infty t^2 f(t)\,\mathrm{d}t - 2m\int_0^\infty t f(t)\,\mathrm{d}t + m^2\int_0^\infty f(t)\,\mathrm{d}t \\ &= \int_0^\infty t^2 \lambda \mathrm{e}^{-\lambda t}\,\mathrm{d}t - 2mm + m^2 \\ &= \int_0^\infty t^2 \mathrm{e}^{-\lambda t}\,\mathrm{d}t - \frac{1}{\lambda^2} \\ &= \frac{2}{\lambda^2} - \frac{1}{\lambda^2} = \frac{1}{\lambda^2}\end{aligned}$$

$$\sigma = \frac{1}{\lambda} = m$$

可见，在 $\lambda(t)=\lambda$ 的指数分布中，寿命标准离差与平均寿命等值。

1.3.7　维修度与有效度

1.3.7.1　维修度

维修度（Maintainability）是指，对可以维修的产品，在规定的条件下和规定的时间内，完成维修的概率，记为 $M(\tau)$。因完成维修的概率是与时俱增的，是对时间累积的概率，故它的形态与不可靠度的形态相同。若 $M(\tau)$ 依从指数分布，则有

$$M(\tau) = 1 - \mathrm{e}^{-\mu t}$$

式中，μ 为修理率。

μ 和可靠度 $R(t)$ 中的失效率（故障率）λ 相对应，修理率 μ 的倒数是平均修理间隔时间，即

$$\mathrm{MTTR} = 1/\mu$$

MTTR 和 MTTF 及 MTBF 相对应，一般 $M(\tau)$ 服从对数正态分布。

维修度和可靠度一样，虽然也用概率来度量，但是与可靠度的不同点是，它除了具有产品或系统等物的固有质量外，还与人的因素有关。这就是说，如果要提高维修度，就必须考虑以下四个因素：

（1）进行结构设计时，要使产品发生故障后容易发现或检查故障，且易于维修（维修性设计）；

（2）维修人员有熟练的技能；

（3）维修工具齐全而良好；

（4）满足维修所需的备品备件及材料。

1.3.7.2 有效度

有效度（Availability）是指可以维修的产品在某时刻 t 维持其功能的概率。产品如果在可靠度（不发生故障的概率）之外，还存有发生故障的概率，但经过修理后能恢复正常工作，那么这个产品处于正常的概率就会增大。有效度就是可靠度和维修度结合起来的尺度。

产品的可靠度、维修度和有效度分别为 $R(t)$，$M(\tau)$，$A(t,\ \tau)$，它们之间的关系为

$$A(t,\ \tau) = R(t) + (1 - R(t))M(\tau)$$

等号右边第 1 项是在时间 t 内不发生故障的概率，第 2 项则包括在时间 t 内发生故障的概率（$1-R(t)$）和在时间 τ 内修好的概率 $M(\tau)$，τ 是维修容许的时间，一般情况，$\tau \leqslant t$，其关系如图 1-4 所示。

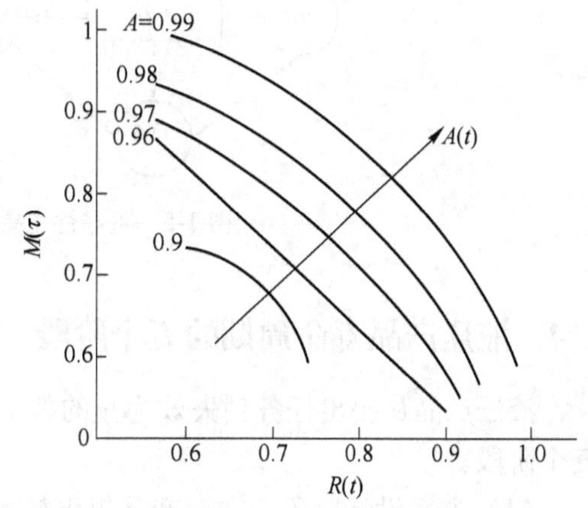

图 1-4 可靠度、维修度和有效度关系图

用时间的平均数表示的有效度称为时间有效率。设产品系统发生故障而不能工作的时间为 D，能工作的时间为 U，则时间有效率 A 为

$$A = \frac{\text{可使用时间(能工作时间)}}{\text{可使用时间 + 故障(停机)时间}} = \frac{U}{U + D} \tag{1-11}$$

若可靠度、维修度分别用指数分布的形式 $R(t) = e^{-\lambda t}$ 及 $M(t) = 1 - e^{-\mu t}$ 表示，则式（1-11）可写成

$$A = \frac{\text{MTBF}}{\text{MTBF + MTTR}} = \frac{\mu}{\mu + \lambda} \tag{1-12}$$

由式（1-12）可以看出，要使时间有效率 A 提高，就要使 MTBF 值提高，或使 MTTR 下降（或使修理率 μ 提高）。

在进行可靠性设计时，成本、可靠性、维修性、生产性等各种因素要全面权衡，并以此作为设计的尺度。可靠性主要数量特征之间的关系如图 1-5 所示。知道了其中任何一个特征量，就可以求出其他的特征量，而失效率 $\lambda(t)$ 是核心的特征量。在可靠性工程实施中，一是要抓可靠性，二是要抓可维修性。一般情况下，产品的可靠性主要由 MTBF（平均无故障工作时间）来描述，可维修性由平均维修时间 MTTR 来描述，而有效度 A 是这两个特征的综合描述指标。

平均无故障时间：

$$\text{MTBF} = \sum_{i=1}^{N} \Delta t_i / N$$

式中　Δt_i——第 i 个产品无故障工作时间，h；

N——产品的总数量。

平均维修时间：

$$\mathrm{MTTR} = \sum_{i=1}^{N} \Delta t_i / N$$

式中　Δt_i——第 i 次故障维修时间，h；

N——修复次数。

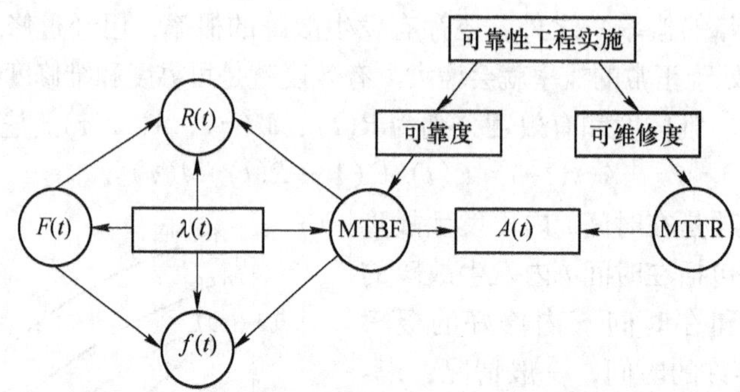

图 1-5　可靠性主要参数特征之间的关系图

1.4　液压产品寿命周期的五个阶段

液压产品从提出任务到失效为止的整个寿命称为产品的寿命周期。它大体上可以分为五个阶段：

（1）方案设计阶段，在对产品提出技术性能指标要求后，生产设计部门根据技术性能指标进行调查研究，提出多个设计方案，邀请有关专家和人员对设计方案进行分析论证，从中比较出一个最优方案，报上级部门审核批准后，付诸实施。

（2）研制阶段，根据批准的最优方案，进行硬件及软件的设计和试制。生产样机并对其进行各种实验，验证它的功能是否达到技术性能指标的要求，若发现产品中的薄弱环节则加以改进，最终进行设计定型。复杂的产品还把它分为技术设计与样机实验阶段。

（3）生产阶段，将设计定型图纸交给生产部门进行生产。首先进行批量生产，经检验证明质量合格后，再大批量生产。

（4）使用阶段，用户购得产品后，根据规定要求使用，同时认真做好维护工作。达到产品的寿命时，退出使用。

（5）回收再利用阶段，液压产品到达寿命时，还可以对其进行分析，看能否修复再使用，或部分零件再被利用，确实不能再利用的，报废处理。

1.5　液压传动系统工作原理、组成和特点

1.5.1　液压传动系统的工作原理

液压传动系统的工作原理如图 1-6 所示。液压泵 3 在电动机带动下旋转，经过滤器 2 从油箱 1 吸油，油液经液压泵进行能量转换后，将液压油输出，进入压油管 6 后，通过方

向阀7（如图示位置）经管道8进入到节流阀10，经管道11进入方向阀13（如图示位置）再经管道14进入液压缸16的左腔，此时，活塞和活塞杆右移，带动工作平台17右移。而液压缸16右腔的液压油，经过管道15进到方向阀13经管道12流到油箱1。

如果将方向阀13的阀芯右移，则油液经节流阀10和管道11进入方向阀13，经管道15进入到液压缸16右腔，也称有杆腔，推动活塞和活塞杆向左移动，带动工作平台17左移，同时液压缸16左腔的液压油经管道14进入方向阀13，经管道12流到油箱，完成工作平台17一次往复运动。

工作平台17和液压缸16的活塞及活塞杆移动速度是由节流阀10来调节的。节流阀10开口增大，进入液压缸16的油液增多，工作平台17的移动速度增大；反之，工作平台17的移动速度减小。

方向阀7是用来控制油液进入液压缸16，或是通过该阀从管道9流到油箱1。如果流到油箱1，液压泵3处于卸荷状态。

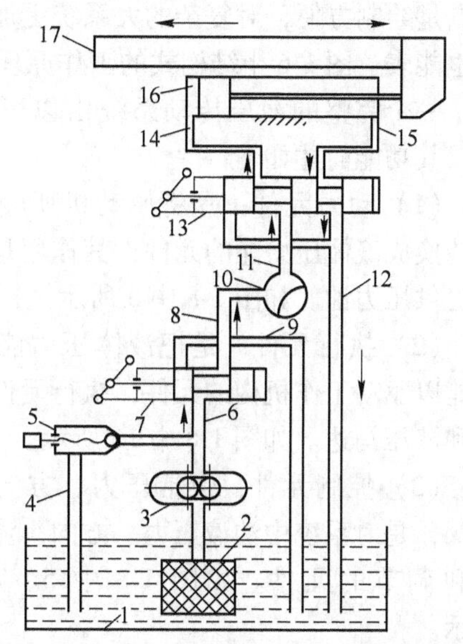

图1-6 机床工作平台液压传动系统工作原理

1—油箱；2—过滤器；3—液压泵；4，9，12—回油管；5—溢流阀；6，8，11—压油管；7，13—方向阀；10—节流阀；14，15—压油管或回油管；16—液压缸；17—工作平台

溢流阀5是通过调节弹簧预紧力来调节液压泵3供油压力的。该预紧力应与工作平台17所驱动载荷相匹配，并且稍大些，否则工作平台17是不移动的。如果将调压弹簧完全松开，这时液压泵3以极低压力使液压油通过溢流阀5经管道4流到油箱1，此时，液压泵3也处于空载运转。

1.5.2 液压传动系统的组成

液压传动系统组成框图，如图1-7所示。

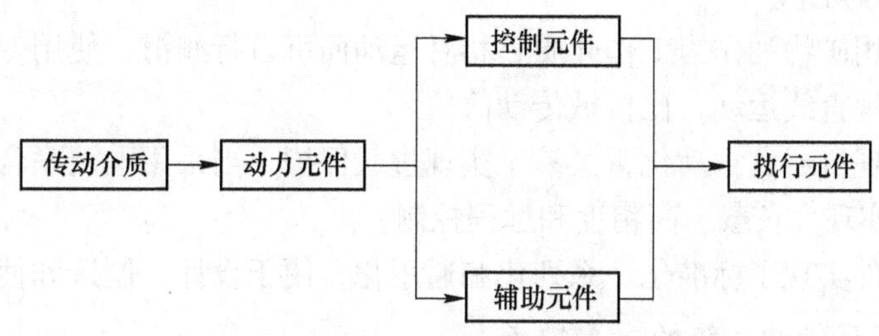

图1-7 液压传动系统的组成框图

图1-8所示是采用国家制定的“液压与气动”图形符号来表示液压传动系统组成，其

优点是绘制方便，对复杂的大系统更加明显，同时也能表达图 1-6 半结构式的工作原理。

一个完整的液压传动系统由以下五部分组成，其功能简述如下：

（1）动力元件：是将原动机所输出的机械能转换成液体压力能的元件，其作用是向液压系统提供压力油。如图 1-8 中 3 所示。

（2）执行元件：是把液体压力能转换成机械能以驱动工作机构的元件，执行元件包括液压缸和液压马达。如图 1-8 中 16 所示。

（3）控制元件：包括压力、方向、流量控制阀，是对系统中油液压力、方向、流量进行控制和调节的元件。如图 1-8 中 5、7、10、13 所示。

（4）辅助元件：上述三个组成部分以外的其他元件均为辅助元件。如管道、管接头、油箱、滤油器等。如图 1-8 中 1、2、6 等所示。

（5）传动介质：包括液压油、水和乳化液等，是能量传递和控制的工作介质。

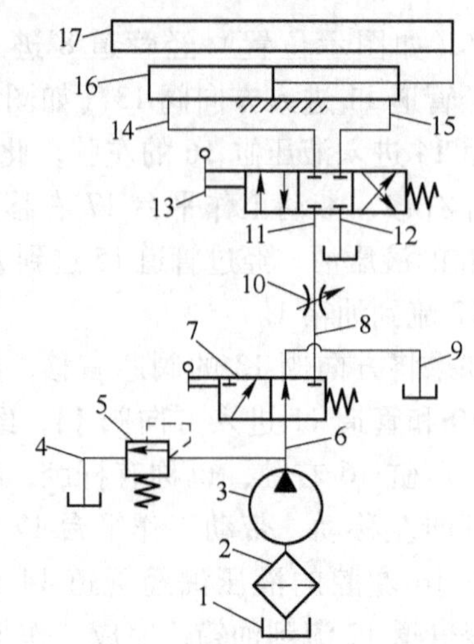

图 1-8　机床工作平台液压传动系统组成

1—油箱；2—过滤器；3—液压泵；
4，9，12—回油管；5—溢流阀；
6，8，11—压油管；7，13—方向阀；
10—节流阀；14，15—压油管或回油管；
16—液压缸；17—工作平台

1.5.3　液压传动系统的特点

1.5.3.1　液压传动系统的主要优点

液压传动与机械传动、电气传动相比有以下主要优点：

（1）在同等功率情况下，液压执行元件体积小、结构紧凑。

（2）液压传动的各种元件，可根据需要方便、灵活地来配置。

（3）液压装置工作比较平稳，由于重量轻、惯性小、反应快，液压装置易于实现快速启动、制动和频繁的换向。

（4）操纵控制方便，可实现大范围的无级调速（调速范围可达 2000），同时还可以在运行的过程中进行调速。

（5）一般采用矿物油作为工作介质，相对运动面可自行润滑，使用寿命长。

（6）容易实现直线运动，比机械传动简单。

（7）既易实现机器的自动化，又易于实现过载保护，当采用电液联合控制和计算机自动化控制后，可实现大负载、高精度和远程控制。

（8）液压元件实现了标准化、系列化和通用化，便于设计、制造和使用。

1.5.3.2　液压传动系统的主要缺点

液压传动与机械传动、电气传动相比有以下主要缺点：

（1）液压传动系统不能保证严格的传动比，这是由于液压油的可压缩性和泄漏造成的。

（2）工作性能易受温度的影响，因此不宜在很高或很低的温度条件下工作。

（3）由于流体流动的阻力损失和泄漏较大，所以效率较低。如果处理不当，泄漏不仅污染环境，还可能引起火灾和爆炸事故，同时不宜长距离传动。

（4）为了减少泄漏，液压元件在制造精度上要求较高，因此它的造价高，且对油液的污染比较敏感。

（5）液压传动系统出现故障时，不易找出故障点。

1.6 本书的主要内容

本书的主要内容包括液压传动、液压可靠性设计和设计准则三部分，其主要内容如下：

（1）可靠性工作的基本内容和基本定义，叙述了可靠性是设计出来的，是设备固有可靠性，对可靠性工作的基本内容作了扼要地介绍，对可靠性、可靠度、失效率等的定义进行了表述，特别提出了液压产品寿命周期分为五个阶段。这对可靠性的全面了解有所帮助。

（2）液压元件的工作原理，以液压元件图形符号为基础，通过图形符号形状及相关线条，介绍液压泵、液压马达、液压缸和液压阀的工作原理。这是本书对液压元件工作原理的一种新的表达方法。

（3）液压基本回路是由液压元件组成的单元，以此来完成某一特定功能的液压元件组合体。书中列举了压力控制、方向控制、速度控制、伺服比例控制等基本回路，为分析液压系统工作原理打下了基础。

（4）液压元件和液压系统常见故障分析和排除方法，在本书中做了较详细的介绍，为液压可靠性设计提供参考。为了使液压系统能可靠运行，寿命长，少出或不出现故障，这是可靠性设计的目标。要做到这一点，就必须了解液压元件与系统产生故障的原因，在可靠性设计时尽可能避免，这样便能提高液压可靠性。

（5）为了配合液压系统可靠性设计，书中还扼要地介绍了液压系统设计方法，如明确设计要求，确定液压系统的主要参数，拟定液压系统图，选取液压元件和进行验算等。这些对液压系统可靠性设计是不可或缺的知识。

（6）液压系统可靠性。介绍了可靠性指标和逻辑框图，并对液压系统中的两种应用工况进行介绍：一是不可修复系统；二是可修复系统，其有效度是有区别的。

（7）液压系统可靠性设计。首先详细叙述了可靠性模型，并将常用的模型综合列出一览表，便于查看。可靠性设计中的可靠度分配和预测是十分重要的，在书中做了较详细介绍。同时对可靠度特征值的近似计算，以及数据收集也做了介绍，最后归纳出可靠性设计流程，供设计人员参考。

（8）可靠性设计评审。这是对可靠性设计的审核，确定所设计的内容是否符合原定要求。

（9）模糊可靠性设计。介绍了模糊可靠性基本概念和主要指标、静强度、疲劳强度、磨损、腐蚀和稳定性可靠性设计。

（10）液压系统储存可靠性。介绍了储存可靠性的概念，研究目的和意义，储存环境主要因素和储存可靠性的评定方法。

(11) 液压可靠性设计准则515条。这是可靠性设计的重要内容，遵循这些准则，可以有效地提高液压元件及系统的可靠性。本章对总则、液压元件、液压系统、电器组件与电路、安装与调试、使用与维修等提出设计准则，供设计人员参考。

(12) 液压元件可靠性评估方法简述。主要针对电磁换向阀可靠性评估需要进行哪些工作，确定可靠性特征量、试验装置、试验条件，如何试验与性能检测以及可靠性分析等做了扼要介绍，并提供试验报告样式供参考。

2 液压元件工作原理

液压元件是组成液压系统的基本单元，液压系统的工作性能的优劣和可靠性的高低，液压元件是关键。所以，了解液压元件工作原理，对液压系统可靠性设计十分重要。本书从液压元件图形符号来叙述其工作原理，一方面可以了解图形符号含义，另一方面能简明扼要获得液压元件工作原理，这对读者更为方便。

2.1 液压泵

液压泵是能量转换元件，它将机械能转换为液压能，为液压系统提供一定流量和压力的油液，是液压系统动力源。其图形符号如图 2-1 所示。

这个图形符号是代表单向定量液压泵，它由圆圈 2，吸油口 1，压油口 4 和一黑色实心三角形 3 组成。当液压泵转动部位，如齿轮泵的齿轮等在原动机带动下旋转时，泵内吸油腔逐渐增大，从吸油口 1 吸油，压油腔逐渐减小，油液被压缩，从压油口 4 将油液压出，黑色实心三角形 3 代表油液压油流出方向。液压泵结构多种多样，如外啮合齿轮泵、内啮合齿轮泵、单作用叶片泵、双作用叶片泵、轴向柱塞泵、螺杆泵等，虽然其结构不同，但必须具有封闭的吸油腔和压油腔。当变动吸油腔的大小时，其定量供油就可以变成为变量泵供油，如图 2-2 所示，图中直箭头表示变量。

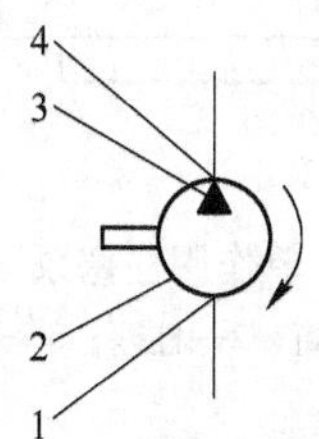

图 2-1 单向定量液压泵图形符号

1—吸油口；2—圆圈；3—三角符号；4—压油口

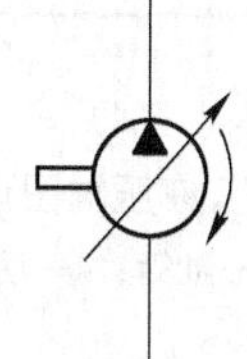

图 2-2 变量泵图形符号

2.2 液压马达

液压马达是液压系统中的执行元件之一，也是一种能量转换元件。它将液压能转换为机械能，输出扭矩和转速，带动工作机构运行，其图形符号如图 2-3 所示。

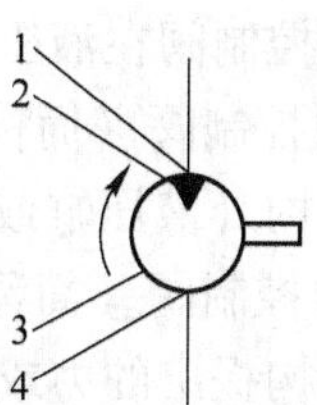

图 2-3 单向定量液压马达图形符号

1—进油口；2—三角符号；3—圆圈；4—出油口

这个图形符号是代表单向定量液压马达，由进油口 1、出油口 4、圆圈 3 和黑色实心三角形 2 组成。当高压油从进油口 1 进入液压马达，推动转子转动，如齿轮液压马达的齿轮被推动，通过轴将扭矩和转速输出，液压油经过能量转换，以低压从出油口 4 排出，流进油箱。虽然液压马达有不同结构形式，但都是靠封闭工作腔的容积变化来实现能量转换的。

2.3　液压缸

液压缸也是液压系统的执行元件之一。它是将液压能转换为机械能的一种能量转换元件，可实现直线往复运动和摆动。其图形符号如图 2-4 所示。

这图形符号代表双作用单活塞杆液压缸，由油口 1、油口 2、缸筒 3、活塞 4、活塞杆 5 等多个零件组成。当压力油从油口 1 进到无杆腔和活塞 4 的无杆腔表面，在压力油的作用下，推动活塞杆 5 往外运动，从而推动负载移动，同时有杆腔油液从油口 2 排出。当压力油从油口 2 进入时，活塞 4 在压力油的作用下，带动活塞杆 5 退回到液压缸内，同时可带动负载向相反方向移动，无杆腔的油液从油口 1 排出，完成液压缸一次往复运动。液压缸的类型较多，有柱塞式、双作用单活塞杆式、双作用双活塞杆式、伸缩套筒式、摆动式等，无论何种结构类型，均有高压腔和低压腔，通过密封件或微小间隙，一般间隙为 20~40μm，将两腔隔开，进行能量转换。

单作用柱塞缸的图形符号如图 2-5 所示。该缸主要由缸筒 1、柱塞 2 等组成，液压油从进油口 3 进入，作用在柱塞端部，将柱塞推出，从而推动负载运动。当进油口 3 接到低压管，液压油流进油箱时，柱塞 2 在外力作用下，退回到缸筒底部。

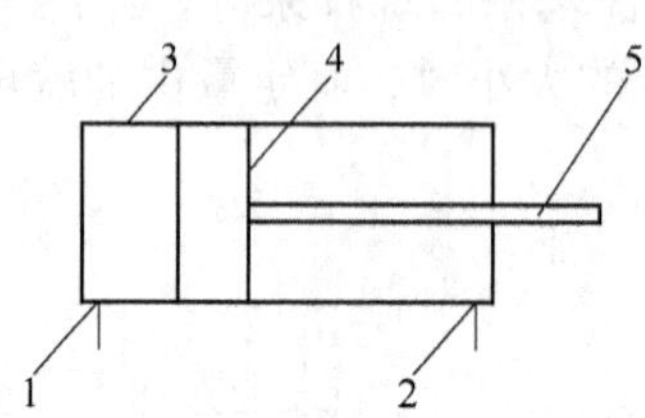

图 2-4　液压缸图形符号

1，2—油口；3—缸筒；4—活塞；5—活塞杆

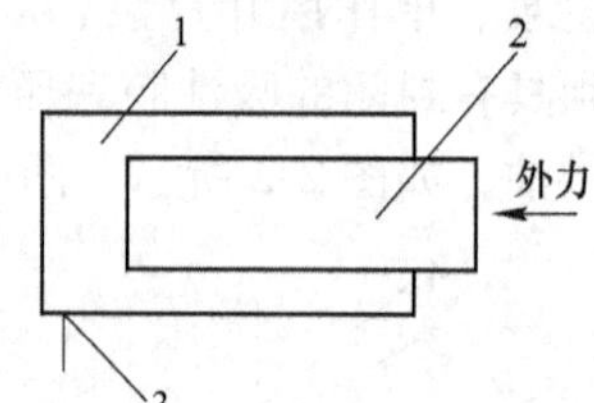

图 2-5　单作用柱塞泵图形符号

1—缸筒；2—柱塞；3—进油口

2.4　液压控制阀

液压控制阀是液压系统中的控制元件。它能控制和调节压力油的压力、流动方向和流量，以满足执行机构所需的压力、换向和速度的要求，从而使执行机构驱动负载实现精确的动作。

根据液压控制阀在液压系统中功用的不同，可分为三类[5]：

（1）方向控制阀（简称方向阀），控制液压系统中流体流动方向的阀类元件。它是用来实现执行机构（液压缸或液压马达）改变运动方向的要求，例如单向阀、换向阀等。

（2）压力控制阀（简称压力阀），控制液压系统中流体流动压力的阀类元件。它是用来实现执行机构提出的力或转矩要求，例如安全阀、溢流阀、减压阀和顺序阀等。

（3）流量控制阀（简称流量阀），控制液压系统中流体流动量的阀类元件。它是用来实现执行机构所需的运动速度要求，例如节流阀、调速阀等。

若根据液压控制阀在液压系统中对液体进行调节和控制精度来分，则可分为如下三大类：

（1）普通控制阀（又称开关阀），用于一般而控制精度不高的液压传动系统中。

（2）电液比例阀，用在控制精度稍高的液压系统中，既能进行开环控制，又能进行闭环控制。相对于电液伺服阀，其抗污染能力强。电液比例阀是介于普通控制阀和电液伺服阀之间的一种液压控制元件。

（3）电液伺服阀，一种机电液组合，电液联合控制的精度高、响应速度快的液压控制元件。它适用于对控制精度要求较高的液压伺服系统，例如轧钢机辊缝伺服调节就是采用伺服阀为控制元件的液压伺服系统。

2.4.1 方向控制阀

2.4.1.1 单向阀

单向阀是方向控制阀一种，它使油液只能沿一个方向通过，反方向截止。对单向阀的基本要求是当油液从正方向通过单向阀时，阻力要小，而反向则不能通过，也无泄漏；阀芯动作灵敏；工作时无撞击和噪声。其图形符号如图 2-6 所示。

这个图形符号是代表单向阀，它由油口 1、油口 4、阀芯 2 和阀座 3 还有阀体等零件组成。当液压油从油口 4 进入，推开阀芯，此时液压油便从油口 1 流出，这为正向流动。当液压油从油口 1 进入，此时，该阀的阀芯在液压油压力的作用下压向阀座，液压油进入后更加使阀芯压在阀座上，液压油不能流到油口 4，液压油被切断不能通过，这为反向流动。单向阀还有带复位弹簧的单向阀，如图 2-7 所示。

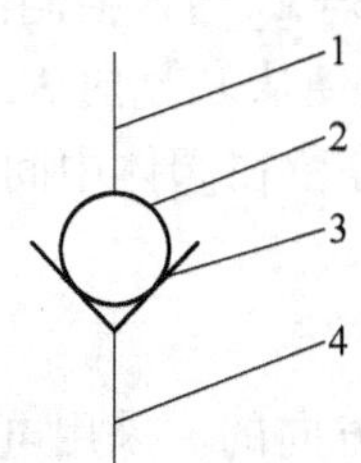

图 2-6 单向阀图形符号

1，4—油口；2—阀芯；3—阀座

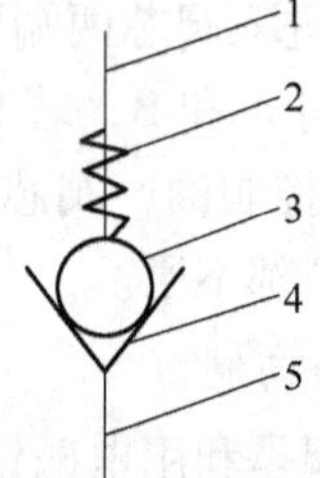

图 2-7 带复位弹簧的单向阀图形符号

1，5—油口；2—弹簧；3—阀芯；4—阀座

当液压油从油口 5 进入，推开阀芯 3，弹簧 2 被压缩，使油液从阀座 4 流出。当油液反向流动时，因压缩弹簧 2 已将阀芯 3 紧紧压在阀座 4 上，此时，压力油无法流到油口 5，油液只能在一个方向流动。

先导式液控单向阀如图 2-8 所示。它由油口 1，控制油口 2，阀芯 3，复位弹簧 4，阀体 5，油口 6，阀座 7 组成。当压力油从油口 1 进入，推开阀芯 3，弹簧 4 被压缩，油液从油口 6 流出。若油液反方向流动，即从油口 6 流向油口 1 时，控制油液从控制油口 2 进入，顶开阀芯，油液反方向通过，这样在先导压力作用下，允许油液双向自由流动。

2.4.1.2 换向阀

换向阀的基本工作原理是利用阀芯与阀套（或阀体）之间相对位置不同来变换不同油口间的接通或断开，达到改变液压油流向的目的。它的应用很广泛，种类也很多。

对换向阀的基本要求是：(1) 油液流经换向阀时的压力损失要小；(2) 各关闭油口间的泄漏量要小；(3) 换向可靠，换向时要平稳迅速。

A 液动换向阀

液动换向阀是用压力油来改变阀芯位置的换向阀。其图形符号如图 2-9 所示。

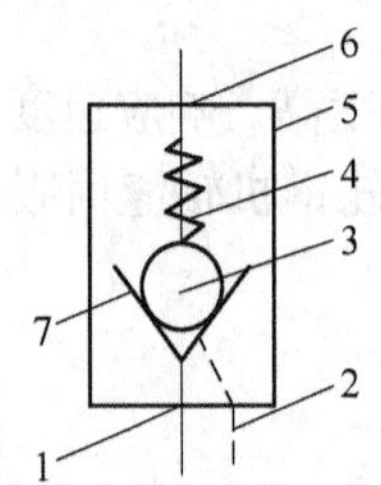

图 2-8 先导式液控单向阀图形符号
1，6—油口；2—控制油口；3—阀芯；4—复位弹簧；5—阀体；7—阀座

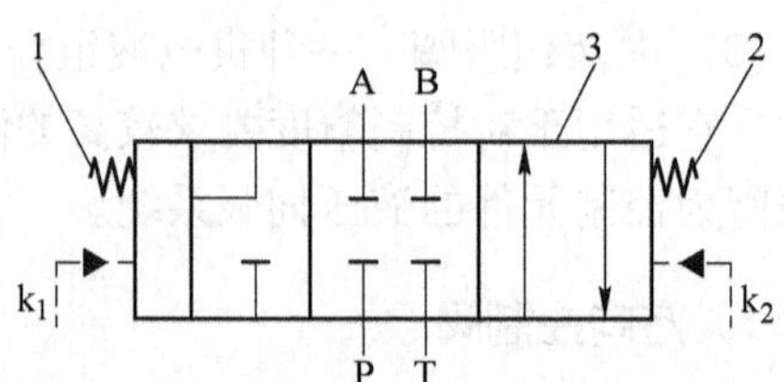

图 2-9 液动换向阀图形符号
1，2—弹簧；3—阀体

这图形符号是代表液控方向阀，它由阀的主体 3，包括阀体和阀芯，弹簧 1 和弹簧 2 等组成，并开有控制油道 k_1 和控制油道 k_2，在阀体上有 A、B、P、T 四个油口，图形符号还划分成三部分，表示阀芯在阀体内移动中有三个停留位置，每个小部分有油流情况，表示油液接通，T 形表示油液切断，如中间小方块表示 A、B、P、T 四个油口都不通，在左侧小方块中表示油液从 P 流向 A 和 B，而右侧小方块的箭头，表示油液从 P 流向 A，从 B 流向 T，此时油液流动方向便改变了，达到换向要求。这种油液换向是在控制油液从 k_1 通道或 k_2 通道进入阀芯两端面，驱动阀芯左右移动来换向。若 k_1 通入控制油，阀芯右移，油液便从 P 流向 A 和 B；若 k_2 通入控制油，阀芯左移，油液便从 P 流向 A，B 流向 T。当 k_1 和 k_2 都不通控制油，阀芯在弹簧 1 和弹簧 2 的作用下，停留在阀体中间位置，这时油口 A、B、P、T 都不通。

B 电磁换向阀

电磁换向阀是利用电磁铁推动阀芯移动来改变油液流动方向的。采用电磁换向阀来换向，操作方便，自动化程度高，因此应用较为广泛。其图形符号如图 2-10 所示。

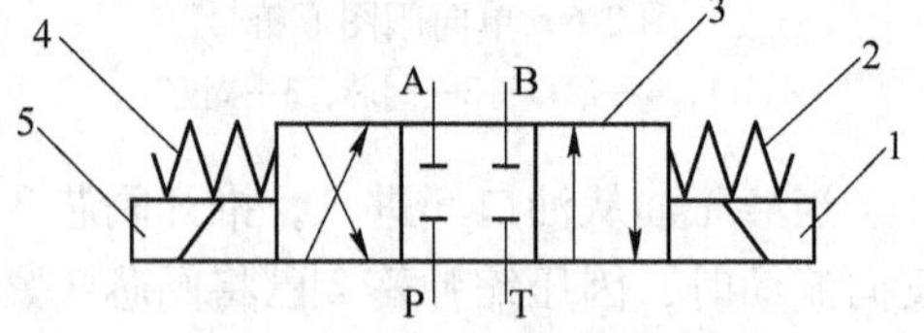

图 2-10 电磁换向阀图形符号
1，5—电磁铁；2，4—弹簧；3—阀体

这个图形符号是代表电磁换向阀，它由电磁铁 1 和 5，弹簧 2 和 4，阀的主体 3，包括阀体和阀芯等组成。在阀体上有 A、B、P、T 四个油口，图形符号还划分成三部分，表示阀芯在阀体内移动中有三个停留位置，每个小部分有箭头，表示油液流过，T 形表示油液切断，如中间小方块表示 A、B、P、T 四个油口都不通，在左侧小方块标有箭头，表示油液从 P 流往 B，从 A 流向 T；而右侧小方块标有的箭头，表示油液从 P 流向 A，从 B 流向 T，此时油液流动方向便改变了，达到换向要求。这种油液换向是电磁铁驱动阀芯移动而实现的。当电磁铁 5 得电，推动阀芯向右移动，油液便从 P 流向 B，而 A 的油液流向 T；若电磁铁 1 得电，推动阀芯往左移动，油液便从 P 流向 A，而 B 的油液流向 T。当两个电磁铁都不得电，阀芯在弹簧 2 和 4 的作用下，把阀

芯停留在中间，这时，A、B、P、T都不通。该阀为三位四通O型滑阀机能电磁换向阀。

C 电液动换向阀

电液动换向阀是电磁换向阀和液动换向阀的组合。其中电磁换向阀担负控制油路换向，即起到先导阀的作用，以改变液动换向阀的阀芯位置。液动换向阀是控制主油路换向的，所以能够用较小的电磁铁来控制较大的液流。其图形符号如图2-11所示。

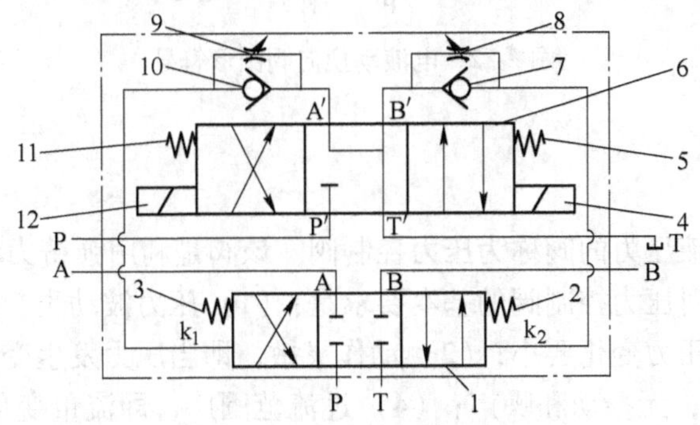

图2-11 电液动换向阀图形符号

1—主阀体；2，3—弹簧；4，12—电磁铁；5，11—弹簧；6—电磁阀主体；7，10—单向阀；8，9—节流阀

这图形符号是代表电液动换向阀。它由液动阀主阀体1，包括阀芯和阀体，弹簧2和3，控制油口k_1和k_2，在阀体上开有A、B、P、T四个油口。电磁阀主体6，包括阀芯和阀体，在阀体上开有P′、A′、B′、T′四个控制油口，电磁铁4和12，电磁阀弹簧5和11，控制油口A′与k_1相通，控制油口B′与k_2相通，还有单向阀7和10，节流阀8和9等组成。该液动阀采用O型滑阀机能，电磁换向阀采用Y型滑阀机能，控制油采用回油节流结构。

当电磁铁12得电后，推动电磁阀的阀芯往右移动，控制油P′与B′相通，经过单向阀7流向液动阀控制油口k_2，推动液动阀的阀芯往左移动，主油路P与A接通，B与T接通。而液动阀的阀芯往左移动的过程中，阀芯左端面的控制油腔液压油，经k_1和节流阀9经电磁阀A′流向T′再流到油箱或低压管道中。此时，调节节流阀9的开口度，便可以调节控制油的回油量，从而调节液动阀的阀芯往左移动速度，通过这样调节，可以加快或降低主油路油液流动，提高换向速度，也可以降低换向速度，减小液压冲击，提高换向稳定性。若电磁铁4得电，电磁阀的阀芯往左移动，控制油P′与A′相通，经过单向阀10流向液动阀控制油口k_1，推动液动阀的阀芯往右移动，主油路P与B接通，A与T。而液动阀的阀芯往右移动过程中，阀芯右端面的控制油腔液压油，经k_2和节流阀8经电磁阀B′流向T′再流到油箱或低压管道中。此时，调节节流阀8的开口度，便可以调节控制油的回油量，从而调节液动阀的阀芯往右移动的速度。通过这样调节，可以加快或降低主油路油液流动，提高换向速度，也可以降低换向速度，减小液压冲击，提高换向稳定性。当电磁铁4和12都不得电时，电磁阀的阀芯在弹簧5和11的作用下，使阀芯处于中间位置，由于电磁阀采用Y型滑阀机能，即A′、B′、T′相通，而T′是通往油箱或低压管道。这样使液动阀的阀芯两端油腔也无压力油作用，而主阀芯在弹簧2和3作用下处于中位，完成了一个换向过程。电磁换向阀作为电液动换向阀的先导阀，其控制油有内控和外控，泄油有内泄和外泄等结构形式。电液动换向阀一般用于流量较大的液压系统，其简化图形如图 2-12 所示。

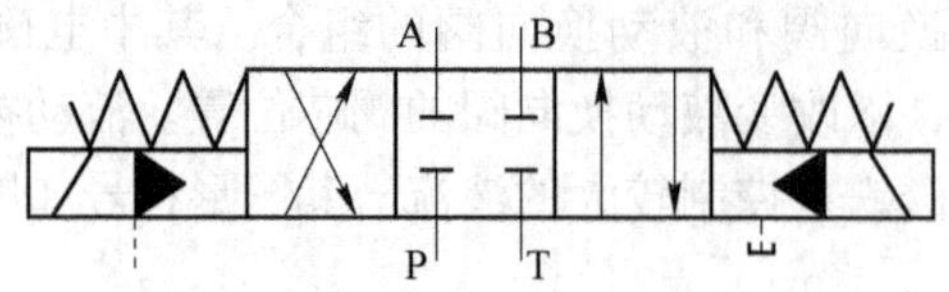

图 2-12　电液动换向阀图形符号

2.4.2　压力控制阀

控制液压系统油液压力的阀称为压力控制阀。该阀是利用弹簧力和液体压力相互平衡的原理进行工作的。对压力控制阀的基本要求是：（1）压力波动小，即希望通过压力阀的流量发生变化时，其压力变化要小；（2）动作灵敏，即当压力发生变化时，工作状态立即改变；（3）工作平稳，无振动和噪声；（4）过流范围广，即流量变化范围大；（5）可靠性高，工作寿命长。

2.4.2.1　溢流阀

溢流阀的功用是调节和稳定液压系统压力，同时也能起液压系统过载保护的作用。它在工作过程中总处于开启状态，有部分油液通过此阀流往油箱。如果连续进行溢流，液压泵的供油量不能完全供给执行机构，有一部分液压油通过溢流阀流向油箱。当溢流阀将系统压力调定后，要求压力波动越小越好，调节压力的响应要快，同时要求耐磨性和可靠性高。其图形符号如图 2-13 所示。

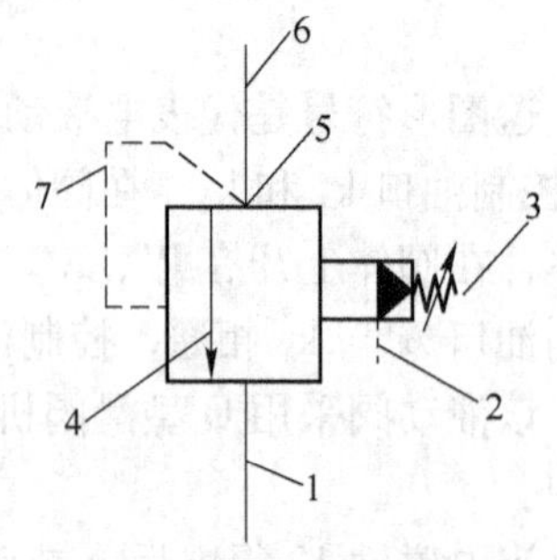

图 2-13　先导式溢流阀图形符号
1—出油管道；2—泄油通道；3—调压弹簧；4—阀内溢流的流向；5—进油口；6—进油管道；7—通道

这图形符号是代表溢流阀，现以先导式溢流阀为例，分析其工作原理。该阀由两部分组成：一部分是由带阻尼孔（孔径 0.8～1.2mm）的阀芯和阀体等组成主阀部分；另一部分是由锥阀和调压弹簧等组成调压部分。当压力油从管道 6 进入溢流阀后，控制油从进油口 5 经过通道 7 作用在先导阀的阀芯前端，通过锥阀把压力传递到调压弹簧 3 与之平衡，控制油的压力是随调压弹簧 3 的压紧力而变，弹簧 3 被调节的力越大，控制油的压力也越大，由于控制油通过 5 与进油管道 6 相通，这样便调节液压系统供油压力，2 表示泄油通道，该泄漏油流到低压或油箱。箭头 4 表示阀内溢流量的流向，当主阀芯离开阀座越大，溢流量越多。这些溢流量通过管道 1 流往油箱。

溢流阀由于结构不同，一般可分为直动型、差动型、先导型和电液比例型等。

溢流阀可作安全阀使用，当把溢流阀的压力调到高于液压系统工作压力的 10%～20% 时，这时的溢流阀称为安全阀。安全阀一般与变量泵配合使用，溢流阀一般与定量泵配合使用。

2.4.2.2　减压阀

减压阀在液压系统中是用来控制两油路之间的压力差。根据结构和用途的不同可分为

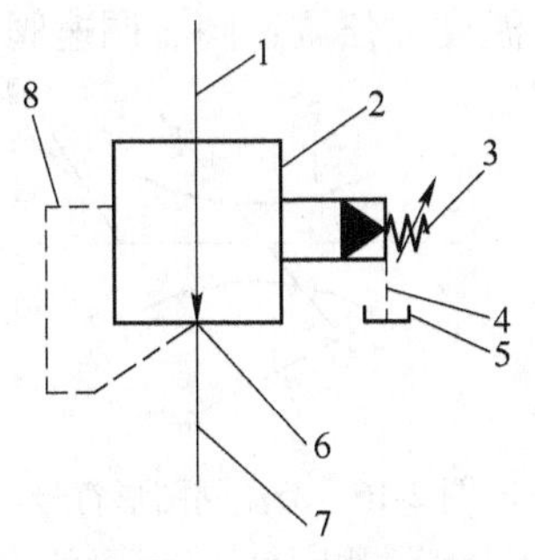

图 2-14 先导式外泄型二通减压阀图形符号

1—进油口；2—泄油通道；3—调压弹簧；4—管道；5—油箱；6—出油口；7—出口管道；8—控制油通道

定差减压阀和定值输出减压阀等。先导式外泄型二通减压阀的图形符号如图 2-14 所示。

这个图形符号是代表先导型定值输出减压阀，它由主阀和调压用的先导阀组成，可以使出油口 6 和出口管道 7 压力低于进油口 1 的压力，并使出油口压力基本保持恒定，而不受进油口压力变化及通过该阀的流量变化的影响。其工作原理是当高压油从 1 进入，低压油从 6 和 7 流出，也就是减压阀出油口油压。该出口液压油从 6 流至控制油通道 8，经过阻尼孔进入调压阀主阀芯前端，作用在阀芯上，通过阀芯作用在调压弹簧上。这时主阀阀芯与调压弹簧的力相互作用，调整主阀芯位置，从而调整减压节流口的大小。当主阀芯上下端控制油作用力与弹簧作用力达到平衡时，主阀芯不动，输出油液压力也恒定。若主阀芯下端压力大于上端压力时，也就是出油口 6 的压力增大，作用在调压弹簧 3 的力也增大，使减压节流口减小，从而降低了出油口 6 的压力，并使作用在调压阀芯上的油压和弹簧力在此位置上重新达到平衡。因此，当进油压力或流经减压阀的流量发生变化时，其出油口 6 和管道 7 的油压仍然可保持在调定压力附近，所以称此阀为定值输出减压阀。在调压弹簧 3 的位置，必须将泄漏油通过管道 4 流到油箱 5，不能存在背压力，否则会影响减压阀的工作性能。箭头表示减压阀在常态下是常开的。

2.4.2.3 顺序阀

顺序阀也是压力控制阀，用在两个或两个以上执行元件的液压系统中，借助于液压油的压力来控制多个执行元件的动作先后顺序。其图形符号如图 2-15 所示。

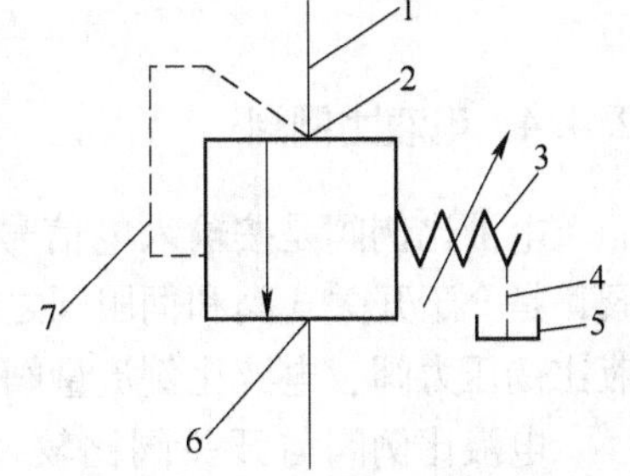

图 2-15 直动型顺序阀图形符号

1—进油管道；2—进油口；3—调压弹簧；4—泄油通道；5—油箱；6—出油口；7—控制通道

这个图形符号是代表直动型顺序阀。该阀的工作原理是当进油口 2 的压力通过控制油通道 7 作用在主阀芯一端面上，通过主阀芯作用在调压弹簧 3 上，而且必须达到或超过调压弹簧 3 的压力，阀口才打开，使阀口 2 与阀口 6 相通。若进油口 2 的油压低于弹簧 3 调定的压力时，主阀口关闭，即进油口 2 与出油口 6 不通，出油口 6 没有油液流出。泄漏的油液通过泄油通道 4 将泄漏油流往油箱 5。当顺序阀出油口 6 输出的油液流到油箱时，泄漏油也可以通过阀体开有通道，一并通过出油口 6 流到油箱，这种顺序阀称为卸荷阀。如果控制油不与进油口 2 连接，单独从外部供油，通过控制通道 7 进行控制，这种顺序阀称为外控顺序阀。

2.4.3 流量控制阀

流量控制阀在液压系统中用来控制液体流量的阀类元件。它是利用改变通流截面的面积来调节流量，从而改变执行机构的运动速度。油液流经小孔或夹缝时，会遇到阻力，一般称为压力降，或压力损失。阀口的通流面积越小，油液流过的阻力越大，因而通过的流量就越少。常用的流量控制阀有普通节流阀、单向节流阀、温度补偿调速阀、调速阀等。

2.4.3.1　节流阀

节流阀是用改变节流口开度大小来调节通过的流量。其图形符号如图 2-16 所示。

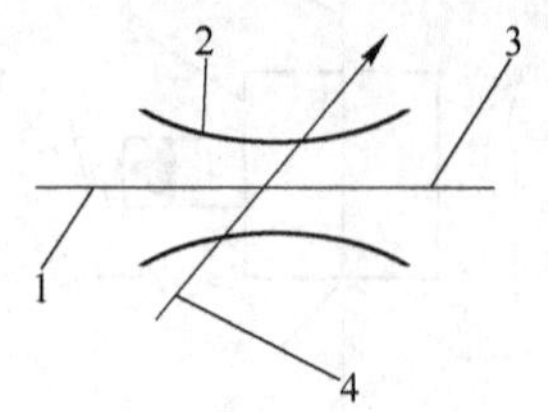

图 2-16　节流阀图形符号

1—节流阀进油口；2—节流口；3—节流阀出油口；4—调节节流口大小的调节机构

这个图形符号为可调节流量控制阀，当调节机构动作时，就可以改变节流口大小，从而调节通过节流阀的流量。节流阀除了调节流量的作用外，也可以作背压阀用，还可以装在泵的出口处，使压力得到调节，从而实现加载作用。但节流阀出口的压力若受到外载荷影响时，会造成节流阀输出流量不稳定。

2.3.4.2　调速阀

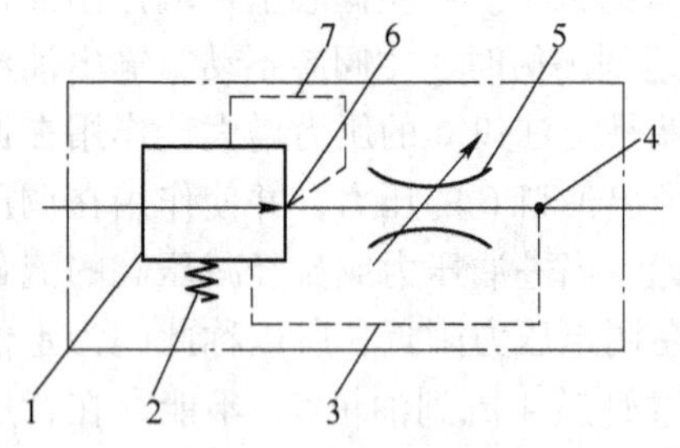

图 2-17　调速阀图形符号

1—定差减压阀；2—弹簧；3，7—控制油道；4—节流阀出口；5—节流阀；6—节流阀入口

调速阀又称流量调节阀。其图形符号如图 2-17 所示，它是由定差减压阀 1 和节流阀 5 串联组成一个阀组，通过定差减压阀的作用使节流阀入口 6 和节流阀出口 4 的压差 Δp 保持恒定。当出口 4 压力因外载荷影响而增大，这时通过控制油道 3 将控制油流到减压阀并作用在阀芯一端面上，使阀芯往增大减压口方向移动，节流阻力减小，使节流阀入口 6 的压力上升。这样，便能保持节流阀进出口压差基本不变，输出流量也基本不变。这种阀当调定节流口位置后，输出流量不受外载荷变化影响，保持流量基本稳定。

2.4.4　电液比例阀

电液比例阀是按输入电信号连续地按比例控制液压系统中流量、压力和方向的控制阀，是介于开关式阀和伺服阀之间的一种液压控制元件。按主阀结构和功用不同可分为电液比例压力阀、电液比例流量阀和电液比例方向阀等。

电液比例阀与开关阀比较，有如下特点：（1）能够较容易地实现远距离控制；（2）能连续地按比例控制液压系统的压力和流量；（3）在液压系统的同一功能情况下，可以减少液压元件，简化油路。

电液比例阀与电液伺服阀比较，具有如下特点：（1）使用维护方便；（2）抗污染能力强，提高了可靠性；（3）价格低。现以电液比例溢流阀为例，简述其工作原理。电液比例溢流阀图形符号如图 2-18 所示。

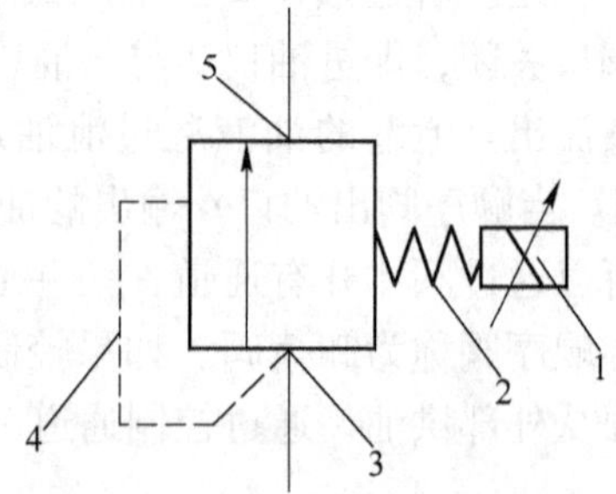

图 2-18　电液比例溢流阀图形符号

1—电磁力马达；2—调压弹簧；3—阀口；4—控制油通道；5—出油口

比例溢流阀主要由阀体、阀芯、弹簧和电磁力马达等零部件组成。当输入电信号给电磁力马达 1 时，调压弹簧 2 受到电磁力作用，阀芯在弹簧力的作

用下，紧紧地压在阀座上，液压油进到阀3，通过控制油通道4进到阀芯另一端，与弹簧力相互平衡。调节输入电流信号就可以改变弹簧力，从而达到调节油压，通过出油口5，使其具有一定压力的油液输出。图中大方框表示主阀，包括阀芯、阀座和阀体等。比例压力阀一般与溢流阀或减压阀配合使用。用此阀类替代先导型溢流阀或先导型减压阀中的先导阀，这样控制比例阀的电流大小，便能按比例地控制溢流阀或减压阀的输出压力。

2.4.5　先导式伺服阀

先导式伺服阀是一种电气、液压组合带主级和先导级的闭环位置控制的多级结构高精度的液压伺服元件，内部装有集成电子器件和信号控制元件。它可以同时发挥电气和液压两方面的优点，达到快速高精度控制执行机构的目的。电液伺服阀是以小的电信号控制并放大成功率较大的液压能量输出。它是液压伺服系统中十分重要的元件，可用于位置控制、速度控制、力控制和同步控制等各个方面。电液伺服阀有喷嘴挡板式、滑阀式和射流管式等。其图形符号如图2-19所示。

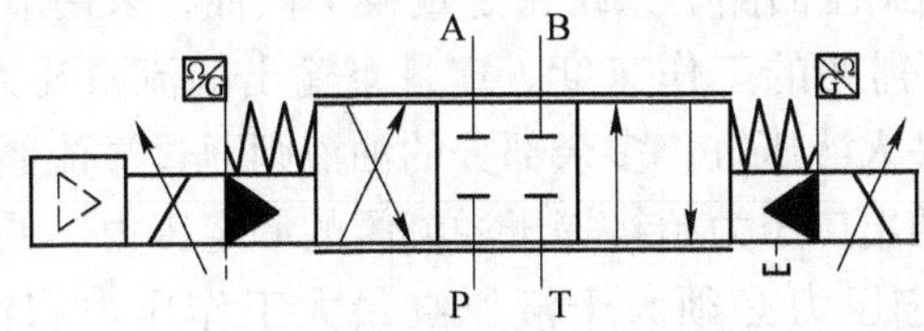

图2-19　电液伺服阀图形符号

现以双喷嘴挡板式电液伺服阀为例，扼要地说明其工作原理（图2-20）。该阀由力矩马达4、双喷嘴挡板2、反馈杆3和四通滑阀1，包括阀体、弹簧、过滤器等组成，在阀体上开有P、A、B、T四个油口，它是一种机械反馈电液伺服阀。

当输入电流信号后，便转换成力矩，使其内部衔铁偏转，驱动挡板摆动，这时双喷嘴与挡板之间距离发生变化，控制油通过喷嘴流向外边阻力发生变化，也就是说节流发生变化，从而使四边滑阀两端面的液压油压力也发生变化，推动滑阀移动。当滑阀移动时，带动反馈杆弯曲变形。这样使挡板和喷嘴之间的偏移量减少，从而使滑阀两端的控制油压差也相应减小，达到与反馈杆反作用力相互平衡为止，此时滑阀就在该输入电流信号下的平衡位置工作，在此位置输出液压油。若输入电流信号越大，输出的流量越多，因而执行机构的运动速度也大，相反运动速度就小。

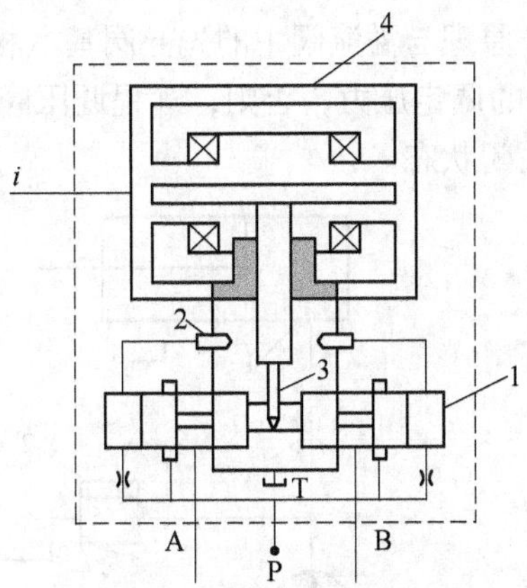

图2-20　双喷嘴挡板式电液伺服阀工作原理

1—四通滑阀；2—双喷嘴挡板；3—反馈杆；4—力矩马达

双喷嘴挡板伺服阀的优点是结构简单，运动零部件惯性小，位移量小，反应快，灵敏度高，无径向不平衡力作用。其缺点是喷嘴与挡板之间距离很小，抗污染能力差，加工精度要求高和价格高等，一般适用于频率响应高的电液伺服系统中。

3 液压基本回路与典型液压系统

3.1 压力控制基本回路

压力控制回路是利用压力控制元件来调节液压油的压力，以满足执行元件所需的力或力矩。

3.1.1 调压回路

3.1.1.1 单级调压回路

图 3-1 所示为一单级调压回路。系统由定量泵 1 供油，采用节流阀 3 调节进入液压缸 4 的流量，使活塞获得所需要的工作速度。定量泵输出的流量要大于进入液压缸的流量，也就是说只有一部分油进入液压缸，多余部分的油液则通过溢流阀 2 流回油箱。这时，溢流阀处于常开状态，泵的出口压力始终等于溢流阀的调定压力。调节溢流阀便可调节泵的供油压力，溢流阀的调定压力必须大于液压缸最大工作压力和油路上各种压力损失的总和。

3.1.1.2 远程调压和二级调压回路

图 3-2 所示为远程调压回路。将远程调压阀 2 接在先导式主溢流阀 1 的远程控制口上，液压泵 3 的出口压力即可由远程调压阀进行远程调节。此处远程调压阀 2 仅作调节系统压力用，相当于主溢流阀的先导阀，绝大部分油液仍从主溢流阀溢走。远程调压阀结构和工作原理与溢流阀中的先导阀基本相同。回路中远程调压阀调节的最高压力应低于主溢流阀 1 的调定压力，否则，远程调压阀不起作用。在进行远程调压时，溢流阀 1 的先导阀处于关闭状态。

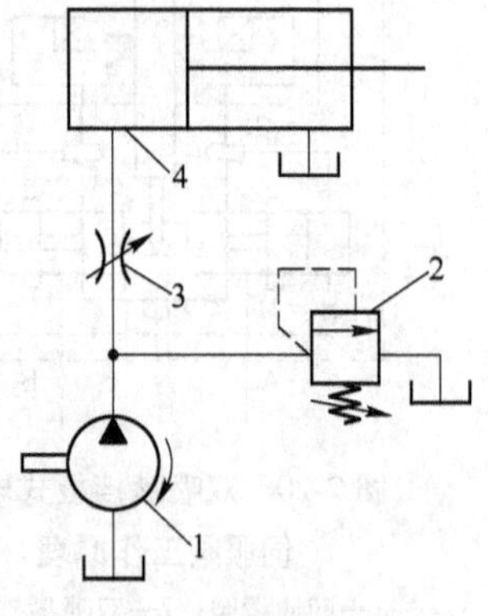

图 3-1 单级调压回路

1—定量泵；2—溢流阀；3—节流阀；4—液压缸

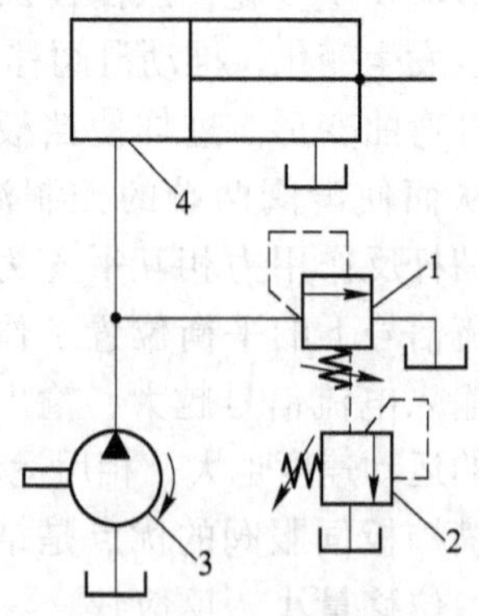

图 3-2 远程调压回路

1—主溢流阀；2—远程调压阀；3—液压泵；4—液压缸

利用先导式主溢流阀 1 的远程控制口和远程调压阀也可实现多级调压。

许多液压系统中，液压缸活塞往返行程的工作压力差别很大，为了降低功率损耗，减少油液发热，可以采用图 3-3 所示的二级调压回路。当活塞左行时，负载大，由高压溢流阀 1 调定；而活塞右行时，负载小，由低压溢流阀 2 调定；当活塞右行到终点位置时，泵的流量全部经低压溢流阀流回油箱，这样减少了回程的功率损耗。城市生活垃圾处理液压系统就是这种基本回路的典型应用。

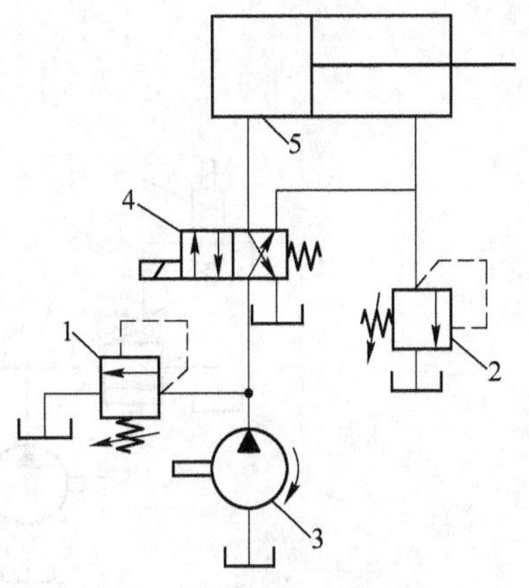

图 3-3 二级调压回路
1—高压溢流阀；2—低压溢流阀；
3—液压泵；4—换向阀；5—液压缸

3.1.2 保压回路

保压回路主要用在液压机上。在液压机中，经常遇到液压缸在工作行程终端要求在工作压力下停留保压某一段时间，然后返回，这时就需要保压回路。

利用先导式溢流阀和蓄能器的保压卸荷回路如图 3-4 所示。在工作时，电磁换向阀 7 的电磁铁 1YA 通电，泵 1 向蓄能器 6 和液压缸 8 左腔供油，并推动活塞右移，接触工件后，系统压力升高，当压力升至压力继电器 5 的调定值时，表示工件已经夹紧，压力继电器 5 发出信号，3YA 断电，油液通过先导式溢流阀 3 使泵卸荷。此时，液压缸 8 所需压力由蓄能器 6 保持，单向阀 2 关闭。在蓄能器 6 向系统补油的过程中，若系统压力从压力继电器 5 区间的最大值下降到最小值，压力继电器 5 复位，二位二通电磁阀的电磁铁 3YA 通电，使液压泵重新向系统及蓄能器供油。

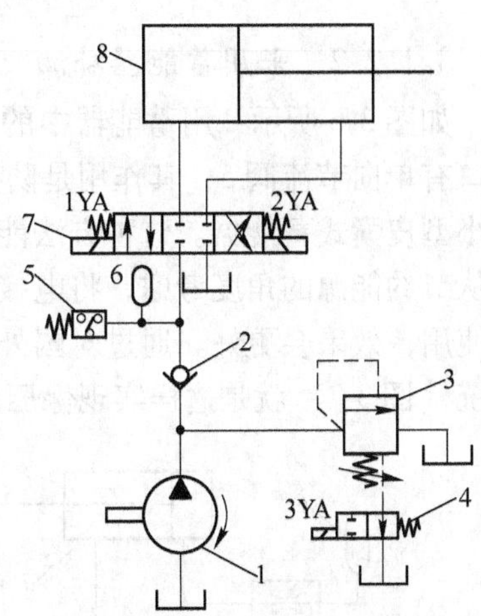

图 3-4 利用先导式溢流阀和蓄能器的保压卸荷回路
1—泵；2—单向阀；
3—先导式溢流阀；4—二位二通电磁阀；
5—压力继电器；6—蓄能器；
7—电磁换向阀；8—液压缸

3.1.2.1 采用液压泵补油进行补压。

在普通定量泵换向回路中，当液压缸 11 达到最大工作压力时，只要换向阀不换向，液压泵继续供油，就能实现保压。但这显然是不经济和有害的，因为泵此时仅以少量的压力油补充系统泄漏，大多数的油在高压下溢流回油箱，造成大量浪费。特别是保压时间越长浪费越严重，系统迅速发热而产生温升故障，液压泵寿命缩短。因此，一般采用变量泵的供油液压系统，或者采用图 3-5 所示的双泵供油系统，工作时两台泵一起向系统供油，保压时，左边低压大流量泵 1 靠电磁溢流阀 3 卸荷，仅右边高压小流量液压泵 2（保压泵）单独提供压力油以补偿系统泄漏，实现保压。

采用液压泵继续供油的保压方法可使液压缸的工作压力始终保持稳定不变。

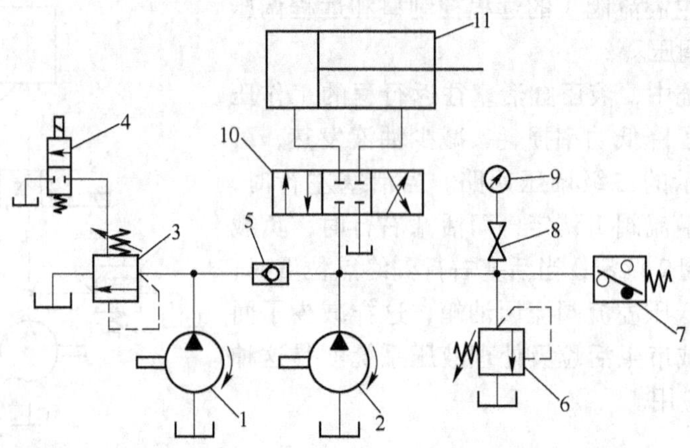

图 3-5　采用液压泵补油的保压回路

1—低压大流量泵；2—高压小流量泵；3—低压溢流阀；4—电磁阀；
5—单向阀；6—高压溢流阀；7—压力继电器；8—压力表开关；
9—压力表；10—换向阀；11—液压缸

3.1.2.2　采用蓄能器补油

如图 3-6 所示，用蓄能器中的高压油与液压缸相通，补偿液压缸系统的漏油。蓄能器出口有单向节流阀 5，其作用是防止换向阀切换时，蓄能器突然泄压而造成冲击。一般采用小型皮囊式蓄能器。这种方法能节省功率，保压 24h，压力下降可不超过 0.1～0.2MPa。如从节约能源的角度考虑，将电接点压力表、蓄能器、液控单向阀、主换向阀的控制等结合使用，效果会更好。通过对国外引进的丁基胶涂布机液压系统存在的问题改进后的液压系统（图 3-7）就是这样实现保压的。

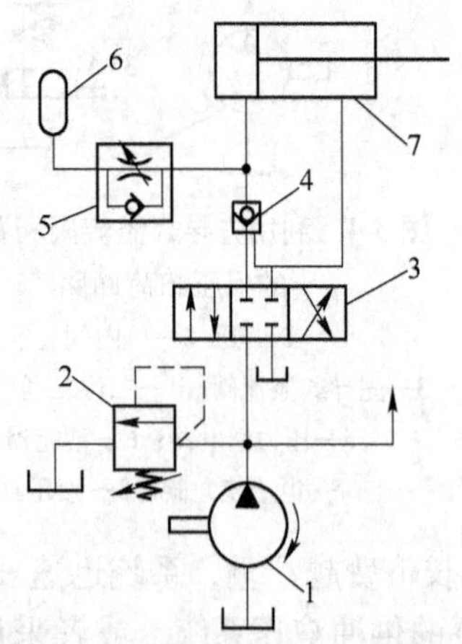

图 3-6　采用蓄能器补油实现保压

1—液压泵；2—溢流阀；3—换向阀；4—液控单向阀；
5—单向节流阀；6—蓄能器；7—液压缸

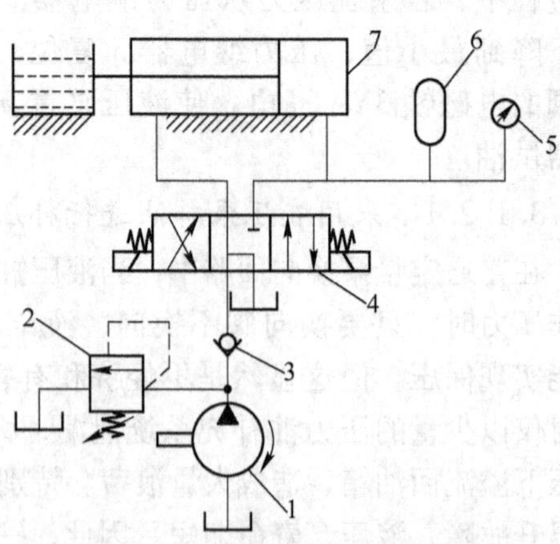

图 3-7　采用蓄能器补油实现保压的丁基胶涂布机液压系统原理

1—液压泵；2—溢流阀；3—单向阀；4—电磁换向阀；
5—压力表；6—蓄能器；7—液压缸

3.1.3 减压回路

由一个泵供给多个执行元件液压油的液压系统中，主油路的工作压力由溢流阀 2 调定。当某一支路所需要的工作压力低于溢流阀调定的压力时，可采用减压回路。

图 3-8 是夹紧机构中常用的减压回路。在通向夹紧缸的油路中，串接一个减压阀 3，使夹紧缸能获得较低而又稳定的夹紧力。减压阀的出口压力可以根据需要从 0.5MPa 至溢流阀的调定压力范围内调节，当系统压力有波动或负载有变化时，减压阀出口压力可以稳定不变。图中单向阀 4 的作用是当主油路压力下降到低于减压阀调定压力（如主油路中液压缸快速运动）时，起到短时间的保压作用，使夹紧缸的夹紧力在短时间内保持不变。为了确保安全，在夹紧回路中往往采用带定位的二位四通电磁换向阀，或采用失电夹紧的换向回路，防止在电气设备发生故障时，松开工件。

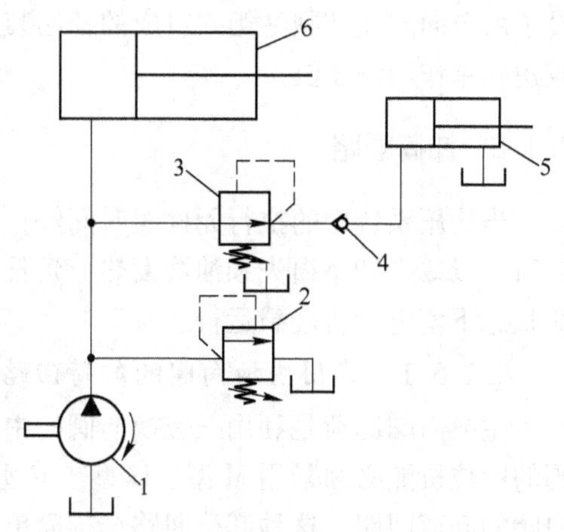

图 3-8 常用减压回路

1—液压泵；2—溢流阀；3—减压阀；4—单向阀；5，6—液压缸

控制油路和润滑油路的油压一般也低于主油路的调定压力，也可采用减压回路。

3.1.4 增压回路

增压回路用来提高系统中某一支路的压力。采用增压回路，可以用较低压力的液压泵来获得较高的工作压力，以节省能源的消耗。

采用增压缸的增压回路如图 3-9 所示。增压缸 4 由大缸 a 和小缸 b 两部分组成，大活塞和小活塞由一根活塞杆连接在一起。当压力油由液压泵 1 经换向阀 3 进入大缸 a 推动活塞向右运动时，从小缸中便能输出高压油，其原理如下：

作用在大活塞上的力 F_a 为

$$F_a = p_1 A_a$$

式中，p_1 为液压缸 a 腔的压力；A_a 为大活塞面积。

在小活塞上产生的作用力 F_b 为

$$F_b = p_2 A_b$$

式中，p_2 为液压缸 b 腔的压力；A_b 为小活塞面积。

活塞两端受力平衡，则 $F_a = F_b$，即

$$p_1 A_a = p_2 A_b$$

$$p_2 = p_1 \frac{A_a}{A_b} = p_1 K,\ K = \frac{A_a}{A_b} \tag{3-1}$$

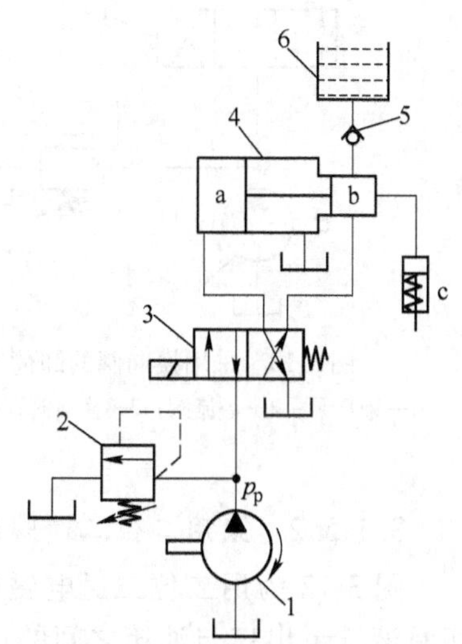

图 3-9 采用增压缸的增压回路

1—液压泵；2—溢流阀；3—换向阀；4—增压缸；5—单向阀；6—副油箱

式中，K 为增压比。

因为 $A_a>A_b$，$K>1$，即增压缸 b 腔输出的油压 p_2 是输入液压缸 a 腔的油压 p_1 的 K 倍。这样就达到了增压的目的。

工作缸 c 是单作用缸，活塞靠弹簧复位。为补偿增压缸小缸 b 和工作缸 c 的泄漏，增设了由单向阀 5 和副油箱 6 组成的补油装置。这种回路不能得到连续的高压，适用于行程较短的单作用液压缸。

3.1.5　卸荷回路

当液压系统中的执行元件短时间停止工作（如测量工件或装卸工件）时，应使液压泵卸荷，以减少功率损失和油液发热，延长泵的使用寿命。功率较大的液压泵应尽可能在卸荷状态下使电动机轻载运行。

3.1.5.1　采用主换向阀的卸荷回路

主换向阀卸荷是利用三位换向阀的中位机能使泵和油箱连通进行卸荷。此时换向阀滑阀的中位机能必须采用 M 型、H 型或 K 型等。图 3-10 是采用 M 型中位机能的三位四通换向阀的卸荷回路，这种卸荷回路结构简单，但当压力较高、流量大时，容易产生冲击，故一般适用于压力较低和小流量的场合。当流量较大时，可使用液动或电液动换向阀来卸荷，但须在回路上安装单向阀（图 3-11），使泵在卸荷时仍能保持 0.3～0.5MPa 的压力，以保证控制油路能获得必要的启动压力。

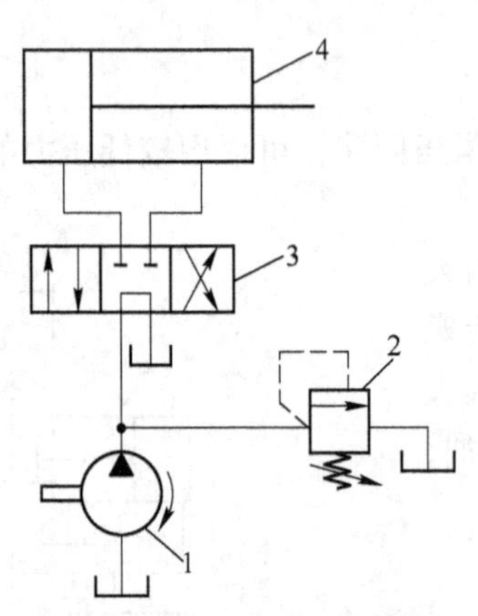

图 3-10　采用换向阀的卸荷回路

1—液压泵；2—溢流阀；3—换向阀；4—液压缸

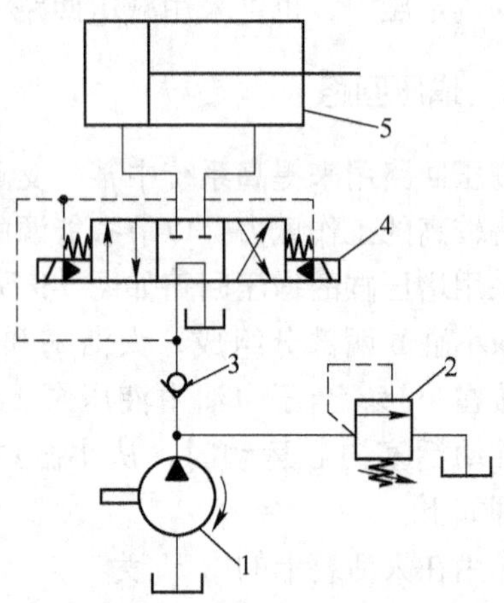

图 3-11　采用电液换向阀的卸荷回路

1—液压泵；2—溢流阀；3—单向阀；4—电液动换向阀；5—液压缸

3.1.5.2　采用二位二通阀的卸荷回路

图 3-12 为用二位二通电磁阀的卸荷回路。当系统工作时，二位二通电磁阀通电，切断液压泵出口与油箱之间的通道，泵输出的压力油进入系统；当工作部件停止运动时，二位二通电磁阀断电，泵输出的油液经二位二通阀直接流回油箱，液压泵卸荷。在这种回路中，二位二通电磁阀应通过泵的全部流量，选用的规格应与泵的公称流量相适应。

3.1.5.3 采用溢流阀和二位二通阀组成的卸荷回路

图 3-13 为采用二位二通电磁阀与先导式溢流阀构成的卸荷回路。二位二通电磁阀通过管路和先导式溢流阀的远程控制口相连接，当工作部件停止运动时，二位二通阀的电磁铁 3YA 断电，使远程控制口接通油箱，此时溢流阀主阀芯的阀口全开，液压泵输出的油液以很低的压力经溢流阀流回油箱，液压泵卸荷。这种卸荷回路便于远距离控制，同时二位二通阀可选用小流量规格。这种卸荷方式要比直接用二位二通电磁阀的卸荷方式平稳些。

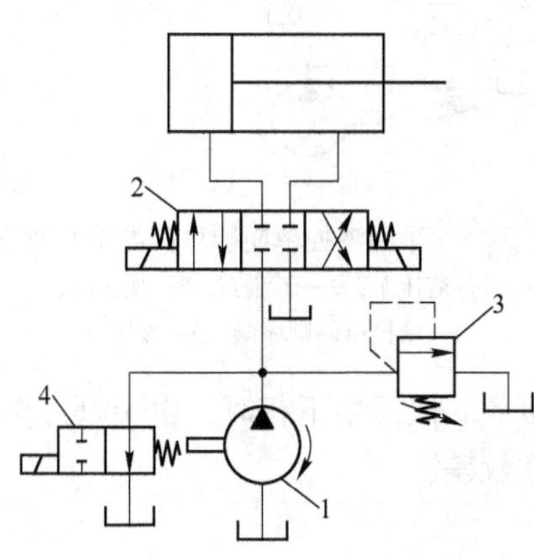

图 3-12 采用二位二通阀的卸荷回路

1—液压泵；2—电磁换向阀；3—溢流阀；4—二位二通电磁阀

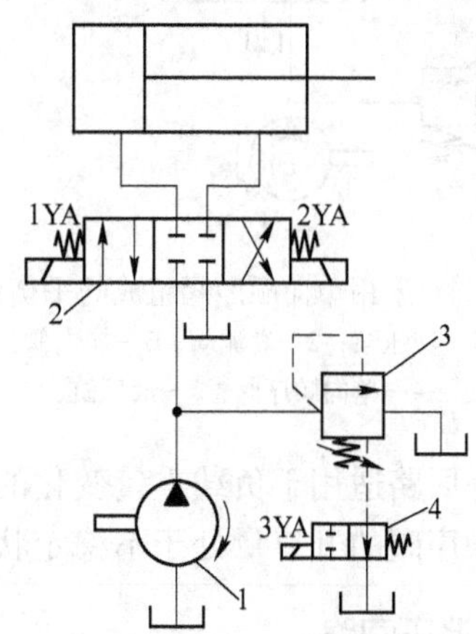

图 3-13 采用先导式溢流阀和二位二通电磁阀的卸荷回路

1—液压泵；2—电磁换向阀；3—先导式溢流阀；4—二位二通电磁阀

3.1.6 平衡回路

3.1.6.1 采用单向顺序阀（也称平衡阀）组成的平衡回路

图 3-14 为采用单向顺序阀（也称平衡阀）组成的平衡回路。单向顺序阀的调定压力应稍大于由工作部件自重在液压缸下腔中形成的压力。这样当液压缸不工作时，单向顺序阀关闭，而工作部件不会自行下滑。液压缸上腔通压力油，当下腔背压力大于顺序阀的调定压力时，顺序阀开启。由于自重得到平衡，故不会产生超速现象。当压力油经单向阀进入液压缸下腔时，活塞上行。这种回路，停止时会由于顺序阀的泄漏而使运动部件缓慢下降，所以要求顺序阀的泄漏量要小。由于其回油腔有背压，功率损失较大。

3.1.6.2 采用液控单向顺序阀的平衡回路

图 3-15 为采用液控单向顺序阀的平衡回路。它适用于所平衡的重量有变化的场合。如起重机的起重等。如图 3-15 所示，当换向阀切换至右位时，压力油通过单向阀进入液压缸的下腔，上腔回油直通油箱，使活塞上升吊起重物；当换向阀切换至左位时，压力油进入液压缸上腔，并进入液控顺序阀的控制口，打开顺序阀，使液压缸下腔回油，于是活塞下行放下重物。若由于重物作用而运动部件下降过快时，必然使液压缸上腔油压降低，于是液控顺序阀关小，阻力增大，阻止活塞迅速下降。如果要求工作部件停止运动时，只要将换向阀切换至中位，液压缸上腔停止供油，使液控顺序阀迅速关闭，活塞即停止下降，并被锁紧。

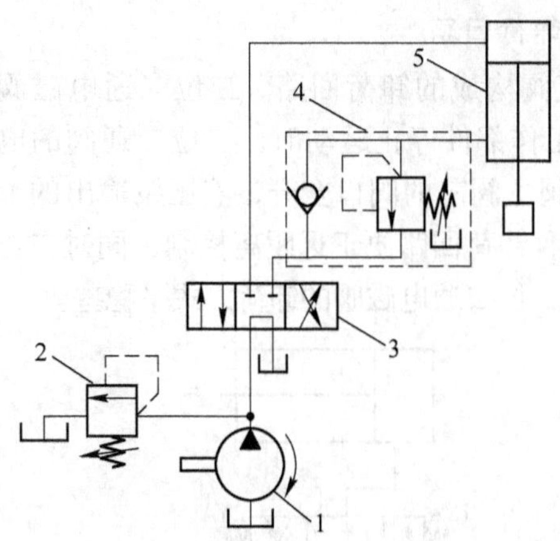

图 3-14　采用单向顺序阀组成的平衡回路
1—液压泵；2—溢流阀；3—换向阀；
4—单向顺序阀；5—液压缸

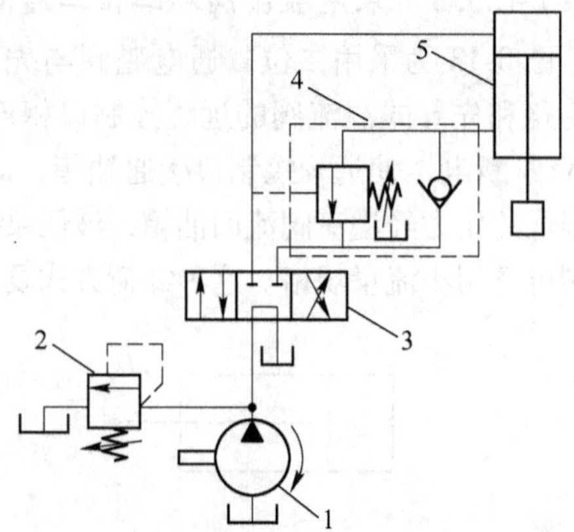

图 3-15　采用液控单向顺序阀的平衡回路
1—液压泵；2—溢流阀；3—换向阀；
4—液控单向顺序阀；5—液压缸

这种回路适用于负载重量变化的场合，较安全可靠。但活塞下行时，由于重力作用会使液控顺序阀的开口量处于不稳定状态，系统平稳性较差。

3.1.7　泄压回路

泄压回路的功用是缓慢释放液压系统在保压期间储存的能量，以免突然释放而产生液压冲击和噪声。通常情况下，只要系统中有保压回路，就应设置相应的泄压回路（通常液压缸直径大于 250mm、压力大于 7MPa 时，其液压缸在排油前就先泄压）。控制泄压可以通过延缓主换向阀的切换时间或采用液压控制等措施实现。

图 3-16 所示为一典型的泄压回路。当电磁换向阀 3 切换至右位时，液控单向阀 8 打开，液压缸上腔泄压。同时，液压泵 1 也通过液控顺序阀 6 泄压。

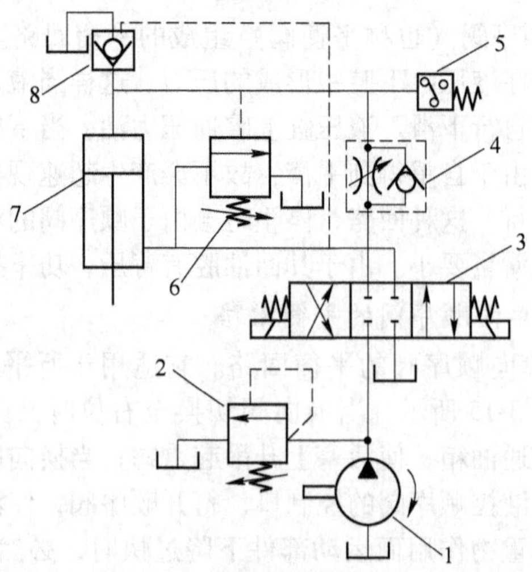

图 3-16　泄压回路
1—液压泵；2—溢流阀；3—电磁换向阀；4—单向节流阀；5—压力继电器；
6—液控顺序阀；7—液压缸；8—液控单向阀

3.1.8 缓冲回路

液压执行元件驱动的工作机构如果速度较高或质量较大，若突然停止或换向，会产生很大的冲击和振动。为了减少或消除冲击，除了对液压元件本身采取一些措施（如在液压缸内设缓冲装置）外，就须在液压系统的设计上采取一些办法实现缓冲。这种回路称为缓冲回路。

图3-17所示为溢流阀缓冲回路。液压缸4运动中的活塞有外力及移动部件惯性，当换向阀3处于中位时，回路停止工作，此时溢流阀2起制动和缓冲作用。液压缸无杆腔经单向阀1从油箱补油。

图3-18所示为节流阀缓冲回路。单向节流阀1安装在液压缸3的回油路上。在缸3的活塞杆上有活动挡块6和7，碰到行程开关4或5时，电磁换向阀2断电，单向节流阀开始节流，实现回路的缓冲作用。通过调整行程开关的安装位置，可满足缓冲位置的要求。

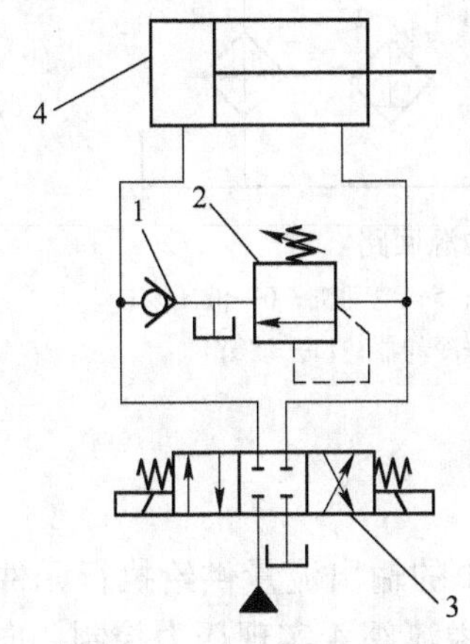

图3-17 溢流阀缓冲回路
1—单向阀；2—溢流阀；3—换向阀；
4—液压缸

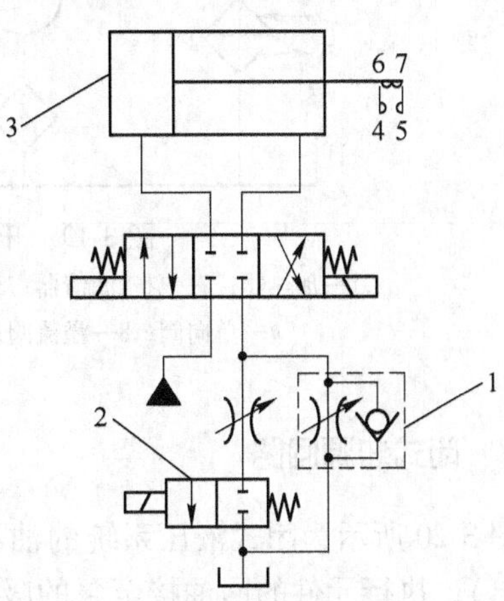

图3-18 节流阀缓冲回路
1—单向节流阀；2—电磁换向阀；3—液压缸；
4，5—行程开关；6，7—活动挡块

3.2 液压油源控制基本回路

液压油源回路是液压系统中提供一定压力和流量工作介质的动力源回路。在设计和构成油源时，要考虑压力的稳定性、流量的均匀性、系统工作的可靠性、工作介质的温度、污染度以及节能等因素。针对不同的执行元件功能的要求，综合上述各因素，考虑油源装置中各种元件的合理配置，达到既能满足液压系统各项功能的要求，又不因配置不必要的元件和回路而造成投资的浪费[6]。

3.2.1 开式油源回路

图3-19所示为开式液压系统的基本油源回路。溢流阀8用于设定泵站的输出压力。油箱11用于盛放工作介质、散热和沉淀污物杂质等。空气滤清器2一般设置在油箱顶盖上并兼作注油口。液位计4一般设在油箱侧面，以便显示油箱液位高度。在液压泵6的吸油口设置进油过滤器12，以防异物进入液压泵内。为了防止载荷急剧变化引起压力油液倒

灌，在泵的出口设置单向阀7。用加热器1和冷却器10对油温进行调节（加热器和冷却器可以根据系统发热、环境温度、系统的工作性质决定取舍），并用温度计3等进行检测。冷却器通常设在工作回路上。为了保持油箱内油液的清洁度，在冷却器上游设置回油过滤器9。

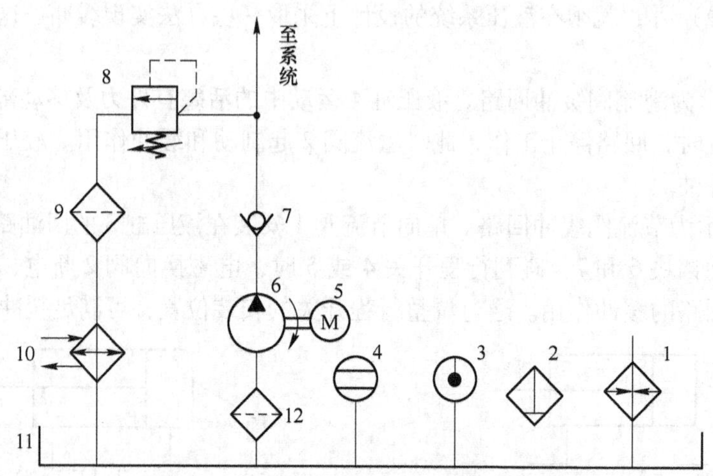

图3-19　开式液压系统的基本油源回路

1—加热器；2—空气滤清器；3—温度计；4—液位计；5—电动机；6—液压泵；7—单向阀；8—溢流阀；9，12—过滤器；10—冷却器；11—油箱

3.2.2　闭式油源回路

图3-20所示为闭式液压系统的油源回路。变量泵1的输出流量供给执行元件（图中未画出），执行元件的回油接至泵的吸油侧。高压侧由溢流阀4实现压力控制，向油箱溢出。吸油侧经单向阀2或3补充油液。为了防止冷却器11被堵塞或冲击压力在冷却器进口引起压力上升，设置有旁通单向阀9。为了保持油箱内油液的清洁度，在冷却器上游设置回油过滤器10，温度计12用于检测油温。

3.2.3　补油泵回路

在闭式液压系统中，一般设置补油泵向系统补油。图3-21所示为一种补油泵回路，向吸油侧进行高压补油的补油泵2可以是独立的，也可以是变量泵1的附带元件。补油泵2的补油压力由溢流阀3设定和调节，过滤器5用于补充油液的净化。其他元件的作用同图3-20。

3.2.4　节能液压源回路

压力适应液压源回路、流量适应液压源回路和功率适应液压源回路是节能液压动力源回路的三种方式。其中，功率适应液压源匹配效率最高，节能效果最好，能量利用最充分；其余两种的匹配效率相对低一些，但比恒压油源回路要高。此外值得注意的是，液压泵的节能效果还与负载特性以及按照负载特性调整的合理程度等有关。

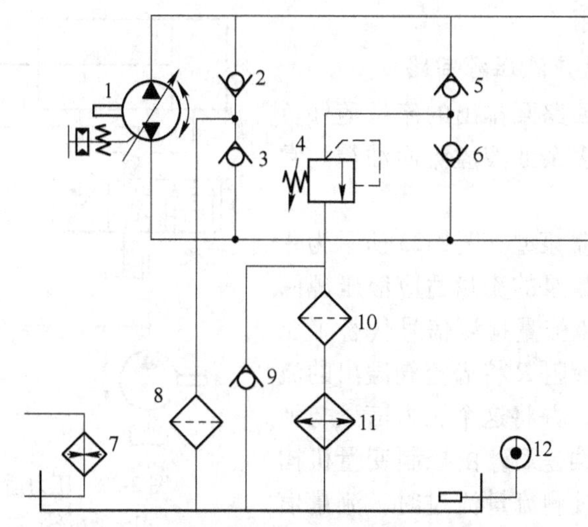

图 3-20 闭式液压系统的油源回路

1—变量泵；2，3，5，6—单向阀；4—溢流阀；7—加热器；8，10—过滤器；9—旁通单向阀；11—冷却器；12—温度计

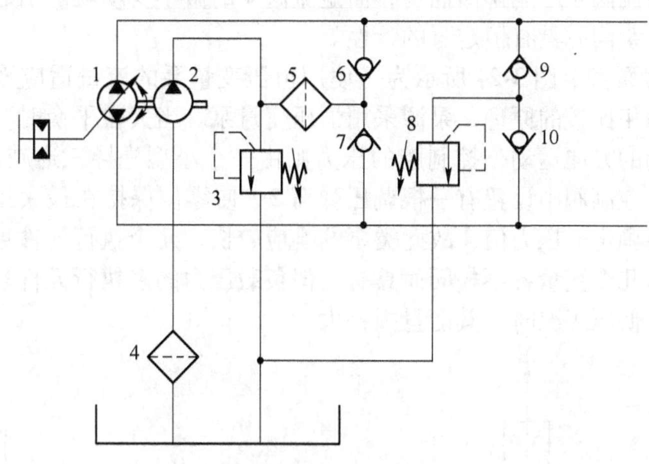

图 3-21 补油泵回路

1—变量泵；2—补油泵；3，8—溢流阀；4，5—过滤器；6，7，9，10—单向阀

3.2.4.1 压力适应液压源回路

此回路液压泵的工作压力与外负载相适应，能够随外负载的变化而变化，从而使原动机功率随外负载变化而变化。

图 3-22 所示为一典型的压力适应液压源回路。为防止负载压力过高，设置安全阀以限制最高工作压力。当换向阀 3 在左方位（或右方位）时，负载的压力信号直接连到泵 1 支路上的溢流阀 2 的遥控口，通过调整泵 1 出口支路中溢流阀 2 内主阀芯回位弹簧的预压量，使得定量泵 1 的出口压力始终比负载安全限定压力高出一个固定压差。换向阀在中位时，反馈端压力接近于零，这时泵 1 出口压力也接近零，泵处于卸荷状态。溢流阀 4 起调

节系统工作压力的作用。

3.2.4.2　流量适应液压源回路

流量适应液压源回路泵排出的流量随外负载的需求而变化，无多余油液溢流回油箱。常见的回路有以下两种：

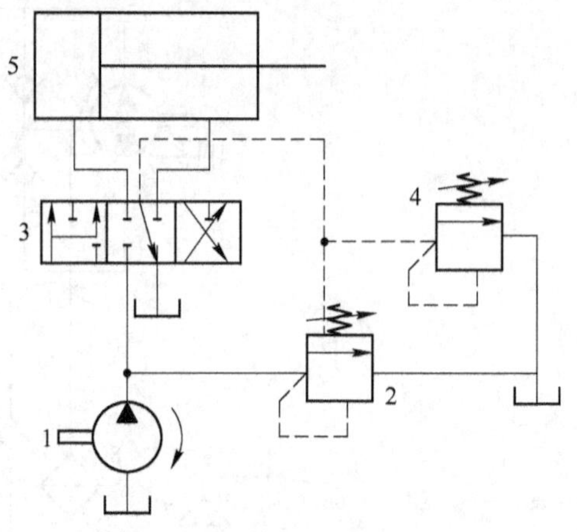

图 3-22　压力适应液压源回路
1—液压泵；2，4—溢流阀；
3—换向阀；5—液压缸

（1）流量感控变量泵型。图 3-23 所示为一使用了流量感控型变量泵的流量适应液压源回路，在这种回路中，以流量检测信号代替了压力的反馈信号，固定液阻 R 将溢流阀溢出的流量转换成压力信号 p_0，并将这个压力信号与弹簧力进行比较，得到偏差后，由控制变量机构 2 作适当调整。当有过剩流量流过时，流量信号转换为压力信号 p_0，与弹簧力比较后，确定偏心距的大小。当没有过剩流量时，流过液阻 R 的流量为零，控制压力 p_0 也为零，泵 1 的流量最大，可以作定量泵用。此外，由于过剩的流量必须通过溢流阀 4 才能排回油箱，而溢流阀 4 的微小变动就能引起调节作用，故这种流量适应型变量泵同时具有恒定泵的特性。

（2）恒压变量泵型。图 3-24 所示为一使用恒压变量泵的流量适应液压源回路。这种回路根据两端压力相比较的原理，泵源采用恒压变量泵。当失去平衡时，将会自行推动变量机构按恢复平衡的方向运动，控制腔的压力则由一个小型先导三通减压阀 4 予以控制。为了克服摩擦力，控制阀中设置有一根调压弹簧 3，使零位保持在最大排量状态。由于出口压力能始终保持调定的压力值，故此类泵的响应较快，几个执行元件可以同时动作，适用于需要同时操纵几个流量各不相同而具有类似负载压力的多执行元件场合。不过，值得注意的是，当处于低压工况时，其能量损耗大。

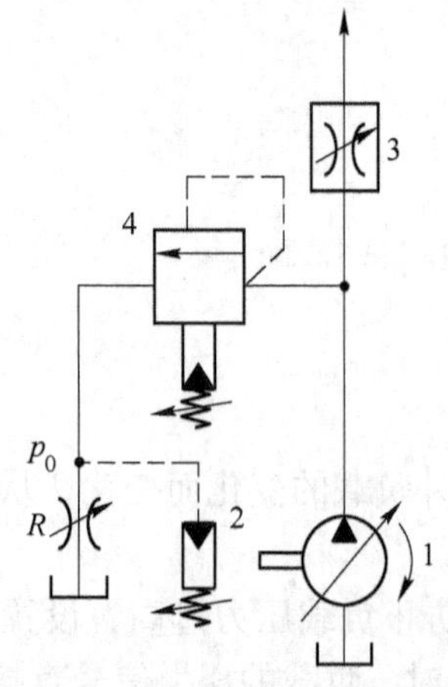

图 3-23　采用流量感控型变量泵的
流量适应液压源回路
1—变量泵；2—变量机构；
3—调速阀；4—溢流阀

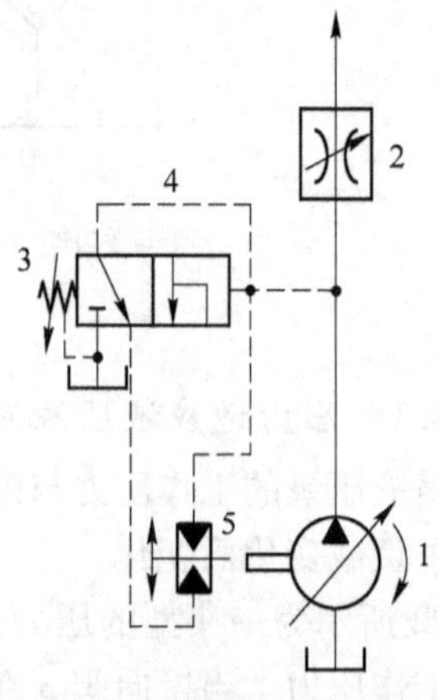

图 3-24　采用恒压变量泵的
流量适应液压源回路
1—恒压变量泵；2—调速阀；3—调压弹簧；
4—三通减压阀；5—变量机构

3.2.4.3 功率适应液压源回路

上述流量适应或压力适应回路，只能做到单参数的适应，而液压功率等于压力与流量的乘积，因而流量适应或压力适应回路不是理想的低能耗控制系统。功率适应液压源回路能够使压力和流量两参数同时适应负载要求，故可将能耗限制在最低限度内。

A 恒压恒流量双重控制液压源回路

恒压恒流量双重控制液压源回路如图 3-25 所示，主要包括变量泵 1、变量活塞 2、恒压阀 3 和恒流量阀 4。在恒压控制的基础上再进行近似恒流量的双重控制，能使系统变得紧凑，具有实现集成化控制的意义。

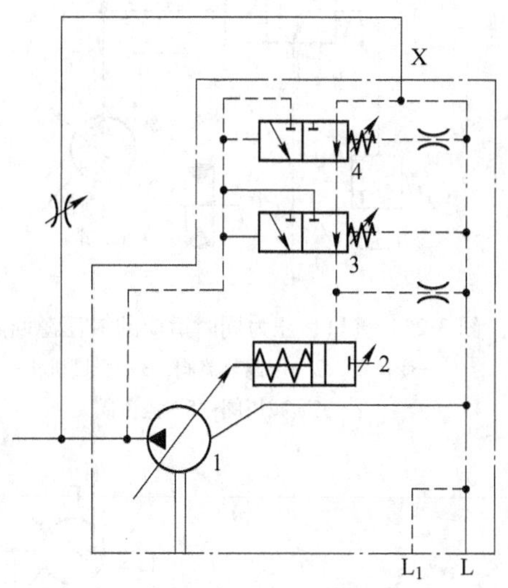

图 3-25 恒压恒流量双重控制液压源回路
1—变量泵；2—变量活塞；3—恒压阀；
4—恒流量阀

恒流量的工作原理：首先调定控制阀右端预压弹簧，弹簧力与节流阀两侧压力差在控制阀阀芯上产生的液压力相平衡。变量泵 1 输出流量随斜盘倾角的改变而改变。当泵转速减小时，输出流量也相应减小。由于节流阀面积不变，则节流阀两端的压力差减小，在弹簧力的作用下，控制阀阀芯左移，带动变量活塞 2 右移，斜盘倾角增大，流量增大，直至恢复到调定值。此时，阀芯上弹簧力与液压力重新平衡，斜盘倾角稳定，泵输出流量恒定。同理可分析泵转速增大时的情况。恒压控制部分与图 3-24 类似，不再赘述。

B 流量、压力同时适应的液压源回路

这种液压源具有流量、压力同时适应的功能，可适应不同的工况要求。如图 3-26 所示，流量、压力同时适应的液压源回路中泵的变量机构通过一个三通减压阀（作为先导阀）来控制，不是靠负载反馈信号控制，所以具有先导控制的许多优点，动态特性好，灵敏度高。减压阀的参比弹簧固定主节流阀的压差，通过主节流阀的流量仅由其开口面积决定。

3.2.4.4 恒功率液压源回路

A 恒功率变量泵控制

如图 3-27 所示，系统负载压力反馈到变量缸的三通控制滑阀 3 上，当调压弹簧 1 调定值大于泵输出压力与负载压力差时，滑阀 3 的左位处于工作状态，变量缸左腔压力降低，弹簧 1 的作用力使活塞左移，从而使变量泵排量增大。反之，当泵输出压力与负载压力差大于调压弹簧的设定值时，滑阀 3 的右位处于工作状态，变量缸左腔压力增加，活塞右移使变量泵排量减小。从而保证转数恒定的变量泵输出压力和输出流量的乘积基本保持不变，即输出功率基本不变。

B 回转式执行元件的恒功率控制

采用定量泵驱动变量马达的恒功率回路如图 3-28（a）所示，而图 3-28（b）为采用变量泵驱动定量马达的回路。

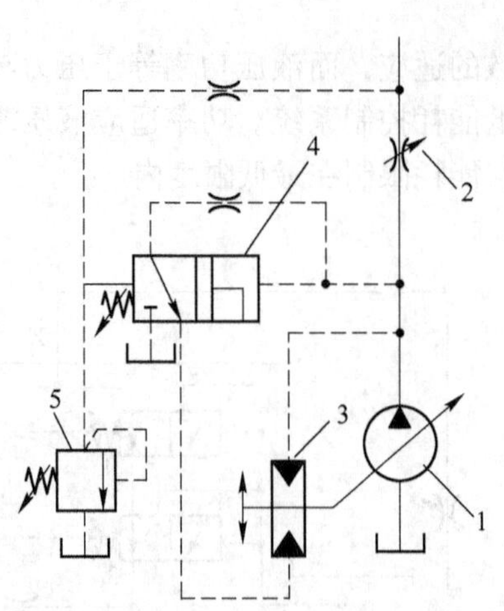

图 3-26　流量、压力同时适应的液压源回路
1—变量泵；2—可调节流阀；3—变量机构；
4—三通减压阀；5—溢流阀

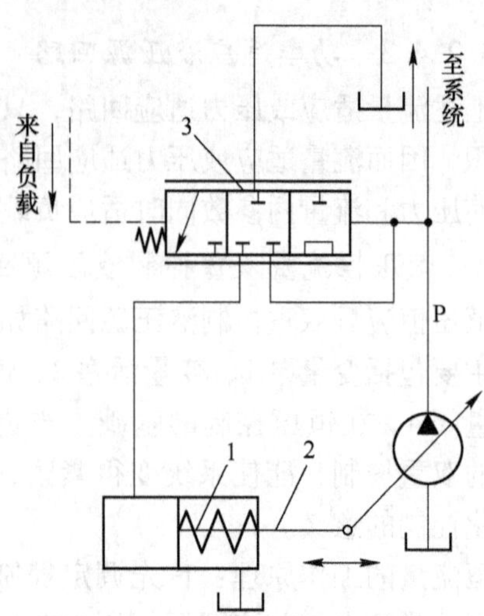

图 3-27　恒功率变量泵控制回路
1—调压弹簧；2—变量缸；3—三通控制滑阀

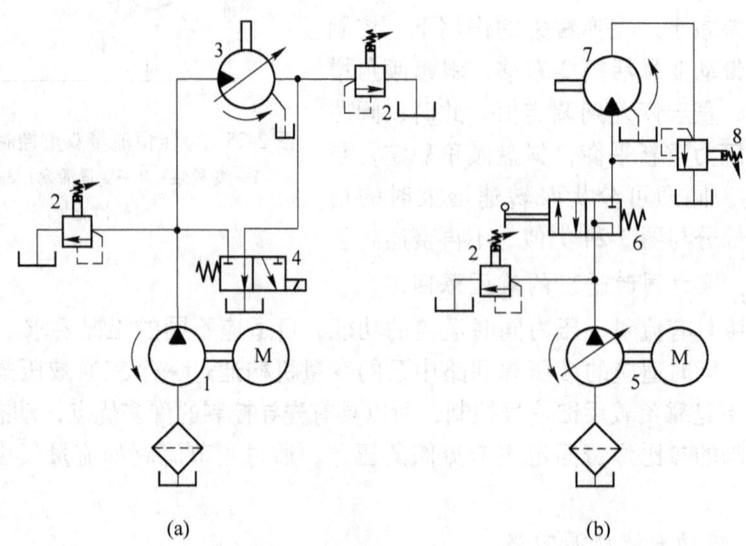

图 3-28　回转式执行元件的恒功率控制回路
1—定量泵；2—安全阀；3—变量马达；4—电磁换向阀；5—变量泵；
6—手动换向阀；7—定量马达；8—外控顺序阀

3.3　方向控制基本回路

在液压系统中，控制执行元件的运动状态（运动或停止）和改变运动方向（前进或后退，上升或下降）的回路称为方向控制回路。

3.3.1　常用换向回路

运动机构的换向，一般可采用各种换向阀来实现。在容积调速的闭式回路中，也可以利用双向变量泵控制油流的方向来实现液压缸（或液压马达）的换向。

依靠重力或弹簧返回的单作用液压缸，可以采用二位三通换向阀进行换向。双作用液压缸的换向，一般都可采用二位四通（或五通）及三位四通（或五通）换向阀进行换向。按不同用途可选用不同控制方式的换向回路。

电磁换向阀的换向回路应用最为广泛，尤其在自动化程度要求较高的组合机床液压系统中被普遍采用。对于流量较大和换向平稳性要求较高的场合，电磁换向阀的换向回路已不能适应上述要求，往往采用电磁换向阀和手动换向阀或机动换向阀作先导阀，而以液动换向阀为主阀的换向回路。

往复直线运动换向回路的功用是使液压缸和与之相连的主机运动机构在其行程终端处迅速、平稳、准确地变换运动方向。简单的换向回路只需采用标准的普通换向阀，但是在对换向要求高的主机（如各类磨床）上，换向回路中的换向阀就需特殊设计。这类换向回路还可以按换向要求的不同而分为时间控制制动式和行程控制制动式两种[7]。

（1）图 3-29 所示是一种比较简单的时间控制制动式换向回路。这种回路中的主油路只受换向阀 3 控制。在换向过程中，当图中先导阀 2 在左端位置时，控制油路中的压力油经单向阀 I_2 通向换向阀 3 右端，换向阀左端的油经节流阀 J_1 流回油箱，换向阀阀芯向左移动，阀芯上的锥面逐渐关小回油通道，活塞速度逐渐减慢，并在换向阀 3 的阀芯移过 l 距离后将通道闭死，使活塞停止运动。当节流阀 J_1 和 J_2 的开口大小调定之后，换向阀阀芯移过距离 l 所需的时间（使活塞制动所经历的时间）就确定不变，因此，这种制动方式被称为时间控制制动方式。时间控制制动方式换向回路的主要优点，是它的制动时间可以根据主机部件运动速度的快慢、惯性的大小通过节流阀 J_1 和 J_2 的开口量得到调节，以便控制换向冲击，提高工作效率；其主要缺点是换向过程中的冲出量受运动部件的速度和其他一些因素的影响，换向精度不高。这种换向回路主要用于工作部件运动速度较高但换向

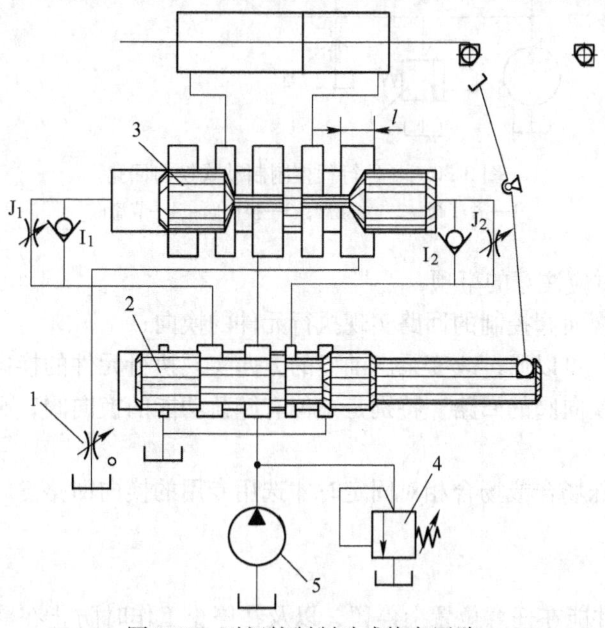

图 3-29 时间控制制动式换向回路

1—节流阀；2—先导阀；3—换向阀；4—溢流阀；5—液压泵

精度要求不高的场合，例如平面磨床的液压系统中。

（2）图 3-30 所示为一种行程控制制动式换向回路。这种回路的结构和工作情况与时间控制制动式的主要差别在于，这里的主油路除了受换向阀 3 控制外，还要受先导阀 2 控制。当图示位置的先导阀 2 在换向过程中向左移动时，先导阀阀芯的右制动锥将液压缸右腔的回油通道逐渐关小，使活塞速度逐渐减慢，对活塞进行预制动。当回油通道被关得很小、活塞速度变得很慢时，换向阀 3 的控制油路才开始切换，换向阀阀芯向左移动，切断主油路通道，使活塞停止运动，并随即使它向相反的方向启动。这里，不论运动部件原来的速度快慢如何，先导阀总是要移动一段固定的行程 l，将工作部件先进行预制动后，再由换向阀来使它换向。所以，这种制动方式被称为行程控制制动方式。行程控制制动方式换向回路的换向精度较高，冲出量较小；但是由于先导阀的制动行程恒定不变，制动时间的长短和换向冲击的大小就受到运动部件速度快慢的影响。所以，这种换向回路宜用在主机工作部件运动速度不大但换向精度要求较高的场合，例如内、外圆磨床的液压系统中。

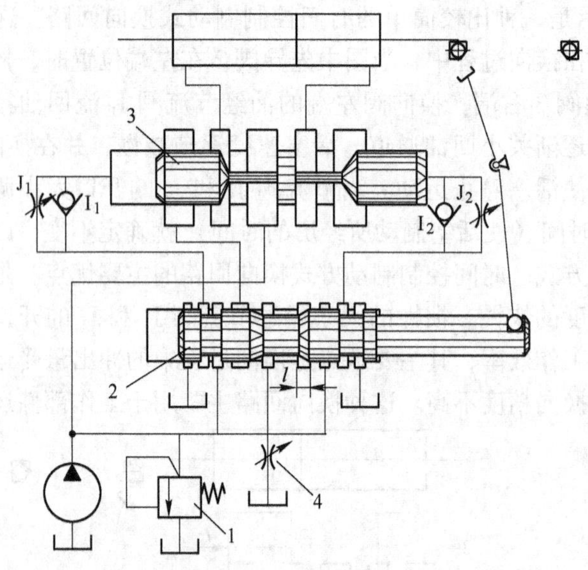

图 3-30　一种行程控制制动式换向回路

1—溢流阀；2—先导阀；3—换向阀；4—节流阀

选择换向回路时应注意的事项：

（1）尽量选择换向阀控制的回路实现执行元件的换向；

（2）泵控系统，可以通过改变泵出油口的方向实现执行元件的换向；

（3）采用电液换向阀的回路，特别是中位有卸荷功能的换向阀，必须保证换向阀的启动压力；

（4）只有在特殊场合或场合相对固定时才选用专用的换向回路。

3.3.2　锁紧回路

为了使工作部件能在任意位置上停留，以及在停止工作时防止在受力的情况下发生移动，可以采用锁紧回路。

采用O型或M型机能的三位换向阀，当阀芯处于中位时，液压缸的进、出口都被封闭，可以将液压缸锁紧。这种锁紧回路由于受到滑阀泄漏的影响，锁紧效果较差。

图3-31所示是采用液控单向阀的双向锁紧回路。在液压缸的进、回油路中都串接液控单向阀（又称液压锁），活塞可以在行程的任何位置锁紧。其锁紧精度只受液压缸内少量内泄漏的影响，因此锁紧精度较高。在造纸机械中，就常用到这种典型回路。

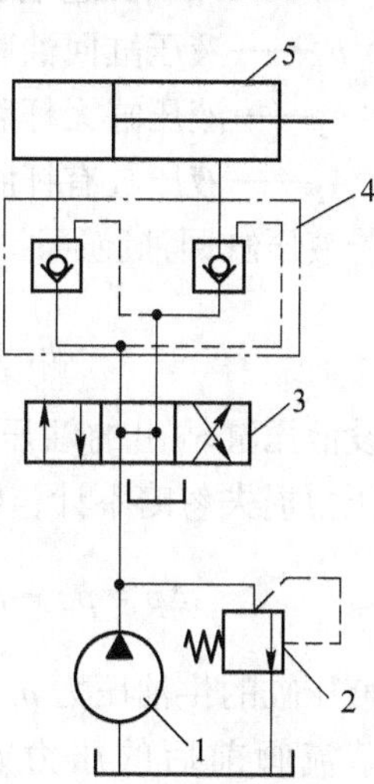

图3-31　使用液控单向阀的双向锁紧回路

1—液压泵；2—溢流阀；3—换向阀；4—液压锁；5—液压缸

采用液控单向阀的锁紧回路，换向阀的中位机能应使液控单向阀的控制油液卸压（换向阀采用H型或Y型），此时，液控单向阀便立即关闭，活塞停止运动。如采用O型机能，在换向阀中位时，由于液控单向阀的控制腔压力油被闭死而不能使其立即关闭，直至由换向阀的内泄漏使控制腔泄压后，液控单向阀才能关闭，影响其锁紧精度。

选用锁紧回路时，应注意以下事项：

（1）要使液控单向阀的控制口处于卸压状态，才能保证锁紧精度。

（2）需要双向锁紧的回路，三位换向阀的中位机能应选择H型或Y型；需要单向锁紧的回路，可选用K型、J型等中位机能的换向阀。

（3）采用O型或M型机能的三位换向阀时，可以与蓄能器配合使用。

3.4　速度控制基本回路

速度控制回路包括调整工作行程速度的调速回路、空行程的快速运动回路和实现快慢速切换的速度换接回路。

3.4.1　节流阀调速回路

节流调速回路的优点是结构简单可靠、成本低、使用维修方便，因此在机床液压系统中得到了广泛应用。但这种调速方法的效率较低。因为定量泵的流量是一定的，而液压缸所需要的流量是随工作速度的快慢而变化的，多余的油液通常是通过溢流阀流回油箱，因此总有一部分能量白白损失掉。此外，油液通过节流阀时也要产生能量损失，这些损失转变为热量使油液发热，影响系统工作的稳定性。所以，节流调速回路一般适用于小功率液压系统，如机床的进给液压系统等。节流调速回路又可分为进油路节流调速回路、回油路节流调速回路和旁油路节流调速回路三种。

3.4.1.1　进油路节流调速回路

将节流阀装在执行元件的进油路上，称为进油节流调速，如图3-32所示。用定量泵供油，节流阀串接在液压泵的出口处，并联一个溢流阀。在进油路节流调速回路中，泵的压力由溢流阀调定后，基本上保持恒定不变，调节节流阀阀口的大小，便能控制进入液压缸的流量，从而达到调速的目的。定量泵输出的多余油液经溢流阀排回油箱。

当活塞克服外负载 F 作工作运动时，其受力平衡方程式为

$$p_1A_1 = p_2A_2 + F \tag{3-2}$$

式中　p_1——液压缸进油腔压力；

p_2——液压缸回油腔压力；

A_1——液压缸无杆腔的有效面积；

A_2——液压缸有杆腔的有效面积。

若液压缸回油腔通油箱，则 $p_2 \approx 0$，所以

$$p_1 = \frac{F}{A_1} \tag{3-3}$$

设液压缸输出的油压为 p_p，流经换向阀及管路等的压力损失忽略不计，则节流阀前后的压力差为

$$\Delta p = p_p - p_1 = p_p - \frac{F}{A_1} \tag{3-4}$$

液压缸的供油压力 p_p 由溢流阀调定后基本不变，所以节流阀前后的压力差将随着负载 F 的变化而变化。

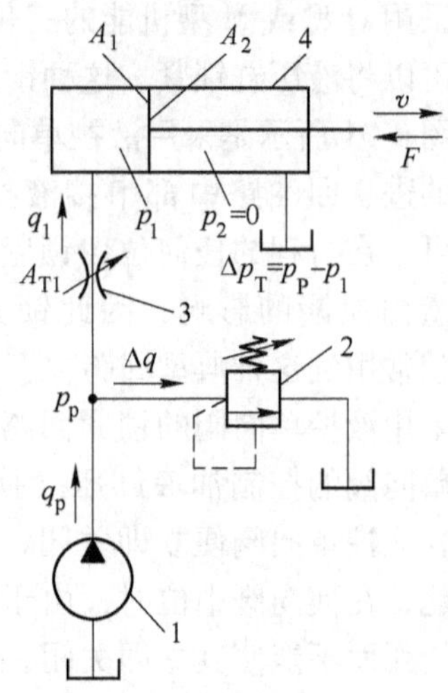

图 3-32　节流阀进油路节流调速回路

1—液压泵；2—溢流阀；3—节流阀；4—液压缸

根据节流阀的流量特性公式，通过节流阀进入液压缸的流量为

$$q_1 = KA_T\Delta p^m \tag{3-5}$$

将式（3-4）代入式（3-5），得

$$q_1 = KA_T\left(p_p - \frac{F}{A_1}\right)^m \tag{3-6}$$

则活塞的运动速度为

$$v = \frac{q_1}{A_1} = \frac{KA_T}{A_1}\left(p_p - \frac{F}{A_1}\right)^m = \frac{KA_T}{A_1^{1+m}}(A_1p_p - F)^m \tag{3-7}$$

式（3-7）称为节流阀进油路节流调速回路的速度负载特性公式。它反映了速度随负载的变化关系。若以活塞运动速度 v 为纵坐标，负载 F 为横坐标，将式（3-7）按节流阀不同的通流面积 A_T 作图，可得一组曲线，称为进油路节流调速回路的速度负载特性曲线，如图 3-33 所示。

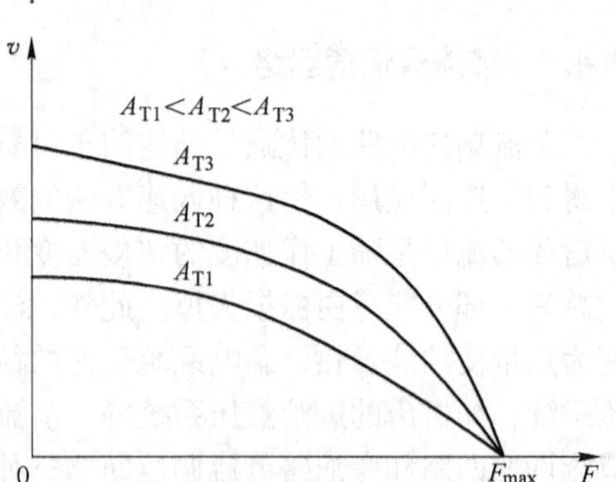

图 3-33　节流阀进油路节流调速回路的速度负载特性曲线

速度负载特性曲线表明了速度随负载而变化的规律，曲线越陡，说明负载变化对速度的影响越大，即速度刚性差。曲线越平缓、刚性就好。因此，从速度负载特性曲线可知：

（1）当节流阀的通流面积不变时，随着负载的增加，活塞的运动速度随之下降。因此，这种调速的速度负载特性较软。

（2）节流阀通流面积不变时，重载区域的速度刚性比轻载区域的速度刚性差。

（3）在相同负载下工作时，节流阀通流面积大的速度刚性要比通流面积小的速度刚性

差。即速度越高，速度刚性越差。

（4）回路的承载能力 $F=p_pA_1$。因液压缸面积 A_1 不变，所以在泵的供油压力 p_p 已经调定的情况下，其承载能力不随节流阀通流面积 A_T 的改变而改变，故属恒推力或恒转矩调速。

由上述分析可知，进油节流调速回路不宜用于负载较重、速度较高或负载变化较大的场合。

3.4.1.2　回油路节流调速回路

将节流阀装在执行元件的回油路上，称为回油节流调速回路，如图 3-34 所示，节流阀串接在液压缸与油箱之间。回油路上的节流阀控制液压缸回油的流量，也可间接控制进入液压缸的流量，所以同样能达到调速的目的。

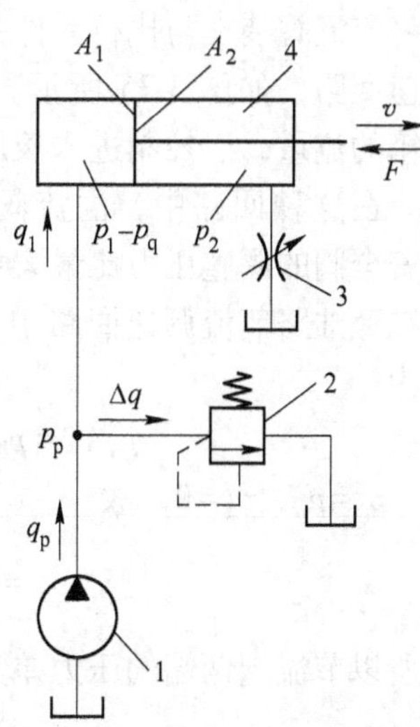

图 3-34　节流阀回油节流调速回路
1—液压泵；2—溢流阀；3—节流阀；4—液压缸

不计管路中的损失，回油节流调速时活塞的受力平衡方程为

$$p_1A_1 = p_2A_2 + F$$

式中，$p_1=p_p$，所以有

$$p_2 = \frac{A_1}{A_2}p_p - \frac{F}{A_2}$$

节流阀两端的压力差为

$$\Delta p = p_2 - 0 = p_2$$

则有

$$q_2 = KA_T\left(\frac{A_1}{A_2}p_p - \frac{F}{A_2}\right)^m$$

活塞的运动速度为

$$v = \frac{q_2}{A_2} = \frac{KA_T}{A_2}\left(\frac{A_1}{A_2}p_p - \frac{F}{A_2}\right)^m = \frac{KA_T}{A_2^{1+m}}(A_1p_p - F)^m \tag{3-8}$$

将式（3-8）与式（3-7）比较，可见回油节流调速回路与进油节流调速回路的速度负载特性公式完全相同，因此回油节流调速回路也具备前述进油路节流调速回路的一些特点。但是，这两种调速回路仍有其不同之处：

（1）回油节流调速由于液压缸回油腔存在背压，功率损失大，但具有承受负值负载（与活塞运动方向相同的负载）的能力；而进油节流调速，工作部件在负值负载作用下，会失控而造成前冲。通常在进油节流调速回路的回油路上增加一个背压阀，以克服上述缺点，但这样会增加功率消耗。

（2）回油节流调速在停车后，液压缸回油腔中的油液会由于泄漏而形成空隙，在启动时，液压泵输出的流量开始时会全部进入液压缸，而使活塞造成前冲现象。在进油节流调速回路中，进入液压缸的流量总是受到节流阀的限制，则可减小启动冲击。

（3）进油节流调速回路比较容易实现压力控制，因为当工作部件碰到死挡铁后，液压缸的进油腔油压会上升到溢流阀的调定压力，利用这个压力变化值，可用来实现压力继电器失压发出信号，但电路比较复杂。

从上面分析可知，在承受负值负载变化较大的情况下，采用回油节流调速较为有利；从停车后启动冲击和实现压力控制的方便性来看，采用进油节流调速较为合适。如果是单出杆液压缸，进油节流调速回路可获得更低的速度。而在回油调速中，回油腔中的背压力在轻载时会比供油压力高出许多，会加大泄漏。故在实际使用中，较多的是采用进油路调速，并在其回油路上加一背压阀，以提高运动的平稳性。

3.4.1.3 旁油路节流调速回路

将节流阀装在与执行元件并联的支路上，称为旁油路节流调速回路，如图 3-35 所示。这种回路用节流阀来调节流回油箱的流量，以控制进入液压缸的流量，达到节能调速的目的。在这种回路中，溢流阀作安全阀用，起过载保护作用。安全阀的调整压力比最大负载所需的压力稍高。

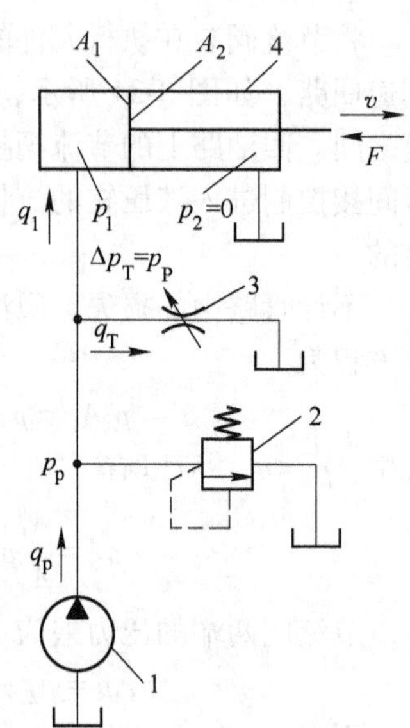

图 3-35 节流阀旁油路节流调速回路

1—液压泵；2—溢流阀；3—节流阀；4—液压缸

在旁油路节流调速回路中（图 3-35），活塞的受力平衡方程为

$$p_1A_1 = p_2A_2 + F$$

式中，$p_1=p_\mathrm{p}$，$p_2=0$，故

$$p_1 = \frac{F}{A_1}$$

所以节流阀两端的压力差为

$$\Delta p = p_\mathrm{p} = \frac{F}{A_1} \tag{3-9}$$

通过节流阀的流量为

$$q_\mathrm{j} = KA_\mathrm{T}\Delta p^m = KA_\mathrm{T}\left(\frac{F}{A_1}\right)^m \tag{3-10}$$

进入液压缸的流量 q_1 为泵输出的流量 q_p 减去通过节流阀的流量 q_j，即

$$q_1 = q_\mathrm{p} - q_\mathrm{j} = q_\mathrm{p} - KA_\mathrm{T}\left(\frac{F}{A_1}\right)^m \tag{3-11}$$

活塞的运动速度为

$$v = \frac{q_1}{A_1} = \frac{q_\mathrm{p} - KA_\mathrm{T}\left(\frac{F}{A_1}\right)^m}{A_1} \tag{3-12}$$

按节流阀的不同通流面积画出旁油路节流调速的速度负载特性曲线，如图 3-36 所示。

分析曲线可知，旁油路节流调速回路有如下特点：

(1) 开大节流阀开口，活塞运动速度减小；关小节流阀开口，活塞运动速度增大。

(2) 节流阀调定后（A_T 不变），负载增加时，活塞运动速度减小。从它的速度负载特性曲线可以看出，其刚性比进、回油调速回路更软。

(3) 当节流阀通流截面较大（工作机构运动速度较低）时，所能承受的最大载荷较小。同时，当载荷较大、节流开口较小时，速度受载荷的变化较小，所以旁油路节流调速回路适用于高速大载荷的情况。

（4）液压泵输出油液的压力随负载的变化而变化，同时回路中只有节流功率损失，而无溢流损失，因此这种回路的效率较高、发热量小。

根据以上分析可知，旁油路节流调速回路宜用在负载变化小、对运动平稳性要求低的高速大功率场合，例如牛头刨床的主运动传动系统，有时也可用于随着负载增大要求进给速度自动减小的场合。

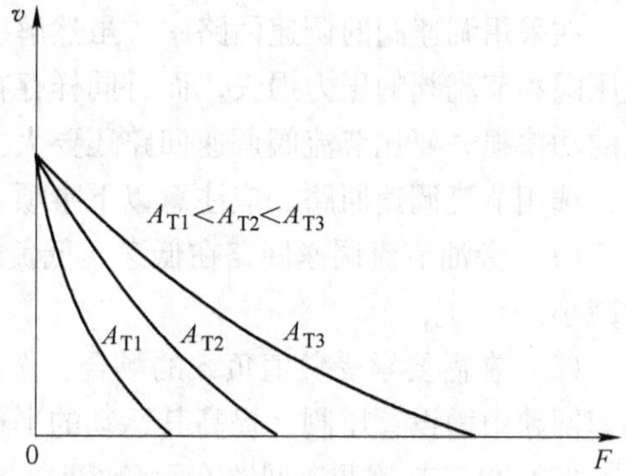

图 3-36　节流阀旁油路节流调速回路的速度负载特性曲线

3.4.2　调速阀节流调速回路

前面介绍的用节流阀调速的三种节流调速回路，有一个共同的缺点，就是执行元件的速度都随着负载增加而减小。这主要是由于负载变化引起了节流阀前后压差的变化，从而改变了通过节流阀流量的缘故。如果用调速阀代替节流阀，就能提高回路的速度稳定性。

采用调速阀的节流调速回路，根据调速阀安装位置的不同，同样有进油路、回油路和旁油路调速三种形式。图 3-37 为把调速阀装在进油路上的调速回路，它的工作情况跟节流阀的进油节流调速一样。液压泵输出恒定流量 q_p，其中一部分流量 q_1 经调速阀进入液压缸，推动活塞运动；另一部分流量 Δq 从溢流阀流回油箱，因此工作时溢流阀常开。这种调速回路液压缸的工作压力 p_1 也同样随负载 F 的变化而变化，但由于调速阀中定差减压阀能自动调节其开口的大小，使调速阀前后的压力差基本保持不变。即在负载变化的情况下，流过调速阀进入液压缸的流量 q_1 能够保持不变，使速度稳定。图 3-38 为调速阀进油路调速回路的速度负载特性曲线，它的速度刚性优于相应的节流阀节流调速回路。

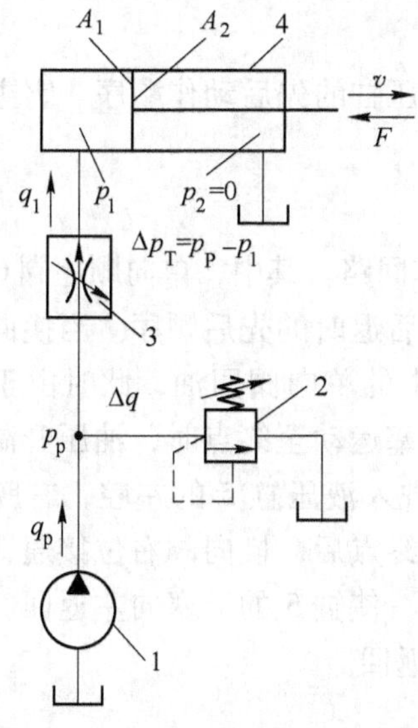

图 3-37　调速阀进油路调速回路

1—液压泵；2—溢流阀；3—调速阀；4—液压缸

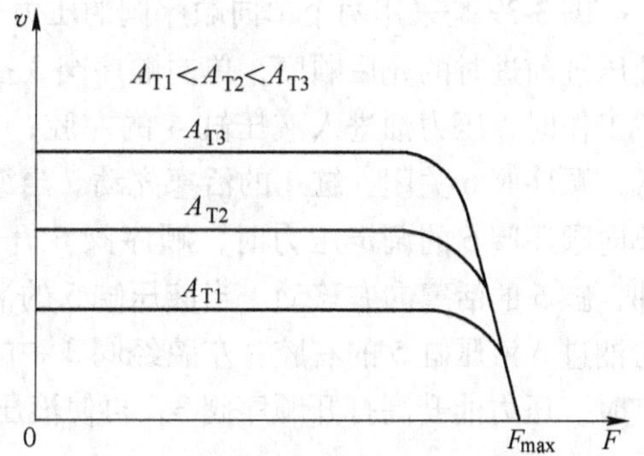

图 3-38　调速阀进油路调速回路的速度负载特性曲线

在采用调速阀的调速回路中，虽然解决了速度的稳定性问题，但由于调速阀中包含了减压阀和节流阀的压力损失，而且同样存在着溢流阀的功率损失，故采用调速阀的调速回路的功率损失要比节流阀调速回路还要大些。

选用节流调速回路，应注意以下事项：

(1) 旁油节流调速回路在低速、低负载时速度刚性最小，其承载能力也随速度的降低而减小。

(2) 在需要承受负值负载的场合，选用出口节流调速回路。一般场合，可在进油节流调速回路中增设背压阀，提高其运动的平稳性。

(3) 出口节流调速回路在无负载时，管路压力升高，须注意管路必须是高压管路。

(4) 采用调速阀的调速回路，明显提高了速度刚性，多用在如机械加工等速度稳定性要求较高的场合。

3.5 多缸动作回路

在液压系统中，如果由一个油源供给多个液压执行元件压力油时，这些执行元件会因压力和流量的彼此影响而在动作上相互牵制。因此，必须使用一些特殊的回路才能实现预定的动作要求。此类回路常见的有顺序动作、同步要求、防干扰、泄荷等回路。

3.5.1 顺序动作回路

在多缸液压系统中，往往需要按照一定要求的顺序动作。例如，自动车床中刀架的纵横向运动，夹紧机构的定位和夹紧等。

顺序动作回路按其控制方式不同，分为压力控制、行程控制和时间控制三类，其中前两类用得较多。

3.5.1.1 用压力控制的顺序动作回路

压力控制，就是利用油路本身的压力变化来控制液压缸的先后动作顺序。它主要利用压力继电器和顺序阀作为控制元件来控制动作顺序。

A 使用单向顺序阀的顺序动作回路

图3-39是采用两个单向顺序阀的压力控制顺序动作回路。其中，单向顺序阀6控制两液压缸前进时的先后顺序，单向顺序阀3控制两液压缸后退时的先后顺序。当换向阀2左位工作时，压力油进入液压缸4的左腔，右腔经阀3中的单向阀回油，此时由于压力较低，顺序阀6关闭，缸4的活塞先动。当液压缸4的活塞运动至终点时，油压升高，达到单向顺序阀6的调定压力时，顺序阀6开启，压力油进入液压缸5的左腔，右腔直接回油，缸5的活塞向右移动。当液压缸5的活塞右移到达终点后，换向阀右位接通，此时压力油进入液压缸5的右腔，左腔经阀3中的单向阀回油，使缸5的活塞向左返回。到达终点时，压力油升高打开顺序阀3，再使液压缸4的活塞返回。

B 压力继电器控制的顺序回路

图3-40所示为用了两只压力继电器的顺序动作回路，其全部顺序动作循环为①→②→③→④。压力继电器1YJ控制电磁阀6的2YA和电磁阀11的4YA，而2YJ控制电磁阀3的1YA。电磁铁尚未通电时，电磁阀3的右位工作，夹紧缸1的活塞左移，实现动作

①；当活塞行至终点时，回路中压力升高，压力继电器动作使2YA和4YA通电，阀6、11都切换至左位，进给缸2的活塞右移，实现动作②；返回时，阀6、11切换至右位，液压缸2的活塞先退回，实现动作③；当其退回至终点时，回路压力升高，压力继电器2YJ动作，使1YA通电，液压缸1的活塞退回，实现动作④。

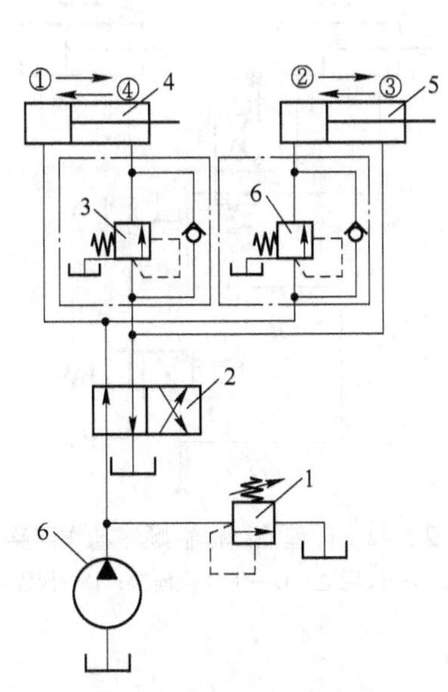

图3-39 使用单向顺序阀的顺序动作回路

1—溢流阀；2—换向阀；3，6—顺序阀；4，5—液压缸

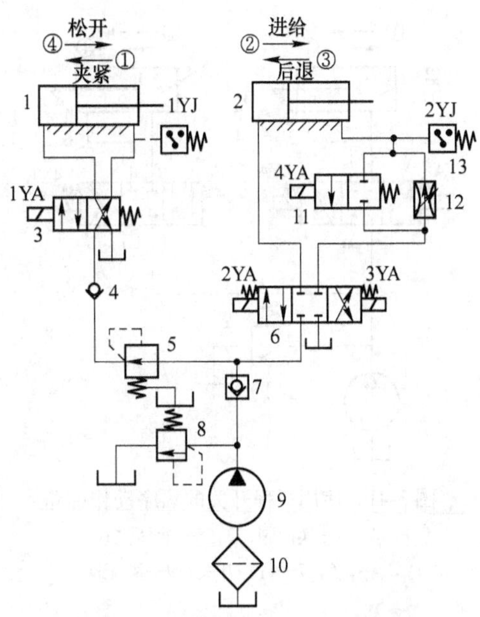

图3-40 压力继电器控制的顺序回路

1—夹紧缸；2—进给缸；3—二位四通电磁换向阀；4，7—单向阀；5—减压阀；6—三位四通电磁换向阀；8—溢流阀；9—液压泵；10—吸油过滤器；11—二位二通电磁换向阀；12—调速阀；13—压力继电器（1YJ，2YJ）

3.5.1.2 用行程控制的顺序动作回路

行程控制顺序动作回路是利用工作部件达到一定位置时，发出信号来控制液压缸的先后动作顺序。它可以利用行程开关、行程阀等来实现。

A 使用行程开关的顺序动作回路

图3-41为利用行程开关控制的顺序动作回路。其动作顺序是：按启动按钮，电磁铁1YA通电，缸2活塞右行；当挡铁触动行程开关4时，使1YA断电，3YA通电，缸5活塞右行；缸5活塞右行至行程开关终点触动行程开关7，使3YA断电，2YA通电，缸2活塞后退；缸退至左端，触动行程开关3，使2YA断电，4YA通电，缸5活塞退回；缸5触动行程开关6，4YA断电。至此完成了两缸的全部顺序动作的自动循环。

采用电气行程开关控制的顺序回路，调整行程大小和改变动作顺序均很方便，且可利用电气互锁使动作顺序可靠。

B 行程阀控制的顺序动作回路

图3-42为利用撞块操作行程阀来实现缸A、缸B的顺序动作①—②及③—④。

选用顺序动作回路时应注意的事项：对于采用顺序阀的顺序动作，要注意顺序阀的调定压力应比先动作油缸的压力高 0.5MPa 以上，才能保证动作的可靠性；对采用压力继电器发信控制的顺序动作回路，压力继电器的压力调定值之间要有 0.5MPa 以上的压差值，才能使动作可靠；对于采用行程控制式的顺序动作回路，要注意行程开关、行程阀以及相应发信元件连接处的可靠性。

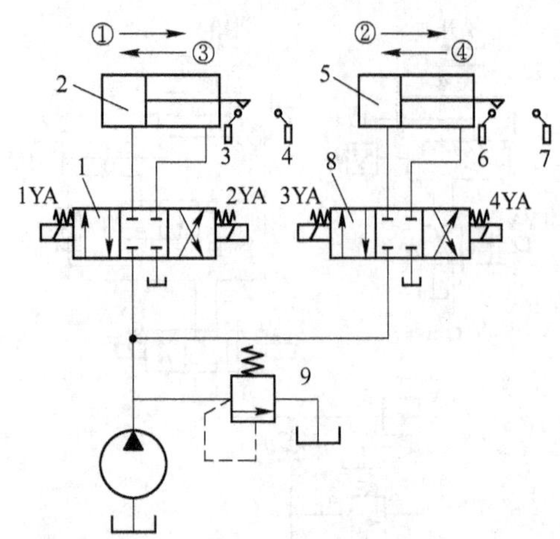

图 3-41　使用行程开关的顺序动作回路
1，8—换向阀；2，5—液压缸；
3，4，6，7—行程开关；9—溢流阀

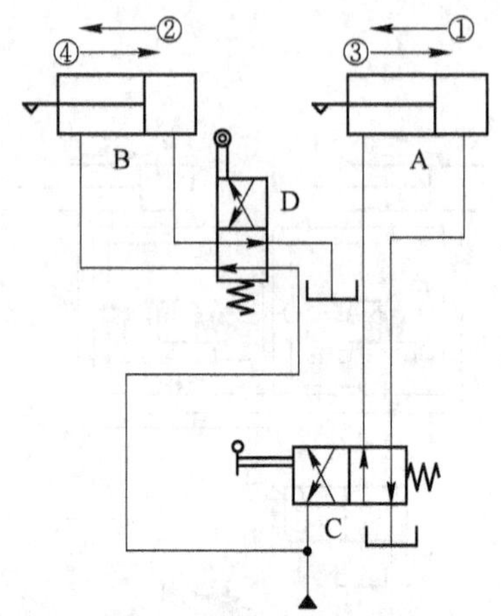

图 3-42　行程控制油缸顺序动作回路
A，B—液压缸；C—手动换向阀；D—行程阀

3.5.2　同步动作回路

使两个或两个以上的液压缸在运动中保持相同位移或相同速度的回路，称为同步回路。

在一泵多缸的系统中，尽管液压缸的有效工作面积相等，但是由于运动中所受负载不均衡，摩擦阻力也不相等，还有泄漏量的不同以及制造上的误差等，不能使液压缸同步动作。同步回路的作用就是为了克服这些影响，补偿它们在流量上所造成的变化。

3.5.2.1　机械强制式同步回路

机械强制式同步是将同时动作的缸或杆用机械连接的方法，使其成为刚性连接的整体，从而强制其实现同步运动。图 3-43（a）所示为依靠导轨的约束，强制两缸的活塞同步；图 3-43（b）所示为通过齿轮轴与固定的齿条啮合而实现两缸活塞同步。

影响同步精度（不同步）的原因有：

（1）滑块上的偏心负载较大，且负载不均衡；

（2）导轨间隙过大或过小，以及间隙 $\delta_1 \neq \delta_2$；

（3）机身与滑块的刚性差，产生结构变形；

（4）齿轮与齿条传动的制造精度误差，或者在长久使用后磨损变形，间隙增大；

（5）中间轴的扭转刚性差等。

3.5.2.2　容积控制式同步回路

A　采用串联液压缸的同步回路

图 3-44 所示为串联液压缸同步回路。这种回路两缸能承受不同的负载，但泵的供油

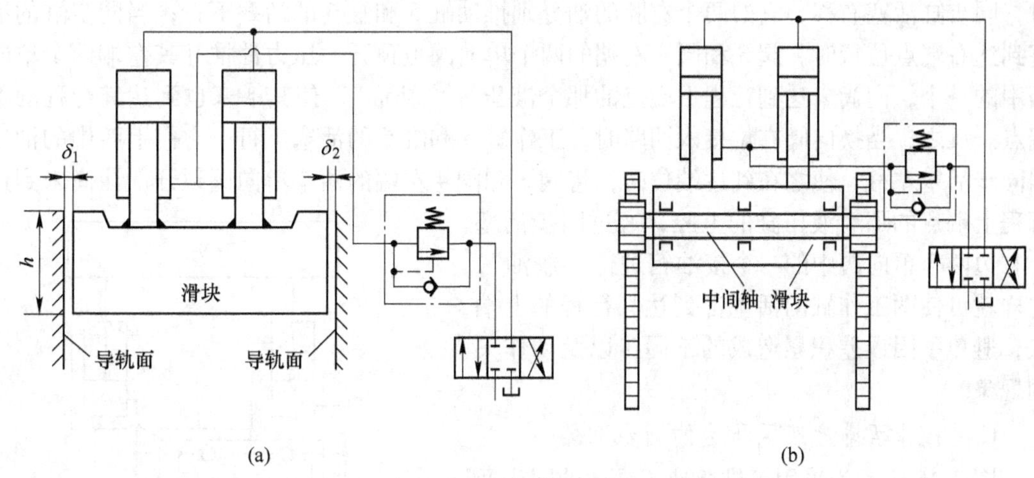

图 3-43 机械强制式同步回路

压力要大于两缸工作压力之和。

B 采用同步缸的同步回路

图 3-45 所示为用尺寸相同、共用一活塞杆的两个同步缸 1 与缸 2，向两个工作腔供给同流量的油，从而保证两工作液压缸 5 与 6 运动同步的回路，同步精度可达 1%。

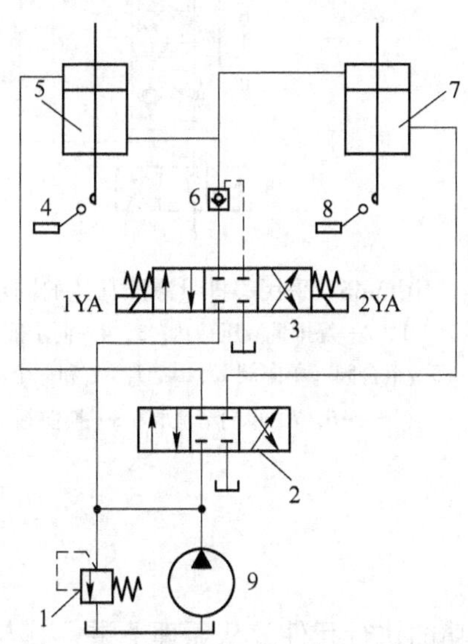

图 3-44 带补偿装置的串联液压缸同步回路

1—溢流阀；2—换向阀；3—电磁换向阀；4，8—行程开关；5，7—工作油缸；6—液控单向阀；9—液压泵

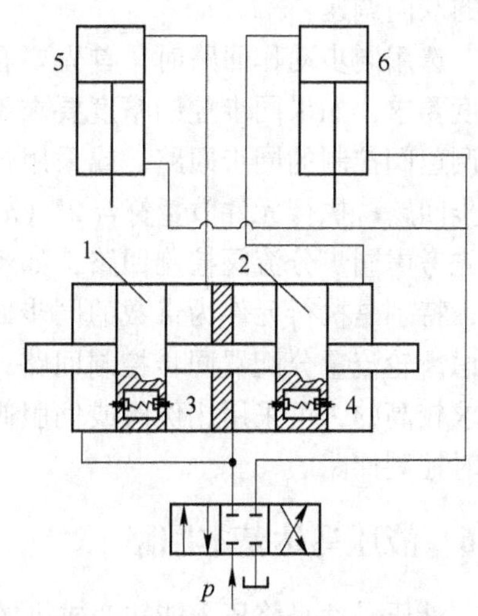

图 3-45 同步缸控制的同步回路

1，2—同步控制缸；3，4—单向阀；5，6—工作液压缸

这种回路不同步（或同步精度差）的主要原因是：同步缸的制造误差、工作液压缸的制造误差和系统泄漏、工作液压缸行程太长及高压下负载又不均匀时，会产生一个缸先行到底的不同步现象。为此，可在同步缸的两个活塞上各装有一对左右成套的单向阀 3 与 4，供行程端点处消除两工作液压缸的位置误差之用。其作用原理为：当换向阀左位接入回路

时，同步缸活塞右移，它的两个右腔的油分别推动缸 5 和缸 6 的活塞下行；当同步缸的活塞到达右端点位置时，阀 3 和阀 4 右端的两个单向阀被顶开，压力油推开其左端两个单向阀中的一个，向尚未达到行程下端点的那个液压缸“补油”，使其活塞也到达其行程的下端点。反之，当换向阀右位接入回路时，工作缸 5 和缸 6 的活塞上行，它们上腔中的油推动同步活塞左移，使之在到达端位时，将阀 3 和阀 4 左端的两个单向阀顶开，让尚未到达行程上端点的那个液压缸的上腔，通过同步活塞上右边两个单向阀中的一个接油箱进行“放油”，这样就可使两工作缸的活塞都到达其行程的上端点，避免了因误差积累造成的不同步以及动作失调现象。

C　采用等排量液压马达的同步回路

图 3-46 所示为采用等排量液压马达的同步回路，两个转轴相连、排量相同的液压马达 1 和 2 分别与有效工作面积相同的两个液压缸 3 和 4 接通，它们控制着这两个液压缸的进、出流量，使之实现双向同步运动。组合阀（四个单向阀与一个溢流阀）5 为交叉补油油路，用于消除两液压缸在行程端点位置误差。阀 6 与阀 7 用于两液压缸的双向调速。

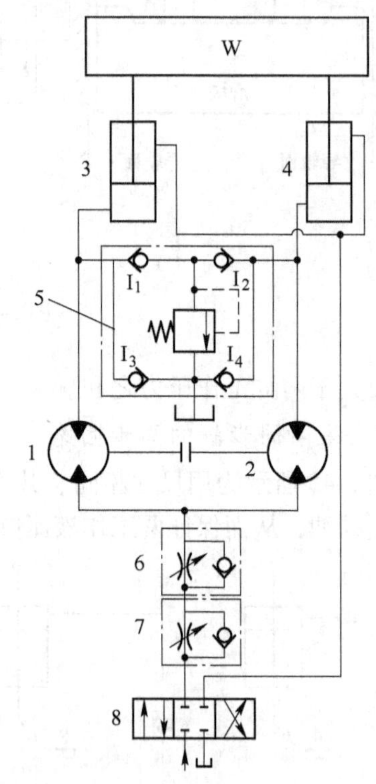

图 3-46　采用等排量液压马达的同步回路
1，2—等排量液压马达；3，4—同步液压缸；
5—组合阀（单向阀 I_1、I_2、I_3、I_4 和一个溢流阀）；
6，7—单向节流阀；8—换向阀

选用同步动作回路时，首先要看同步控制的精度要求，如果同步控制精度要求不高，可以采用调速阀控制的同步回路，或采用带补偿措施的同步回路；执行元件数量符合 2^n（$n \geqslant 1$）时，可首先考虑同步分流阀控制回路，如不满足这一条件，特别是执行元件为奇数的同步回路，可优先考虑齿轮流量分配器同步控制回路；对控制精度要求较高的，可采用比例阀或伺服阀控制的闭环实时控制回路。

3.6　液压马达基本回路

液压马达是将压力能转变成机械能并对外做功的执行元件，从原理上讲，其与液压泵是可逆的，结构上与液压泵也基本类同。但在实际应用中，除了轴向柱塞泵与马达可以互逆使用外，其他的都不可以，原因是液压泵和液压马达的工作条件不同，其性能要求也不尽相同。液压马达一般要求能够正反转，其内部结构是对称的，调速范围大，一般不具备自吸能力，但要求有一定的初始密封性，以提高必要的启动扭矩。

3.6.1　调速回路

3.6.1.1　变量泵与定量马达组成的调速回路

变量泵与定量马达组成的调速回路有五种，分别叙述如下。

A 回路一

这种调速方式成为恒扭矩调速，采用定量马达，在调速范围内，液压马达输出的最大扭矩不变，而输出的功率随液压马达转速的提高而增加。如图 3-47 所示，当电磁换向阀 3 通电后，定量泵 1 输出的控制油使液动换向阀 4 切换至右位，变量泵 7 输出的压力油使液压马达 6 转动。液压马达的转速可以通过改变变量泵的流量实现调节。当发生过载，系统油压升高后，压力继电器发出信号，使电磁换向阀断电，液动换向阀换至左位，液压马达回油路关闭，溢流阀 2 起缓冲安全作用，变量泵卸荷。

B 回路二

如图 3-48 所示，为了防止液压马达以最大扭矩运转时泵流量过大造成过载现象，须采取措施限制功率。在本回路中，设置了一个手柄杠杆，能够同时调节变量泵 1 的流量与溢流阀 3 的压力。为了使液压马达 2 输出的最大功率接近常数，当液压泵流量增加时，溢流压力逐渐降低。不过值得注意的是，一般只在速度范围的上限附近才降低溢流压力。

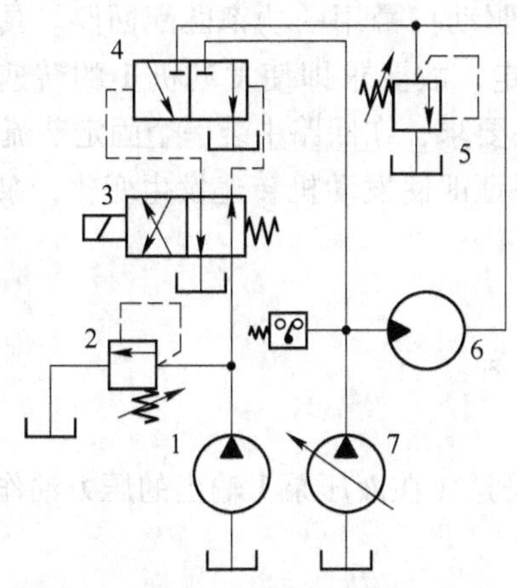

图 3-47 变量泵与定量马达的调速回路一

1—定量泵；2—溢流阀；3—电磁换向阀；4—液动换向阀；5—溢流阀；6—液压马达；7—变量泵

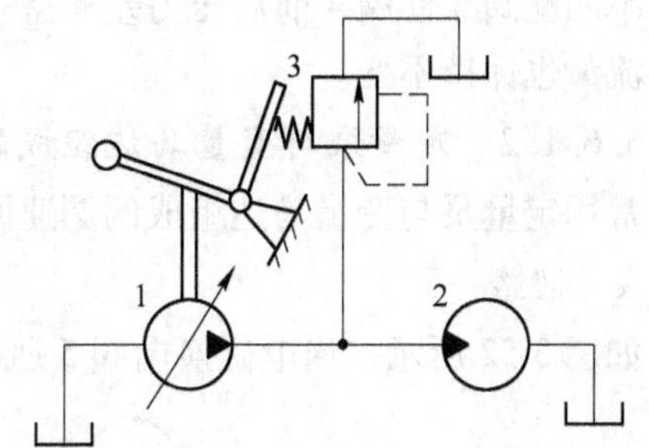

图 3-48 变量泵与定量马达的调速回路二

1—变量泵；2—液压马达；3—溢流阀

C 回路三

如图 3-49 所示，此种回路由变量泵 1 供油，实际上是液压马达单向转动的闭式回路。为防止泵 1 过载，采用阀 2 作为泵 1 的安全阀，限制液压马达的最大扭矩。由补油泵 4 对回油路进行补油，可以补偿泄漏。为了限制补油压力，采用阀 3 作为泵 4 的溢流阀。

D 回路四

如图 3-50 所示，由一个变量泵 1 和两个定量泵 2、3 驱动一个定量液压马达 4。通过一个小流量的变量泵就可得到较大的调速范围，同时定量液压马达输出的扭矩不变。定量液压马达转速的改变可以通过调节变量泵的输油量实现。采用定量泵和变量泵并联供油以扩大调速范围，它能得到分段无级调速。不过值得注意的是，二位换向阀 4、5 的切换速度不能太慢，因为滑阀在过渡位置时，定量泵的出油口封闭，容易引起过载。溢流阀 7 在回路中作安全阀用。

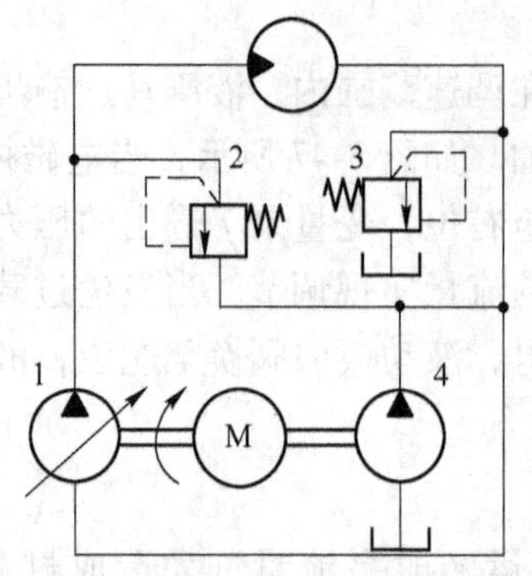

图 3-49　变量泵与定量马达的调速回路三

1—变量泵；2—安全阀；3—溢流阀；4—补油泵

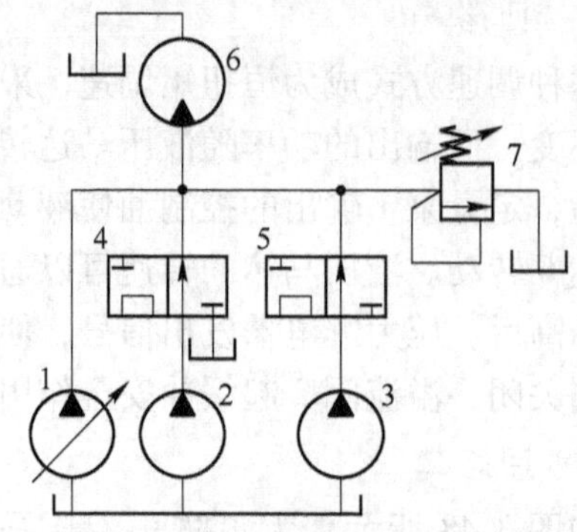

图 3-50　变量泵与定量马达的调速回路四

1—变量泵；2，3—定量泵；4，5—换向阀；6—定量液压马达；7—溢流阀

E　回路五

如图 3-51 所示，此种回路主要用于道路清扫车驱动扫帚用的功率匹配回路。具体情况是：当转速超过某一数值时，扫帚 6 会将尘埃吹走，故要求即使发动机 1 的转速改变了，扫帚的转速也不应超过某一数值。为了达到这一要求，在回路中装一个固定节流阀 4，由功率匹配阀 3 使阀 4 前后压力差保持一定，从而保证即使发动机转速发生变化，泵 2 的输出流量也保持不变。

3.6.1.2　定量泵与变量马达组成的调速回路

常用定量泵与变量马达组成的调速回路有以下三种。

A　回路一

如图 3-52 所示，当电磁换向阀 5 通电后，液压马达 4 在液压泵 1 输出的压力油作用下

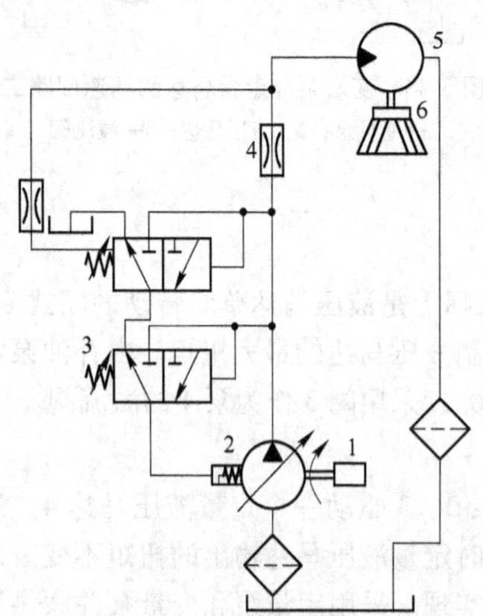

图 3-51　变量泵与定量马达的调速回路五

1—发动机；2—泵；3—功率匹配阀；4—固定节流阀；5—马达；6—扫帚

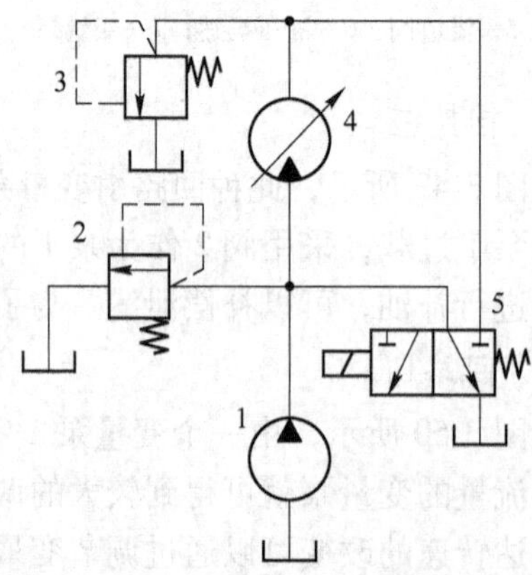

图 3-52　定量泵与变量马达的调速回路一

1—液压泵；2，3—溢流阀；4—变量液压马达；5—电磁换向阀

旋转。当电磁换向阀断电，压力油经溢流阀 2、3 流回油箱，液压泵卸荷，使液压马达制动。在恒功率驱动中常采用这种回路，例如卷取装置，液压马达的排量随卷筒直径的增大逐渐增大，故液压马达输出的扭矩逐渐增加，而张力保持不变；同时，转速逐渐降低，而卷筒的线速度保持不变。

B 回路二

如图 3-53 所示，为了达到恒功率输出，此回路中变量马达的变量机构由双联泵中的小泵来操纵。电磁换向阀 1 通电后，变量马达开始运转。工作部件使靠模 3 移动。随着靠模的移动，推动伺服阀 2 的阀芯，改变了控制缸左腔的压力。为了使变量马达的转速按所要求的规律变化，控制活塞作相应的移动来补偿伺服阀的开口，并改变变量马达的偏心量。

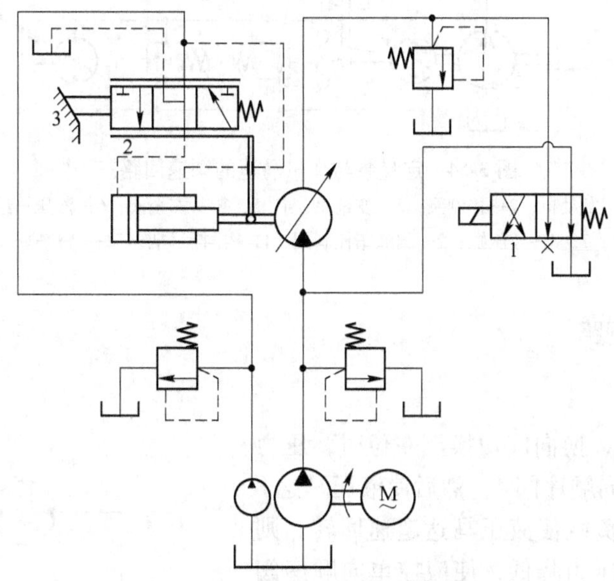

图 3-53 定量泵与变量马达的调速回路二

1—电磁换向阀；2—伺服阀；3—靠模

C 回路三

如图 3-54 所示为拖拉机速度控制系统回路。发动机 1 的转速取决于控制泵 2 与变量泵 3 的流量。倒顺车控制阀 9 处于中位，泵 2 卸荷，泵 3 输出流量为零，车轮的驱动液压马达 6 不转动。前进时，阀 9 切换至右位，泵 2 供油压力由节流阀 12 通过排挡手柄 11 调节。液压缸 8 的弹簧刚度小于液压缸 7 的弹簧刚度。当手柄 11 处于高速挡（阀 12 开口量最小）位置时，随着发动机转速的提高，一方面泵 3 的转速提高而增加输油量；另一方面泵 2 供油压力提高，缸 8 使泵 3 的斜盘倾角变至最大值，也增加了输油量。同时，压力油克服缸 7 的弹簧力，将马达 6 的斜盘倾角改变至最小值，使车轮获得最高转速。当外负载增加时，可将手柄 11 置于低速挡（阀 12 开口量最大）位置，这时泵 2 供油压力降低，泵 3 的斜盘倾角变小，马达 6 的斜盘倾角增大，因而马达 6 的输出扭矩增加，但转速降低。这与一般的拖拉机操作原理相同。阀 9 切换至左位时，泵 3 反向供油，缸 7 由弹簧复位，使马达 6 的倾斜角最大，拖拉机只能以中、低速倒车。阀 4、5、10 均为安全阀。

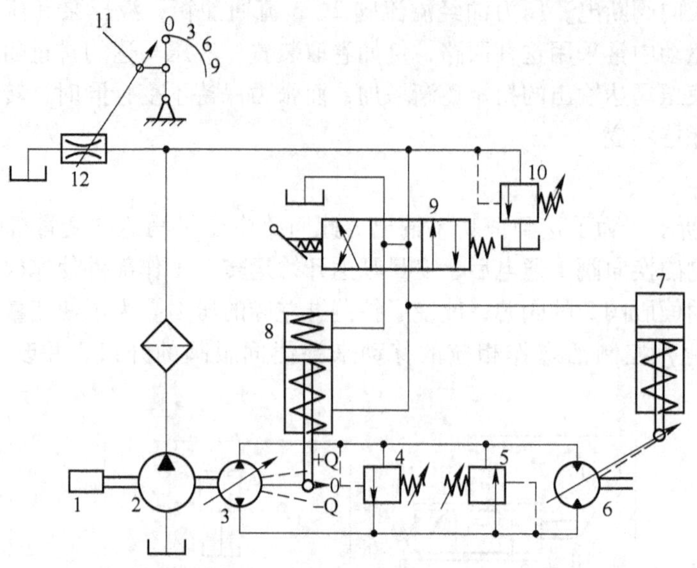

图 3-54　定量泵与变量马达的调速回路三

1—发动机；2—控制泵；3—变量泵；4，5，10—安全阀；6—液压马达；7，8—液压缸；9—倒顺车控制阀；11—排挡手柄；12—节流阀

3.6.2　限速控制回路

A　回路一

如图 3-55 所示，换向阀切换至左位时，压力油首先打开液控单向顺序阀 4，然后使液压马达 8 回转。如果由于外负载使液压马达超速回转，则液压马达进油路的压力降低，使液控单向顺序阀关闭，限制了液压马达的转速。此阀同时也起支撑作用，液压马达此时只有在油管 a 进油的条件下才能回转。如果不进油，外负载不能使液压马达回转。

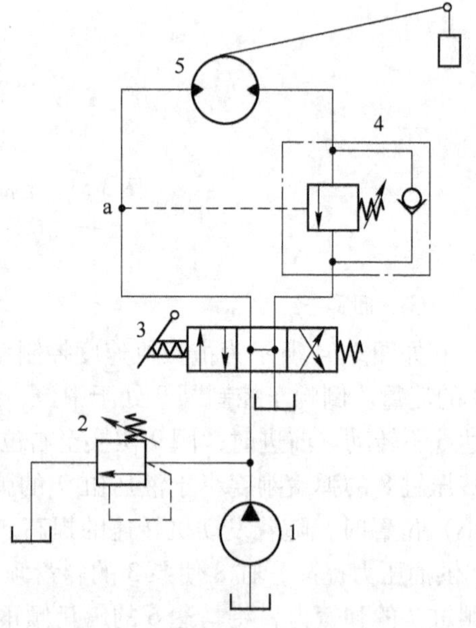

图 3-55　液压马达限速控制回路一

1—液压泵；2—溢流阀；3—手动换向阀；4—液控单向顺序阀；5—液压马达

B　回路二

如图 3-56 所示回路为液压马达双向限速回路。其工作原理与单向限速回路相同，适用于液压马达正反向都需要限速的场合。

C　回路三

如图 3-57 所示，液压马达 3 正转或反转过程中，负载从正值逐渐变至负值。为了避免液压马达被负值负载增速回转，由制动阀 1 或 2 加背压。当液压马达正转时，压力油首先从液控口将制动阀 1 打开，液压马达背压为零，然后液压马达驱动负载回转。随着液压马达的回转，正值负载逐渐减小，液压马达进口压力逐渐降低，背压逐渐增加，阀 1 的自控口和液控口的油压作用力与弹簧力平衡，使阀 1 保持开启状态。当负载减至零值后变为负值负载时，随着负值负载逐渐增大，液压马达背压进一步增加。当背压增至能从自控口打开阀 1 时，液压马达进口压力降至零值，阀 1 提供的背压防止了液压马达因增速而引起运动部件的冲击。

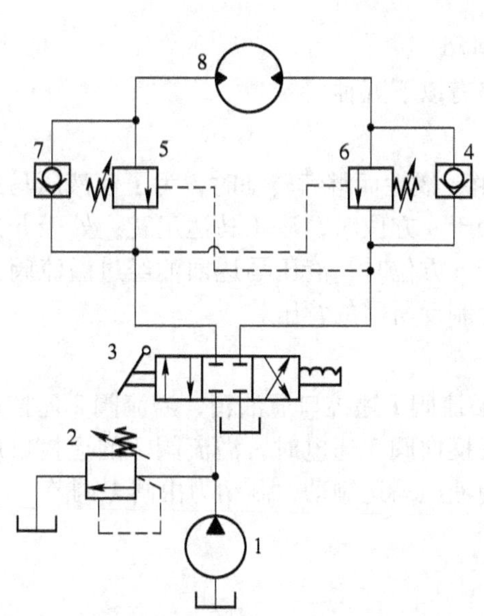

图 3-56 液压马达限速控制回路二

1—液压泵；2—溢流阀；3—手动换向阀；4，7—单向阀；5，6—顺序阀；8—液压马达

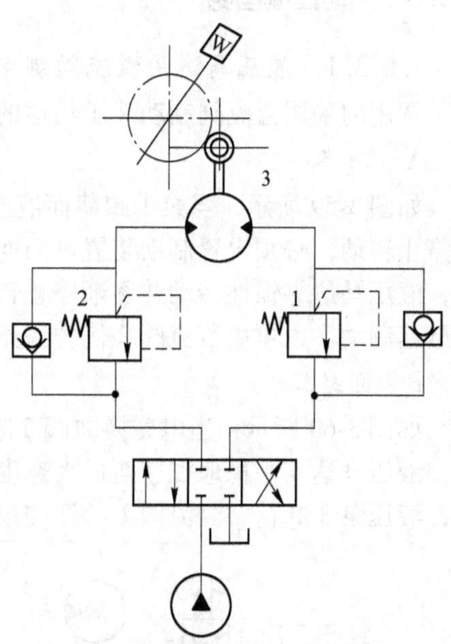

图 3-57 液压马达限速控制回路三

1，2—制动阀；3—液压马达

D 回路四

如图 3-58 所示，轴向柱塞变量泵 2 供给压力油使轴向柱塞定量液压马达 5 驱动风扇 7

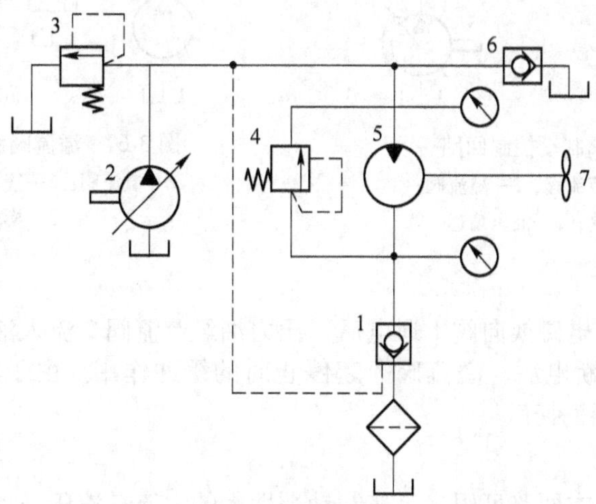

图 3-58 液压马达限速控制回路四

1—液控单向阀；2—变量泵；3—溢流阀；4—安全阀；5—液压马达；6—单向阀；7—风扇

旋转。当降低风扇的转速时，由于风扇的惯性使液压马达的进口压力降低，液控单向阀 1 关闭，液压马达出口的压力油经安全阀 4 流回进油口，安全阀起缓冲作用。由于液压马达与安全阀泄漏而导致的回油量不足，可通过单向阀 6 从副油箱补油，避免引起吸空。

3.6.3 制动控制回路

3.6.3.1 液压马达用溢流阀制动控制的回路

常用的采用溢流阀制动液压马达的基本回路有以下五种。

A　回路一

如图 3-59 所示，当泵 1 卸荷而液压马达 5 由于惯性而继续转动时，为了使液压马达迅速停止转动，必须设置制动装置。当换向阀 4 处于 a 方位时，液压马达运转；处于 b 方位时，液压马达靠惯性转动并逐渐停止转动；处于 c 方位时，液压马达回油经过溢流阀 3 即被迅速制动。也可用节流阀 2 代替溢流阀来产生制动所需的背压。

B　回路二

如图 3-60 所示，当电磁换向阀 5 断电时，溢流阀 1 遥控口通油箱，溢流阀 2 遥控口关闭，液压马达 4 平稳地加速至最大速度。当电磁换向阀 5 通电时，溢流阀 2 的遥控口通油箱，液压泵 3 卸荷，溢流阀 1 的遥控口关闭，使液压马达制动，制动力由阀 1 调节。

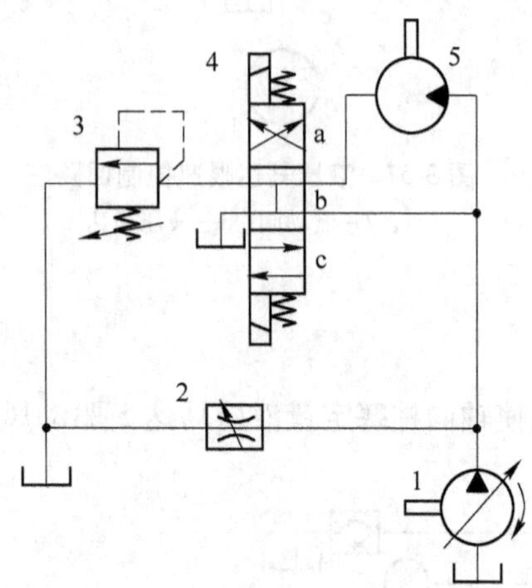

图 3-59　溢流阀制动控制回路一
1—变量泵；2—节流阀；3—溢流阀；
4—电磁换向阀；5—液压马达

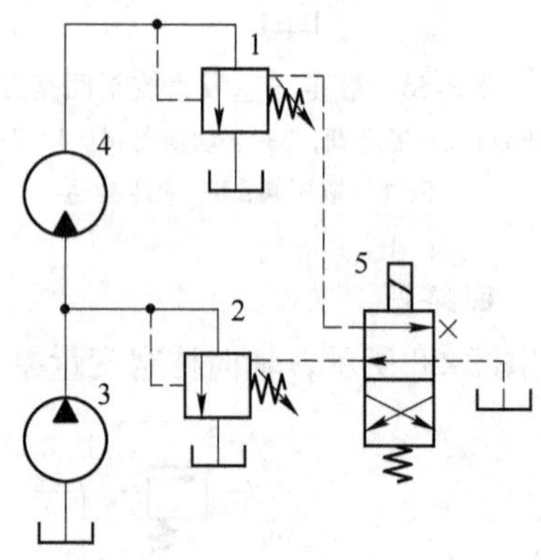

图 3-60　溢流阀制动控制回路二
1，2—溢流阀；3—液压泵；4—液压马达；
5—换向阀

C　回路三

如图 3-61 所示，电磁换向阀 1 通电后，压力油经节流阀 2 流入液压马达 4，使之单向转动。当电磁换向阀断电后，溢流阀 3 起停止时的缓冲作用。由于泄漏而引起的吸油不足，可经节流阀从油箱补充。

D　回路四

如图 3-62 所示，本回路可用来迅速制动惯性大的大流量液压马达。当换向阀 1 断电回复到中位时，液压马达 3 靠惯性旋转，用溢流阀 2 限制液压马达产生的最大冲击压力，起缓冲作用。液压马达正转或反转制动时，制动力相等。为了补偿泄漏，可通过单向阀从油箱吸油。

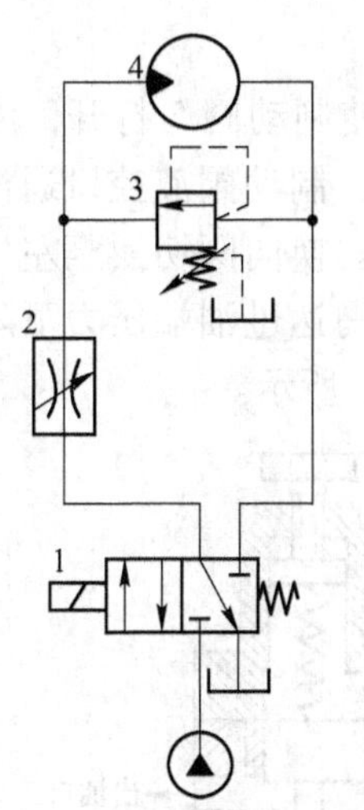

图 3-61 溢流阀制动控制回路三
1—换向阀；2—节流阀；3—溢流阀；
4—液压马达

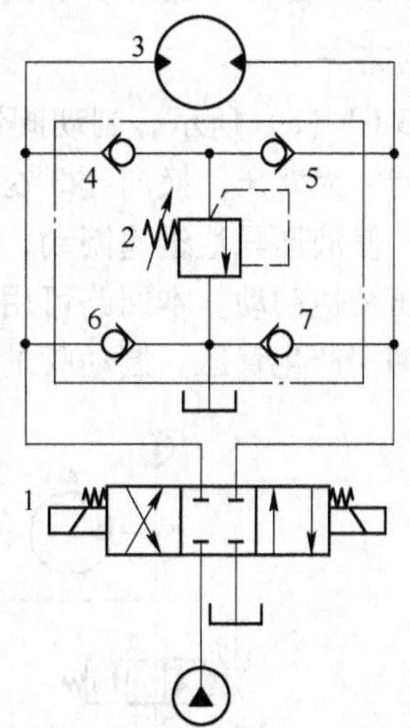

图 3-62 溢流阀制动控制回路四
1—电磁换向阀；2—溢流阀；3—液压马达；
4~7—单向阀

E 回路五

图 3-63 所示回路可用来迅速制动惯性大的大流量液压马达。液压马达 3 正转时，用溢流阀 1 进行制动缓冲；液压马达反转时，用溢流阀 2 进行制动缓冲。液压马达正转与反转时，制动力可分别用阀 1 与阀 2 调节。图 3-63（a）回路制动时，液压马达回油经溢流阀流入进油口，无外补油。图 3-63（b）回路制动时，可通过单向阀从油箱补油。

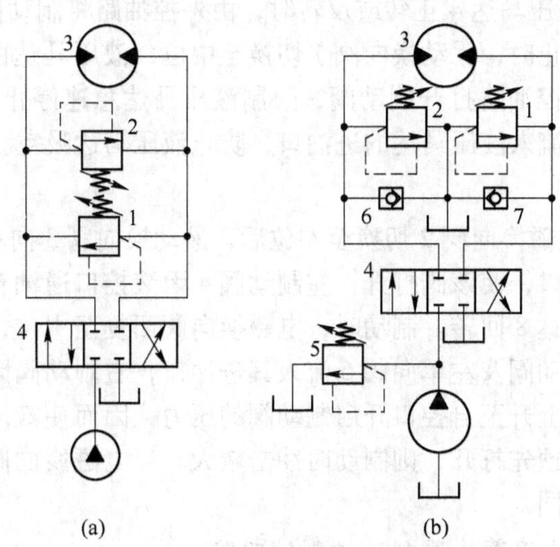

图 3-63 溢流阀制动控制回路五
1，2—溢流阀；3—液压马达；4—换向阀；
5—溢流阀；6，7—单向阀

3.6.3.2　液压马达用制动阀制动控制的回路

A　回路一

如图 3-64（a）所示，制动阀切换至右位时，压力油使制动阀 5 打开，液压马达 4 驱动负载旋转，无背压。换向阀 3 切换至中位时，泵 1 卸荷，制动阀液控口通油箱，制动阀开口关小，使液压马达迅速制动，减小制动时的冲击压力。换向阀切换至左位时，则泵不卸荷，液压马达制动。本回路可用于负值负载，这时液压马达进油端压力下降，制动阀关小，使回油端产生背压。制动阀的结构原理如图 3-64（b）所示。

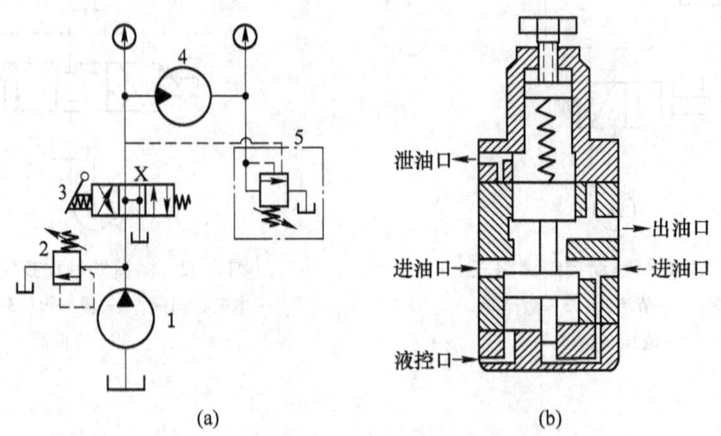

图 3-64　制动阀制动控制回路一

1—液压泵；2—溢流阀；3—手动换向阀；4—液压马达；5—制动阀

B　回路二

如图 3-65 所示，液压马达 4 正转或反转时，由外控油路将制动阀 2 或 3 打开，液压马达回油，没有背压。停止时，手动换向阀 1 切换至中位，液压马达由于惯性继续旋转，使其回油背压上升，由自控油路打开制动阀，限制液压马达急速停止时的冲击压力。同时，回油经管道 a 与单向阀流入液压马达的进油口，防止液压马达吸空。

C　回路三

如图 3-66 所示，电磁换向阀 2 切换至左位后，液动换向阀 3 向右切换，控制油也同时流入右制动阀 5 的液控口，使该阀打开，左制动阀 4 因液控口通油箱而关闭，于是压力油经液动换向阀使液压马达 8 回转。制动时，电磁换向阀回复至中位，液压马达由于惯性继续转动，其回油经右制动阀及左单向阀 6 流入其进油口，右制动阀因液控口通油箱而开口量关小，液压马达背压上升至自控口开启制动阀的压力，因而使液压马达制动。如果液压马达工作时右制动阀不预先打开，则制动时冲击较大。当电磁换向阀切换至右位后，液压马达反转，制动原理相同。

3.6.3.3　液压马达用蓄能器制动控制的回路

如图 3-67 所示，在靠近液压马达 4 油口处安装有蓄能器 2、3。制动时，换向阀 1 切换至中位，油路压力剧增，由蓄能器收容部分高压油，以限制油压增高，实现缓冲。当油路压力突降时，又可以从蓄能器获得补油，避免产生负压。此外，蓄能器还可用来吸收泵的脉动，使执行元件工作更为平稳。不过，这种回路结构不紧凑。

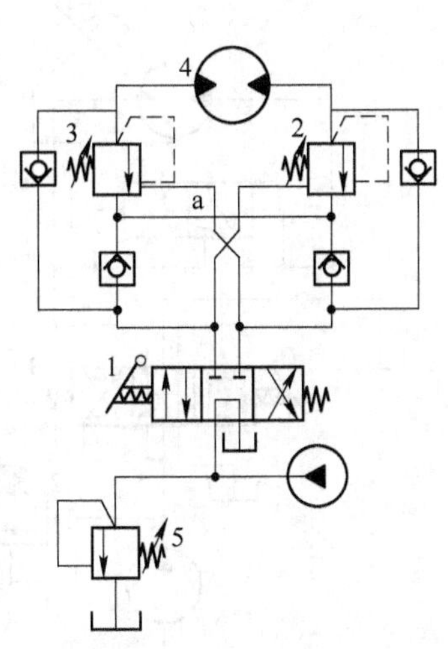

图 3-65 制动阀制动控制回路二

1—手动换向阀；2，3—制动阀；4—液压马达；5—溢流阀

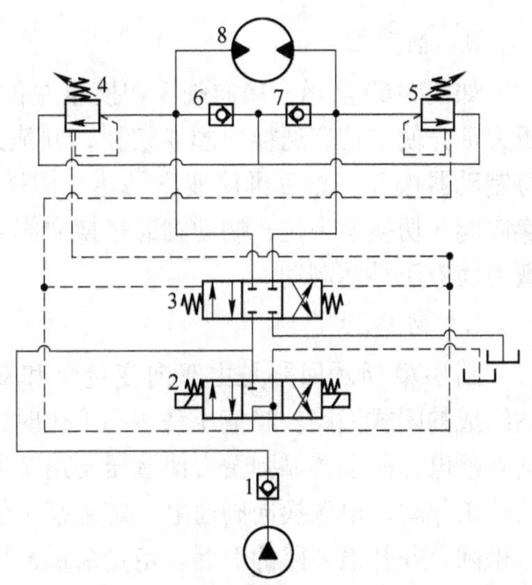

图 3-66 制动阀制动控制回路三

1，6，7—单向阀；2—电磁换向阀；3—液动换向阀；4，5—制动阀；8—液压马达

3.6.3.4 液压马达用制动缸制动控制的回路

通常采用制动缸制动液压马达的基本回路有以下六种。

A 回路一

如图 3-68 所示，换向阀 3 切换至右位，压力油先经梭阀 4 流至制动缸 6，使制动器松开，然后液压马达才开始旋转。制动时，换向阀回到中位，制动缸中的弹簧将油压回油箱，并依靠制动器将液压马达 5 锁紧，泵 1 通过换向阀卸荷。换向阀切换至左位时，液压马达反转，制动原理相同。

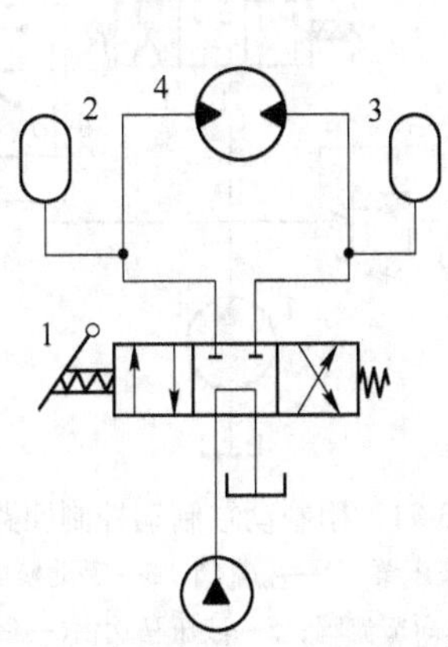

图 3-67 蓄能器制动控制回路

1—手动换向阀；2，3—蓄能器；4—液压马达

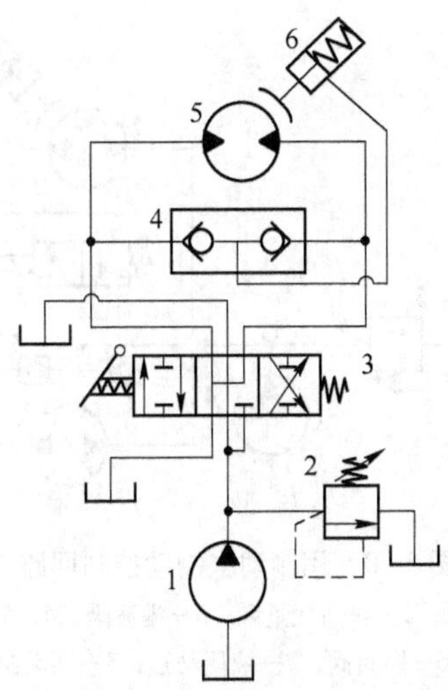

图 3-68 用制动缸制动控制回路一

1—液压泵；2—溢流阀；3—手动换向阀；4—梭阀；5—液压马达；6—制动缸

B　回路二

如图 3-69 所示，换向阀 3 切换至左位或右位后，压力油先使二位三通换向阀 4 切换，并流入制动缸 6 将制动器松开。然后再使液压马达 5 回转。制动时，换向阀 3 切换至中位，制动缸通过换向阀 4 回油，弹簧力使液压马达制动。

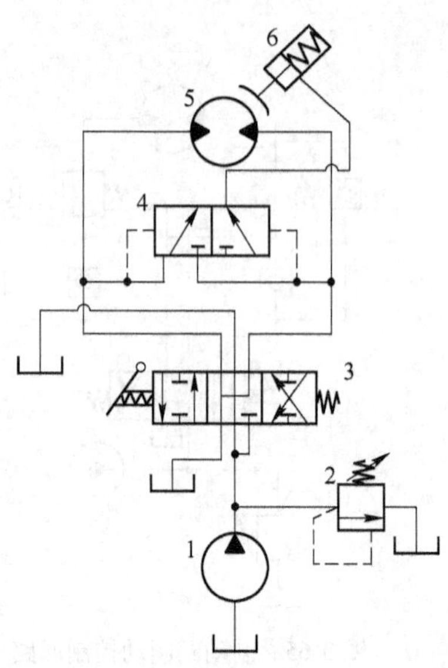

图 3-69　用制动缸制动控制回路二

1—液压泵；2—溢流阀；3—手动换向阀；4—液控换向阀；5—液压马达；6—制动缸

C　回路三

图 3-70 所示回路是由双向变量泵和双向液压马达组成的闭式回路。当液压马达不工作时，电磁换向阀 6 断电，制动器靠弹簧力使液压马达 7 制动。液压马达工作时，电磁换向阀通电，定量泵 1 供油使制动器松闸，并补偿回路的泄漏。定量泵供油压力由溢流阀 3 调节。

D　回路四

如图 3-71 所示，换向阀 3 切换至左位或右位后，压力油先使制动缸松开，然后再使液压马达 5 回转。为了保证液压马达有足够的启动力矩，压力油经节流阀 4 再流入制动缸。制动时，换向阀切换至中位，制动缸靠弹簧通过单向阀与换向阀回油，制动器使液压马达制动。这种制动方式制动力稳定，而且制动能力不受油路泄漏的影响，安全可靠。当采用串联的多路换向阀时，本回路只能安排在最末一级。否则，后面的换向阀切换后，压力油会使制动器松闸。

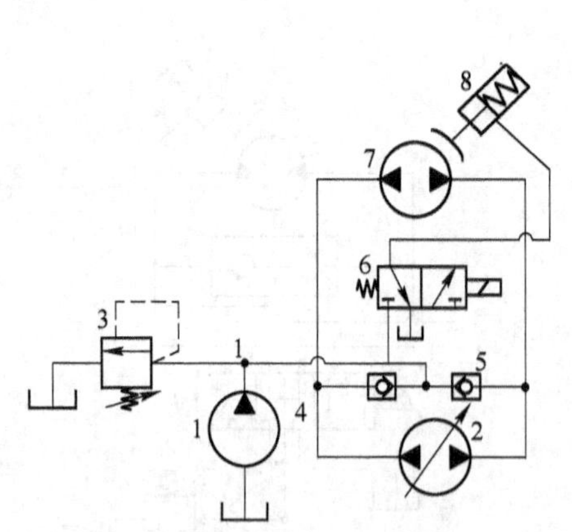

图 3-70　用制动缸制动控制回路三

1—定量泵；2—双向变量泵；3—溢流阀；4，5—单向阀；6—换向阀；7—液压马达；8—制动缸

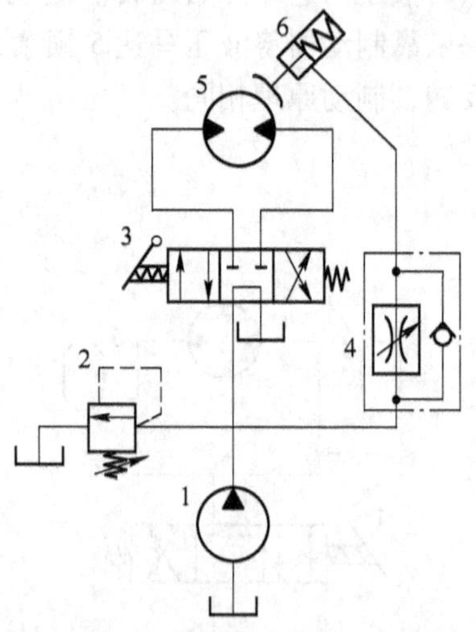

图 3-71　用制动缸制动控制回路四

1—液压泵；2—溢流阀；3—手动换向阀；4—单向节流阀；5—液压马达；6—制动缸

E　回路五

如图 3-72 所示，液压马达 4 不工作时，制动器靠弹簧力将回转部件制动。换向阀 1 切

换后，压力油流入制动缸松闸，并使液压马达回转。当换向阀 2 切换后，压力油同时流入制动缸两腔，使制动器 3 不能松闸。本回路可用于液压吊车，由液压马达提升重物，可起安全作用。

F 回路六

如图 3-73 所示，在图示位置时，液压马达 4 已经制动，泵 1 卸荷。当二通电磁换向阀 3 通电后，来自溢流阀 2 遥控口的油将制动器打开，液压马达即回转。

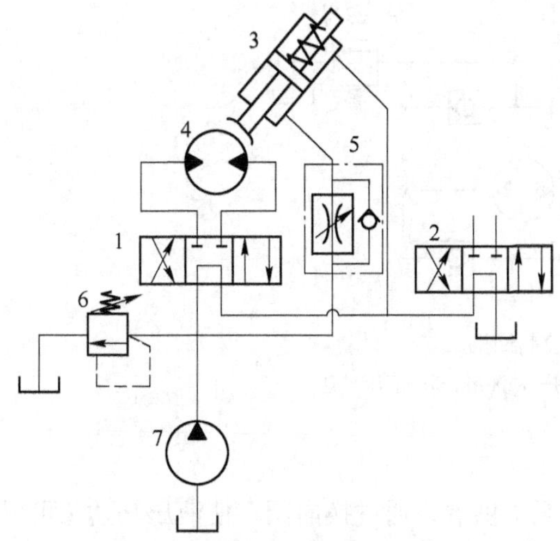

图 3-72 用制动缸制动控制回路五
1，2—换向阀；3—制动缸；4—液压马达；
5—单向节流阀；6—溢流阀；7—液压泵

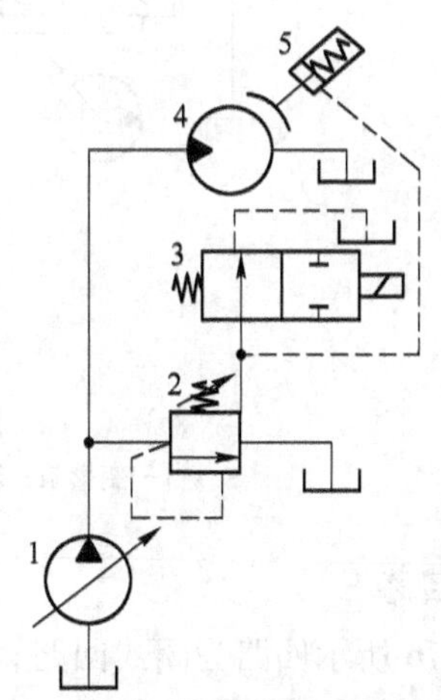

图 3-73 用制动缸制动控制回路六
1—液压泵；2—溢流阀；3—换向阀；
4—液压马达；5—制动缸

3.6.4 补油控制回路

A 回路一

如图 3-74 所示，用低压充油泵对高压主泵的吸油管充油，可以提高主泵的性能，而且可以减小泵的噪声。充油泵一般用齿轮泵，压力在 1MPa 以下。对于闭式回路，充油泵应供给主泵输出量和返回量之差 110%左右的油量。对双向泵，应在两侧管路上装单向阀，对低压管或高压管（制动时）进行补油。为了消除由于顶开单向阀而造成的压力损失，可装一个自动切换阀 5。

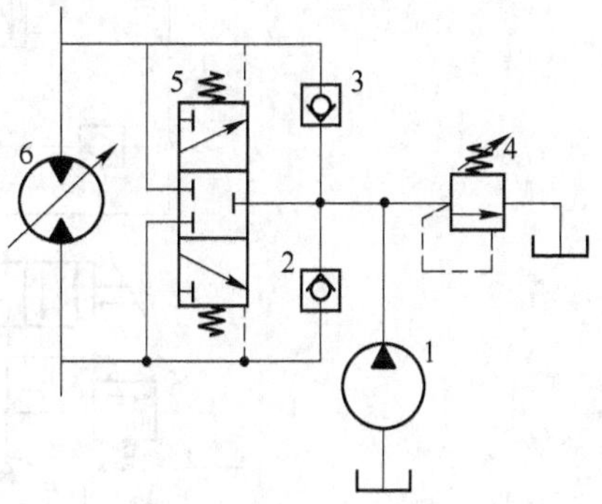

图 3-74 补油控制回路一
1—补油泵；2，3—单向阀；4—溢流阀；
5—切换阀；6—液压泵

B 回路二

图 3-75 所示回路是液压马达 5 双向转动的闭式回路，由变量泵 1 供油。阀 2 是液压马达的制动阀，也是泵 1 的安全阀。为了补偿系统泄漏，由补油泵 4 进行补油，本回路可用于泵 4 必须正反向的场合。阀 3 是泵 4 的溢流阀。

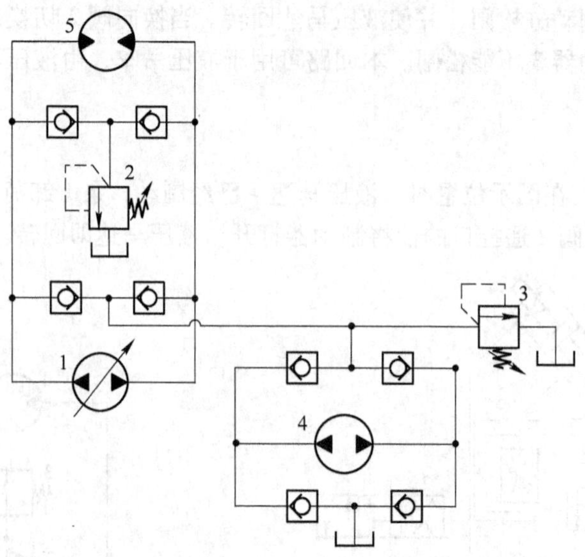

图 3-75　补油控制回路二

1—变量泵；2，3—溢流阀；4—补油泵；5—液压马达

C　回路三

图 3-76 所示回路为闭式回路，用单向变量泵 1 供油，通过换向阀 5 使液压马达 7 可以双向转动。当液压马达工作时，补油泵 2 直接对变量泵 1 的进油管进行补油。当换向阀 5 回复至中位进行制动时，补油泵 2 通过单向阀对液压马达的进油管进行补油，以避免管路吸空。阀 3 是泵 2 的溢流阀，阀 4 是泵 1 的安全阀。

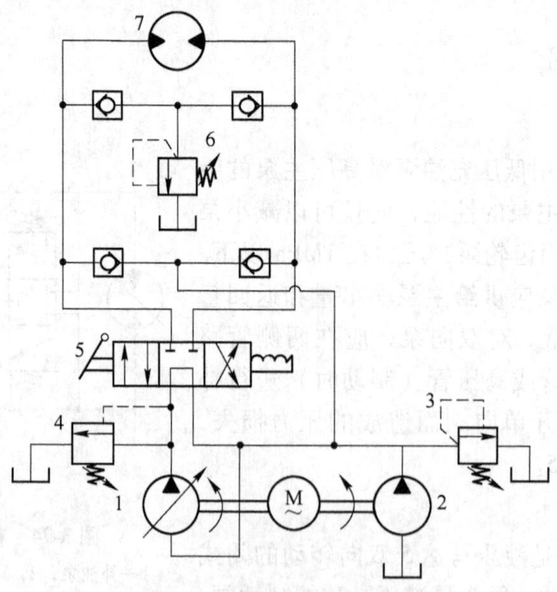

图 3-76　补油控制回路三

1—单向变量泵；2—补油泵；3，6—溢流阀；4—安全阀；
5—换向阀；7—液压马达

3.6.5 多马达回路

3.6.5.1 液压马达串联回路

A 回路一

如图 3-77 所示，用三个液压马达直接串联，如果液压马达的密封性好，排量相同，则可使三个液压马达的转速相等。但在供油压力不变的条件下，每个液压马达输出的扭矩为三个液压马达并联时的三分之一，转速为三个液压马达并联时的三倍。

B 回路二

如图 3-78 所示，三位换向阀 4 切换至左位或右位后，液压马达 1 单独工作。如果使二位换向阀 3 切换至左位，则液压马达 1 与 2 串联工作。

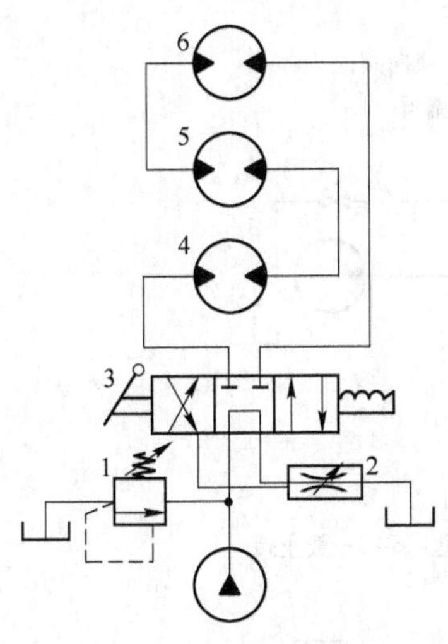

图 3-77 串联回路一

1—溢流阀；2—节流阀；3—换向阀；4~6—液压马达

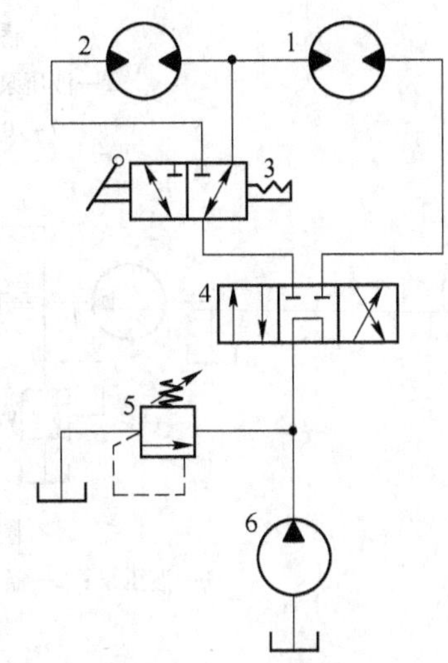

图 3-78 串联回路二

1，2—液压马达；3—手动换向阀；4—换向阀；5—溢流阀；6—液压泵

C 回路三

图 3-79 所示回路，各液压马达用 M 型四通换向阀串联连接，所以能够单独正反转。当使两个以上液压马达运转时，能使各排量相同的液压马达转速相等。这时，由于液压泵 1 的输出压力为各液压马达进出油口压力差之和，这样每个液压马达输出扭矩小，所以比较适合用于高速小扭矩驱动。

D 回路四

如图 3-80 所示，用截止阀短路，可使几个串联的液压马达中任一个液压马达停止转动，而其余的液压马达仍可继续转动。这时，该马达的转速不变，而扭矩可相应增加，为了使用方便，也可用二通换向阀代替截止阀。

E 回路五

如图 3-81 所示，由节流阀组成的支油路调速回路，以修正液压马达排量的差异，使各液压马达同步运转。

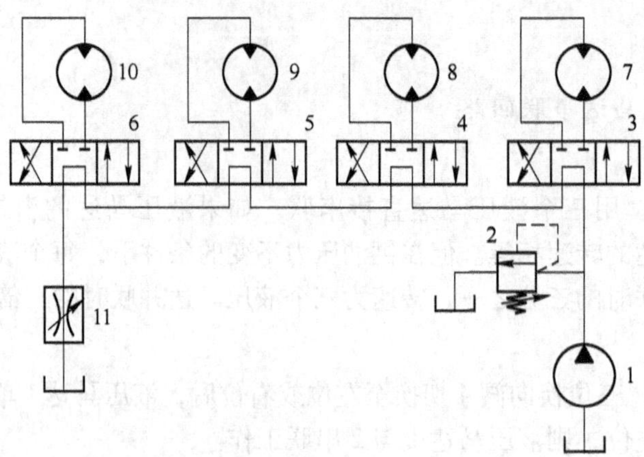

图 3-79　串联回路三

1—液压泵；2—溢流阀；3～6—换向阀；7～10—液压马达；11—节流阀

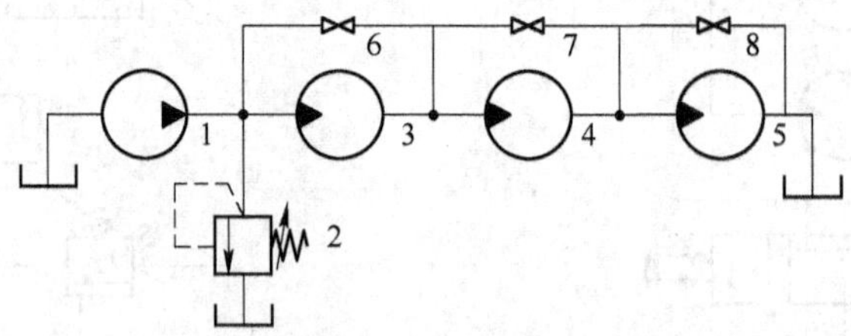

图 3-80　串联回路四

1—液压泵；2—溢流阀；3～5—液压马达；6～8—截止阀

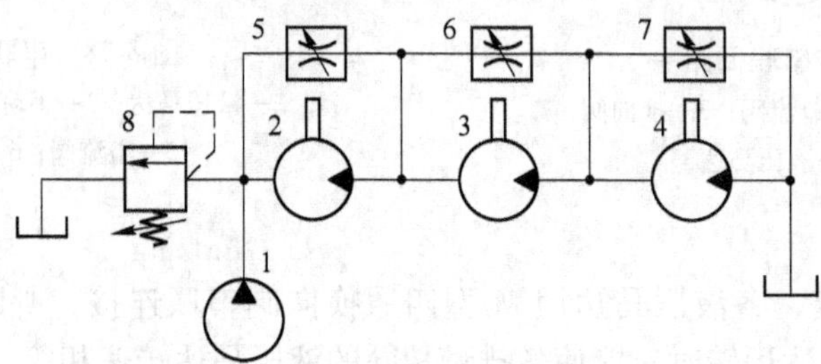

图 3-81　串联回路五

1—液压泵；2～4—液压马达；5～7—节流阀；8—溢流阀

F　回路六

图 3-82 所示为单向液压马达和双向液压马达可单独工作或串联工作的回路。两个液压马达的最大扭矩可分别由各自的安全阀 6 与 2 调节，单向液压马达 1 的转速由与其并联的节流阀 7 调节。当换向阀 3 处于中位时，双向液压马达 8 不工作，单向液压马达排出的油经安全阀 2 流回油箱。换向阀 3 切换至左位或右位后，两个液压马达串联工作，双向液压马达的转速由节流阀 4 调节，阀 5 切换至右位后，单向液压马达由于安全阀 6 短路而不工作，而双向液压马达可单独工作。

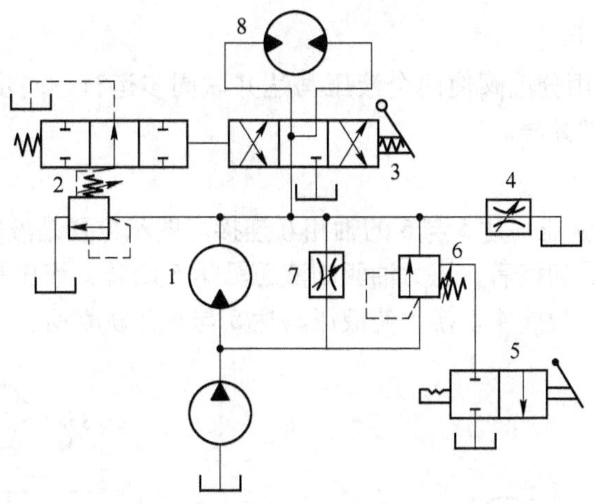

图 3-82 串联回路六

1—液压马达；2，6—安全阀；3，5—手动换向阀；
4，7—节流阀；8—双向液压马达

3.6.5.2 液压马达并联回路

A 回路一

如图 3-83 所示，每个液压马达 7、8 由各自的换向阀 5、6 与节流阀 3、4 控制，可以同时运转或单独运转。由于在进油路（或回油路）中装有节流阀，因此，同时运转与单独运转时的转速不变，并可适用于负载不相等的场合。

B 回路二

如图 3-84 所示，三个液压马达的轴采用刚性连接的方式，并由一个液压泵驱动，三个液压马达同步运转。当有一个换向阀切换后，相应的液压马达即停止工作，输入的流量全部流入其余的液压马达，从而使其转速增高，但输出总扭矩减小，在原理上相当于用一个变量马达按三级速度进行变速。

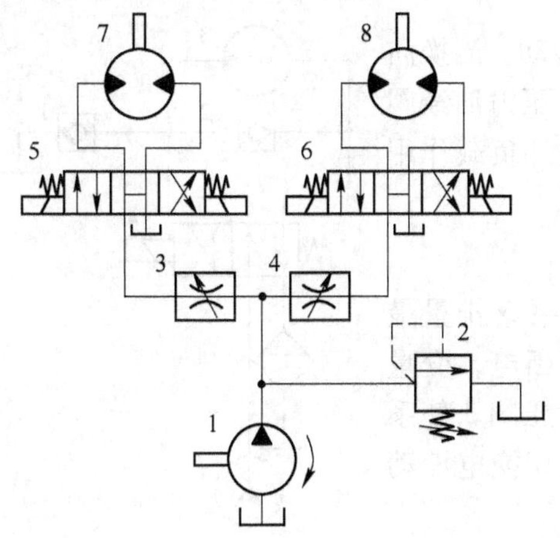

图 3-83 并联回路一

1—液压泵；2—溢流阀；3，4—节流阀；
5，6—换向阀；7，8—液压马达

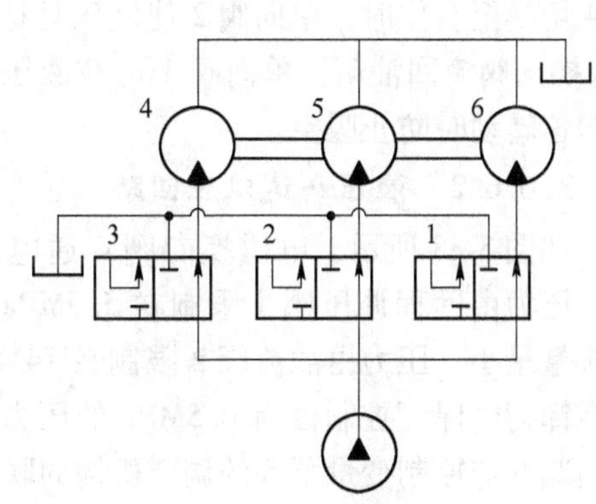

图 3-84 并联回路二

1~3—换向阀；4~6—液压马达

C　回路三

如图 3-85 所示，用分流阀使两个液压马达并联同步运行，同步误差取决于分流阀的误差及液压马达排量的差异。

D　回路四

如图 3-86 所示，液压马达 5 与 6 的轴相互连接。图示位置是液压马达 5 处于准备工作的位置。三位换向阀 3 切换后，压力油驱动液压马达 5 回转，液压马达 6 被带动空转。如果扭矩不足，则可使二位阀 4 切换，使液压马达 5 与 6 并联驱动。

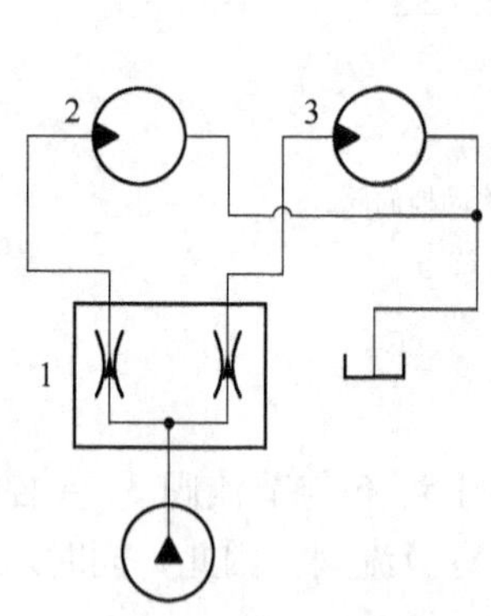

图 3-85　并联回路三

1—分流阀；2，3—液压马达

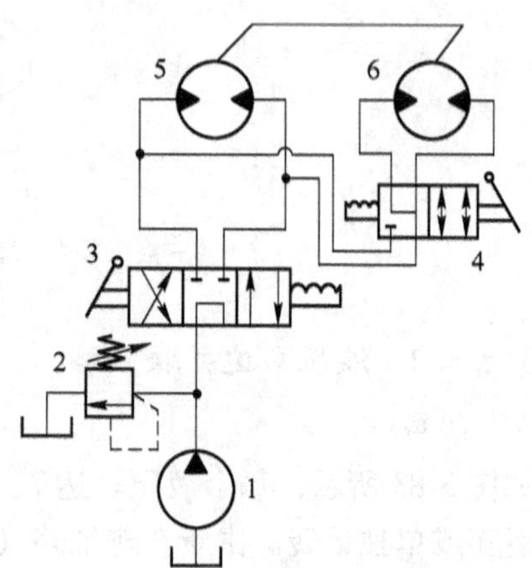

图 3-86　并联回路四

1—液压泵；2—溢流阀；3，4—手动换向阀；5，6—液压马达

3.6.6　单马达工作回路

3.6.6.1　防止液压马达反转回路

如图 3-87 所示回路，液压马达 3 只能单向转动。当换向阀 4 切换至右位时，单向阀 2 使液压马达短路，压力油经阀 2 与换向阀流回油箱。单向阀 1 可在液压马达受外负载作用而增速转动时防止吸空。

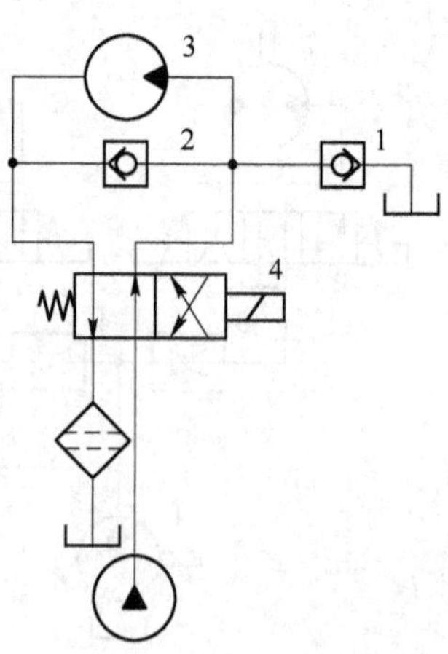

图 3-87　防止液压马达反转回路

1，2—单向阀；3—液压马达；4—换向阀

3.6.6.2　液压马达双压回路

如图 3-88 所示，电磁换向阀 4 通电，变量泵 5 排量最大，压力由远程调压阀 1 限制在 5.5MPa。阀 4 断电，变量泵排量最小，压力由溢流阀 2 限制在 14MPa。背压阀 3 使系统在卸荷时保证控制油有 0.5MPa 的压力，用来切换电液动换向阀 6 与控制变量泵 5 的调节机构的联系。

除了用调节机构改变柱塞泵的排量外，还可改变直流电动机的转速来改变流量，这时只需改变转子的电压与磁极的电流，即可使转速为 0~2300r/min。

3.6.6.3 液压马达压力自动调节回路

图3-89所示回路用于布料卷取机构，可以随着负载的变化而自动调节供给液压马达6的油压力。液压马达驱动布卷3旋转，随着布卷直径的增大，通过杠杆机构使溢流阀4调压弹簧的弹力也相应增大，从而使供给液压马达的油压力升高，液压马达输出的扭矩增大，而保持布的张力不变。停止时，换向阀1切换，于是阀4使系统卸荷，阀2使液压马达制动。

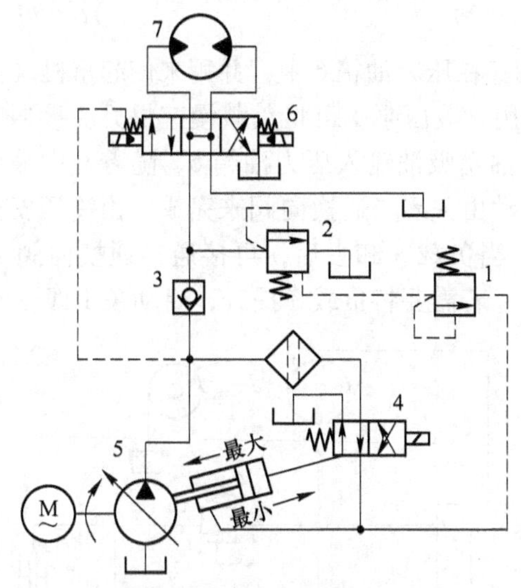

图3-88 液压马达双压回路

1—远程调压阀；2—溢流阀；3—背压阀；4—电磁换向阀；5—变量泵；6—电液动换向阀；7—液压马达

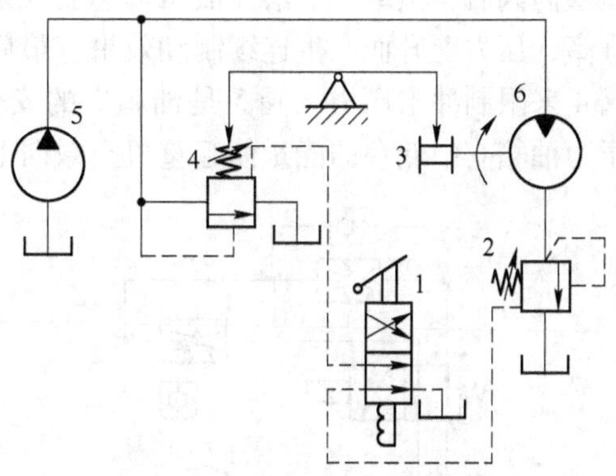

图3-89 压力自动调节回路

1—手动换向阀；2—制动溢流阀；3—布卷；4—溢流阀；5—液压泵；6—液压马达

3.6.6.4 液压马达启动回路

如图3-90所示，在启动柴油机3时，将二通换向阀6接通，蓄能器8和9中的压力油流入启动液压马达5使柴油机3启动。若第一次未能启动，则可用手动泵1使蓄能器充

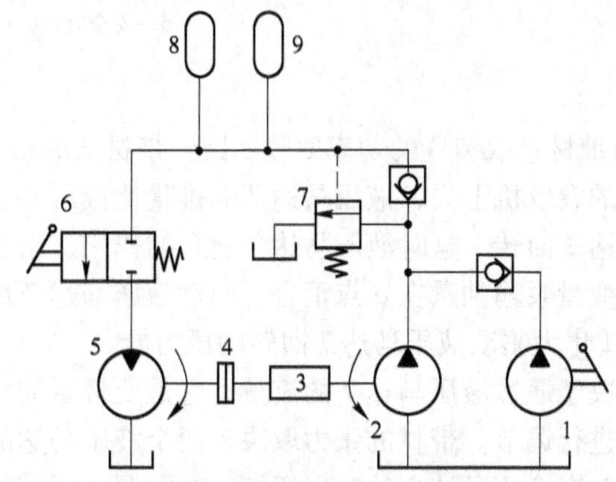

图3-90 用液压马达启动的回路

1—手动泵；2—液压泵；3—柴油机；4—超越离合器；5—液压马达；6—换向阀；7—溢流阀；8，9—蓄能器

压，再试第二次。柴油机3启动后，超越离合器4自动脱开，将二通换向阀切断，液压泵2使蓄能器充至足够的压力后，卸荷阀7打开，使泵2卸荷。

3.6.6.5　液压马达速度换接回路

如图3-91所示，电磁换向阀2使液压马达5具有快、慢两种速度，如粗、精加工等，采用调速阀3、4进油路节流调速，电磁换向阀1使液压马达启动或停止。

3.6.6.6　液压马达功率回收回路

A　回路一

如图3-92所示，负载3落下时的能量可以储存在压力油箱6中，并用来使起重机（液压马达2）空载向上返回。油箱6同时起制动作用。液压泵1可将负载慢速提升。接通二通换向阀后，负载3下落使液压马达变成泵，从油箱吸油输入压力油箱6，随着6中液面升高，压力上升而产生连续制动效果。最后的制动由关闭二通换向阀来完成。由高压安全阀4来限制冲击压力。阀5是油箱6的安全阀。当负载3卸去后，再接通二通换向阀7，压力油箱6中储存的能量使起重机空载向上返回。若需要将负载3提升，启动泵1即可。

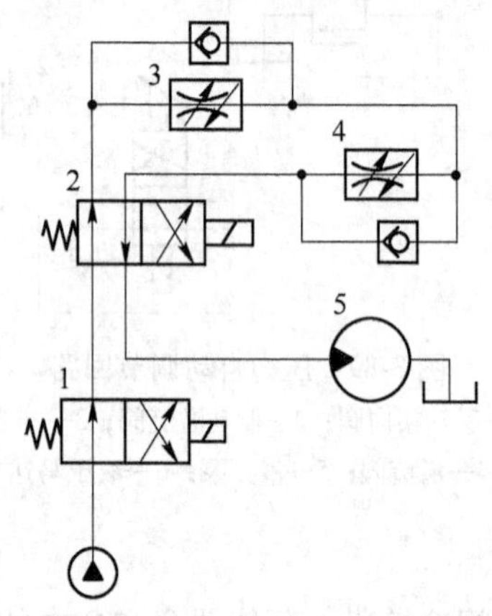

图3-91　用液压马达速度换接回路

1，2—电磁换向阀；3，4—调速阀；5—液压马达

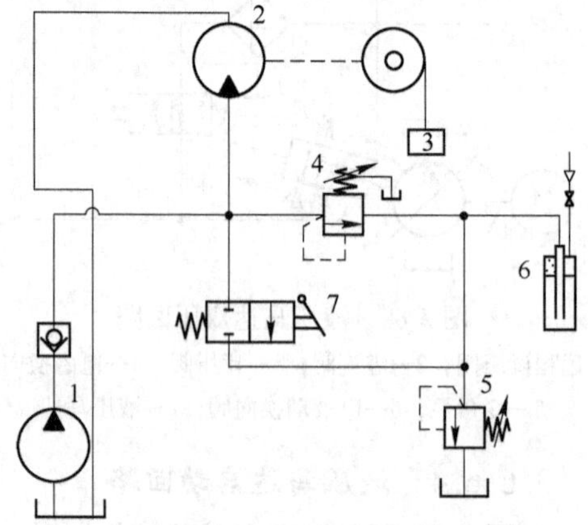

图3-92　功率回收回路一

1—液压泵；2—液压马达；3—负载；4—高压安全阀；5—安全阀；6—油箱；7—换向阀

B　回路二

图3-93所示回路为带材卷取装置的功率回收回路。带材从液压马达2带动的开卷机上被绕到液压马达7带动的卷取机上去，液压马达7的排量比液压马达2大，因此，液压马达7通过带材使液压马达2回转，这时液压马达2起泵的作用，它从液压马达7的回油管吸油，输出的压力油与变量泵输油量在 a 点汇合，驱动液压马达7回转。因此，液压马达2背压引起的制动能被转化为驱动液压马达7回转的压力能。

带材前进的速度取决于通过液压马达7的流量，它是变量泵的输油量与液压马达2的流量之和，可由变量泵进行调节。带材的张力取决于两个液压马达的流量差与系统供油压力，调节背压阀9即可改变液压马达2的输出扭矩，亦即调节了带材的张力。两个液压马达的流量差不能太大，否则背压阀9的调节压力必须很高，使功率损失太大，直接减小了回路的回收功率。带材的速度与张力可以用手动控制，也可通过速度或张力传感器进行自动控制。单向阀8应具有足够的弹簧力，保证油液能供至液压马达2。为了改善压力的稳定性，用一个小蓄能器10与节流阀11吸收由于克服背压阀9而引起的压力脉动。先导式溢流阀5可使系统卸荷而迅速停车，并不改变变量泵的调节量。小型三位四通换向阀1与液压锁3可使液压马达2缓慢转动，以便于穿带等操作。

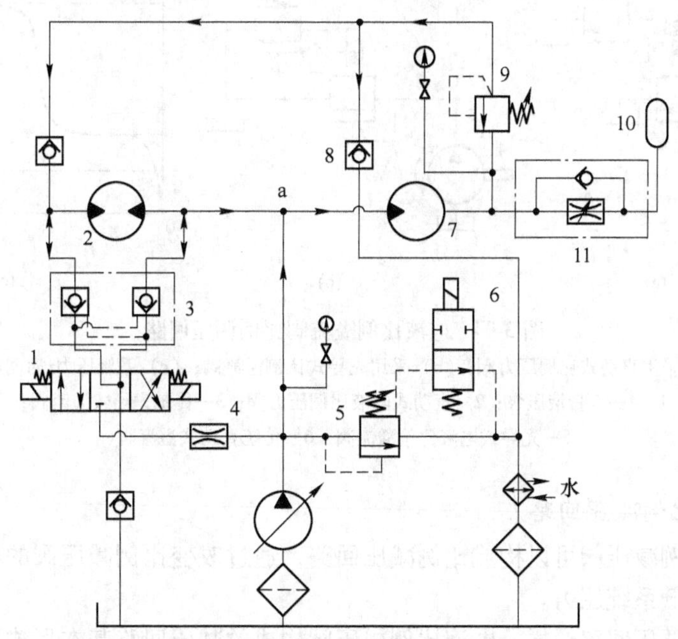

图3-93 功率回收回路二
1—三位四通换向阀；2，7—液压马达；3—液压锁；4—节流阀；5—先导式溢流阀；6—二位二通换向阀；8—单向阀；9—背压阀；10—蓄能器；11—单向节流阀

3.7 伺服比例控制基本回路

3.7.1 电液比例压力控制回路

与传统压力控制方式相比，电液比例压力控制可以实现无级压力控制，换言之，几乎可以实现任意的压力-时间（行程）控制，并且可使压力控制过程平稳迅速。电液比例压力控制在提高系统技术性能的同时，可以大大简化系统油路结构。其缺陷是电气控制技术较为复杂，成本较高。

3.7.1.1 比例调压回路

采用电液比例溢流阀可以构成比例调压回路，通过改变比例溢流阀的输入电信号，在额定值内任意设定系统压力（无级调压）。

除了将电液比例溢流阀直接并联在液压泵的出口构成比例调压回路外，比例调压回路的基本形式有两种：其一如图3-94（a）所示，用一个直动式电液比例压力阀2与传统先导式溢流阀3的遥控口相连接，比例压力阀2作远程比例调压，而传统溢流阀3除作主溢流外，还起系统的安全阀作用；其二如图3-94（b）所示，直接用先导式电液比例溢流阀5对系统压力进行比例调节，比例溢流阀5的输入电信号为零时，可以使系统卸荷。接在阀5遥控口的传统直动式溢流阀6可以预防过大故障电流输入致使压力过高而损坏系统。图3-94（c）为电液比例控制所实现的一种压力-时间特性曲线。

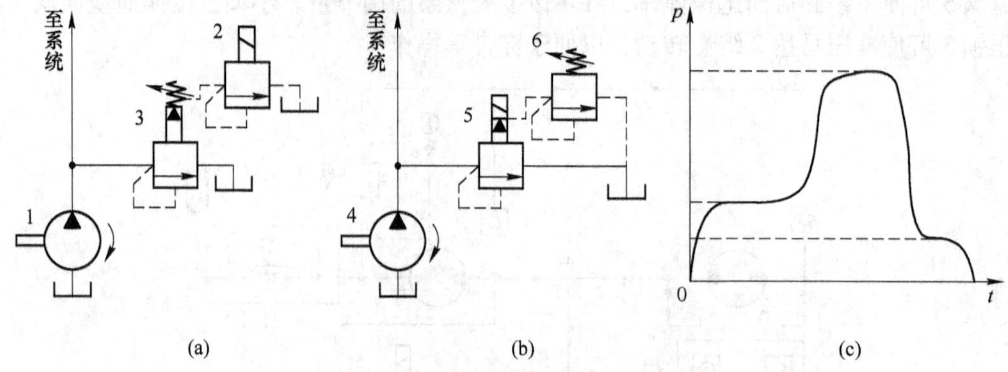

图3-94　电液比例溢流阀比例调压回路

（a）采用直动式比例压力阀；（b）采用先导式比例溢流阀；（c）系统压力-时间曲线

1，4—定量液压泵；2—直动式电液比例压力阀；3—传统先导式溢流阀；

5—先导式电液比例溢流阀；6—传统直动式溢流阀

3.7.1.2　比例减压回路

采用电液比例减压阀可以构成比例减压回路，通过改变比例减压阀的输入电信号，在额定值内任意降低系统压力。

与电液比例调压回路一样，电液比例减压阀构成的减压回路基本形式也有两种：其一如图3-95（a）所示，用一个直动式电液比例压力阀3与传统先导式减压阀4的先导遥控口相连接，用阀3作远程控制减压阀的设定压力，从而实现系统的分级变压控制，液压泵1的最大工作压力由溢流阀2设定；其二如图3-95（b）所示，直接用先导式电液比例减

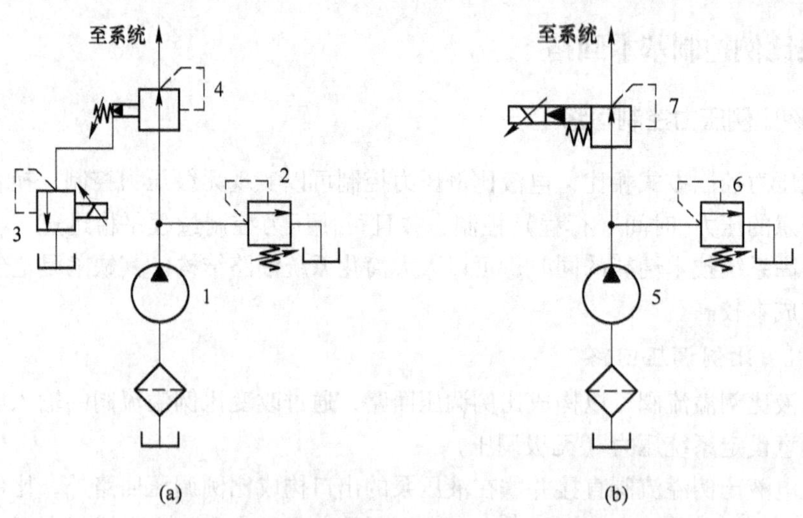

图3-95　电液比例减压阀的比例减压回路

（a）采用传统先导式减压阀和直动式比例压力阀；（b）采用先导式比例减压阀

1，5—定量液压泵；2—溢流阀；3—直动式电液比例压力阀；4—传统先导式减压阀；

6—传统直导式溢流阀；7—先导式电液比例减压阀

压阀 7 对系统进行减压调节，液压泵 5 的最大工作压力由溢流阀 6 设定。

3.7.2　电液比例速度控制回路

通过改变执行器的进/出流量或改变液压泵及执行器的排量，即可实现液压执行器的速度控制。根据这一原理，电液比例速度调节分为比例节流调速、比例容积调速和比例容积节流调速三类。

3.7.2.1　比例节流调速回路

图 3-96（a）所示为电液比例节流阀的进口节流调速回路，图 3-96（b）所示为出口节流调速，图 3-96（c）所示为旁路节流调速，其结构与功能的特点与传统节流阀的调速回路大体相同。所不同的是，电液比例调速可以实现开环或闭环控制，可以根据负载的速度特性要求，以更高精度实现执行器各种负载的速度控制。将图中的比例节流阀换为比例调速阀，即构成电液比例调速阀的节流调速回路。与采用比例节流阀相比，采用比例调速阀的节流调速回路，由于比例调速阀具有压力补偿功能，所以执行器的速度负载特性即速度平稳性要好。

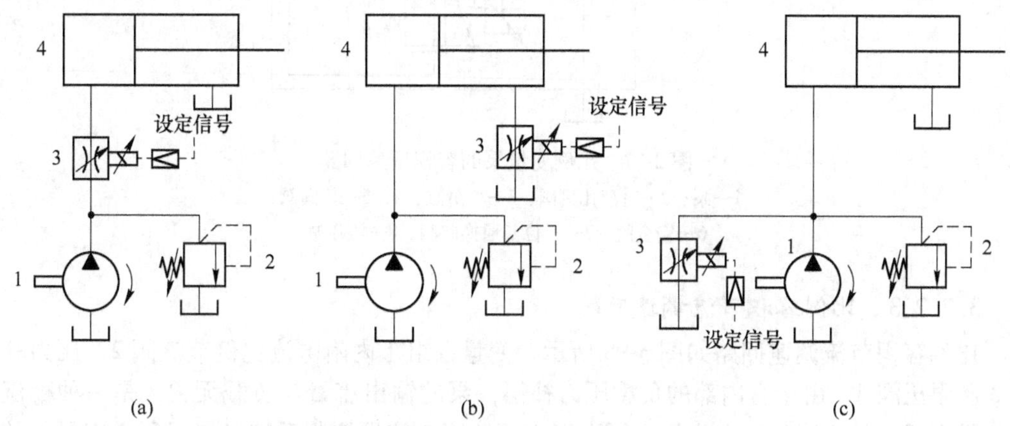

图 3-96　电液比例节流阀的节流调速回路

（a）进口节流调速；（b）出口节流调速；（c）旁路节流调速

1—定量液压泵；2—溢流阀；3—电液比例调速阀；4—液压缸

3.7.2.2　比例容积调速回路

比例容积调速采用比例排量调节变量泵与定量执行器，或定量泵与比例排量调节液压马达等组合方式来实现，通过改变液压泵或液压马达的排量进行调速，具有效率高的优势，但其控制精度不如节流调速。比例容积调速适用于大功率液压系统。

比例变量泵的容积调速回路如图 3-97 所示，变量泵 I 内附电液比例阀 2 及其控制的泵 1 的排量，改变进入液压执行器（液压缸 8）的流量，从而达到调速的目的。在某一给定控制电流下，泵 1 像定量泵一样工作。变量缸 3 的活塞不会回到零流量位置处，即不存在节流压力，所以回路中应设置过流量足够大的安全阀 6。比例排量泵调速时，供油压力与负载压力相适应，即工作压力随负载而变化。泵和系统泄漏量的变化会对调速精度产生影响，但是，可以在负载变化时，通过改变输入控制信号的大小来补偿。例如，当负载由大变小时，速度将会增加。这时可使电液比例阀 2 的控制电流相应减小，输出流量因而减小。这样使因负载变化而引起的速度变化得到补偿。比例排量泵的调速回路由于没有节流损失，故效率较高，适于大功率和频繁改变速度的场合采用。

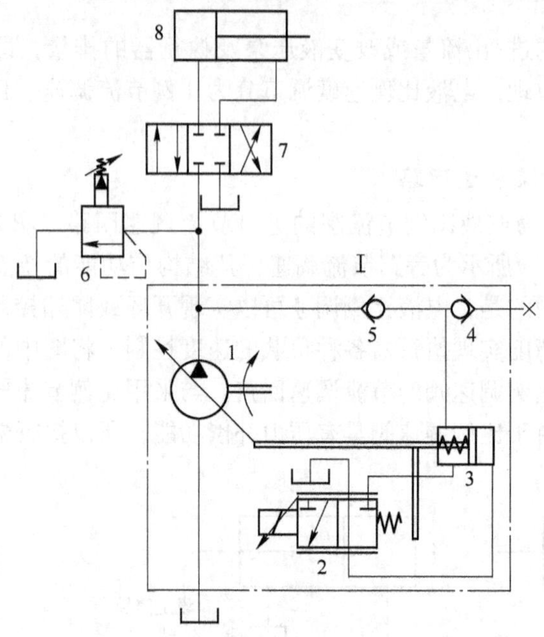

图 3-97　比例变量泵的容积调速回路

1—泵；2—电液比例阀；3—变量缸；4，5—单向阀；6—安全阀；7—三位四通换向阀；8—液压缸

3.7.2.3　比例容积节流调速回路

比例容积节流调速回路如图 3-98 所示，变量泵组Ⅰ内附电流比例节流阀 2、压力补偿阀 3 和限压阀 4。由于有内部的负载压力补偿，泵的输出流量与负载无关，是一种稳流量泵，具有很高的稳流精度。应用本泵可以方便地用电信号控制系统各工况所需流量，并同时做到泵的压力与负载压力相适应，故称为负载传感控制。

图 3-98（a）所示为不带压力控制的比例流量调节，由于该泵不会回到零流量处，系统必须设置足够大的溢流阀 5，使在不需要流量时能以合理的压力排走所有的流量。图 3-98（b）中的泵Ⅰ内除附有图 3-98（a）中元件外，还附有节流压力调节阀 7，通过该阀可以调节泵的节流压力。当压力达到调定值时，泵便自动减小输出流量，维持输出压力近似不变，直至节流。但有时为了避免变量缸的活塞频繁移动，上述的溢流阀仍是必要的。

比例容积节流调速回路由于存在节流损失，因而这种系统会有一定程度的发热，限制了它在功率范围内的使用。

3.7.2.4　比例方向速度控制回路

采用兼有方向控制和流量比例控制功能的电液比例方向阀或电液伺服比例方向阀（高性能电液比例方向阀），可以实现液压系统的换向及速度的比例控制。使用比例方向阀的回路，可省去调速元件；能迅速准确地实现工作循环，避免压力尖峰及满足切换性能的要求，延长元件的寿命。

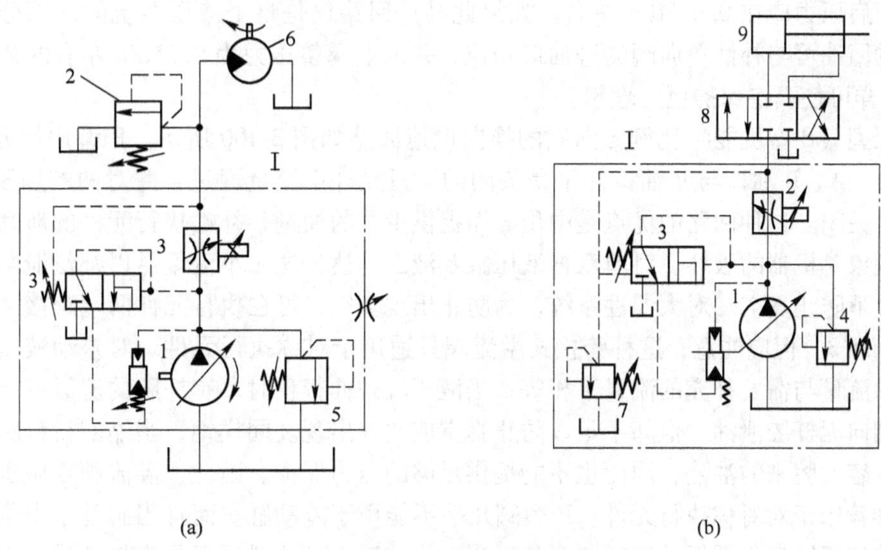

图 3-98 比例容积节流调速回路

(a) 单向调速；(b) 带压力调节的双向调速

1—泵；2—电液比例节流阀；3—负载压力补偿阀；4，5—溢流阀；6—单向定量液压马达；7—节流压力调节阀；8—三位四通换向阀；9—液压缸

采用比例方向阀构成液压回路时，应注意以下问题：

(1) 二位四通和三位四通是比例方向阀两种常见的元件，二位比例方向阀是进、出口同时节流控制。

(2) 比例方向阀两条通道的开度（开口面积）从零到最大变化，这仅取决于控制电流。

(3) 为了适应两腔面积不同的非对称液压缸的要求，比例方向阀的开度比可能是 1∶1（对称阀芯），也可能是 2∶1（非对称阀芯）。通常，对称执行元件（包括液压马达与两腔面积相等及两腔面积比接近 1∶1 的液压缸）与对称阀芯配用，非对称执行元件（包括两腔面积比 2∶1 或接近 2∶1 的单杆液压缸）与非对称阀芯配用。

(4) 三位四通换向阀的中位机能也有多种形式，它们对回路的性能有重要影响。

A 对称执行元件的比例方向速度控制回路

对称执行元件可由对称开口的封闭性（O 型机能）、加压型（P 型机能）及泄压型（Y 型机能）的比例方向阀进行控制。

封闭性（O 型机能）比例方向阀换向回路的特点是阀处于中位时，执行元件的进出油口全部封闭，执行器被锁定。但当惯性负载较大阀芯转换较快时，会产生某一腔的压力过分升高，或另一腔的压力过分降低，出现抽空或空穴，从而导致运动不稳定等不良现象。因此，使用这种回路时，应注意运动减速时的高压保护，以及防止空穴产生的措施。使比例阀芯缓慢地返回中位，可以避免出现空穴，并可消除惯性有关的压力峰值。但控制电气的误动作或停电都会使阀芯迅速返回中位，因此仅依靠阀芯的返回特性是不可靠的。图 3-99 所示为一种较好的回路方案，执行元件可以是液压马达或对称液压缸。溢流阀 1 用于吸收压力冲击。其调整压力应大于最高工作压力。两个补油单向阀 2 用于出现真空时补油，其开启压力应在 0.05MPa 左右。如果此马达回路仅是整个液压系统的一部分，则其他部分的回油可与补油单向阀的进油口相连，并加上调整压力为 0.3MPa 左右的背压溢流阀 5，这样可使真空保护更为理想。

加压型（P 型机能）比例方向阀的换向调速回路如图 3-100 所示。P 型比例方向阀 1 在中位时，A、B 油口与 P 油口几乎是关闭的，只允许小流量通过，并对两腔加压，而 T 油口完全关闭。这种回路的优点是中位时能提供少量的油量，补偿执行元件的泄漏，可减少空穴现象对机器的破坏。对单双杆液压缸及液压马达，这一小流量足以补偿泄漏，并可在小惯性下防止真空。对大惯性系统，为防止出现真空，可在执行元件两端跨接两个限压溢流阀 2 和 3。但应注意，这种跨接式溢流阀只适用于对称执行元件。对差动液压缸，由于产生的流量与需要补充的流量不相等，当液压缸外伸行程时，有杆腔的流量可能会经跨接溢流阀向无杆腔泄油，但却不足以防止真空或空穴出现。同样地，当缩回行程时，小腔不足以收容大腔来的油液，因而也不能提供足够的压力保护。因此，溢流阀用做压力保护时，只推荐用于对对称执行元件，P 型阀几乎不能用于差动缸。而且当阀处于中位时，还有可能使液压缸产生缓慢的移动。此外，当选用的液压马达泄漏不是直接外排，而是从内部排向低压腔时，就应注意：因 P 型阀中位时是两边加压，此压力有可能导致液压马达的密封损坏。

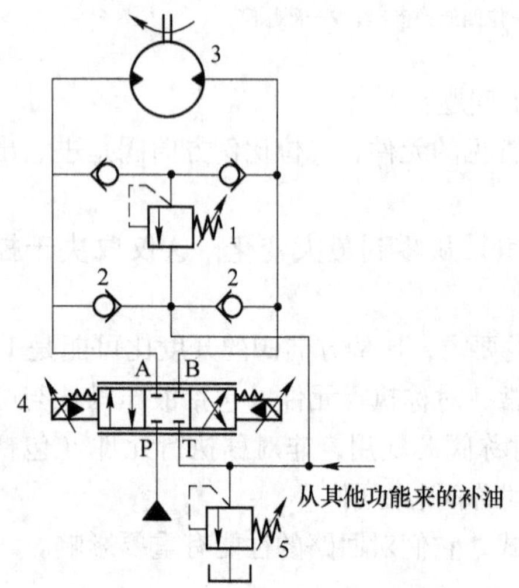

图 3-99　O 型阀换向调速回路

1—溢流阀；2—单向阀；3—液压马达；4—电液比例方向阀；5—背压溢流阀

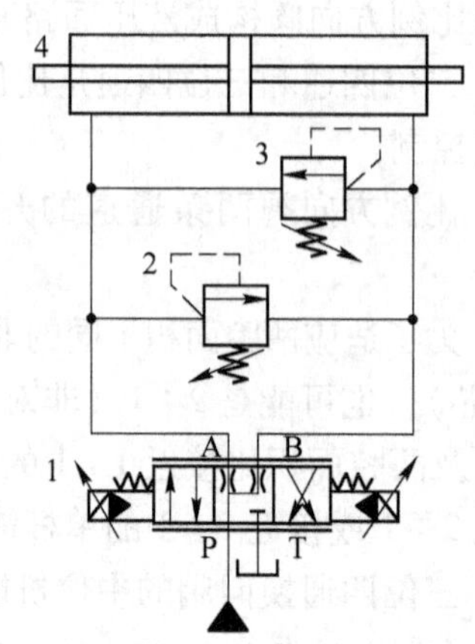

图 3-100　P 型阀换向调速回路

1—电液比例方向阀；2，3—溢流阀；4—液压缸

B　非对称执行元件的比例方向速度控制回路

面积比为 2∶1 或接近 2∶1 的单出杆液压缸为非对称执行元件，如图 3-101 所示，它主要由开口面积为 2∶1 的泄压型（Y 型机能）的比例方向阀来控制。Y 型阀处于中位（自然位置）时，供油口 P 封闭，而两工作油口 A、B 通过节流小孔与油箱相连。因此，阀处于中位时，不会在两腔建立起高压。通常，普通的 Y 型方向阀在中位时，其控制的液压缸是可以浮动的，但对 Y 型比例方向阀却无此功能。因为它处于中位时，连通两工作腔的开口很小，不足以通过较大的流量。同样，它也不能从油箱吸油，以防止空穴产生。为

了防止真空状态出现和惯性引起的压力峰值，需要加上适当的元件，例如图中将两个开启压力很低的单向阀 2、3 用于真空时补油；两个溢流阀 4、5 将工作腔与油箱相连，用于压力保护。如前所述，差动缸是不宜采用溢流阀连接在主油路的方式来泄压的，所以，为了更有效地保护系统，设计时应考虑单向阀的开启压力尽量低些，还需注意补油管的尺寸大小、补油点连接的地方以及补油的压头等问题。

3.7.2.5　比例差动控制回路

下面研究的差动控制回路中使用的差动缸面积比是 2∶1，比例阀两条主油路的开口面积比也是 2∶1。传统的差动回路只有一种差动速度，而比例差动回路可以对差动速度进行无级调节。有几种方法可以实现差动控制。使用的比例阀芯的形式通常是 Y 型和 YX3 型。由于比例阀的阀芯在工作时是连续工作位置的，故很容易加工制成专门适合于实现差动控制的阀芯，使差动回路获得简化。

图 3-102 所示为一种利用 Y 型阀实现的典型差动回路。比例阀左侧通电时对液压缸差动向前控制，比例阀右侧通电时返回。可以看出，在两个方向上速度连续可调。差动速度的调节是通过控制从 P 到 A 的开口面积变化来实现的。

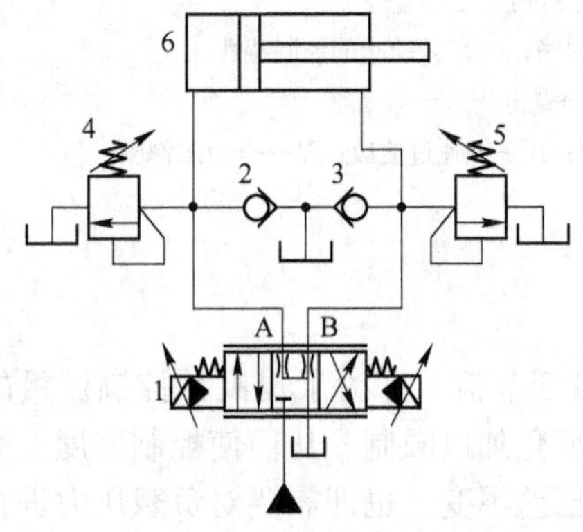

图 3-101　非对称缸的换向及压力保护回路

1—电液比例方向阀；2，3—单向阀；

4，5—溢流阀；6—液压缸

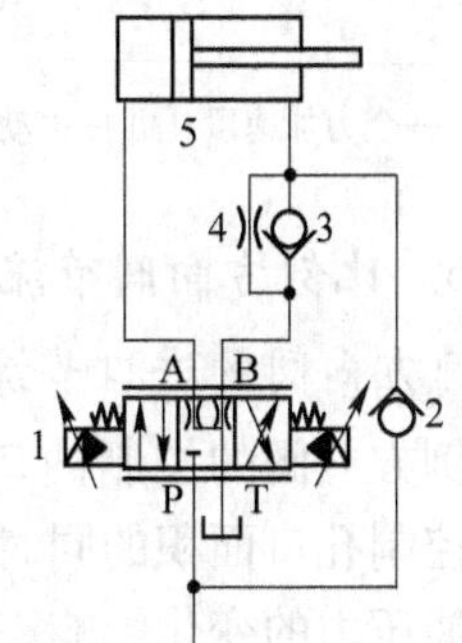

图 3-102　Y 型阀差动回路

1—电液比例方向阀；2，3—单向阀；

4—节流小孔；5—液压缸

由于在 B 管处装入单向阀 3，使阀芯中位时不具有 Y 型阀的特点。为此，可以把一个节流小孔 4 与单向阀 3 并联。也可以利用专门实现差动连接回路的 YX33 型阀芯来实现差动，如图 3-103（a）所示的差动回路，它只需使用一个单向阀。显然，这种差动回路想要获得最大推力，可在有杆腔出口处加上一个二位三通电磁阀，改变该处的油路通油箱。也可以采用特殊的阀芯来实现，如图 3-103（b）所示，这是一个四位阀，通过加工阀芯容易获得这种阀。此回路可以外伸实现连续调速，其最大速度由差动回路确定，因而加大了调速范围。差动连接可平滑地过渡到最大推力连接，使回路结构大为简化。回路的外伸工作过程是：当无输入控制信号、阀位 2 是自然中位时，液压缸活塞不动；当从放大器来的控制信号在较低水平时，阀的工作位置逐渐过渡到 3 的位置，这是全力工作模式；液压缸提供最大的加速力使活塞尽快加速，当达到全流速度后，如果继续增大控制电流，则阀位由 3 过渡到 4 的位置，这时是差动工作模式。即 B 到 T 的油路被关闭使油液通过单向阀与 P 会合，形成最高流量，活塞此时速度为最大，并且与信号成比例可调。在行程末端，控制信号回复到较低水平，活塞又工作在全力模式，完成需要的工作循环。图 3-103（c）所示为四位专用差动阀在工作过程中控制电流与行程的关系曲线，从图中曲线可以看出，两种工作模式可以平滑转换。其突出的优点是，在工作压力及流量不变的情况下，启动时可获得最大加速力，在空行程中可获得可调的差动快速，且在工作行程中又可获得最大推力。

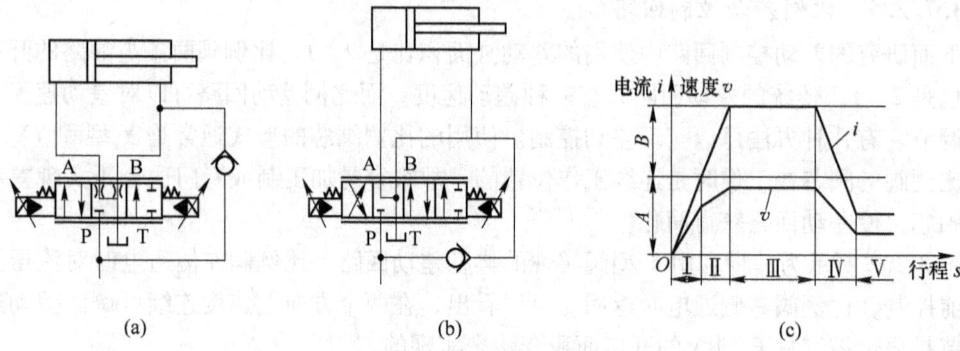

图 3-103　比例差动回路

（a）YX_3型阀差动回路；（b）特殊阀芯差动回路；（c）差动阀的控制特性

A—全力模式；*B*—差动模式

Ⅰ—全力加速段；Ⅱ—主动加速段；Ⅲ—差动快速段；Ⅳ—减速过渡段；Ⅴ—全力工作段

3.7.2.6　比例方向阀节流压力补偿回路

A　比例方向阀的进口节流压力补偿回路

电液比例方向阀的控制油口本质上只是一个可变节流口。为了提高其控制流量的精度，必须在控制孔口面积的同时，对前后压力差的变化加以限制，从而使控制速度不受负载变化或供油压力的变化影响，即维持节流口前后压差不变，也即需要对负载压力进行补偿。众所周知，负载压力补偿的原理是用节流阀的出口压力作为参考压力，采用定差减压阀或定差溢流阀来调节节流口的压力，使它与出口压力相比较，并维持在一个恒定的差值上（与普通调速阀中的压力补偿一样）。但把这种原理用于四通比例方向阀时，必须作某些特殊的考虑。

a　进口节流压力补偿阀式回路

这种回路采用进口节流压力补偿阀，它是专用于对比例方向阀的节流口进行压力补偿的元件。进口节流压力补偿阀有叠加式和插装式两种，而叠加式中又有单向压力补偿和双向压力补偿两类。

图 3-104 所示为单向叠加式压力补偿阀基本回路，使用时单向叠加式进口节流压力补偿阀 1 安装在比例方向阀 2 和底板之间，需用一外接油管把反馈压力信号接入反馈油口 X 处。如果油口 A 与 X 接通，压力补偿器用作从 p 到 p_1 的减压器，并调节 p_1 使通过此比例阀从 p_1 到 A 口的压力保持

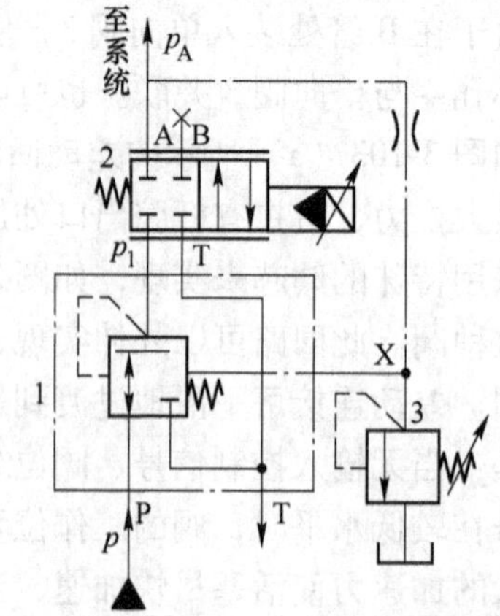

图 3-104　单向叠加式压力补偿阀基本回路

1—压力补偿阀；2—比例方向阀；3—溢流阀

不变。如果在X油口处接入一个溢流阀3，则这种阀同时是P到A孔的减压阀，可在保持A孔压力不变的同时，保持p_1与p_A间压差不变。这种回路对A孔可限制传动装置的最高工作压力，即具有限压功能。由于补偿阀中的补偿元件是三通定差减压阀，当A孔的压力过高时，减压阀流量通过油口T回油箱，在A处的任何快速压力变化将很快消失，所以在A处不会出现过高的压力峰值。

图3-105所示为双向压力补偿阀式回路，双向压力补偿用于对执行器的两个运动方向上的负载压力进行补偿。它与单向压力补偿阀的差别仅在于在盖板上增加一个梭阀3。梭阀的作用是自动选择高压侧作为反馈压力。这种阀也是叠加式的，与单向阀的安装方法相同，但可以省去外接的反馈油管。双向压力补偿阀可分为二通型和三通型，如图3-105所示，其工作原理上的差别在于：二通型的采用定差减压阀作为压力补偿元件，而三通型的则采用定差溢流阀作为压力补偿元件，只需控制进入比例方向阀2的电流，便可以提供一个从P到A或从P到B恒定的流量。

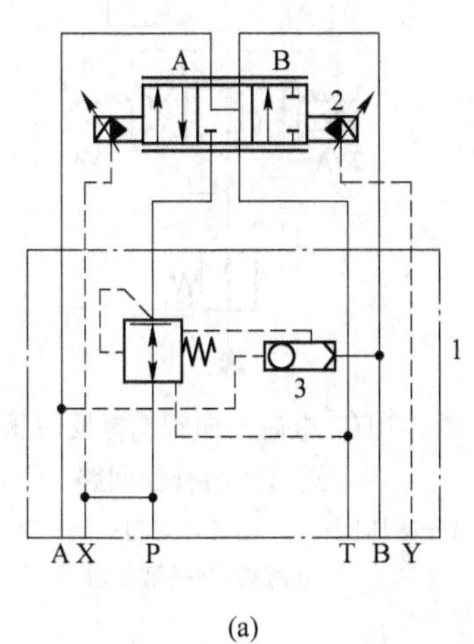

(a)

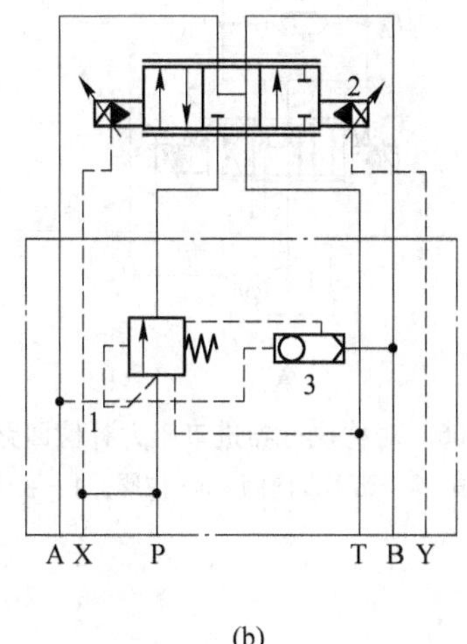

(b)

图3-105 双向压力补偿阀式回路

（a）二通型；（b）三通型

1—压力补偿阀；2—比例方向阀；3—梭阀

b 对称执行器进口压力补偿回路

图3-106所示为对称执行元件（液压缸）的一种进口压力补偿回路，由于它存在着梭阀3能否正确选择反馈信号的问题，故应慎用这种回路。这种回路的应用场合也很有限，主要使用于速度变换缓慢、运动部件质量不大、以摩擦负载为主的场合，并且要求电气减速信号不能太快。理由如下：因为对称执行元件两腔面积相等，在加速段和匀速段时间内p_A恒大于p_B。在减速段内，设系统有足够的摩擦力供减速之用，或者制动力是纯摩擦力，所以p_B可以等于p_A，但不会大于p_A。只有在这样的情况下，梭阀3的功能才能正常发挥，使反馈的压力是真正的负载压力。如果是以惯性负载为主的场合，就须采用适当的措施，来保证反馈压力是真正的负载压力。常用的方法是采用差动缸的压力补偿方法，或改用出口节流压力补偿。

c 差动缸的双向压力补偿回路

图 3-107 所示为用电磁换向阀选择反馈压力的进口压力补偿回路，二位三通电磁阀 3 用来代替梭阀选择反馈压力信号，这样可避免不正确的压力反馈。当液压缸外伸时，保持电磁铁 1YA 不通电，减压阀弹簧腔感受到的压力只能是 A 腔的压力。而液压缸缩回时，1YA 和 3YA 同时通电，这时的反馈压力只能是 B 腔的压力。因此，不论 A 腔或 B 腔的压力如何变化，均能获得正确的负载压力反馈，从而得到正确的进口节流压力补偿。这种回路的制动主要靠摩擦力和比例方向阀的节流产生，当负载为大惯性质量时，容易出现压力峰值或空穴。

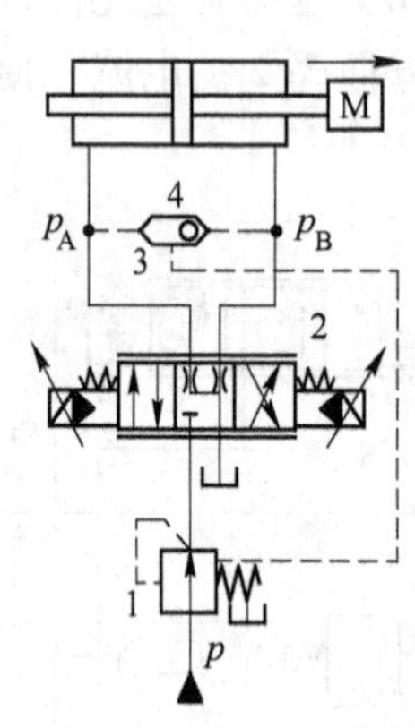

图 3-106　对称执行器进口压力补偿回路
1—减压阀；2—比例方向阀；3—梭阀；4—液压缸

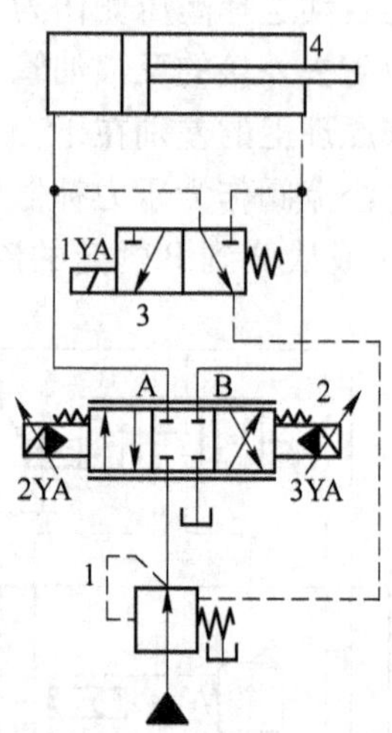

图 3-107　电磁换向阀选择反馈压力的进口压力补偿回路
1—减压阀；2—比例方向阀；3—二位三通电磁阀；4—液压缸

图 3-108 所示为一种典型的双向压力补偿的进口节流压力补偿回路，为了使梭阀 4 只感应正确的负载压力并且防止减速制动时出现高压，在 A、B 油管上分别装有单向阀 1 和负载相关背压阀 2，不论比例方向阀 5 处于左位或右位，梭阀都能选择供右侧的压力作为反馈信号。梭阀的另一侧通过比例方向阀不使用的通道连通油箱。由于油路中两个单向阀的作用，使旁路连接的负载相关背压阀 2 提供防止由负载引起的压力尖峰、提供重力平衡和制动力的三个作用。事实上，由于背压阀的旁路作用，使减压阀 6 的回油经背压阀回油箱。比例方向阀只起到进口节流的作用。在这个回路中，负载相关背压阀也充当平衡阀，设定压力按最高工作压力调整。

图 3-109 所示回路的本质与图 3-108 所示的完全相同，差别仅是利用图 3-108 所示带压力保护的双向压力补偿传统减压阀代替补偿阀作为压力补偿。减压阀的先导控制腔与梭阀连接。工作时减压的先导控制腔只感受供油压力，即负载压力。由此，负载压力结合弹簧力决定比例阀的进口压力。采用普通减压阀的优点是可以通过设定减压阀的先导阀来调节通过比例阀的压差，这样在给定的比例阀输入下，可以获得准确的流量或执行器速度的控制。

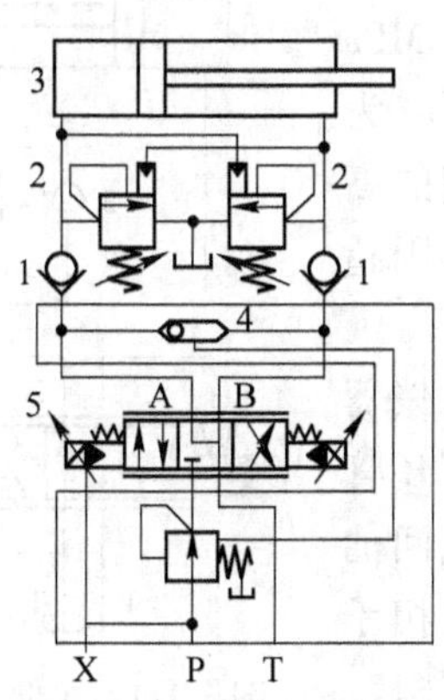

图 3-108 带压力保护的双向压力补偿回路
1—单向阀；2—负载相关背压阀；3—液压缸；
4—梭阀；5—比例方向阀；6—减压阀

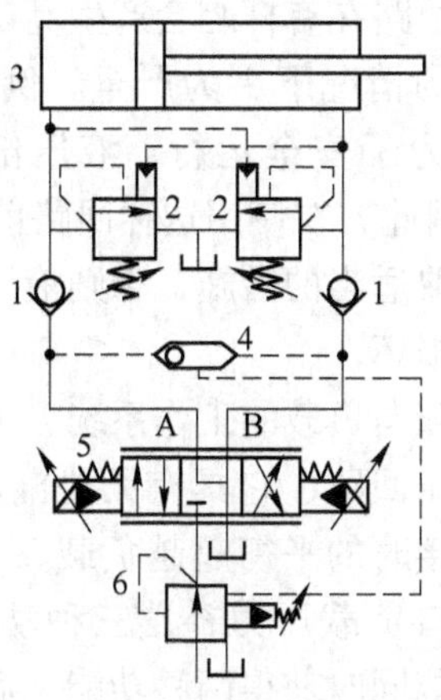

图 3-109 用普通减压阀的双向压力补偿回路
1—单向阀；2—负载相关背压阀；3—液压缸；
4—梭阀；5—比例方向阀；6—普通减压阀

带制动阀的双向进口压力补偿回路如图 3-110 所示。它可以保证双向进口压力补偿能在各种情况下正确选择反馈压力，并能在减速制动过程中有效地防止气穴现象的产生。制动阀 4 的主要功能之一是具有单向截止阀功能，截止时无泄漏，在相反方向可以自由流通；制动阀的另一个主要功能是根据执行器一侧的流量限制另一侧的流量。在减速制动过程中，比例方向阀的阀口向关闭方向运动，节流口减小，使输入无杆腔的流量减小，压力下降，导致制动阀左移产生制动作用。这样制动作用由制动阀产生，而不是由比例阀产生，因而 B 管的压力不会过分升高，且由于制动阀的作用，使进入执行元件的流量连续可控，可平稳地制动，并且防止了气穴的产生。由于制动阀具有支撑作用，所以该回路还可以用于防止执行器及其拖动的机构因自重下滑或具有超越负载的场合。

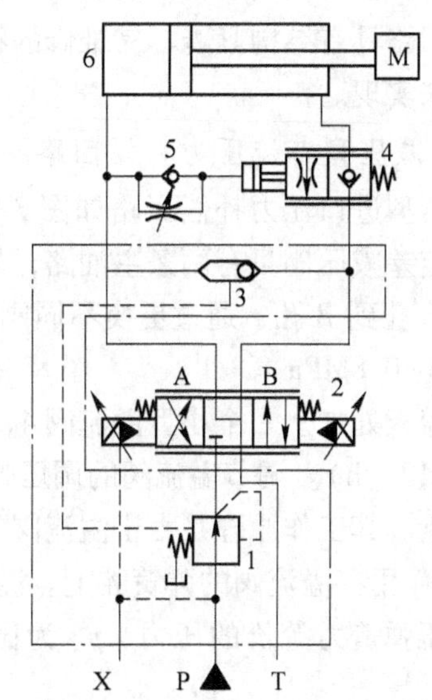

图 3-110 带制动阀的双向进口压力补偿回路
1—减压阀；2—比例方向阀；3—梭阀；
4—制动阀；5—单向节流阀；6—液压缸

B 比例方向阀的出口节流压力补偿回路

出口节流压力补偿可以采用减压阀或插装阀，也可以采用专用的出口节流压力补偿器。尽管出口节流能承受一定的超越负载能力，但由于有杆腔的增压作用，故应用较少。图 3-111 所示为单向出口节流压力补偿回路，它由一个普通先导式减压阀 2 与比例方向阀 1 适当连接构成，减压阀的泄油腔与回油腔 T 相连接。回路的特点是通过比例方向阀的压差可由减压阀来调整，从而可在较低的压差下获得准确的流量。如果需要在两个方向上进行精确调速，在油孔 A 侧串入一只相同的减压阀即可。

这种回路在有杆腔会产生高压，特别是在大直径活塞杆和超越负载的情况下更为严重。例如，一个供油压力仅 10MPa 的系统，为了安全运行，液压缸的额定工作压力至少应为 21MPa。因此，在使用这种回路前，应认真计算可能出现的高压，并采取适当的措施，否则液压缸的密封甚至缸体都会因超压而造成损坏。

对于双向负载的工作系统，可以采用出口节流压力补偿器控制的液压回路，它具有无泄漏的重力平衡、当 A 管或 B 管与油箱连接时的平衡超越负载、当 A 管或 B 管经节流孔回油箱时的出口负载压力补偿三种功能，但由于后两种功能相矛盾，故只能同时获得两种功能，后两种功能取决于回路结构。

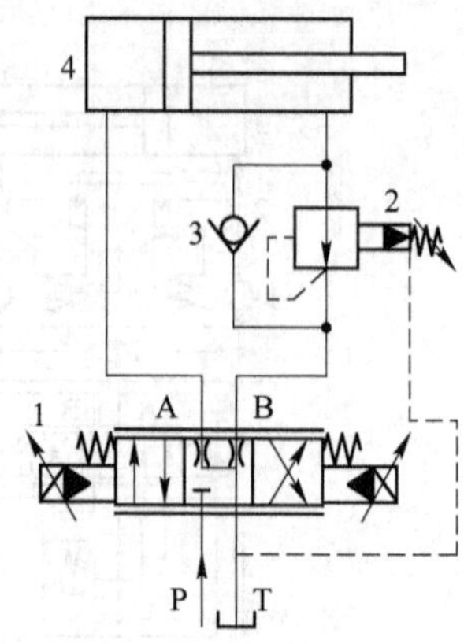

图 3-111　单向出口节流压力补偿回路

1—比例方向阀；2—减压阀；3—单向阀；4—液压缸

3.7.2.7　采用插装元件的压力补偿控制回路

众所周知，任何液压控制功能都可用插装阀来实现。当需要把压力补偿比例阀装在油路板上时，选择插装的压力补偿回路，该回路具有结构紧凑、易维修的特点。比例方向阀的压力补偿可以采用溢流元件或减压元件来实现。

A　减压型节流压力补偿回路

减压型进口压力补偿回路如图 3-112（a）所示，它采用定差减压阀组件 1 为补偿元件。因定差减压阀只有两条主油路，故有时被称为二通阀。压力补偿可以选择从 P 孔到 A 孔或从 P 孔到 B 孔，通过更换不同刚度的弹簧来改变横跨比例阀口的恒定压差（压差常设为 0.5~0.8MPa）。

在盖板处加上一个小型溢流阀 4，即可构成压差可调的二通型进口节流压力补偿回路，见图 3-112（b）。调节溢流阀的调压弹簧，可以改变横跨比例方向阀 3 的压降，从而准确调节流量。其工作原理是由于溢流阀的泄油通道把排油口与弹簧腔相通，所以负载感应压力 p_A 也作用在溢流阀的弹簧腔上。溢流时有 $p_c=p_A+p_t$（p_c 为溢流阀溢流压力，p_t 为与溢流阀调压弹簧力等价的压力，p_A 为比例方向阀出口压力）。又因为减压元件偏置弹簧很

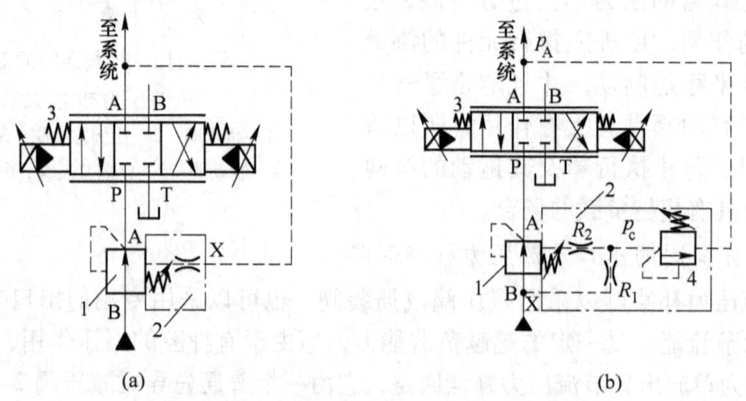

图 3-112　二通型进口节流压力补偿回路

（a）恒压型；（b）可调压差型

1—减压组件；2—盖板；3—比例方向阀；4—小型溢流阀

软，所以平衡时 p_c 与比例阀进口压力 p 相等，于是有 $\Delta p=p_c-p_A=p-p_A=p_t$。液阻 R_1 与溢流阀组成 B 型先导液压半桥，对主阀芯的位置进行控制。先导油从 B 孔经 X 口引入，对先导液压桥供油。R_1 用于产生必要的压力降，使主阀芯动作；R_2 为动态反馈液阻，用于改善阀芯的动态特性。

采用减压单元以及两个合适的盖板，并装置在 A 管或 B 管上，便可构成减压型出口节流压力补偿回路，如图 3-113（a）所示。该回路能使从 A 口到 T 口的流量不受负载变化的影响。从 A 到 T 油口的压力降取决于盖板上的偏置弹簧。与进口节流时相同，一般也设定在 0.5~0.8MPa 的范围内。为了使减压元件的弹簧腔产生一定的控制力，在油口 T 处需要加上一个作为背压阀的单向阀。这个背压通过一个单向阀，能快速反应在控制腔上，提供必要的开启力，使阀反应快速，增加稳定性。可调压差的出口节流压力补偿回路如图 3-113（b）所示，其工作原理与进口节流的情况完全相同。在结构上，它与恒压型的不同点是：无需增加作为背压阀的单向阀，因这时直动式溢流阀 5 所需的先导油从 B 口经 X 口引入，无需从回油口 T 处取出。从原理上看，如果连接油口 Y 与 T 的油管分开回油，整个补偿阀就是一个普通的插装式先导减压阀。它的先导油引自一次压力油口，而不是二次压力油口。这样可使先导流量更加稳定。它的先导回油口 Y 与比例阀的回油口 T 连接，使减压阀的二次压力跟随回油压力变化，并使减压阀的二次压力失去恒压的性质。这正是所需要的定差减压阀的性质。

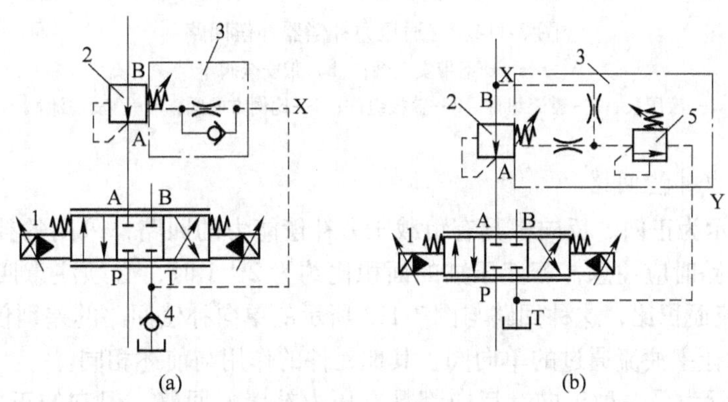

图 3-113 二通型出口节流压力补偿回路

（a）恒压型；（b）可调压差型

1—比例方向阀；2—减压组件；3—盖板；4—单向背压阀；5—直动式溢流阀

B 溢流阀负载压力补偿回路

溢流阀负载压力补偿回路采用一个定差溢流阀作为压力补偿元件，它由溢流插装单元组件和一适当的盖板单元构成。由于它有三个主油口，故又称为三通型压力补偿器。元件顶部的偏置弹簧对阀芯的作用力相当于 0.5~0.8MPa 的压力。这个压力确定了横跨比例阀节流口的恒定压差。

图 3-114（a）为三通压力补偿器用于对比例阀节流口进行压力补偿的回路。只要比例阀进口处的压力 p_p 大于出口处的压力 p_A 与偏置弹簧力（0.5~0.8MPa）之和，定差溢流阀就开启。这样导致 p_p 下降，直至重新建立阀芯的受力平衡。可见液压泵 1 的供油压力 p_p 跟随负载压力变化，p_p 只比 p_A 高出一个与偏置弹簧等价的压力，因此，这是一种压力

适应的供油系统，具有较好的节能效果。但不能对多个执行器同时供油，压力补偿可以从P口到A口或从P口到B口中获得（图示为从P口到A口的情况）。由于此种回路动力源是压力适应的，所以不必设置溢流阀来维持压力。但应对系统提供最大压力保护，如图3-114（b）所示，为此只要在盖板3中加上一个安全作用的小型直动式溢流阀5即可。如果负载压力大于直动溢流阀的设定值，它便开启，因此应限制溢流组件顶部的压力。由于主溢流元件的顶部还加有0.5~0.8MPa的弹簧力，所以主溢流元件的开启压力比直动式溢流阀的开启压力要高出0.5~0.8MPa。

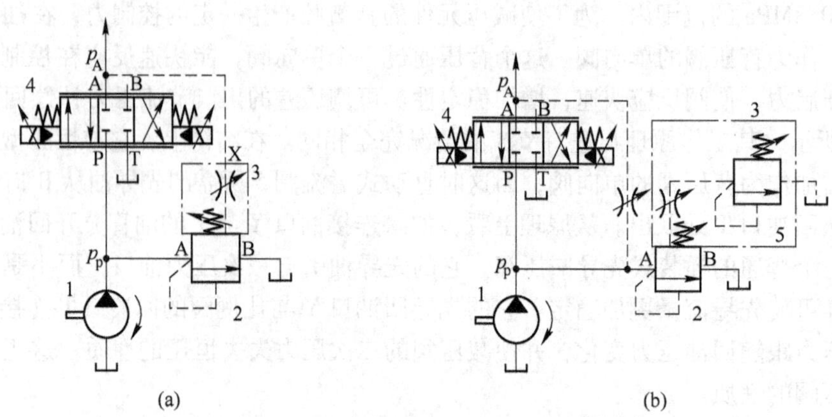

图3-114　三通压力补偿器补偿回路

（a）不带安全阀；（b）带安全阀

1—液压泵；2—溢流组件；3—盖板组件；4—比例方向阀；5—直动溢流阀

C　双向压力补偿回路

图3-115所示为正向、反向都具有负载压力补偿能力的回路，采用的补偿元件是二通型的。使用该回路时应注意，若液压缸的面积比约为2∶1时，必须注意四通比例滑阀应该有2∶1的节流面积比，这种回路与图3-113所示的单向补偿回路的差别仅在于多设置了一个为了反向时让主油流通过的单向阀。其他元件的作用与前述相同。

图3-116所示为另一种正向、反向都具有压力补偿的回路，但它的正向为差动连接。正向时，比例方向阀6的电磁铁1YA受到激励，此时构成的是进口节流压力补偿，P口到A口的节流压差由减压阀2补偿保持恒定。电磁铁2YA通电时为返回行程，此时为出口节流。A口到T油口的节流压差由补偿阀保持恒定。回油口T处的单向阀用于产生背压。

3.7.2.8　电液比例压力/速度控制回路

将前述比例调压和比例调速回路按需要组合起来，即可构成多种能够同时对系统的压力和速度进行比例控制的回路。有多种专用于此目的的比例P/Q（压力/流量）复合控制元件，由它们构成的电液比例回路可使系统更加简洁，具有负载适应性能，因而节能，其他性能也会得到提高。属于这类回路中常见的有比例溢流节流控制的P/Q阀回路和容积节流控制的比例P/Q变量泵回路。

A　比例压力/流量复合阀调压调速回路

用比例压力/流量复合阀与定量泵构成的调压调速回路如图3-117所示，利用电气遥控调压和调速，使系统变得非常简单，且控制性能也相当好。所需流量的控制由比例流量

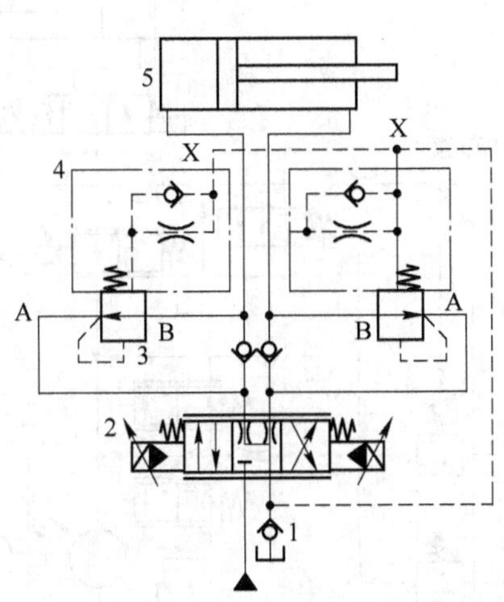

图 3-115 双向出口节流压力补偿回路

1—单向阀；2—比例方向阀；3—减压阀；4—盖板组件；5—液压缸

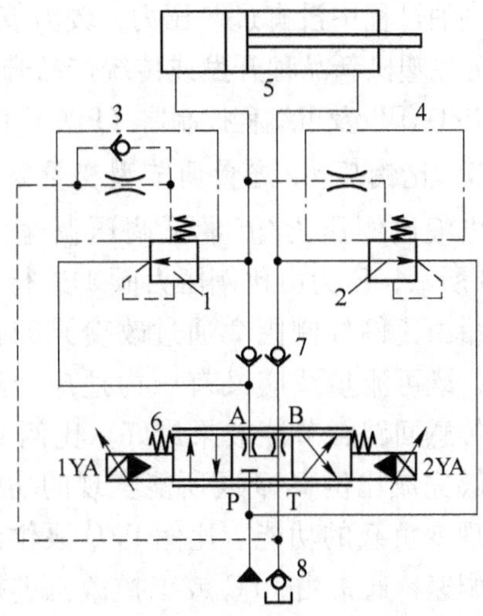

图 3-116 差动连接的双向压力补偿回路

1，2—减压组件；3，4—盖板组件；5—液压缸；6—比例方向阀；7，8—单向阀

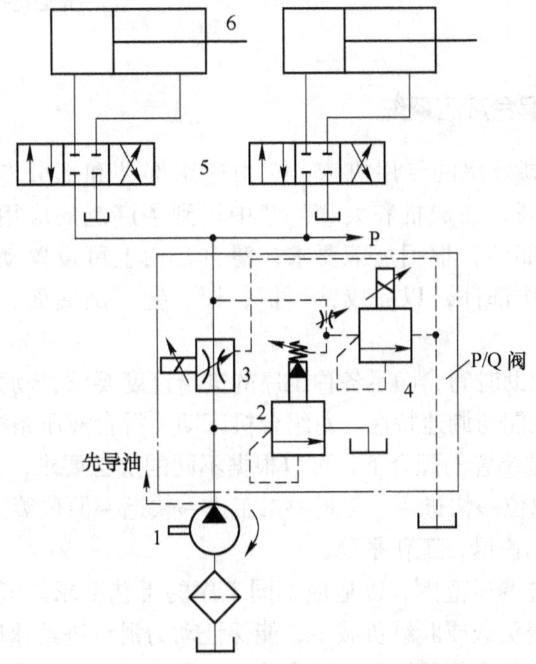

图 3-117 比例 P/Q 复合阀调压调速回路

1—定量泵；2—先导式溢流阀；3—比例流量阀；4—先导比例溢流阀；5—换向阀；6—液压缸

阀 3 实现，主溢流的先导使溢流阀 2 按系统的最高工作压力来调整，以便提供压力保护；而各工作阶段的压力则由先导比例溢流阀 4 的控制电流确定；先导油应引至各个需要先导控制的地方。P/Q 复合阀是利用定差溢流阀来作压力补偿的，定量泵 1 输出压力适应负载压力，

因此供油过程中没有过剩压力，较为节能。目前大部分注塑机新品种开发或传统产品升级均采用比例 P/Q 阀以及可编程控制器（PLC）技术。

B　比例压力/流量调节型变量泵回路

电液比例压力/流量泵调压调速回路如图 3-118 所示，压力由比例压力阀 1 进行控制，输出流量由比例控制阀 2 通过改变泵的排量实现控制，既可流量适应又有压力适应，故又称为负载传感回路，节能效果最好。比例 P/Q 泵除了能够完成比例 P/Q 阀所能实现的功能外，还能实现变负载的功能。比例 P/Q 泵供油回路的调压调速，通常由 PLC 或工控微机进行编程控制，主要用于工作循环复杂、工况变化频繁、动静特性都要求较高的地方。因此类泵价高，故只用在高档的注塑机、挤压机或其他要求很高的机器上。

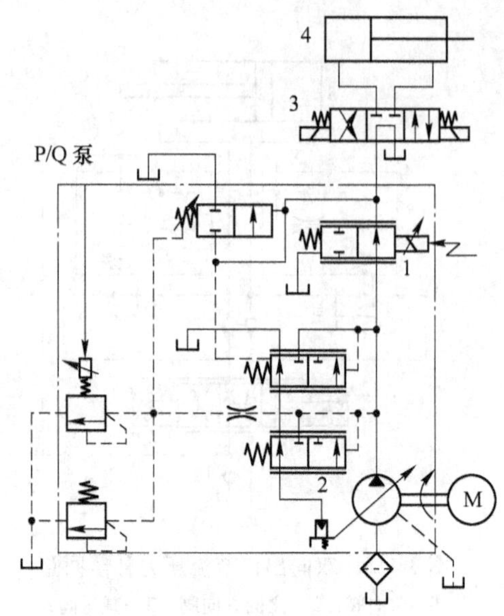

图 3-118　比例 P/Q 变量泵调压调速回路
1—比例压力阀；2—比例流量阀；
3—电磁换向阀；4—液压缸

3.8　典型液压系统

3.8.1　YT4543 液压滑台液压系统

组合机床是一种高效率的专用机床，它由通用部件和部分专用部件组成，其工艺范围广，自动化程度高，在成批和大量生产中得到了广泛的应用。液压动力滑台是组合机床上的一种通用部件，根据加工要求，滑台台面上可设置动力箱、多轴箱或各种用途的切削工具等工作部件，以完成钻、扩、铰、镗、刮端面、倒角、铣削及攻螺纹等工序。

为了缩短加工的辅助时间，满足各种工序的进给速度要求，动力滑台的液压系统必须具有良好的速度换接性能与调速特性。对组合机床动力滑台液压系统的要求为：

（1）在电气和机械装置的配合下，可以根据不同的加工要求，实现多种工作循环，如快进→工进→快退→原位→快进→一工进→二工进→快退→原位等工作循环。

（2）能实现快进和快退，工作平稳。

（3）有较大的工进调速范围，以适应不同工序的工艺要求。YT4543 型的进给范围为 6.6~660mm/min。在变负载或断续负载下，能保证动力滑台进给速度的稳定。

（4）进给行程终点的重复位置精度要求较高。根据不同的工艺要求，可选择相应的行程终点控制方法。

（5）合理解决快进和工进速度相差较大的问题，提高系统效率，减少发热。

（6）有足够的承载能力。YT4543 型的最大进给力为 45kN。

3.8.1.1　YT4543 型动力滑台液压系统工作原理

图 3-119 所示为 YT4543 型动力滑台液压系统。下面以实现二次工作进给的自动循环为例，说明其工作原理。

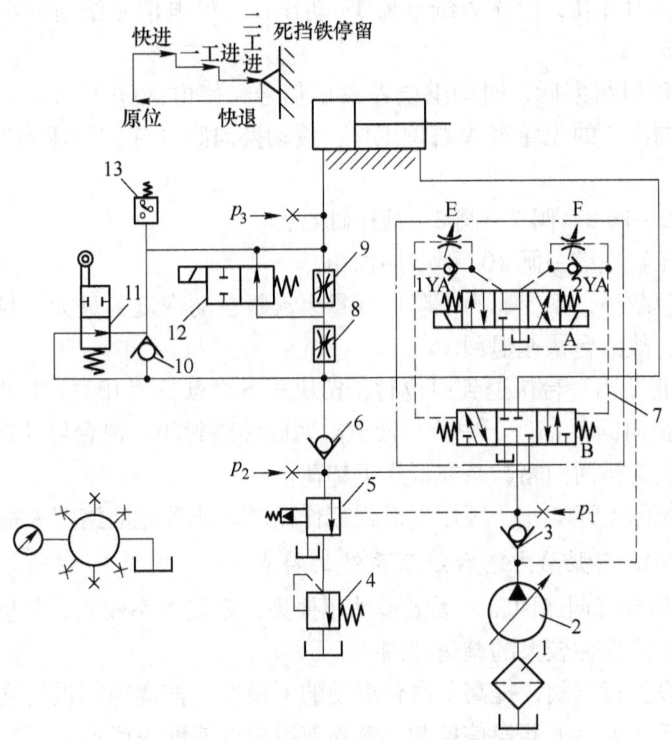

图 3-119 YT4543 型动力滑台液压系统

1—吸油过滤器；2—限压式变量泵；3，6，10—单向阀；4—背压阀；5—顺序阀；7—电液换向阀；8，9—调速阀；11—行程阀；12—电磁阀；13—压力继电器

(1) 快进。按下启动按钮，电磁铁 1YA 通电，电液换向阀 7 的先导阀 A 左位工作，液动换向阀 B 在控制压力油的作用下将左位接入系统。

进油路：油箱→滤油器 1→泵 2→阀 3→阀 7→阀 11→液压缸左腔。

回油路：液压缸右腔→阀 7→阀 6→阀 11→液压缸左腔。

液压缸两腔连通，实现差动快进。由于快进阻力小，系统压力低，变量泵输出最大流量。

(2) 第一次工作进给。当滑台快进到预定位置时，挡块压下行程阀 11，切断快进通道，这时压力油经调速阀 8、电磁阀 12 进入液压缸左腔。由于液压泵供油压力高，顺序阀 5 已被打开。

进油路：油箱→滤油器 1→泵 2→阀 3→阀 7→阀 8→阀 12→液压缸左腔。

回油路：液压缸右腔→阀 7→阀 5→阀 4→油箱。

工进时系统压力升高，变量泵自动减小其输出流量，且与一工进调速阀 8 的开口相适应。

(3) 第二次工作进给。一工进到终点时，挡块压下行程开关使 3YA 通电，这时压力油经调速阀 8 和 9 进入液压缸的左腔。液压缸右腔的回油路线与一工进时相同。此时，变量泵输出的流量自动与二工进调速阀 9 的开口相适应。

(4) 死挡铁停留。当滑台以二工进速度行进碰到死挡铁时，滑台即停留在死挡铁处，此时液压缸左腔压力升高，使压力继电器 13 动作，发出电信号给时间继电器。停留时间由时间继电器调定。

（5）快退。停留结束后，时间继电器发出信号，使电磁铁 1YA、3YA 断电，2YA 通电，这时电液换向阀 7 的先导阀 A 右位工作，液动换向阀 B 在控制压力油作用下将右位接入系统。

进油路：泵 2→阀 3→阀 7→阀 8→液压缸右腔。

回油路：液压缸左腔→阀 10→阀 7→油箱。

滑台返回时负载小，系统压力下降，变量泵流量自动恢复到最大，且液压缸右腔的有效作用面积较小，故滑台快速退回。

（6）原位停止。当滑台快退到原位时，挡块压下终点行程开关，使电磁铁 2YA 断电，电磁阀 A 和液动换向阀 B 都处于中位，液压缸两腔油路封闭，滑台停止运动。这时泵输出的油液经阀 3 和阀 7 排回油箱，泵在低压下卸荷。

滑台液压系统的上述工作，可用电磁铁工作循环表或等效油路图来描述。

3.8.1.2　YT4543 型动力滑台液压系统的特点

（1）采用容积节流调速回路，无溢流功率损失，系统效率较高，且能保证稳定的低速运动、较好的速度刚性和较大的调速范围。

在回油路上设置背压阀，提高了滑台运动的平稳性。把调速阀设置在进油路上，具有启动冲击小、便于压力继电器发信控制、容易获得较低速度等优点。

（2）限压式变量泵加上差动连接的快速回路，既解决了快慢速度相差悬殊的难题，又使能量利用经济合理。

（3）采用行程阀实现快/慢速换接，其动作的可靠性、转换精度和平稳性都较高。一工进和二工进之间的转换，由于通过调速阀 8 的流量很小，采用电磁阀式换接已能保证所需的转换精度。

（4）限压式变量泵本身就能按预先调定的压力限制其最大工作压力，故在采用限压式变量泵的系统中，一般不需要另外设置安全阀。

（5）采用换向阀式低压卸荷回路，可以减小能量损耗，结构也比较简单。

（6）采用三位五通电液换向阀，具有换向性能好、滑台可在任意位置停止、快进时构成差动连接等优点。

3.8.2　XS-ZY-250A 型注塑机比例液压系统

塑料注射成型机简称注塑机，用于热塑性塑料的成型加工。它是将颗粒状的塑料加热融化到流动状态，以高速、高压注入模腔，并保压一定时间，经冷却后成型为塑料制品。在塑料机械设备中，注塑机应用最广。

XS-ZY-250A 型注塑机属中、小型注塑机，每次理论最大注射容量分别为 $201cm^3$、$254cm^3$ 和 $314cm^3$（ϕ40mm，ϕ45mm，ϕ50mm 三种机筒螺杆的注射量，本机装 ϕ50mm 机筒螺杆，其他机筒螺杆由用户提出要求，另外选购），锁模力为 1600KN。该机要求液压系统完成的主要动作有合模和开模、注射座前移和后退、注射、保压以及顶出等。根据塑料注射成型工艺，注塑机的工作循环如图 3-120 所示。

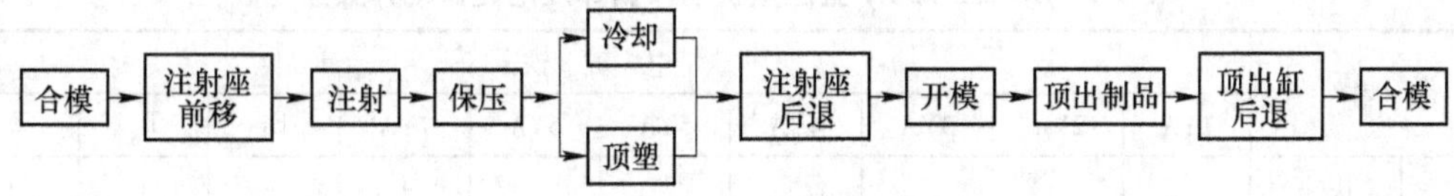

图 3-120　注塑机的工作循环

3.8.2.1　XS-ZY-250A 型注塑机比例液压系统工作原理

图 3-121 所示为 XS-ZY-250A 型塑料注射成型机比例液压系统原理。该注塑机采用了液压-机械式合模机构。合模液压缸通过对称五连杆机构推动模板进行开模与合模。连杆机构具有增力和自锁作用，依靠连杆弹性变形所产生的预紧力来保证所需的合模力。液压系统采用了比例压力和比例流量阀实现对压力和流量的控制，相对于其他类型的注塑机液压系统，使用的液压元件少、回路简单，压力、速度变换时冲击小，便于实现远程控制和程序控制，为实现微机控制奠定了基础。表 3-1 所列是 XS-ZY-250A 型注塑机动作循环及电磁铁动作顺序。现将液压系统的工作原理说明如下。

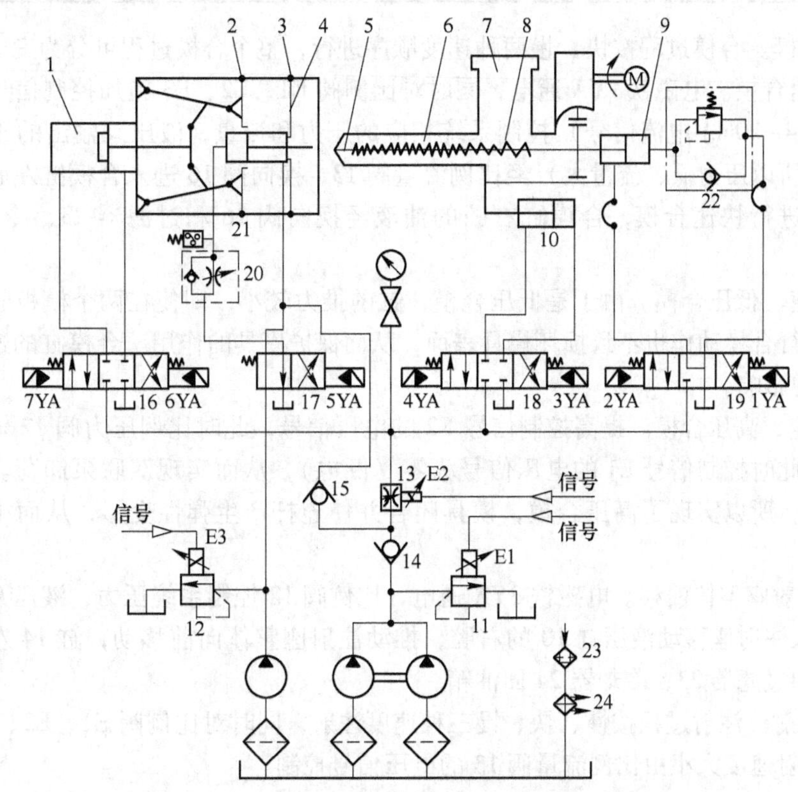

图 3-121　XS-ZY-250A 型注塑机比例液压系统原理图

1—合模缸；2，3—传动机构；4—顶出缸；5—注射器；6—送料仓；7—料仓；8—送料螺旋；9—注射缸；10—注射座移动缸；11，12—比例压力阀；13—比例流量阀；14，15—单向阀；16～19—换向阀；20—单向节流阀；21—压力继电器；22—单向顺序阀；23—磁芯过滤器；24—冷却器

表 3-1　XS-ZY-250A 型注塑机动作循环及电磁铁动作顺序

动作		电磁铁									
		1YA	2YA	3YA	4YA	5YA	6YA	7YA	E_1	E_2	E_3
合模	快速							+	+	+	+
	慢速低压							+	+	+	+
	慢速高压							+		+	+
注射座前移				+/−						+	+
注射		+							+	+	+
保压		+								+	+
预塑防流涎				+						+	+
注射座后移					+/−					+	+
开模							+		+	+	+
顶出缸运动						+				+	
螺杆后退			+							+	+

（1）合模。合模过程按快、慢两种速度顺序进行，整个合模过程可分为三个阶段：

1）快速合模。电磁铁 7YA 通电，同时对比例阀 E1、E2、E3 施加控制信号（0~10V 电压信号或 4~20mA 电流信号）控制系统相应的压力和流量，液压泵输出的压力油（由于负载小，所以压力低、流量大）经比例流量阀 13、换向阀 16 进入合模缸左腔，推动活塞带动连杆进行快速合模，合模缸右腔的油液经换向阀 16 和过滤器 23、冷却器 24 回油箱。

2）慢速、低压合模。由于是低压合模，缸的推力较小，即使在两个模板间有硬质异物，继续进行合模动作也不致损坏模具表面，从而保护模具的作用。合模缸的速度受比例流量阀 13 的影响。

3）慢速、高压合模。提高控制信号 E2 的电压信号，此时比例压力阀 12 输出的压力随之升高；此时控制信号 E1 的电压信号为零（断电），从而实现双联泵卸荷。由于压力高而流量小，所以实现了高压合模，模具闭合并使连杆产生弹性变形，从而牢固地锁紧模具。

（2）注射座整体前移。电磁铁 3YA 通电，比例阀 12 控制系统压力，液压泵的压力油经阀 18 进入注射座移动液压缸 10 的右腔，推动注射座整体向前移动，缸 14 左腔的油液则经阀 18 和过滤器 23、冷却器 24 回油箱。

（3）注射。注射过程按慢、快、慢三种速度注射，同时对比例阀 E1、E2、E3 施加控制信号，注射速度大小由比例流量阀 13 的电压信号控制。

此时电磁铁 1YA 通电，液压泵输出的压力油经阀 19、阀 22 进入注射缸 9 的右腔，缸 9 左腔的油液经阀 19、过滤器 23 和冷却器 24 回油箱。

（4）保压。电磁铁 1YA 处于通电状态，此时控制信号 E1 的电压信号为零（断电），实现双联泵卸荷。由于保压时只需要极少的油液，所以系统工作在高压、小流量状态。

（5）预塑、冷却。液压马达使左旋螺杆旋转后退，料斗中的塑料颗粒进入料筒，并被转动着的螺杆带至前端，进行加热预塑。当螺杆后退到预定位置时，停止转动，准备下一次注射。在模腔内的制品冷却成型。

（6）防流涎。电磁铁3YA通电，液压泵输出的压力油经阀18进入注射座液压缸10的右腔，使喷嘴继续与模具保持接触，从而防止了喷嘴端部流涎。

（7）注射座后退。电磁铁4YA通电，液压泵输出的压力油经阀18进入注射座液压缸缸10的左腔，右腔通油箱，使注射座后退。

（8）开模。各泵同时工作，同时对比例阀E1、E2、E3施加控制信号，电磁铁6YA通电，液压泵输出的压力油经比例流量阀13、换向阀16进入合模缸右腔，推动活塞带动连杆进行开模，合模缸左腔的油液经换向阀16和过滤器23、冷却器24回油箱。工艺要求开模过程为“慢速→快速→慢速”，其速度大小的调整通过比例流量阀13的控制信号来实现。

（9）顶出缸运动

1）顶出缸前进　电磁铁5YA通电，对比例阀E2施加控制信号（此时E1、E3控制信号为零，比例流量阀13关闭），系统压力由比例阀12控制。液压泵输出的压力油经阀17、20直接进入顶出缸4左腔，顶出缸右腔则经阀17回油，于是推动顶出杆顶出制品。

2）顶出缸后退　电磁铁5YA断电，液压泵输出的压力油经阀17进入顶出缸4的右腔，顶出缸左腔则经阀20、17回油，于是顶出缸后退。

（10）装模、调模。安装、调整模具时，采用的是低压、慢速开、合动作。

1）开模。电磁铁6YA通电，液压泵输出的压力油经比例阀13、阀16进入合模缸1的右腔，使模具打开。

2）合模。电磁铁7YA通电、6YA断电，液压泵输出的压力油使合模缸合模。

3）调模。采用液压马达（图中未示出液压回路部分）来进行，液压泵输出的压力油驱动液压马达旋转，传动到中间一个大齿轮，再带动四根拉杆上的齿轮螺母同步转动，通过齿轮螺母移动调模板，从而实现调模动作，另外还有手动调模，只要扳手动齿轮，便能实现调模板进退动作，但移动量很小（0.1mm），所以手动调模只作微调。

（11）螺杆后退。电磁铁2YA通电，对比例阀放大器E2、E3施加控制信号，液压油进入注射缸9的左腔，右腔回油，返回初始位置，为下一动作循环做准备。

由以上分析可以看出，注塑机液压系统中的执行元件数量多，是一种速度和压力均变化较多的系统。在完成自动循环时，主要依靠行程开关；速度和压力的变化，则主要靠比例阀控制信号的变化来实现。

3.8.2.2 XS-ZY-250A型注塑机比例液压系统的特点

（1）由于注塑机通常要将熔化的塑料以40~150MPa的高压注入模腔，模具合模力要大，否则注射时会因模具闭合不严而产生塑料制品的溢边现象。系统中采用液压-机械式合模机构，合模液压缸通过增力和自锁作用的五连杆机构进行合模和开模，这样可使合模缸压力相应减小，且合模平稳、可靠。最后合模是依靠合模液压缸的高压，使连杆机构产生弹性变形来保证所需的合模力，并把模具牢固地锁紧。

（2）为了缩短空行程时间以提高生产率，又要考虑合模过程中的平稳性，以防损坏制品和模具，所以合模机构在合模、开模过程中需要有慢速—快速—慢速的顺序变化，系统中的快速是用液压泵通过低压、大流量供油来实现的。

（3）考虑到塑料品种、制品几何形状和模具浇注系统的不同，注射成型过程中的压力和速度是比例可调的。

（4）为了使注射座喷嘴与模具浇口紧密接触，注射座移动液压缸右腔在注射、保压时，应一直与压力油相通，从而使注射座移动缸活塞具有足够的推力。

（5）为了使塑料充满容腔而获得精确的形状，同时在塑料制品冷却收缩过程中，熔融塑料可不断补充，以防止充料不足而出现残次品。在注射动作完成后，注射缸仍通过压力油来实现保压。

（6）为了满足用户对注射工艺的要求，有三种不同直径和长径比的螺杆及螺杆头供选用。

（7）调模采用液压马达驱动，因而给装拆模具带来了极大的方便。

（8）采用了比例压力阀和比例流量阀，简化了液压元件及系统，提高了系统的可靠性。

4 液压元件常见故障原因分析

液压系统出现的故障，大部分是由各液压元件工作性能发生异常而引起的。液压元件产生故障的原因，有设计制造不佳，也有调整维护不佳，以及油液过脏等因素。同类型的液压元件，虽然名称相同，作用一致，但是具体结构不完全相同。因此，它们各自所产生故障的现象和原因也各不相同。所以，要根据具体结构对产生的故障作具体分析和处理，这些内容对可靠性设计有一定的帮助。

4.1 液压泵故障原因分析

液压泵是液压系统的“心脏”，它是由电能转为液压能的能量转换装置。因此，液压泵一旦发生故障，就会立即影响到液压系统的正常工作，甚至不能工作。液压泵的故障有结构设计上的原因，也有使用维护及装配方面的问题[8]，详见表4-1。

(1) 齿轮泵。齿轮泵常见故障中大部分是由于泵内部摩擦副磨损造成的，其正常磨损是径向间隙和轴向（端面）间隙增大，严重时泵体内孔或两侧板可磨损到无法修复的地步。另外，轴的油封也是常损坏的部件。

(2) 叶片泵。叶片泵与齿轮泵不同，其正常磨损较少，零部件使用寿命较长，造成叶片泵故障的大部分原因是油液污染。因为，叶片泵内的一些运动副配合较精密，当污物侵入摩擦副后，容易产生异常磨损或卡死。另外，叶片泵的自吸性能不如齿轮泵，特别是小排量的泵更是如此。所以，油液是否清洁和吸油是否畅通，在叶片泵运行中是需要特别注意的两个问题。

(3) 柱塞泵。JT13型径向柱塞泵在结构和运行性能上的弱点是径向力较大，自吸能力较差，以及柱塞与柱塞孔配合精度高。CY14型轴向柱塞泵零件加工精度要求高。所以，柱塞泵对油液的清洁度要求高，油液的清洁对泵的使用寿命有很大影响。柱塞泵对油液的过滤精度要求比齿轮泵高。

表4-1 液压泵常见故障原因分析

故障现象	原因分析	
Ⅰ泵不输油	1. 泵轴不转动	(1) 电动机轴未转动 1) 未通上电源； 2) 电气线路故障； 3) 电气件故障

续表 4-1

<table>
<tr><th>故障现象</th><th colspan="2">原 因 分 析</th></tr>
<tr><td rowspan="17">I泵不输油</td><td rowspan="3">1. 泵轴不转动</td><td>（2）电动机发热跳闸
1）溢流阀调压过高，系统工作时泵闷油；
2）溢流阀阀芯卡住，或直动式溢流阀阀芯中心通向端面的流油孔堵死，或先导式溢流阀阻尼孔堵死，超压不溢流；
3）泵出口单向阀装反或单向阀卡死（打不开）而闷油；
4）电动机故障</td></tr>
<tr><td>（3）泵轴或电动机轴（传动轴）上无连接件
1）折断；
2）漏装</td></tr>
<tr><td>（4）泵内部滑动副卡死（柱塞与缸体孔，配油盘与转子或叶片；齿轮与侧板，叶片和叶片槽）
1）配合间隙大小；
2）零件精度差，装配质量差，齿轮与轴同轴度偏差太大；柱塞头部与滑靴过紧卡死或滑靴脱落使柱塞卡死；叶片垂直度差，转子摆差太大，转子槽有伤口或叶片有伤痕受力后断裂而卡死；
3）油液太脏；
4）油温过高使热变形；
5）泵的吸油腔进入脏物而卡死（如棉丝、棉布头等）</td></tr>
<tr><td rowspan="2">2. 泵轴反转</td><td>（1）电动机轴反转
1）电气线路接错；
2）泵体上旋向箭头指错；
3）泵体上未注明旋向，造成使用上的错误</td></tr>
<tr><td>（2）驱动机构轴反转
1）安装错误；
2）见本表Ⅰ1.（2）、2）、3）</td></tr>
<tr><td>3. 泵轴仍可转动</td><td>（1）泵轴内部折断
1）轴质量差（如材质差，热处理后有伤痕）；
2）泵内滑动副卡死，原因见本表Ⅰ1.（4）</td></tr>
<tr><td rowspan="10">4. 泵不吸油</td><td>（1）油箱油位过低</td></tr>
<tr><td>（2）吸油滤油器被堵</td></tr>
<tr><td>（3）吸油管被堵</td></tr>
<tr><td>（4）泵吸入腔被堵</td></tr>
<tr><td>（5）泵或吸油管密封不严</td></tr>
<tr><td>（6）吸油管细长和弯头太多</td></tr>
<tr><td>（7）吸油滤油器过滤精度太高，或通过面积太小</td></tr>
<tr><td>（8）泵的转速太低</td></tr>
<tr><td>（9）油的黏度太高</td></tr>
<tr><td>（10）叶片泵叶片未伸出，卡死在叶片槽内</td></tr>
</table>

续表 4-1

故障现象	原因分析	
Ⅰ泵不输油	4. 泵不吸油	(11) 变量叶片泵变量动作不灵，使偏心量为零
		(12) 柱塞泵变量机构失灵，如加工精度差，装配不良，配合间隙太小，泵内部摩擦阻力过大，伺服活塞、变量活塞及弹簧芯轴有卡死，通向变量机构的个别油道有堵塞以及油液太脏，油温太高，使零件热变形等
		(13) 柱塞泵缸体与配油盘之间不密封（如柱塞泵中心弹簧折断）
		(14) 叶片泵配油盘与泵体之间不密封
Ⅱ泵噪声大	1. 吸空现象严重	(1) 吸油滤油器有部分堵塞
		(2) 吸油管伸入油面较浅
		(3) 吸油位置太高或油箱液位太低
		(4) 吸油管局部有堵塞现象
		(5) 泵和吸油管口密封不严
		(6) 油的黏度过高
		(7) 泵的转速太高
		(8) 吸油滤油器通过面积太小
		(9) 泵内吸入腔通道不畅通
		(10) 非自吸泵的辅助泵供油量不足或有故障
		(11) 油箱中通气孔被堵
		(12) 泵轴油封件失效
	2. 吸入气泡	(1) 油液中溶解一定量的空气，在工作过程中生成泡沫
		(2) 回油涡流太强烈产生泡沫
		(3) 管道内或泵壳内存有空气
		(4) 吸油管插入油面的深度不够
	3. 液压泵运转不良	(1) 泵内轴承磨损或破损
		(2) 泵内零件破损或磨损 1) 定子圈内表面磨损严重; 2) 齿轮精度低，摆差大
	4. 泵的结构因素	(1) 困油严重，产生较大的流量脉动和压力脉动 1) 卸荷槽设计不佳; 2) 加工精度差
		(2) 变量泵变量机构工作不良（间隙过小，加工精度差，油液太脏等）
		(3) 双级叶片泵的压力分配阀工作不良（间隙过小，加工精度差，油液太脏等）
	5. 泵安装不良	(1) 泵轴与电动机轴同轴度差
		(2) 联轴节安装不良，同轴度差并有松动

续表 4-1

故障现象	原　因　分　析	
Ⅲ泵出油量不足	1. 容积效率低	（1）泵内部滑动零件磨损严重 1）叶片泵配油盘端面磨损严重； 2）齿轮端面与侧板磨损严重； 3）齿轮泵因轴承损坏使泵体孔磨损严重； 4）柱塞泵柱塞与缸体孔磨损严重； 5）柱塞泵配油盘与缸体端面磨损严重
		（2）泵装配不良 1）定子与转子、柱塞与缸体、齿轮与泵体，齿轮与侧板之间的间隙太大； 2）叶片泵、齿轮泵泵盖上螺钉拧紧力矩不匀或有松动； 3）叶片和转子反转
		（3）油的黏度过低（如用错油或油温过高）
	2. 有吸气现象	参见本表Ⅱ1.、2.
	3. 泵内部分机构不良	参见本表Ⅱ4.
	4. 供油量不足	非自吸泵的辅助泵供油量不足或有故障
Ⅳ压力不足	1. 漏油严重	参见本表Ⅲ1.
	2. 驱动机构功率过小	（1）电动机输出功率过小 1）设计不合理； 2）电动机有故障
		（2）机械驱动机构输出功率过小
	3. 泵排量选得过大或压力调得过高	造成驱动机构或电动机功率不足
Ⅴ压力不稳定，流量不稳定	1. 有吸气现象	参见本表Ⅱ1.、2.
	2. 油液过脏	个别叶片转子槽内卡住或伸出困难
	3. 泵装配不良	（1）个别叶片在转子槽内间隙过大，造成高压油向低压腔流动
		（2）个别叶片在转子槽内间隙过小，造成卡住或伸出困难
		（3）个别柱塞与缸体孔配合间隙过大，造成漏油量大
	4. 泵的结构因素	参见本表Ⅱ4.
	5. 供油量波动	非自吸泵的辅助泵有故障
Ⅵ异常发热	1. 装配不良	（1）间隙选配不当（如柱塞与缸体、叶片与转子槽、定子与转子、齿轮与侧板等配合间隙过小，造成滑动部位过热烧伤）
		（2）装配质量差，传动部分同轴度未达到技术要求，运转时有拐紧现象
		（3）轴承质量差，或装配时被打坏，或安装时未清洗干净，造成运转时拐紧
		（4）经过轴承的润滑，油排回油箱的通油口不畅通 1）通油口螺塞未打开（未接管子）； 2）安装时油道未清洗干净，有脏物堵塞； 3）安装时回油管头太多或有压扁现象

续表 4-1

故障现象	原因分析	
Ⅵ异常发热	2. 油液质量差	（1）油液的黏温性差，黏度变化大
		（2）油中含有大量水分，造成润滑不良
		（3）油液污染严重
	3. 泄油管故障	（1）泄油管压扁或堵死
		（2）泄油管管径太细，不能满足排油要求
	4. 受外界条件影响	外界热源高，散热条件差
	5. 内部泄漏大，容积效率过低，过度发热	参见本表Ⅲ1.
Ⅶ轴封漏油	1. 安装不良	（1）密封件唇口装反
		（2）骨架弹簧脱落 1）轴的倒角不适当，密封唇口被挂住，使弹簧脱落； 2）装轴时不小心使弹簧脱落
		（3）密封唇部粘有异物
		（4）密封唇口通过花键轴时被拉伤
		（5）油封装斜了 1）沟槽内径尺寸太小； 2）沟槽倒角过小
		（6）用锤子打入时将油封打变形
		（7）密封唇翻卷 1）轴倒角太小； 2）轴倒角处太粗糙
	2. 轴和沟槽加工不良	（1）轴加工错误 1）轴颈不适宜，使油封唇口部位磨损，发热； 2）轴倒角不合要求，使油封唇口拉伤，弹簧脱落； 3）轴颈外表有车削或磨损痕迹； 4）轴颈表面粗糙使油封唇边磨损加快
		（2）沟槽加工错误 1）沟槽尺寸过小，使油封装斜； 2）沟槽尺寸过大，油从外周漏出； 3）沟槽表面有划伤或其他缺陷，油从外周漏出
	3. 油封本身有缺陷	油封胶质不好，不耐油或对液压油相容性差，变质、老化、失效造成漏油
	4. 容积效率过低	参见本表Ⅲ1.
	5. 泄油孔被堵	泄油孔被堵后，泄油压力增加，造成密封唇口变形太大，接触面增加，摩擦产生热老化，使封油失效，引起漏油
	6. 外接泄油管径过细或管道过长	泄油困难，泄油压力增加
	7. 未连泄油管	泄油管未打开或未接泄油管子

4.2　液压缸故障原因分析

液压缸是把液压能转换为机械能的执行元件。液压缸的高低压两腔之间用密封件隔离，并保持密封。液压缸从制造、装配到安装、调试和维护，都必须保证质量，否则容易出现故障，详见表4-2。

液压缸使用一段时间后，由于零件磨损，密封件老化失效等原因而常发生故障，在制造液压缸过程中，由于加工和装配质量不符合技术要求，也容易出现故障。这就需要维修人员认真观察故障的征兆，仔细分析产生故障的原因，提出有效的排除对策，使液压缸恢复正常运行。液压缸故障有：活塞杆不动；活塞杆移动速度和推力达不到要求的数值；活塞杆运动有“爬行”；有撞缸现象，缓冲效果不良；有外泄漏和噪声，活塞杆表面拉毛等。

表4-2　液压缸常见故障原因分析

故　障	原　因　分　析	
Ⅰ活塞杆不能动作	1. 压力不足	（1）油液未进入液压缸 1）换向阀未换向； 2）系统未供油
		（2）虽有油，但没有压力 1）系统有故障，主要是泵或溢流阀有故障； 2）内部泄漏严重，活塞与活塞杆松脱，密封件损坏严重
		（3）压力达不到规定压力值 1）密封件老化、失效，唇口装反或有破损； 2）活塞环损坏 3）系统调定压力过低； 4）压力调节阀有故障； 5）通过调速阀的流量过小，液压缸内泄漏量增大时，流量不足，影响压力不足
	2. 压力已达到要求，但仍不动作	（1）液压缸结构上的问题 1）活塞端面与缸筒端面紧贴在一起，工作面积不足，故不能启动； 2）具有缓冲装置的缸筒上单向回路被活塞堵住
		（2）活塞杆移动“别劲” 1）缸筒与活塞、导向套与活塞杆配合间隙过小； 2）活塞杆与加布胶木导向套之间的配合间隙过小； 3）液压缸装配不良（如活塞杆、活塞和缸盖之间同轴度差，液压缸与工作台平行度差）
		（3）液压回路引起的原因，主要是液压缸背压腔油液未与油箱相通，回油路上的调速阀节流口调节过小或连通回油的换向阀未动作

续表 4-2

故 障	原 因 分 析	
Ⅱ速度达不到规定值	1. 内泄漏严重	(1) 密封件破损严重
		(2) 油的黏度太低
		(3) 油温过高
	2. 外载过大	(1) 设计错误，选用压力过低
		(2) 工艺和使用错误，造成外载比预定值增大
	3. 活塞移动时“别劲”	(1) 加工精度差，缸筒孔锥度和圆度超差
		(2) 装配质量差 1) 活塞、活塞杆与缸盖之间同轴度差； 2) 液压缸与工作台平行度差； 3) 活塞杆与导向套配合间隙过小
	4. 脏物进入滑动部位	(1) 油液过脏
		(2) 防尘圈破损
		(3) 装配时未清洗干净或带入脏物
	5. 活塞在端部行程急剧下降	(1) 缓冲调节阀的节流口调节过小，在进入缓冲行程时，活塞可能停止或速度急剧下降
		(2) 固定式缓冲装置中节流孔直径过小
		(3) 缸盖上固定式缓冲节流环与缓冲柱塞之间间隙过小
	6. 活塞移动到中途，发现速度变慢或停止	(1) 缸筒内径加工精度差，表面粗糙，使内泄漏增大
		(2) 缸壁发生胀大，当活塞通过增大部位时，内泄漏量增大
Ⅲ液压缸产生爬行	1. 液压缸活塞杆运动“别劲”	参见本表Ⅰ2.
	2. 缸内进入空气	(1) 新液压缸，修理后的液压缸或设备停机时间过长的缸，缸内有气或液压缸管道中排气不净
		(2) 缸内部形成负压，从外部吸入空气
		(3) 从缸到换向阀之间的管道容积比液压缸内容积大得多，油缸工作时，这段管道上油液未排完，所以空气也很难排完
		(4) 泵吸入空气（参见液压泵故障）
		(5) 油液中混入空气（参见液压泵故障）
Ⅳ缓冲装置故障	1. 缓冲作用过度	(1) 缓冲调节阀的节流开口度过小
		(2) 缓冲柱塞“别劲”（如柱塞头与缓冲环间隙太小，活塞倾斜或偏心）
		(3) 在柱塞头与缓冲环之间有脏物
		(4) 固定式缓冲装置柱塞头与衬套之间间隙太小
	2. 失去缓冲作用	(1) 缓冲调节阀处于全开状态
		(2) 惯性能量过大
		(3) 缓冲调节阀不能调节
		(4) 单向阀处于全开状态或单向阀座封闭不严
		(5) 活塞上密封件破损，当缓冲腔压力升高时，工作液体从此腔向工作压力一侧倒流，故活塞不减速

续表 4-2

故障		原因分析
Ⅳ缓冲装置故障	2. 失去缓冲作用	(6) 柱塞头或衬套内表面上有伤痕
		(7) 镶在缸盖上的缓冲环脱落
		(8) 缓冲柱塞锥面长度和角度不适宜
	3. 缓冲行程段出现“爬行”	(1) 加工不良，如缸盖，活塞端面的垂直度不合要求，在全长上活塞与缸筒间隙不匀；缸盖与缸筒不同心；缸筒内径与缸盖中心线偏差大，活塞与螺帽端面垂直度不合要求造成活塞杆挠曲等
		(2) 装配不良，如缓冲柱塞与缓冲环相配合的孔有偏心或倾斜等
Ⅴ有外泄漏	1. 装配不良	(1) 液压缸装配时端盖装偏，活塞杆与缸筒定心不良，使活塞杆伸出困难，加速密封件磨损
		(2) 液压缸与工作台导轨面平行度差，使活塞伸出困难，加速密封件磨损
		(3) 密封件安装差错，如密封件划伤、切断，密封唇装反，唇口破损或轴倒角尺寸不对，装错或漏装
		(4) 密封压盖未装好 1) 压盖安装有偏差； 2) 紧固螺钉受力不匀； 3) 紧固螺钉过长，使压盖不能压紧
	2. 密封件质量不佳	(1) 保管期太长，自然老化失效
		(2) 保管不良，变形或损坏
		(3) 胶料性能差，不耐油或胶料与油液相容性差
		(4) 制品质量差，尺寸不对，公差不合要求
	3. 活塞杆和沟槽加工质量差	(1) 活塞杆表面粗糙，活塞杆头上倒角不符合要求或未倒角
		(2) 沟槽尺寸及精度不合要求 1) 设计图纸有错误； 2) 沟槽尺寸加工不符合标准； 3) 沟槽精度差，毛刺多
	4. 油的黏度过低	(1) 用错了油品
		(2) 油液中渗有乳化液
	5. 油温过高	(1) 液压缸进油口阻力太大
		(2) 周围环境温度太高
		(3) 泵或冷却器等有故障
	6. 高频振动	(1) 紧固螺钉松动
		(2) 管接头松动
		(3) 安装位置变动
	7. 活塞杆拉伤	(1) 防尘圈老化、失效
		(2) 防尘圈内侵入砂粒切屑等脏物
		(3) 夹布胶木导向套与活塞杆之间的配合太紧，使活动表面产生过热，造成活塞杆表面铬层脱落拉伤

4.3 液压阀故障原因分析

液压控制阀用来控制液压系统压力、流量和方向。如果某一液压控制阀产生故障，对液压系统的稳定性、精确性、可靠性及寿命等都有极大的影响。

液压控制阀的故障原因有：元件本身结构设计不佳；零件加工精度差和装配质量差；弹簧刚度不能满足要求和密封件质量不好；其他外购零件的质量不合格等。另外还有两个主要因素，即油液过脏或油温过高[9]。

下面以常用的压力阀、流量阀和方向阀为例，分别分析常见故障原因。

4.3.1 压力控制阀故障原因分析

各种压力阀的结构、原理十分相似，在结构上有的是局部改变通道状态，有的是进、出油口连接差异，有的是主阀芯结构形状做局部改动。但是，只要熟悉各类阀的结构特点，分析故障原因就不会有太大困难。

4.3.1.1 溢流阀常见故障原因分析

溢流阀的作用，是用来稳定或限制系统压力的大小，对系统起安全保护作用。溢流阀结构原理见图 4-1。直动式溢流阀结构简单，故障原因容易找到，不详细分析。先导式溢流阀结构复杂，故障原因多，需对该阀的故障原因进行详细分析，其故障原因分析见表 4-3[10]。

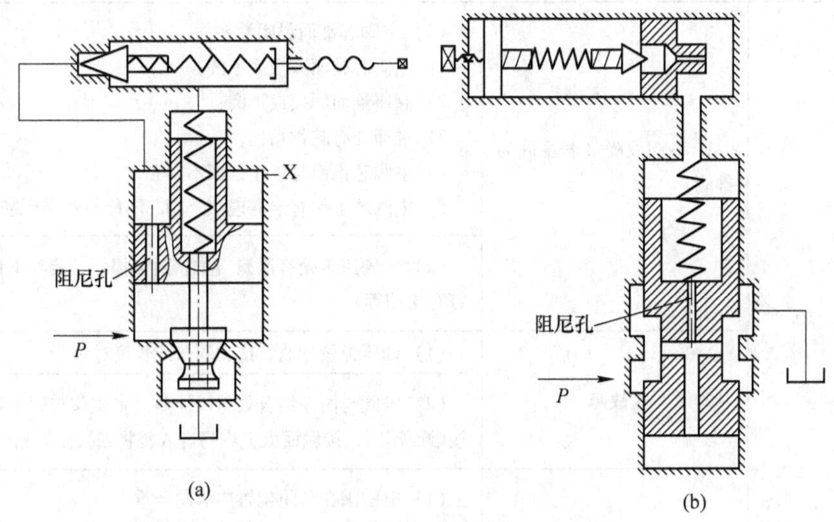

图 4-1 溢流阀原理图
(a) 先导式溢流阀；(b) 滑阀式溢流阀

4.3.1.2 减压阀常见故障原因分析

减压阀的作用，是降低某一部分液压油路的压力，并保持所要求的压力值。我们日常使用的减压阀多数是定压型减压阀，也称定值输出减压阀，其结构原理见图 4-2，常见故障原因分析见表 4-4。

表4-3　先导式溢流阀常见故障原因分析

故　障		原　因　分　析
Ⅰ无压力	1. 主阀故障	（1）主阀芯阻尼孔被堵（装配时主阀芯未清洗干净，油液过脏）
		（2）主阀芯在开启位置卡死（如零件精度低，装配质量差，油液过脏）
		（3）主阀芯复位弹簧折断或弯曲，使主阀芯不能复位
	2. 先导阀故障	（1）调压弹簧折断
		（2）调压弹簧未装
		（3）锥阀或钢球未装
		（4）锥阀破裂
	3. 远控口电磁阀故障或远控口未加丝堵而直通油箱	（1）电磁阀未通电（常开）
		（2）滑阀卡死
		（3）电磁铁线圈烧毁或铁芯片卡死
		（4）电气线路故障
	4. 装错	进出油口装错
	5. 液压泵故障	（1）滑动副之间间隙过大（如齿轮泵、柱塞泵）
		（2）叶片泵的多数叶片在叶片槽内卡死
		（3）叶片和转子方向装反
Ⅱ压力升不高	1. 主阀故障（若主阀为锥阀）	（1）主阀芯锥面封闭性差 1）主阀芯锥面磨损或不圆； 2）阀座锥面磨损或不圆； 3）锥面处有脏物粘住； 4）主阀芯锥面与锥座锥面不同心； 5）主阀芯工作有卡滞现象，阀芯不能与阀座严密结合
		（2）主阀压盖处有泄漏（如密封垫损坏，装配不良，压盖螺钉有松动等）
	2. 先导阀故障	（1）调压弹簧弯曲，或太弱，或长度过短
		（2）锥阀与阀座结合处封闭性差（如锥阀与阀座磨损，锥阀接触面不圆，接触面太宽容易进入脏物或被胶质粘住）
	3. 远控口电磁阀故障	（1）电磁阀在常闭位置内泄漏严重 1）阀口处阀体与滑阀磨损严重； 2）滑阀换向未达到最终位置，造成封油长度足
		（2）远控接口管接头处有外泄漏
Ⅲ压力突然升高	1. 主阀故障	（1）主阀芯工作不灵敏，在关闭状态突然卡死（如零件加工精度低，装配质量差，油液过脏等）
	2. 先导阀故障	（1）先导阀阀芯与阀座结合面突然粘住，脱不开
		（2）调压弹簧弯曲造成卡滞

续表 4-3

故 障	原 因 分 析	
Ⅳ压力突然下降	1. 主阀故障	（1）主阀芯阻尼孔突然被堵死
		（2）主阀芯工作不灵敏，在开启状态突然卡死（如零件加工精度低，装配质量差，油液过脏等）
		（3）主阀盖处密封垫突然破损
	2. 先导阀故障	（1）先导阀阀芯突然破裂
		（2）调压弹簧突然折断
	3. 远控口电磁阀故障	（1）电磁铁突然断电，使溢流阀卸荷
		（2）远控口管接头突然脱落，或管子突然破裂
Ⅴ压力波动不稳定	1. 主阀故障	（1）主阀芯动作不灵活，有时有卡住现象
		（2）主阀芯阻尼孔有时堵有时通
		（3）主阀芯锥面与阀座锥面接触不良，磨损不均匀
		（4）阻尼孔孔径太大，使阻尼作用差
	2. 先导阀故障	（1）调压弹簧弯曲
		（2）锥阀与锥阀座接触不良，磨损不均匀
		（3）调节压力的螺钉由于锁紧螺母松动而使压力变动
Ⅵ振动与噪声	1. 主阀故障	（1）主阀在工作时径向力不平衡，导致性能很不稳定。造成径向力不平衡的原因： 1）阀体与主阀芯几何精度差，棱边有毛刺； 2）阀体内粘有污物，使配合间隙增大和不均匀
	2. 先导阀故障	（1）锥阀与阀座接触不良，圆周面的圆度不好，粗糙度数值大，造成调压弹簧受力不平衡，使锥阀振荡加剧，产生尖叫声
		（2）调压弹簧轴心线与端面不够垂直，这样针阀会倾斜，造成接触不均匀
		（3）调压弹簧在定位杆上偏向一侧
		（4）装配时阀座装偏
		（5）调压弹簧弯曲
	3. 系统存在空气	泵吸入空气或系统存在空气
	4. 使用不当	通过流量超过允许值
	5. 回油不畅	回油管阻力过高或回油管贴近油箱底面
	6. 远控口管径选择不当	溢流阀远控口至电磁阀之间的管子通径不宜过大，过大会引起振动，一般管径取 6mm
Ⅶ明显漏油	1. 主阀芯精度差	（1）主阀芯外圆加工精度差，配合间隙大
		（2）主阀芯锥面与阀座接触不良或磨损严重
	2. 先导阀精度差	锥阀与阀座接触不良或磨损严重
	3. 日常维护差	（1）各主要部位的螺钉未定期紧固
		（2）各主要管接头未定期紧固
		（3）盖子结合面密封件未定期更换

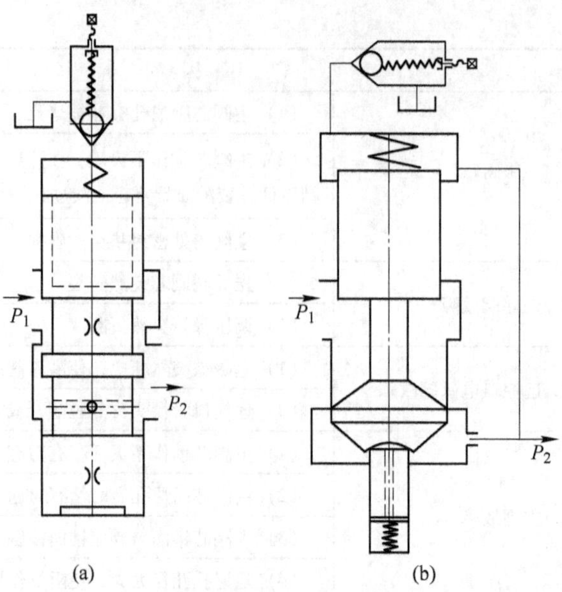

图 4-2　减压阀原理图

（a）滑阀式减压阀；（b）菌头式减压阀

表 4-4　减压阀常见故障原因分析

<table>
<tr><th colspan="2">故　障</th><th>原 因 分 析</th></tr>
<tr><td rowspan="2">Ⅰ无二次压力</td><td>1. 主阀故障</td><td>（1）主阀芯在全闭位置卡死（如零件精度低）；主阀弹簧折断，弯曲变形；阻尼孔被堵</td></tr>
<tr><td>2. 无油源</td><td>未向减压阀供油</td></tr>
<tr><td rowspan="3">Ⅱ不起减压作用</td><td>1. 使用错误</td><td>（1）泄漏口不通
1）螺塞未拧紧；
2）泄漏管细长，弯头多，阻尼太大；
3）泄漏管与大回油管相连，并有回油压力；
4）泄漏通道被堵</td></tr>
<tr><td>2. 主阀故障</td><td>阀芯在全开位置时卡死（如零件精度低，油液过脏等）</td></tr>
<tr><td>3. 锥阀故障</td><td>调压弹簧太硬，弯曲卡住不动</td></tr>
<tr><td rowspan="6">Ⅲ二次压力不稳定</td><td rowspan="3">1. 主阀故障</td><td>（1）主阀芯与阀体几何精度差，工作时不良</td></tr>
<tr><td>（2）主阀弹簧太弱，变形或在主阀芯中卡住，使阀芯移动困难</td></tr>
<tr><td>（3）阻尼小孔时堵时通</td></tr>
<tr><td rowspan="2">2. 锥阀故障</td><td>（1）锥阀与阀座接触不良，如锥阀磨损严重，锥阀面有伤痕，锥阀或阀座不圆，锥阀与阀座同轴度差</td></tr>
<tr><td>（2）调压弹簧弯曲变形</td></tr>
<tr><td>3. 吸入空气</td><td>系统中有空气</td></tr>
<tr><td rowspan="4">Ⅳ二次压力升不高</td><td rowspan="2">1. 外泄漏</td><td>（1）顶盖结合面漏油，其原因如：密封件老化失效、螺钉松动或拧紧力矩不均</td></tr>
<tr><td>（2）各丝堵处有漏油</td></tr>
<tr><td rowspan="2">2. 锥阀故障</td><td>（1）锥阀与阀座接触不良</td></tr>
<tr><td>（2）调压弹簧太弱</td></tr>
</table>

4.3.1.3 顺序阀或单向顺序阀常见故障原因分析

顺序阀的结构与直动式溢流阀基本相同，不同之处只是顺序阀的出油口不连通油箱，而漏油口必须单独流入油箱。顺序阀的作用，是利用压力调定值的不同来实现系统中的几个工作机构按顺序动作。顺序阀与单向阀组合，称为单向顺序阀。顺序阀结构原理图见4-3，其常见故障原因分析见表4-5。

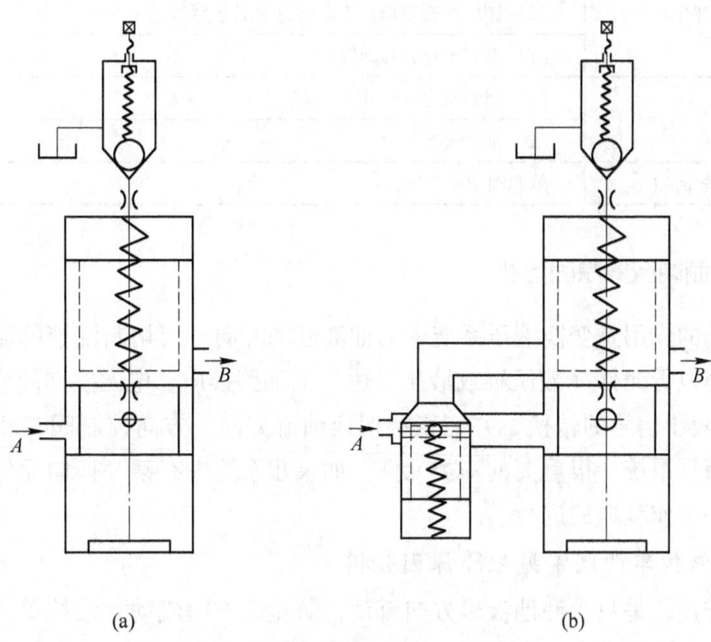

图4-3 顺序阀和单向顺序阀原理图

（a）顺序阀；（b）单向顺序阀

表4-5 顺序阀或单向顺序阀常见故障原因分析

故 障	原 因 分 析
Ⅰ始终出油，因而不起顺序作用	（1）阀芯在打开位置上卡死（如几何精度差，间隙太小；弹簧弯曲，断裂，油液太脏）
	（2）单向阀在打开位置上卡死（如几何精度差，间隙太小；弹簧弯曲，断裂；油液太脏）
	（3）单向阀密封不良（如几何精度差）
	（4）调压弹簧断裂
	（5）调压弹簧漏装
	（6）未装锥阀或钢球
	（7）锥阀或钢球碎裂
Ⅱ不出油，因而不起顺序作用	（1）阀芯在关闭位置上卡死（如几何精度差；弹簧弯曲；油脏）
	（2）锥阀芯在关闭位置卡死
	（3）控制油液流动不畅通（如阻尼小孔堵死，或远控管道被压扁堵死）
	（4）远控压力不足，或下端盖结合处漏油
	（5）通向调压阀油路上的阻尼孔被堵死

续表 4-5

故　障	原因分析
Ⅱ不出油，因而不起顺序作用	（6）泄漏口管道中背压太高，使滑阀不能移动
	（7）调节弹簧太硬，或压力调得太高
Ⅲ调定压力值不符合要求	（1）调压弹簧调整不当
	（2）调压弹簧变形，最高压力调不上去
	（3）滑阀卡死，移动困难
Ⅳ振动与噪声	（1）回油阻力（背压）太高
	（2）油温太高
Ⅴ单向顺序阀不能回油	单向阀卡死打不开

4.3.2　方向控制阀故障原因分析

方向控制阀的作用是变换液压系统中的油液流动方向，或切断油液的流动。它可以按照预定的信号使执行元件（液压缸或液压马达）的油路换向。电磁换向阀或电液换向阀可实现电气信号-液压信号的转换，并能直接切换油流方向。方向控制阀在液压系统中应用十分广泛，是液压系统中很重要的一类元件。如果在系统中有某一换向元件发生故障，则立即终断了下一工作程序的进行。

4.3.2.1　液控单向阀常见故障原因分析

单向阀的作用，是只允许油液单方向流动，防止反方向流动。液控单向阀是在单向阀的基础上增加一个控制活塞，当需要油液反向流动时，压力油进入控制腔，推开单向阀阀芯，则反向畅通。液控单向阀又称液压锁，其结构原理见图 4-4，常见故障原因分析见表 4-6。

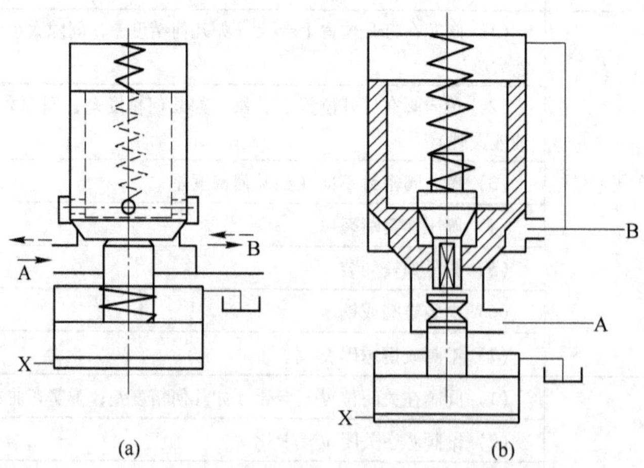

图 4-4　液控单向阀原理图

（a）直接式液控单向阀；（b）带有预控的锥阀式液控单向阀

表 4-6 液控单向阀常见故障原因分析

故 障	原 因 分 析	
Ⅰ油液不逆流	单向阀打不开	(1) 控制压力过低
		(2) 控制管道接头漏油严重，或管道弯曲，被压扁使油不畅通
		(3) 控制阀芯卡死（如加工精度低，油液过脏）
		(4) 控制阀端盖处漏油
		(5) 单向阀卡死（如弹簧弯曲；单向阀加工精度低；油液过脏）
		(6) 控制滑阀泄漏腔泄漏孔被堵（如泄漏孔处泄漏管未接，泄漏管被压扁，泄漏不畅通；泄漏管错接在压力管路上）
Ⅱ逆方向不密封，有泄漏	逆流时单向阀不密封	(1) 单向阀在全开位置上卡死 1) 阀芯与阀孔配合过紧 2) 弹簧弯曲、变形、太弱
		(2) 单向阀锥面与阀座锥面接触不均匀 1) 阀芯锥面与阀座同轴度差； 2) 阀芯外径与锥面不同心； 3) 阀座外径与锥面不同心； 4) 油液过脏
		(3) 控制阀芯在顶出位置上卡死
		(4) 顶控锥阀密封不良
Ⅲ噪声	1. 选用错误	通过阀的流量超过允许值
	2. 共振	与别的阀发生共振

4.3.2.2 换向阀常见故障原因分析

换向阀是利用阀芯与阀体相对位置的变化来控制液流方向的。对换向阀的主要要求是：换向平稳、冲击小（或无冲击）、压力损失小（以减少温升及功率损失）、动作灵敏、响应快、内漏小和动作可靠等。换向阀的控制方式有电控、电液控、手动、机控等。随着电子技术的发展，机电液一体化、自动化设备上大量应用电磁换向阀或电液换向阀。电液换向阀结构原因见图 4-5，其常见故障原因分析见表 4-7。

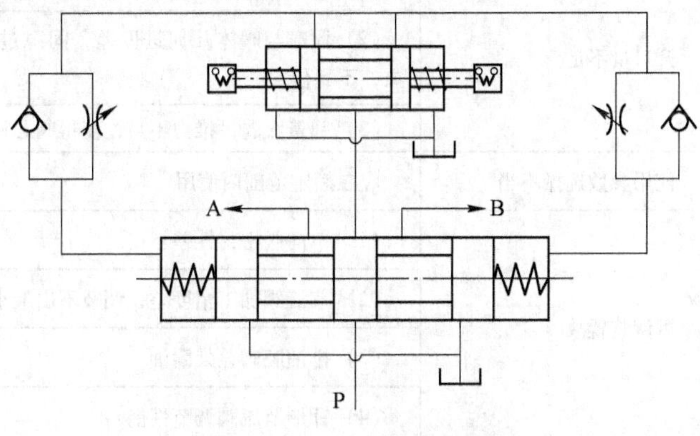

图 4-5 电液换向阀原理图

表 4-7　电液换向阀常见故障原因分析

故　障		原　因　分　析
Ⅰ主阀芯不运动	1. 电磁铁故障	(1) 电磁铁线圈烧坏
		(2) 电磁铁推动力不足或漏磁
		(3) 电气线路出故障
		(4) 电磁铁未加上控制信号
		(5) 电磁铁铁芯卡死
	2. 先导电磁阀故障	(1) 阀芯与阀体孔卡死（如零件几何进度差；阀芯与阀孔配合过紧；油液过脏）
		(2) 弹簧弯曲，使滑阀卡死
	3. 主阀芯卡死	(1) 阀芯与阀体几何精度差
		(2) 阀芯与阀孔配合太紧
		(3) 阀芯表面有毛刺
	4. 液控系统故障	(1) 控制油路无油 1) 控制油路电磁阀未换向； 2) 控制油路被堵塞
		(2) 控制油路压力不足 1) 阀端盖处漏油； 2) 滑阀排油腔一端节流阀调节得过小或被堵死
	5. 油液变化	(1) 油液过脏使阀芯卡死
		(2) 油温过高，使零件产生热变形，而产生卡死现象
		(3) 油温过高，油液中产生胶质，粘住阀芯表面而卡死
		(4) 油液黏度太高，使阀芯移动困难而卡住
	6. 安装不良	阀体变形 (1) 安装螺钉拧紧力矩不均匀 (2) 阀体上连接的管子“别劲”
	7. 复位弹簧不符合要求	(1) 弹簧力过大
		(2) 弹簧弯曲、变形，致使阀芯卡死
		(3) 弹簧断裂不能复位
Ⅱ阀芯换向后通过的流量不足	开口量不足	(1) 电磁阀中推杆过短
		(2) 阀芯与阀体几何进度差，间隙过小，移动时有卡死现象，不到位
		(3) 弹簧太弱，推力不足，使得阀芯行程达不到终端
Ⅲ压力降过大	使用参数选择不当	应在额定范围内使用
Ⅳ液控换向阀阀芯换向速度不易调节	可调装置故障	(1) 单向阀密封性差
		(2) 节流阀加工精度差，调节不出最小流量
		(3) 排油腔阀盖处漏油
		(4) 针形节流阀调节性能

续表 4-7

故障	原因分析	
Ⅴ电磁铁过热或线圈烧坏	1. 电磁铁故障	（1）线圈绝缘不好
		（2）电磁铁芯不合适，吸不住
		（3）电压太低或不稳定
		（4）电极焊接不好
	2. 负荷变化	（1）换向压力超过规定
		（2）换向流量超过规定
		（3）回油口背压过高
	3. 装配不良	电磁铁铁芯与阀芯轴线同轴度不良
Ⅵ电磁铁吸力不够	装配不良	（1）推杆过长
		（2）电磁铁铁芯接触面积不平或接触不良
Ⅶ冲击与振动	1. 换向冲击	（1）大通径电磁换向阀，因电磁铁规格大，吸合速度快而产生冲击
		（2）液动换向阀，因控制流量过大，阀芯移动速度太快而产生冲击，主阀芯无缓冲三角槽
		（3）单向节流阀中的单向阀钢球漏装或钢球破碎，造成无阻尼作用
	2. 振动	固定电磁铁的螺钉松动

4.3.3 流量控制阀故障原因分析

流量控制阀（又称调速阀）用来控制液压系统中液体的流量，借以控制执行机构的运动速度。流量控制阀的特点，是在一定的压力差条件下，通过改变节流口（节流缝隙）的大小来控制油液的流量，并保证运行平稳。这类阀一般在低速小流量调节段故障率较高，因为低速段节流孔（节流缝隙）较小，对油液的清洁度敏感，对内部结构及其密封性要求严格，并要求速度调节平稳。流量控制阀的工作质量直接影响着执行机构运动速度的稳定性[11]。

流量控制阀结构原理见图 4-6，常见故障原因分析见表 4-8。

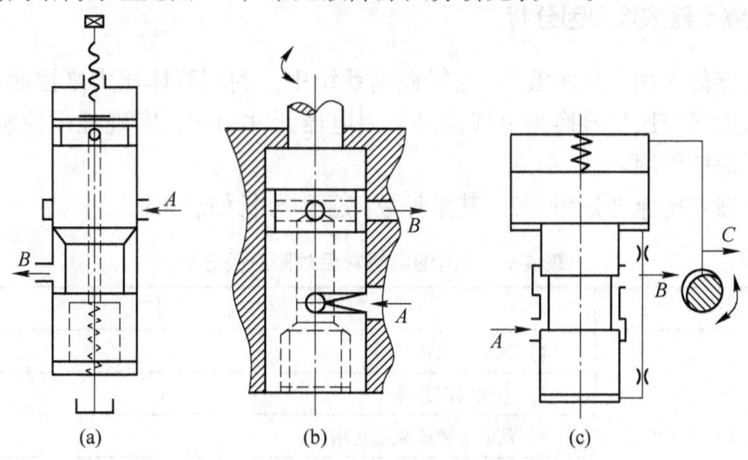

图 4-6 流量控制阀原理图

（a）滑阀式节流阀；（b）缝隙式节流阀；（c）定差调速阀

表 4-8　流量控制阀常见故障原因分析

故　障	原　因　分　析	
Ⅰ调节节流阀手轮，不出油	1. 压力补偿阀不动作	压力补偿阀芯在关闭位置上卡死 （1）阀芯与阀套几何精度差，间隙太小； （2）弹簧弯曲，变形而使阀芯卡住； （3）弹簧太弱
	2. 节流阀故障	（1）油液过脏，使节流口堵死
		（2）手轮与节流阀芯装配位置不合适
		（3）节流阀阀芯上连接键失落或未装键
		（4）节流阀阀芯因配合间隙过小或变形而卡死
		（5）控制轴螺纹被脏物堵住，造成调节不良
	3. 系统未供油	换向阀阀芯未换向
Ⅱ执行机构运动速度不稳定（流量不稳定）	1. 压力补偿阀故障	压力补偿阀阀芯工作不灵敏 （1）阀芯有卡死现象； （2）补偿阀的阻尼小孔时堵时通； （3）弹簧弯曲，变形，或弹簧端面与弹簧轴线不垂直
	2. 节流阀故障	（1）节流口处积有污物，造成时堵时通
		（2）节流阀外载荷变化会引起流量变化
	3. 油液品质恶劣	（1）油温过高，造成通过节流口流量变化
		（2）带有温度补偿调速阀的补偿杆敏感性差，已损坏
		（3）油液过脏，堵死节流口或阻尼孔
	4. 单向阀故障	在带单向阀的流量控制阀中，单向阀的密封性不好
	5. 管道振动	（1）系统中有空气
		（2）由于管道振动使调定的位置变化
	6. 泄漏	内泄漏和外泄漏使流量不稳定，造成执行机构工作速度不匀

4.3.4　压力继电器故障原因分析

压力继电器的作用，是在液压-电气控制系统中，利用液体压力来控制电气触头的接触或分离，从而将液压信号换为电气信号，使电器元件动作，实现程序控制或自动控制，并能起到联锁保护作用。

压力继电器结构原理如图 4-7，其常见故障原因分析如表 4-9。

表 4-9　压力继电器常见故障原因分析

故　障	原　因　分　析
Ⅰ输出量不合要求或无输出	（1）微动开关损坏
	（2）电气线路故障
	（3）阀芯卡死或阻尼孔堵死
	（4）进油管道弯曲、变形，使油液流动不畅通
	（5）调节弹簧太硬或压力调得过高

续表 4-9

故 障	原 因 分 析
Ⅰ输出量不合要求或无输出	(6) 管接头处漏油
	(7) 与微动开关相接的触头未调整好
	(8) 弹簧和杠杆装配不良，有卡滞现象
Ⅱ灵敏度太差	(1) 杠杆柱销处摩擦力过大，或钢球与柱塞接触处摩擦力过大
	(2) 装配不良，动作不灵敏或“别劲”
	(3) 微动开关接触行程太长
	(4) 接触螺钉、杠杆等调节不当
	(5) 钢球不圆
	(6) 阀芯移动不灵活
	(7) 安装不妥，如水平和倾斜安装
Ⅲ发信号太快	(1) 进油口阻尼孔太大
	(2) 膜片破裂
	(3) 系统冲击压力太大
	(4) 电气系统设计有误

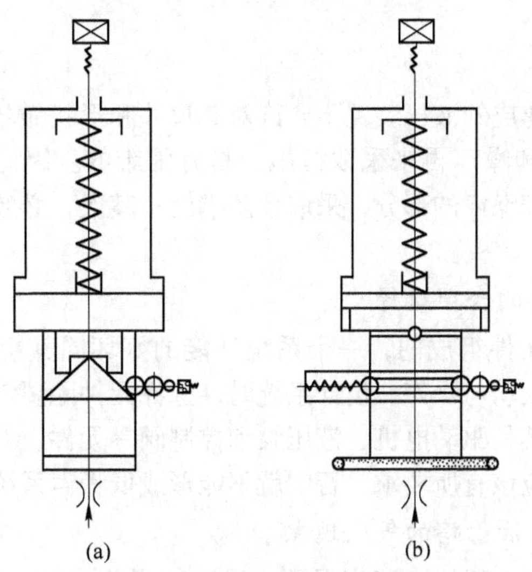

图 4-7 压力继电器原理图
(a) 柱塞式压力继电器；(b) 薄膜式压力继电器

5 液压系统常见故障及排除方法

液压系统的故障多种多样。不同的液压设备，由于组成液压系统的液压基本回路不同，组成各基本回路的元件不同，出现的故障也就不同。系统中产生的故障，有的是由某一液压元件失灵而引起的，有的是由系统中液压元件综合性因素引起的，有的是由机械、电器以及外界因素引起的。液压系统中有些故障采用调整的方法即可解决；有些故障则因使用年久、精度超差，需经修复才能恢复其性能；也有些故障是因原始设计结构不良，必须改进设计才能排除。

液压系统大部分故障并不是突然发生的，一般总有一些预兆，如噪声、振动、“爬行”、污染、气穴和泄漏等。如果这些现象能及时发现，并加以适当控制与排除，系统故障就可以消除或相对减少，对可靠性设计起到一定作用[12]。

5.1 噪声和振动

5.1.1 概述

一般情况下，已经建成的液压装置不允许对其尺寸和形状做较大的变动，所以在完成配管以后，发生了振动和噪声再来采取措施，是有困难的。因此，首先，在设计、装配时，应对可能发生振动和噪声的部分，采取预防措施；其次，必须在使用场合注意改善使用条件。

5.1.1.1 液压元件的合理选择

因为液压系统是由元件组成的，一个系统性能的好坏同其组成元件的性能好坏分不开。要降低液压系统的振动与噪声，设计系统时，选择元件除要考虑工作性能外，还要考虑元件的噪声状况。尤其是驱动电机、液压泵和控制阀等元件，对其流体噪声、结构噪声和空气噪声三个方面都应该有所要求，否则就不能形成低噪声系统。

5.1.1.2 液压泵吸油管路的气穴现象

一般石油基液压油在大气压力和室温下，通常能吸收大约9%（按体积计）的空气。溶解的空气并不改变流体的黏性。溶解于流体中的空气量与流体表面接触的空气压力有关，例如，当气压真空度降低到17kPa时，仅能保持7.5%的空气溶解量，结果产生过饱和现象，将会分离出空气。分解的速度与压力、温度、流体的扰动以及化学成分等因素有关。

液压泵工作时，如果吸油管路（包括滤油器、导管和泵内通道）阻力很大，油液来不及填充泵腔，造成局部真空，形成低压。当压力低到油的“空气分离压”时，工作油液内溶解的空气就大量分解出来，游离成气泡。如果形成的压力极低，达到油的饱和蒸汽压时，则油的蒸汽和空气一起大量析出，形成油的沸腾现象。随着泵的运转，这种混在油中的气泡一起被带进高压区。在高压区，由于高压的作用，气泡在局部范围内会产生幅值很大的高频冲击压力，有时可高达150~200MPa，还伴随有局部高温。这种高频液压冲击作用，一方面要对工作构件的金属表面产生破坏作用，出现金属剥落、麻点等所谓“气蚀”现象；另一方面使泵产生很大的压力波动，激发其高频噪声的增大。

排除方法：

（1）增加吸油管道直径，减少或避免吸油管道的弯曲，降低吸油速度，减少管路阻力损失。

（2）选用适当的吸油滤油器，并且要经常检查清洗，避免阻塞。

（3）液压泵的吸入高度要尽量小（一般小于500mm）。自吸性能差的液压泵应由低压辅助泵供油。

（4）避免由于油的黏度过高而产生吸油不足现象。所以应根据地区、季节、气温的变化而选用不同黏度的液压油。由于温度低，油液黏度增高，所以，当室温偏低时，液压设备工作运转前要进行预运转，以提高系统油液温度。

（5）使用正确的配管方法。例如，在使用具有一个吸油口的双联泵时（见图5-1），若配管方式不对，就会造成吸油液易于流向大容量泵，而小容量泵（高压腔）引起气穴。两个液压泵容量差别越大，这种现象越容易产生。

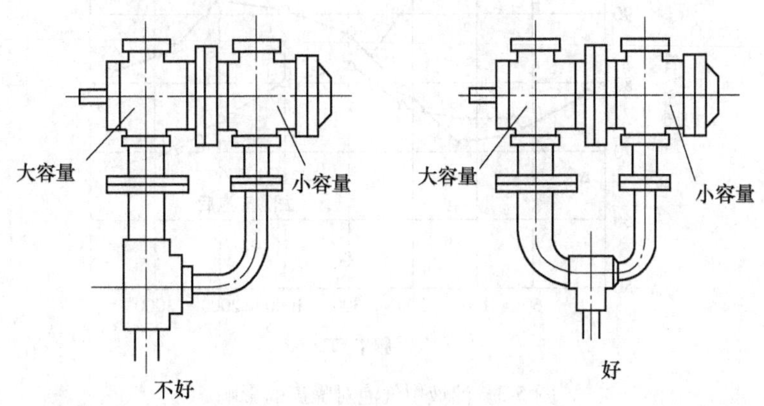

图5-1 配管方法的正误

5.1.1.3 液压泵的吸空现象

液压泵的吸空主要是指泵吸进的油中混有空气。这种现象的发生不仅容易引起气蚀，增加噪声，而且还影响液压泵的容积效率，使工作油液容易变质。这是液压系统中不允许存在的现象。

混入油中的空气通常呈细小气泡状悬浮在油中，使油颜色变黄并浑浊。产生这种现象的主要原因是油箱设计缺陷和油液剧烈搅动，使空气混入油内。或从吸油管吸入气泡；或是吸油管接头处密封不严而吸入空气。液压泵吸入带有空气泡的油后，在低压处空气泡就膨胀，当油进入压力区后，混入其中的空气泡受到剧烈的压缩、破裂并在压力油中溶解，产生同上述一样的气穴现象，因而使噪声增加。图5-2所示为混入空气的百分比对噪声的影响；图5-3表示在油中的气泡被除去以后，噪声特别是高频部分降低的情况。

产生吸空现象的其他原因还有：油箱中的油液不足；吸油管插入油箱太浅；液压泵吸油位置太高；油液的黏度太高；液压泵的吸油口通流截面过小，造成吸油不畅；滤油器滤

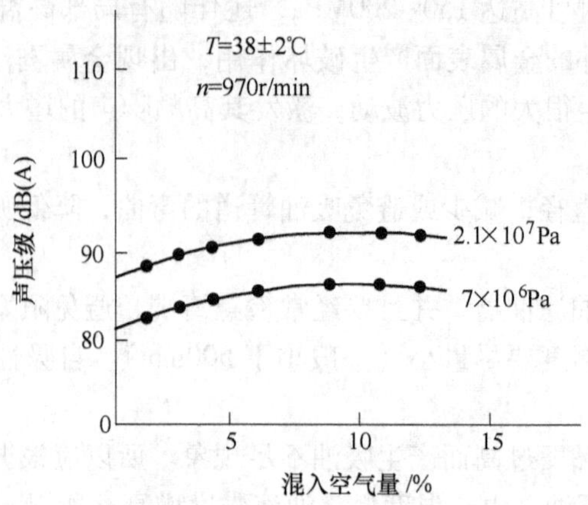

图 5-2　混入空气量与噪声关系

T—油液温度；n—泵转速

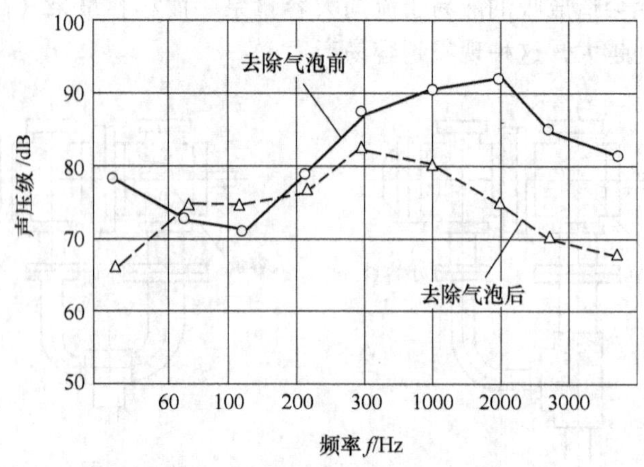

图 5-3　油液中气泡对噪声的影响

芯被污物阻塞严重；管道泄漏或回油管没有插入油箱而造成大量空气进入油箱而造成大量空气进入油液中。

排除方法：

（1）液压泵吸油管道连接处需严格密封，防止吸入空气。液压泵本身有关部分（如出轴端）也要严加密封，防止泵内出现短时间低压而吸入空气。

（2）合理设计油箱，回油管要以 45℃ 的斜切口面朝箱壁并靠近箱壁插入油中。流速不应太高，防止回油冲入油箱时搅动液面而混入空气。油箱中要设置隔板，使油中气泡上浮后不会进入吸油管附近。也可采用如图 5-4 所示设有隔板的长油箱。

油箱是去除混入液压油中气泡最好的地方。一般油液回到油箱的时候，往往带有气泡，只要时间足够，这些气泡会自动分离出来，上浮并消失。为此，油箱要设计得足够大，并要有一块足够长的隔板，延长气泡从油中分离的时间。油箱的容积因液压设备和使用的场所不同而有差别。设计时，一般取油箱的容积等于系统两分钟最大流量所排出油的体积即可。回油管同油箱连接处应该尽可能地远离液压泵的吸入口，使油在油箱中经历一

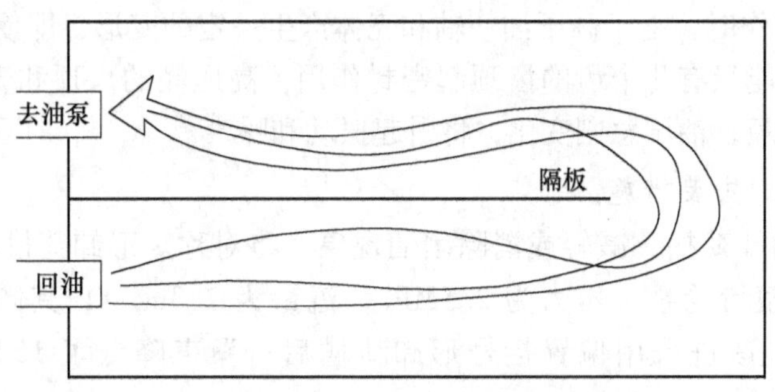

图 5-4 设有隔板的长油箱

个长的流动路程。当不能提供具有隔板的油箱时，可采用图 5-5 所示的油箱，这种油箱分离气泡的效果很好。试验证明，采用 60 目 30℃倾斜角安装的金属网效果最好，可以除去 90%混入油液中的气泡。金属网的目数和安装角度与排除气泡性能的关系如图 5-6 所示。

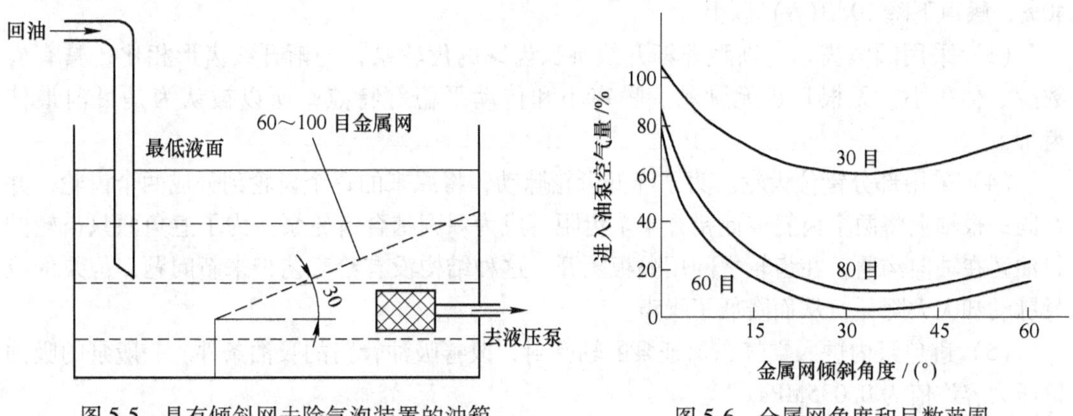

图 5-5 具有倾斜网去除气泡装置的油箱　　图 5-6 金属网角度和目数范围

（3）油箱中的油液要加到油标线所指示的高度，吸油管一定要浸入油箱的 2/3 深度处，液压泵的吸油口至液面的距离尽可能短，以减小吸油阻力。若油液黏度太高，要更换黏度较低的油液。滤油器堵塞要及时清除污物。这样就能有效地防止过量空气浸入。

（4）采用消泡性能好的工作油液，或在油内加入消泡添加剂。这样油中气泡就能很快上浮而消失。

5.1.2 液压泵的噪声与控制

5.1.2.1 齿轮泵

A 产生噪声的主要原因

（1）由于困油现象使排油侧封油容积中的油压急剧上升，给轴、轴承及齿轮增加了附加的周期性负载，引起机械振动和噪声。

（2）困油产生的气蚀现象，也会造成较大的噪声。

（3）齿轮泵的流量脉动和压力脉动也引起振动和噪声。

（4）由于齿轮制造存在误差（齿形和节距）、粗糙度高、轴线不平行等，造成运转时啮合不良，轮齿受到突然加载的冲击，必将引起振动和噪声。

（5）齿轮泵工作时，由于高压油使轴和壳体产生一定的变形，即使变形很小，也将齿轮靠向低压侧，可能只有几个齿的齿顶起密封作用，高压侧的齿顶和壳体间的间隙增大，因而低压过渡区很短，油压急剧变化，将引起振动和噪声。

B 降低噪声的主要措施

（1）改进困油卸荷槽，减轻或消除困油现象。将对称矩形卸荷槽改为偏置括号形卸荷槽。TDCB-140 型齿轮泵，压力为 2.5MPa，流量为 2.3m^3/s，其卸荷为对称矩形时，噪声高达 95dB；经改进采用偏置括号形卸荷槽后，噪声降低了 15dB(A)，效率提高 10%左右。

（2）采用非对称齿形。非对称齿形是双模数渐开线齿形，轮齿工作面模数小，非工作面的模数大。轮齿的全齿高按大模数计算确定，其他尺寸按小模数计算确定。这种特殊齿形用特殊滚刀切削而成。日本 P 系列齿轮，原来齿数为 9，后来改用双模数非对称渐开线齿形，能在顶圆不变的情况下，齿数由 9 增加到 12，使有效流量增加 10%，脉动率下降 40%，噪声下降 10dB(A) 以上。

（3）采用圆弧齿形。新型非渐开线圆弧齿廓的齿轮泵，与渐开线齿形相比，具有齿数少、体积小、无根切、无脉动、噪声小和传动平稳等特点，所以被认为是目前最佳齿形。

（4）采用部分错位齿轮。为了降低齿轮脉动，将原来的每个齿轮剖分成两个齿轮，并在同一根轴上将两个齿轮彼此错开半个齿距，成为双副啮合齿轮泵。为了避免两只齿轮的封油区在轴向沟通，在齿轮之间用隔板隔开。这种结构没有给工艺带来新问题，但泵的流量脉动却大大降低，从而降低了噪声。

（5）避免泵内进入空气，保证泵的轴密封，改善吸油管路的吸油条件。一般泵的吸油口压力容许值为 0.035MPa。

（6）合理确定啮合频率。当啮合频率接近于轮系的固有频率时，容易发生共振。应使齿轮与轴的转动避开共振频率，防止噪声加剧。

（7）保证齿轮加工精度。提高齿轮的制造精度是降低齿轮泵噪声的重要措施。齿形误差、节距误差及齿槽的偏斜等，都是产生噪声的根源。

5.1.2.2 叶片泵

A 产生噪声的主要原因

（1）叶片泵在运转过程中，叶片与定子曲面之间的摩擦、碰撞等将引起噪声。叶片与定子的摩擦主要原因是由于叶片液压力平衡不好，底部受力过大，使叶片顶部与定子表面接触比压过大而造成的。叶片与定子的碰撞有两种原因：一种是定子曲线使叶片运动状态突变、产生冲击引起振动而造成的；另一种是零件加工精度差，引起叶片运动不稳定而造成的。叶片对定子的冲击是叶片泵产生噪声的根本原因。

（2）当油液从两叶片之间的工作腔经吸、排油腔之间的封油区进入排油或吸油腔时，由于两者压力不等，就会发生从排油腔到工作腔，或从工作腔到吸油腔的回冲，回冲流量取决于工作腔初始容积和排油或吸油压力。如排油腔压力较大时，会对叶片等部件产生较大的冲击作用，从而激发噪声。

（3）叶片泵的流量脉动也同样会激发出噪声。由于吸入性能差，将出现气蚀和噪声。

（4）在变量叶片泵中，由于径向力不平衡，或困油现象造成的径向冲击负载，使转子和轴承运转不良，造成振动和噪声。由于这个原因，变量叶片泵一般比定量叶片泵的噪声要高。

B 降低噪声的主要措施

（1）定量叶片泵采用高次定子曲线后，可比采用等加速-等减速定子曲线的泵降低噪声 3dB 左右。因此，采用综合性能好的高次定子曲线是叶片泵降低噪声的途径之一。

（2）为了避免压力冲击，消除困油产生的噪声，在叶片泵配油盘的吸、排油腔边缘的封油区部分开设三角槽，这样既可避免压力冲击，又达到了降低噪声的目的。

（3）改进吸油方式。降低吸油腔流道内的流速，减小进油口到转子的液流阻力，严格防止吸油系统进入空气。

（4）降低压力脉动。在叶片泵输出口设计较大的容积，这个较大的容积腔具有脉动衰减机能。

5.1.2.3 柱塞泵

A 产生噪声的主要原因

流量脉动和压力脉动会激发噪声。低压油腔与高压油腔瞬时接通时，压力冲击和振动也会产生噪声。排油腔与高压油腔瞬时接通时的压力冲击和振动，也会产生噪声。排油腔排出高压油后，柱塞腔内尚存有剩余高压油，这部分高压油与低压腔接通时突然将能量释放出来，产生噪声。柱塞泵颠覆力矩的变化，处于高压区柱塞数目的变化，使内部应力变动也是产生振动和噪声的原因[13]。

B 降低噪声的措施

图 5-7 所示为纯预压、减压式配流盘。此种结构是通过设置角度为 θ_1 的遮盖区，使缸孔离开吸油腔后不马上与排油腔相接通，而是转过 θ_1 角度后压缩行程，使缸孔内压力升至排油压力后，再与排油腔相通，从而避免压力冲击。同理，设置 θ_2 也可以使缸孔内压力预先减压后，再与吸油腔相通。

这种结构对于额定压力低、缸孔死容积小的泵，在额定工况下具有较好的效果，对变压、变量的泵适应性差。

图 5-8 所示为三角槽式配流盘。包角 θ_2' 的区域为预升压区，在此区域内，通过三角槽流入和柱塞压缩的作用，使缸孔内的压力由吸油压力逐渐上升至排油压力，以避免压力突变。同理，包角的区域为预减压区。

由于三角槽是个变阻尼节流器，因此油液注入或流出缸孔的流量变化比较平稳，缸孔内压力变化也比较平缓。又由于变阻尼槽的特点，配流盘对工况变化具有较好的适应性。

为了避免气蚀，一般采用去掉吸油腔内的加强筋以及加大吸油腔宽度的办法（指在 $\theta=\dfrac{3}{2}\pi$ 处）。上死点处（$\theta=2\pi$）缸孔快速关闭时可能发生的气蚀，可采用在预升压区三角上设置提前角 $\Delta\alpha_1$ 的方法来避免。其目的是在缸孔关闭前提前与三角槽接通，使油液由排油腔经三角槽节流后流入缸孔。对于在下死点处缸孔关闭时可能发生的超压，也可通过提前角 $\Delta\alpha_2$ 来解决。其目的是在缸孔关闭前，提前与三角槽接通，使油液由缸孔内经三角槽节流后流入吸油腔。

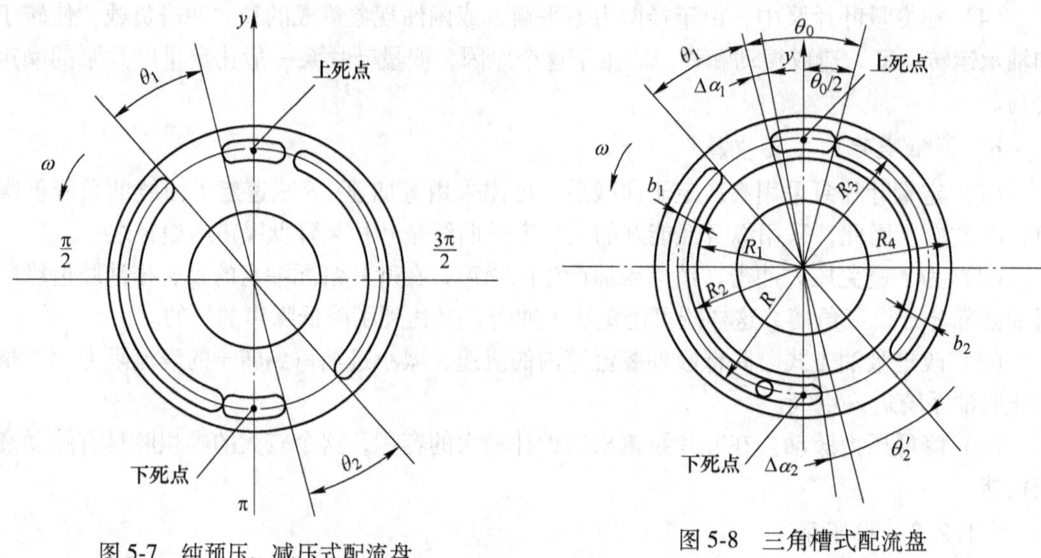

图 5-7　纯预压、减压式配流盘　　　　图 5-8　三角槽式配流盘

为了减小斜盘振动激发的噪声，可增加斜盘和变量部分部件的结构刚度，减小过大配合间隙。定量泵噪声低于变量泵，原因是定量泵的斜盘组件刚度较大。

5.1.3　排油管路和机械系统的振动

振动沿着排油管路传递是个难题。振动的性质和振幅大小，取决于管长、管径、管路材料、管路支撑形式和位置，以及管路所联接构件的性质。在管子接头处（如同油箱联接）使用软管，对振动（尤其是高频振动）的缓冲是有好处的。总之，应使排油管路同支撑构件与邻近的构件隔离开来，以免振动相互影响。

为了防止电机液压泵组振动的传递，可采用图 5-9 所示形式，即将电机液压泵组与阀、管路等钣金结构在各个方向上用减振软管连接。软管还有吸收液压脉动和减小噪声的作用。

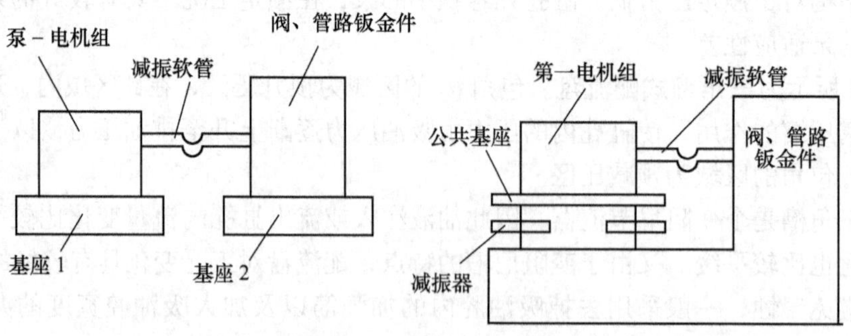

图 5-9　振动传递的防止

在排油管的配置方面，还应防止共振与驻波现象的发生。电机-液压泵组不仅是一个机械性振源，还是一个流体性振源。当液压泵的压力脉动频率与液压阀、管路的固有振动频率接近时，就要发生共振。当配管的长度接近压力脉动的 1/2 或 1/4 波长的整数倍时，就会引起驻波。共振与驻波的发生，将引起严重的振动和很大的噪声。

为了避免共振，应把配管系统等的固有振动频率控制在激振源（液压脉动）振动频率的1/3~3倍范围以外。由于在大多数情况下，不能改变激振源的频率，因此要从配管系统的振动情况入手，只有在完成配管之后，经过试运转，发现了振动大的地方之后，才能进行支撑、固定，以改变配管系统的固有振动频率，达到减小振动的目的。配管的支撑应设置在坚固的台上，常见的支撑方法如图5-10所示。

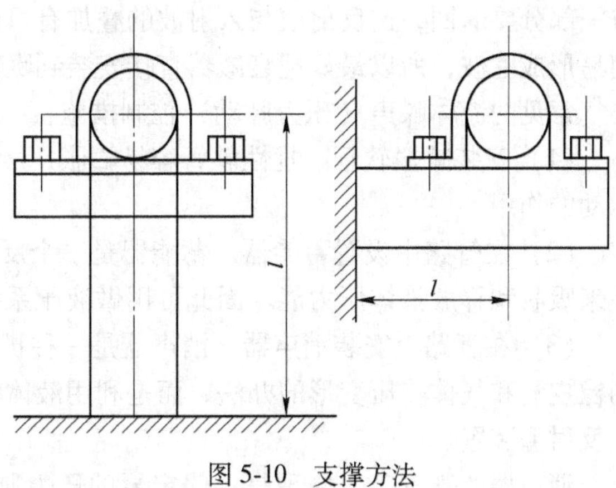

图5-10 支撑方法

5.1.4 液压系统噪声的衰减、阻尼和隔离

液压系统的主要噪声源是液压泵，为了降低其噪声，在液压泵的结构设计上下功夫，可以消除一些机械冲击和压力冲击，但较难消除由几何空间变化的不均匀性所造成的压力脉动。利用“脉动衰减器”可以防止脉动扩散到整个系统。

液压系统中流体的噪声，是一个交流压力叠加在一个非常高的静压力上而形成的。这样高的静压力，不宜使用一般结构的衰减器。另外，液压泵的噪声具有宽频带特性的结构设计要求，由各个液压系统的主要噪声频率，且能够承担最高静压力和通过最大稳定流量。衰减器的主要形式有能量吸收型和反射消除型两类。

图5-11说明了噪声的控制过程——吸收和反射。噪声的衰减过程不会是全部吸收和全部反射，通常是一起发生的。然而在许多情况下，在一定的频率范围可以看到一个特定过程，或者主要是吸收，或者主要是反射。能量吸收型衰减器是利用某些材料的特性，通过黏阻摩擦，将声能转变成热能。但这种吸收型衰减器只能衰减传进缓冲材料内的噪声。为了扩大缓冲材料同液体的接触面积，应把缓冲材料做成多孔的，以同心管形式布置在主油路的通道上。

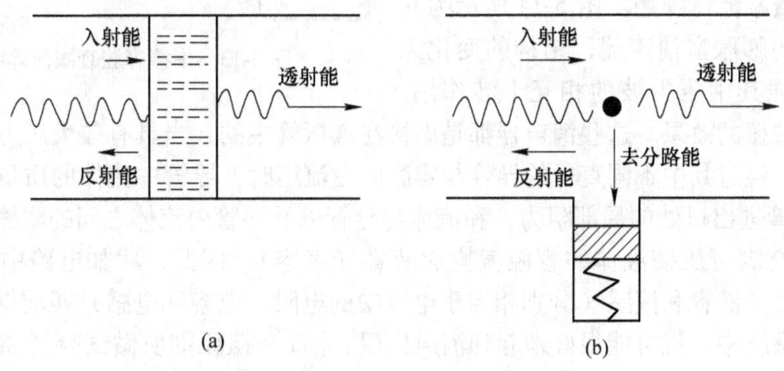

图5-11 吸收与反射的控制过程
(a) 吸收；(b) 反射

蓄能器主要是一个反射型装置，因为它主要是依靠入射波和分流波之间的相位关系来减少声波的传播。图5-11所示的两个过程，都说明了入射到衰减设备（控制器）的能量

有一部分要返回，这反射波与入射波的叠加有可能形成驻波。正因为在噪声源与衰减器之间易形成驻波，所以最好把衰减器直接安装到噪声源处。

常见的流体噪声（压力脉动）控制措施：

（1）安装减振软管。扰性软管容易膨胀，所以它能够起到平滑液压泵压力（或流量）脉动的作用。

（2）在管路中设置蓄能器。蓄能器是一个反射型脉动衰减装置，它主要利用气体的弹性来吸收和释放液体压力能。因此可用做液压系统的冲击吸收器和压力脉动衰减器。

（3）在管路上安装消声器。消声器是一种扩张式脉动衰减器，它不像蓄能器那样，采用橡皮囊和气体受压变形的办法，而是利用液体本身的压缩性来衰减液压脉动。但它也属于反射型装置。

消声器的基本工作原理是：假定泵的压力脉动可以简化为如图 5-12（a）所示那样，同时，泵的一个工作构件（如柱塞）所产生的流量变化近似如图 5-12（b）中那样，并假设这种简化了的流量变化就是产生压力脉动的原因。因此，消声器通过其入射波与反射波的相互作用，将波形峰值部分的容量吸收填入到波谷部分，这样便可认为没有流量变化，即没有压力脉动了，如图 5-12（c）所示。

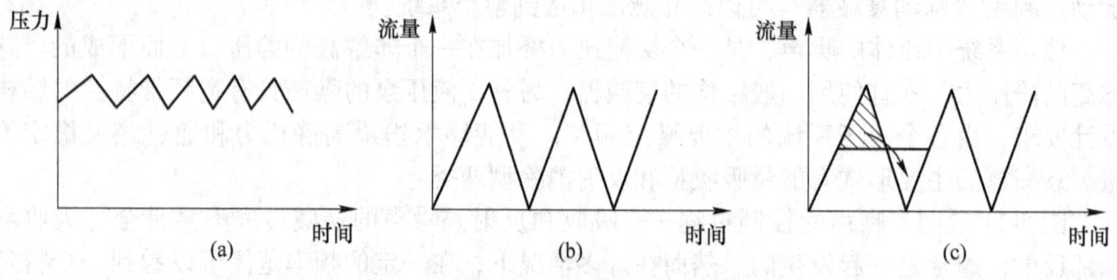

图 5-12　液压泵流量脉动的消减原理

消声器最简单的例子是在液压泵的出油口串联一个大的容腔（膨胀室），如图 5-13 所示，用以衰减流体噪声。图 5-14 所示为几种不同结构的膨胀室消声器，结构的变化无非是为了增强其中压力波的相互干涉作用，以提高阻尼减振的效果。这些消声器都是串接在液压管中的，当具有较大压力波动的液体由左面进入，经过其中不同直径的导管与容腔向右流出时，导管中流体的质量就构成液感（声感）；导管进出口处的局部阻力，和流体与导管以及导管内流体之间的摩擦就构成液阻（声阻）；而充满可压缩液体的容腔就构成液容（声容）。因此，犹如电路中的滤波器一样，只要液阻、液容和液感（分别相当于电路中的电阻、电容和电感）匹配得好，消声器在液压回路系统中，就可能很好地起到消声作用。[日] 镰原彻所做试验（如图 5-15）表明，在液压泵出口处，压力脉动原为 1.3MPa（单峰值为 0.66MPa），设置了如图 5-14（c）所示的消声器后，压力脉动衰减到 0.14MPa，效果是相当显著的。

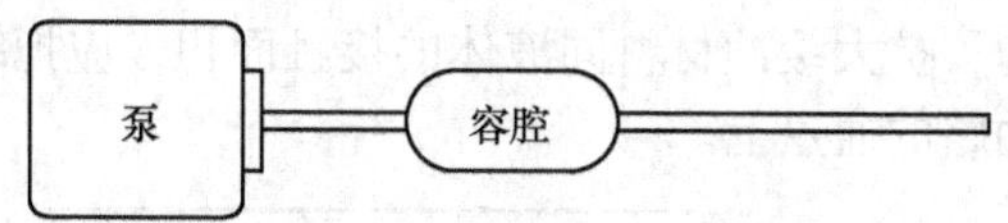

图 5-13　串接容腔衰减流体噪声

在液压回路中作用串联安装的消声器和作并联安装的蓄能器相比，蓄能器主要适用于衰减脉动的低频分量，对于液压系统中起主导作用的中频分量则效果欠佳。除非将蓄能器和泵之间连接管做得非常短，而直径又非常之大。蓄能器的优点是体积可做得很小，在大

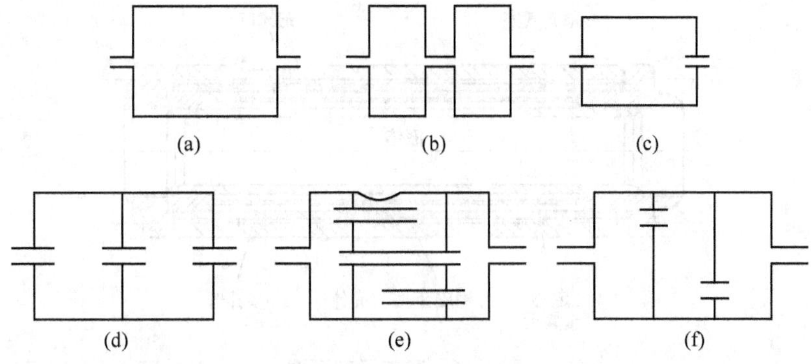

图 5-14 膨胀室式消声器的各种结构形式

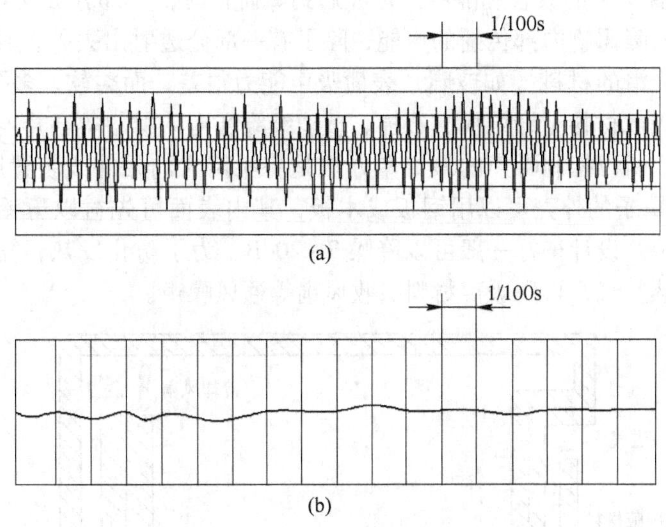

图 5-15 消声器的效果

（a）消声器入口，$\Delta p=1.3$MPa；

（b）消声器出口，$\Delta p=0.14$MPa，$p=3$MPa

多数情况下，甚至仅需 16.4cm^3 就可以了，容积再大也不一定能提供更好的衰减效果。蓄能器的缺点是需要维护，有时需要更换皮囊，并要定期进行充气。消声器对压力脉动的衰减效果要比蓄能器好，其有效频率范围也比较广（通常为 100~5000Hz）。尤其是单容腔，流动阻抗性小，结构简单，使用维护也很方便。其缺点是体积较大，费用较高。

（4）在管路中串联滤声器。滤声器是一种以相位消除为主的声学装置，因其作用主要是消除流量脉动，故也称脉动消减器。如图 5-16 所示，它是一个开有无数小孔的用橡皮套包着的多孔管，介于多孔管与橡皮套之间，有定心金属网，外围应通入氮气。当压力波峰传进时，经小孔（起阻尼吸收能量作用）使橡皮套膨胀以得到衰减。因它工作频率范围一定，所以应用时必须根据压力脉动频率和流量来选择。

这种滤声器的优点是安装在管路上，不增加管路的阻力损失，而且无需维护。其缺点是体积较大，费用也较高。由于其本身是一个声辐射器，使用中要以隔声材料加以包裹，否则要影响作用效果。

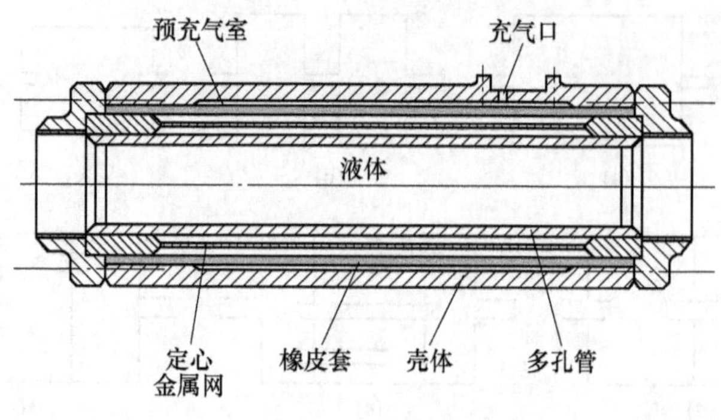

图 5-16　滤声器剖面图

（5）液压装置噪声的吸收和隔离。声波遇到障碍物时，一部分被反射，一部分则向障碍物内部传播。向障碍物内部传播的声能，除了有一部分透射出去外，其余皆因摩擦而转化为热。坚硬而光滑的材料（如玻璃）表面吸声能力很差，而柔软、多孔材料（如毛毡）吸声能力较强。吸声材料有纤维板、石棉、玻璃纤维和泡沫材料等。声与光类似，是可以遮隔或者屏蔽的，所以控制噪声的最简单办法是将噪声大的元件或装置用隔声罩罩起来，如图 5-17 所示。罩子的外壳可以用钢板或木板，其内表面可先衬以薄铅版，然后再用阻尼或吸声材料敷上。设计得好一般可以降噪 7～20dB。为了防止发热，需专门设置冷却风扇通风，以排除热空气，再用吸声材料吸收风扇等通风噪声。

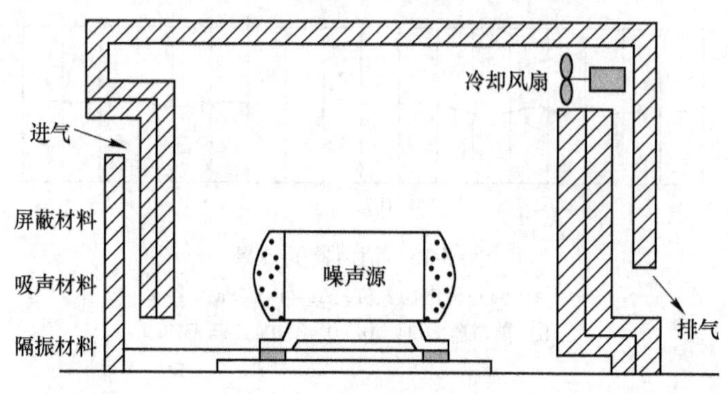

图 5-17　噪声源的屏蔽

对于像高压泵一类非常强的噪声源，目前较多采用的措施是把动力装置单独地放在一个房间内封闭起来，仅把进出口管道通到工作机构，一些参数的调节在工作地点的操纵台上通过遥控进行，以减少噪声对周围操作人员的辐射。

（6）系统机械结构振动的阻尼。振动隔离的效果是局部的，要进一步减少噪声的传播，避免一些零件的共振，可以在管道、罩壳、板状零件等表面贴上或涂上一层阻尼材料，使得这些零件的振动因阻尼作用而得到衰减，从而减少空气噪声的辐射。这种方法对抑制高频噪声尤为有效。阻尼材料一般都是内损耗大的材料，如沥青、聚硫脂橡胶或聚氨酯橡胶及其高分子涂料等。国外目前采用高阻尼材料如锰铜合金、镍钛合金以及含高碳片的孕育铸铁等做泵体或阀体。近年来，国内也开始试生产高阻尼材料，如锰铜合金 MC-77 和铁铬铝合金 AJ-1，它们的阻尼性能很好，经过使用证明，减振降噪效果比较明显。高阻尼材料的最大特点在于材料本身的内耗大，因而造成振动能量的很快衰减。

5.2 液压冲击

在液压系统中，液体流动方向的迅速改变或停止运动，如换向阀迅速换向，液压缸或液压马达迅速停止运动或改变运动速度，使液流速度改变。由于流动液体的惯性引起系统内压力在某一瞬时突然急剧上升，形成一个油压峰值。这种现象称为液压冲击[14]。

液压冲击不仅会影响液压系统的性能稳定和工作可靠性，还会引起振动和噪声，使联接件松动，甚至使管路破裂、液压元件和测量仪表损坏。在压力高、流量大的系统中，其后果更为严重。研究液压冲击产生的原因及排除方法，对提高液压系统的性能有着非常重要的意义。

5.2.1 液流换向时产生的冲击

如图 5-18 所示，当换向阀阀芯移到中间位置时，压力油液突然与液压缸切断，此时由于运动部件及液流的惯性作用，使液压缸一端油腔的油液受到压缩，压力突然升高，而另外一端油腔中压力下降，形成局部真空，因此液流换向时便产生液压冲击。

排除方法：改进换向阀阀芯进、回油控制边的结构，使换向阀换向时，液流运动状态逐渐改变。为此，换向阀阀芯控制边作成锥角，或开轴向三角槽结构，如图 5-19 所示。

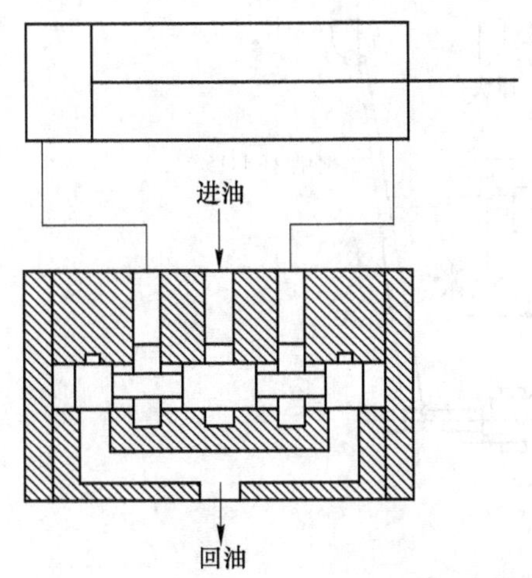

图 5-18 换向阀处于中位时的液压冲击

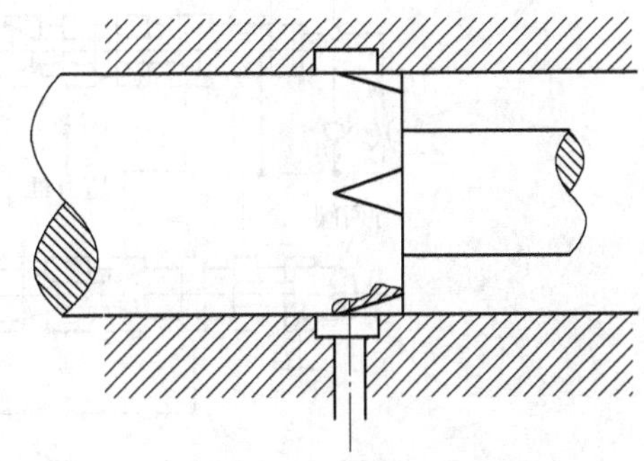

图 5-19 换向阀芯上的三角槽

5.2.2 节流缓冲装置失灵引起的液压冲击

（1）液压缸端部缓冲。如图 5-20 所示，内圆磨床工作台换向缓冲结构设置在工作缸的一端，当工作台移动端点时，液压缸活塞一端的缓冲柱塞进入液压缸端盖的柱塞孔内，使端盖孔内的油液经过节流槽流回油箱，于是工作台逐渐制动。当缓冲柱塞外圆与液压缸端盖柱塞孔因磨损而配合间隙过大时，制动锥或制动三角缓冲槽不起缓冲作用，便形成较大的液压冲击。

排除方法：修复或配制缓冲柱塞，根据液压缸端盖柱塞孔实际尺寸，确定其配合间隙。修复的方法一般是将缓冲柱塞磨圆后，镀一层硬铬，再磨至所需尺寸。

（2）带节流阀的缓冲装置。在一些机床上（如组合机床），液压缸的缓冲装置如图 5-21 所示，当活塞移动到行程终点时，活塞上的缓冲柱塞与液压缸端盖上的柱塞孔配合间隙较小，无缓冲油液通过，使缓冲柱塞端的油液经端盖小孔回油，在小孔的通道上设置可调节节流装置，以便控制活塞的制动速度。如果节流装置调整不当或堵塞，也将产生液压冲击。

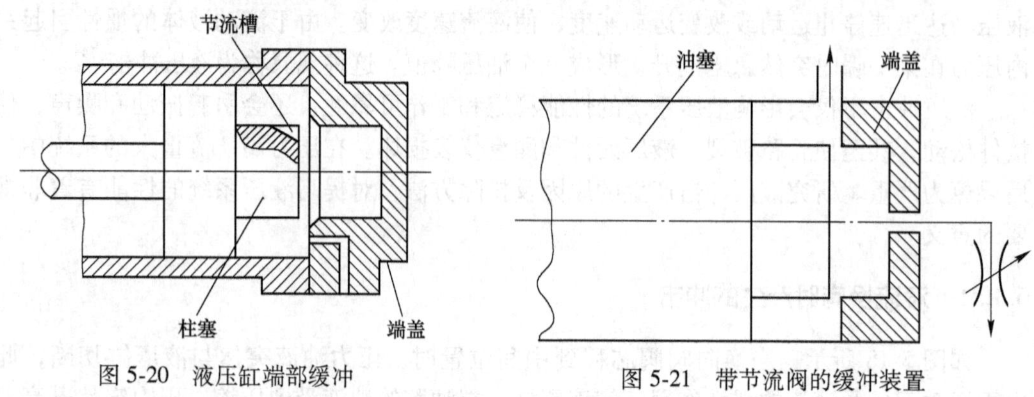

图 5-20　液压缸端部缓冲　　图 5-21　带节流阀的缓冲装置

（3）节流缓冲装置。在磨床操纵箱上，一般均安装有如图 5-22 所示的节流缓冲装置，外圆磨床液压系统中的行程控制制动式换向回路就属于这一类。

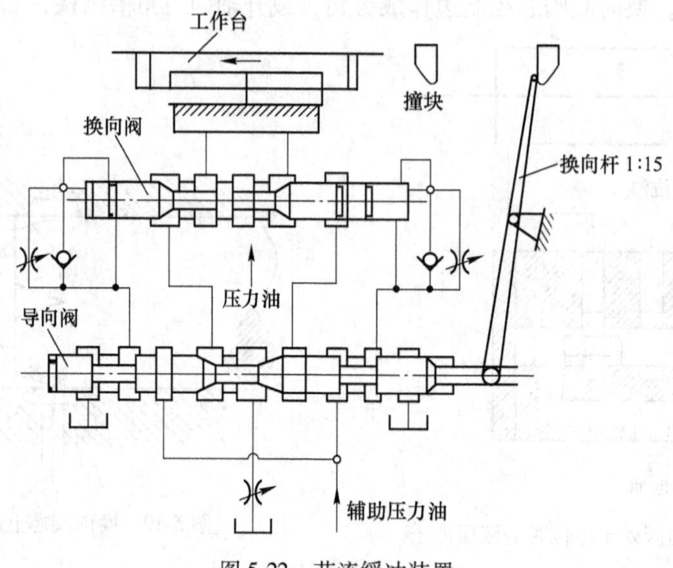

图 5-22　节流缓冲装置

在这种类型的系统中，当换向阀两端的节流阀调整不当或单向阀密封不严时，都会产生工作台换向时的液压冲击现象。这种冲击的大小与工作台速度有关，一般工作速度愈高，换向时液压冲击就越大。例如，平面磨床工作台的运动速度一般比较快，换向阀两端的节流缓冲装置一旦失灵，产生的液压冲击就很大。

排除方法：将换向阀两端的节流阀调节手轮顺时针方向旋进，适当增加缓冲阻尼。若仍然不起作用，可以判定是单向阀密封存在问题，应检查单向阀内泄漏的原因，并根据情况进行排除。

（4）电磁换向阀动作快，容积产生换向液压冲击。如图 5-23 所示，有些系统有点液压冲击，不致影响设备使用性能，而有些系统则不然，如磨床或其他比较精密的机械设备，为了消除换向冲击，可以改用如图 5-24 所示电磁阀-液动换向阀的换向回路，使换向时有过渡过程（即缓冲过程），冲击将会明显减小或根本消除。

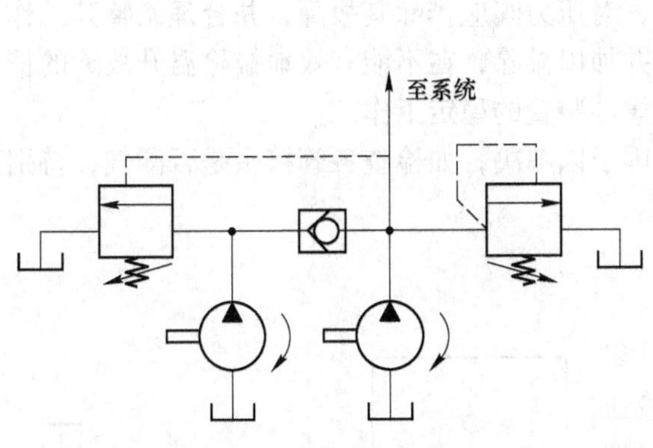

图 5-23 电磁换向阀回路

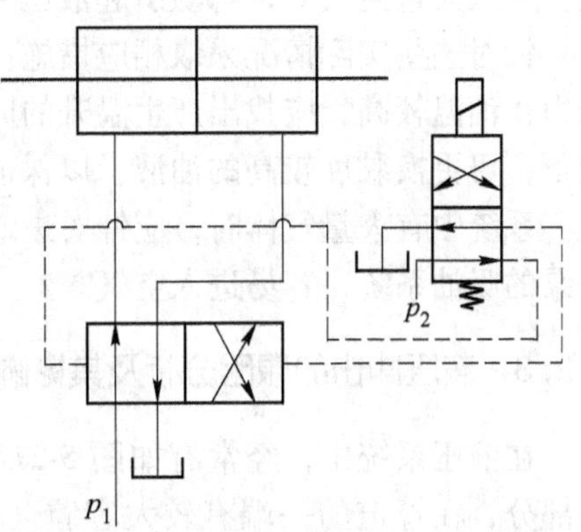

图 5-24 电磁阀-液动换向阀回路

（5）有些液压设备，如立式动力头、液压机等，液压缸两端没有缓冲装置，可在液压系统中设置背压阀或在设备上设置平衡锤，以消除液压冲击。否则，当动力头、压力机的活塞带动滑动横梁快速下降时，将产生较大的重力加速度，形成液压冲击。

（6）一般液压缸两端均设有缓冲装置，使液压缸在全行程工作（即从起始端连续运动到终结端）时能平滑停止。但当活塞在行程中途停止或反向运动时，由于运动部件和液流的惯性，仍会引起剧烈的冲击。

排除方法：可以在液压缸进出口处设置反应快、灵敏度高的小型溢流阀或顺序阀，以消除冲击。其原理如图 5-25 所示。此时溢流阀的调定压力应比系统最高工作压力高 5%～10%，以保证系统正常工作。

（7）液压系统某些局部，由于种种不易克服的原因，而产生液压冲击，可采用皮囊式波纹型蓄能器来消除，如图 5-26 所示。蓄能器应尽可能安装在容易产生冲击的地方，并且应垂直安装，使油口在下方，气体部分在上，否则将影响蓄能器正常工作。

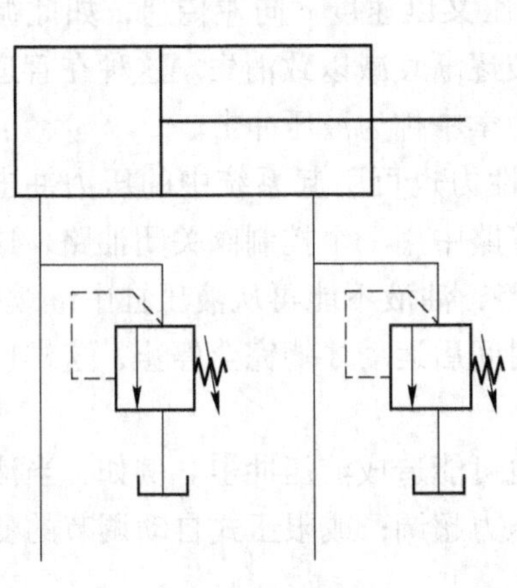
图 5-25 利用阀门缓冲

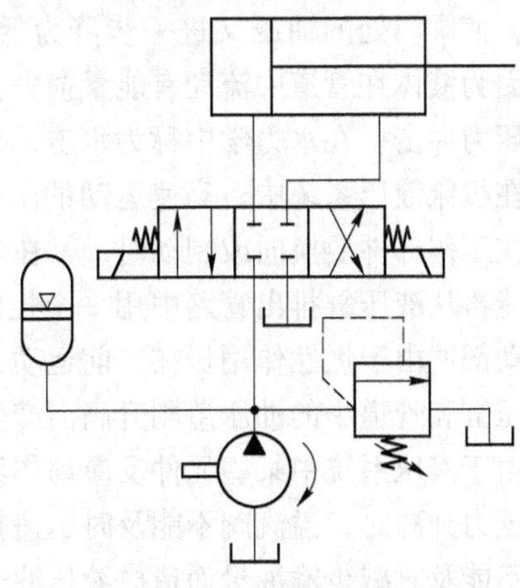
图 5-26 用蓄能器缓冲

(8) 对于较复杂的液压系统，管路多，拐弯多，为了减小液压冲击，应尽量缩短管路长度，减少管路弯曲，在适当的部位接入软管，对减小冲击和振动都有良好的效果。

(9) 压力阀调整不当，或发生故障；油温过高，泄漏增加，节流和阻尼作用减弱；系统中进入大量空气等，都易引起液压冲击。

针对这些实际情况采取相应措施：例如，对压力阀应排除其故障，并合理调整其工作压力；油温较高，应找出产生温升的原因，并加以排除，在不能有效地排除温升故障的情况下，可更换黏度较高的油液，以保证节流缓冲装置的稳定工作。

系统中有大量气体时，应针对进气的原因予以解决，如检查各管接头是否漏气，特别是泵的吸油系统，容易进入空气。

5.2.3 液压冲击的原因分析及其影响

在液压系统中，经常有如图 5-27 所示的组成部分，在管道的一端有较大容腔（例如液压缸、蓄能器）与管联接。在管道的另一输出端装一阀门，因为容腔的液容较大，可以认为容腔中的压力 p 是恒定的。当阀门开启时，管道中的液流以一定的速度 v 流经阀门排出。当管道输出端的阀 K 突然关闭时，液流不能再从输出端排出，在这一瞬间，紧靠阀门的液层受到压缩，这一部分液体的动能转变为液体的压力能。这时由于管道其他部分的液体受惯性作用仍以速度 v 向右运动，因此管道中的液体从阀门处开始，依次向左逐层受压。设管道的长度为 l，冲击压力波在管道中传播的速度（即液体介质中的声速）为 c，在阀门突然关闭后，$t_1=l/c$ 时，冲击压力将传递到大容积腔处。在这一瞬间，管道中的油液全部停止流动，而且处于压缩状态。由于大容腔中的压力低于传递来的冲击压力，因此，管道中的油液又向大容腔中倒流，首先使管道中接近大容腔处的压力降低，并且以速度 c 依次向右使液体压力逐层降低，至 $t_2=2l/c$ 时，传递到阀门处。由于阀门是关闭的，油液因惯性继续倒流，使阀门处的油压又进一步降为低压，这种低压又以速度 c 向左传递，如此循环往复。因为液体在管道中流动有能量损失，压力冲击波逐渐衰减以致消失。这种在管道中发生的压力冲击，在水力学中称为水击，在液压流体力学中称为液压冲击。

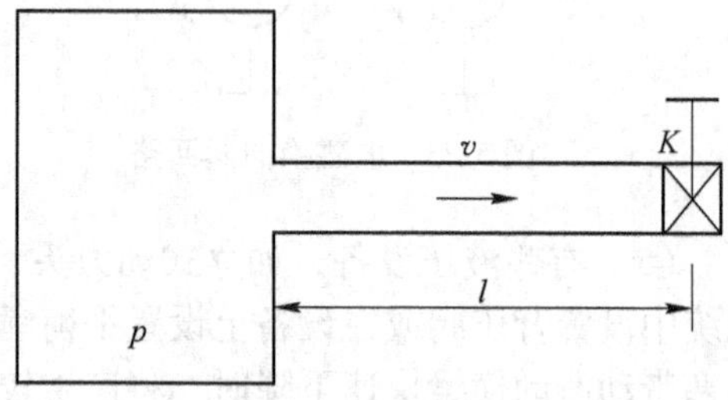

图 5-27 管道冲击

在机床液压系统中，高速运动的工作部件的惯性力也可引起系统中的压力冲击。例如，在工作部件要换向或制动时，常在液压缸排出管路中用一个控制阀关闭油路，这时油液不能再从液压缸排出管路中用一个控制阀关闭油路，油液不能再从液压缸中继续排出。但运动部件由于惯性作用仍在向前运动，经过一段时间后运动才能完全停止，这样也会引起液压缸和管道中的油压急剧升高而产生液压冲击。

由于液压系统中某些元件反应动作不够灵敏，也可能造成液压冲击。例如，当液压系统中压力升高时，溢流阀不能及时迅速打开而造成压力超调；或限压式自动调节的变量液压泵不能及时减少输油量而造成液压冲击等。

液压系统中产生液压冲击时，瞬时压力峰值有时比正常压力要大好几倍。这样容易引起机床振动，影响工作件的加工质量，同时会产生很大噪声，严重影响周围的工作环境。液压系统中的冲击压力虽然比破坏压力小得多，但液压冲击的峰值压力有时已足以使密封装置、导管及其他液压元件损坏，并降低机床的使用寿命。

另外，在液压系统产生液压冲击时，由于压力升高，往往使某些工作元件（如阀、压力继电器等）产生误动作，并可能因此而造成设备损坏或其他重大事故。

5.2.4 减小液压冲击的基本原则

从以上分析可以看出，减小液压冲击的原则是：

（1）若条件允许，可以延长速度变化的时间来减小液压冲击。例如，在液压系统中，当液控换向阀阀芯移动换向时，可以使被控阀芯一端排油通道经过节流装置，以减慢换向阀阀芯的移动速度，增加换向时间，即延长速度变化时间，因而减小了冲击。

（2）缩短冲击波传播的距离，可在产生冲击处附近设置蓄能器。

（3）增大管径和采用弹性系数较小的管材，如采用橡胶软管。

（4）在液压缸的入口及出口处设置灵敏的小型溢流阀，可以限制活塞在行程中停止或换向时所出现的冲击压力。

（5）可以在液压元件本身结构的上采取一些措施，如在液压缸中设置单向阀，在滑阀封油台肩处开三角槽或节流锥角。

5.3 气穴与气蚀

上述在分析振动和噪声产生的原因时已论及气穴和气蚀，油液在液压系统中流动，流速高的区域压力低。当压力低于油液空气分离压力时，溶于油液中的空气就将分离出来，形成气泡；另外一种情况，如果液体内部压力低于工作温度下油液的饱和蒸汽压时，油液迅速汽化，加速形成气泡。这些气泡混杂在液体中产生气穴，使原来充满在管道中或元件中的油液成为不连续状态，这种现象称为气穴现象。

当气泡随着油液流入高压区时，被突然收缩，而原来所占据的空间形成真空。四周液体质点以极高的速度冲向真空区域，在高压下气泡破裂，产生局部液压冲击，将质点的动能突然转换为压能，局部高压区域温度可高达1000℃。管壁或元件的表面上，因长期承受液压冲击和高温作用，逐渐疲劳、腐蚀，表面剥落形成小坑，呈蜂窝状。这种现象称为气蚀。

气穴和气蚀是液压系统经常出现的不利现象，其危害很大。

气穴和气蚀现象使液压系统工作性能恶化，容积效率降低，损坏零件，降低液压元件和管道寿命，影响系统的压力和流量，还会引起液压冲击、振动和噪声等有害现象。例如，当柱塞泵吸油时，进口真空度很大，易产生气穴。当柱塞压缩时，产生高压，气泡破裂，导致缸壁表层的金属剥落。齿轮泵在进口处低压腔的气泡被液压油带入泵体，而到出口处的高压腔又被压破，产生气蚀，使浮动侧板产生损伤。叶片的气蚀现象表现在转子的叶片槽内有明显的波纹伤痕。

5.3.1 产生原因

（1）节流部位的气穴，由于油液流经节流小孔或缝隙时，流速高、压力低而产生。如

图 5-28 所示，节流口的喉部位置，压力值降到很低。对于小孔及锥阀来说，气穴初生时，气穴系数 $\sigma=0.4$，$p_1/p_v=3.5$。这就是说，当 p_1/p_v 超过 3.5 时，就要出现气穴现象，有关液压传动的基本原理及论述都不适用了。这一点是必须特别注意的。

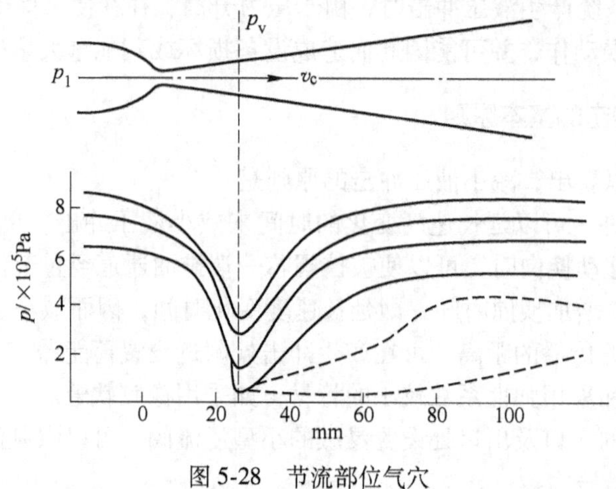

图 5-28　节流部位气穴

（2）液压泵中的气穴现象主要决定于泵的吸油高度、油流速度和管道中压力损失等因素。因为这些参数都可能造成液压泵吸油腔压力过低，从而引起气穴。为此，对液压泵的吸油高度、转速和吸油管管径都要有一定的限制和要求。如齿轮泵和叶片泵转速过高时，油液不能填满整个工作腔，不仅造成容积效率低，而且在未充满油液的齿根部（或叶片根部）容易形成气穴和气蚀。

5.3.2　判断和排除方法

（1）气穴和气蚀的检测与判断。

1）在液压泵进口处设置一个真空表，靠显示出的真空度来判别气穴是否产生。

2）听液压泵运转时发出的声音是否正常，气蚀出现时，液压泵会发出啸叫声。

3）通过故障现象来判断。例如，当出现液压泵吸油不足或输出油量降低，液压缸或液压马达动作减慢，系统运行变得迟钝等现象时，便可判断出系统油液中因空气存在而压缩性加大，气蚀现象已经产生。

（2）使系统油液高于空气分离压力。空气分离压力随油液种类、油温和空气的溶解量不同而异。当油温较高、空气溶解量大时，空气分离压力也高。当矿物油含气量为 10%、油温为 50℃时，空气分离压力约为 40kPa 的绝对压力。

（3）为防止小孔及锥阀等节流部位产生气穴，节流口前后压力之比应小于 3.5。

（4）液压泵的吸油管内径要足够大，并避免狭窄通道或急剧拐弯。液压泵的吸油高度、吸油阻力和泵的转速都应控制在合理范围内。

（5）尽可能降低油液中空气的含量，避免压力油与空气直接接触（如蓄能器中设有隔膜），阻止空气的溶解。管接头后其他元件密封应良好，防止空气侵入；要防止吸油管口吸入气泡；回油管端应插入液面一定深度，以防止回油时把空气带入油液中；减少油液中的机械杂质，因为机械杂质表面往往附着一层薄的空气。

5.4 爬行

“爬行”是液压传动中经常出现的不正常运动状态。轻微的“爬行”使运动件产生目光不易觉察的振动，显著的“爬行”使运动件产生大距离的跳动。

“爬行”现象一般发生在低速相对运动时，因为在低速时，润滑油形成油膜的能力会减弱，油膜厚度较小，油膜承受不了运动件向下压的重量而部分被破坏，使相对运动件凸起部分发生直接接触并承受一部分负荷。由于接触面积小、压力高而发生塑性变形和局部高温，进一步促使润滑油膜破坏。润滑油膜破坏还可使摩擦阻力发生变化。运动件快速相对运动时，润滑油的油膜作用强，形成的润滑油膜厚度较接触面凹凸不平的高度大，运动件在油膜上滑动，因此摩擦力很小。

液压系统中的“爬行”现象是很有害的，特别是在机床液压传动中。例如磨床工作台产生“爬行”时，被磨工件表面粗糙度升高。在坐标镗床等工作位置要求很高的机床中若产生“爬行”，则精确定位很难实现。因此，消除“爬行”现象，对于改善液压系统稳定性和提高机床加工件的精度是非常重要的。

5.4.1 驱动刚性差引起的“爬行”

空气进入油液中后，一部分溶于压力油液中，其余部分就形成气泡浮游在压力油中。因为空气有压缩性，使液压油产生明显的弹性。如图 5-29 所示，液压缸中有了空气，从左腔通入压力油，工作台开始运动时需要克服工作台导轨和床身导轨之间较大的静摩擦阻力（图 5-29a）。这时左腔的气泡尚未压缩，工作台不动。当左腔中压力油达到一定压力后，气泡受压，体积缩小（图 5-26b），工作台导轨与床身导轨之间的静摩擦力变为动摩擦力，阻力减小，左腔压力也随之降低，气泡膨胀，使工作台向前跳动。由于这一跳动，右边排油腔的气泡突然被压缩而体积缩小（图 5-29c），阻力增加，使工作台速度减慢或停止，又变成启动的情况（图 5-29a）。当左腔压力又恢复到能克服静摩擦阻力时，工作台又作如前所述的循环过程，即随着液压系统的工作循环而产生反复的压缩与膨胀，形成“爬行”。

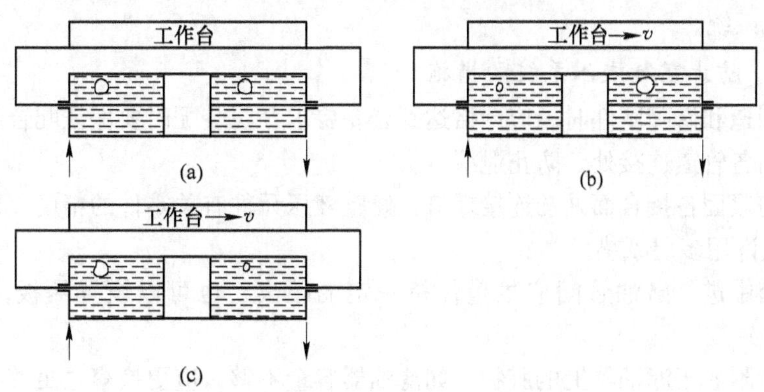

图 5-29 气泡引起的“爬行”

5.4.1.1 液压油液中存在空气引发的故障

液压系统中有空气存在，使液压传动产生种种故障：

（1）使运动部件产生“爬行”，破坏了液压系统的工作平稳性，影响加工工件的表面质量。

（2）使工作机构产生振动和噪声。

（3）由于振动，管接头容易松动，甚至油管断裂，造成泄漏。

（4）油箱中出现大量气泡，使油液容易氧化变质，缩短油液的使用寿命。

（5）影响运动部件的换向精度，如定位不准、换向倒回等不良现象。

（6）由于空气存在于油液中，使工作压力不稳定，当切削阻力大时，刀具向后退，当切削阻力小时，刀具向前冲，这样既影响被加工工件的质量，又缩短了刀具的使用寿命。

5.4.1.2　空气混入液压系统中的原因

（1）在有连续、断续和往复运动的零件之间，需要有一定的配合间隙，空气易从这些间隙混入。

（2）液压油管的连接一般采用硬性接口套、管接头和螺帽，若硬性接头密封不严，或受振动影响接头螺帽松动，空气可由此进入系统中。

（3）液压元件中的零件因同轴度或平行度不良、密封垫厚薄不均匀、连接螺钉没有拧紧等原因而造成各种泄漏。

（4）油箱中吸油管与回油管设置不当，使其距离太近，回油飞溅，搅成泡沫，使液压泵吸油管吸入空气。

（5）液压泵吸油管处的滤油器被污物堵塞，在吸油管中形成局部真空。

（6）油箱中油液不足或吸油管插入油中深度不够，造成液压泵吸油时混入空气。

（7）密封件损坏或质量不佳，使密封不严。例如，液压缸两端活塞杆密封不良，造成泄漏。

（8）回油路上没有背压阀，使管中进入空气。

（9）液压系统中局部压力低于空气的分离压，使溶于油液中的空气分离出来。

（10）系统设计不合理，在机床停止工作时，液压缸左、右腔互通并通回油路，当用手摇动工作台时，油液在位能作用下流回油箱，在液压缸和管路中形成局部真空，空气从各个渠道进入系统。

5.4.1.3　防止空气进入系统的措施

（1）在制造和修配零件时，应严格达到公差要求，在装配时要保证配合间隙。

（2）紧固各管道连接处，防止泄漏。

（3）均匀紧固各接合面处的连接螺钉，修整液压元件有关零件的精度，密封垫厚度应均匀，且不允许用多层纸垫。

（4）油箱中进、出油管间应尽量保持一定的距离，也可以设置隔板，将进出油管隔开。

（5）清除附着于滤油器上的脏物，如滤油器容量不够，应更换容量足够的滤油器。

（6）加足油液，应保持油液不低于油标指示线。

（7）调整密封装置，或更换已损坏的密封件。

（8）为了保证系统中各部分能经常充满油液，在液压泵出口处应装单向阀，在回油路上设置背压阀。

(9) 设法防止系统中各点局部压力低于空气分离压。

(10) 改进液压系统，使机床处于“停”位时，启动液压泵可使压力油通向液压缸左、右两腔，工作腔保持高压，非工作腔保持低压。在没有排气装置时，应增设放气阀或排气塞。

5.4.2 液压元件内零件磨损、间隙大引起的“爬行”

液压元件内零件磨损，间隙过大，将引起输油量和压力不足或严重波动而产生“爬行”。

5.4.2.1 运动件低速运动引起的“爬行”

运动件低速运动时，一旦发生了干摩擦或半干摩擦，阻力增加。这时就要求液压泵提高压力，但由于液压泵间隙大而严重漏油，不能适应执行元件因阻力变化而形成的压力变化，结果工作台的速度便减慢或停止。待压力升高到能克服静摩擦力时，变为动摩擦力(比静摩擦力小)，此时工作台向前跳跃，压力又降低，工作台速度又减慢或停止。这样反复循环而产生“爬行”。

排除方法：对液压泵内磨损严重的零件进行修复或更换新零件，装配时保证规定的间隙，以减少液压泵的泄漏。

5.4.2.2 控制阀失灵引起的“爬行”

各种控制阀的阻尼孔及节流口被污物堵塞，阀芯移动不灵活等，使压力波动大。如果溢流阀失灵，调定的压力不稳定，则对工作台的推力时大时小，因而工作台运动时快时慢。又如节流阀的节流口很小时，油中杂质和污物很容易附着在节流口处；油液高速流动产生高温，使油析出的沥青颗粒也集聚在节流口处，使流量减小，压力差增大。然后，压力脉动又将污物或杂质从节流口处冲走，使通过节流口的流量增加。如此对复造成“爬行”。

排除方法：液压油中的杂质，如胶质、沥青、炭渣、铁末等进入液压系统后，引起阀芯卡死，小孔或缝隙堵塞，影响液压系统的工作性能，甚至使系统不能正常工作。同时，油中的机械杂质能促使油膜破裂，恶化液压元件相对滑动面的润滑，使磨损加剧，缩短液压元件的使用寿命。因此，除了使用各种滤油器来防止杂质进入系统外，还要经常保持油液清洁，定期更换陈油，加强维护保养，防止液压油污染。

5.4.2.3 元件磨损引起的“爬行”

由于阀类零件磨损，使配合间隙增大，部分高压油与低压油互通，引起压力不足。

液压缸活塞与缸体内孔配合间隙因磨损增大，使高压腔压力油通过此间隙流到低压腔，使液压缸两腔压差减小，以致推力减小，在低速时因摩擦力的变化而产生“爬行”。

排除方法：认真检验各零件的配合间隙，研磨或珩磨阀孔和缸孔，或重做阀芯和活塞，使配合间隙在规定的公差范围内，并要保证零件的额定尺寸和几何精度要求。检查密封件，若密封件有缺陷，应更换新件。

5.4.3 摩擦阻力变化引起的“爬行”

5.4.3.1 导轨配合精度低引起的“爬行”

机床导轨精度如达不到规定要求，局部金属表面直接接触，油膜被破坏，出现摩擦或半干摩擦。有时，导轨几何精度虽符合规定技术要求，但由于修刮或配磨，使金属面接触不良，油膜不易形成。这种情况在新机床或经修刮过的机床中出现较多。对于多段导轨，由于接头处不平，使运动件在该处的摩擦阻力增加而产生跳动。同时，导轨油槽的结构形式不合理，也易产生“爬行”。

排除方法：导轨精度达不到技术要求时，应重新修复导轨。在修刮导轨前，应校正机床安装水平。若两导轨面接触不良，可在导轨接触面上均匀地涂上一层薄薄的氧化铬，用手动的方法（切勿用机动）使其对研运动几次，以减少刮研点所引起的阻力。对研后必须清洗干净，并加上一层润滑油。

5.4.3.2 液压缸出现故障引起的“爬行”

液压缸的中心线与导轨不平行，活塞杆局部或全长弯曲，缸筒内圆被拉毛刮伤，活塞与活塞杆不同轴，缸筒精度达不到技术要求，活塞杆两端油封调整过紧等因素，会引起“爬行”。

排除方法：逐项检验液压缸的精度及损伤情况，并进行修复，不能修复的零件则更换新件。液压缸的安装精度应符合技术要求。

5.4.3.3 润滑油不良引起的“爬行”

相对运动件的接触面润滑不充分或润滑油选用不当，会引起“爬行”。近年来，在重型和高精度机床上，如大型龙门刨床、立式车床、磨床及镗床，普遍采用静压润滑。它具有在低速下润滑性能稳定等优点。但如果静压导轨的润滑油控制装置失灵，造成润滑油供应不稳定，也易引起“爬行”。

排除方法：调节润滑油的压力与流量，润滑油的流量应适当，若流量过多，会产生运动件上浮，黏度大的润滑油上浮更明显，这样将影响加工精度。一般情况，能观察到导轨表面有一层薄薄的润滑油即可。润滑压力一般在 0.05~0.15MPa 范围内。

相对运动件在运动过程中，摩擦与润滑是交织在一起的，若两摩擦面间有一薄层（0.005~0.010mm）润滑油膜，则摩擦将大大减小。一般情况，提高油液的黏度能提高油膜强度，并对“爬行”与振动均有阻尼吸收作用。所以，对润滑油的选择是非常重要的。通常在中、低压往复运动的液压润滑系统中，采用$^0E_{50}=2\sim3$ 的润滑油；在旋转传动中，因速度高而温升快，故采用$^0E_{50}=2\sim3.5$ 的润滑油；在精密机床液动传动装置（如液压随动装置）中，宜采用 10 号液压油；如果移动部件很重和速度很低，则可采用抗压强度高的5~7号导轨油。此外，在润滑油中加入某些添加剂，也有很好效果。添加剂有两种：一种是油性添加剂，它是一种极性较强的添加剂，在低温低压时能与金属表面起物化吸附作用，形成很牢固的吸附膜，从而减少摩擦。这一类添加剂有猪油、油酸、鲸鱼油、三甲酚磷酸酯，加入量 1%~5%。另一种添加剂在压力很大及温度高时能分解，并与金属表面起化学反应，能覆盖于油膜破裂处，常用的有硫化油、三甲基苯磷酸酯、氯化石蜡（含氯40%以上）、二烷基二硫代磷酸锌（加 2%）等。

出现“爬行”时，若是由于油膜建立不佳，可在导轨面上涂一层二硫化钼。若静压导轨的润滑油控制装置失灵，应及时进行调整，并要严格防止油液的污染。

5.4.3.4 导轨结构故障引起的“爬行”

导轨间隙的楔铁调得太紧，或发生弯曲，也易造成“爬行”。

排除方法：对导轨重新进行调整或配刮，使运动部件无阻滞，不能修复的零件应更换新件。

5.5 液压卡紧

有相当数量的阀类元件都采用圆柱形滑阀结构。阀芯和阀体理论上是完全同心的，因此，不管它在多大的压力下工作，移动阀芯所需的力只需克服黏性摩擦力就行，数值上应该是很小的（0.5~5N）。但实际情况并非如此，特别是在中、高压系统中，当阀芯停止运动一段时间（一般约5min）后，这个阻力可以大到几百个牛顿，使阀芯重新移动十分费劲。这就是所谓阀的液压卡紧现象。例如，顺序阀和减压阀在高压下常产生很大的轴向卡紧力，有时甚至“卡死”，使动作失灵。又如某滑阀式控制阀，阀芯直径为16mm，台肩宽12mm，与阀体配合间隙为0.012mm，在25MPa压力作用下工作。若中间停留2min，则启动阀芯需要500N的力。阀芯启动后，在同样工作压力下，移动阀芯仅需1N的力。可见，液压轴向卡紧力相当大，对滑阀工作性能会产生很大影响。

液压系统中产生液压卡紧。容易增加滑阀的磨损，降低元件的使用寿命。在控制系统中，阀芯的位移通常用作用力较小的电磁铁和弹簧驱动，液压卡紧将使阀芯动作不灵或不能动作，对系统运行产生不良后果。如减压阀的阀芯在持续高压下工作，泄压后有复位滞后或不能复位现象。电磁换向阀也因卡紧现象而产生换向切换缓慢，甚至不能换向。

A 径向力不平衡引起的液压卡紧

滑阀副几何形状误差和同心度变化引起径向不平衡的液压力，是产生液压卡紧的主要原因。图5-30所示为阀芯上产生径向不平衡液压力的各种情形。

图5-30（a）为阀芯与阀孔无几何形状误差，轴心线平行但不重合，这种情况阀芯周围间隙内的压力分布是线性的，如图中A_1和A_2线所示，且各向相等，因此在阀芯上不会产生径向不平衡力。

图5-30（b）为阀芯因加工误差而带有倒锥，且锥部大端朝向高压腔；阀芯与阀孔轴线平行但不重合，即有偏心。出现这种配合情况时，阀芯受到径向不平衡力的作用，如图中曲线A_1和A_2间的阴影部分，使偏心距越来越大，直到阀芯与阀孔接触为止。这时径向不平衡力达到最大值。

图5-30（c）所示的阀芯带有顺锥，阀芯与阀孔轴线平行，并有偏心。这种情况阀芯仍受到径向不平衡力的作用，但这种力使阀芯与阀孔的偏心距减小，使径向不平衡力减到最小值。

图5-30（d）所示的阀芯带有两种锥度，即顺锥和倒锥的组合；轴线平行，但有偏心距。若阀芯左右两半锥对称时，则其受到的径向力是平衡的，但将产生一定的转矩。

图5-30（e）所示的阀芯几何形状无误差，但由于弯曲等原因，阀芯在阀孔中倾斜。阀芯和阀孔间的间隙和径向力分布状态相当于图（b）的上半部和图（c）的下半部的组合，径向不平衡力和转矩都比较大。

图5-30（f）所示的阀芯高压端有局部凸起（如磕碰、毛刺或杂质附着于阀芯上），凸起部分背后的液流将造成较大的压降，使阀芯受到不平衡液压力。这种力的作用结果是把阀芯凸起部分推向孔壁。

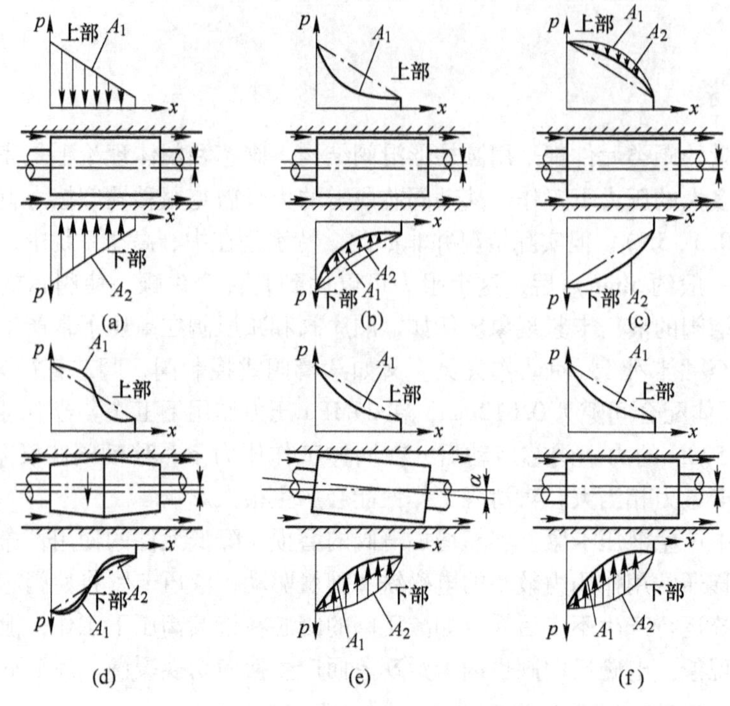

图 5-30　产生液压卡紧的条件

B　油液中极性分子的吸附作用

不平衡径向力使阀芯向阀孔一边靠近，因而产生阻碍阀芯运动的摩擦力。间隔一段时间后，轴向卡紧力突然增加，甚至在泄压后阀芯仍紧密地贴附在孔壁上。这是由于油液中的极性分子堵塞所致。在高压下，轴向卡紧力总是迅速（高压下停留 8~600s）产生，然后趋向一个最大值。泄压后，轴向卡紧自然消失的时间比形成的时间稍长。

C　油液中杂质楔入间隙

油液中杂质楔入配合间隙，就会形成卡紧现象。另外，阀芯在高压下变形或装置管件时引起阀体的变形，也是产生卡紧现象的原因。

排除方法：

为了减小径向不平衡力，一般在阀芯上开有环形平衡槽（均压槽）。阀芯偏斜时，开环形槽的效果可从图 5-31 看出。如不开环形槽，径向不平衡力的大小用虚线 A_1 和 A_2 围成的面积来表示。在开了环形槽后，环形槽把 p_1 到 p_2 的压力分成几段，阀芯上部和下部的压力分布曲线变为 B_1 和 B_2 围成的阴影线。显然它减小了很多。一般均压槽的尺寸为：宽 0.3~0.5mm，深 0.5~0.8mm，槽距 1~5mm。

为了减小径向不平衡力，应严格控制阀芯和阀孔的制造精度，一般阀芯的圆度和锥度允差为 0.03~0.05mm，而且应带顺锥；阀芯的表面粗糙度 R_a 应小于 0.1μm，阀孔 $R_a \leqslant$ 2μm，配合间隙要合理，过大会增加泄漏，过小则当油温升高时，阀芯会因热膨胀卡死。

为了避免灰尘颗粒或其他污物进入滑阀缝隙中而使阀芯移动困难或卡死，应精滤油液，一般采用 5~25μm 过滤精度的精滤油器。

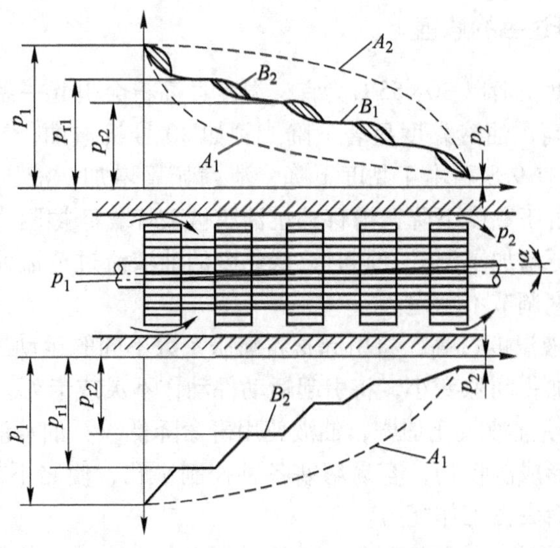

图 5-31 阀芯上的平衡槽

5.6 温度过高

液压系统是以油液作为介质来实现能量转换的。能量传递过程中，油液沿管道流动并流经各控制阀，由黏性摩擦产生压力损失，由泄漏产生容积损失的同时也产生压力损失，运动件间摩擦产生机械损失。这些能量损失将转化为热能，其中一部分散到大气中去，大部分传到液压元件和油液中，使液压系统温度升高。如果油路和油箱设计不当，散热不良，则温升更高，结果导致各种故障的发生。

试验与实践证明，液压油箱内油液的温度通常可按图 5-32 油温标准来控制。

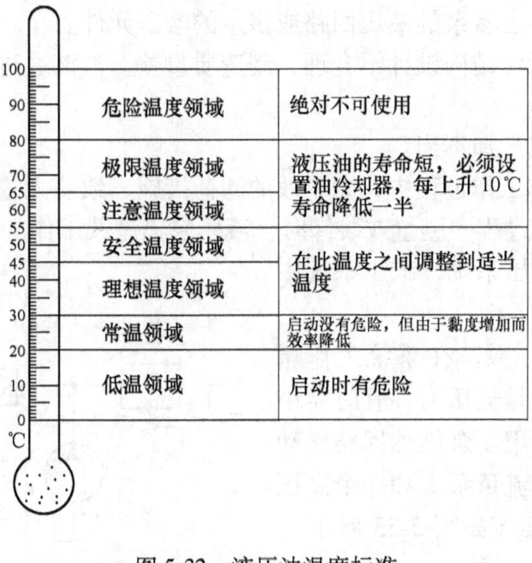

100 90 80 70 65 60 55 50 45 40 30 20 10 0 ℃

危险温度领域	绝对不可使用
极限温度领域	液压油的寿命短，必须设置油冷却器，每上升 10℃寿命降低一半
注意温度领域	
安全温度领域	在此温度之间调整到适当温度
理想温度领域	
常温领域	启动没有危险，但由于黏度增加而效率降低
低温领域	启动时有危险

图 5-32 液压油温度标准

5.6.1　液压系统温升过高的危害

液压系统工作温度一般以30～55℃为宜，温度过高将会引起一系列故障的发生：

（1）由于温度过高，油液黏度显著下降。例如20号机械油，20℃时为100cSt，50℃时为20cSt，70℃时只有9cSt。由于黏度下降，泄漏显著增加，液压泵及整个系统的效率也显著下降。另外，由于黏度下降，滑移部位油膜被破坏，摩擦阻力增加，磨损加剧，于是又引起系统发热，更增加了温升。同时，低黏度的油液流过节流元件时，元件特性发生变化，造成压力、速度调节不稳定。

（2）液压系统油液温度过高，将引起材料膨胀系数不同的运动副之间的间隙变化。间隙变大，造成泄漏增加；间隙变小，将引起运动件动作不灵或卡死。

（3）油温过高，使油液氧化加剧，油液使用寿命降低，石油基油液形成胶状物质，并在过热的元件表面上形成沉积物，容易堵塞各种控制小孔，使之不能正常工作。水-油乳化液过热时，会分解而失去工作能力。

（4）温度过高的油液使橡胶密封件、软管早期老化、失效，并降低使用寿命。

5.6.2　液压系统油温过高的原因分析及排除

5.6.2.1　液压系统设计不合理

液压系统设计不合理，系统在工作过程中有大量压力损失而使油液发热。

原因分析：

（1）如机床上有的工作机构在某段工作时间内，要保持高压，运动速度要求很慢，甚至保压不动。空行程时，压力较低，流量要求较大。在这种情况下，若按系统中最高压力与最大压力油经溢流阀流回油箱，造成很大的压力损失，引起油液发热。

（2）液压系统中液压元件规格选用不合理。选用阀时，由于规格过小，造成能量损失太大而引起系统发热；或因阀内流速过高而引起噪声。选用泵时，泵的流量大，则多余的油液从溢流阀流出而引起发热。

（3）液压系统中存在多余的液压回路或多余的液压元件。

（4）系统中液压元件结构设计不合理，制造质量差。油液通过阀后，压力损失大，内泄漏严重。

（5）节流调整方式选择不当。

（6）液压系统在非工作过程中，无有效的卸荷措施，致使大量的压力油损耗，使油液发热。例如在工件加工过程中测量或装卸时，液压泵仍满载工作。

排除方法：改进液压系统，减少系统中的压力油损耗。

（1）合理选择液压泵。在系统工作循环过程中，有时需大流量低压力，有时需小流量高压力，此时可选用双泵供油回路作动力源，即用一个低压大流量泵1和一个高压小流量泵2组成复合泵（如图5-33所示），或采用变量液压泵等。

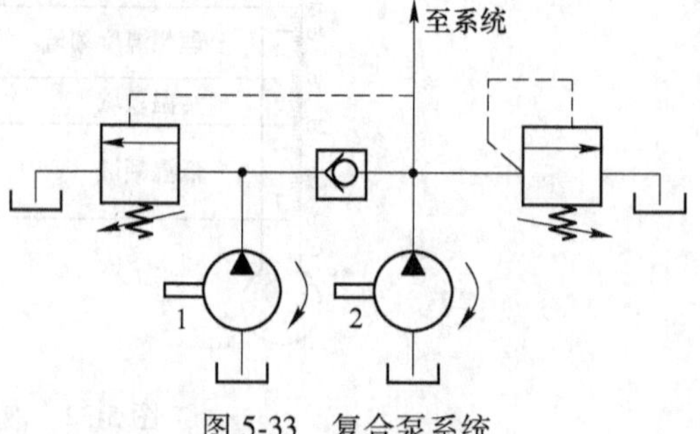

图5-33　复合泵系统

所选液压泵的流量要大于同时动作的几个液压缸（或液压马达）所需最大工作流量之和，并应考虑系统中的漏损。还应避免选用流量过大的液压泵。

(2) 液压元件的选取。应根据系统的工作压力和通过该阀的最大流量选取。选择溢流阀时，按液压油的最大流量选取；选择节流阀、调速阀时，还应考虑最小稳定流量；其他阀类应按其接入回路所需最大流量选取，而通过阀的最大流量不应超过其额定流量的 20%。

(3) 液压系统在满足性能要求的前提下，一般以最简为宜。应取消多余的回路和元件。

(4) 系统中使用的液压元件不仅结构设计要合理，而且质量要高。对于结构不合理、质量次的元件，必须更换。

(5) 系统中的调速回路，其调速方式应合理。对于负载变化不大的机床，宜用进油节流调速回路，如图 5-34 所示；对于负载变化较大，而运动平稳性要求较高的系统，宜用回油节流调速回路，如图 5-35 所示；对于负载变化较大，而运动平稳性要求不高的系统，宜采用旁路节流调速回路，如图 5-36 所示。

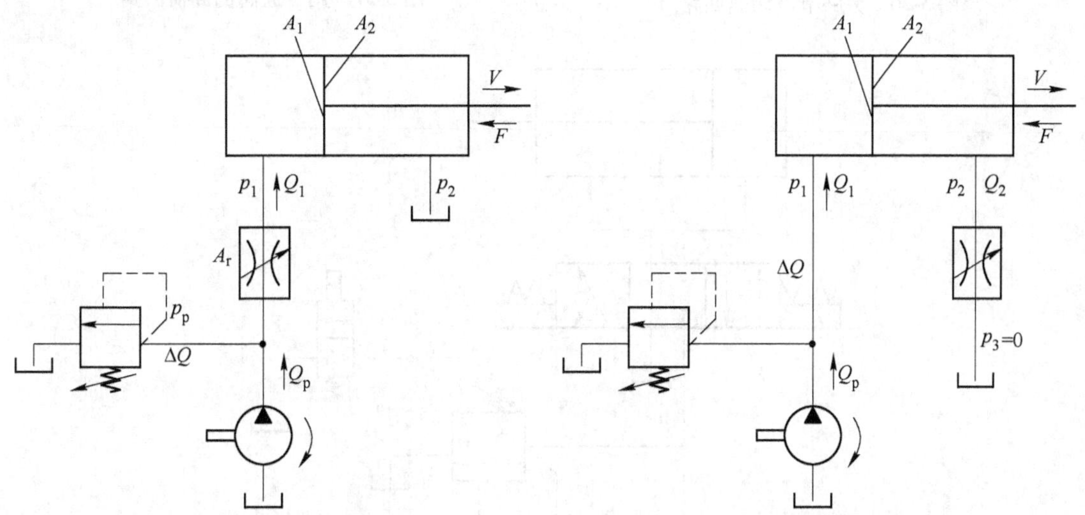

图 5-34 进油节流调速回路　　图 5-35 回油节流调速回路

若系统中负载变化较大，而速度要求较稳定，可将上述三种调速回路中的节流阀分别更换成调速阀，即可得到速度负载特性较好的回路。

(6) 在液压系统运行中，工作过程之间总间隔着非工作过程。在非工作过程的时间段内，必须使液压泵卸荷，才能防止油温上升。卸荷的方法很多：用三位换向阀的卸荷回路；用二位二通阀的卸荷回路（见图 5-37）；用先导式溢流阀的卸荷回路（见图 5-38）等。若非工作时间较长，也可以关闭电动机，使液压泵停转。但在非工作时间较短时，不宜采用此方法。

5.6.2.2 压力损耗大使压力能转成热能

原因分析：

(1) 液压系统中管路设计、安装不合理，如管路长、弯曲多、截面变化频率繁等，均会引起压力损失加大，而使油液发热。

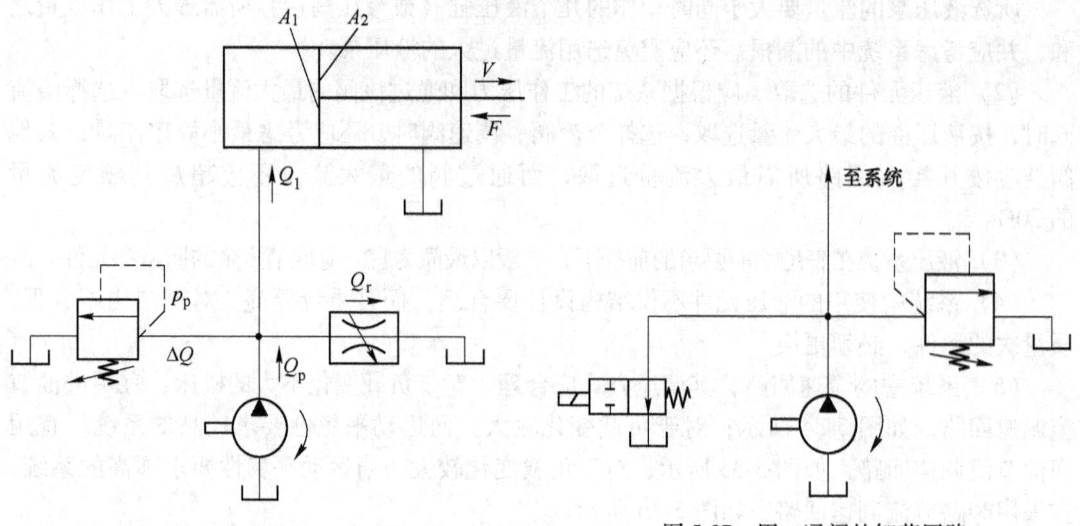

图 5-36　旁路节流调速回路

图 5-37　用二通阀的卸荷回路

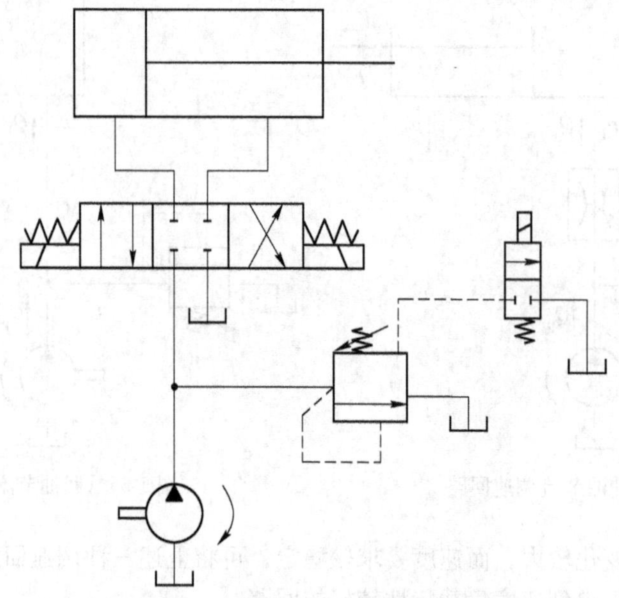

图 5-38　用先导式溢流阀的卸荷回路

（2）管路长期未清洗和保养，内孔壁附着污物，增加油液流动时的压力损失。

（3）误用黏度过高的液压油。

（4）油液在管路、阀内流速过大。如管道直径太小，当油液通过时液阻增大，产生很大压力损失，使油温剧烈上升，并产生振动和噪声。

排除方法：

（1）合理设计管路，尽可能缩短管长，减少弯曲与减少截面变化。

（2）对管路要定期保养，拆卸管道进行清洗，使管道内壁保持光滑，减少液流通过时的压力降。

（3）合理选择液压油。黏度偏高，应更换黏度低的液压油。对于不同精度等级的液压设备，应选择相应档次和质量的液压油，并尽可能采用黏温特性曲线变化较小的液压油。

（4）液压系统中的管路，要根据允许通过的流速对管径进行验算。推荐允许油液速度：压力油管 $v = 2 \sim 5\text{m/s}$，系统压力：$p > 2.5\text{MPa}$，取 $v = 2\text{m/s}$；$p > 2.5 \sim 14\text{MPa}$，取 $v \leqslant 3 \sim 4\text{m/s}$；$p > 14\text{MPa}$，取 $v \leqslant 5\text{m/s}$；回油管取 $v = 0.5 \sim 1.5\text{m/s}$；短管道及局部收缩处 $v \leqslant 5 \sim 7\text{m/s}$。

若验算结果管径过小，可以适当加大管径，特别是回油管，应使回油通畅。同时，还必须保证吸油通畅，把吸油管端口切成45°以增加吸油面积。管径也不能取得太大，否则结构不紧凑，浪费材料并使弯管困难。

5.6.2.3 容积损耗大而引起的油液发热

原因分析：液压泵、各连接处、配合间隙处等的内外泄漏使油液发热。

排除方法：减少容积损耗，防止内外泄漏（这部分详细见“液压系统中的泄漏控制”）。

5.6.2.4 机械损耗大引起的油液发热

原因分析：

（1）液压元件的加工精度和装配质量不良。

（2）相对运动件润滑不良。

（3）安装精度差，如液压缸与导轨不平行。

（4）密封件质量差，或因泄漏而调整过紧，摩擦力增加而发热。

排除方法：

（1）液压元件的加工质量应得到保证，不合格的元件不能装入系统使用。相对运动件的安装精度必须保证达到规定的技术要求。

（2）改善相对运动件的润滑条件，并做到定期检查，发现润滑条件差，要立即排除。

（3）安装液压缸时，要以导轨为基准进行测量，以保证缸轴线和导轨的平行度要求。

（4）选用的密封件质量要高，既要保证几何精度、耐油特性和强度性能等方面的技术要求，同时还应选择摩擦系数小的密封件。密封装置松紧调整要合理，虽然密封件与配合面压得越紧，密封效果越好，但摩擦阻力也会随之增大。因此，密封装置要获得良好的密封性能，主要应从密封结构设计方面下功夫，使用时应按规定的压缩量调整。

5.6.2.5 压力调整过高甚至超过许可的峰值压力致使压力损失大温升高

原因分析：因导轨之间的润滑条件不良，机床零件加工精度和装配质量差，增加了运行阻力，系统需调高压力才能正常工作，因而增加了能量损失，使油液发热。

排除方法：提高零件加工精度和装配质量，合理调整系统中各种压力阀的压力，在满足系统正常工作的条件下，尽可能调至机床说明书规定的下限压力甚至更低。如系统中有背压阀，背压阀的压力调整以保证工作速度的稳定性为准。

5.6.2.6 油箱容积小、散热条件差导致温升高

原因分析：油箱容积应根据不同系统的使用状况（如行走机械或固定机械）和散热条件来确定。设计不合理，安装位置不当，造成散热不良，使油液发热。

排除方法：改善散热条件，有效地发挥箱壁的散热作用，适当地增加油箱容量。若温

升过高，可采取强迫冷却措施。

（1）油箱底面不应与地面接触。

（2）油箱上应开设通气口，使空气流通，提高散热效果：同时，应使大气和油箱相通，使油箱内的压力为大气压力，但通气口应安装空气过滤器。

（3）从回油管的出口流向吸油管的入口，油流应沿着箱壁流动，其路程应尽可能地长。这样不仅有利于散热，而且便于气泡析出。

（4）油箱应设置在通风并远离热源的地方。

（5）如不便于增加油箱容量，可安装冷却装置降温。

5.7　能源装置故障的诊断与排除

液压能源装置是向液压系统输送压力油的设备，所以也称为液压动力源。液压泵、液压油箱、滤油器等是组成能源装置的主要元件。能源装置若出现故障，整个液压系统就无法正常工作。

5.7.1　无压力油输出

在图 5-39 所示液压系统中，液压泵为 YBN 型限压式变量叶片泵，换向阀为三位四通 M 型电磁换向阀。启动液压系统，调节溢流阀，压力表指针不动作，说明无压力；启动电磁阀，使其置于右位或左位，液压缸不动作。电磁换向阀置于中位时，系统没有液压油回油箱。

检测溢流阀和液压缸，工作性能参数均正常。三位四通换向阀不论处于三个位置中的任一位置，均没有油流过换向阀。

液压系统没有压力油说明液压泵没有输出压力油，显然也证实液压泵没有吸进压力油，可按表 4-1 所列故障原因进行分析。

5.7.2　初始启动不吸油

在图 5-40 所示液压系统中，液压泵的 YB 型叶片泵，其流量 $Q = 10\text{L/min}$，系统压力调定为 6MPa。液压泵初始启动时不能吸油。

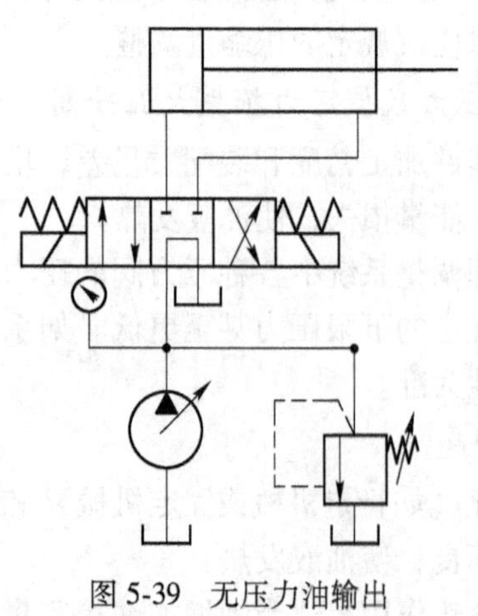

图 5-39　无压力油输出

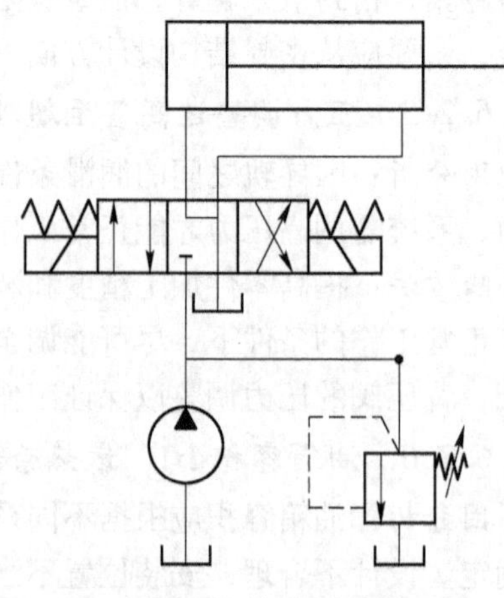

图 5-40　启动不吸油

首先分析一下泵的初始启动问题，初始启动有两种情况[15]：

（1）新安装的被调试过的液压设备，以及较长时间（几个月以上）未开动过的设备。初始启动时，必须向液压泵内灌满油液（特别是叶片泵和柱塞泵），以排除泵内空气，润滑泵内各运动件，使泵能正常工作起来。否则，泵内零件将急剧磨损，甚至被破坏。例如，叶片泵的叶片与转子槽因润滑不好，而甩不出来或进入不到转子槽内，将导致划伤定子内曲面，甚至折断叶片。同样，柱塞泵内若无油液，滑履与配流盘之间无法形成静压而造成剧烈磨损。

另外，由于空气有压缩性，使泵内排不出去的空气产生很大的振动和异常噪声，导致液压油吸不上去。

（2）间断性使用的液压设备。液压泵内已进入一些空气，但泵内肯定还有一定量的液压油，这说明液压设备停用时间不长，此时，就不一定要再向泵内灌油，灌油是比较麻烦的，可采用其他相应措施排除泵内空气，使液压泵正常运转。

本系统中，泵的容量小，吸油性能差，初始启动若属后一种停机时间较短的情况，由于溢流阀调定压力较高，三位四通阀中位机能位 Y 型，所以液压泵的排油管路被封闭。这样泵启动后，泵内和排油管内空气无法排出去，泵吸油腔不能形成部分真空，因此液压油吸不上去。若将三位四通换向阀的中位机能改为 H 型，排油管内的空气和泵内部分空气可以经过换向阀排到油箱中，液压泵的吸油腔就能形成部分真空，因此泵就能正常吸油。

另外，也可以将泵排油侧的压力表接头缓缓放松，使之排气，待到空气排净后，再拧紧接头；或将溢流阀的调节压力降到最低值，待液压泵正常工作后，再重新调定液压系统的压力值。以上措施，都可以达到液压泵初始启动时完成正常的吸油过程。

液压设备初始启动是非常重要的阶段，必须在一切技术准备工作完成，经技术人员认可后，方能启动。否则，液压系统的有关部分（如液压泵）就可能被损坏。

5.7.3 能源液压回路设计不周导致温度过高

在图 5-41（a）所示系统中，液压泵是定量柱塞泵，其工作压力为 26MPa。系统中各元件工作正常，但液压泵异常发热，系统中油液温度过高。液压系统采用调速回路，其调速方式为调速阀回油节流调速。节流调速的基本原理是控制进入液压缸中的流量，达到调整液压缸推动负载运动速度的目的。定量泵输出的压力油，一部分进入液压缸，一部分从溢流阀溢回油箱。溢回油箱的压力油从高压降为零，那么这部分压力油的压力能除少量转换为动能损失外，大部分转换为热量而使油温升高。这时，如果液压油的温度升得过高，影响到液压系统正常工作时，就应增设有足够容量的冷却器，控制液压系统中油液的温度。

回油路节流调速，在机床中一般是用于调节液压缸工作给进速度的，液压缸返程（快退）时，不需要速度调节。该系统中，液压缸快退时的回油路也经过调速阀才能回油箱，不仅影响系统的工作效率，更促使液压系统的温度升高，这样的回路是不合理的，必须改进。

将上述系统改为图 5-41（b）所示系统，即将调速阀安置于液压缸工作进给时的出油口与换向阀之间，并增加一个单向阀，使之与调速阀并联，以达到快退时进油路经单向阀

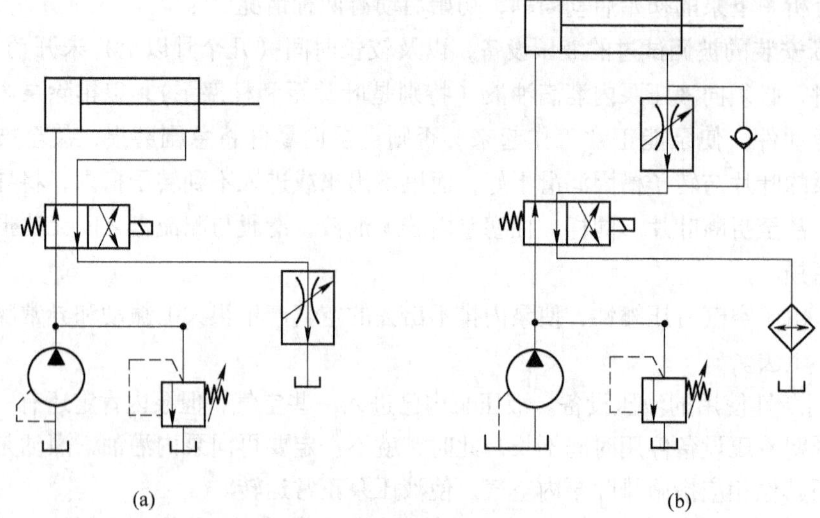

图 5-41　能源液压回路

直接进入液压缸的有杆腔，实现快退动作行程。

系统中，液压泵的温度比油箱内温度高，一般是正常的。但该泵的温度高得太多，经测试高达 20℃左右。是什么原因造成的呢?

我们知道，高压泵运转时，泵内运动件的配合间隙将产生从高压向低压流量泄漏。泄漏形成的功率损失基本全部转变成热。另外，机械运动件之间也产生机械摩擦发热。这两种热量的形成是不可避免的，但这种功率损失转化为热的程度是可以控制的。这是液压泵性能和质量的一项重要指标。

作为液压泵的使用者，对上述问题无能为力。但液压泵的温升过高，就要影响系统正常工作，因此应采取措施降低泵的温升。例如，增设泵壳体内油液冷却的循环回路，使温度较低的油液流进壳体内，壳体内较高温度的油液导回油箱内散热，以及对泵进行风冷。上述系统中，液压泵的外泄油路接在泵的吸油管上，泵壳体内的热油全部浸入泵的吸油腔，再一次使温度升高。液压油的温度升高，其黏度显著降低。低黏度回油液的泄漏量更大，于是发热量也更大。如此恶性循环，造成泵的壳体异常发热，使整个液压泵处于高温下不正常运转。

油液温度过高，泄漏量加大，导致泵的排量减小，液压缸的工作速度将会受到影响。同时，由于温升，密封性能显著下降，泄漏更加严重，造成液压泵的压力达不到调定值。

可见，系统中液压泵的外泄管路接入吸油管是不妥的，应直接回油箱，使热油在油箱内充分散热后，再掺入系统的油液循环。

5.7.4　双泵合流激发流体噪声

图 5-42 为双泵供油系统，泵 1 为高压小流量泵，泵 2 为低压大流量泵。当系统执行机构快速运动时，泵 2 输出的油经单向阀 4 与泵 1 输出的压力油共同向系统供油。当工作行程时，系统压力升高，打开液控顺序阀 3（卸荷阀）使大流量泵 2 卸荷，这时，由泵 1 单独向系统供油。系统工作压力由溢流阀 5 调定。单向阀 4 在系统工作压力作用下关闭。这

种双泵供油系统由于功率损耗小，应用较多。但发现在快速运动即双泵合流时，液压泵及输出管路会产生异常噪声。

液压泵噪声的一般原因：吸油管或滤油器堵塞；泵内吸进空气，产生困油与气蚀现象；压力与流量脉动；泵壳固定不牢；泵轴与电动机轴不同心；泵内零件损坏；运动部件卡死或不灵活等。

对该系统进行检查，均不属于上述原因。经反复检查，发现是由于双泵输出油液合流位置距离泵的出口太近，测量值为100mm。

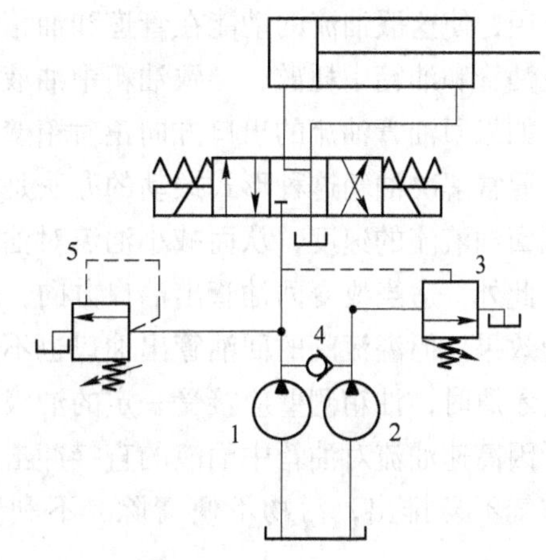

图 5-42 双泵合流
1，2—泵；3—卸荷阀；4—单向阀；5—溢流阀

一般液压泵的排油口附近液体流动呈紊流状态，紊流将产生大量旋涡，这样就产生撞击和振动，而且油液合流处距离泵口越近，此种现象越剧烈。双泵快速供油系统中，液压油在泵出口近处合流，于是两股涡流汇合，流动方向急剧改变。此时，会产生液压冲击和发出剧烈振动而激发出噪声；同时，将产生局部真空，油液中便析出气泡，气泡运动到高压处，被压缩破裂，出现气蚀现象，并发生气蚀噪声。

此外，流体的冲击与振动，必然导致机械零件的变形与振动，引起机械噪声。

若双泵排油管合流处距泵口距离大于200mm，噪声就能基本消除。这是因为此时流体冲击与振动已经减弱，能平缓地流动，因此流体噪声与机械噪声也大大减弱。

5.7.5 油箱振动

在图 5-43 所示液压系统中，液压泵为定量泵 1，调速阀 3 装在回油路上，液压缸 5 正反方向都要求调速。调速阀调速的本质属于节流调速，所以在系统运行过程中，有压力油从溢流阀溢回油箱。

经过检测有关部分，溢流阀工作正常，无异常振动，液压油箱安装合理。但发现油箱各处均有较大振动，并发出噪声。

液压油箱发生振动和噪声并不多见，因油箱的作用是存油、散热和除污，还包括除去系统中的空气。油箱组成的构件中无运动件，液压泵也不是装在油箱上面。因此油箱发生振动和噪声只可能与吸油、排油的流体状态有关。

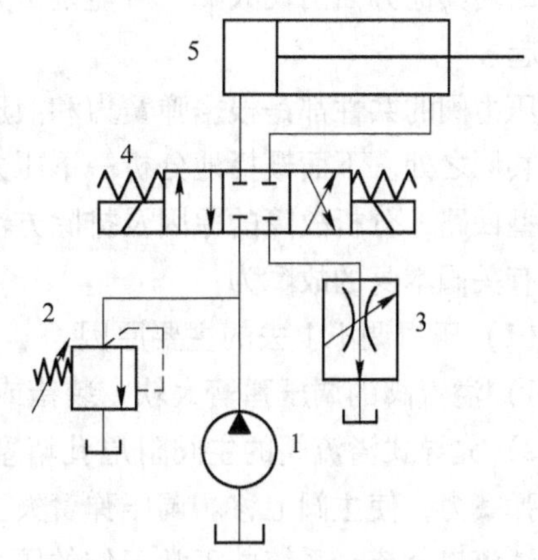

图 5-43 油箱振动
1—定量泵；2—溢流阀；3—调速阀；4—换向阀；5—液压缸

实践证明，油箱的振动一般都是由于溢流阀溢流时的油流冲击引起的。当大量液压油通过溢流阀回油箱时，由于能量的转换（即高压油溢回油箱时，其出油口压力降低为零压，油液的压力能转换为热能和动能）和流道阻

尼作用，使这股油流的动能在管道和油箱中耗散，导致油管和油箱振动；这股油流的热能也在油管和油箱中耗散，导致油箱中油液的温度升高。

如果回油管油流的出口方向正对箱壁，那么油流冲击引起的油箱振动就更加明显。

通常解决油箱这种形式振动的办法是增大回油管直径，或改换大容量溢流阀。目的是降低回油液流的速度，从而减小油流对油箱的冲击。

此外，适当改变回油管出油口方向，避免油流对油箱直接冲击，也可起到减小油箱振动的效果。但溢流阀的回油管出油口也不能完全避开油箱侧壁。当油箱的振动和噪声不是主要矛盾时，油箱侧壁应接受一定的油液冲击，以承担消耗油流部分动能的作用，同时避免了因高速油流对油箱中油液的直接冲击而引起的剧烈搅动。否则，被搅动的油液所包容的空气不易排出，污物不便清除，不利于液压系统的净化，还会大大降低油液的使用寿命。

为此，回油的油流出口方向应以一定的斜角对着油箱的箱壁，同时，用加强肋的方法来提高油箱的刚度，避免出现较大振动和噪声。

5.8 压力控制回路故障的诊断与排除

5.8.1 概述

压力控制回路是利用压力控制阀来控制系统整体或部分压力的回路。压力阀控制的压力回路可以用来实现稳压、减压、增压和多级调压等控制功能，以满足执行元件在力和转矩方面的要求。标准元件的压力阀有溢流阀、减压阀、顺序阀以及和单向阀并联组合的单向减压阀和单向顺序阀等。

压力控制回路的故障可能是由于回路设计不周、元件选择不妥或压力控制元件出现故障。回路其他方面出现故障，可能是由元件参数和系统调节不合理、管路安装有缺陷等原因引起。

压力阀的共性都是根据弹簧力和液压力相平衡的原理工作的，因此，常见的故障也有很多共同之处。下面概括地分析一下压力控制回路的主要故障及其产生的原因。然后再结合典型回路，分析故障的原因及排除方法。

有关阀本身的故障为：

(1) 压力调不上去的主要原因

1) 溢流阀的调压弹簧太软、装错或漏装。

2) 先导式溢流阀的主阀阻尼孔堵塞，滑阀在下端油压作用下，克服上腔的液压力和主阀弹簧力，使主阀上移。调压弹簧失去对主阀的控制作用，因此主阀在较低的压力下打开，溢流口溢流。系统中正常工作的压力阀，有时突然出现故障，往往是这种原因。

3) 阀芯和阀座关闭不严，泄漏严重。

4) 阀芯被毛刺或其他污物卡死于开启位置。

(2) 压力过高，调不下来的主要原因

1) 阀芯被毛刺或污物卡死于关闭位置，主阀不能开启

2) 安装时，阀的进出油口接错，没有压力油去推动阀芯移动，因此阀芯打不开。

3）先导阀前的阻尼孔堵塞，导致主阀不能开启。

（3）压力振摆大的主要原因

1）油液中混有空气。

2）阀芯与阀座接触不良。

3）阻尼孔直径过大，阻尼作用弱。

4）产生共振。

5）阀芯在阀体内移动不灵活。

下面介绍压力回路的主要故障。

5.8.2 系统调压与溢流不正常

5.8.2.1 溢流阀主阀芯卡住

在图5-44所示系统中，液压泵为定量泵1，三位四通换向阀4中位机能位Y型。所以，液压缸停止工作运行时，系统不卸荷，液压泵输出的压力油全部由溢流阀3溢回油箱。

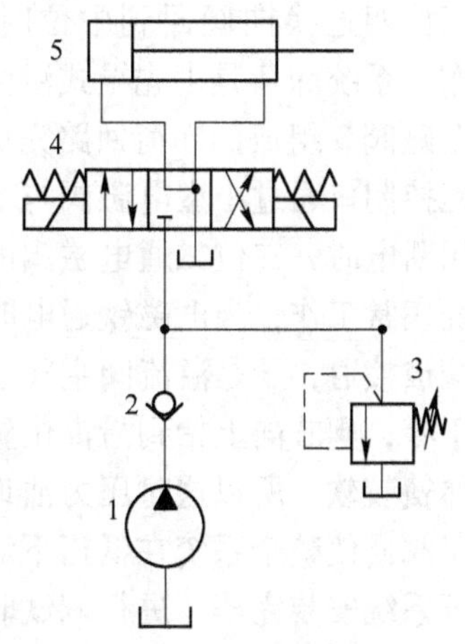

图5-44 溢流阀调压回路

1—定量泵；2—单向阀；3—溢流阀；4—换向阀；5—油液压缸

系统中，溢流阀为YF型先导式溢流阀。这种溢流阀的结构为三级同心式，即主阀芯上端的小圆柱面、中部大圆柱面和下端锥面分别与阀盖、阀体和阀座内孔配合，三处同心度要求较高。这种溢流阀多用在高压大流量系统中，调压溢流性能较好。

将系统中换向阀置于中位，调整溢流阀的压力时发现，当压力值在10MPa以下时，溢流阀正常工作；当压力调整到高于10MPa的任一压力值时，系统发出像吹哨一样的尖叫声，此时，可看到压力表指针剧烈振动。经检测发现，噪声来自溢流阀。

在三级同轴高压溢流阀中，主阀芯与阀体、阀盖有两处滑动配合，如果阀体和阀盖装配后的内孔同轴度未达到设计要求，主阀芯就不能灵活地动作，而是贴在内孔的某一侧做不正常运动。当压力调整到一定值时，就必然激起主阀芯振动。这种振动不是主阀芯在工作运动中出现的常规振动，而是主阀芯卡在某一位置（此时因主阀芯同时承受着液压卡紧力）而激起的高频振动。这种高频振动必将引起弹簧特别是调压弹簧的强烈振动，并出现噪声共振。

另外，由于高压油不通过正常的溢流口溢流，而是通过被卡住的溢流口和内泄油道溢回油箱，这股高压油流将发出高频率的流体噪声。这种振动和噪声是在系统特定的运行条件下激发出来的，这就是为什么在压力低于10MPa时不发生尖叫声的原因。

FY型溢流阀的制造精度是比较高的，阀盖与阀体连接部分的内外圆面同轴度、主阀芯三台肩外圆面的同轴度都应在规定的范围内。

有些YF型溢流阀产品，阀盖与阀体配合处有较大的自由度，在装配时，应调整同轴度，使主阀能灵活运动，无卡紧现象。在拧紧阀盖上四个紧固螺钉时，应按装配工艺要求，依一定的顺序用定矩扳手拧紧，使各拧紧力矩基本相同。

在检测溢流阀发现阀盖孔有偏心时，应进行修磨，消除偏心。主阀芯与阀体配合滑动面若有污物，应清洗干净，若被划伤，应修磨平滑。目的是恢复主阀芯滑动灵活的工作状态，避免产生振动和噪声。

另外，主阀芯上的阻尼孔，在主阀振动时有阻尼作用。当工作油液黏度较低或温度过高时，阻尼作用将相应减小。因此，选用合适黏度的油液和控制系统温升过程，也有利于减振降噪。

5.8.2.2　溢流阀控制容腔压力不稳定

在图 5-45 所示系统中，液压泵为定量泵 1，三位四通换向阀 4 的中位机能位 Y 型。在三位四通换向阀回到中位时，液压缸 5 不动作。系统卸荷是由先导式溢流阀 2 与二位二通电磁阀 3 组成的卸荷回路完成的。这时可将远程控制口通过小型电磁阀与油箱接通，当电磁阀断电时，二位二通电磁阀的通路被切断，系统正常工作；当电磁铁通电时，二位二通电磁阀被接通，于是溢流阀主阀芯上部的压力接近于零，阀芯向上抬到最高位置。由于阀芯上部弹簧较软，所以这时压力油口的压力很低，溢流阀便使整个系统在低压下卸荷。但是，当液压系统安装完毕，进行调试时，系统发送剧烈的振动和噪声。

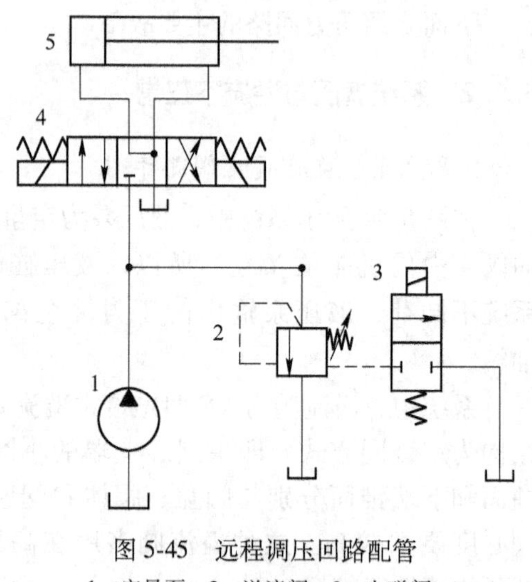

图 5-45　远程调压回路配管

1—定量泵；2—溢流阀；3—电磁阀；4—换向阀；5—液压缸

经检查发现，振动和噪声产生于溢流阀。拆检溢流阀，阀内零件、运动件配合间隙、阀内清洁度、安装等方面都符合设计要求。将溢流阀装在试验台上测试，性能参数均属正常，而装入上述系统就发生故障。

经反复试验与分析，发现卸荷回路中，溢流阀的远程控制口到二位二通电磁阀输入口之间的配管长度较短时，溢流阀不产生振动和噪声，当配管长度大于 1m 时，溢流阀便产生振动，并出现异常噪声。

故障原因是由于增大了溢流阀的控制容腔（导阀前腔）的容积。容腔的容积越大，越不稳定，并且长管路中易残存一些空气，这样容腔中的油液在二位二通换向阀通或断时，压力波动较大，引起导阀（或主阀）的质量-弹簧系统自激振荡而产生噪声。此种噪声也称高频啸叫声。

因此，当对溢流阀进行远程调压或卸荷时，一般应使远程控制管路愈短愈好，以减小容积；或者设置一个固定阻尼孔，以减小压力冲击和压力波动。固定阻尼孔就是一个固定节流元件，其安装位置应尽可能靠近溢流阀远控口，将溢流阀的控制容腔与控制管路隔开，这样流体的压力冲击与波动将被迅速衰减，能有效地消除溢流阀的振动和啸叫声。

由于溢流阀远程控制口的油液回油箱时被节流，将会增加控制容腔内油液的压力，于是系统卸荷压力也相应提高了。为了防止系统压力过于提高，固定节流元件的阻尼孔不宜太小，只要能消除振动与噪声即可。况且过小的孔容易堵塞，系统将无法卸荷。实践证明，较大而长的阻尼孔控制流体稳定性的效果优于短而细的阻尼孔。

5.8.2.3　**溢流阀回油液流波动**

在图5-46所示的液压系统中，液压泵1和2分别向液压缸7和8供压力油，换向阀5和6都为三位四通Y型电磁换向阀。

启动液压泵，系统开始运行时，溢流阀3和4压力不稳定，并发出振动和噪声。

试验表明，只有一个溢流阀工作时，其调定压力稳定，也没有明显的振动和噪声。当两个溢流阀同时工作时，就出现上述故障。

从液压系统中可以看出，两个溢流阀除了有一个共同的回油管外，并没有其他联系。显然，故障原因就是由于一个共同的回油管路造成的。

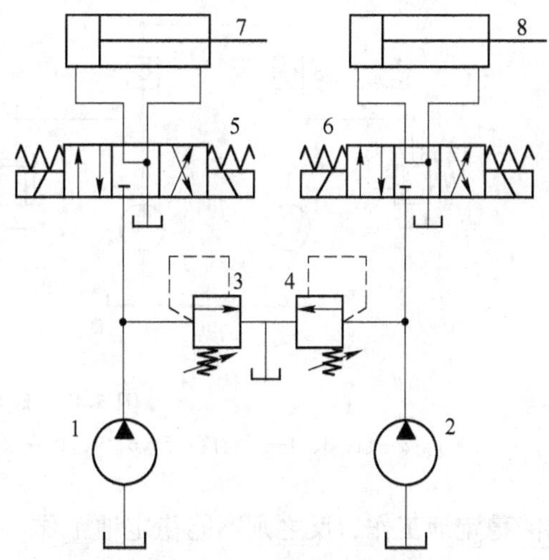

图5-46　双泵双溢流阀调压回路

1，2—液压泵；3，4—溢流阀；5，6—换向阀；7，8—液压缸

从溢流阀的结构性能可知，溢流阀的控制油道未内泄，即溢流阀的阀前压力油进入阀后，经阻尼孔流进控制容腔。当压力升高，作用于阀上的液压力克服调压弹簧时，打开锥阀口；降压后，油流经阀体孔道流进溢流阀的回油腔，与主阀口溢出的油液汇合后，经回油管路一同流回油箱。因此，在溢流阀回油管路上，油的流动状态直接影响到溢流阀的调定压力。例如，压力冲击、背压等流体波动直接作用在先导阀的锥阀上，控制容腔中的压力也随之增高，并随之出现冲击与波动，导致溢流阀调定压力也随之增高，易激起振动和噪声。

为此，应将两个溢流阀的回油管路分别接回油箱，避免相互干扰。若由于某种原因必须合流回油箱时，应将合流后的回油管加粗，并将两个溢流阀均改为外部泄漏型。即将经过锥阀阀口的油液与主阀回油腔隔开，单独接回油箱，就称为外泄型溢流阀。

5.8.2.4　**溢流阀产生共振**

在图5-47（a）所示液压系统中，泵1和泵2是同规格的定量泵，同时向系统供液压油，三位四通换向阀7中位机能为Y型，溢流阀3和4也是同规格，分别装于泵1和泵2的输出口油路上，作定压溢流用。溢流阀的调定压力均为14MPa。启动运行时，系统发出鸣笛般的啸叫声。

经调试发现噪声来自溢流阀，并发现当只有一侧的泵和溢流阀工作时，噪声消失；两侧泵同时工作时，发生啸叫声。可见，噪声原因是两个溢流阀在流体作用下发生共振。

由溢流阀的工作原理可知，溢流阀是在液压力和弹簧力相互作用下进行工作的，因此极易激起振动而发出噪声。溢流阀的入出口和控制口的压力油一旦发生波动，即产生液压冲击，溢流阀内的主阀芯、锥阀及其相互作用的弹簧就要振动起来，振动的程度及其状态，随流体的压力冲击和波动的状况而变。因此，与溢流阀相关的油流越稳定，溢流阀就

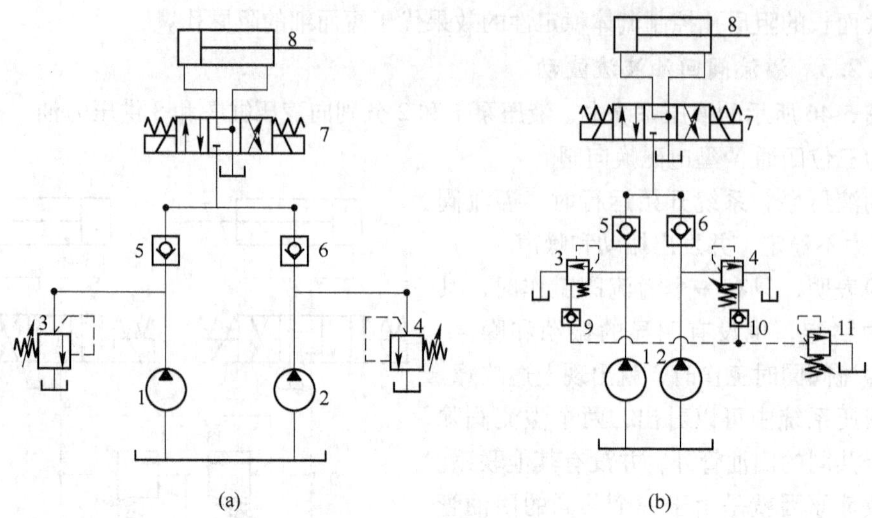

图 5-47　双泵合流调压回路

1，2—泵；3，4—溢流阀；5，6，9，10—单向阀；7—换向阀；8—液压缸；11—远程调压阀

越能稳定地工作，反之则不能稳定地工作。

在上述系统中，双泵输出的压力油经单向阀后合流，发生流体冲击与波动，引起单向阀振荡，从而导致液压泵出口压力油不稳定；又由于泵输出的压力油本来就是脉动的，因此泵输出的压力油将强烈波动，并激起溢流阀振动；又因为两个溢流阀的固有频率相同，故引起溢流阀共振，并发出异常噪声。

排除这一故障，一般有以下几种方法：

(1) 将溢流阀 3 和 4 用一个大容量的溢流阀代替，安置于双泵合流处，这样溢流阀虽然也会振动，但不太强烈，因为排除了共振的产生条件。

(2) 将两个溢流阀的调定压力值错开 1MPa 左右，也能避免共振发生。此时，若液压缸的工作压力在 13~14MPa 之间，应分别提高溢流阀的调定值，使最低调定压力满足液压缸的工作要求，并仍应保持 1MPa 的压力差值。

(3) 将上述回路改为图 5-47 (b) 的形式，即将两个溢流阀的远程控制口接到一个远程调压阀 11 上，系统的调整压力由调压阀确定，与溢流阀的先导阀无直接关系，但是要保证先导阀调压弹簧的调定压力必须高于调压阀的最高调整压力。因为远程调压阀的调整压力范围必须低于溢流阀的先导阀的调整压力，才能有效工作，否则远程调压阀就不起作用了。

5.8.2.5　溢流阀远程控制油路泄漏

在图 5-48 所示液压系统中，液压泵 1 为定量泵，换向阀 3 为三位四通 Y 型电液换向阀，溢流阀 2 的回油口接冷却器 6，溢流阀的远程控制口接小规格的二位二通换向阀 4。当二位二通换向阀电磁铁通电时，换向阀接通，系统卸荷；二位二通换向阀不通电时，系统正常工作。

该液压系统运行已达一年以上，逐渐发现系统的压力调不上去，以前系统压力能调到 14MPa，而现在只调到 12MPa，就再也调不上去了。

液压系统压力上不去的主要原因有：液压泵1出现故障；溢流阀2的调定值改变了，即溢流阀先导阀的调整手轮的位置变动了，或先导阀产生了故障，例如锥阀磨损严重、污物置于阀口使锥阀封闭不严；工作油液选用黏度太低，或因冷却器出现故障，使油温升高，油的黏度降低，内泄漏增加；电磁铁产生故障，虽然电路断电，实际上电磁铁还是励磁的，使阀芯未能完全恢复到原位，或阀芯卡住，弹簧力不能使阀芯复位，有时看起来好像复了位，但实际上并未到位，阀口仍有微小开度；压力表5损坏，当压力已达到14MPa时，指针仍在12MPa位置；换向阀磨损严重，内部泄漏加剧等。上述诸项原因，均能造成压力上不去。

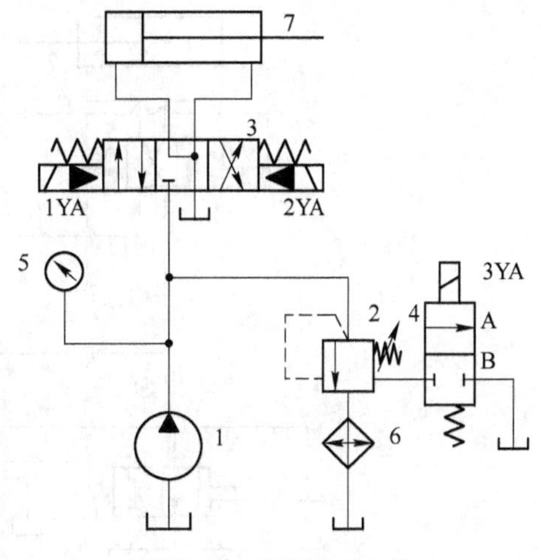

图5-48　远程调压失效

1—液压泵；2—溢流阀；3，4—换向阀；5—压力表；6—冷却器

调试检查，电液换向阀中位时，换向阀是Y型机能，压力上不去也不是液压缸内泄漏引起的。检查电液换向阀中位时的回油口，没有明显泄漏，说明不是电液换向阀的问题。由于液压泵为21MPa的柱塞泵，压力调到12MPa后上不去，一般不会是泵的问题。检测溢流阀，其工作性能参数正常。在二位二通换向阀不通电时，换向阀处于断的位置，检查其出油口B，发现有明显泄漏。这说明二位二通换向阀的滑阀与阀体磨损严重，因间隙增大而泄漏。检测液压油黏度为$4\times10^{-5}m^2/s$，温度为38℃，这两项均属正常，但观察油液呈现黑色，并且液面还见到泡沫，可见油液污染严重。

因换向阀4的B口泄漏（3DT不通电时），致使溢流阀的远程控制口总有部分油液流回油箱，于是溢流阀的控制容腔内油液压力达不到推动先导阀所需的压力值，就使主阀阀口打开溢流。溢流阀是在低于先导阀的调定压力下溢流的，所以压力调不上去。

对于这一系统，应首先排掉被污染的液压油，并彻底清洗液压元件和整个液压系统，消除引起液压元件不正常磨损因素，再更换新的二位二通换向阀，系统的工作压力就能达到调定值。

5.8.3　减压阀阀后压力不稳定

在图5-49所示系统中，液压泵1为定量泵，主油路中液压缸7和8分别由二位四通电液换向阀5和6控制运动方向，电液换向阀的控制油液来自主油路。减压回路与主油路并联，经减压阀3减压后，由二位四通电磁换向阀控制液压缸9的运动方向。电液换向阀控制油路的回油路与减压阀的外泄油路合流后返回油箱。系统的工作压力由溢流阀2调节。

系统中主油路工作正常。但在减压回路中，减压阀的下游压力波动较大，使液压缸9的工作压力不能稳定在调定的1MPa压力值上。

在减压回路中，减压阀的下游压力即减压回路的工作压力，发生较大的波动是经常出现的故障现象，其主要原因有以下几个方面：

（1）减压阀能使阀下游压力稳定在调定值上的前提条件，是减压阀的上游压力要高于

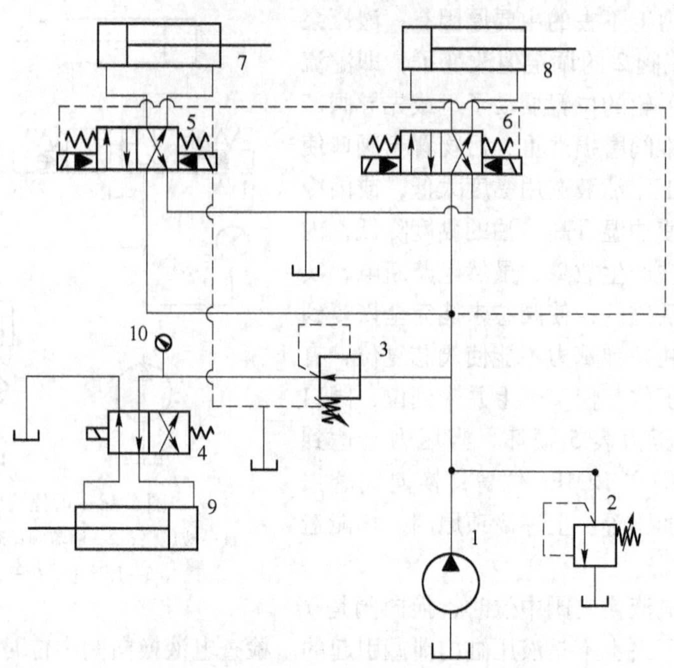

图 5-49　减压后压力不稳定图

1—液压泵；2—溢流阀；3—减压阀；4~6—换向阀；7~9—液压缸；10—压力表

下游压力，否则减压阀下游压力就不能稳定。液压系统主油路中执行机构处于不同工况时，工作压力有显著的变化，若此种变化的最低压力值低于减压阀的下游压力，将产生较大影响。因为在减压阀的上游压力提高时，可能要使减压阀的下游压力瞬时提高，但经减压阀的调节作用迅速恢复到减压阀的调定值；反之，当减压阀上游压力降低时，同样要使减压阀的下游压力瞬时降低，但减压阀将迅速调节，使下游压力升高到调定值。如果减压阀的上游压力起伏变化，其最低压力低于减压阀的下游压力定值时，减压阀的下游压力就要相应地降低，而不能稳定在调定的压力值上。所以，在主油路执行机构负载变化的工况中，最低工作压力低于减压阀下游压力时，回路的设计就应采取必要措施，如在减压阀的阀前增设单向阀，单向阀与减压阀之间还可以增设蓄能器等，以防止减压阀的上游压力变化时，低于减压阀的下游压力。

（2）执行机构的负载不稳定。减压回路中，由于减压阀的调节作用才能使下游压力为稳定态。在执行机构具有足够负载的前提下，减压阀的下游压力仍然要遵循压力决定于负载这个客观规律。没有负载就不能形成压力，负载低，压力就较低。如果减压回路中，减压阀的阀后压力是在某时刻的负载工况下调定的，但在减压回路的工作过程中负载降低了，减压阀的下游压力就要降低，直接降为零压。负载再增大时，减压阀的下游压力随之增大。当压力随负载增大到减压阀的调节压力时，压力就不随负载增大而增大，而保持在减压阀的调定压力值上。

所以，在负载工况下，减压阀的下游压力值是变化的，这个变化范围，只能低于减压阀的调定值，而不能高于这个调定值。

（3）液压缸的内外泄漏。在减压回路中，压力油经减压阀减压后，再由换向阀控制压力油的流动方向，流入液压缸推动负载运动，从而完成预定的工况。这时，如果液压缸内外泄漏，特别是内泄漏，即高压腔的液压油经活塞与缸筒和活塞杆的间隙流入低压腔，再由管道流入油箱，此时虽然负载未变，由于泄漏，要影响到减压阀下游压力的稳定。影响的程度，要看泄漏量的大小。当泄漏量较小时，由于减压阀的自动调节功能，减压阀的下游压力不会降低；当泄漏量较大时，如果液压系统的工作压力和流量不能补偿减压阀的调节作用时，减压阀的下游压力就不能保持在稳定的压力值上，将会发生明显下降，使减压回路失去工作能力。

（4）液压油污染。液压油中的污物较多，使减压阀的阀芯运动不畅，甚至卡死。如减压阀的主阀芯卡死于阀口开度较大或较小位置时，减压阀的下游压力就要高于或低于调定值；如果减压阀的先导锥阀与阀座由于污物而封闭不严，则减压阀的下游压力就要低于调定值。因此，经常检查油液的污染状况并检查清洗减压阀，是很有必要的。

（5）外泄油路有背压。减压阀的控制油路为外泄油路，即控制油液推开锥阀后，单独回油箱。如果这个外泄油路上有背压而且背压在变化，则直接影响推动锥阀的压力油的压力，引起压力变化，从而导致减压阀的下游工作压力发生变化。

图 5-49 所示系统中的故障现象，经检查分析，是由于减压阀外泄油路有背压变化造成的。

不难看出，系统中电液换向阀 5 和 6 在换向过程中，控制油路的回油流量和压力是变化的。

不难看出，系统中电液换向阀 5 和 6 在换向过程中，控制油路的回油流量和压力是变化的，而减压阀的外泄油路的油液也是波动的，两股油液合流后产生不稳定的背压。经调试发现，当电液换向阀 5 和 6 同时动作时，压力表 10 的读数达 1.5MPa。这是因为电液换向阀在高压控制油液的作用下，瞬时流量较大；在泄油管较长的情况下，产生较高的背压。背压增高，使减压阀的主阀口开度增大，阀口的局部压力减小，所以减压阀的工作压力升高。

为了排除这一故障，应将减压阀的外泄油管与电液换向阀 5 和 6 的控制油路油管分别单独接回油箱，这样减压阀的外泄油液能稳定地流回油箱，不会产生干扰与波动，下游压力也就会稳定在调定的压力值上了。

通过以上分析可以看出，在系统的设计、安装过程中，在了解各元件的工作性能的同时，应认真考虑元件之间是否会相互干扰。

5.8.4 顺序动作回路工作不正常

5.8.4.1 顺序阀选用不当

在图 5-50（a）所示系统中，液压泵为定量泵 1，液压缸 A 所属回路为进油节流调速回路。液压缸 A 的负载是液压缸 B 负载的二分之一。液压缸 B 前设置了顺序阀 4，其压力调定值比溢流阀 2 低 1MPa。要求液压缸动作的顺序是缸 A 动作完了缸 B 再动作。但当启动液压泵并使电磁换向阀 3 通电，左方位工作时，液压缸 A 和 B 基本同时动作，不能实现 A 缸先动作、B 缸后动作的顺序。

系统中，虽然缸 A 的负载是缸 B 负载的二分之一，并且缸 B 前安装了顺序阀，应该能实现缸 A 先动作、缸 B 后动作的顺序了。但其实不然，因为通向液压缸 A 的油路为节

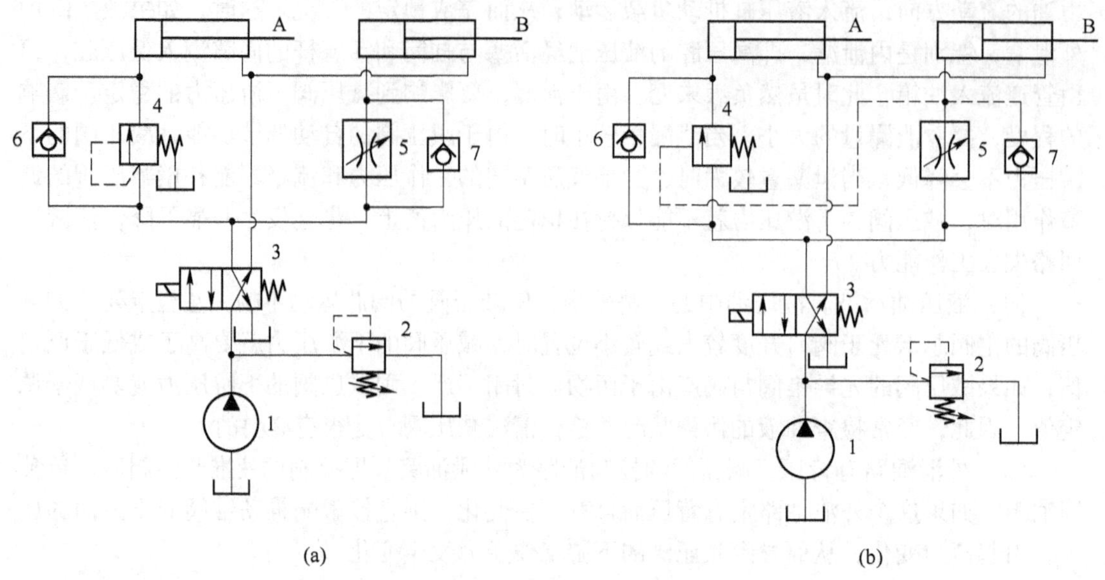

图 5-50　顺序阀选用外控

1—定量泵；2—溢流阀；3—换向阀；4—顺序阀；5—调速阀；6，7—单向阀；A，B—液压缸

流阀进油节流调速回路，系统中的溢流阀 2 起定压和溢流作用，因此溢流阀的阀前压力是恒定的，并总有一部分油液从溢流阀回油箱。改变节流阀的开口量，同时也就改变了进入液压缸 A 的流量。于是液压缸 A 的运动速度得到调节。由于液压泵为定量泵，一部分油液经节流阀进入液压缸，另外一部分油液必然要溢回油箱。

液压缸 B 前安装的是直控顺序阀，也称内控式顺序阀。在溢流阀溢流时，系统工作压力已达到打开顺序阀的压力值，所以在液压缸 A 运动时，液压缸 B 也开始动作，这说明直控顺序阀 4 在回路中只能使液压缸 B 不先动作，而不能使其后动作。

如果将回路改进成如图 5-50（b）所示，将直控顺序阀 4 换成遥控顺序阀，并且将顺序阀的远控油路接在液压缸 A 与节流阀之间的油路上，这样与控制顺序阀的入口压力无关。所以讲，远控顺序阀的控制压力调得比液压缸 A 的负载压力稍高，就能实现缸 A 先动作、缸 B 后动作的顺序。动作过程是，启动液压泵调节溢流阀的阀前压力，电磁换向阀通电后左位工作，压力油一部分通过节流阀溢回油路。当液压缸 A 运动到终点时，其负载压力迅速增高并达到遥控顺序阀的控制压力时，遥控顺序阀主油路接通，液压缸 B 开始动作。

这里有两点应该注意：一是遥控顺序阀的控制油路不能接在节流阀前；二是液压系统中溢流阀的调定压力应按液压缸 B 的负载压力调定，否则将不能排除上述故障。原因是液压缸 B 的负载是液压缸 A 负载的二倍，液压缸 B 的工作压力是液压系统的最高压力，所以整个液压系统的工作压力应按液压缸 B 能正常动作来调定。

5.8.4.2　变载回路设计不周

在图 5-51（a）所示系统中，液压泵 1 为定量泵，三位四通电液换向阀为 Y 型。液压缸 8 推动负载 W 运动。负载在中立位置的前半部分为正负载，在中立位置后半部分为负负载，即载荷方向与液压缸运动方向相同。顺序阀 4 与 5 为遥控顺序阀。当液压缸向右方推动负载运动时，液压缸无杆腔进油推动负载运动；反之，当液压缸拉动负载向左运动时，液压缸有杆腔进油路的油液压力达到能打开遥控顺序阀 5 时，液压缸才能向左拉动负载运动。

系统的故障表现为在负载运动过程中，液压缸产生强烈振动和冲击。

系统中设置遥控顺序阀是为了避免液压缸在推动负载运动过程中负载方向改变后，负载急剧向下摆动的故障。液压缸产生振动和冲击的原因是由于负载过中立位置向右下摆动时，液压缸无杆腔压力迅速向右运动，有杆腔的油液迅速向外排出，所以当遥控顺序阀关闭时，就产生剧烈的振动和冲击，使正在向右摆动的负载被迫停止运动。

由于遥控顺序阀关闭，液压缸有杆腔的油液无法回油箱，使液压缸无杆腔的压力油迅速增高，此时就出现振动和冲击。当液压缸无杆腔的油液压力增高使其油路压力能打开液控顺序阀 4 时，液压缸有杆腔的油液直通油箱，负载又向右下急剧摆动。这样的过程重复发生，于是就形成振动和冲击。当液压缸拉动负载向左摆动时，在负载超过中立位置向左下摆动时，同时出现振动和冲击现象。

这种故障的排除方法如图 5-51（b）所示，在遥控顺序阀 4 和 5 的出油管路上分别设置节流阀，以调节液压缸的运动速度。当负载过中立位置，即负载方向与液压缸运动方向一致时，液压缸回油腔油液不能无限制地回油箱，而受到节流阀的调节作用。当节流阀的节流口调定后，通过节流阀的流量 Q 由下式决定：

$$Q = C_{\mathrm{d}} A \sqrt{\frac{2}{\rho} \Delta p}$$

式中，Q 为通过节流阀的流量；C_{d} 为流量系数；A 为节流阀的开口截面积；ρ 为油液密度；Δp 为节流阀前后压差。

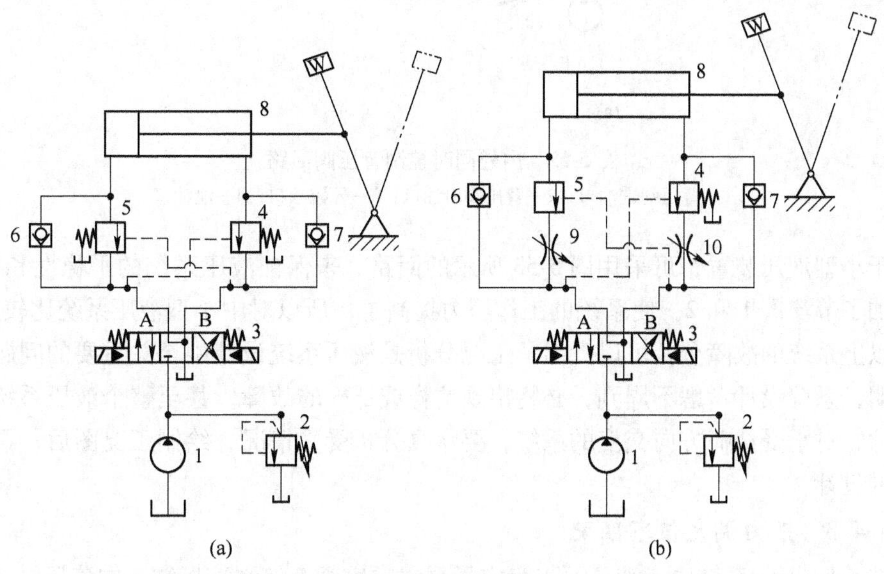

图 5-51　振动回路

1—液压泵；2—溢流阀；3—换向阀；4，5—顺序阀；6，7—单向阀；8—液压缸；9，10—节流阀

从式中可以看出，当 A 调定后，通过节流阀的流量 Q 与节流阀前后压差成正比，而

节流阀的阀后压力为零压（因为直通油箱），所以，通过节流阀的流量越大，液压缸回油腔的压力也越大。这样，当负载方向与液压缸运动方向一致时，液压缸回油腔的油液压力是一定的，并且这个压力随节流阀的调节而变化。因此，液压缸进油腔的压力在出现负载荷的工况下，也不会迅速下降，遥控顺序阀也不会关闭。因此，在负载由正到负的变化过程中，液压缸仍然因节流阀的调节作用而平稳地运动。这时遥控顺序阀要起平衡作用，使负载能在任何位置稳定地停留。

对于大型液压装置，还可以用图 5-52（a）所示回路，采用外部控制和内部控制同时进行的背压阀。当载荷为正载荷时，采用外部控制，使背压阀的阀口打开，不产生背压；当载荷为负载荷时，采用内部控制，发挥背压作用。带有内部控制和外部控制的背压阀结构如图 5-52（b）所示。

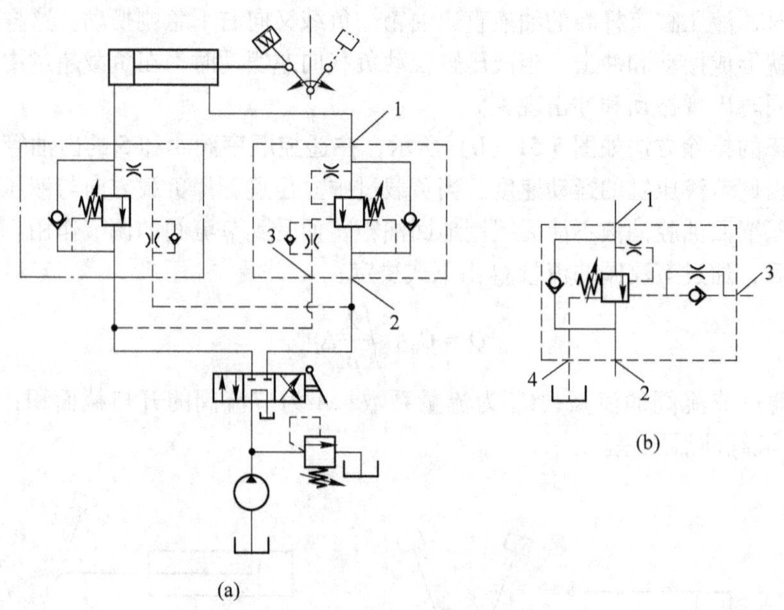

图 5-52　内外同时控制背压阀回路

1—背压阀进油口；2—背压阀出油口；3—外控油口；4—泄油口

对于小型液压装置，可采用图 5-53 所示的回路，来保证液压系统的平稳性和可靠性。由于增加了节流阀 1 和 2，使系统的工作压力提高了，所以对中小型液压系统比较适用。

从以上系统的故障分析可以看出，工况分析是液压系统设计中至关重要的问题。工况分析不明，系统设计考虑不周到，必将出现这样或那样的故障，甚至整个液压系统无法工作。因此，对承受载荷方向交变的系统，要认真分析受力情况，绘制工况图后，再进行液压系统的设计。

5.8.4.3　压力调定值不匹配

在图 5-54 所示系统中，液压泵 1 为定量泵，顺序阀 5 控制液压缸 6 在液压缸 7 运动到终点后再动作；顺序阀 4 控制液压缸 6 在液压缸 7 运动到终点后再动作；顺序阀 4 控制液压缸 6 在液压缸 7 回到初始位置时，再开始回程运动。

在系统运动中发现，液压缸 6 的运动速度比预定的速度慢。

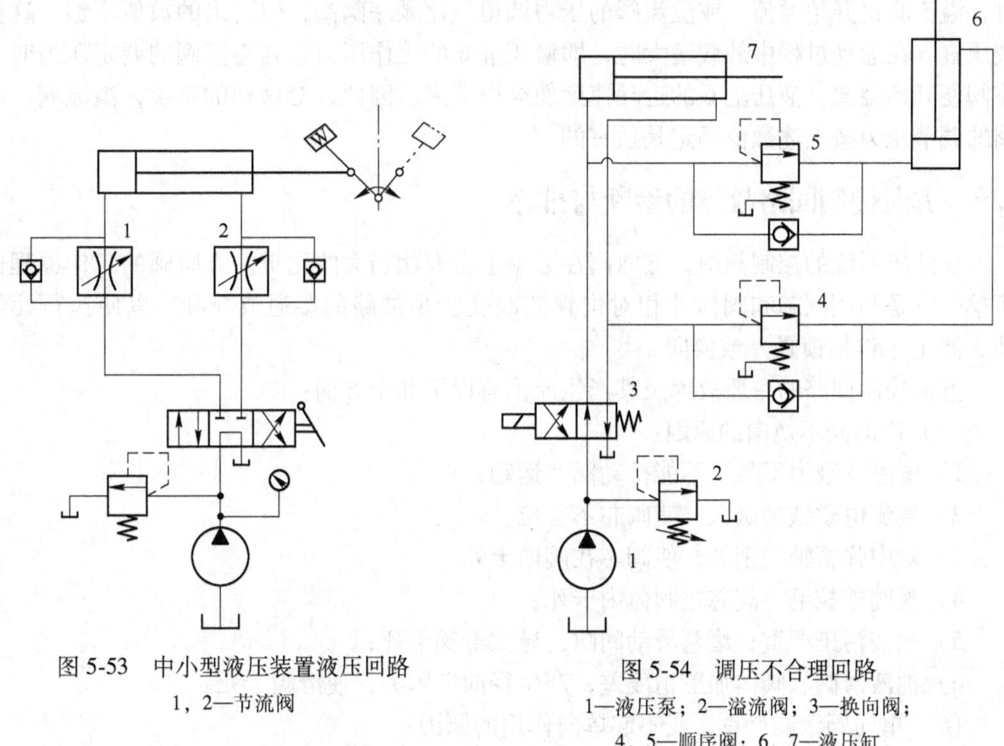

图 5-53 中小型液压装置液压回路
1，2—节流阀

图 5-54 调压不合理回路
1—液压泵；2—溢流阀；3—换向阀；
4，5—顺序阀；6，7—液压缸

液压泵流量未达到要求，一般有以下几方面原因：

（1）液压泵流量未达到要求值。液压系统的压力油是由液压泵供给的，一般选用合理的泵不会出现供油不足现象。因为油液污染、滤油器堵塞等原因造成泵吸油不足，泵必定出现流量不足现象。液压泵由于使用时间较长，油液污染造成泵内零件严重磨损，内泄漏严重，容积效率急剧下降，也是造成泵流量不足的原因。

（2）换向阀内部泄漏严重。换向阀内密封是靠滑阀与阀套间隙密封的，由于各种原因使滑阀与阀间隙增大，由泵来的压力油进入换向阀后，将会从其内部环形缝隙由高压腔流入低压腔，使经过换向阀的油液流量大大降低，从而使流入液压缸的流量减少。

（3）液压缸本身内部泄漏严重。当液压缸运动时，液压缸高压腔中的压力油向低压腔泄漏。泄漏的原因是由于活塞与缸筒间隙因磨损而过大，或活塞密封圈破损。液压缸的运动速度是输入液压缸的流量与活塞有效面积之比。由于泄漏使推动活塞运动的实际流量减少，因而液压缸运动速度降低。这时应更换活塞，以保证活塞与缸筒的合理间隙。若活塞密封圈破损，则应更换新件。

对上述系统故障进行检查，未发现前面所分析的原因。在检查溢流阀的回油管时，发现当液压缸 6 运动时，有大量油液从溢流阀流出，可见溢流阀开始溢流，说明溢流阀与顺序阀的压力调定值不匹配。当把溢流阀的压力调到比顺序阀的压力高 0.5~0.8MPa 时，回路故障立即消除。

在压力控制系统中，压力阀压力调定值的匹配非常重要。不同的系统，应根据实际情况对各种压力阀进行合理地调节。在上述系统中，顺序阀 4 和 5 的调节压力应比液压缸 7 的工作压力高 0.4~0.5MPa。如果溢流阀 2 的压力也依这一数值调节，那么在顺序阀打开时，溢流阀也开始溢流；或溢流阀的压力调得虽比顺序阀高，但高出的数值不够，这样当液压缸6在运动过程中外载增大时，即液压缸6的工作压力达到溢流阀的调定压力时，溢流阀便开始溢流，液压缸6的运动速度便会慢下来。因此，对这样的系统，溢流阀、顺序阀的调节压力按上述数值调定是适宜的。

5.9　方向控制回路故障的诊断与排除

在液压系统的控制阀中，方向阀在数量上占有相当大的比重。方向阀的工作原理比较简单，它是利用阀芯和阀体件相对位置的改变实现油路的接通或断开，以使执行元件启动、停止（包括锁紧）或换向。

方向控制回路的主要故障及其产生原因有以下几个方面：

（1）换向阀不换向的原因：

1）电磁铁吸力不足，不能推动阀芯运动；

2）直流电磁铁剩磁大，使阀芯不复位；

3）对中弹簧轴线歪斜，使阀芯在阀内卡死；

4）滑阀被拉毛，阀芯在阀体内卡死；

5）油液污染严重，堵塞滑动间隙，导致滑阀卡死；

6）油液滑阀、阀体加工精度差，产生径向卡紧力，使滑阀卡死。

（2）单向阀泄漏严重，或不起单向作用的原因：

1）锥阀与阀座密封不严，须重新研磨封油面；

2）锥阀或阀座被拉毛，或在环形密封面上有污物；

3）阀芯卡死，油流反向时锥阀不能关闭；

4）弹簧漏装或歪斜，使阀芯不能复位。

5.9.1　滑阀没完全回位

在图5-55所示系统中，液压泵为定量泵，换向阀为二位四通电磁换向阀，节流阀在液压缸的回油路上，因此系统为回油节流调速系统。液压缸回程液压油单向阀进入液压缸的有杆腔。溢流阀在系统中起定压和溢流作用。

系统故障现象是液压缸回程时速度缓慢，没有达到最大回程速度。

对系统进行检查和调试：液压缸快进和工作运动都正常，只是快退回程时不正常。检查单向阀，其工作正常。液压缸回程时无工作负载，此时系统压力应较低，液压泵的出口流量全部输入液压缸有杆腔，使液压缸产生较高的速度。但发现液压缸回程速度缓慢，而且此时系统压力还很高。

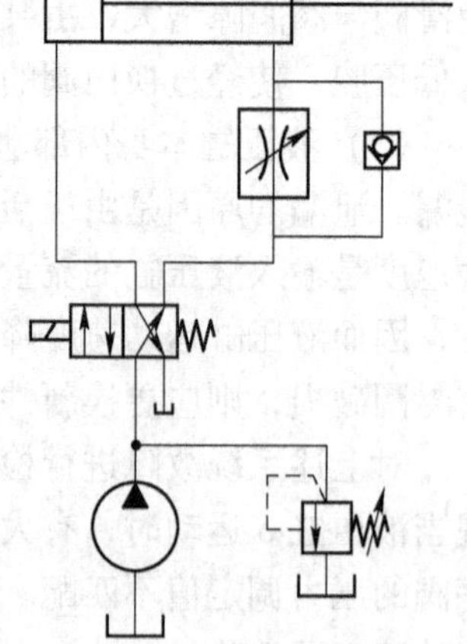

图5-55　滑阀未回位

拆检换向阀，发现换向阀回位弹簧不仅弹力不足，而且存在歪斜现象，导致换向阀的滑阀在电磁铁断电后未能回到原始位置，于是滑阀的开口量较小，对通过换向阀的油液起节流作用。液压泵输出的压力油大部分由溢流阀回油箱，此时换向阀前压力已达到溢流阀的调定压力，这就是液压缸回程时压力升高的原因。

由于大部分压力油溢回油箱，经过换向阀进入液压缸有杆腔的油液必然较少，所以液压缸回程达不到最大速度。

排除方法：更换合格的弹簧；如果是由于滑阀精度差而产生径向卡紧，应对滑阀进行修磨或重新配制。一般阀芯的圆度和锥度允差为 0.003～0.005mm。最好使阀芯有微量锥度（可为最小间隙的四分之一），并使它的大端在低压腔一边，这样可以自动减小偏心量，从而减小摩擦力，减小或避免径向卡紧力。

引起阀芯回位阻力增大的原因还可能有：脏物进入滑阀缝隙中而使阀芯移动困难；阀芯和阀孔间的间隙过小，以致当油温升高时阀芯膨胀而卡死；电磁铁推杆的密封圈处阻力过大，以及安装紧固电磁阀时使阀孔变形等。只要能找出卡紧的真实原因，排除故障也就比较容易了。

5.9.2　控制油路无压力

在图 5-56 所示系统中，液压泵 1 为定量泵，溢流阀 2 用于溢流，电液换向阀 3 为 M 型、内控式、外回油，液压缸 4 单方向推动负载运动。

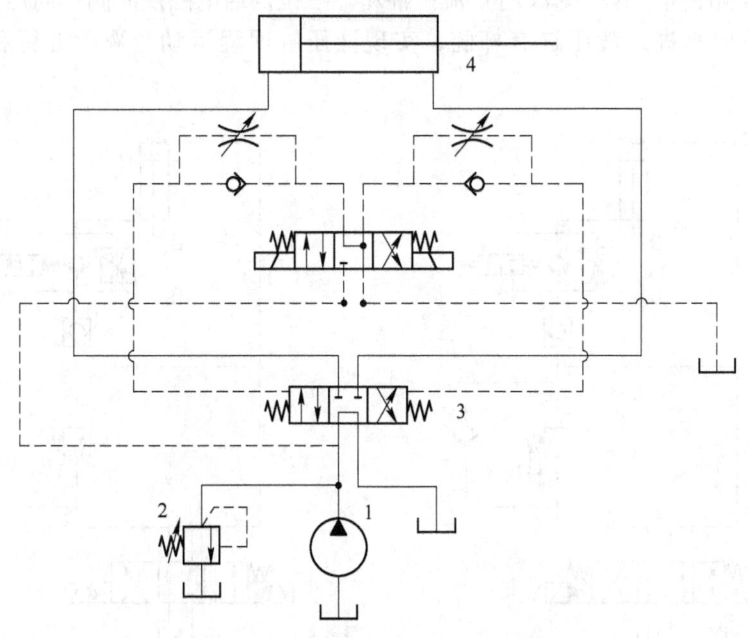

图 5-56　控制油无压力

1—液压泵；2—溢流阀；3—换向阀；4—液压缸

系统故障现象是当电液阀中电磁阀换向后，液动换向阀不动作。

检测液压系统，在系统不工作时，液压泵输出压力油经电液阀中液动阀的中位直接回油箱，回油路无背压。检查液动阀的滑阀，运动正常，无卡紧现象。

因为电液阀为外控式、外回油，对于中低压电液阀控制油路中，油液一般必须有 0.2～0.3MPa 的压力，供控制油路动操纵液阀之用。

启动系统运行时，由于泵输出油液是通过 M 型液动阀直接回油箱，所以控制油无压力，电液换向阀的控制油路也无压力。当电液阀中的电磁阀换向后，控制油液不能推动液动阀换向，所以电液阀中的液动阀不动作。

系统出现这样的故障属于设计不周造成的。排除这个故障的方法是：在泵的出油路上安装一个单向阀，此时电液阀的控制管路接在泵与单向阀之间，或者在整个系统的回油路安装一个背压阀（可用直动式溢流阀作背压阀，可使背压可调），保证系统卸荷油路中还有一定压力。

电液阀控制的油路压力，对于高压系统来说，控制压力要相应提高，如对 21MPa 的液压系统，控制压力需高于 0.35MPa；对于 32MPa 的液压系统，控制压力需高于 1MPa。

这里还应注意的是，在有背压的系统中，电液阀必须采用外回油，不能采用内回油形式。

5.9.3　换向阀选用不当引起的故障

在图 5-57（a）所示系统中，三位四通电磁换向阀中位机能为 O 型。当液压缸无杆腔进入压力油时，缸有杆腔油液由节流阀（回油节流调速）、二位二通电磁阀（快速下降）、液控单向阀和顺序阀（作平衡阀用）流回油箱。三位四通电磁换向阀换向后，液压油经单向阀和液控单向阀进入液压缸有杆腔，实现液压缸回程运动。液压缸行程由行程开关控制。

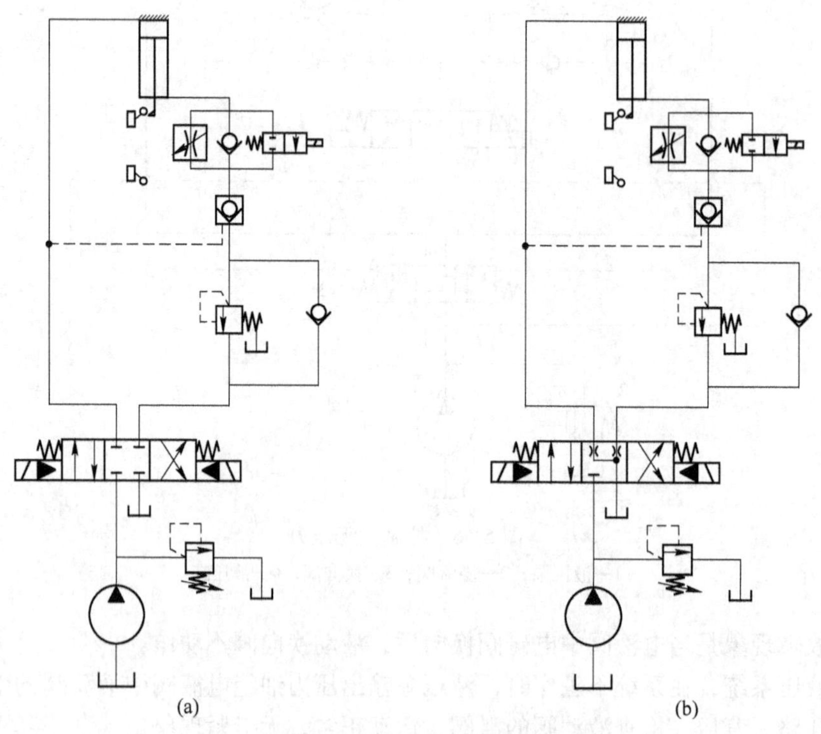

图 5-57　滑阀机能选用图

系统的故障现象是在换向阀处于中位时，液压缸不能立即停止运动，而是偏离指定位置一小段距离。

系统中由于换向阀采用 O 型，当换向阀处于中位时，液压缸进油管内压力仍然很高，常常打开液控单向阀，使液压缸的活塞下降一小段距离，偏离接触开关。这样下次发信号时，就不能正确动作。这种故障在液压系统中称为“微动作”故障，虽然不会直接引发大的事故，但同其他机械配合时，可能会引起二次故障，因此必须加以消除。

故障排除方法如图 5-57（b）所示，将三位四通换向阀中位机能由 O 型改为 Y 型，这样当换向阀处于中位时，液压缸进油管和油箱接通，液控单向阀保持锁紧状态，从而避免活塞下滑现象。

5.9.4 换向阀换向滞后引起的故障

在图 5-58（a）所示系统中，液压泵为定量泵，三位四通换向阀中位机能为 Y 型。节流阀在液压缸的进油路上，所以系统为进油节流调速。溢流阀起定压溢流作用。液压缸快进、快退时，二位二通阀接通。

系统故障使液压缸在开始快退动作前，首先出现向工作方向前冲，然后再完成快退动作。此种现象会影响加工进度，严重时还可能损坏工件和刀具。

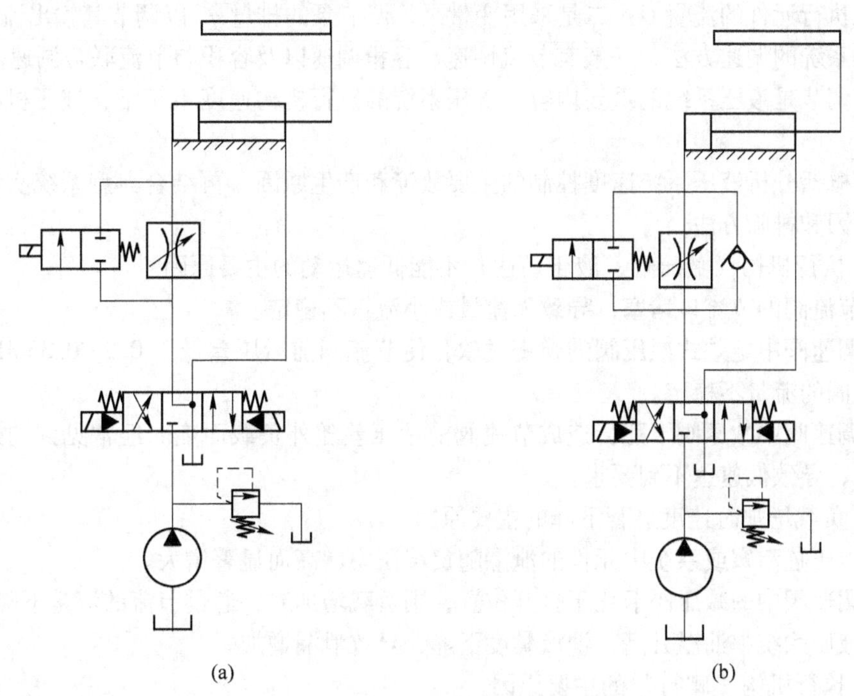

图 5-58 换向阀机能与回路匹配

在组合机床和自动线液压系统中，一般要求液压缸实现快进→工进→快退的动作循环。动作循环的动作速度转换时，要求平稳无冲击。

该系统为什么会出现上述故障呢？这是因为液压系统在执行快退动作时，三位四通电磁换向阀和二位二通换向阀必须同时换向，由于三位四通换向阀换向时间的滞后，即在二位二通换向阀接通的一瞬间，有部分压力油进入液压缸工作腔，使液压缸出现前冲。当三位四通换向阀换向终了后，压力油才全部进入液压缸的有杆腔，无杆腔的油液才经二位二通阀回油箱。

设计液压系统时，应充分考虑三位换向阀比二位换向阀换向滞后的现象。

排除上述故障的方法是：在二位二通换向阀和节流阀上并联一个单向阀，如图 5-58（b）所示。液压缸快退时，无杆腔油液经单向阀回油箱，二位二通阀仍处于关闭状态，这样就避免了液压缸前冲的故障。

5.10 速度控制回路故障的诊断与排除

液压传动的优点之一是能够方便地进行无级调速，一般液压机械都需要调节执行元件的速度。在液压系统中，执行元件为液压缸或液压马达。在不考虑液压油的压缩性和泄漏的情况下，液压缸的运动速度为输入液压缸的流量 Q 与活塞面积 A 之比，液压马达的转速为输入液压马达的流量 Q 与液压马达的排量 q_m 之比。改变输入液压缸（或液压马达）的流量 Q 或改变液压缸有效面积 A（或液压马达的排量 q_m 之比）都可达到改变速度的目的。但对于特定的液压缸来说，改变其有效面积 A 是困难的，一般只能用改变输入液压缸流量 Q 的办法来变速。改变输入执行元件的流量 Q 有两种办法：一是采用定量泵，用节流元件调剂输入执行元件的流量 Q；二是采用变量泵，调节泵的排量 q_B 以调节其输出流量。

液压系统的调速方法，一般有节流调速、容积调速以及容积与节流联合调速。

速度调节是液压系统的重要内容。液压系统的执行机构速度不正常，液压机械就无法工作。

下面概括分析液压系统速度控制的主要故障和产生原因，再结合典型系统实例，分析故障的原因和排除方法。

（1）执行机构（液压缸，液压马达）不能低速运动的主要原因

1）节流阀的节流口堵塞，导致无流量或小流量不稳定。

2）调速阀中定差式减压阀的弹簧过软，使节流阀前后压差低于 0.2~0.35MPa，导致通过调速阀的流量不稳定。

3）调速阀中减压阀卡死，造成节流阀前后压差随外负载而变。经常见到的是由于负载较小时，导致低速达不到要求。

（2）负载增加时速度显著下降的主要原因

1）液压缸活塞或系统中元件的泄漏随负载压力增高而显著增大。

2）调速阀中的减压阀卡死于打开位置，则负载增加时，通过节流的流量下降。

3）液压系统中油温升高，油液黏度下降，导致泄漏增加。

（3）执行机构“爬行”的主要原因

1）系统中进入空气。

2）由于导轨润滑不良，导轨与缸轴线不平行，活塞杆密封压得过紧，活塞杆弯曲变形等原因，导致液压缸工作时摩擦阻力变化较大而引起“爬行”。

3）在进油节流调速系统中，液压缸无背压或背压不足，外负载变化时导致液压缸速度变化。

4）液压泵流量脉动大，溢流阀振动造成系统压力脉动大，引起液压缸输入压力油波动而引起“爬行”。

5）节流阀的阀口堵塞，系统泄漏不稳定，调速阀中的减压阀芯不灵活，造成流量不稳定而引起“爬行”。

5.10.1　节流阀前后压差小致使速度不稳定

在图5-59所示系统中，液压泵为定量泵1，节流阀在液压缸的进油路上，所以系统是进油节流调速系统。液压缸7为单出杆，换向阀3采用三位四通O型电磁换向阀。系统回油路上的单向阀4作背压阀用。由于是进油节流调速系统，所以在调速过程中溢流阀2是常开的，起定压与溢流作用。

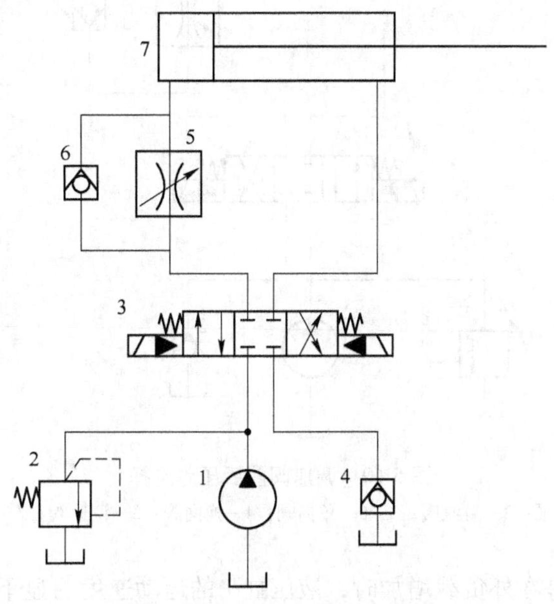

图5-59　节流阀前后压差选择

1—定量泵；2—溢流阀；3—换向阀；4—背压阀；5—节流阀；6—单向阀；7—液压缸

系统的故障现象使液压缸推动负载运动时，运动速度达不到调定值。

经检查，系统中各元件工作正常。油液温度为40℃，属正常温度范围。溢流阀的调节压力比液压缸工作压力高0.3MPa，压力差值偏小，即溢流阀的调节压力较低，是产生上述故障的主要原因。

在进油节流调速回路中，液压缸的运动速度是由通过节流阀的流量决定的。通过节流阀的流量又决定于节流阀的过流断面A节和节流阀前后压差Δp，当调节面积A时，就能使通过节流阀的流量稳定。

在上述回路中，油液通过换向阀的压力损失为0.2MPa，溢流阀的调定压力只比液压缸的工作压力高1MPa，这样就造成节流阀前后压差Δp低于允许值，通过节流阀的流量Q就达不到设计要求的数值，于是液压缸的运动速度就不可能达到调定值。

故障的排除方法是：提高溢流阀的调节压力到0.5~1MPa，使节流阀的前后压差达到合理压力值，再调节节流面积A时，液压缸的运动速度就能达到调定值。

从以上分析不难看出，在节流阀调速回路中，一定要保证节流阀前后压差达到一定数值，低于合理的数值，执行机构的运动速度就不稳定，甚至造成液压缸“爬行”。

5.10.2　调速阀前后压差过小

在图5-60所示系统中，液压泵为定量泵1，换向阀4为三位四通O型电液换向阀，调速阀5装在液压缸的回油路中，所以这个回路是调速阀回油节流调速。

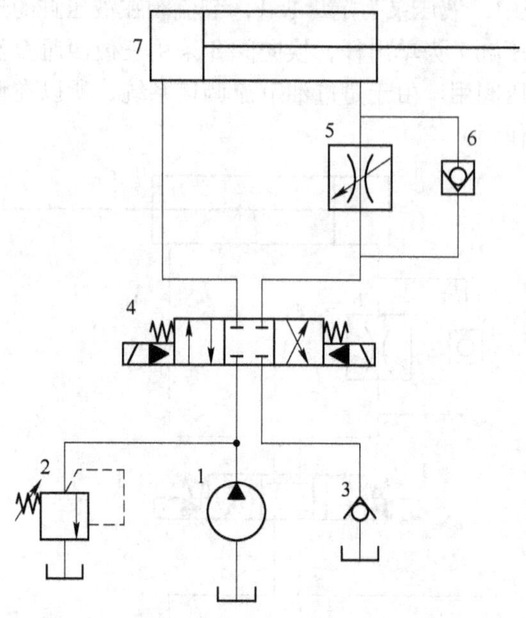

图5-60　调速阀前后压差选择

1—液压泵；2—溢流阀；3，6—单向阀；4—换向阀；5—调速阀；7—液压缸

系统的故障现象是在外负载增加时，液压缸7的运动速度明显下降。这个现象与调速阀的调速特性显然是不一致的。

经检测与调速发现，系统中液压元件工作正常。液压缸运动在低负载时，速度基本稳定；增大负载时，速度明显下降。调节溢流阀的压力，当将溢流阀的压力调高时，故障现象基本消除；将溢流阀的压力调低时，故障现象表现非常明显。

调速阀用于系统调速，其主要原理是利用一个能自动调整的可变液阻（串联于节流阀前的定差式减压阀），来保证另一个固定液阻（串联于减压阀后的节流阀）前后压差基本不变，从而使经过调速阀的流量在调速阀前后压差变化的情况下保持恒定，于是执行机构运动速度在外负载变化的工况下仍能保持恒速。

在调速阀中，由于两个液阻是串联的，所以要保持调速阀稳定工作，其前后压差要高于节流阀调速时的前后压差。一般，调速阀前后压差应保持在0.5~0.8MPa范围内。若小于0.5MPa，定差式减压阀不能正常动作，也就不能起压力补偿作用，使节流阀前后压差不能恒定。于是通过调速阀的流量便随外负载变化而变化，执行机构的速度也就不稳定。

要保证调速阀前后的压差在外负载增大时仍保持在允许的范围内，必须提高溢流阀的调节压力值。溢流阀的调定压力要保证与负载压力、回路压力损失相平衡，即如下式所示：

$$(p_1 - \Delta p_2 - \Delta p_3)A_1 = F + (\Delta p_4 + \Delta p_2 + \Delta p_5 + \Delta p_3)A_2$$

$$p_1 = \frac{F + (\Delta p_4 + \Delta p_2 + \Delta p_5 + \Delta p_3)A_2}{A_1} + \Delta p_2 + \Delta p_3$$

式中 p_1——溢流阀调定压力；

F——外负载；

A_1——液压缸无杆腔活塞面积；

Δp_2——换向阀的压力损失；

Δp_3——管路的压力损失；

Δp_4——调速阀前后压差；

Δp_5——背压阀前后压差。

从上式可知，溢流阀的调节压力必须满足上式的取值范围，才能使执行机构运动速度在变负载下保持恒速。

所以，该系统故障的排除方法是提高溢流阀的调定压力值。另外，这种系统执行机构的速度刚性，也要受到液压缸和液压阀的泄漏、减压阀中的弹簧力、液动力等因素变化的影响，在全负载下的速度波动值最高可达±4%。

6　液压系统的设计方法

6.1　液压系统的设计步骤

液压系统的设计是整机设计的一部分，它除了应符合主机动作循环和静/动态性能等方面的要求外，还应当满足结构简单、工作安全可靠、效率高、寿命长、经济性好、使用维护方便等条件。

液压系统的设计没有固定的统一步骤，根据系统的繁简、借鉴资料的多寡和设计人员经验的不同，在做法上有所差异。各部分的设计有时还要交替进行，甚至要经过多次反复才能完成。图 6-1 所示为液压系统设计的一般流程[16]。

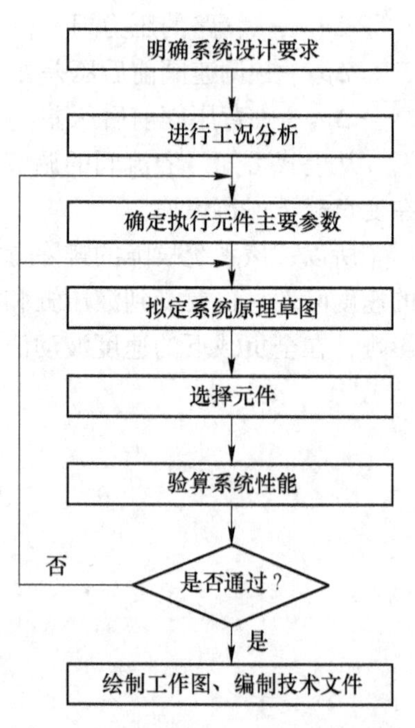

图 6-1　液压系统设计的一般流程

6.2　明确液压系统的设计要求

设计要求是做任何设计的依据，液压系统设计时要明确液压系统的动作和性能要求，在设计过程中一般需要考虑以下几个方面[17]：

（1）主机概况。主机的用途、总体布局、主要结构、技术参数与性能要求；主机对液压系统执行元件在位置布置和空间尺寸上的限制；主机的工艺流程或工作循环，作业环境和条件等。

（2）液压系统的任务与要求。液压系统应完成的动作，液压执行元件的运动方式（移动、转动或摆动）、连接形式及其工作范围；液压执行元件的负载大小及负载性质，运动速度的大小及其变化范围；液压执行的动作顺序及联锁关系，各动作的同步要求及同步精度；对液压系统工作性能的要求，如运动平稳性、定位精度、转换精度、自动化程度、工作效率、温升、振动、冲击与噪声、安全性与可靠性等；对液压系统的工作方式及控制的要求。

（3）液压系统的工作条件和环境条件。周围介质、环境温度、湿度大小、风沙与尘埃情况、外界冲击振动等；防火与防爆等方面的要求。

（4）经济性与成本等方面的要求。

6.3　分析液压系统工况编制负载图

对执行元件的工况进行分析，就是查明每个执行元件在各自工作过程中的速度和负载的变化规律。通常是求出一个工作循环内各阶段的速度和负载值列表表示，必要时还应绘制速度、负载随时间（或位移）变化的曲线图（图 6-2）。

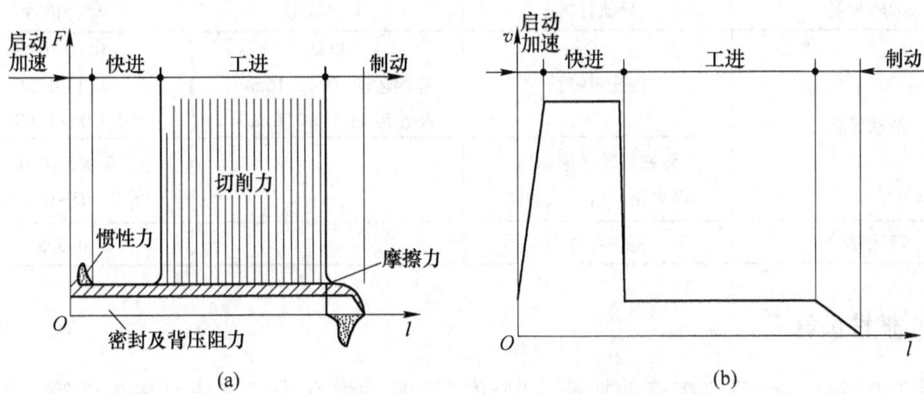

图 6-2 液压系统执行元件的负载图和速度图
（a）负载图；（b）速度图

在一般情况下，液压传动系统中液压缸承受的负载由六部分组成，即工作负载、导轨摩擦负载、惯性负载、重力负载、密封负载和背压负载，前五项构成了液压缸所要克服的机械总负载[18]。

6.3.1 工作负载 F_w

不同的机器有不同的工作负载。对于金属切削机床来说，沿液压缸轴线方向的切削力即为工作负载；对液压机来说，工件的压制抗力即为工作负载。工作负载 F_w 与液压缸运动方向相反时为正值，方向相同时为负值（如顺铣加工的切削力）。工作负载既可以为恒值，也可以为变值，其大小要根据具体情况加以计算，有时还要由样机实测确定。

6.3.2 导轨摩擦负载 F_f

导轨摩擦负载是指液压缸驱动运动部件时所受的导轨摩擦阻力，其值与运动部件的导轨形式、放置情况及运动状态有关。各种形式导轨的摩擦负载计算公式可查阅有关手册。机床上常用平导轨和 V 形导轨支撑运动部件，其摩擦负载值的计算公式（导轨水平放置时）为

平导轨

$$F_f = f(G + F_N) \tag{6-1}$$

V 形导轨

$$F_f = f\frac{G + F_N}{\sin\dfrac{\alpha}{2}} \tag{6-2}$$

式中 f——摩擦因数，静摩擦因数 f_s 和动摩擦因数 f_k 值参考表 6-1；

G——运动部件的重力；

F_N——垂直于导轨的工作负载；

α——V 形导轨面的夹角，一般 $\alpha = 90°$。

表 6-1　导轨摩擦因数

导轨种类	导轨材料	工作状态	摩擦因数
滑动导轨	铸铁对铸铁	启动 低速运动（$v<0.16$m/s） 高速运动（$v>0.16$m/s）	0.16~0.2 0.1~0.22 0.05~0.08
	铸铁导轨对滚动体 淬火钢导轨对滚动体		0.005~0.02 0.003~0.006
静压导轨	铸铁对铸铁		0.005

6.3.3　惯性负载 F_i

惯性负载是运动部件在启动加速或制动减速时的惯性力，其值可按牛顿第二定律求出，即

$$F_i = ma = \frac{G}{g}\frac{\Delta v}{\Delta t} \tag{6-3}$$

式中　g——重力加速度；

Δv——Δt 时间内的速度变化值；

Δt——启动、制动或速度转换时间，可取 $\Delta t = 0.01 \sim 0.5$s，轻载低速时取较小值。

6.3.4　重力负载 F_g

锤子或倾斜放置的运动部件，在没有平衡的情况下，其自重也成了一种负载。倾斜防止时，只计算重力在运动上的分力。液压缸上行时重力取正值，反之取负值。

6.3.5　密封负载 F_s

密封负载是指密封装置的摩擦力，其值与密封装置的类型和尺寸、液压缸的制造质量和油液的工作压力有关，F_s 的计算公式详见有关手册。在未完成液压系统设计之前，不知道密封装置的参数，F_s 无法计算，一般用液压缸的机械效率加以考虑，常取 $\eta_{cm} = 0.9 \sim 0.97$。

6.3.6　背压负载 F_b

背压负载是指液压缸回油腔背压所造成的阻力。在系统方案及液压缸结构尚未确定之前，F_b 也无法计算，在负载计算时可暂不考虑。表 6-2 列出了几种常用系统的背压阻力值。

液压缸的外负载力 F 及液压马达的外负载转矩 T 计算公式见表 6-3。

表 6-2　背压阻力值

系统类型	背压阻力/MPa	系统类型	背压阻力/MPa
中低压系统或轻载节流调速系统	0.2~0.5	采用辅助泵补油的闭式油路系统	1~1.5
回油路带调速阀或背压阀的系统	0.5~1.5	采用多路阀的复杂的中高压系统（工程机械）	1.2~3

表 6-3 液压缸的外负载力 F 及液压马达的外负载转矩 T 计算公式

工况	F/N，T/N·m	备 注
启动	$\pm F_g + F_n f_s B'v + ks$	F_g，T_g—外负载，其前负号指负性负载；F_n—法向力；r—回转半径；f_s，f_d—分别为外负载与支承面间的静、动摩擦因数；m，I—分别为运动部件的质量及转动惯量；Δv，$\Delta\omega$—分别为运动部件的速度、角速度变化量；Δt—加速或减速时间，一般机械 $\Delta t=0.1\sim0.5$s，磨床取 $\Delta t=0.01\sim0.05$s，行走机械 $\Delta v/\Delta t=0.5\sim1.5$m/s；$B'$，$B$—黏性阻尼系数；$v$，$\omega$—分别为运动部件的速度及角速度；$k$—弹性元件的刚度；$k_g$—弹性元件的扭转刚度；$s$—弹性元件的线位移；$\theta$—弹性元件的角位移；$F_b$—回油背压阻力，$F_b=p_2A$，$p_2$ 为背压阻力，见《液压工程手册》表 9-2；T_b—排油腔的背压转矩，$T_b=\dfrac{p_b V}{2\pi}$，其中 V 为马达排量，p_b 为背压阻力
	$\pm T_g + F_n f_s r + B\omega \pm k_g\theta$	
加速	$\pm F_g + F_n f_d + m\dfrac{\Delta v}{\Delta t} + B'v + ks + F_b$	
	$\pm T_g + F_n f_d r + I\dfrac{\Delta\omega}{\Delta t} + B\omega + k_g\theta + T_b$	
匀速	$\pm F_g + F_n f_d + B'v + ks + F_b$	
	$\pm T_g + F_n f_d r + B\omega + k_g\theta + T_b$	
制动	$\pm F_g + F_n f_d - m\dfrac{\Delta v}{\Delta t} + Bv + ks + F_b$	
	$\pm T_g + F_n f_d r - I\dfrac{\Delta\omega}{\Delta t} + B\omega + k_g\theta + T_b$	

6.4 确定液压系统的主要参数

液压系统的主要参数设计是指确定液压执行元件的工作压力和最大流量。液压执行元件的工作压力可以根据负载图中的最大负载来选取，见表 6-4；也可以根据主机的类型来选取，见表 6-5。最大流量则由液压执行元件速度图中的最大速度计算出来。工作压力和最大流量的确定都与液压执行元件的结构参数（指液压缸的有效工作面积 A 或液压马达的排量 V_M）有关。一般的做法是先选定液压执行元件的类型及其工作压力 p，再按最大负载和预估液压执行元件的机械效率求出 A 或 V_M，并通过各种必要的验算、修正和圆整成标准值后，定下这些结构参数，然后再算出最大流量 q_{max}[19]。

表 6-4 按负载选择液压执行元件的工作压力

载荷/kN	<5	5~10	10~20	20~30	30~50	>50
工作压力/MPa	<0.8~1	1.5~2	2.5~3	3~4	4~5	≥5~7

表 6-5 按主机类型选择液压执行元件的工作压力

设备类型	机床					农业机械、汽车工业、小型工程机械及辅助机构	工程机械、重型机械、锻压设备、液压支架等	船用系统
	磨床	组合机床 齿轮加工机床 牛头刨床 插床	车床 铣床 镗床	研磨机床	拉床 龙门刨床			
工作压力/MPa	≤1.2	<6.3	2~4	2~5	<10	10~16	16~32	14~25

有些主机（例如机床）的液压系统对液压执行元件的最低稳定速度有较高的要求，这时所确定的液压执行元件的结构参数 A 或 V_M 还必须符合下述条件：

液压缸

$$\frac{q_{min}}{A} \leqslant v_{min} \tag{6-4}$$

液压马达

$$\frac{q_{\min}}{V_{\mathrm{M}}} \leqslant n_{\min} \tag{6-5}$$

式中，$q_{\min}$为节流阀或调速阀、变量泵的最小稳定流量，由产品性能表查出。

液压系统执行元件的工况图是在液压执行元件结构参数确定之后，根据主机工作循环，算出不同阶段中的实际工作压力、流量和功率之后做出的，见图6-3。工况图显示液压系统在实现整个工作循环时三个参数的变化情况。当系统中有多个液压执行元件时，其工况图应是各个执行元件工况图的综合。

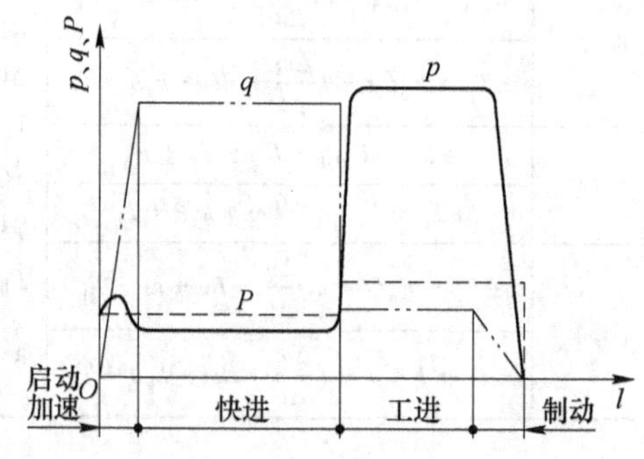

图6-3　执行元件的工况图

液压执行元件的工况图是选择系统中其他液压元件和液压基本回路的依据，也是拟定液压系统方案的依据，这是因为：

（1）工况图中最大压力和最大流量直接影响着液压泵和各种控制阀等液压元件的最大工作压力和最大工作流量；

（2）工况图中不同阶段内压力和流量的变化情况决定着液压回路和油源形式的合理选用；

（3）工况图所确定的液压系统主要参数的量值反映着原来设计参数的合理性，为主参数的修改或最后确定提供了依据。

6.5　拟定液压系统原理图

系统原理图是表示系统的组成和工作原理的图样。拟定系统原理图是设计系统的关键，它对系统的性能及设计方案的合理性、经济性和可靠性具有决定性的影响。

拟定系统原理图包含两项内容：一是通过分析、对比选出合适的基本回路；二是把选出的基本回路进行有机组合，构成完整的系统原理图。

6.5.1　确定执行元件的形式

液压传动系统中的执行元件主要有液压缸和液压马达，根据主机动作机构的运动要求来决定具体选用哪种形式。直线运动机构一般采用液压缸驱动，旋转运动机构采用液压马达驱动，但也不尽然。总之，要合理地选择执行元件，综合考虑液-机-电各种传动方式的相互配合，使所设计的液压传动系统更加简单、高效。

6.5.2　确定回路类型

一般具有较大空间可以存放油箱且不另设散热装置的系统，都采用开式回路；凡允许采用辅助泵进行补油并借此进行冷却油交换来达到冷却目的的系统，都采用闭式回路。通常节流调速系统采用开式回路，容积调速系统采用闭式回路，详见表6-6。

表 6-6 开式回路系统和闭式回路系统的比较

油液循环方式	开 式	闭 式
散热条件	较方便，但油箱较大	较复杂，需用辅泵换油冷却
抗污染性	较差，但可采用压力油箱或油箱呼吸器来改善	较好，但油液过滤要求高
系统效率	管路压力损失大，用节流调速时效率低	管路压力损失较小，容积调速时效率较高
限速、制动形式	用平衡阀进行能耗限速，用制动阀进行能耗制动，引起油液发热	液压泵由电动机拖动时，限速及制动过程中拖动电机能向电网输电，回收部分能量，即是再生限速（可省去平衡阀）及再生制动
其 他	对泵的自吸性能要求高	对泵的自吸性能要求低

6.5.3 选择合适回路

在拟定系统原理图时，应根据各类主机的工作特点和性能要求，首先确定对主机主要性能起决定性影响的主要回路。例如，对于机床液压系统，调速和速度换接回路是主要回路；对于压力机液压系统，调压回路是主要回路。然后再考虑其他辅助回路，有垂直运动部件的系统要考虑平衡回路，有多个执行元件的系统要考虑顺序动作、同步或互不干扰回路，有空载运行要求的系统要考虑卸荷回路等。

6.5.3.1 指定调速控制方案

根据执行元件工况图上压力、流量和功率的大小以及系统对温升、工作平稳性等方面的要求选择调速回路。

对于负载功率小、运动速度低的系统，采用节流调速回路。工作平稳性要求不高的执行元件，宜采用节流阀调速回路；负载变化较大，速度稳定性要求较高的场合，宜采用调速阀调速回路。

对于负载功率大的执行元件，一般都采用容积调速回路，即由变量泵供油，避免过多的溢流损失，提高系统的效率；如果对速度稳定性要求较高，也可采用容积节流调速回路。

调速方式决定之后，回路的循环形式也随之而定，节流调速、容积节流调速一般采用开式回路，容积调速大多采用闭式回路。

6.5.3.2 制定压力控制方案

选择各种压力控制回路时，应仔细推敲各种回路在选用时需注意的问题以及特点和适用场合。例如卸荷回路，选择时要考虑卸荷所造成的功率损失、温升、流量和压力的瞬时变化等。

对恒压系统，如进口节流和出口节流调速回路等，一般采用溢流阀起稳压溢流作用，同时也限定了系统的最高压力。定压容积节流调速回路本身能够定压，不需压力控制阀。另外还可采用恒压变量泵加安全阀的方式。对非恒压系统，如旁路节流调速、容积调速和非定压容积节流调速，其系统的最高压力由安全阀限定。对系统中某一个支路要求比油源压力低的稳压输出，可采用减压阀实现。

6.5.3.3　制定顺序动作控制方案

主机各执行机构的顺序动作，根据设备类型的不同，有的按固定程序进行，有的则是随机的或人为的。对于工程机械，操纵机构多为手动，一般用手动多路阀控制；对于加工机械，各液压执行元件的顺序动作多数采用行程控制，行程控制普遍采用行程开关控制，因其信号传输方便，而行程阀由于涉及油路的连接，只适用于管路安装较紧凑的场合。另外还有时间控制、压力控制和可编程控制等。

选择一些主要液压回路时，还需注意以下几点。

(1) 调压回路的选择主要取决于系统的调速方案。在节流调速系统中，一般采用调压回路；在容积调速和容积节流调速或旁路节流调速系统中，则均采用限压回路。

(2) 一个油源同时提供两种不同工作压力时，可以采用减压回路。

(3) 对于工作时间相对辅助时间较短而功率又较大的系统，可以考虑增加一个卸荷回路。

(4) 速度换接回路的选择主要依据换接时位置精度和平稳性要求。同时还应结构简单、调整方便、控制灵活。

(5) 多个液压缸顺序动作回路的选择主要考虑顺序动作的可变换性、行程的可调性、顺序动作的可靠性等。

(6) 多个液压缸同步动作回路的选择主要考虑同步精度、系统调整、控制和维护的难易程度等。

当选择液压回路出现多种可能方案时，应平行展开，反复进行分析对比，慎重做出取舍决定。

6.5.3.4　编制整机的系统原理图

整机的系统图主要由以上所确定的各回路组合而成，将挑选出来的各个回路合并整理，增加必要的元件或辅助回路，加以综合，构成一个完整的系统。在满足工作机构运动要求及生产率的前提下，力求所设计的系统结构简单、工作安全可靠、动作平稳、效率高、调整和维护保养方便。

此时应注意以下几个方面的问题：

(1) 去掉重复多余的元件，力求使系统结构简单，同时要仔细斟酌，避免由于某个元件的去掉或并用而引起相互干扰。

(2) 增设安全装置，确保设备及操作者的人身安全。如在挤压机控制油路上设置行程阀，只有安全门关闭时才能接通油路。

(3) 工作介质的净化必须予以足够的重视。特别是比较精密、重要的以及 24h 连续作业的设备，可以单设一套自循环的油液过滤系统。

(4) 对于大型的贵重设备，为确保生产的连续性，在液压系统的关键部位要加设必要的备用回路或备用元件，例如冶金行业普遍采用液压泵用一备一，而液压元件至少有一路备用。

(5) 为便于系统的安装、维修、检查、管理，在回路上要适当设一些截止阀、测压点。

(6) 尽量选用标准的高质量元件和定型的液压装置。

6.6 选取液压元件

6.6.1 液压能源装置设计

液压能源装置是液压系统的重要组成部分。通常有两种形式：一种是液压装置与主机分离的液压泵站；一种是液压装置与主机合为一体的液压泵组（包括单个液压泵）[20]。

6.6.1.1 液压泵站类型的选择

液压泵站的类型如图 6-4 所示。

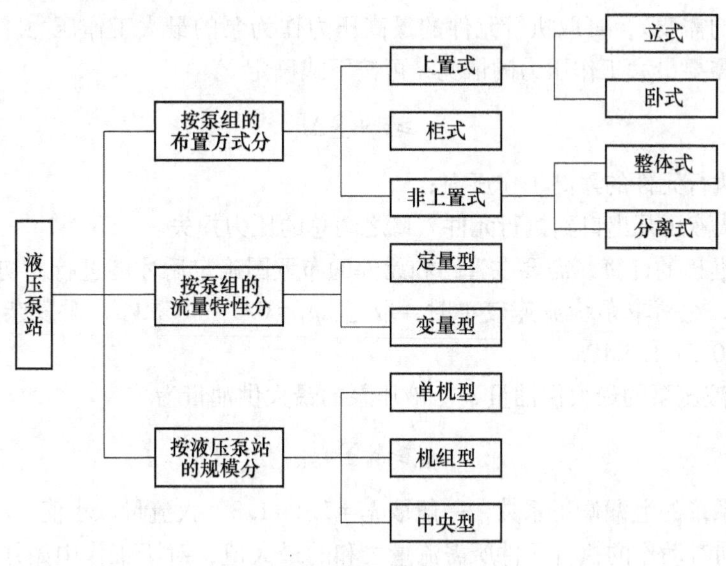

图 6-4 液压泵站的分类

6.6.1.2 液压泵站组件的选择

液压泵站一般由液压泵组、油箱组件、过滤器组件、蓄能器组件和温控组件等组成。根据系统实际需要，经深入分析计算后加以选择、组合。下面分别介绍这些组件的组成及选用时要注意的事项。

（1）液压泵组由液压泵、原动机、联轴器、底座及管路附件等组成。

（2）油箱组件由油箱、面板、空气滤清器、液位显示器等组成，用以储存系统中的工作介质，散发系统工作时产生的一部分热量，分离介质中的气体并沉淀污物。

（3）过滤器组件是保持工作介质清洁度必备的辅件，可根据系统对介质清洁度的不同要求，设置不同等级的粗滤油器和精滤油器。

（4）蓄能器组件通常由蓄能器、控制装置、支承台架等部件组成。它可用于储存能量、吸收流量脉动、缓和压力冲击，故应按系统的需求而设置，并计算其合理的容量，然后选用。

（5）温控组件由传感器和温控仪组成。当液压系统自身的热平衡不能使工作介质处于合适的温度范围内时，应设置温控组件，以控制加热器和冷却器，使介质温度始终工作在设定的范围内。

根据主机的要求、工作条件和环境条件，设计出与工况相适应的液压泵站方案后，就可计算液压泵站中主要元件的工作参数。

6.6.2　选取液压元件

6.6.2.1　液压泵的计算与选择

首先根据设计要求和系统工况确定液压泵的类型，然后根据液压泵的最大供油量来选择液压泵的规格。

（1）确定液压泵的最高供油压力 p_p。对于执行元件在行程终点需要最高压力的工况（此时执行元件本身只需要压力，不需要流量，但液压泵仍需向系统提供一定的流量，以满足泄漏流量的需要），可取执行元件的最高压力作为泵的最大工作压力。对于执行元件在工作过程中需要最大工作压力的情况，可按下式确定

$$p_p \geqslant p_1 + \sum \Delta p_1 \tag{6-6}$$

式中　p_1——执行元件的最高工作压力；

$\sum \Delta p_1$——从液压泵出口到执行元件入口之间总的压力损失。

该值较为准确的计算，需要在管路和元件的布置图确定后才能进行，初步计算时可按经验数据选取。对简单系统流速较小时，取 $\sum \Delta p_1 = 0.2 \sim 0.5\text{MPa}$；对复杂系统流速较大时，取 $\sum \Delta p_1 = 0.5 \sim 1.5\text{MPa}$。

（2）确定液压泵的最大供油量 q_p。液压泵的最大供油量为

$$q_p \geqslant k_1 \sum q_{max} \tag{6-7}$$

式中　k_1——系统的泄漏修正系数，一般取 $k_1 = 1.1 \sim 1.3$，大流量取小值，小流量取大值；

$\sum q_{max}$——同时动作的执行元件所需流量之和的最大值，对于工作中始终需要溢流的系统，尚需加上溢流阀的最小溢流量，溢流阀的最小溢流量可取其额定流量的10%。

系统中采用蓄能器供油时，q_p 由系统一个工作周期 T 中的平均流量确定：

$$q_p \geqslant \frac{k_1 \sum q_i}{T} \tag{6-8}$$

式中，q_i 为系统在整个周期中第 i 个阶段内的流量。

如果液压泵的供油量是按工进工况选取时（如双泵供油方案，其中小流量泵是供给工进工况流量的），其供油量应考虑溢流阀的最小溢流量。

（3）选择液压泵的规格型号。根据以上计算所得液压泵的最大工作压力和最大输出流量以及系统中拟定的液压泵的形式，查阅有关手册或产品样本，即可确定液压泵的规格型号。但要注意，选择的液压泵的额定流量要大于或等于前面计算所得的液压泵的最大输出流量，并且尽可能接近计算值；所选泵的额定压力应大于或等于计算所得的最大工作压力。有时尚需考虑一定的压力储备，使所选泵的额定压力高出计算所得的最大工作压力25%~60%。泵的额定流量则宜与 q_p 相当，不要超过太多，以免造成过大的功率损失。

（4）选择驱动液压泵的电动机。驱动液压泵的电动机根据驱动功率和泵的转速来选择。

1）在整个工作循环中，若液压泵的压力和流量比较恒定，即工况图曲线变化比较平稳时，则驱动泵的电动机功率 P 为

$$P=\frac{p_{\mathrm{p}}q_{\mathrm{p}}}{\eta_{\mathrm{p}}} \tag{6-9}$$

式中 p_{p}——液压泵的最高供油压力；

q_{p}——液压泵的实际输出流量；

η_{p}——液压泵的总效率，数值可见产品样本，一般有上下限：规格大的取上限，变量泵取下限，定量泵取上限。

2）限压式变量叶片泵的驱动功率，可按泵的实际压力-流量特性曲线拐点处功率来计算。特别注意的是，变量柱塞泵的驱动功率按照最大压力与最大流量乘积的40%来计算。

3）在工作循环中，泵的压力和流量变化较大时，即工况图曲线变化比较大时，可分别计算出工作循环中各个阶段所需的驱动功率，然后求其均方根值 P_{cp}

$$P_{\mathrm{cp}}=\sqrt{\frac{P_1^2t_1+P_2^2t_2+\cdots+P_n^2t_n}{t_1+t_2+\cdots+t_n}} \tag{6-10}$$

式中 P_1，P_2，…，P_n——一个工作循环中各阶段所需的驱动功率；

t_1，t_2，…，t_n——一个工作循环中各阶段所需的时间。

在选择电动机时，应将求得的 P_{cp} 值与各工作阶段的最大功率值比较，若最大功率符合电动机短时超载25%的范围，则按平均功率选择电动机；否则应按最大功率选择电动机。

应该指出，确定液压泵的原动机时，一定要同时考虑功率和转速两个因素。对电动机来说，除电动机功率满足泵的需要外，电动机的同步转速不应高出额定转速。例如，泵的额定转速为1000r/min，则电动机的同步转速也应为1000r/min，当然，若选择同步转速为750r/min的电动机，并且泵的流量能满足系统需要时是可以的。同理，对内燃机来说，也不要使泵的实际转速高于其额定转速。

6.6.2.2 液压控制元件的选用与设计

一个设计得好的液压系统，应尽可能多地由标准液压控制元件组成，使自行设计的专用液压控制元件减少到最低限度。但是，有时因某种特殊需要，必须自行设计专用液压控制元件时，可参阅有关液压元件的书籍或资料。这里主要介绍液压控制元件的选用。

选择液压控制元件的主要依据和应考虑的问题见表6-7。其中，最大流量必要时允许短期超过额定流量的20%，否则会引起发热、噪声、压力损失等增大和阀性能的下降。此外，选阀时还应注意下列问题：结构形式、特性曲线、压力等级、连接方式、集成方式及操纵控制方式等。

（1）溢流阀的选择。直动式溢流阀的响应快，一般用于流量较小的场合，宜作制动阀、安全阀用；先导式溢流阀的启闭特性好，用于中、高压和流量较大的场合，宜作调压阀、背压阀用。

二级同心先导式溢流阀的泄漏量比三级同心的要小，故在保压回路中常被选用。

表 6-7 选择液压控制元件的主要依据和应考虑的问题

液压控制元件	主要依据	应考虑的问题
压力控制元件	阀所在油路的最大工作压力和通过该阀的最大实际流量	压力调节范围，流量变化范围，所要求的压力灵敏度和平稳性等
流量控制元件		流量调节范围，流量-压力特性曲线，最小稳定流量，压力与温度的补偿要求，对工作介质清洁度的要求，阀进口压差的大小以及阀的内泄漏大小等
方向控制元件		性能特点，换向频率，响应时间，阀口压力损失的大小以及阀的内泄漏大小等

先导式溢流阀的最低调定压力一般只能在 0.5~1MPa 范围内。溢流阀的流量应按液压泵的最大流量选取，并应注意其允许的最小稳定流量，一般来说，最小的稳定流量为额定流量的 15%以上。

（2）流量阀的选择。一般中、低压流量阀的最小稳定流量为 50~100mL/min；高压流量阀为 2.5~20mL/min。

流量阀的进出口需要有一定的压差，高精度流量控制阀约需 1MPa 的压差。

要求工作介质温度变化对液压执行元件运动速度影响小的系统，可选用温度补偿型调速阀。

（3）换向阀的选择

1）按通过阀的流量来选择结构形式，一般来说，流量在 190L/min 以上时，宜用二通插装阀；190L/min 以下时，可采用滑阀型换向阀；70L/min 以下时，可用电磁换向阀（一般为 6、10mm 通径），否则需要选用电液换向阀。

2）按换向性能等来选择电磁铁类型，交、直流电磁铁的性能比较见表 6-8。

直流式电磁铁寿命长，可靠性高，故应尽可能选用直流式电磁换向阀。

在某些特殊场合，还要选用安全防爆型、耐压防爆型、无冲击型以及节能型等电磁铁。

表 6-8 交、直流电磁铁的性能比较

性 能	形 式		性 能	形 式	
	交流	直流		交流	直流
响应时间/ms	30	70	寿命	几百万次	几千万次
换向频率/次 · min^{-1}	60	120	价格	较便宜	较贵
可靠性	阀芯卡时，线圈易烧坏	可靠			

3）按系统要求来选择滑阀机能。选择三位换向阀时，应特别注意中位机能，例如，一泵多缸系统，中位机能必须选择 O 型或 Y 型；若回路中有液控单向阀或液压锁时，必须选择 Y 型或 H 型。

4）单向阀及液控单向阀的选择。应选择开启压力小的单向阀，开启压力较大（0.3~0.5MPa）的单向阀可作背压阀用。

外泄式液控单向阀与内泄式相比，其控制压力低，工作可靠，选用时可优先考虑。

6.6.2.3 辅助元件的选用

(1) 蓄能器的选择。在液压系统中，蓄能器的作用是储存压力能，也用于减小液压冲击和吸收压力脉动。在选择时，可根据蓄能器在液压系统中所起作用，相应确定其容量。具体可参阅相关手册。

(2) 滤油器的选择。滤油器是保持工作介质清洁，使系统正常工作所不可缺少的辅助元件。滤油器应根据其在系统中所处部位及被保护元件对工作介质的过滤精度要求、工作压力、过流能力及其他性能要求而定，通常应注意以下几点：

1) 其过滤精度要满足被保护元件或系统对工作介质清洁度的要求；

2) 过流能力应大于或等于实际通过流量的2倍；

3) 过滤器的耐压应大于其安装部位的系统压力；

4) 适用的场合一般按产品样本上的说明决定。

(3) 油箱的设计。液压系统中油箱的作用是：储油，保证供给系统充分的油液；散热，液压系统中由于能量损失所转换的热量，大部分由油箱表面散逸；沉淀油中的杂质；分离油中的气泡，净化油液。在油箱的设计中，具体可参阅相关手册。

(4) 冷却器的选择。液压系统如果依靠自然冷却不能保证油温维持在限定的最高温度之下，就需装设冷却器进行强制冷却。

冷却器有水冷和风冷两种。对冷却器的选择主要是根据热交换量来确定其散热面积及其所需的冷却介质量。具体可参阅相关手册。

(5) 加热器的选择。环境温度过低，使油温低于正常工作温度的下限，则需安装加热器。具体加热方法有蒸汽加热、电加热、管道加热。通常采用电加热器。

使用电加热器时，单个加热器的容量不能选得太大；如功率不够，可多装几个加热器，且加热管部分应全部浸入油中。

根据油的温升和加热时间及有关参数，可计算出加热器的发热功率，然后求出所需电加热器的功率。具体可参阅相关手册。

(6) 连接件的选择。连接件包括油管和管接头。管件选择是否得当，直接关系到系统能否正常工作和能量损失的大小，一般从强度和允许流速两个方面考虑。

液压传动系统中所用的油管，主要有钢管、紫铜管、钢丝编织或缠绕橡胶软件、尼龙管和塑料管等。油管的规格尺寸大多由所连接的液压元件接口处尺寸决定，只有对一些重要的管道才验算其内径和壁厚。具体可参阅相关手册。

在选择管接头时，除考虑其有合适的通流能力和较小的压力损失外，还要考虑到装卸维修方便，连接牢固，密封可靠，支撑元件的管道要有相应的强度。另外还要考虑使其结构紧凑、体积小、重量轻。

6.6.2.4 液压系统密封装置选用与设计

在液压传动中，液压元件和系统的密封装置用来防止工作介质的泄漏及外界灰尘和异物的侵入。工作介质的泄漏会给液压系统带来调压不高、效率下降及污染环境等诸多问题；外界灰尘和异物的侵入则造成对液压环境的污染，是导致系统工作故障的主要原因。所以，在液压系统的设计过程中，必须正确设计和合理选用密封装置和密封元件，以提高液压系统的工作性能和使用寿命。

（1）影响密封性能的因素。密封性能的好坏和很多因素有关，这里列举其主要方面：密封装置的结构和形式；密封部位的表面加工质量与密封间隙的大小；密封件与接合面的装配质量与偏心程度；工作介质的种类、特性和黏度；工作温度与工作压力；密封接合面的相对运动速度。

（2）密封装置的设计要点。密封装置设计的基本要求是：密封性能良好，并能随着工作压力的增大自动提高其密封性能；所选用的密封件性能稳定，使用寿命长；动密封装置的动、静摩擦因数要小而稳定，且耐磨；工艺性好，维修方便，价格低廉。

密封装置设计还要：明确密封装置的使用条件和工作要求，如负载情况、压力高低、速度大小及其变化范围、使用温度、环境条件及对密封性能的具体要求等；根据密封装置的使用条件和工作要求，正确选用或设计密封结构，并合理选择密封件；根据工作介质的种类，合理选用密封材料；对于在尘埃严重的环境中使用的密封装置，还应选用或设计与主密封相适应的防尘装置；所设计的密封装置应尽可能符合国家有关标准的规定，并选用标准密封件。

6.7 系统性能的验算

估算液压系统性能的目的在于评估设计质量，或从几种方案中评选最佳设计方案。估算内容一般包括：系统压力损失、系统效率、系统发热与温升、液压冲击和经济性能等[21]。对于要求高的系统，还要进行动态性能验算或计算机仿真。目前对于大多数液压系统，通常只是采用一些简化公式进行近似估算，以便定性地说明情况。

6.7.1 系统压力损失验算

液压系统压力损失包括管道内的沿程损失和局部损失以及阀类元件的局部损失三项。计算系统压力损失时，不同工作阶段要分开来计算。回油路上的压力损失要折算到进油路上去。因此，某一工作阶段液压系统总的压力损失为

$$\sum \Delta p = \sum \Delta p_1 + \sum \Delta p_2 \frac{A_2}{A_1} \tag{6-11}$$

式中 $\sum \Delta p_2$——系统回油路的总压力损失；

A_1——液压缸进油腔有效工作面积；

A_2——液压缸回油腔有效工作面积；

$\sum \Delta p_1$——系统进油路的总压力损失：

$$\sum \Delta p_1 = \sum \Delta p_{1\lambda} + \sum \Delta p_{1\xi} + \sum \Delta p_{1v}$$

式中 $\sum \Delta p_{1\lambda}$——进油路总的沿程损失；

$\sum \Delta p_{1\xi}$——进油路总的局部损失；

$\sum \Delta p_{1v}$——进油路上阀的总损失：

$$\sum \Delta p_{1v} = \sum \Delta p_n \left(\frac{q}{q_n} \right)^2$$

式中 $\sum \Delta p_n$——阀的额定压力损失，由产品样本中查到；

q_n——阀的额定流量；

q——通过阀的实际流量。

$$\sum \Delta p_2 = \sum \Delta p_{2\lambda} + \sum \Delta p_{2\xi} + \sum \Delta p_{2v}$$

式中 $\sum \Delta p_{2\lambda}$——回油路总的沿程损失；

$\sum \Delta p_{2\xi}$——回油路总的局部损失；

$\sum \Delta p_{2v}$——回油路上阀的总损失，计算方法同进油路。

由此得出液压系统的调整压力（即泵的出口压力）p_T 应为

$$p_T \geqslant p_1 + \sum \Delta p \tag{6-12}$$

式中 p_1——液压缸工作腔压力。

6.7.2 系统总效率估算

液压系统的总效率 η 与液压泵的效率 η_p、回路效率 η_c 及液压执行元件的效率 η_m 有关，其计算式为

$$\eta = \eta_p \eta_c \eta_m \tag{6-13}$$

式中，各种类型的液压泵及液压马达的效率可查阅有关手册得到，液压缸的效率见表6-9。回路效率 η_c 按下式计算

$$\eta_c = \frac{\sum p_1 q_1}{\sum p_p q_p} \tag{6-14}$$

式中 $\sum p_1 q_1$——同时动作的液压执行元件的工作压力与输入流量乘积的总和；

$\sum p_p q_p$——同时供油的液压泵的工作压力与输出流量乘积的总和。

系统在一个工作循环周期内的平均回路效率 $\overline{\eta}_c$ 由下式确定

$$\overline{\eta}_c = \frac{\sum \eta_{ci} t_i}{T} \tag{6-15}$$

式中 η_{ci}——各个工作阶段的回路效率；

t_i——各个工作阶段的持续时间；

T——整个工作循环的周期。

表6-9 液压缸空载启动压力及效率

活塞密封圈形式	p_{min}/MPa	η_m
O，L，U，X，Y	0.3	0.96
V	0.5	0.94
活塞环密封	0.1	0.985

6.7.3 系统发热温升估算

液压系统的各种能量损失都将转化为热量，使系统工作温度升高，从而产生一系列不利影响。系统中的发热功率主要来自于液压泵、液压执行元件和溢流阀等的功率损失。管路的功率损失一般较小，通常可以忽略不计。

（1）系统的发热功率计算方法之一。液压泵的功率损失为

$$\Delta P_{p} = P_{p}(1 - \eta_{p})$$

式中，P_p 为液压泵的输入功率；η_p 为液压泵的总效率。

液压执行元件的功率损失为

$$\Delta P_{m} = P_{m}(1 - \eta_{m})$$

式中，P_m 为液压执行元件的输入功率；η_m 为液压执行元件的总效率。

溢流阀的功率损失为

$$\Delta P_{y} = p_{y}q_{y}$$

式中，p_y 为溢流阀的调定压力；q_y 为溢流阀的溢流量。

系统的总发热功率 ΔP

$$\Delta P = \Delta P_{p} + \Delta P_{m} + \Delta P_{y} \tag{6-16}$$

（2）系统的发热功率计算方法之二。对于回路复杂的系统，功率损失的环节很多，按上述方法计算较繁琐，系统的总发热功率 ΔP 通常采用以下简化方法进行估算

$$\Delta P = \Delta P_{p} - P_{e} \tag{6-17}$$

或

$$\Delta P = P_{p}(1 - \eta_{p}\eta_{c}\eta_{m}) = P_{p}(1 - \eta) \tag{6-18}$$

式中，P_p 为液压泵的输入功率；P_e 为液压执行元件的有效功率；η_p 为液压泵的效率；η_c 为液压回路的效率；η_m 为液压执行元件的效率；η 为液压系统的总效率。

（3）系统的散热功率。液压系统中产生的热量，一部分使工作介质的温度升高，一部分经冷却表面散发到周围空气中去。因管路的散热量与其发热量基本持平。所以，一般认为系统产生的热量全部由油箱表面散发。因此，系统的散热功率可由下式计算

$$\Delta P_{0} = KA(t_{1} - t_{2}) \times 10^{-3}(\mathrm{kW}) \tag{6-19}$$

式中　K——油箱散热系数，W/(m^2·℃)，见表 6-10；

　　　A——油箱散热面积，m^2；

　　　t_1——系统中工作介质的温度，℃；

　　　t_2——环境温度，℃。

表 6-10　油箱散热系数　　W/(m^2·℃)

散热条件	散热系数	散热条件	散热系数
通风很差	8~9	风扇冷却	23
通风很好	15~17.5	循环水冷却	110~175

（4）系统的温升。当系统的发热功率 ΔP 等于系统的散热功率 ΔP_0 时，即达到热平衡。此时，系统的温升 Δt 为

$$\Delta t = \frac{\Delta P}{KA} \times 10^{3} \tag{6-20}$$

$$\Delta t = t_{1} - t_{2}$$

表 6-11 给出了各种机械允许的温升值。当按上式计算出的系统温升超过表中数值时，就要设法增大油箱散热面积或增设冷却装置。

表 6-11 各种机械允许的温升值 ℃

设备类型	正常工作温度	最高允许温度	油和油箱允许温升
数控机械	30~50	55~70	≤25
一般机床	30~55	55~70	≤30~35
船舶	30~60	80~90	≤35~40
机车车辆	40~60	70~80	
冶金车辆、液压机	40~70	60~90	
工程机械、矿山机械	50~80	70~90	

（5）散热面积计算。由式（6-20）可计算油箱散热面积 A 为

$$A = \frac{\Delta P \times 10^3}{K\Delta t} \tag{6-21}$$

当油箱三个边的尺寸比例在 1∶1∶1 到 1∶2∶3 之间，液面高度为油箱高度的 80%且油箱通风情况良好时，油箱散热面积 A（m^2）还可用下式估算

$$A = 6.5\sqrt[3]{V^2} \tag{6-22}$$

式中，V 为油箱有效容积，m^3。

当系统需要设置冷却装置时，冷却器的散热面积 $A_c(m^2)$ 按下式计算

$$A_c = \frac{\Delta P - \Delta P_0}{K_c \Delta t_m} \times 10^3 \tag{6-23}$$

$$\Delta t_m = \frac{t_{j1} + t_{j2}}{2} - \frac{t_{w1} + t_{w2}}{2}$$

式中 K_c——冷却器的散热系数，W/(m^2 · ℃)，由产品样本查出；

Δt_m——平均温升，℃；

t_{j1}——工作介质的进口温度，℃；

t_{j2}——工作介质的出口温度，℃；

t_{w1}——冷却水（或风）的进口温度，℃；

t_{w2}——冷却水（或风）的出口温度，℃。

6.7.4 液压冲击验算

液压冲击不仅会使系统产生振动和噪声，而且会使液压元件、密封装置等误动作或损坏而造成事故。因此，需验算系统中有无产生液压冲击的部位，产生的冲击压力会不会超过允许值，以及所采取的减小液压冲击的措施是否有效等。

7 液压系统可靠性

7.1 系统可靠性概述

7.1.1 系统与单元

产品有大有小，小的产品本身是元件、器件、零件等，而大的产品本身却是由很多元器件、零件组成的整机、部件，甚至是由一些部件、整机组成的有一定功能的整体。在可靠性理论中一般规定：

由若干个部件（可以是整机、元器件等）相互有机地组合成一个可完成某一功能的综合体，称为系统。

组成系统的部件，称为单元。

例如铁路系统，是由车辆、轨道、变电站（加煤、水站）、车站以及通信设备等单元构成的一个系统，功能是将旅客、货物从一个地方运到另一个地方。

住房室内的供电系统，是由电表、电线、开关、插头等单元组成的，其功能是供生活用电。

电子设备系统，是指能执行某一种功能，具有输入、输出特性的工作总体，如通信网、电子计算机、自动化设备、电视机、收音机等。

液压系统则是由液压泵、溢流阀、单向阀、方向阀、调速阀、液压缸、过滤器、管路、压力表及工作介质组成的。

系统和单元是相对的两个概念。如我们研究铁路系统，则其中变电站、通信设备都是单元。如我们研究通信设备，则它本身是由发射机、接收机、天线等单元组成的系统。而如我们研究的是发射机，则它又是电阻、电容、二极管、三极管等单元组成的系统。这样，只要我们在理论上研究一套处理系统和单元可靠性之间关系的方法，就可普遍地适用于各种大大小小的系统。

随着科学技术的发展，技术装备越来越复杂化、小型化、多功能化，使用环境也更加多变，这些因素使系统可靠性问题越来越受到重视，系统可靠性的理论已成了可靠性工程的一个重要基础理论，其研究范围广泛，从系统的设计、生产制造到使用的各个阶段，都有其各自的研究课题。

从系统设计构思阶段开始，就要分析单元和系统之间功能的关系，了解各单元的可靠性指标，根据不同的结构模型计算系统的可靠性指标，并考虑在现有单元的可靠性指标基础上，如何采取措施，提高系统的可靠性指标，也就是在设计阶段要进行可靠性预计、可靠性支配、失效模式及其影响分析，开展必要的可靠性试验和可靠性鉴定工作。

在生产阶段，为了落实设计中确定的可靠性指标，应开展生产性试验及工艺性试验，严格执行全面质量管理。这是产品可靠性的确立和保证阶段。

设计和生产奠定了产品的固有可靠性，但在使用阶段，如能进行合理的定期检查维修，严格保持使用环境方面的要求，就能提高产品的使用可靠性。另外，及时、精确收集产品的故障情况及有关数据，对改进产品可靠性也有很大帮助。

由于系统可靠性涉及面很广，限于篇幅，本章只能讨论系统可靠性中数学理论的基本内容。

7.1.2 系统可靠性的数量指标

假定系统从时刻 $t=0$ 开始正常运行，则系统的寿命 T 是一个随机变量。系统一旦失效，如不能或不值得去修复，则系统就永远停留在失效阶段，也就是这个系统报废了，这种系统称为不可修复系统。如系统失效后，是可以修复的，则称为可修复系统。假定可修复系统总是正常与失效交替出现，那么系统正常时，称它处于工作时间；系统失效，处于停工、修理，或虽未失效，但处于维护阶段时，则称它处于维修时间。显然，无故障工作时间和修复时间都是随机变量，用（T_i，τ_i）表示工作、维修的第 i 个周期。

————××××××××——××××××××——…

$t=0$ T_1 τ_1 T_2 τ_2 T_3

对于不可修复系统，它的可靠性数量指标主要是可靠度函数 $R(t)$、失效率 $\lambda(t)$、平均寿命 m 等，这些在前面已经定义过了。对于可修复系统，由于工作时间（无故障工作时间）T 和修复时间 τ 都是随机变量，所以可靠性数量指标就要多一些了，下面介绍几个最常用的数量指标。

（1）失效前平均时间（MTTF）。对于可修复系统，首次发生故障（失效）的时间 T_1 是随机变量，其分布称首次故障分布，记为 $F_1(t)$，它与不可修复产品的寿命分布是完全一样的。因而如其概率密度函数为 $f_1(t)$，则失效前平均时间定义为

$$\text{MTTF：}\ E(T_1)=\int_0^{\infty} t f_1(t)\,\mathrm{d}t$$

（2）平均无故障工作时间（MTBF）。对于可修复产品，因为在发生故障后，仍可修复使用，所以实用上感兴趣的是无故障工作时间 T_i 的平均值，记为 MTBF。一般产品的无故障工作时间 T_i 和修复时间 $\tau_i(i=1,2,\cdots)$ 不是相互独立的随机变量，但为了数学上处理方便，我们假定它们是相互独立的，并认为修复后产品的性能和新的一样好，于是 T_i 都服从相同的寿命分布 $F(t)$，而 τ_i 都服从相同的维修分布 $G(t)$。在这个假定下，MTTF 和 MTBF 完全一样，以后统称为平均寿命。

（3）可靠度，失效率。在前面的假定下，T_i 是服从相同寿命分布 $F(t)$ 的随机变量，与不可修复产品一样，称

$$R(t)=1-F(t)$$

为可修复产品的可靠度，如寿命分布 $F(t)$ 的概率密度为 $p(x)$，称为可修复产品的失效率。

$$\lambda(t)=\frac{F(t)}{R(t)}$$

（4）维修度，修复率，平均修复时间 MTTR。设可修复产品的维修分布为 $G(t)$，其概率密度为 $g(t)$。

维修度：在规定使用条件下的产品，在规定时间 t 内，按照规定的程序和方法进行维修时，保持或恢复到能完成规定功能状态的概率，记为 $M(t)$，即

$$M(t) = P(\tau \leqslant t) = G(t)$$

修复率：修理时间已达到某个时刻 t 的产品，在该时间后的单位时间内完成修复的概率，记作 $\mu(t)$，即

$$\mu(t) = \frac{g(t)}{1 - G(t)}$$

与前述中的失效率及可靠度关系类似，有

$$M(t) = G(t) = 1 - \exp\left[-\int_0^t \mu(t)\mathrm{d}t\right]$$

平均修复时间：修复时间的平均值，记为 MTTR，即

$$E(\tau) = \int_0^\infty tg(t)\mathrm{d}t$$

【例 7-1】 如某一种产品的维修分布为指数分布，即

$$G(t) = 1 - \mathrm{e}^{-\mu t} \quad t > 0$$

$$g(t) = \mu\mathrm{e}^{-\mu t} \quad t > 0$$

其中，$\mu>0$ 为常数。则此产品在 t 时刻的维修度为

$$M(t) = 1 - \mathrm{e}^{-\mu t} \quad t > 0$$

而修复率 $\mu(t) = \mu$，平均修复时间

$$\mathrm{MTTR} = E\tau = \int_0^\infty t\mu\mathrm{e}^{-\mu t}\mathrm{d}t = \frac{1}{\mu}$$

都是常数。

除了指数分布外，也有不少产品的维修分布是对数正态分布。

(5) 有效度

产品在某时刻 t 具有或维持其规定功能的概率，称为产品在 t 时的瞬时有效度，又称瞬时利用率，记为 $A(t)$。

如果用一个只取两个值的函数来表示产品在 t 时的状态：

$$X(t) = \begin{cases} 0 & \text{表示产品在 } t \text{ 时刻工作} \\ 1 & \text{表示产品在 } t \text{ 时刻维修} \end{cases}$$

则产品在 t 时刻的瞬时有效度为

$$A(t) = P(X(t) = 0)$$

瞬时有效度只反映 t 时刻产品的状态，它与 t 时刻以前是否失效无关，为了能反映 t 以前的情况，称

$$\overline{A}(t) = \frac{1}{t}\int_0^t A(t)\mathrm{d}t$$

为产品在（0，t）之间的平均有效度。若极限

$$A = \lim_{t\to\infty} A(t)$$

存在，则称 A 为平稳状态下的有效度，简称有效度。这是工程中特别感兴趣的一个指标。

7.1.3 可靠性逻辑框图

一个系统的系统图，用于表示系统中各单元之间以及单元与系统之间的物理关系和工作关系。例如，某种电视机的电子线路图是表示各个电子元器件与部件之间的物理上的联系和工作上的联系，这是研究系统可靠性的重要资料。但为了要计算系统的各种可靠性指标，研究提高系统可靠性的措施，还必须透彻了解系统中每个单元的功能，各单元之间在可靠性功能上的联系，以及这些单元功能对系统工作的影响；必须指出哪些单元必须正常工作，才能保证系统能完成预期的功能，并画出逻辑框图。这种逻辑框图，又称可靠性逻辑框图。它由一些方框组成，每一个方框表示一个单元。这些单元对系统都有某些功能，而系统又是由少至一个、多至成千上万个单元所组成[22]。

对于简单的系统，功能关系比较清楚，可靠性逻辑框图也容易画出。但对于复杂的系统，或画不出逻辑框图，或不能用逻辑框图表示，这时要搞清楚功能关系，就需要一定的方法和技巧。下面先画两种最简单系统的逻辑框图。

一个系统由 n 个单元 A_1，A_2，…，A_n 组成，当每个单元都正常工作时，系统才能正常工作；或者说当其中任何一个单元失效时，系统就失效。我们称这种系统为串联系统，其逻辑框图如图 7-1 所示。

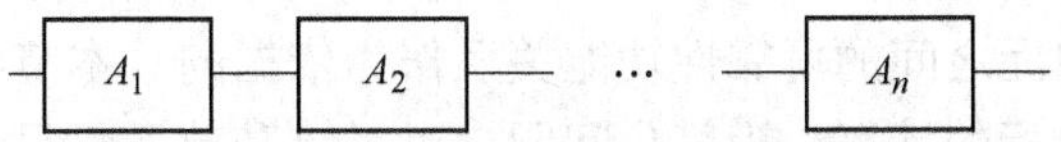

图 7-1 串联系统的逻辑框图

逻辑框图只表明各单元在可靠性功能上的关系，而不是各单元之间物理作用和时间上的关系，因而各单元的排列次序是无关紧要的。一般说来，输入和输出单元的设置，常常是相应地排在框图的头和尾，而中间其他单元的次序就可任意了。

一个系统由 n 个单元 A_1，A_2，…，A_n 组成，如只要有一个单元工作，系统就能工作，或者说只有当所有单元都失效时，系统才失效。我们称这种系统为并联系统，其逻辑框图见图 7-2。

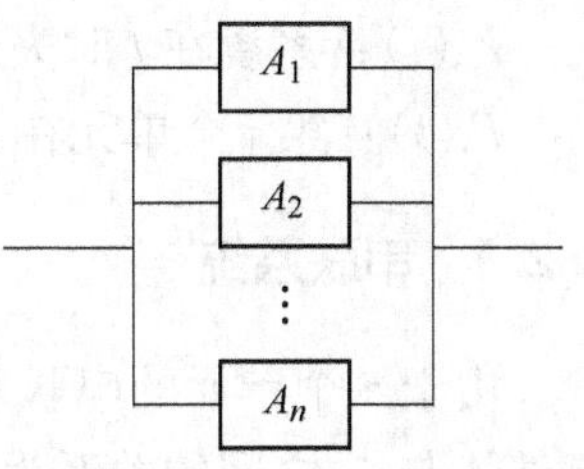

图 7-2 并联系统的逻辑框图

物理关系和功能关系是两个不同的概念，一定要注意它们之间的区别。可靠性理论关心的是功能关系，它是以物理关系为基础的，但千万不能把物理关系错当成功能关系。例如，由一个电容器 C 和一个电感线圈 L 在电路上并联而成振荡回路，从可靠性功能关系来看，两个单元 L 和 C 是一个串联系统，因为它们中间只要有一个失效，这个振荡器就失效，因而振荡回路是由 L 和 C 两个单元组成的串联系统，其系统图和逻辑图分别如图 7-3、图 7-4 所示。

又如一个液压系统，由一个缸和两个并联的控制阀组成，两个控制阀的作用是调节缸的运动速度，因而工作上的系统图如图 7-5 所示，而可靠性功能上联系的逻辑框图则如图 7-6 所示。

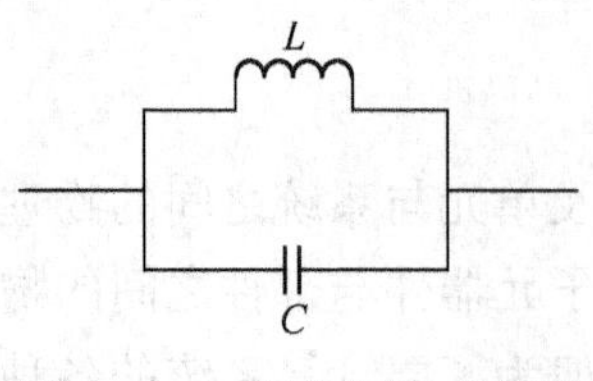

图 7-3　*LC* 振荡回路系统图

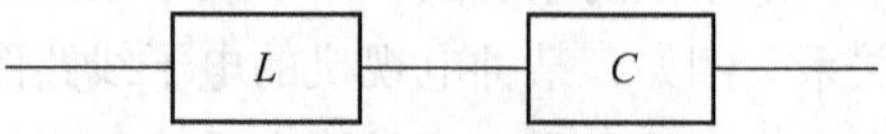

图 7-4　*LC* 振荡回路逻辑框图

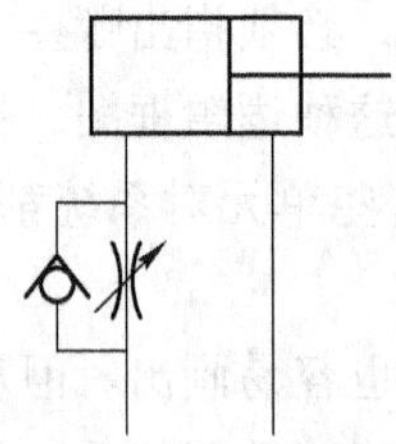

图 7-5　一个缸和两个并联阀系统

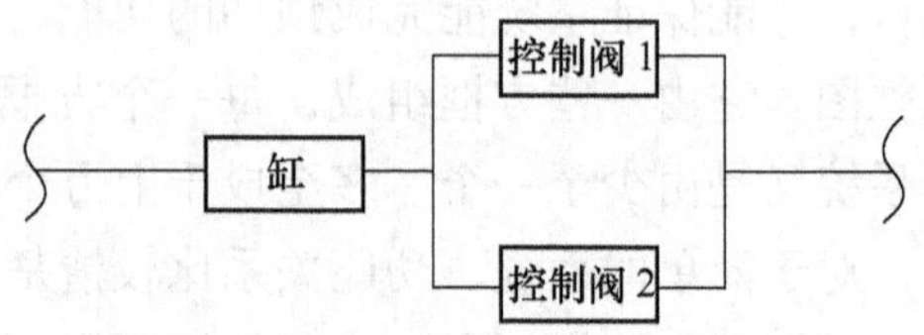

图 7-6　一个缸和两个并联阀的逻辑框图

7.2　不可修复系统分析

在可靠性设计方案的研究过程中，常常要根据单元所具有的某些可靠性指标，计算所设想的系统可靠性指标。这种分析工作对系统的设计和各种结构的选择都是非常必要的。这种计算是以系统和单元之间的可靠性功能关系作为依据的。本节将介绍几种比较简单而又典型的系统可靠性指标的计算。为简化问题，对系统和单元都只考虑正常和失效两种情况，没有中间状态，各单元处于什么状态都是相互独立的，且规定符号如下：

A：系统 A 正常工作的事件，

A_i：第 i 个单元正常工作的事件，

$R_S(t)$：系统在 t 时正常工作的概率，即系统的可靠度，

$R_i(t)$：第 i 个单元在 t 时正常工作的概率，即单元 A_i 的可靠度，

$F_S(t)$：系统在 t 时失效的概率，

$F_i(t)$：第 i 个单元在 t 时失效的概率。

7.2.1　串联系统

由于 n 个单元的串联系统是表示当这 n 个单元都正常工作时，系统才正常工作，所以事件 A 与 A_i 之间的关系为

$$A = A_1 A_2 \cdots A_n$$

在假设诸 A_i 相互独立的情况下，则有

$$P(A) = P(A_1) P(A_2) \cdots P(A_n)$$

$$R_S(t) = \prod_{i=1}^{n} R_i(t) \tag{7-1}$$

如各单位的寿命分布都是指数分布，且

$$R_i(t) = e^{-\lambda_i t} \quad t > 0$$

式中，λ_i 为第 i 个单元的失效率，于是系统的可靠度为

$$R_S(t) = \prod_{i=1}^{n} e^{-\lambda_i t} = \exp(-\sum_{i=1}^{n} \lambda_i t) = e^{-\lambda_S t} \tag{7-2}$$

这表明系统的寿命仍服从指数分布，其失效率

$$\lambda_S = \lambda_1 + \lambda_2 + \cdots + \lambda_n$$

为各单元的失效率之和，而系统的平均寿命为

$$m_S = \frac{1}{\lambda_S} = \frac{1}{\sum_{i=1}^{n} \lambda_i} \tag{7-3}$$

当 $\lambda_S t < 0.1$ 时，利用近似公式

$$e^{-\lambda_S t} = 1 - \lambda_S t$$

有

$$F_S(t) = 1 - R_S(t) = 1 - e^{-\lambda_S t} = \lambda_S t = \sum_{i=1}^{n} \lambda_i t = \sum_{i=1}^{n} F_i(t)$$

可见在这种情况下，串联系统的不可靠度近似地等于各单元的不可靠度之和，因而可以近似地求得系统可靠度。

【例 7-2】 一台电子计算机主要是由下列五类元器件组装而成的串联系统，这些元器件的寿命分布皆为指数分布，其失效率及装配在计算机上的数量如下表所示：

种　类	1	2	3	4	5
失效率 λ_i（单位：1/h）	10^{-7}	5×10^{-7}	10^{-6}	2×10^{-5}	10^{-4}
个数　n_i	10^4	10^3	10^2	10	2

若不考虑结构、装配及其他因素，而只考虑这些元器件的失效与否，试求此计算机的可靠度函数，$t=10$ 小时的可靠度，失效率及平均寿命。

解： 由式（7-2）和式（7-3）可得

$$R_S(t) = \exp\left[-\sum_{i=1}^{5} n_i\lambda_i\right] = e^{-0.002t}$$

$$R_S(10) = e^{-0.002\times10} = e^{-0.02} = 0.98$$

$$\lambda_S = n_1\lambda_1 + n_2\lambda_2 + n_3\lambda_3 + n_4\lambda_4 + n_5\lambda_5 = 0.002/\text{h}$$

$$m_S = \frac{1}{\lambda_S} = \frac{1}{0.002} = 500\text{h}$$

如果单元和系统的寿命分布不是指数分布，由式（7-1）及可靠度和失效率之间的关系可得

$$R_S(t) = \exp\left[-\int_0^t \lambda_S(x)\,dx\right] = \prod_{i=1}^{n} \exp\left[-\int_0^t \lambda_i(x)\,dx\right]$$

$$= \exp\left\{-\int_0^t \left[\sum_{i=1}^{n} \lambda_i(x)\right] dx\right\}$$

因而系统的失效率和单元失效率的关系仍为

$$\lambda_S(t) = \sum_{i=1}^{n} \lambda_i(t)$$

一般产品大部分是串联系统。当串联系统的设计不能满足产品可靠性设计的指标要求

时，可以采用增加一些多余的元器件、部件，以提高产品的可靠性。这种方法工程上称为冗余法。例如液压系统中装了两个控制阀，其实装两个控制阀与装一个控制阀的流体系统的功能是同样的，但整个系统的可靠性将大大提高。

7.2.2　并联系统

n 个单元的并联系统是表示当这 n 个单元都失效时，系统才失效，所以事件 A 与 A_i 之间的关系为

$$\overline{A}=\overline{A}_1\overline{A}_2\cdots\overline{A}_n$$

$$A=A_1\cup A_2\cup\cdots\cup A_n$$

在假设 A_i 相互独立的情况下，有

$$F_S(t)=\prod_{i=1}^{n}F_i(t)$$

$$R_S(t)=1-F_S(t)=1-\prod_{i=1}^{n}F_i(t)=1-\prod_{i=1}^{n}[1-R_i(t)]$$

如各单元的寿命分布都是失效率为 λ_i 的指数分布，则

$$R_S(t)=1-\prod_{i=1}^{n}(1-e^{-\lambda_i t})\tag{7-4}$$

为求系统的平均寿命，利用

$$P(A)=\sum_{i=1}^{n}P(A_i)-\sum_{1\leqslant i<j\leqslant n}P(A_iA_j)+\cdots+(-1)^{n-1}P(A_1A_2\cdots A_n)$$

得

$$R_S(t)=\sum_{i=1}^{n}e^{-\lambda_i t}-\sum_{1\leqslant i<j\leqslant n}e^{-(\lambda_i\lambda_j)t}+\cdots+(-1)^{n-1}e^{-(\lambda_1+\lambda_2+\cdots+\lambda_n)t}$$

这表明并联系统的寿命分布已不是指数分布，这时系统的平均寿命为：

$$m_S=\int_0^\infty tf_s(t)\,dt=-tR_s(t)\Big|_0^\infty+\int_0^\infty R_S(t)\,dt$$

$$=\int_0^\infty R_S(t)\,dt+\int_0^\infty\Big[\sum_{i=1}^{n}e^{-\lambda_i t}-\sum_{1\leqslant i\leqslant j\leqslant n}e^{-(\lambda_i+\lambda_j)t}+\cdots+(-1)^{n-1}\exp\Big(-\sum_{i=1}^{n}\lambda_i t\Big)\Big]dt$$

$$=\sum_{i=1}^{n}\frac{1}{\lambda_i}-\sum_{1\leqslant i\leqslant j\leqslant n}\frac{1}{\lambda_i+\lambda_j}+\cdots+(-1)^{n-1}\frac{1}{\sum_{i=1}^{n}\lambda_i}\tag{7-5}$$

当 $n=2$ 时，有

$$R_S(t)=e^{-\lambda_1 t}+e^{-\lambda_2 t}-e^{-(\lambda_1+\lambda_2)t}$$

$$m_S=\frac{1}{\lambda_1}+\frac{1}{\lambda_2}-\frac{1}{\lambda_1+\lambda_2}$$

$$\lambda_S(t)=\frac{F'_S(t)}{R_S(t)}=-\frac{R'_S(t)}{R_S(t)}$$

$$=\frac{\lambda_1 e^{-\lambda_1 t}+\lambda_2 e^{-\lambda_2 t}-(\lambda_1+\lambda_2)e^{-(\lambda_1+\lambda_2)t}}{e^{-\lambda_1 t}+e^{-\lambda_2 t}-e^{-(\lambda_1+\lambda_2)t}}$$

值得注意的是，当单元的寿命分布是指数分布，即失效率是常数时，串联系统的失效率仍是常数；但并联系统的失效率则不是常数，已经变成时间的函数。

当 n 个单元的失效率相等，都为 λ 时，相应可靠度为

$$R_S(t)=1-(1-e^{-\lambda t})^n,$$

$$\lambda_S(t)=-\frac{R'_S(t)}{R_S(t)}=\frac{n\lambda e^{-\lambda t}(1-e^{-\lambda t})^{n-1}}{1-(1-e^{-\lambda t})^n} \tag{7-6}$$

为了求系统的平均寿命，把式（7-6）改写为

$$\begin{aligned}R_S(t)&=[e^{-\lambda t}+(1-e^{-\lambda t})]^n-(1-e^{-\lambda t})^n\\&=\sum_{k=0}^{n}\binom{n}{k}e^{-k\lambda t}(1-e^{-\lambda t})^{n-k}-(1-e^{-\lambda t})^n\\&=\sum_{k=0}^{n}\binom{n}{k}e^{-k\lambda t}(1-e^{-\lambda t})^{n-k}\end{aligned}$$

$$m_S=\int_0^\infty R_S(t)dt=\sum_{k=1}^{n}\int_0^\infty\binom{n}{k}e^{-k\lambda t}(1-e^{-\lambda t})^{n-k}dt$$

对任意自然数 n 和 k（$1\leqslant k\leqslant n$），可以证明

$$\int_0^\infty\binom{n}{k}e^{-k\lambda t}(1-e^{-\lambda t})^{n-k}dt=\frac{1}{k\lambda} \tag{7-7}$$

证明：对任意 n，k 考虑积分

$$I=\int_0^\infty e^{-k\lambda t}(1-e^{-\lambda t})^{n-k}dt$$

令

$$e^{-\lambda t}=y,\ dy=-\lambda e^{-\lambda t}dt=-\lambda y dt,\ dt=-\frac{1}{\lambda y}dy$$

$$\begin{aligned}I&=\int_1^0 y^k(1-y)^{n-k}\left(-\frac{1}{\lambda y}\right)dy=\int_0^1\frac{1}{\lambda}y^{k-1}(1-y)^{n-k}dy\\&=\frac{1}{\lambda}\frac{\Gamma(k)\Gamma(n-k+1)}{\Gamma(n+1)}=\frac{(k-1)!\ (n-k)!}{\lambda n!}=\frac{1}{k\lambda\binom{n}{k}}\end{aligned}$$

所以

$$\binom{n}{k}\int_0^\infty e^{-k\lambda t}(1-e^{-\lambda t})^{n-k}dt=\frac{1}{k\lambda}$$

用以上结论即得系统的平均寿命为

$$m_S=\frac{1}{\lambda}+\frac{1}{2\lambda}+\cdots+\frac{1}{n\lambda} \tag{7-8}$$

当 n 较大时，有近似公式

$$m_S=\frac{1}{\lambda}\left(1+\frac{1}{2}+\cdots+\frac{1}{n}\right)=\frac{1}{\lambda}\ln n$$

7.2.3　混联系统

由串联系统和并联系统混合而成的系统称为混联系统，其中最常见的是下面两种。

7.2.3.1　并串联系统

并串联系统又称附加单元系统，其逻辑框图如图 7-7 所示。设每个单元 A_i 的可靠度为 R_i (t)，则此系统的可靠度为

$$R_{S_1}(t) = \prod_{i=1}^{n}[1 - (R_i(t))^m]$$

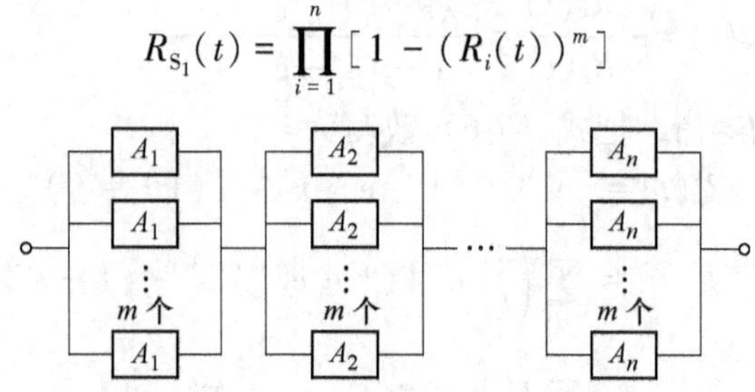

图 7-7　并串联系统的逻辑框图

7.2.3.2　串并联系统

串并联系统逻辑框图如图 7-8 所示，又称附加通路系统。设每个单元

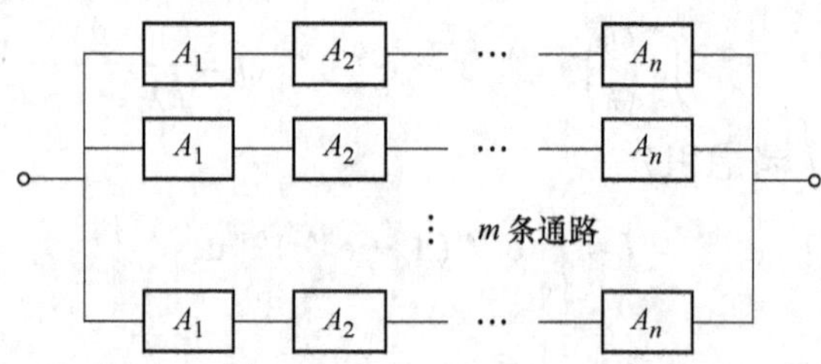

图 7-8　串并联系统的逻辑框图

A_i 的可靠度为 $R_i(t)$，则此系统的可靠度为

$$R_{S_2}(t) = 1 - \left[1 - \prod_{i=1}^{n} R_i(t)\right]^m$$

这两种系统的功能是一样的，但可靠度是不一样的。可以证明

$$R_{S_1}(t) > R_{S_2}(t) \tag{7-9}$$

下面在 $m=2$，所有单元的可靠度都相同的情况下，用数学归纳法证明此结论。

当 $n=2$ 时，

$$R_{S_1}(t) = \{1 - [1 - R(t)]^2\}^2 = [1 - 1 + 2R(t) - R^2(t)]^2 = R^2(t)[2 - R(t)]^2$$

$$R_{S_2}(t) = 1 - [1 - R^2(t)]^2 = 1 - 1 + 2R^2(t) - R^4(t) = R^2(t)[2 - R(t)]$$

$$\begin{aligned}[2 - R(t)]^2 &= 4 - 4R(t) + R^2(t) = 2 - R^2(t) + 2 - 4R(t) + 2R^2(t) \\ &= 2 - R^2(t) + 2[1 - R(t)]^2\end{aligned}$$

当 $0 < R(t) < 1$ 时，有 $[1-R(t)]^2>0$，所以式（7-9）成立，即

$$R_{S_1}(t) > R_{S_2}(t)$$

假定 $n=k-1$ 时，式（7-9）成立，即

$$R_{S_1}(t)=\{1-[1-R(t)]^2\}^{k-1}=R^{k-1}(t)[2-R(t)]^{k-1}>$$
$$R_{S_2}(t)=1-[1-R^{k-1}(t)]^2=R^{k-1}(t)[2-R^{k-1}(t)]$$

所以有

$$[2-R(t)]^{k-1}>2-R^{k-1}(t) \tag{7-10}$$

证明 $n=k$ 时，式（7-9）成立，因为

$$R_{S_1}(t)=R^k(t)[2-R(t)]^k$$
$$R_{S_2}(t)=R^k(t)[2-R^k(t)]$$

所以只要证 $[2-R(t)]^k>2-R^k(t)$ 。利用公式（7-10）

$$\begin{aligned}[2-R(t)]^k&=[2-R(t)]^{k-1}[2-R(t)]>[2-R^{k-1}(t)][2-R(t)]\\&=4-2R^{k-1}(t)-2R(t)+R^k(t)\\&=2-R^k(t)+2-2R(t)+2R^k(t)-2R^{k-1}(t)\\&=2-R^k(t)+2[1-R(t)][1-R^{k-1}(t)]>2-R^k(t)\end{aligned}$$

证毕。

为了具体说明附加单元系统的可靠度比附加同类系统高，表 7-1 对 $R(t)=r=0.99$ 和各种 n 值列出了这两种系统及 n 个单元串联系统的可靠度数值。

表 7-1 串并联系统可靠度比较（r=0.99）

n	串联系统 $R=r^n$	附加通路系统 $R_2=r^n(2-r^n)$	附加单元系统 $R_1=r^n(2-r)^n$
4	0.9606	0.9984	0.9996
8	0.9227	0.9940	0.9992
16	0.8515	0.9779	0.9985
32	0.7250	0.9243	0.9968
64	0.5256	0.7749	0.9936
128	0.2763	0.4762	0.9875
256	0.0763	0.1468	0.9747
1024	3.3919×10^{-5}	0.6783×10^{-5}	0.9026

7.2.4 *n* 中取 *k* 的表决系统

n 中取 k 的表决系统有两类[23]：一类称为 n 中取 k 好系统，要求组成系统的 n 个单元中有 k 个或 k 个以上完好，系统才能正常工作，记为 $k/n[G]$；另一类称为 n 中取 k 坏系统，其涵义是组成系统的 n 个单元中有 k 个或 k 个以上失效，系统就不能正常工作，记为 $k/n[F]$。显然，$k/n[G]$ 系统即是 $n-k+1/n[F]$ 系统，而串联系统是 $n/n[G]$ 系统，并联系统是 $1/n[G]$ 系统。$k/n[G]$ 系统的逻辑框图见图 7-9，下面先对 2/3[G] 系统进行分析。

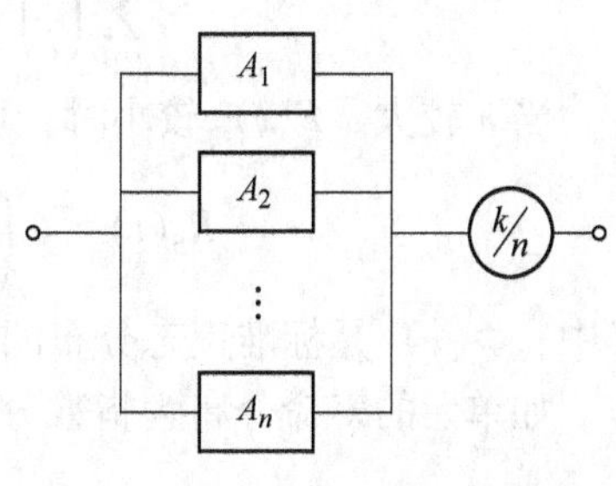

图 7-9 $k/n[G]$ 系统逻辑框图

7.2.4.1　2/3 [*G*] 系统

事件 A 与 A_1, A_2, A_3 关系为

$$A = A_1A_2A_3 \cup A_1A_2\overline{A}_3 \cup A_1\overline{A}_2A_3 \cup \overline{A}_1A_2A_3$$

因而 2/3[*G*] 系统的可靠度为

$$R_S(t) = R_1(t)R_2(t)R_3(t) + R_1(t)R_2(t)F_3(t) + R_1(t)F_2(t)R_3(t) + F_1(t)R_2(t)R_3(t)$$

如单元的寿命分布为指数分布，即 $R_i(t) = e^{-\lambda_i t}$，则有

$$R_S(t) = e^{-(\lambda_1+\lambda_2+\lambda_3)t} + e^{-(\lambda_1+\lambda_2)t}(1 - e^{-\lambda_1 t}) + e^{-(\lambda_1+\lambda_3)t}(1 - e^{-\lambda_2 t}) + e^{-(\lambda_2+\lambda_3)t}(1 - e^{-\lambda_1 t})$$
$$= e^{-(\lambda_1+\lambda_2)t} + e^{-(\lambda_1+\lambda_2)t} + e^{-(\lambda_1+\lambda_2)t} - 2e^{-(\lambda_1+\lambda_2+\lambda_3)t}$$

$$m_S = \int_0^\infty R_S(t)\,dt = \int_0^\infty [e^{-(\lambda_1+\lambda_2)t} + e^{-(\lambda_2+\lambda_3)t} + e^{-(\lambda_1+\lambda_3)t} - 2e^{-(\lambda_1+\lambda_2+\lambda_3)t}]dt$$
$$= \frac{1}{\lambda_1+\lambda_2} + \frac{1}{\lambda_2+\lambda_3} + \frac{1}{\lambda_1+\lambda_3} - \frac{2}{\lambda_1+\lambda_2+\lambda_3}$$

特别当各单元失效率都为 λ 时，有

$$R_S(t) = 3e^{-2\lambda t} - 2e^{-3\lambda t}$$

$$m_S = \frac{3}{2\lambda} - \frac{2}{3\lambda}$$

7.2.4.2　(*n*−1)/*n* [*G*] 系统

当 n 个单元的可靠度都为 $R(t)$ 时，系统可靠度

$$R_S(t) = R^n(t) + nR^{n-1}(t)F(t) = nR^{n-1}(t) - (n-1)R^n(t)$$

当 $R(t) = e^{-\lambda t}$ 时，

$$R_S(t) = ne^{-(n-1)\lambda t} - (n-1)e^{-n\lambda t}$$

$$m_S = \int_0^\infty R_S(t)\,dt = \frac{n}{(n-1)\lambda} - \frac{n-1}{n\lambda} = \frac{1}{n\lambda} + \frac{1}{(n-1)\lambda}$$

7.2.4.3　*k*/*n* [*G*] 系统

当 n 个单元的可靠度都为 $R(t)$ 时，系统可靠度

$$R_S(t) = R^n(t) + nR^{n-1}(t)F(t) + \binom{n}{2}R^{n-2}(t)F^2(t) + \cdots + \binom{n}{n-k}R^k(t)F^{n-k}(t)$$
$$= \sum_{i=0}^{n-k}\binom{n}{i}R^{n-i}(t)F^i(t)$$

当 n 较大，$F(t)$ 较小时，可用正态分布近似计算

$$R_S(t) = \Phi\left(\frac{n-k-nF(t)}{\sqrt{nF(t)R(t)}}\right) - \Phi\left(\frac{-nF(t)}{\sqrt{nF(t)R(t)}}\right)$$

式中，$\Phi(x)$ 是标准正态分布的分布函数，其取值可查表。

如单元的寿命分布为指数分布 $R(t) = e^{-\lambda t}$，则有

$$R_S(t) = \sum_{i=0}^{n-k}\binom{n}{i}e^{-(n-i)\lambda t}(1 - e^{-\lambda t})^i \tag{7-11}$$

$$m_S = \int_0^{\infty} R_S(t)\,\mathrm{d}t = \sum_{i=0}^{n-k}\binom{n}{i}\int_0^{\infty} \mathrm{e}^{-(n-i)\lambda t}(1-\mathrm{e}^{-\lambda t})^i\,\mathrm{d}t$$

利用式（7-7）的结论得

$$m_S = \frac{1}{n\lambda} + \frac{1}{(n-1)\lambda} + \cdots + \frac{1}{k\lambda} \tag{7-12}$$

当 $k=n-1$ 时，即为 $(n-1)/[G]$ 系统；当 $k=1$ 时，即为 n 个可靠度都为 $\mathrm{e}^{-\lambda t}$ 的单元组成的并联系统。

【例 7-3】 设每个单元的 $R(t)=\mathrm{e}^{-\lambda t}$，且 $\lambda=0.001/\mathrm{h}$，求 $t=100$ 时：（1）二单元串联；（2）二单元并联；（3）$2/3[G]$ 系统的可靠度 R_2，R_3，R_4。

解：100h 时，一个单元可靠度为

$$R_1 = R(100) = \mathrm{e}^{-0.001\times 100} = \mathrm{e}^{-0.1} = 0.905$$

由式（7-1）、式（7-6）和式（7-11）可得

$$R_2 = R_1^2 = \mathrm{e}^{-0.2} = 0.819,$$
$$R_3 = 1-(1-R_1)^2 = 1-(1-\mathrm{e}^{-0.1})^2 = 0.991$$
$$R_4 = 3R_1^2 - 2R_1^3 = 3\times\mathrm{e}^{-0.2} - 2\mathrm{e}^{-0.3} = 0.975$$

再求 $t=1000\mathrm{h}$ 的 R_1，R_2，R_3，R_4：

$$R_1 = R(1000) = \mathrm{e}^{-1000\times 0.001} = \mathrm{e}^{-1} = 0.368$$
$$R_2 = R_1^2 = \mathrm{e}^{-2} = 0.135$$
$$R_3 = 1-(1-R_1)^2 = 1-(1-\mathrm{e}^{-1})^2 = 0.600$$
$$R_4 = 3R_1^2 - 2R_1^3 = 3\times\mathrm{e}^{-2} - 2\mathrm{e}^{-3} = 0.306$$

可见：当 $R_1=0.905$ 时，有 $R_2<R_1<R_4<R_3$，

当 $R_1=0.368$ 时，有 $R_2<R_4<R_1<R_3$。

实际上可以论证：

当$R_1>0.5$ 时，有 $R_2 < R_1 < R_4 < R_3$；

$R_1=0.5$ 时，有 $R_2 < R_1 = R_4 < R_3$；

$R_1<0.5$ 时，有 $R_2 < R_4 < R_1 < R_3$。

上述关系可绘制成图，见图 7-10。

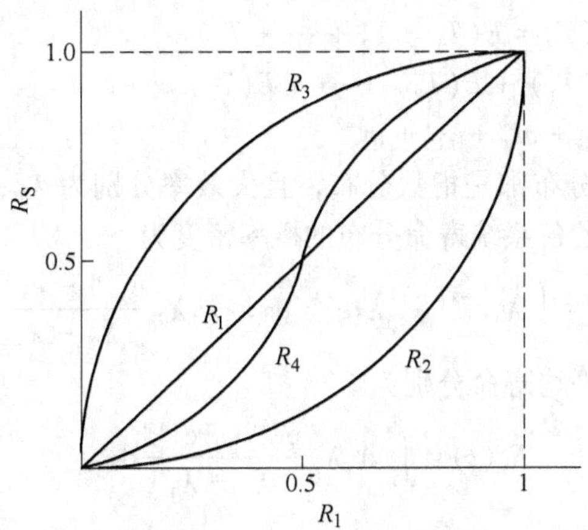

图 7-10 四种系统可靠度比较

由此可见，两个单元的串联系统可靠度最低，两个单元的并联系统可靠度最高。当单元可靠度 R_1 小于 0.5 时，2/3[G] 系统的可靠度 R_4 甚至不如一个单元的系统。因此，为了改善 2/3[G] 系统的可靠度特性，必须采取措施。人们最近提出了一种可变格局的 k/n[G] 系统，并提供几种硬件实现的方法。

7.2.5 贮备系统

为了提高系统的可靠度，除了多安装一些单元外，还可以贮备一些单元，以便当工作单元失效时，立即能由贮备单元接替。这种系统称为贮备系统[24]。它与并联系统的差别是：前者待机工作，后者同机工作。单元的替换可以人工进行，也可采用自动开关转接。贮备系统的逻辑框图如图 7-11 所示。贮备系统根据贮备单元在贮备期是否失效，可分为两大类：如贮备单元在贮备期间失效率为零，则称为冷贮备系统；如贮备单元在贮备期间也可能失效，则称为热贮备系统。

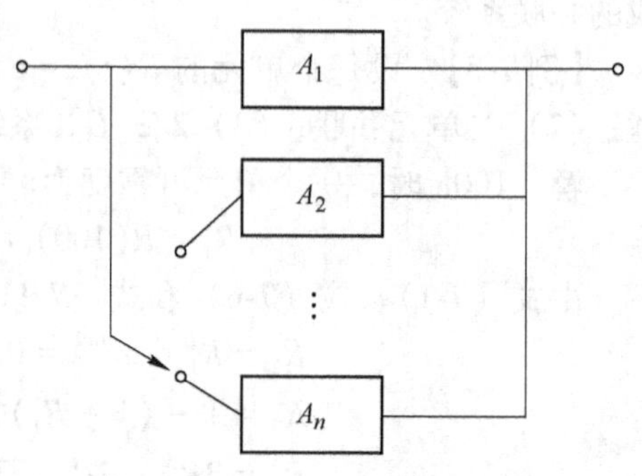

图 7-11　贮备系统的逻辑框图

7.2.5.1　冷贮备系统

系统由 n 个单元组成，一个在工作，其余 $n-1$ 个单元贮备。当工作单元失效时，贮备的单元逐个地去接替，直到所有单元失效时，系统才失效。贮备单元在贮备期不发生失效，且假定转换开关是完全可靠的。

假设 n 个单元的寿命为随机变量 T_1，T_2，…，T_n，则系统的寿命 $T=T_1+T_2+\cdots+T_n$，其可靠度为

$$R_S(t)=P(T_1+T_2+\cdots+T_n>t)=1-P(T_1+T_2+\cdots+T_n\leqslant t)$$

由于随机变量是相互独立的，所以系统的寿命分布的概率密度 $f_S(t)$ 是 n 个单元寿命分布概率密度 $f_i(t)$ 的卷积，即

$$f_S(t)=f_1(t)*f_2(t)*\cdots*f_n(t)$$

而系统的平均寿命是所有单元平均寿命之和，因为

$$\begin{aligned}m_S&=E(T)=E(T_1+T_2+\cdots+T_n)\\&=E(T_1)+E(T_2)+\cdots+E(T_n)\\&=m_1+m_2+\cdots+m_n\end{aligned}\tag{7-13}$$

（1）当两个单元寿命分布都是指数分布，且失效率分别为 λ_1、λ_2 时，根据卷积公式可得由此两单元组成的冷贮备系统寿命分布的概率密度为

$$f_S(t)=\int_0^t\lambda_1 e^{-\lambda_1(t-x)}\lambda_2 e^{-\lambda_2 x}dx=\lambda_1\lambda_2\frac{e^{-\lambda_1 t}-e^{-\lambda_2 t}}{\lambda_2-\lambda_1}$$

因而系统的可靠度和平均寿命分别为

$$\begin{aligned}R_S(t)&=\int_t^\infty\lambda_1\lambda_2\frac{e^{-\lambda_1 x}-e^{-\lambda_2 x}}{\lambda_2-\lambda_1}dx\\&=\frac{\lambda_2}{\lambda_2-\lambda_1}e^{-\lambda_1 t}+\frac{\lambda_1}{\lambda_1-\lambda_2}e^{-\lambda_2 t}\end{aligned}\tag{7-14}$$

$$m_S = \frac{1}{\lambda_1} + \frac{1}{\lambda_2}$$

如 $\lambda_1 = \lambda_2 = \lambda$，则类似有

$$f_S(t) = \int_0^t \lambda e^{-\lambda(t-x)} \lambda e^{-\lambda x} dx = \lambda^2 t e^{-\lambda t}$$

$$R_S(t) = \int_t^\infty \lambda^2 x e^{-\lambda x} dx = (1 + \lambda t) e^{-\lambda t}$$

$$m_S = \frac{2}{\lambda}$$

(2) 当 n 个单元寿命分布都是失效率为 λ 的指数分布时，可用数学归纳法证明系统的可靠度为

$$R_S(t) = \left[1 + \lambda t + \frac{(\lambda t)^2}{2!} + \cdots + \frac{(\lambda t)^{n-1}}{(n-1)!}\right] e^{-\lambda t} = \sum_{k=0}^{n-1} \frac{(\lambda t)^k}{k!} e^{-\lambda t} \tag{7-15}$$

证：

$n=1$ 时，显然成立；$n=2$ 时，已证成立。

假定 n 个单元时结论成立，可证对 $n+1$ 个单元式（7.15）也成立。设第 $n+1$ 个单元的寿命为随机变量 T_{n+1}，它与 $T_i(i=1, 2, \cdots, n)$ 相互独立，其概率密度亦为 $f_{n+1}(t) = \lambda e^{-\lambda t}$，由于

$$T = T_1 + T_2 + \cdots + T_n + T_{n+1}$$

所以，由 $n+1$ 个单元组成的冷贮备系统的寿命分布的概率密度 $g_S(t)$，是 n 个单元组成的冷贮备系统的寿命分布概率密度 $f_S(t)$ 与第 $n+1$ 个单元的寿命分布概率密度 $f_{n+1}(t)$ 的卷积，即

$$g_S(t) = f_S(t) * f_{n+1}(t)$$

假定式（7-15）成立，则有

$$f_S(t) = -R'_S(t) = -\frac{d}{dt}\left[\sum_{k=0}^{n-1} \frac{(\lambda t)^k}{k!} e^{-\lambda t}\right] = \sum_{k=1}^{n-1} \lambda \left[\frac{(\lambda t)^k}{k!} - \frac{(\lambda t)^{k-1}}{(k-1)!} + 1\right] e^{-\lambda t}$$

$$\begin{aligned} g_S(t) &= \int_0^t \left\{\sum_{k=1}^{n-1} \lambda \left[\frac{(\lambda x)^k}{k!} - \frac{(\lambda x)^{k-1}}{(k-1)!} + 1\right] e^{-\lambda x}\right\} \lambda e^{-\lambda(t-x)} dx \\ &= \sum_{k=1}^{n-1} \lambda e^{-\lambda t} \int_0^t \left[\frac{(\lambda x)^k}{k!} - \frac{(\lambda x)^{k-1}}{(k-1)!} + 1\right] \lambda dx = \sum_{k=0}^{n-1} \lambda e^{-\lambda t} \left[\frac{(\lambda t)^{k+1}}{(k+1)!} - \frac{(\lambda t)^k}{k!} + 1\right] \end{aligned}$$

因而有 $n+1$ 个单元组成的冷贮备系统的可靠度为

$$\begin{aligned} R_S(t) &= \int_t^\infty g_S(x) dx = \int_t^\infty \sum_{k=0}^{n-1} \left[\frac{(\lambda x)^{k+1}}{(k+1)!} - \frac{(\lambda x)^k}{k!} + 1\right] \lambda e^{-\lambda x} dx \\ &= e^{-\lambda t} - \sum_{k=0}^{n-1} \int_t^\infty \frac{(\lambda t)^k}{k!} \lambda e^{-\lambda x} dx - \sum_{k=0}^{n-1} \int_t^\infty \frac{(\lambda x)^{k+1}}{(k+1)!} de^{-\lambda x} \\ &= e^{-\lambda t} + \sum_{k=0}^{n-1} \frac{(\lambda t)^{k+1}}{(k+1)!} e^{-\lambda t} = \sum_{k=0}^{n} \frac{(\lambda t)^k}{k!} e^{-\lambda t} \end{aligned}$$

可见对于 $n+1$ 个单元的冷贮备系统，式（7-15）亦成立，证毕。

由 n 个寿命分布都是失效率为 λ 的指数分布所组成的冷贮备系统，其平均寿命为

$$m_S = \frac{n}{\lambda}$$

（3）一个系统，需要L个单元同时工作，系统才工作，另外有n个单元作备用，每个单元的可靠度都是$e^{-\lambda t}$，它们能否正常工作是相互独立的。对于这样的冷贮备系统，L个工作单元的可靠度为$e^{-L\lambda t}$，当其中有一个失效时，n个备用单元中立刻有一个接替上去，所以这时的工作部分的可靠度仍为$e^{-L\lambda t}$。这样的冷贮备系统，相当于可靠度都是$e^{-L\lambda t}$的n+1个单元的冷贮备系统。因而由式（7-15）和式（7-13）知系统的可靠度和平均寿命分别为

$$R_S(t) = \sum_{k=0}^{n} \frac{(L\lambda t)^k}{k!} e^{-L\lambda t}$$

$$m_S = \frac{n+1}{L\lambda}$$

（4）前面是在假定转换开关时完全可靠的前提下，推导系统的可靠度和平均寿命公式。当转换开关不完全可靠时，要推导n个单元的冷贮备系统的可靠度和平均寿命公式就较为复杂。这里只考虑二个单元，且每个单元的可靠度各为$e^{-\lambda_1 t}$、$e^{-\lambda_2 t}$的冷贮备系统。

如转换开关的可靠度为$e^{-\lambda_d t}$，其寿命T_d与两个单元的寿命T_1、T_2相互独立。当工作的单元A_1失效时，若转换开关已经失效，即$T_d<T_1$，则系统就失效，此时系统的寿命就是工作的单元A_1的寿命T_1；当单元A_1失效时，若转换开关未失效，即$T_d>T_1$，则备用单元A_2立即接替单元A_1工作，直至单元A_2失效，系统才失效，此时系统的寿命是T_1+T_2。根据以上分析，系统的寿命分布为

$$\begin{aligned}1 - R_S(t) &= P(T \leqslant t) = P(T_1 \leqslant t,\ T_d \leqslant T_1) + P(T_d > T_1,\ T_1 + T_2 \leqslant t) \\ &= \iint\limits_{\substack{t_1 \leqslant t \\ t_d \leqslant t_1}} \lambda_1 \lambda_d e^{-\lambda_1 t_1} e^{-\lambda_d t_d} dt_1 dt_d + \iiint\limits_{\substack{t_1 + t_2 \leqslant t \\ t_d > t_1}} \lambda_1 \lambda_2 \lambda_d e^{-\lambda_1 t_1} \cdot e^{-\lambda_2 t_2} \cdot e^{-\lambda_d t_d} dt_d dt_1 dt_2 \\ &= \int_0^t \lambda_1 e^{-\lambda_1 t_1}(1 - e^{-\lambda_d t_d}) dt_1 + \int_0^t \lambda_1 e^{-(\lambda_1+\lambda_d)t_1}[1 - e^{-\lambda_2(t-t_1)}] dt_1 \\ &= 1 - e^{-\lambda_1 t} - \frac{\lambda_1}{\lambda_d + \lambda_1 - \lambda_2}[e^{-\lambda_2 t} - e^{-(\lambda_1+\lambda_d)t}]\end{aligned}$$

系统的可靠度和平均寿命为

$$R_S(t) = e^{-\lambda_1 t} + \frac{\lambda_1}{\lambda_d + \lambda_1 - \lambda_2}[e^{-\lambda_1 t} - e^{-(\lambda_1+\lambda_d)t}]$$

$$m_S = \int_0^\infty R_S(t) dt = \frac{1}{\lambda_1} + \frac{\lambda_1}{\lambda_2(\lambda_d + \lambda_1)}$$

特别当$\lambda_1=\lambda_2=\lambda$时，系统的可靠度和平均寿命为

$$R_S(t) = e^{-\lambda t} + \frac{\lambda}{\lambda_d}[e^{-\lambda t} - e^{-(\lambda_d+\lambda)t}]$$

$$m_S = \frac{1}{\lambda} + \frac{1}{\lambda_d + \lambda}$$

如果转换开关在不使用时失效率为零，而在需要使用时，可以认为其可靠度是常数R_d，此时冷贮备系统可靠度为

$$R_S(t) = P(T_1 > t)(1 - R_d) + R_d P(T_1 + T_2 > t)$$

$$= (1 - R_d)e^{-\lambda_1 t} + R_d\left(\frac{\lambda_2}{\lambda_2 - \lambda_1}e^{-\lambda_1 t} + \frac{\lambda_1}{\lambda_1 - \lambda_2}e^{-\lambda_2 t}\right)$$

$$= e^{-\lambda_1 t} + \frac{\lambda_1 R_d}{\lambda_1 - \lambda_2}(e^{-\lambda_2 t} - e^{-\lambda_1 t})$$

系统的平均寿命为

$$m_S = \frac{1}{\lambda_1} + R_d \frac{1}{\lambda_2}$$

特别当 $\lambda_1 = \lambda_2 = \lambda$ 时，系统的可靠度和平均寿命为

$$R_S(t) = e^{-\lambda t}(1 - R_d) + R_d(1 + \lambda t)e^{-\lambda t} = e^{-\lambda t} + \lambda t R_d e^{-\lambda t}$$

$$m_S = \frac{1}{\lambda}(1 + R_d)$$

当转换开关完全可靠，即 $\lambda_d = 0$ 或 $R_d = 1$ 时，而获得的结果与单个并联系统中的结果一致。

7.2.5.2 热贮备系统

在实际工作中，备用单元在贮备期内失效率不一定为零，即使在不通电的情况下，因为温度、振动、冲击等其他应力的作用，也可能损坏。当然，其失效率不同于工作时的失效率，一般要小得多。考虑备用单元在贮备期也可能失效的热贮备系统要比冷贮备系统复杂得多，这里只考虑最简单的情况。假设系统由两个单元组成，其中一个单元工作，其可靠度为 $e^{-\lambda_1 t}$，另一单元作热贮备，贮备期间可靠度为 $e^{-\mu t}$，工作期间可靠度为 $e^{-\lambda_2 t}$。又假设两个单元工作与否相互独立，备用单元进入工作状态后的工作寿命与其经过的贮备期长短无关。

A 转换开关完全可靠的二单元热贮备系统

如将备用单元在备用期内可靠度 $e^{-\mu t}$ 等价地视为转换开关不完全可靠时的可靠度 $e^{-\lambda_d t}$，则利用冷贮备系统进行推导，可得两单元热贮备系统的可靠度和平均寿命分别为

$$R_S(t) = e^{-\lambda_1 t} + \frac{\lambda_1}{\lambda_1 + \mu - \lambda_2}[e^{-\lambda_2 t} - e^{-(\lambda_1 + \mu)t}]$$

$$m_S = \frac{1}{\lambda_1} + \frac{\lambda_1}{\lambda_2(\lambda_1 + \mu)}$$

特别当 $\lambda_1 = \lambda_2 = \lambda$ 时，系统的可靠度和平均寿命为

$$R_S(t) = e^{-\lambda t} + \frac{\lambda}{\mu}[e^{-\lambda t} - e^{-(\mu + \lambda)t}]$$

$$m_S = \frac{1}{\lambda} + \frac{1}{\lambda + \mu}$$

当 $\mu = 0$ 时，即为两单元的冷贮备系统；当 $\mu = \lambda_2$ 时，即为两单元的并联系统。

B 转换开关不完全可靠的二单元热贮备系统

设工作单元、备用单元在工作期间和转换开关的寿命分别为 T_1、T_2、T_d，而备用单元在备用期的寿命为 X。这些都是相互独立的服从指数分布的随机变量，失效率分别为 λ_1、λ_2、λ_d 和 μ。当工作单元 A_1 失效时，若转换开关已经失效，即 $T_d < T_1$，则系统就失效，此时系统的寿命就是工作单元 A_1 的寿命 T_1；当单元 A_1 失效时，若转换开关尚未失效，即

$T_d > T_1$，但备用单元在贮备期内已失效，即 $X < T_1$，则系统也失效，此时系统的寿命仍是 T_1；当单元 A_1 失效时，若转换开关和备用单元 A_2 均未失效，即（$T_d > T_1$，$X > T_1$），则备用单元 A_2 立即接替单元 A_1，直至单元 A_2 失效，系统才失效，此时系统寿命是 T_1+T_2。根据以上分析，知系统的寿命分布为

$$
\begin{aligned}
1 - R(t) &= P(T_1 \leqslant t,\ T_d < T_1) + P(T_d > T_1,\ T_1 \leqslant t,\ X < T_1) + \\
&\quad P(T_d > T_1,\ X > T_1,\ T_1 + T_2 \leqslant t) \\
&= \iint\limits_{\substack{t_1 \leqslant t \\ t_d < t_1}} \lambda_1 \lambda_d e^{-\lambda_1 t_1} e^{-\lambda_d t_d} dt_1 dt_d + \iiint\limits_{\substack{t_d > t_1,\ t_1 \leqslant t \\ x < t_1}} \lambda_1 \lambda_d \mu e^{-\lambda_1 t_1} e^{-\lambda_d t_d} e^{-\mu x} dt_1 dt_d dx + \\
&\quad \iint\limits_{\substack{t_d > t_1 \\ t_1 + t_2 \leqslant t}} \iint\limits_{x > t_1} \lambda_1 \lambda_2 \lambda_d \mu e^{-\lambda_1 t_1} e^{-\lambda_2 t_2} e^{-\lambda_d t_d} e^{-\mu x} dt_1 dt_2 dt_d dx \\
&= \int_0^t \lambda_1 e^{-\lambda_1 t_1} (1 - e^{-\lambda_d t_1}) dt_1 + \int_0^t \lambda_1 e^{-\lambda_1 t_1} e^{-\lambda_d t_1} (1 - e^{-\mu t_1}) dt_1 + \\
&\quad \int_0^t \lambda_1 e^{-\lambda_1 t_1} e^{-\lambda_d t_1} e^{-\mu t_1} [1 - e^{-\lambda_2 (t - t_1)}] dt_1 \\
&= 1 - e^{-\lambda_1 t} - \frac{1}{\lambda_d + \mu + \lambda_1 - \lambda_2} [e^{-\lambda_2 t} - e^{-(\lambda_d + \mu + \lambda_1) t}]
\end{aligned}
$$

$$R_S(t) = e^{-\lambda_1 t} + \frac{1}{\lambda_d + \mu + \lambda_1 - \lambda_2} [e^{-\lambda_2 t} - e^{-(\lambda_d + \mu + \lambda_1) t}]$$

$$m_S = \frac{1}{\lambda_1} + \frac{\lambda_1}{\lambda_2 (\lambda_1 + \lambda_d + \mu)}$$

假如备用单元 2 的贮备寿命与工作寿命的失效率一样，即 $\mu = \lambda_2$，则系统的可靠度和平均寿命为

$$R_S(t) = e^{-\lambda_1 t} + \frac{1}{\lambda_d + \lambda_1} [e^{-\lambda_2 t} - e^{-(\lambda_d + \lambda_1 + \lambda_2) t}]$$

$$m_S = \frac{1}{\lambda_1} + \frac{\lambda_1}{\lambda_2 (\lambda_1 + \lambda_2 + \lambda_d)}$$

当转换开关的可靠度为常数 R_d 时，类似地有

$$
\begin{aligned}
1 - R_S(t) &= P(T_1 \leqslant t,\ X < T_1) + (1 - R_d) P(T_1 \leqslant t,\ X > T_1) + \\
&\quad R_d P(T_1 + T_2 \leqslant t,\ X > T_1) \\
&= \int_0^t \lambda_1 e^{-\lambda_1 t_1} (1 - e^{-\mu t_1}) dt_1 + (1 - R_d) \int_0^t \lambda_1 e^{-\lambda_1 t_1} e^{-\mu t_1} dt_1 + \\
&\quad R_d \int_0^t \lambda_1 e^{-\lambda_1 t} e^{-\mu t_1} [1 - e^{-\lambda_2 (t - t_1)}] dt_1 \\
&= 1 - e^{-\lambda_1 t} - R_d \frac{\lambda_1}{\mu + \lambda_1 - \lambda_2} [e^{-\lambda_2 t} - e^{-(\mu + \lambda_2) t}]
\end{aligned}
$$

所以，系统的可靠度和平均寿命是

$$R_S(t) = e^{-\lambda_1 t} + R_d \frac{\lambda_1}{\mu + \lambda_1 - \lambda_2} [e^{-\lambda_2 t} - e^{-(\mu + \lambda_1) t}]$$

$$m_S = \frac{1}{\lambda_1} + R_d \frac{\lambda_1}{(\lambda_1 + \mu) \lambda_2}$$

特别当转换开关完全可靠，即 $\lambda_d=0$ 或 $R_d=1$ 时，以上公式与 7.2.5.1 中结果一致。

7.2.6 单元的失效率依赖于系统工作单元数

在实践中，经常遇到单元的失效率与系统中工作单元数有关的情况，最简单的例子是两个单元并联系统。当两个单元同时工作时，加于系统的负载由这两个单元平均分担。如造成每个单元的失效率都为 λ，而当其中一个单元失效、另一个单元工作时，系统的负载完全加在工作单元上，造成这工作单元的失效率就不是 λ，可能是 2λ 或其他值。这就不是前面讨论的并联系统了。

如系统由 n 个单元并联组成，在初始时刻，系统有 n 个单元同时工作，n 个单元中有一个单元失效的失效率为 λ_n，即从 n 个单元同时开始工作，到首次发生一个单元失效的时间分布为 $1-e^{-\lambda_n t}$。当一个部件失效后，系统有 $n-1$ 个单元工作，这 $n-1$ 个单元中有一个单元失效的失效率为 λ_{n-1}。一般，当系统有 i 个单元工作，其中有一个单元失效的失效率为 λ_i（$i=1, 2, \cdots, n$）。直到 n 个单元全部失效，系统失效。下面来分析这个系统的可靠度和平均寿命。

把上述系统的寿命 T 看成是 n 个相互独立的随机变量 $X_1+X_2+\cdots+X_n$ 之和，其中 X_i 表示系统有 i 个单元同时工作的时间间隔，由前面假设知

$$P(X_i \leqslant t) = 1 - e^{-\lambda_1 t}$$

而系统的可靠度为

$$R_S(t) = P(X_1 + X_2 + \cdots + X_n > t)$$

$$m_S = E(T) = E(X_1 + X_2 + \cdots + X_n) = \sum_{k=1}^{n} \frac{1}{\lambda_k}$$

7.2.6.1 系统由 n 个可靠度都为 $e^{-\lambda t}$ 的单元并联组成

设 X_i 是指系统中有 i 个单元同时工作的时间间隔，由于指数分布在任何时刻失效率都为 λ，所以在 i 个工作的单元中，其中有一个失效的失效率为 $i\lambda$，因此 X_i 的分布函数为

$$P(X_i \leqslant t) = 1 - e^{-i\lambda t}, \qquad i = 1, 2, \cdots, n$$

由指数分布的无记忆性，在任何时刻未失效的单元可以看成是重新开始工作的单元。所以，i 个单元同时工作的时间间隔 X_i 与 k 个（$k\neq i$）单元同时工作的时间间隔 X_k 是相互独立的，而系统的寿命 $T=X_1+X_2+\cdots+X_n$。由卷积公式可以求出此系统的可靠度，但这条路径是比较复杂的。另一方面，这个系统实际上是 n 个相同单元的并联系统，其系统可靠度和平均寿命由式（7-6）和式（7-8）给出。因而上述系统的可靠度和平均寿命分别为

$$R_S(t) = P(X_1 + X_2 + L + X_n > t) = 1 - (1 - e^{-\lambda t})^n$$

$$m_S = \frac{1}{\lambda} \sum_{i=1}^{n} \frac{1}{i}$$

7.2.6.2 系统由 n 个单元并联组成

当系统有 n 个单元工作时，其中有一个单元失效，其失效率为 λ；有 $n-1$ 个单元工作时，其中有一个单元失效的失效率为 2λ；一般，当系统有 i 个单元工作时，其中有一个单元失效的失效率为 $(n - i + 1)\lambda(1 \leqslant i \leqslant n)$。直到 n 个单元都失效时，系统失效。因而系统中有 i 个单元同时工作的时间间隔分布函数为

$$P(X_i \leqslant t) = 1 - e^{-(n-i+1)\lambda t} \quad 1 \leqslant i \leqslant n$$

而系统的寿命 $T=X_1+X_2+\cdots+X_n$ 与情况 7.2.6.1 中的寿命是完全一样的，因而系统的可靠度和平均寿命也为

$$R_S(t) = 1 - (1 - e^{-\lambda t})^n$$

$$m_S = \frac{1}{\lambda}\sum_{i=1}^{n}\frac{1}{i}$$

7.2.6.3　系统由 n 个部件并联组成

当系统有 n 个单元工作时，其中有一个单元失效的失效率为 λ；当系统剩下 i 个单元工作时（$1\leqslant i\leqslant n$），把同样的负载由 i 个单元分担，每个单元的失效率为$\frac{\lambda}{i}$。这样，i 个单元中，有一个单元失效的失效率仍为 $i\cdot\frac{\lambda}{i}=\lambda$。

当 n 个单元都失效时，系统失效。这是前面讨论一般情况中 $\lambda_i = \lambda(1 \leqslant i \leqslant n)$ 的情况，系统可靠度

$$R_S(t) = P(X_1 + X_2 + \cdots + X_n > t)$$

这也就是说，有 n 个相同单元的冷贮备系统，其中每个单元的可靠度是 λ。因此，由式（7-14）和式（7-15）知，系统可靠度和平均寿命分别为

$$R_S(t) = e^{-\lambda t}\sum_{k=0}^{n-1}\frac{(\lambda t)^k}{k!}$$

$$m_S = \frac{n}{\lambda}$$

7.2.7　桥式系统

在实际工作中，系统往往是比较复杂的。除了可以分解为串联、并联和混联系统外，有的系统不能简单地分解成串联、并联再进行计算。电桥电路就是典型的一种，称其为桥式系统[25]，其可靠性逻辑框图见图 7-12。本小节以桥式系统为例，说明复杂系统的可靠度计算法。

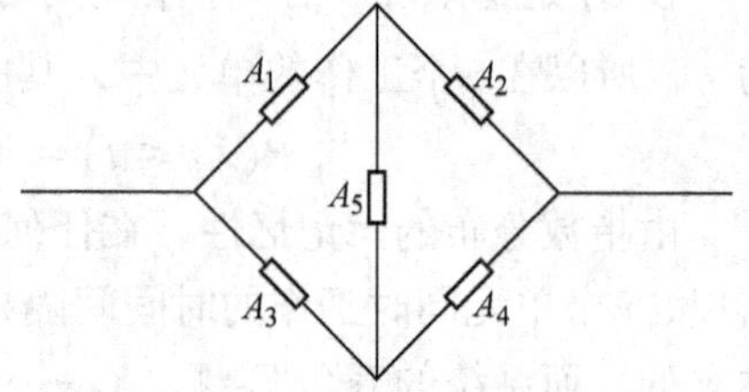

图 7-12　桥式系统逻辑框图

7.2.7.1　状态穷举法

状态穷举法又称布尔真值表法，是一种最直观的计算系统的可靠度方法。假定系统由 n 个单元组成，因为每个单元仅有两种可能状态，用 1 表示单元正常工作，0 表示单元失效。显然，n 个单元所构成的系统共有 2^n 个可能状态。对应其中的每一状态，系统也只有正常或失效两种状态。当 n 不大时，可以列出所有 2^n 个可能状态，以及相应系统的状态。以图 7-12 给出的电桥系统为例，此系统中共有 5 个单元，因而系统共有 $2^5=32$ 种状态。在这些状态中，如系统能正常工作，记作 $S(i)$，其中 i 表示在这个状态下，为保证系统正常工作所需要的单元正常工作的个数。系统失效记作 $F(i)$，其中 i 表示在这个状态下引起系统失效的失效单元的个数。

如 5 个单元的可靠度分别为

$$R_1 = 0.8,\ R_2 = 0.7,\ R_3 = 0.8,\ R_4 = 0.7,\ R_5 = 0.9$$

用这些数据可以计算系统处于 $S(i)$ 状态发生的概率。32 种状态及系统所处情况列于表 7-2。

表 7-2 桥式系统状态表

系统状态编号	单元工作状态					系统状态	概率
	A_1	A_2	A_3	A_4	A_5		
1	0	0	0	0	0	F (5)	
2	0	0	0	0	1	F (4)	
3	0	0	0	1	0	F (4)	
4	0	0	0	1	1	F (3)	
5	0	0	1	0	0	F (4)	
6	0	0	1	0	1	F (3)	
7	0	0	1	1	0	S (2)	0.00336
8	0	0	1	1	1	S (3)	0.03024
9	0	1	0	0	0	F (4)	
10	0	1	0	0	1	F (4)	
11	0	1	0	1	0	F (3)	
12	0	1	0	1	1	F (2)	
13	0	1	1	0	0	F (3)	
14	0	1	1	0	1	S (3)	0.03024
15	0	1	1	1	0	S (3)	0.00784
16	0	1	1	1	1	S (4)	0.07056
17	1	0	0	0	0	F (4)	
18	1	0	0	0	1	F (3)	
19	1	0	0	1	0	F (3)	
20	1	0	0	1	1	S (3)	0.03024
21	1	0	1	0	0	F (3)	
22	1	0	1	0	1	F (2)	
23	1	0	1	1	0	S (3)	0.01344
24	1		1	1	1	S (4)	0.12096
25	1		0	0	0	S (2)	0.00336
26	1	1	0	0	1	S (3)	0.03024
27	1	1	0	1	0	S (3)	0.00784
28	1	1	0	1	1	S (4)	0.07056
29	1	1	1	0	0	S (3)	0.01344
30	1	1	1	0	1	S (4)	0.12096
31	1	1	1	1	0	S (4)	0.03136
32	1	1	1	1	1	S (5)	0.28224

由表 7. 1 可知，系统正常工作这一事件可以表示为下列互不相容事件的和：

$$A=\bar{A}_1\bar{A}_2A_3A_4\bar{A}_5\cup\bar{A}_1\bar{A}_2A_3A_4A_5\cup\bar{A}_1A_2A_3\bar{A}_4A_5\cup\bar{A}_1A_2A_3A_4\bar{A}_5\cup$$
$$\bar{A}_1A_2A_3A_4A_5\cup A_1\bar{A}_2\bar{A}_3A_4A_5\cup A_1\bar{A}_2A_3A_4\bar{A}_5\cup\bar{A}_1\bar{A}_2A_3A_4A_5\cup$$
$$A_1A_2\bar{A}_3\bar{A}_4\bar{A}_5\cup A_1A_2\bar{A}_3\bar{A}_4A_5\cup A_1A_2\bar{A}_3A_4\bar{A}_5\cup A_1A_2\bar{A}_3A_4A_5\cup$$
$$A_1A_2A_3\bar{A}_4\bar{A}_5\cup A_1A_2A_3\bar{A}_4A_5\cup A_1A_2A_3A_4\bar{A}_5\cup A_1A_2A_3A_4A_5,$$

系统的可靠度即为这些事件概率之和。这些事件发生的概率列于表 7-1 中的最后一列，因而把这些数字加起来即可得系统的可靠度

$$R_S(t)=0.00336+0.03024+0.03024+\cdots+0.03136+0.28224=0.86688$$

如果系统处于失效状态 $F(i)$ 比处于工作状态数少，则可先计算系统的不可靠度 F_S，然后由 $R_S=1-F_S$ 计算出系统的可靠度。

状态穷举法原理简单，容易掌握，但当系统中单元个数 n 较大时，计算量也大，此时要借助于电子计算机进行计算。

7.2.7.2　分解法

分解法是选出系统中的主要单元以简化系统，然后按这个单元处于正常与失效两种状态，再用全概率公式计算系统的可靠度。设被选出的单元为 A_X，其可靠度为 $R_X(t)$，不可靠度为 $F_X(t)$，由全概率公式

$$P(A)=P(A_X)P(A\mid A_X)+P(\bar{A}_X)P(A\mid\bar{A}_X)$$

可知，系统的可靠度为

$$R_S(t)=R_X(t)R(S\mid R_X(t))+F_X(t)R(S\mid F_X(t))$$

式中，$R(S\mid R_X(t))$ 表示单元 A_X 在 t 时工作的条件下，系统能正常工作的概率；$R(S\mid F_X(t))$ 表示单元 A_X 在 t 时失效的条件下，系统能正常工作的概率。

如果巧妙地选择单元 A_X，系统可靠度就能很简单地计算得到。以桥式系统为例，选单元 A_X 为 A_5，则当 A_5 正常工作时，系统简化成图 7-13（a）；当 A_5 失效时，系统简化成图 7-13（b）。因而系统正常工作的事件 A 与单元

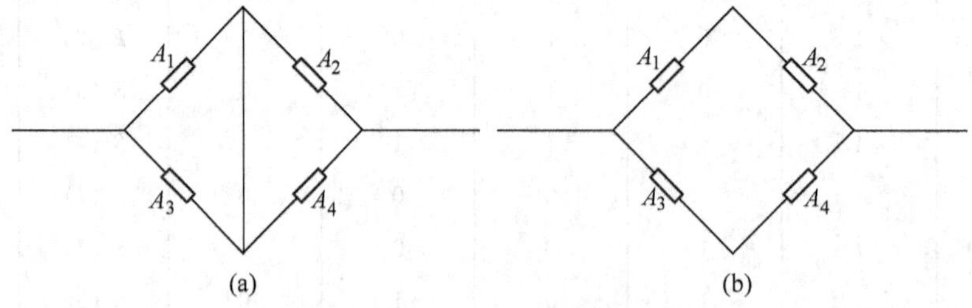

图 7-13　A_5 逻辑框图

（a）A_5 正常逻辑框图；（b）A_5 失效逻辑框图

$A_i(i=1,2,\cdots,5)$ 正常工作事件关系如下：

$$A=A_5(A_1\cup A_3)\cdot(A_2\cup A_4)\cup\bar{A}_5(A_1A_2\cup A_3A_4)$$

而系统的可靠度为

$$R_S(t)=R_5(t)[1-F_1(t)F_3(t)][1-F_2(t)F_4(t)]+F_5(t)[R_1(t)R_2(t)+R_3(t)R_4(t)-R_1(t)R_2(t)R_3(t)R_4(t)]$$

如果在某时刻五个单元的可靠度如前，即

$$R_1=0.8,\ R_2=0.7,\ R_3=0.8,\ R_4=0.7,\ R_5=0.9$$

则由这一公式可计算得

$$R_S=0.9\times0.96\times0.91+0.1\times(0.56+0.56-0.3136)=0.86688$$

这个结果与状态穷举法所计算的结果一致。这个方法似乎很简单，但选择 A_X 单元非常重要，它必须是系统中主要单元，且与其他单元联系最多，这样才能达到简化计算的目的。如选得不好，非但不能简化计算，还可能得出错误的结果。对于很复杂的系统，这个方法也无能为力，因为选出一个 A_X 后，剩下的系统仍很复杂，难以直接计算系统可靠度。

7.2.7.3 路径穷举法

路径穷举法类似于状态穷举法，所不同的这里是根据系统逻辑框图，将所有能使系统正常工作的路径（又称支路）一一列出，再利用概率的加法定理和乘法定理来计算系统的可靠度。

若使系统能正常工作的支路有 N 条，并用 B_i 表示第 i 条支路在 t 时正常工作事件，注意事件 B_1，B_2，…，B_n 是可以同时发生且不是相互独立的。系统的可靠度为

$$R_S(t)=P(\bigcup_{i=1}^{N}B_i)=\sum_{i=1}^{N}P(B_i)-\sum_{i<j=1}^{N}P(B_iB_j)+\sum_{i<j<k=1}^{N}P(B_iB_jB_k)-\cdots+(-1)^{N-1}P(B_1B_2\cdots B_N)$$

如桥式系统中使系统能正常工作的支路有四条，

$$B_1=A_1A_2,\ B_2=A_3A_4,\ B_3=A_1A_4A_5,\ B_4=A_2A_3A_5$$

则系统可靠度为

$$\begin{aligned}R_S(t)&=P(B_1\cup B_2\cup B_3\cup B_4)\\&=\sum_{i=1}^{4}P(B_i)-\sum_{i<j=1}^{4}P(B_iB_j)+\sum_{1<i<j<k=1}^{4}P(B_iB_jB_k)-P(B_1B_2B_3B_4)\\&=P(A_1A_2)+P(A_3A_4)+P(A_1A_4A_5)+P(A_2A_3A_5)-\\&\quad P(A_1A_2A_3A_4)-P(A_1A_2A_4A_5)-P(A_1A_2A_3A_5)-\\&\quad P(A_1A_3A_4A_5)-P(A_2A_3A_4A_5)-P(A_1A_2A_3A_4A_5)+\\&\quad P(A_1A_2A_3A_4A_5)+P(A_1A_2A_3A_4A_5)+P(A_1A_2A_3A_4A_5)+\\&\quad P(A_1A_2A_3A_4A_5)-P(A_1A_2A_3A_4A_5)\end{aligned}$$

为了便于计算，特别是便于在计算机上计算，假设单元 A_i 在某条支路 B_j 上时用“1”表示，不在支路上时用“0”表示，这样每条支路都可用“1”、“0”表示出来。同样，根据 B_iB_j 由哪些单元组成，也可用“1”、“0”表示。$B_1B_2\cdots B_N$ 也可用“1”、“0”表示，并将结果都列于表中。桥式系统的路径穷举法计算表格见表 7-3。

表 7-3　路径穷举法计算表格

事　件	A_1 0.8	A_2 0.7	A_3 0.8	A_4 0.7	A_5 0.9	符 号	概　率
B_1	1	1	0	0	0	+	0.56
B_2	0	0	1	1	0	+	0.56
B_3	1	0	0	1	1	+	0.504
B_4	0	1	1	0	1	+	0.504
B_1B_2	1	1	1	1	0	−	0.3136
B_1B_3	1	1	0	1	1	−	0.3528
B_1B_4	1	1	1	0	1	−	0.4032
B_2B_3	1	0	1	1	1	−	0.4032
B_2B_4	0	1	1	1	1	−	0.3528
B_3B_4	1	1	1	1	1	−	0.28224
$B_1B_2B_3$	1	1	1	1	1	+	0.28224
$B_1B_2B_4$	1	1	1	1	1	+	0.28224
$B_1B_3B_4$	1	1	1	1	1	+	0.28224
$B_2B_3B_4$	1	1	1	1	1	+	0.28224
$B_1B_2B_3B_4$	1	1	1	1	1	−	0.28224

前式中最后一列是 A_i 发生的概率，分别是 $P(A_1)=0.8$、$P(A_2)=0.7$、$P(A_3)=0.8$、$P(A_4)=0.7$、$P(A_5)=0.9$ 时，事件 B_i、B_iB_j、$B_iB_jB_k$、$B_1B_2B_3B_4$ 等发生的概率。+/−符号表示这一行概率在计算系统可靠度时是应加上还是应减去。求表中最后一列的代数和，系统可靠度为

$$R_S=0.86688$$

此结果与前两种方法计算结果一致，路径穷举法的计算量比状态穷举法小。

7.3　可修复系统

在工作中，为了改善系统的可靠性，经常采用维修手段。可维修系统由一些单元及一个或多个修理工（修理设备）组成。在系统发生故障后，修理工立刻寻找故障的部位并进行修理，到最后验证系统已确实恢复到原来的工作状态，这一系列的工作就称为修复过程。由于故障发生的原因、部位和系统所处的环境以及修理工的技术水平等不同，因而修复所需要的时间是一个随机变量。可修复系统是系统可靠性理论的一个重要部分。研究可修复系统所用的主要数学工具是随机过程理论。当构成系统的各单元的寿命分布和发生故障后修复时间的分布以及其他出现的有关分布都为指数分布时，这样的系统通常可以用马尔可夫过程来描述。本节将简单介绍马尔可夫过程的有关概念，及其在计算可修复系统的可靠性指标中的应用。可修复系统的可靠性指标主要有系统首次故障前时间分布、系统的有效度 $A(t)$、系统的平均寿命 m_S 和平均修复时间 r_S 等。

7.3.1 马尔可夫过程的基本概念

一个随机过程 $\{X(t);\ t \in T\}$，实际上是一族随机变量，即对指标集 T 中每一个 t，$X(t)$ 是一个随机变量。在可靠性研究中，指标集中变量即为时间，而 $X(t)$ 代表在时间 t 时系统的状态。例如某一系统，它只有正常工作状态（R）与故障状态（F）两种情况。当系统是可修复时，处于 R 状态的系统由于出故障就会转移到 F 状态，而处于 F 状态的系统通过修复又会恢复到 R 状态。这种由一种状态转移到另一状态的情况完全是随机的。这种状态间随机转移的过程称为随机过程，实质上是一个随时间 t 变化的随机变量。随机变量 $X(t)$ 可能取值的全体，称为随机过程的状态空间。

在一个随机过程中，如果由一种状态转移到另一种状态的转移概率只与现在处于什么状态有关，而与在这时刻以前所处的状态完全无关，即这种转移概率只与现在状态有关，与有限次以前的状态完全无关。这种过程就称为马尔可夫过程。即如果随机过程 $X(t)$ 对时间集合 T 中任何 n 个时间 $t_1 < t_2 < \cdots < t_n$ 和任何 n 个实数 $x_1,\ x_2,\ \cdots,\ x_n$，有

$$
\begin{aligned}
& P(X(t_n) = x_n \mid X(t_1) = x_1,\ X(t_1) = x_2,\ \cdots,\ X(t_{n-1}) = x_{n-1}) \\
= & P(X(t_n) = x_n \mid X(t_{n-1}) = x_{n-1})
\end{aligned}
$$

则称 $X(t)$ 为马尔可夫过程。

若 $X(t)$ 是马尔可夫过程，且 $X(t)$ 是离散型随机变量，这种状态空间是离散的马尔可夫过程，称为马尔可夫链。若一个马尔可夫链 $X(t)$ 的有限状态空间是 $S = \{0,\ 1,\ \cdots,\ N\}$，要掌握这个马尔可夫链的统计规律性，就应给出分布列

$$P(X(t) = j) A P_j(t) \quad j = 0,\ 1,\ 2,\ \cdots,\ N$$

而要求得 t 时刻马尔可夫链 $X(t)$ 处于状态 j 的概率 $P_j(t)$，往往需要知道过程从一个状态转移到另一个状态的转移概率

$$P(X(t + u) = j \mid X(u) = i)$$

若一个马尔可夫链 $X(t)$，从 u 时处于状态 i，转移到 $t+u$ 时处于状态 j 的转移概率与转移的起始时间 u 无关，即

$$P(X(t + u) = j \mid X(u) = i) = P(X(t) = j \mid X(0) = i) \triangleq P_{ij}(t)$$

则称此马尔可夫链是齐次的，$P_{ij}(t)$ 是齐次马尔可夫链在 t 这段时间内从状态 i 转移到状态 j 的转移概率。如假设

$$
\begin{aligned}
& P_{ij}(\Delta t) = P(X(t + \Delta t) = j \mid X(t) = i) = a_{ij}\Delta t + o(\Delta t) \\
& i \neq j,\ i,\ j = 0,\ 1,\ \cdots,\ N
\end{aligned} \tag{7-16}
$$

式中，$a_{ij}(i \neq j,\ i,\ j = 0,\ 1,\ \cdots,\ N)$ 为给定的常数，$o(\Delta t)$ 为 Δt 的高阶无穷小量。

由于马尔可夫链从 t 时处于状态 j，到 $t+\Delta t$ 时总要转移到且只能转移到状态 $0,\ 1,\ \cdots,\ N$ 中的一个，所以有

$$
\begin{aligned}
& P_{j0}(\Delta t) + P_{j1}(\Delta t) + \cdots + P_{jj}(\Delta t) + P_{jj+1}(\Delta t) + \cdots + P_{jN}(\Delta t) \\
= & \sum_{k=0}^{N} P_{jk}(\Delta t) = 1
\end{aligned}
$$

因而由式（7-16）得

$$
\begin{aligned}
P_{jj}(\Delta t) &= P(X(t + \Delta t) = j \mid X(t) = j) \\
&= 1 - \sum_{k \neq j} a_{jk}\Delta t + o(\Delta t)
\end{aligned}
$$

用全概率公式得

$$P_j(t+\Delta t)=\sum_{i=0}^{N}P_i(t)P(X(t+\Delta t)=j\mid X(t)=i)$$

$$=P_j(t)\left(1-\sum_{k\neq j}a_{jk}\Delta t\right)+\sum_{k\neq j}P_k(t)a_{kj}\Delta t+o(\Delta t)\quad j=0,\ 1,\ \cdots,\ N$$

将右边 $P_j(t)$ 移到左边，两边同除 Δt，得

$$\frac{P_j(t+\Delta t)-F_j(t)}{\Delta t}=\left(-\sum_{k\neq j}a_{jk}\right)P_j(t)+\sum_{k\neq j}a_{kj}P_k(t)+o(1)\quad j=0,\ 1,\ \cdots,\ N$$

当 $\Delta t\to 0$ 时，可得 $N+1$ 个微分方程组成的微分方程组

$$P'_j(t)=\left(-\sum_{k\neq j}a_{jk}\right)P_j(t)+\sum_{k\neq j}a_{kj}P_K(t)\quad j=0,\ 1,\ \cdots,\ N$$

用矩阵的形式可表示为

$$\begin{pmatrix}P'_0(t)\\P'_1(t)\\\vdots\\P'_N(t)\end{pmatrix}=\begin{pmatrix}-\sum\limits_{k\neq 0}a_{0k} & a_{10} & \cdots & a_{N0}\\ a_{01} & -\sum\limits_{k\neq 1}a_{1k} & \cdots & a_{N1}\\ \vdots & \vdots & \cdots & \vdots\\ a_{0N} & a_{1N} & \cdots & -\sum\limits_{k\neq N}a_{Nk}\end{pmatrix}\begin{pmatrix}P_0(t)\\P_1(t)\\\vdots\\P_N(t)\end{pmatrix}\tag{7-17}$$

根据式（7-16），微分方程组系数矩阵中的元素是

$$C_{ij}=a_{ij}=\lim_{\Delta t\to 0}\frac{P_{ij}(\Delta t)}{\Delta t}\qquad i\neq j;\ i,\ j=0,\ 1,\ \cdots,\ N$$

$$C_{jj}=-\sum_{k\neq j}a_{jk}=\lim_{\Delta t\to 0}\frac{P_{jj}(\Delta t)-1}{\Delta t}\quad j=0,\ 1,\ \cdots,\ N\tag{7-18}$$

且有

$$\sum_{j=0}^{N}C_{ij}=\lim_{\Delta t\to 0}\frac{\sum\limits_{i\neq j}P_{ij}(\Delta t)+P_{jj}(\Delta t)-1}{\Delta t}=0$$

由微分方程组（7-17）虽然可以求解 $P_0(t)$，$P_1(t)$，…，$P_N(t)$，但解的过程是比较麻烦的。在工程上特别感兴趣的是 $t\to\infty$ 时 $P_j(t)$ 的极限概率 P_j，$j=0$，1，…，N。这是马尔可夫链 $X(t)$ 在平稳状态下的概率分布。下面不给证明地给出一个结论。

定理：若 $\lim\limits_{t\to 0}P_{ij}(t)=\delta_{ij}$，则

$$\lim_{t\to\infty}P_{ij}(t)=\pi_{ij}$$

存在，从而

$$\lim_{t\to\infty}P_j(t)=P_j\quad j=0,\ 1,\ \cdots,\ N$$

存在，且

$$\lim_{t\to\infty}P'_j(t)=0\quad j=0,\ 1,\ \cdots,\ N$$

由定理结论可知，当 $t\to\infty$ 时，微分方程组（7-17）化成线性方程组

$$\begin{pmatrix} -\sum\limits_{k\neq 0} a_{0k} & a_{10} & \cdots & a_{N0} \\ a_{01} & -\sum\limits_{k\neq 1} a_{1k} & \cdots & a_{N1} \\ \vdots & \vdots & \vdots & \vdots \\ a_{0N} & a_{1N} & \cdots & -\sum\limits_{k\neq N} a_{Nk} \end{pmatrix} \begin{pmatrix} p_0 \\ p_1 \\ \vdots \\ p_N \end{pmatrix} = \begin{pmatrix} 0 \\ 0 \\ \vdots \\ 0 \end{pmatrix} \tag{7-19}$$

由此线性方程组及关系式

$$p_0 + p_1 + \cdots + p_N = 1$$

可以解出

$$p_0, p_1, \cdots, p_N$$

下面，将上述齐次马尔可夫链的有关结果用到可修复系统。假设一个可修复系统有 N+1 个状态，其中状态 0，1，…，k 是系统工作的状态；k+1，…，N 是系统失效的状态。如描述系统的马尔可夫链的状态空间为

$X(t)=j$，时刻 t 时，系统处于状态 j，j=0，1，…，N。

且此马尔可夫链是齐次的，各状态间的转移概率可用公式（7-18）描述，则系统在 t 时处于状态 j 的概率

$$P_j(t) = P(X(t)=j) \quad j = 0, 1, \cdots, N$$

可用微分方程组（7-17）解得，而系统在 t 时的瞬时有效度为

$$A(t) = \sum_{j=0}^{k} P(X(t)=j) = \sum_{j=0}^{k} P_j(t) \tag{7-20}$$

在平稳状态下，即当 $t\to\infty$ 时，系统处于状态 j 的概率

$$p_j = \lim_{t\to\infty} P(X(t)=j) \quad j = 0, 1, \cdots, N$$

可用线性方程组（7-19）解得，系统的有效度为

$$A = \sum_{j=0}^{k} p_j \tag{7-21}$$

而系统的平均寿命 m_S（平均工作时间）、平均修复时间 r_S（平均停工时间）分别为

$$m_S = \frac{\sum\limits_{i=0}^{k} p_i}{\sum\limits_{i=0}^{k}\left(p_i \sum\limits_{j=k+1}^{N} a_{ij}\right)} = \frac{\sum\limits_{i=0}^{k} p_i}{\sum\limits_{i=k+1}^{N}\left(p_i \sum\limits_{j=0}^{k} a_{ij}\right)} \tag{7-22}$$

$$r_S = \frac{\sum\limits_{i=k+1}^{N} p_i}{\sum\limits_{i=k+1}^{N}\left(p_i \sum\limits_{j=0}^{k} a_{ij}\right)} = \frac{\sum\limits_{i=k+1}^{N} p_i}{\sum\limits_{i=0}^{k}\left(p_i \sum\limits_{j=k+1}^{N} a_{ij}\right)} \tag{7-23}$$

关于式（7-22）和式（7-23）的推导，可参阅相关文献。

7.3.2 一个单元的可修复系统

假如系统是由一个单元和一个修理工组成，此时单元工作，系统亦工作；单元失效，系统也就失效。若系统处于修复状态，则当单元修复后，单元重新开始工作，系统也就处

于工作状态了。

假设单元的寿命分布函数为

$$F(t) = P(T \leqslant t) = 1 - \mathrm{e}^{-\lambda t} \quad t > 0$$

式中，λ 为失效率。

单元失效后的修复时间分布函数为

$$G(t) = P(\tau \leqslant t) = 1 - \mathrm{e}^{-\mu t} \quad t > 0$$

式中，μ 为修复率。

假定单元的寿命 T 和修复时间 τ 相互独立，单元修复后的寿命分布与新的单元是一样的。系统可由工作和失效两个状态不断交替的过程来描述。假定用状态“0”表示系统正常工作，用状态“1”表示系统失效，并用 $X(t)$ 表示系统在 t 时刻的状态，因此有

$$X(t) = \begin{cases} 0 & \text{时刻 } t \text{ 时系统工作} \\ 1 & \text{时刻 } t \text{ 时系统失效} \end{cases}$$

$X(t)$ 是一个马尔可夫链，我们关心的是这个随机变量 $X(t)$ 的分布。由于 $X(t)$ 只取两个状态，所以即要求

$$P_1(t) = P(X(t) = 1)\text{；}\ P_0(t) = P(X(t) = 0)$$

由指数分布无记忆性的特点

$$P(T > t + \Delta t \mid T > t) = \frac{P(T > t + \Delta t,\ T > t)}{P(T > t)} = \frac{P(T > t + \Delta t)}{P(T > t)}$$

$$= \frac{\mathrm{e}^{-\lambda(t+\Delta t)}}{\mathrm{e}^{-\lambda t}} = \mathrm{e}^{-\lambda \Delta t} = P(T > \Delta t)$$

因而有

$$\begin{aligned} P(X(t + \Delta t) = 0 \mid X(t) = 0) &= P(T > t + \Delta t \mid T > t) \\ &= P(T > \Delta t) = P(X(\Delta t) = 0 \mid X(0) = 0) \end{aligned}$$

$$\begin{aligned} P(X(t + \Delta t) = 1 \mid X(t) = 0) &= 1 - P(X(t + \Delta t) = 0 \mid X(t) = 0) \\ &= 1 - P(X(\Delta t) = 0 \mid X(0) = 0) = P(X(\Delta t) = 1 \mid X(0) = 0) \end{aligned}$$

由于此系统修复时间 τ 也服从指数分布，所以类似地有

$$\begin{aligned} P(X(t + \Delta t) = 1 \mid X(t) = 1) &= P(\tau > t + \Delta t \mid \tau > t) \\ &= P(\tau > \Delta t) = P(X(\Delta t) = 1 \mid X(0) = 1) \end{aligned}$$

$$P(X(t + \Delta t) = 0 \mid X(t) = 1) = P(X(\Delta t) = 0 \mid X(t) = 1)$$

可见此马尔可夫链是齐次的。一般当组成系统的单元的寿命分布和修复时间分布都是指数分布时，系统可以用一个齐次的马尔可夫链描述。

为求 $P_0(t)$ 和 $P_1(t)$，考虑系统从 t 时到 $t+\Delta t$ 时的转移概率。

$$P_{00}(\Delta t) = P(X(t + \Delta t) = 0 \mid X(t) = 0) = P(T > \Delta t) = \mathrm{e}^{-\lambda \Delta t} = 1 - \lambda \Delta t + o(\Delta t)$$

$$P_{01}(\Delta t) = P(X(t + \Delta t) = 1 \mid X(t) = 0) = 1 - P_{00}(\Delta t) = 1 - \mathrm{e}^{-\lambda \Delta t} = \lambda \Delta t + o(\Delta t)$$

$$P_{11}(\Delta t) = P(X(t + \Delta t) = 1 \mid X(t) = 1) = P(\tau > \Delta t) = \mathrm{e}^{-\mu \Delta t} = 1 - \mu \Delta t + o(\Delta t)$$

$$P_{10}(\Delta t) = P(X(t + \Delta t) = 0 \mid X(t) = 1) = 1 - P_{11}(\Delta t) = 1 - \mathrm{e}^{-\mu \Delta t} = \mu \Delta t + o(\Delta t)$$

可见各状态间的转移概率符合式（7-18），因而可用微分方程组（7-17）求解 $P_0(t)$、

$P_1(t)$。事实上，由全概率公式

$$\begin{aligned}P_1(t+\Delta t) &= P(X(t+\Delta t)=1)\\ &= P_{11}(\Delta t)\cdot P(X(t)=1)+P_{01}(\Delta t)P(X(t)=0)\\ &= [1-\mu\Delta t+o(\Delta t)]P_1(t)+[\lambda\Delta t+o(\Delta t)]P_0(t)\end{aligned}$$

于是

$$\frac{P_1(t+\Delta t)-P_1(t)}{\Delta t}=-\mu P_1(t)+\lambda P_0(t)+\frac{o(\Delta t)}{\Delta t}$$

令 $\Delta t\to 0$，则得

$$P_1'(t)=-\mu P_1(t)+\lambda P_0(t)$$

同理可得

$$P_0'(t)=\mu P_1(t)-\lambda P_0(t) \tag{7-24}$$

这两个微分方程所组成的微分方程组，也可用矩阵形式表示

$$\begin{pmatrix}P'_0(t)\\ P'_1(t)\end{pmatrix}=\begin{pmatrix}-\lambda & \mu\\ \lambda & -\mu\end{pmatrix}\begin{pmatrix}P_0(t)\\ P_1(t)\end{pmatrix}$$

由方程（7-24）知

$$P'_1(t)=-\mu P_1(t)+\lambda(1-P_1(t))$$

$$P'_1(t)+(\lambda+\mu)P_1(t)-\lambda=0$$

这是一阶常系数线性微分方程，其通解为

$$\begin{aligned}P_1(t) &= \exp\left[-\int(\lambda+\mu)\mathrm{d}t\right]\left\{\lambda\exp\left[\int(\lambda+\mu)\mathrm{d}t\right]\mathrm{d}t+c\right\}\\ &= \mathrm{e}^{-(\lambda+\mu)t}\left(\frac{\lambda}{\lambda+\mu}\mathrm{e}^{(\lambda+\mu)t}+c\right)=\frac{\lambda}{\lambda+\mu}+c\mathrm{e}^{-(\lambda+\mu)t}\end{aligned}$$

而 $P_0(t)$ 的通解为

$$P_0(t)=\frac{\mu}{\lambda+\mu}-c\mathrm{e}^{-(\lambda+\mu)t}$$

（1）如 $t=0$（开始时刻），系统处于工作状态，即初始条件为

$$P_0(0)=1,\qquad P_1(0)=0,$$

则 $P_0(t)$ 和 $P_1(t)$ 的特解为

$$P_0(t)=\frac{\mu}{\lambda+\mu}+\frac{\lambda}{\lambda+\mu}\mathrm{e}^{-(\lambda+\mu)t}$$

$$P_1(t)=\frac{\lambda}{\lambda+\mu}-\frac{\lambda}{\lambda+\mu}\mathrm{e}^{-(\lambda+\mu)t}$$

由于 $P_0(t)=P(X(t)=0)$ 就是 t 时系统处于工作状态的概率，因而在这种情况下，系统的有效度为

$$A(t)=P_0(t)=\frac{\mu}{\lambda+\mu}+\frac{\lambda}{\lambda+\mu}\mathrm{e}^{-(\lambda+\mu)t}$$

（2）如 $t=0$（开始时刻），系统处于故障状态，即初始条件为

$$P_0(0)=0,\qquad P_1(0)=1$$

则 $P_0(t)$ 和 $P_1(t)$ 的特解为

$$P_0(t) = \frac{\mu}{\lambda + \mu} - \frac{\mu}{\lambda + \mu}\mathrm{e}^{-(\lambda+\mu)t}$$

$$P_1(t) = \frac{\lambda}{\lambda + \mu} + \frac{\mu}{\lambda + \mu}\mathrm{e}^{-(\lambda+\mu)t}$$

此时系统的有效度为

$$A(t) = \frac{\mu}{\lambda + \mu} - \frac{\mu}{\lambda + \mu}\mathrm{e}^{-(\lambda+\mu)t}$$

（3）如要求出平稳状态下系统的分布列和有效度，只要令 $t\to\infty$，则不管初始条件如何，都有

$$p_0 = \lim_{t\to\infty} p_0(t) = \frac{\mu}{\lambda + \mu}$$

$$p_1 = \lim_{t\to\infty} p_1(t) = \frac{\lambda}{\lambda + \mu}$$

$$A = p_0 = \frac{\mu}{\lambda + \mu}$$

这意味着，在系统已经运行了很长一段时间后，系统所处的状态与开始状态无关，而是处于平稳状态下。

由于系统是由一个单元组成的，所以单元的寿命分布即为系统的首次故障时间分布

$$F(t) = 1 - \mathrm{e}^{-\lambda t}$$

系统的平均寿命和平均修复时间分别为

$$m_{\mathrm{S}} = \frac{1}{\lambda},\quad r_{\mathrm{S}} = \frac{1}{\mu}$$

7.3.3　可修复的串联系统

7.3.3.1　n 个相同单元、一个修理工的情况

系统由一个修理工和 n 个相同单元串联组成，每个单元的寿命 T_i 的分布函数皆为 $1-\mathrm{e}^{-\lambda t}$，失效后每个单元修复时间 τ_i 的分布函数皆为 $1-\mathrm{e}^{-\mu t}$，$i=1, 2, \cdots, n$。若 n 个单元都正常工作时，系统处于工作状态，当某个单元失效时，系统就失效，此时，一个修理工立即对失效的部件进行修理，其余单元停止工作。失效的单元修复后，所有单元立即进入工作状态，此时系统进入工作状态。令

$$X(t) = \begin{cases} 0 & \text{时刻 } t \text{ 时系统工作} \\ 1 & \text{时刻 } t \text{ 时系统失效} \end{cases}$$

则 $X(t)$ 是一个马尔可夫链，考虑求 $X(t)$ 的分布列。假如随机变量 T_i、τ_i（$i=1, 2, \cdots, n$）都相互独立，单元修复后的寿命分布仍为 $1-\mathrm{e}^{-\lambda t}$，则 $X(t)$ 是一个齐次马尔可夫链。考虑系统转移概率

$$\begin{aligned}
&P(X(t + \Delta t) = 0 \mid X(t) = 0) \\
&= P((t,\ t + \Delta t) \text{ 内 } n \text{ 个单元没有失效} \mid \text{时刻 } t \text{ 时 } n \text{ 个单元没有失效}) \\
&= P(T_1 > \Delta t,\ T_2 > \Delta t,\ \cdots T_n > \Delta t) = (\mathrm{e}^{-\lambda\Delta t})^n
\end{aligned}$$

$$= 1 - n\lambda\Delta t + o(\Delta t)$$

$$P(X(t+\Delta t)=1 \mid X(t)=0)$$

$= P((t,\ t+\Delta t)$ 内，n 个单元中至少有一个失效 | 时刻 t 时 n 个没有失效)

$= 1 - P(X(t+\Delta t)=0 \mid X(t)=0)$

$= n\lambda\Delta t + o(t)$

$$P(X(t+\Delta t)=1 \mid X(t)=1)$$

$= P((t,\ t+\Delta t)$ 内失效的单元没有修复 | 时刻 t 时至少有一个单元失效)

$= P(\tau > \Delta t) = e^{-\mu\Delta t} = 1 - \mu\Delta t + o(\Delta t)$

$$P(X(t+\Delta t)=0 \mid X(t)=1)$$

$= P((t,\ t+\Delta t)$ 内失效的单元修复 | 时刻 t 时有一个单元失效)

$= P(\tau \leqslant \Delta t)$

$= \mu\Delta t + o(\Delta t)$

与一个单元的可修复系统情况一样，利用全概率公式及 $\Delta t\to 0$ 的极限过程，可推导得

$$P_0'(t) = -n\lambda P_0(t) + \mu P_1(t)$$

$$P_1'(t) = n\lambda P_0(t) - \mu P_1(t)$$

解此微分方程，得通解

$$P_0(t) = \frac{\mu}{n\lambda+\mu} - ce^{-(n\lambda+\mu)t}$$

$$P_1(t) = \frac{n\lambda}{n\lambda+\mu} + ce^{-(n\lambda+\mu)t}$$

当初始条件为 $P_0(0)=0$、$P_1(0)=1$ 时，得特解

$$P_0(t) = \frac{\mu}{n\lambda+\mu} - \frac{\mu}{n\lambda+\mu}e^{-(n\lambda+\mu)t}$$

$$P_0(t) = \frac{n\lambda}{n\lambda+\mu} + \frac{\mu}{n\lambda+\mu}e^{-(n\lambda+\mu)t}$$

系统的有效度为

$$A(t) = \frac{\mu}{n\lambda+\mu} - \frac{\mu}{n\lambda+\mu}e^{-(n\lambda+\mu)t}$$

当初始条件为 $P_0(0)=1$、$P_1(0)=0$ 时，得特解

$$P_0(t) = \frac{\mu}{n\lambda+\mu} - \frac{n\lambda}{n\lambda+\mu}e^{-(n\lambda+\mu)t}$$

$$P_1(t) = \frac{n\lambda}{n\lambda+\mu} - \frac{n\lambda}{n\lambda+\mu}e^{-(n\lambda+\mu)t}$$

系统的有效度为

$$A(t) = \frac{\mu}{n\lambda+\mu} + \frac{n\lambda}{n\lambda+\mu}e^{-(n\lambda+\mu)t}$$

平稳状态下系统的有效度为

$$A(t) = p_0 = \frac{\mu}{n\lambda+\mu}$$

系统的平均寿命和平均修复时间分别为

$$m_S = \frac{1}{n\lambda}, \qquad r_S = \frac{1}{\mu}$$

7.3.3.2 两个不同单元、一个修理工的情况

系统由一个修理工和两个不同单元串联组成。每个单元的寿命 T_i 的分布函数为 $F_i(t) = 1-e^{-\lambda_i t}$，$i=1, 2$；失效后修复时间 τ_i 的分布函数为 $G_i(t) = 1-e^{-\mu_i t}$，$i=1, 2$；单元修复后寿命分布不变；单元处于什么状态是相互独立的？在这些假定条件下，系统可用一个齐次的马尔可夫链 $X(t)$ 描述，其状态空间为

$$X(t) = \begin{cases} 0 & \text{在时刻 } t\text{，两个单元都正常工作，系统工作} \\ 1 & \text{在时刻 } t\text{，第一个单元失效，第二个单元正常，系统修理} \\ 2 & \text{在时刻 } t\text{，第二个单元失效，第一个单元正常，系统修理} \end{cases}$$

在一个修理工的条件下，求概率

$$P_0(t) = P(X(t) = 0)$$
$$P_1(t) = P(X(t) = 1)$$
$$P_2(t) = P(X(t) = 2)$$

为此求从 t 到 $t+\Delta t$，系统各轴状态的转移概率

$$P(X(t+\Delta t) = 0 \mid X(t) = 0)$$
$$= P(T_1 > \Delta t, T_2 > \Delta t) = e^{-\lambda_1 \Delta t} \cdot e^{-\lambda_2 \Delta t} = 1 - (\lambda_1 + \lambda_2)\Delta t + o(\Delta t)$$
$$P(X(t+\Delta t) = i \mid X(t) = 0)$$
$$= P(T_i \leqslant \Delta t) = \lambda_i \Delta t + o(\Delta t) \quad i = 1, 2$$
$$P(X(t+\Delta t) = 0 \mid X(t) = i)$$
$$= P(\tau_i \leqslant \Delta t) = \mu_i \Delta t + o(\Delta t) \quad i = 1, 2$$
$$P(X(t+\Delta t) = i \mid X(t) = i)$$
$$= P(\tau_i > \Delta t) = 1 - \mu_i \Delta t + o(\Delta t) \quad i = 1, 2$$
$$P(X(t+\Delta t) = 1 \mid X(t) = 2)$$
$$= P(T_1 \leqslant \Delta t) P(\tau_i \leqslant \Delta t) = (1 - e^{-\lambda_1 \Delta t})(1 - e^{-\mu_2 \Delta t}) = o(\Delta t)$$
$$P(X(t+\Delta t) = 2 \mid X(t) = 1)$$
$$= P(\tau_1 \leqslant \Delta t) P(T_2 \leqslant \Delta t) = o(\Delta t)$$

利用全概率公式并求 $\Delta t \to 0$ 的极限，可推导得

$$\begin{pmatrix} P'_0(t) \\ P'_1(t) \\ P'_2(t) \end{pmatrix} = \begin{pmatrix} -(\lambda_1 + \lambda_2) & \mu_1 & \mu_2 \\ \lambda_1 & -\mu_1 & 0 \\ \lambda_2 & 0 & -\mu_2 \end{pmatrix} \begin{pmatrix} P_0(t) \\ P_1(t) \\ P_2(t) \end{pmatrix}$$

由三个微分方程可以解出 $P_0(t)$、$P_1(t)$、$P_2(t)$。但工程上主要关心的是 $t \to \infty$ 时的平稳状态，由于

$$\lim_{t\to\infty} P_i(t) = p_i, \ \lim_{t\to\infty} P'_i(t) = 0 \quad i = 0, 1, 2$$

所以在平稳状态下，上述方程组变成线性方程组

$$\begin{pmatrix} -(\lambda_1+\lambda_2) & \mu_1 & \mu_2 \\ \lambda_1 & -\mu_1 & 0 \\ \lambda_2 & 0 & -\mu_2 \end{pmatrix}\begin{pmatrix} p_0 \\ p_1 \\ p_2 \end{pmatrix}=\begin{pmatrix} 0 \\ 0 \\ 0 \end{pmatrix}$$

即

$$\begin{cases} -(\lambda_1+\lambda_2)p_0+\mu_1 p_1+\mu_2 p_2=0 \\ \lambda_1 p_0-\mu_1 p_1=0 \\ \lambda_2 p_0-\mu_2 p_2=0 \end{cases}$$

再利用

$$p_0+p_1+p_2=0$$

可以解出

$$p_1=\frac{\lambda_1}{\mu_1}p_0$$

$$p_2=\frac{\lambda_2}{\mu_2}p_0$$

$$p_0=\left[1+\frac{\lambda_1}{\mu_1}+\frac{\lambda_2}{\mu_2}\right]^{-1}$$

因而系统的有效度为

$$A=p_0=\left(1+\frac{\lambda_1}{\mu_1}+\frac{\lambda_2}{\mu_2}\right)^{-1}$$

由式（7-22）和式（7-23）知，系统的平均寿命和平均修复时间分别为

$$m_{\mathrm{S}}=\frac{p_0}{p_0(\lambda_1+\lambda_2)}=\frac{1}{\lambda_1+\lambda_2}$$

$$r_{\mathrm{S}}=\frac{p_1+p_2}{p_0(\lambda_1+\lambda_2)}=\frac{\dfrac{\lambda_1}{\mu_1}+\dfrac{\lambda_2}{\mu_2}}{\lambda_1+\lambda_2}$$

7.3.3.3　n 个不同单元、一个修理工的情况

系统由一个修理工和 n 个不同单元串联组成。每个单元的寿命 T_i 的分布函数为 $F_i(t)=1-e^{-\lambda_i t}$，失效后修复时间 τ_i 的分布函数为 $G_i(t)=1-e^{-\mu_i t}$，$i=1, 2, \cdots, n$，单元修复后寿命分布不变。单元处于什么状态是相互独立的？系统不可能有两个以上单元同时失效。类似于 7.3.3.2，系统可由一个齐次马尔可夫链 $X(t)$ 描述，其状态空间为

$$X(t)=\begin{cases} 0 & \text{在时刻 } t\text{，}n\text{ 个单元都工作，系统工作；} \\ i & \text{在时刻 } t\text{，第 } i\text{ 个单元失效，其他都正常，系统修理，}i=1, 2, \cdots, n\text{。} \end{cases}$$

描述这个系统，系统在 t 时处于状态 j 的概率

$$P_j=P(X(t)=j)\quad j=0, 1, 2, \cdots, N$$

可由下列方程组求解得到

$$\begin{pmatrix} P'_0(t) \\ P'_1(t) \\ \vdots \\ P'_n(t) \end{pmatrix} = \begin{pmatrix} -\lambda & \mu_1 & \mu_2 & \cdots & \mu_n \\ \lambda_1 & -\mu_1 & 0 & \cdots & 0 \\ \lambda_2 & 0 & -\mu_2 & \cdots & 0 \\ \vdots & \vdots & \vdots & \vdots & \vdots \\ \lambda_n & 0 & 0 & \cdots & -\mu_n \end{pmatrix} \begin{pmatrix} P_0(t) \\ P_1(t) \\ \vdots \\ P_n(t) \end{pmatrix}$$

式中，$\lambda=\lambda_1+\lambda_2+\cdots+\lambda_n$。当 $t\to\infty$，$P_j(t)\to P_j$，$P'_j(t)\to 0$ 时，系统处于平稳状态下的解为

$$p_0 = \left(1 + \frac{\lambda_1}{\mu_1} + \cdots + \frac{\lambda_n}{\mu_n}\right)^{-1}$$

$$p_i = \frac{\lambda_i}{\mu_i} p_0 \quad i = 1,\ 2,\ \cdots,\ n$$

因而在平稳状态下，系统的有效度、平均寿命、平均修复时间分别为

$$A = p_0 = \left(1 + \frac{\lambda_1}{\mu_1} + \cdots + \frac{\lambda_n}{\mu_n}\right)^{-1}$$

$$m_S = \frac{1}{\lambda_1 + \lambda_2 + \cdots + \lambda_n}$$

$$r_S = \frac{\dfrac{\lambda_1}{\mu_1} + \dfrac{\lambda_2}{\mu_2} + \cdots + \dfrac{\lambda_n}{\mu_n}}{\lambda_1 + \lambda_2 + \cdots + \lambda_n}$$

7.3.4 可修复的并联系统

7.3.4.1 两个相同单元、两个修理工的情况

系统由两个修理工和两个相同单元并联而成。每个单元的寿命 T_i 的分布函数为 $F_i(t) = 1 - e^{-\lambda t}$，失效后修复时间 τ_i 的分布函数为 $G_i(t) = 1 - e^{-\mu t}$，$i = 1,\ 2$。修复后单元的寿命分布不变，两个单元处于什么状态是相互独立的？在这些假定下系统可由一个齐次马尔可夫链 $X(t)$ 描述，其状态空间为

$$X(t) = \begin{cases} 0 & \text{在时刻 } t\text{，两个单元都工作，系统工作} \\ 1 & \text{在时刻 } t\text{，一个单元工作，一个单元失效，系统工作} \\ 2 & \text{在时刻 } t\text{，两个单元都失效，系统修理} \end{cases}$$

在有两个修理工的情况下，求 $P_j(t) = P(X(t) = j)$，$j = 0,\ 1,\ 2$。

为此先考虑转移概率 $P_{ij}(\Delta t) = P(X(t + \Delta t) = j \mid X(t) = i)$，$i,\ j = 0,\ 1,\ 2$。

$$\begin{aligned} P_{00}(\Delta t) &= P(X(t + \Delta t) = 0 \mid X(t) = 0) \\ &= P(T_1 > \Delta t,\ T_2 > \Delta t) = (e^{-\lambda \Delta t})^2 = e^{-2\lambda \Delta t} \\ &= 1 - 2\lambda \Delta t + o(\Delta t) \end{aligned}$$

$$\begin{aligned} P_{01}(\Delta t) &= P(X(t + \Delta t) = 1 \mid X(t) = 0) \\ &= P(T_1 > \Delta t,\ T_2 \leqslant \Delta t) + P(T_1 \leqslant \Delta t,\ T_2 > \Delta t) \\ &= 2(1 - e^{-\lambda \Delta t}) e^{-\lambda \Delta t} \\ &= 2[\lambda \Delta t + o(\Delta t)] \cdot [1 - \lambda \Delta t + o(\Delta t)] = 2\lambda \Delta t + o(\Delta t) \end{aligned}$$

$$P_{02}(\Delta t)=P(T_1\leqslant\Delta t,\ T_2\leqslant\Delta t)=(1-\mathrm{e}^{-\lambda\Delta t})^2$$
$$=[\lambda\Delta t+o(\Delta t)]^2=o(\Delta t)$$
$$P_{10}(\Delta t)=\left.\begin{cases}P(T_1>\Delta t,\ \tau_2\leqslant\Delta t)\\P(T_2>\Delta t,\ \tau_1\leqslant\Delta t)\end{cases}\right\}=\mathrm{e}^{-\lambda\Delta t}(1-\mathrm{e}^{-\mu\Delta t})^t$$
$$=[1-\lambda\Delta t+o(\Delta t)][\mu\Delta t+o(\Delta t)]$$
$$=\mu\Delta t+o(\Delta t)$$
$$P_{11}(\Delta t)=\left.\begin{cases}P(T_1>\Delta t,\ \tau_2>\Delta t)+P(T_1\leqslant\Delta t,\ \tau_2\leqslant\Delta t)\\P(T_2>\Delta t,\ \tau_1>\Delta t)+P(T_2\leqslant\Delta t,\ \tau_1\leqslant\Delta t)\end{cases}\right\}$$
$$=\mathrm{e}^{-\lambda\Delta t}\cdot e^{-\mu\Delta t}+(1-\mathrm{e}^{-\lambda\Delta t})(1-\mathrm{e}^{-\mu\Delta t})$$
$$=[1-\lambda\Delta t+o(\Delta t)][1-\mu\Delta t+o(\Delta t)]+o(\Delta t)$$
$$=1-(\mu+\lambda)\Delta t+o(\Delta t)$$
$$P_{12}(\Delta t)=\left.\begin{cases}P(T_1\leqslant\Delta t,\ \tau_2>\Delta t)\\P(T_2\leqslant\Delta t,\ \tau_1>\Delta t)\end{cases}\right\}=(1-\mathrm{e}^{\lambda\Delta t})\mathrm{e}^{-\mu\Delta t}$$
$$=[\lambda\Delta t+o(\Delta t)][1-\mu\Delta t+o(\Delta t)]$$
$$=\lambda\Delta t+o(\Delta t)$$
$$P_{20}(\Delta t)=P(\tau_1\leqslant\Delta t)(\tau_2\leqslant\Delta t)=(1-\mathrm{e}^{-\mu\Delta t})^2$$
$$=o(\Delta t)$$
$$P_{21}(\Delta t)=P(\tau_1>\Delta t,\ \tau_2\leqslant\Delta t)+P(\tau_1\leqslant\Delta t,\ \tau_2>\Delta t)$$
$$=2\mathrm{e}^{-\mu\Delta t}(1-\mathrm{e}^{-\mu\Delta t})=2\mu\Delta t+o(\Delta t)$$
$$P_{22}(\Delta t)=P(\tau_1>\Delta t,\ \tau_2>\Delta t)=(\mathrm{e}^{-\mu\tau})^2$$
$$=1-2\mu\Delta t+o(\Delta t)$$

由全概率公式得

$$P_0(t+\Delta t)=P_0(t)P_{00}(\Delta t)+P_1(t)P_{10}(\Delta t)+P_2(t)P_{20}(\Delta t)$$
$$=[1-2\lambda\Delta t+o(\Delta t)]P_0(t)+$$
$$[\mu\Delta t+o(\Delta t)]P_1(t)+o(\Delta t)P_2(t)$$

两边减 $P_0(t)$，同除 Δt，并求 $\Delta t\to0$ 时的极限，得

$$P'_0(t)=\lim_{\Delta t\to0}\frac{P_0(t+\Delta t)-P_0(t)}{\Delta t}=-2\lambda P_0(t)+\mu P_1(t)$$

同理可得：

$$P'_1(t)=(2\lambda)P_0(t)-(\lambda+\mu)P_1(t)+2\mu P_2(t)$$
$$P'_2(t)=\lambda P_1(t)-2\mu P_2(t)$$

由此三个微分方程可以解出 $P_0(t)$、$P_1(t)$、$P_2(t)$，但比较麻烦。考虑 $t\to\infty$ 时（即平稳状态下）的解，则由

$$P_j(t)\to P_j,\ P'_j(t)\to0(j=0,\ 1,\ 2)$$

可得线性方程组

$$\begin{cases}-2\lambda p_0+\mu p_1=0\\2\lambda p_0-(\lambda+\mu)p_1+2\mu p_2=0\\\lambda p_1-2\mu p_2=0\end{cases}$$

解此方程组，并注意 $p_0+p_1+p_2=1$，可得

$$p_0=\frac{\mu^2}{(\lambda+\mu)^2},\ p_1=\frac{2\mu\lambda}{(\lambda+\mu)^2},\ p_0=\frac{\lambda^2}{(\lambda+\mu)^2}$$

故平稳状态下，系统的有效度为

$$A=p_0+p_1=\frac{\mu^2+2\mu\lambda}{(\lambda+\mu)^2}$$

利用式（7-22）和式（7-23），并注意到 $a_{20}=0$，$a_{21}=2\mu$，可得系统的平均寿命和平均修复时间为

$$m_S=\frac{\sum_{i=0}^{1}p_i}{p_2\sum_{j=0}^{1}a_{2j}}=\frac{\dfrac{\mu^2+2\mu\lambda}{(\lambda+\mu)^2}}{\dfrac{\lambda^2}{(\lambda+\mu)^2}\cdot 2\mu}=\frac{\mu+2\lambda}{2\lambda^2}$$

$$r_S=\frac{p_2}{p_2\sum_{j=0}^{1}a_{2j}}=\frac{1}{2\mu}$$

7.3.4.2　两个相同单元、一个修理工的情况

系统由一个修理工和两个相同单元并联组成。每个单元的寿命 T_i 的分布函数为 $F_i(t)=1-e^{-\lambda t}$，失效后修复时间 τ_i 的分布函数为 $G_i(t)=1-e^{-\mu t}$，$i=1$，2。修复后单元的寿命分布不变，两个单元处于什么状态是相互独立的？在此假定下，系统可用一个齐次马尔可夫链描述，其状态空间为

$$X(t)=\begin{cases}0 & \text{在时刻 } t\text{，两单元都工作，系统工作}\\ 1 & \text{在时刻 } t\text{，一单元工作，一单元失效，系统工作}\\ 2 & \text{在时刻 } t\text{，两单元都失效，系统修理}\end{cases}$$

在有一个修理工的情况下，求 $P_j(t)=P(X(t)=j)$，$j=0$，1，2。注意：这里系统所处状态与情况 1 完全相同，所不同的只是修理工少了一个。因而转移概率 $P_{00}(\Delta t)$，$P_{01}(\Delta t)$，$P_{02}(\Delta t)$，$P_{10}(\Delta t)$，$P_{11}(\Delta t)$，$P_{12}(\Delta t)$ 与情况 1 完全一样，而另外三个从两单元都失效的状态转移到其他状态的转移概率就有所不同了。

$$P_{20}(\Delta t)=P(X(t+\Delta t)=0\mid X(t)=2)=o(\Delta t)$$

$$P_{21}(\Delta t)=\begin{Bmatrix}P(\tau_1\leqslant\Delta t)\\ P(\tau_2\leqslant\Delta t)\end{Bmatrix}=1-e^{-\mu\Delta t}=\mu\Delta t+o(\Delta t)$$

$$P_{22}(\Delta t)=\begin{Bmatrix}P(\tau_1>\Delta t)\\ P(\tau_2>\Delta t)\end{Bmatrix}=-e^{-\mu\Delta t}=1-\mu\Delta t+o(\Delta t)$$

利用全概率公式，并求 $\Delta t\to 0$ 的极限，得微分方程组

$$\begin{cases}P'_0(t)=-2\lambda P_0(t)+\mu P_1(t)\\ P'_1(t)=2\lambda P_0(t)-(\lambda+\mu)P_1(t)+\mu P_2(t)\\ P'_2(t)=-\lambda P_1(t)-\mu P_2(t)\end{cases}$$

求 $t\to\infty$，$P_j(t)\to p_j$，$P'_j\to 0$ 时，系统处于平稳状态下的解得

$$p_0=\frac{\mu^2}{(\lambda+\mu)^2+\lambda^2},\ p_1=\frac{2\mu\lambda}{(\lambda+\mu)^2+\lambda^2},\ p_2=\frac{2\lambda^2}{(\lambda+\mu)^2+\lambda^2}$$

系统的有效度、平均寿命、平均修复时间分别为：

$$A=p_0+p_1=\frac{\mu^2+2\mu\lambda}{(\lambda+\mu)^2+\lambda^2},\ m_S=\frac{\sum_{i=0}^{1}p_i}{p_2\sum_{j=0}^{1}a_{2j}}=\frac{\mu+2\lambda}{2\lambda^2},\ r_S=\frac{p_2}{p_2\sum_{j=0}^{1}a_{2j}}=\frac{1}{\mu}$$

可见平均寿命与两个修理工系统一样，而平均修复时间增加了一倍。

7.3.4.3 n 个相同单元、一个修理工的情况

系统由一个修理工和 n 个相同单元并联组成。每个单元寿命 T_i 的分布函数为 $F_i(t)=1-e^{-\lambda t}$，失效后修复时间 τ_i 的分布函数为 $G_i(t)=1-e^{-\mu t}$，$i=1,2,\cdots,n$。修复后单元的寿命分布不变，n 个单元处于什么状态是相互独立的？在此假定下，系统可用一个齐次马尔可夫链描述，其状态空间为

$$X(t)=\begin{cases} j & \text{时刻 } t\text{，有 } j \text{ 个单元失效，系统工作，} j=0,1,2,\cdots,n-1 \\ n & \text{时刻 } t\text{，} n \text{ 个单元全失效，系统修理} \end{cases}$$

为求 $P_j(t)=P(X(t)=j)$，$j=0,1,\cdots,n$，类似于前面的讨论，得转移概率

$P_{j,j+1}(\Delta t)=P$（在 Δt 时间内，j 个失效单元仍失效，没有一个修复，$n-j$ 个工作单元中有一个失效）

$$=(n-j)(1-e^{-\lambda\Delta t})(e^{-\lambda\Delta t})^{n-j-1}e^{-\mu\Delta t}$$

$$=(n-j)\lambda\Delta t+o(\Delta t)\quad j=0,1,2,\cdots,n-1$$

$P_{jj}(\Delta t)=P$(在 Δt 时间内 j 个失效单元仍失效，$n-j$ 个工作单元仍工作，或 j 个失效单元中有一个修好，而 $n-j$ 个工作单元中有一个失效)

$$=e^{\mu\Delta t}(e^{-\lambda\Delta t})^{n-j}+(n-j)(1-e^{-\lambda\Delta t})\cdot(e^{-\lambda\Delta t})^{n-j-1}(1-e^{-\mu\Delta t})$$

$$=[1-\mu\Delta t+o(\Delta t)][1-\lambda\Delta t+o(\Delta t)]^{n-j}+o(\Delta t)$$

$$=1-[\mu+(n-j)\lambda]\Delta t+o(\Delta t)\quad j=0,1,\cdots,n$$

$P_{j,j-1}(\Delta t)=P$(在 Δt 时间内，j 个失效单元中在修理的一个已修好，$n-j$ 个工作单元仍工作)

$$=(1-e^{-\mu\Delta t})(e^{-\lambda\Delta t})^{n-j}=\mu\Delta t+o(\Delta t)\quad j=1,2,\cdots,n$$

$P_{jk}(\Delta t)=P$(在 Δt 时间内，j 个失效单元有两个以上被修复，$n-j$ 个工作单元仍工作，或 j 个失效单元仍失效，$n-j$ 个工作单元中有两个以上失效)

$=o(\Delta t)$。

$$|j-k| \geqslant 2 \quad k=0,1,\cdots,n;\ j=0,1,\cdots,n$$

利用全概率公式，并求 $\Delta t \to 0$ 时的极限，可得微分方程组

$$\begin{pmatrix} P'_0(t) \\ P'_1(t) \\ P'_2(t) \\ \vdots \\ \vdots \\ P'_n(t) \end{pmatrix} = \begin{pmatrix} -n\lambda & \mu & 0 & \cdots & 0 & 0 & 0 \\ n\lambda & -(n-1)\lambda-\mu & \mu & \cdots & 0 & 0 & 0 \\ 0 & (n-1)\lambda & -(n-2)\lambda-\mu & \cdots & 0 & 0 & 0 \\ \vdots & \vdots & \vdots & \vdots & \vdots & \vdots & \vdots \\ 0 & 0 & 0 & \cdots & 2\lambda & -(\lambda+\mu) & \mu \\ 0 & 0 & 0 & \cdots & 0 & \lambda & -\mu \end{pmatrix} \begin{pmatrix} P_0(t) \\ P_1(t) \\ P_2(t) \\ \vdots \\ \vdots \\ P_n(t) \end{pmatrix}$$

考虑平稳状态下，$t\to\infty$，$P_i(t)\to p_i$，$P'_i(\Delta t)\to 0$，$j=0,1,\cdots,n$ 时方程组的解得

$$p_0 = \left[\sum_{k=0}^{n} \frac{n!}{(n-k)!}\left(\frac{\lambda}{\mu}\right)^{k}\right]^{-1}$$

$$p_j = p_0\left[\frac{n!}{(n-j)!}\left(\frac{\lambda}{\mu}\right)^{j}\right] = \left[\sum_{k=0}^{n} \frac{(n-j)!}{(n-k)!}\left(\frac{\lambda}{\mu}\right)^{k-j}\right]^{-1} \quad j=1,2,\cdots,n$$

而系统的有效度为

$$A = p_0 + p_1 + \cdots + p_{n-1} = \frac{\sum_{k=0}^{n-1} \frac{1}{(n-k)!}\left(\frac{\lambda}{n}\right)^{k}}{\sum_{k=0}^{n} \frac{1}{(n-k)!}\left(\frac{\lambda}{\mu}\right)^{k}}$$

由式（7-22）和式（7-23）并注意到

$$a_{N0} = a_{N1} = \cdots = a_{NN-2} = 0,\ a_{NN-1} = \mu$$

可得系统的平均寿命和平均修复时间为

$$m_S = \frac{A}{\mu p_n} = \frac{1}{\left(\frac{\lambda}{\mu}\right)^{n}\mu} \sum_{k=0}^{n-1} \frac{1}{(n-k)!}\left(\frac{\lambda}{\mu}\right)^{k}$$

$$= \frac{1}{\mu}\sum_{k=0}^{n-1} \frac{1}{(n-k)!}\left(\frac{\mu}{\lambda}\right)^{n-k} = \frac{1}{\mu}\sum_{k=1}^{n} \frac{1}{k!}\left(\frac{\mu}{\lambda}\right)^{k}$$

$$r_S = \frac{p_n}{p_n \mu} = \frac{1}{\mu}$$

当 $n=2$ 时，即为情况 7.3.4.2 中的有关公式。

7.3.4.4 两个不同单元、一个修理工的情况

系统由一个修理工和两个不同单元并联组成。每个单元的寿命 T_i 的分布函数为 $F_i(t) = 1-e^{-\lambda_i t}$，失效后修复时间 τ_i 的分布函数为 $G_i(t) = 1-e^{-\mu_i t}$，修复后单元的寿命分布函数仍为 $1-e^{-\lambda_i t}$，$i=1, 2$，两个单元处于什么状态是相互独立的？在此假定下，系统可用一个齐次马尔可夫链 $X(t)$ 描述，其状态空间为

$$X(t)=\begin{cases}0 & t\text{ 时刻，两单元都工作，系统工作}\\ 1 & t\text{ 时刻，单元 1 工作，单元 2 失效，系统工作}\\ 2 & t\text{ 时刻，单元 2 工作，单元 1 失效，系统工作}\\ 3 & t\text{ 时刻，单元 1 修理，单元 2 失效，系统修理}\\ 4 & t\text{ 时刻，单元 2 修理，单元 1 失效，系统修理}\end{cases}$$

为求 $P_j(t)=P(X(t)=j)$，$j=0, 1, \cdots, 4$，考虑转移概率

$$P_{00}(\Delta t)=e^{-\lambda_1\Delta t}e^{-\lambda_2\Delta t}=1-(\lambda_1+\lambda_2)\Delta t+o(\Delta t)$$
$$P_{0j}(\Delta t)=e^{-\lambda_j\Delta t}(1-e^{-\lambda_{2-j}\Delta t})=\lambda_j\Delta t+o(\Delta t)\quad j=1,2$$
$$P_{0j}(\Delta t)=(1-e^{-\lambda_1\Delta t})(1-e^{-\lambda_2\Delta t})=o(\Delta t)\quad j=3,4$$
$$P_{j0}(\Delta t)=(1-e^{-\mu_j\Delta t})e^{-\lambda_j\Delta t}=\mu_j\Delta t+o(\Delta t)\quad j=1,2$$
$$P_{11}(\Delta t)=e^{-\mu_2\Delta t}e^{-\lambda_1\Delta t}=1-(\lambda_1+\mu_2)\Delta t+o(\Delta t)$$
$$P_{12}(\Delta t)=P_{13}(\Delta t)=o(\Delta t)$$
$$P_{14}(\Delta t)=(1-e^{-\lambda_1\Delta t})\cdot e^{-\mu_2\Delta t}=\lambda_1\Delta t+o(\Delta t)$$
$$P_{21}(\Delta t)=P_{24}(\Delta t)=o(\Delta t)$$
$$P_{22}(\Delta t)=e^{-\lambda_2\Delta t}e^{-\mu_1\Delta t}=1-(\lambda_2+\mu_1)\Delta t+o(\Delta t)$$
$$P_{23}(\Delta t)=(1-e^{-\lambda_2\Delta t})e^{-\mu_1\Delta t}=\lambda_2\Delta t+o(\Delta t)$$
$$P_{30}(\Delta t)=P_{32}(\Delta t)=P_{34}(\Delta t)=o(\Delta t)$$
$$P_{31}(\Delta t)=1-e^{-\mu_1\Delta t}=\mu_1\Delta t+o(\Delta t)$$
$$P_{33}(\Delta t)=e^{-\mu_1\Delta t}=1-\mu_1\Delta t+o(\Delta t)$$
$$P_{40}(\Delta t)=P_{41}(\Delta t)=P_{43}(\Delta t)=o(\Delta t)$$
$$P_{42}(\Delta t)=1-e^{-\mu_2\Delta t}=\mu_2\Delta t=o(\Delta t)$$
$$P_{44}(\Delta t)=e^{-\mu_2\Delta t}=1-\mu_2\Delta t=o(\Delta t)$$

利用全概率公式，并求 $\Delta t\to 0$ 时的极限，得微分方程组

$$\begin{pmatrix}P'_0(t)\\P'_1(t)\\P'_2(t)\\P'_3(t)\\P'_4(t)\end{pmatrix}=\begin{pmatrix}-(\lambda_1+\lambda_2) & \mu_2 & \mu_1 & 0 & 0\\ \lambda_2 & -(\lambda_1+\mu_2) & 0 & \mu_1 & 0\\ \lambda_1 & 0 & -(\lambda_2+\mu_1) & 0 & \mu_2\\ 0 & 0 & \lambda_2 & -\mu_1 & 0\\ 0 & \lambda_1 & 0 & 0 & -\mu_2\end{pmatrix}\begin{pmatrix}P_0(t)\\P_1(t)\\P_2(t)\\P_3(t)\\P_4(t)\end{pmatrix}$$

平稳状态下，$\Delta t\to 0$，$P_j(t)\to p_j$，$P'_j(t)\to 0(j=0, 1, 2, 3, 4)$ 时方程的解

$$p_0=\mu_1\mu_2(\lambda_1\mu_1+\lambda_2\mu_2+\mu_1\mu_2)[\lambda_1\mu_2(\mu_1+\lambda_2)(\lambda_1+\lambda_2+\mu_2)+\lambda_2\mu_1(\lambda_1+\mu_2)(\lambda_1+\lambda_2+\mu_1)+\mu_1\mu_2(\lambda_1\mu_1+\lambda_2\mu_2+\mu_1\mu_2)]^{-1}$$

$$p_1=\frac{\lambda_2(\lambda_1+\lambda_2+\mu_1)}{\lambda_1\mu_1+\lambda_2\mu_2+\mu_1\mu_2}p_0$$

$$p_2=\frac{\lambda_1(\lambda_1+\lambda_2+\mu_2)}{\lambda_1\mu_1+\lambda_2\mu_2+\mu_1\mu_2}p_0$$

$$p_3=\frac{\lambda_1\lambda_2(\lambda_1+\lambda_2+\mu_2)}{\mu_1(\lambda_1\mu_1+\lambda_2\mu_2+\mu_1\mu_2)}p_0$$

$$p_4 = \frac{\lambda_1\lambda_2(\lambda_1 + \lambda_2 + \mu_1)}{\mu_2(\lambda_1\mu_1 + \lambda_2\mu_2 + \mu_1\mu_2)}p_0$$

系统的可利用率为

$$A = p_0 + p_1 + p_2$$

利用式（7-22）和式（7-23），可求系统的平均寿命和平均修复时间为

$$m_S = \frac{p_0 + p_1 + p_2}{\mu_1 p_3 + \mu_2 p_4}, \quad r_S = \frac{p_3 + p_4}{\mu_1 p_3 + \mu_2 p_4}$$

当 $\lambda_1 = \lambda_2$，$\mu_1 = \mu_2$ 时，即为两个相同单元、一个修理工的情况。

7.3.5 *k/n* [*G*] 系统，一个修理工的情况

系统由 n 个相同单元和一个修理工组成。n 个单元的寿命分布函数均为 $1-e^{-\lambda t}$，失效后修复时间分布函数均为 $1-e^{-\mu t}$，修复后的寿命分布函数仍为 $1-e^{-\lambda t}$，n 个单元处于什么状态是相互独立的？当且仅当至少有 k 个单元工作时，系统才工作；当有 $n-k+1$ 个单元失效时，系统失效。系统失效期间，$k-1$ 个好的单元停止工作，不会失效；直到正在修理的单元修复时，k 个好的单元同时进入工作状态，此时系统重新进入工作状态。显然，当 $k=1$ 时，系统是 n 个相同单元的并联系统；当 $k=n$ 时，是 n 个相同单元的串联系统。

这个系统共有 $n-k+2$ 个不同状态，可用齐次马尔可夫链描述。设

$$X(t) = \begin{cases} j & \text{在 } t \text{ 时刻，有 } j \text{ 个单元失效，系统工作} \\ & j = 0,\ 1,\ \cdots,\ n-k \\ n-k+1 & \text{在 } t \text{ 时刻，有 } n-k+1 \text{ 单元失效，系统失效} \end{cases}$$

为求 $P_j(t) = P(X(t) = j)$，$j = 0,\ 1,\ \cdots,\ n-k+1$，类似于并联系统情况 7.3.4（3），可得转移概率

$$P_{jj+1}(\Delta t) = (n-j)\lambda\Delta t + o(\Delta t)$$

$$P_{jj}(\Delta t) = 1 - [\mu + (n-j)\lambda]\Delta t + o(\Delta t) \quad j = 0,\ 1,\ \cdots,\ n-k$$

$$P_{jj-1}(\Delta t) = \mu\Delta t + o(\Delta t) \quad j = 1,\ 2,\ \cdots,\ n-k$$

$$P_{n-k+1,\ n-k+1}(\Delta t) = 1 - \mu\Delta t + o(\Delta t)$$

$$P_{jk}(\Delta t) = o(\Delta t) \quad \text{其他}$$

利用全概率公式，并求 $\Delta t \to 0$ 时的极限，得微分方程组

$$\begin{pmatrix} P'_0(t) \\ P'_1(t) \\ P'_2(t) \\ \vdots \\ P'_{n-k}(t) \\ P'_{n-k+1}(t) \end{pmatrix} = \begin{pmatrix} -n\lambda & \mu & 0 & \cdots & 0 & 0 \\ n\lambda & -(n-1)\lambda-\mu & \mu & \cdots & 0 & 0 \\ 0 & (n-1)\lambda & -(n-2)\lambda-\mu & \cdots & 0 & 0 \\ \vdots & \vdots & \vdots & \vdots & \vdots & \vdots \\ 0 & 0 & 0 & \cdots & -k\lambda-\mu & \mu \\ 0 & 0 & 0 & \cdots & k\lambda & -\mu \end{pmatrix} \begin{pmatrix} P_0(t) \\ P_1(t) \\ P_2(t) \\ \vdots \\ P_{n-k}(t) \\ P_{n-k+1}(t) \end{pmatrix}$$

平稳状态下，$t \to \infty$，$P_j(t) \to p_j$，$P'_j(t) \to 0 (j = 0,\ 1,\ \cdots,\ n-k+1)$ 时方程组的解得

$$p_j = \frac{\dfrac{1}{(n-j)!}\left(\dfrac{\lambda}{\mu}\right)^j}{\displaystyle\sum_{t=0}^{n-k+1}\dfrac{1}{(n-i)!}\left(\dfrac{\lambda}{\mu}\right)^i}\quad j = 0,\ 1,\ \cdots,\ n-k+1$$

而系统的有效度、平均寿命、平均修复时间分别为

$$A = \frac{\displaystyle\sum_{j=0}^{n-k}\dfrac{1}{(n-j)!}\left(\dfrac{\lambda}{\mu}\right)^j}{\displaystyle\sum_{i=0}^{n-k+1}\dfrac{1}{(n-i)!}\left(\dfrac{\lambda}{\mu}\right)^i}$$

$$m_{\mathrm{S}} = \frac{(k-1)!}{\mu}\sum_{i=k}^{n}\frac{1}{i!}\left(\frac{\mu}{\lambda}\right)^{i-(k-1)}$$

$$r_{\mathrm{S}} = \frac{1}{\mu}$$

对于多个修理工的情况，可参照 7.3.4.1 中并联系统情况的讨论。

8 系统可靠性设计

8.1 可靠性模型

8.1.1 概述

在进行可靠性问题全面分析和可靠性设计的实践中，自然要利用概率论数式的扩展，即利用可靠度模型。这是一种相当简便的方法。

这种方法的特征，在于它不考虑单个产品的种类和一般的特征，而是用数式从可靠度的观点评价产品的特性，如产品的使用性能的持续性和准确性等，是工程技术上比较理想的惯用方法，也是用具体数值来验证评价。但是，通过模型分析，能得到反映产品可靠度的实际状况和有规律的数学表达式，应该说这比数值评价更重要。在展开模型数式时，要有前提条件和假设。对这个问题进行研究，不仅为保持模型的现实性不可缺少，而且还对解决实际问题起到提出对策的作用。

为了简明扼要地表示模型，常用方框表示组成的部件或元件，并在方框之间用线连接起来构成框图（见图 8-1）。此框图称为可靠度框图。可靠度框图与表示液压系统和控制系统原理所用的框图大致相同，对这些框图进行分析是很方便的。但是，用于一般的系统，例如机械装置等，在有些情况下，当对其物理信号及其输入输出的关系等的解释难以理解时，仅用框图是很难表示的。所以，它往往只能起到抽象概念的作用[26]。

以下介绍的一些模型，是在可靠性设计中经常使用的，并且它们在设计方针上的确切性也得到了证实。

本章将叙述在设计中必不可少的、最基本、不可修复系统的模型，而实际上，由于可靠度的保持和改善，通常可以通过修理和维修来实现，对于可修复系统的评估，可参考有关文献。

8.1.2 串联系统模型

这里研究一下由许多部件或元件组成的机器、装置和系统。后者相对于前者是主产品，以下将其称为系统。对于部件、元件和分系统等这些系统的次级产品，称为部件或单元。从系统的结构来看，最简单的基本系统是串联系统。串联系统的正常功能是通过所有部件的正常工作来保证的[29]。

图 8-1 为表示由 n 个部件或元件组成的串联系统的框图。它与电路中的串联系统有相同的含义，用电路信号的流程，就能清楚的说明可靠度的特性。

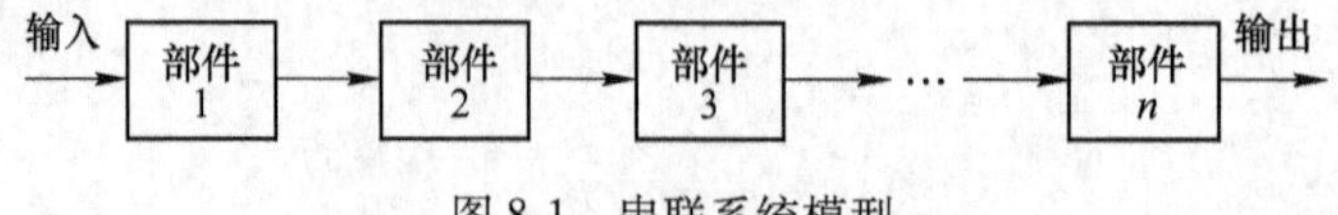

图 8-1　串联系统模型

设图 8-1 中第 i 个部件正常工作的事件为 x_i，故障事件为 $\overline{x}_i$，其概率分别为 $P(x_i)$，$P(\overline{x_i})$；系统可靠度为 R，故障概率为 P_f。如系统的可靠度用事件 $x_i =$（$i = 1, 2, \cdots, n$）的积事件的概率来表示，则

$$R = 1 - P_f = P(x_1 \quad x_2 \quad \cdots \quad x_n) \tag{8-1}$$

展开式（8-1），则有

$$R = P(x_1)P(x_2 \mid x_1)P(x_3 \mid x_1 \quad x_2)\cdots P(x_n \mid x_1 \quad x_2 \cdots x_n) \tag{8-2}$$

式（8-2）为条件概率式，其含义如下：式中的 $P(x_3 \mid x_1 \quad x_2)$，表示在部件 1 和部件 2 正常工作的条件下，第 3 个部件正常工作的概率。如果由于第 1 个和第 2 个部件工作而发热，使第 3 个部件容易产生故障（故障率增大），则必须考虑这样的条件概率。

部件间没有相互作用时，各事件的概率是独立的，则式（8-2）可写成如下式：

$$R = P(x_1)P(x_2)\cdots P(x_n) \tag{8-3}$$

在此式中，如用故障概率 $P(\overline{x}_i)$ 代替 $P(x_i)$，则也可表示为如下复杂的形式：

$$R = 1 - P(\overline{x}_1) - P(\overline{x}_2) - \cdots - P(\overline{x}_n) + P(\overline{x}_1)P(\overline{x}_2) + P(\overline{x}_1)P(\overline{x}_3) + \cdots + P(\overline{x}_i)P(\overline{x}_j) - \cdots + (-1)^n P(\overline{x}_1)P(\overline{x}_2)P(\overline{x}_3)\cdots P(\overline{x}_n) \tag{8-4}$$

式（8-3）中，如各部件的正常工作概率，即设计可靠度为 r_i，$P(x_i) = r_i$，则

$$R = r_1 r_2 \cdots r_n = \prod_{i=1}^{n} r_i \tag{8-5}$$

在特殊情况下，当所有部件的 r_i 均相等时，即设 $r_i = r_0$，则可得

$$R = r_0^n \tag{8-6}$$

显然，从这些公式可以看出，串联系统的可靠度可用部件可靠度的乘积来表示，并且其值比部件中最低可靠度值还要小。

各部件为恒定故障率时，部件的可靠度模型可表示为 $r_i(t) = e^{-i\lambda t}$ 。因此

$$R(t) = \prod_{i=1}^{n} e^{-\lambda_i t} = \exp\left(-\sum_{i=1}^{n} \lambda_i t\right) \tag{8-7}$$

设系统的故障率为 λ，则

$$\lambda = \sum_{i=1}^{n} \lambda_i = \sum_{i=1}^{n} \left(\frac{1}{\overline{T}_i}\right) \tag{8-8}$$

又设 MTTF 为 $\overline{T}$，则

$$\overline{T} = \frac{1}{\lambda} = \frac{1}{\sum_{i=1}^{n} \lambda_i} = \frac{1}{\sum_{i=1}^{n} \left(\frac{1}{\overline{T}_i}\right)} \tag{8-9}$$

若所有部件的故障率都相等，即设 $\lambda_i = \lambda_0 \quad \overline{T}_i = \overline{T}_0$ 等，则

$$\overline{T} = \frac{1}{n\lambda_0} = \frac{\overline{T}_0}{n} \tag{8-10}$$

式（8-7）~式（8-10）由于比较简单，所以得到广泛应用。但必须注意不能误用，这里将其前提条件重新叙述如下[27]：

（1）系统的可靠度结构是确切的串联系统；

(2) 部件的故障是独立的;

(3) 部件故障特性符合恒定故障率模型，即可用指数模型可靠度函数表示。

前提条件（1）和（2）在后面将详细叙述，暂假设它们是成立的，先看一下前提条件（3）的一些情况。

如果故障率不是恒定的，设其与时间 t 的关系是按直线递增的形式，则故障率函数 $h_i(t)$ 可用下式表示：

$$h_i(t) = a_i t \tag{8-11}$$

与式（8-7）相对应，则得

$$R(t) = \exp\left(-\sum_{i=1}^{n}\frac{a_i t^2}{2}\right) \tag{8-12}$$

由式（8-11）可得系统的故障率函数 $h(t)$：

$$h(t) = \sum_{i=1}^{n} h_i(t) = \left(\sum_{i=1}^{n} a_i\right) t \tag{8-13}$$

同时，将 $R(t)$ 在区间（0，∞）上积分可得到 MTTF。在此设

$$a = \sum_{i=1}^{n} a_i \tag{8-14}$$

则有

$$\mathrm{MTTF} = \int_0^\infty R(t)\,\mathrm{d}t = \sqrt{\frac{\pi}{2a}}\left(\sum_{i=1}^{n} a_i\right)^{-\frac{1}{2}} \tag{8-15}$$

设在 n 个部件中，有 l 个为恒定故障率，$n-l$ 个为直线递增的故障率，则系统的故障函数为

$$h(t) = \sum_{i=1}^{l} h_i(t) + \sum_{i=l+1}^{n} h_i(t) = \sum_{i=1}^{l}\lambda_i + \sum_{i=l+1}^{n} a_i t \tag{8-16}$$

可靠度函数为

$$R(t) = \exp\left(-\sum_{i=1}^{l}\lambda_i t - \sum_{i=l+1}^{n}\frac{a_i t^2}{2}\right) \tag{8-17}$$

在此设

$$a^2 = \sum_{i=l+1}^{n}\frac{a_i}{2}, b = \sum_{i=1}^{l}\lambda_i \tag{8-18}$$

将式（8-7）在区间（0，∞）上积分，则可得

$$\mathrm{MTTF} = \frac{\mathrm{e}^{-\frac{b^2}{4a^2}}}{a}\int_{\frac{b}{2a}}^{\infty}\mathrm{e}^{-y^2}\mathrm{d}y \tag{8-19}$$

积分是误差函数，将其进行如下变换，则可利用标准正态分布的数表进行计算：

$$\mathrm{MTTF} = \frac{\mathrm{e}\,\dfrac{b^2}{4a^2}\sqrt{\pi}}{a}\left(\frac{1}{\sqrt{2\pi}}\int_{\frac{b}{\sqrt{2}a}}^{\infty}\mathrm{e}^{-\frac{z^2}{2}}\mathrm{d}z\right) \tag{8-20}$$

设部件可靠度函数为各自具有不同参数的威布尔（Weibull）分布，则故障率函数将不是上述的直线型，而一般是与 $t^x(x\neq 0)$ 成比例的形式。各部件的可靠度函数、故障率函数以及 MTTF 等分别为

$$\begin{cases} R_i(t) = \dfrac{e^{-t^{m_i}}}{t_{0i}} & (8\text{-}21) \\ h_i(t) = \dfrac{t^{m_i-1}}{t_{0i}} & (8\text{-}22) \end{cases}$$

$$\mathrm{MTTF} = t_0^{\frac{1}{m_i}} \Gamma\left(1 + \frac{1}{m_i}\right) \tag{8-23}$$

对系统来说，则分别为

$$\begin{cases} R(t) = \prod_{i=1}^{n} \exp\left(-\dfrac{t^{m_i}}{t_{0i}}\right) = \exp\left(-\sum_{i=1}^{n} \dfrac{t^{m_i}}{t_{0i}}\right) & (8\text{-}24) \\ h(t) = \sum_{i=1}^{n} \dfrac{m_i t^{m_i-1}}{t_{0i}} & (8\text{-}25) \\ \mathrm{MTTF} = \int_0^{\infty} R(t)\,\mathrm{d}t & (8\text{-}26) \end{cases}$$

m_i、t_{0i}不同时，式（8-26）的积分不能以清晰的形式来表达。

由以上各例可知，当部件的特征为非指数型时，串联系统的可靠度特性不一定能用简单的形式来表示。为了严格处理系统的可靠度，将式（8-6）的原来形式表示为相对时间 t 的概率乘积，或使用故障率函数之和或风险函数来表示，这里仅采用下式表示：

$$R(t) = \prod_{i=1}^{n} r_i(t) = \prod_{i=1}^{n} e^{-H_i(t)} = \exp\left\{-\sum_{i=1}^{n} H_i(t)\right\} \tag{8-27}$$

式中，$H_i(t)$ 是累积风险函数：

$$H_i(t) = \int_0^t h_i(x)\,\mathrm{d}x \tag{8-28}$$

若是归纳成类似于各部件可靠度模型，或是 $h(t)$ 和 $H(t)$ 等用多项式近似表示时，则略有简化。在实际问题上，即使相当大的系统，而组成单元的可靠度模型最多不过二三种。

式（8-3）所表示的串联系统可靠度的乘积定理，是假设部件故障具有独立的特性而从一般式（8-2）导出的。若部件间的故障具有依存性时，则须考虑条件概率。对这种情况，虽然理论上有可能进行计算，但此概率在许多情况下是不明确的，而且为了通过测定进行评估，还必须考虑许多重要因素，因此计算工作是相当费事的。

通常情况下，假设的独立性是避免可靠度计算繁杂性的要点。对于串联系统，则不必太在意依存性的问题。

为了说明其原因，试观察一下液压控制系统中的控制电路，若由几个电阻器组成的串联系统，当几个电阻器很靠近时，由于温度相互作用，而增加了电阻器间的相互依存性。设 n 个电阻器正常工作时的周围温度为 T_n，第 i 个电阻器的故障率 $h_i(t)$ 表示为温度 T_n 的函数时，即为 $h_i(t, T_n)$ 。

任一电阻器切断时，电路的电流中断，不论其他电阻器的作用如何，串联系统出现故障，待研究的问题也就到此结束。结果随着电阻器的短路，温度变为 T_{i-1}，则故障率变为 $h_i(t, T_{i-1})$ 。显然，一个电阻器发生短路故障，则其他电阻器故障率受到影响。而这样的系统实际意义是：若为串联系统，则由于短路故障而产生的电路电流的增加，应规定为系统的故障。因此，在这种情况下，无须考虑对其他部件的影响。有关并联系统在其他场合出现故障的相互依存性，将在后面阐述。

8.1.3　并联系统模型

通信系统中，信号的传递路线往往不是单一的，还有一些其他路线，若一个及一个以上的路线发生故障，而另外的路线仍然正常工作，并保持系统的可靠度，如此构成的系统称为并联系统。

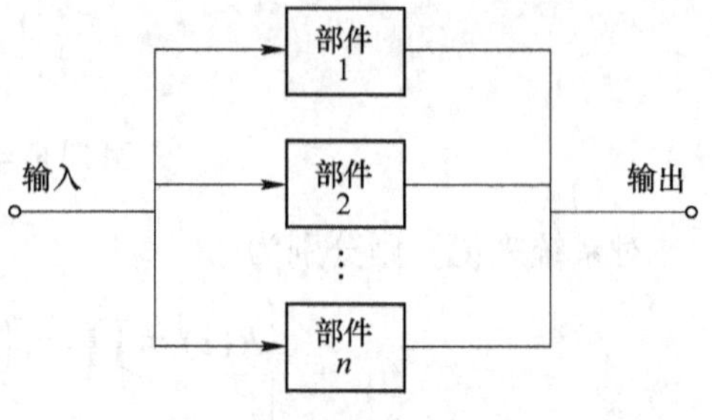

图 8-2　并联系统

图 8-2 表示 n 各部件组成的并联系统的框图。在所有部件均发生故障时，信号才不能从输入端到达输出端，如有任意一个部件未产生故障，则此系统依然正常工作。

在这种情况下的系统可靠度，是各部件正常工作事件的和事件的概率，可表示如下：

$$R = P(x_1 + x_2 + \cdots + x_n) \tag{8-29}$$

展开上式，则为

$$R = P(x_1) + P(x_2) + \cdots + P(x_n) - \{P(x_1x_2) + P(x_1x_3) + \cdots P(x_ix_j)\} + \cdots + (-1)^{n-1}P(x_1x_2\cdots x_n) \tag{8-30}$$

在式（8-29）的展开式中，如同把式（8-1）展成式（8-2）那样，对其条件概率处理得当。如考虑系统的故障率 P_f 为所有部件产生故障的积事件的概率，则有

$$P_f = P(\bar{x}_1\bar{x}_2\cdots\bar{x}_n) = 1 - R \tag{8-31}$$

进一步展开为

$$\begin{aligned} R &= 1 - P(\bar{x}_1\bar{x}_2\cdots\bar{x}_n) \\ &= 1 - P(\bar{x}_1)P(\bar{x}_2 \mid \bar{x}_1)P(\bar{x}_3 \mid \bar{x}_1\bar{x}_2)\cdots P(\bar{x}_n \mid \bar{x}_1\bar{x}_2\cdots\bar{x}_n) \end{aligned} \tag{8-32}$$

如果故障是独立的，则

$$R = 1 - P(\bar{x}_1)P(\bar{x}_2)\cdots P(\bar{x}_n) \tag{8-33}$$

设各部件的可靠度为 r_i，故障概率为 $1-r_i$，则式（8-30）为

$$R = 1 - \prod_{i=1}^{n}(1 - r_i) \tag{8-34}$$

设各部件的可靠度相等，即 $r_i=r_0$，则有

$$R = 1 - (1 - r_0)^n \tag{8-35}$$

若用可靠度函数表示，则为

$$R(t) = 1 - \prod_{i=1}^{n}\{1 - r_i(t)\} \tag{8-36}$$

将此式展开为

$$\begin{aligned} R(t) = &\{r_1(t) + r_2(t) + \cdots + r_n(t)\} - \\ &\{r_1(t)r_2(t) + \cdots + r_i(t)r_j(t)\}\cdots + \qquad i \neq j \\ &\{r_1(t)r_2(t)r_3(t) + \cdots + r_i(t)r_j(t)r_k(t)\}\cdots \qquad i \neq j \neq k \\ &- \cdots + (-1)^{n-1}r_1(t)r_2(t)\cdots r_n(t) \end{aligned} \tag{8-37}$$

对于

$$r_i(t) = e^{-\lambda_i t} \tag{8-38}$$

则

$$\begin{aligned} R(t) = & (e^{-\lambda_1 t} + e^{-\lambda_2 t} + \cdots + e^{-\lambda_n t}) - \{e^{-(\lambda_1+\lambda_2)t} + e^{-(\lambda_1+\lambda_3)t} + \cdots + e^{-(\lambda_i+\lambda_j)t}\}\cdots \\ & + \{e^{-(\lambda_1+\lambda_2+\lambda_3)t} + \cdots + e^{-(\lambda_i+\lambda_j+\lambda_k)t}\}\cdots \quad i \neq j \neq k \\ & - \cdots + (-1)^{n-1} \frac{1}{\lambda_1 + \lambda_2 + \cdots + \lambda_n} \end{aligned} \tag{8-39}$$

以上式（8-37）~式（8-39）中的各项，是根据 $r_i(t)$ 的乘积数进行分组并加括弧的。第 l 项的符号以 $(-1)^{l-1}$ 交替使用。{ } 符号内的项为 $n!/\{l!(n-1)!\}$。

各部件的故障率相等时，即 $\lambda_i=\lambda_0$，则

$$R(t) = 1 - (1 - e^{-\lambda_0 t})^n \tag{8-40}$$

$$\text{MTTF} = \frac{1}{\lambda_0}\left(1 + \frac{1}{2} + \cdots + \frac{1}{n}\right) \tag{8-41}$$

8.1.4 *n* 中取 *k* 系统模型

由 n 个部件组成的系统中，如果其中 k 个或 k 以上的部件正常工作。则认为系统是正常的，称此为 n 中取 k 系统，又称为多数表决系统，常简记为 k/n：G 系统。这里的 G 是正常工作的含义。图 8-3 是 k/n：G 系统框图。k/n 符号的意义无须特加说明，只是此图与并联系统框图难于区别，需要多加留意。

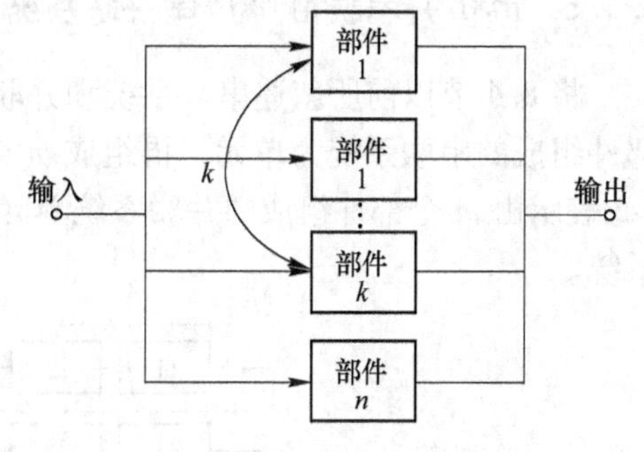

图 8-3 k/n：G 系统模型

对于串联系统，由于必须所有部件均为正常，故 $k=n$。对于并联系统，n 各部件中允许 $n-1$ 个部件有故障，若以最低限 1 个部件正常工作就满足的场合，则 $k=1$。从上述分析来看，k/n 系统是包含串联系统和并联系统在内的一般结构的系统。

在故障独立的前提下，研究一下由具体等可靠度 r_0 的 n 个部件组成的系统。n 个部件中，i 个正常工作的概率，如用二项概率 $B(i, n, r_0)$ 来表示，则有

$$B(i,n,r_0) = \binom{n}{i} r_0^i (1 - r_0)^{n-1} \tag{8-42}$$

系统的可靠度 R 是 $i=k, k+1, k+2, \cdots, n$ 的概率，即为 k 个以上部件正常工作的概率，故有

$$R = \sum_{i=1}^{n} B(i,n,r_0) = \sum_{i=1}^{n} \binom{n}{i} r_0^i (1 - r_0)^{n-i} \tag{8-43}$$

如部件为恒定型故障率的可靠度函数时，设 $r_0 = e^{-\lambda_0 t}$，则有

$$R(t) = \sum_{i=k}^{n} \binom{n}{i} e^{-i\lambda_0 t}(1 - e^{-\lambda_0 t})^{n-i} \tag{8-44}$$

在式（8-43）中，设 $k=n$ 时，则 $R=r_0^n$，它表示所有部件均为正常概率，即串联系统的可靠度。又设 $k=1$ 时，则 1 个以上部件的正常概率为

$$R = \sum_{i=1}^{n} \binom{n}{i} r_0^i(1 - r_0)^{n-i} = 1 - \binom{n}{i} r_0(1 - r_0)^n = 1 - (1 - r_0)^n \tag{8-45}$$

这与并联系统的计算式（8-44）相同。

在此系统中，n 个部件中有 k 个以上部件正常，换句话说，即若故障部件在 $k-1$ 个以下时，则系统正常工作。因此，式（8-43）是故障部件在（$k-1$）个以下概率，可改写为如下形式：

$$R = \sum_{i=0}^{k-1} \binom{n}{i} (1 - r_0)^i r_0^{n-i} \tag{8-46}$$

又设 $r_0(t) = e^{-\lambda_0 t}$，则有

$$R(t) = \sum_{i=0}^{k-1} \binom{n}{i} (1 - e^{-\lambda_0 t})^i e^{-\lambda(n-i)t} \tag{8-47}$$

从式（8-44）以后的各式可知，n 值大时可靠度不容易计算，所以，t 值小或相当大时，必须用近似计算。有关这方面内容，将在其他章节叙述。

8.1.5　$m \times n$ 并串联和 $n \times m$ 串并联系统

将 8.4 节以前所叙述串联系统和并联系统组成复合结构系统，如图 8-4 所示，以 n 个部件组成的串联系统为单元，再组成 m 个单元的并联系统，称此为 $m \times n$ 并联系统[28]。图 8-5 表示由 m 个部件组成的并联系统单元，再组成 n 个单元的串联系统，称此为 $n \times m$ 串联系统。

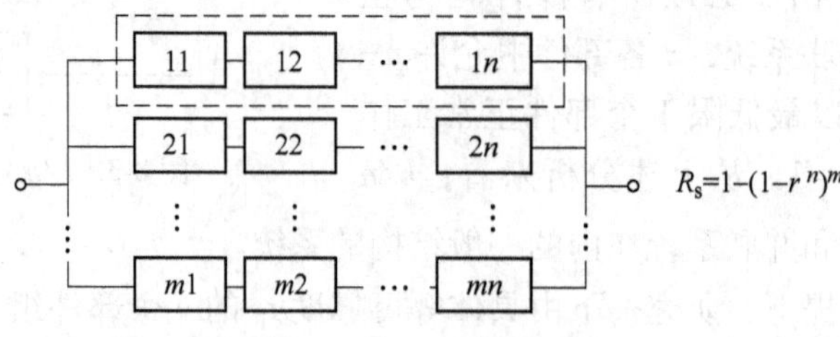

图 8-4　$m \times n$ 并联系统模型

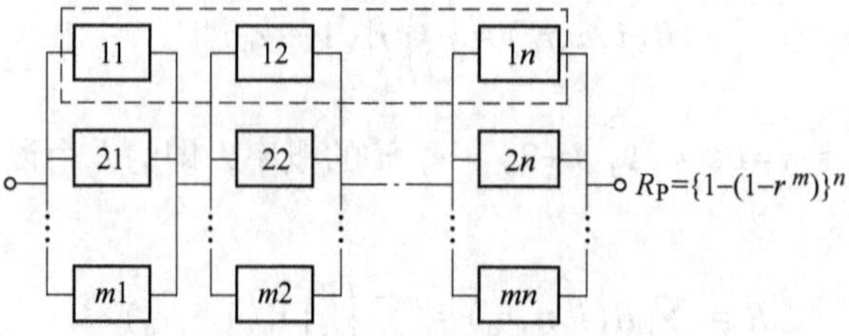

图 8-5　$n \times m$ 串联系统模型

对此两种系统模型均取同样的部件数 $m\times n$ 个，这样有助于研究两个不同类型系统的优劣，其结果如以下所述，对确定系统设计的一般方针是很重要的。

从另一个角度看，图 8-4 用虚线所框的是由 n 个部件组成的串联结构系统，再将其构成 m 个并联结构。同样，图 8-5 这个系统是由各个部件组成的并联结构后构成的。前者称为系统冗余系统，后者称为部件冗余系统。这些是后面将述及的冗余法的一种。

设各部件的可靠度为 r_0，系统冗余系统的可靠度为 R_S，部件冗余系统的可靠度为 R_p，用式（8-6）和式（8-32）分别得

$$R_S = 1 - (1 - r_0^n)^m \tag{8-48}$$

$$R_p = [1 - (1 - r_0)^m]^n \tag{8-49}$$

图 8-6 是当取 $n=10$ 时，部件可靠度取 $r_0=0.9$ 和 0.75，通过改变 m 而计算出 R_S 和 R_p 值的曲线图。由图可见，部件冗余系统的可靠度是随 m 值的增大而急剧增加的。

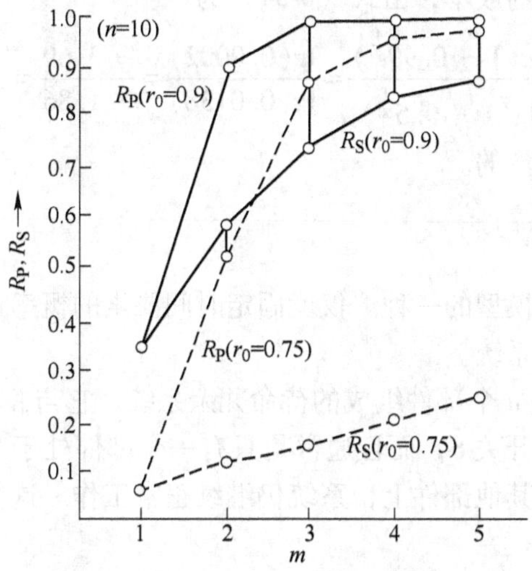

图 8-6 系统冗余系统和部件冗余系统的可靠度比较（$n=10$，$r_0=0.9$，0.75）

下面从成本方面来讨论这个问题。

由 m 台可靠度为 R_0、单价为 C_0 的机器组成的并联系统的成本 C 为

$$C = mC_0 \tag{8-50}$$

若可靠度提高为 R，根据式（8-35），则有

$$R = 1 - (1 - R_0)^m \tag{8-51}$$

而且因为

$$1 - R = (1 - R_0)^m$$

$$m = \frac{\lg(1 - R)}{\lg(1 - R_0)}$$

由式（8-50）和式（8-51）得

$$m = \frac{C}{C_0} = \frac{\lg(1 - R)}{\lg(1 - R_0)} \tag{8-52}$$

式（8-52）可以认为是系统由于可靠度 R_0 提高到 R 所必需的成本。

其次，采用 $R = \{1 - (1 - r_0)^n\}^m = \{1 - (R_0^{\frac{1}{n}})^m\}^n$ 同样 m 台部件冗余系统时，成本仍

为 $C=mC_0$。设 n 个部件串联系统的可靠度为 $R_0=r_0^n$，则此系统改善后的可靠度 R，根据式（8-49），因为

$$1-R^{\frac{1}{n}}=(1-R_0^{\frac{1}{n}})^m \tag{8-53}$$

所以

$$m=\frac{C}{C_0}=\frac{\lg(1-R^{\frac{1}{n}})}{\lg(1-R_0^{\frac{1}{n}})} \tag{8-54}$$

为了举例说明式（8-52）和式（8-54）的结果，试看由部件数 $n=0.5$，要求可靠度提高到 $R=0.99$，对于系统冗余方式所必要的成本，由式（8-52）为

$$m=\frac{\lg(0.01)}{\lg(0.5)}=5.64 \tag{8-55}$$

而对部件冗余系统所必要的成本，由式（8-54）为

$$m=\frac{\lg(1-0.99^{\frac{1}{50}})}{\lg(1-0.5^{\frac{1}{50}})}=\frac{\lg(0.0002)}{\lg(0.0138)}=\frac{-3.69}{-1.86}=1.98 \tag{8-56}$$

示例的结果是一目了然的。

8.1.6 待命冗余系统模型

待命冗余系统是基本模型的一种。仅就固定时间要素的概率计算来说，它是比以上所有模型都难以处理的一种系统。

图 8-7（a）所示是由 n 个部件组成的待命冗余系统。它与并联系统的区别在于，其系统的输入或输出端有转换开关 S，而且通常是只有一个部件处于工作状态的结构。若这个部件发生故障，则转换到其他部件上，系统仍继续正常工作。这个系统的理想状态要满足以下诸条件[29]：

（1）开关能经常地保持正常工作是可靠的；

（2）开关的转换时间，可以不考虑部件的启动等时间；

（3）部件在待命中不发生和性能劣化。

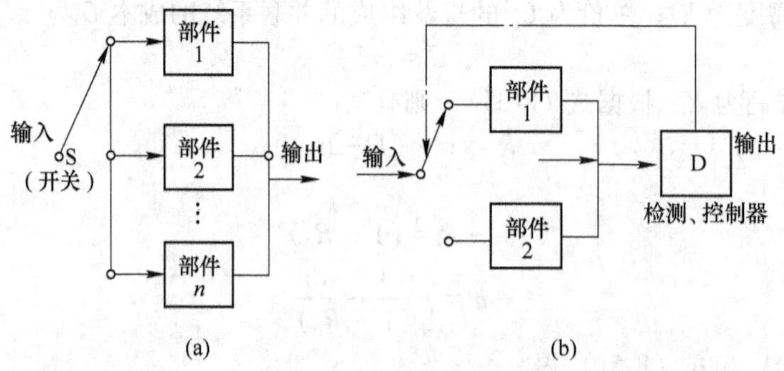

图 8-7 待命冗余系统模型

满足这些假设条件的系统，称为理想型待命冗余系统。实际上当然不可能有这样的系统。缺少上述条件中某一部件或全部者，称待命冗余系统。现就有关条件简略讨论如下：

(1) 开关的动作。系统中部件与开关是串联系统，因此，不能不考虑到开关的可靠度这一实际问题。此外，回路中如出现异常信号时要能立即检出，必要时要装设开关转换动作的检测动作器。如图 8-7（b）所示系统图，从检测控制器 D 起始的点划线信号连接到开关 S。理想型待命冗余系统就是取这个部分的可靠度为 1 的简化系统。

(2) 转换时间和预热时间。上述（1）项所指的检测控制和开关动作，即使是正常的，但转换时间过长，将造成系统工作的中断，出现暂时的系统故障。同时，部件从开关转换的瞬间到进入正常工作这段时间，即启动时间如果过长的话，情况也是一样。对此可以通过预热待命中的部件来缩短这个时间。预热状态常分为以下 3 种类型：

1）冷贮备——待命中的部件不进行预热的状态；

2）温贮备——为缩短启动时间而进行部分预热的状态；

3）热贮备——处于充分预热的状态，以便根据开关的命令能立即进入工作状态，它与正常工作状态的区别在于不分担负荷。

根据系统工作条件的不同，对所提时间参量的要求可严可松。

(3) 待命冗余部件的可靠度。在理想条件下，通常认为待命冗余中部件的可靠度为 1，而且不产生劣化。虽然其他类型部件却不能加以考虑。如热贮部件，显然处于如同工作部件一样的状态，所以，实际上可认为与并联系统的情况相当。

对应系统工作要求的缓急程度，进行上述诸条件的综合和调整，所以，总的来看，在实际中要研究各种各样的模型。

8.1.7 待命冗余系统概述

首先分析一下理想型待命冗余系统可靠度的求法。如图 8-7（a）所示，由 n 个部件组成的系统，假定它满足 8.16 节所述理想条件，若从数学的角度来看系统的条件，则为

(1) 转换开关，检测控制器等的可靠度为 1；

(2) 系统启动时，所有部件的可靠度为 1，在待命中此值不变；

(3) 转换时间和启动时间等为 0。

这里使用以下符号：

X_i ——i 号部件的故障寿命（随机变量）（$i=1, 2, \cdots, n$）；

$F_i(t)$ ——对应以上部件的分布函数；

$r_i(t)$ ——对应以上部件的可靠度函数，$r_i(t) = 1 - F_i(t)$；

X、$F(t)$ 和 $R(t)$ ——分别为系统的故障寿命、分布函数和可靠度函数。

系统的正常工作，是通过转换开关由连接着的 1 个部件的正常工作来维持的，并能从第 1 个至第 n 个部件按顺序依次接替。当第 n 个部件也发生故障时，系统便产生了故障。因此，系统的故障寿命是所有部件故障寿命之和，即

$$X = X_1 + X_2 + \cdots + X_n \tag{8-57}$$

分布函数是如下的卷子积分：

$$F(t) = F_1(t) * F_2(t) * \cdots * F_n(t) \tag{8-58}$$

可靠度函数为

$$R(t) = 1 - F(t) = 1 - F_1(t) * F_2(t) * \cdots * F_n(t) \tag{8-59}$$

这些式中的 $*$ 号是表示如下卷积公式运算。公式右边至第 j 个的卷积若用 $F_{1,j} * (t)$

来表示 $F_1(t) * F_2(t) * \cdots * F_n(t)$ 时，则有

$$F_{1,j} * (t) = \int F_{1,(j-1)} * (t - x) f_j(x) \mathrm{d}x \tag{8-60}$$

式中，$f_j(t)$ 是第 j 个部件的密度函数。据此，以下格式依次分别成立：

$$\left.\begin{aligned} F_{1,2} * (t) &= \int_0^t F_1 * (t - x) f_2(x) \mathrm{d}x \\ F_{1,3} * (t) &= \int_0^t F_{1,2} * (t - x) f_3(x) \mathrm{d}x \\ &\vdots \\ F_{1n} * (t) &= \int_0^t F_{1,(n-1)} * (t - x) f_n(x) \mathrm{d}x \end{aligned}\right\} \tag{8-61}$$

经拉普拉斯变换，则有

$$F_{1,j}^* * (s) = F_{1,(j-1)} * (s) SF_j^*(s) \tag{8-62}$$

式中，* 符号是表示拉普拉斯变换。式（8-62）经变换后为

$$\left.\begin{aligned} F_{1,2}^* * (s) &= SF_1^*(s) F_2^*(s) \\ F_{1,3}^* * (s) &= SF_{1,2}^*(s) F_3^*(s) \\ &\vdots \\ F_{1,n}^* * (s) &= SF_{1,(n-1)}^*(s) F_n^*(s) \end{aligned}\right\} \tag{8-63}$$

故通式为

$$F_{1,n} * (s) = s^{n-1} F_1^*(s) * F_2^*(s) \cdots F_n^*(s) \tag{8-64}$$

式（8-60）变换为

$$R^*(s) = \frac{1}{s} - s^{n-1} F_1^*(s) F_1^*(s) \cdots F_n^*(s) \tag{8-65}$$

为了将此式用部件可靠度函数表示，因 $r_i(t) = 1 - F_i(t)$，变换为

$$r_i^* = \frac{1}{s} - F_i^*(s)$$

$$sF_i^*(s) = 1 - sr_i^*(s)$$

代入上式，则得

$$R^*(s) = \frac{1}{s}\{1 - [1 - sr_1^*(s)][1 - sr_2^*(s)]\cdots[1 - sr_n^*(s)]\}$$

$$= \sum_{i=1}^{n} r_i^*(s) - s \underbrace{\sum_{i \neq j} r_i^*(s) r_j^*}_{\binom{n}{2}\text{项}} + s^2 \underbrace{\sum_{i \neq j \neq k} r_i^*(s) r_j^*(s) r_k^*(s)}_{\binom{n}{3}\text{项}} + \cdots + \tag{8-66}$$

$$(-1)^{n-1} s^{n-1} \prod_{i=1}^{n} r_i^*(s)$$

系统的 MTTE，可以通过此式取 $S=0$ 求得。从式（8-57）求 X 的期望值 $E(X)$ 时，也是一样的。故有

$$\text{MTTF} = E(X) = R^*(0) = \sum_{i=1}^{n} r_i^*(0) = \sum_{i=1}^{n} \overline{T}_i \tag{8-67}$$

式中，$\overline{T}_i$ 是部件的 MTTE。

设部件具有等可靠度，取下标 $i=0$，则式（8-59）、式（8-66）及式（8-67）等变为如下形式：

$$R(t)=1-\underbrace{F_0(t)*F_0(t)*\cdots*F_0(t)}_{n\text{个}} \tag{8-68}$$

$$R^*(s)=\frac{1}{s}-s^{n-1}F_0^{*n}(s)=\frac{1}{s}[1-\{1-sr_0^*(s)\}^n] \tag{8-69}$$

$$\text{MTTF}=n\overline{T}_0 \tag{8-70}$$

用 $r_i(t)$ 等的一般型由这些公式是很难推导出 $R(t)$ 形式的。因此，设定为指数型，以 λ_i 为故障率，则有

$$r_i(t)=\mathrm{e}^{-\lambda_i t} \tag{8-71}$$

$$r_i^*(s)=\frac{1}{s+\lambda_i} \tag{8-72}$$

故式（8-66）为

$$R^*(s)=\sum_{i=1}^{n}\left(\frac{1}{s+\lambda_i}\right)-s\sum_{i\neq j}\frac{1}{(s+\lambda_i)(s+\lambda_j)}+s^2\sum_{i\neq j\neq j}\frac{1}{(s+\lambda_i)(s+\lambda_j)(s+\lambda_k)}+\cdots+(-1)^{n-1}\prod_{i=1}^{n}\left(\frac{1}{s+\lambda_i}\right) \tag{8-73}$$

从式中的第 2 项以后，把 $1/(s+\lambda_i)$ 的积项表示为和的形式，整理后为

$$R^*(s)=\sum_{j=1}^{n}\frac{A_j}{B_j(s+\lambda_j)} \tag{8-74}$$

式中，$j=1,2,\cdots,n$，则

$$A_j=\left(\prod_{i=1}^{n}\lambda_i\right)\frac{1}{\lambda_j},\quad B_j=\left|\frac{\mathrm{d}}{\mathrm{d}x}\left\{\prod_{i=1}^{n}(\lambda_i-x)\right\}\right|_{x=\lambda_j}$$

由于现在这样的式子很难理解，若取 $n=2$，3 时，其各项为

$$R^*(s)=\frac{\lambda_2}{(\lambda_2-\lambda_1)(s+\lambda_1)}+\frac{\lambda_1}{(\lambda_1-\lambda_2)(s+\lambda_2)} \tag{8-75}$$

$$R^*(s)=\frac{\lambda_2\lambda_3}{(\lambda_2-\lambda_1)(\lambda_3-\lambda_1)(s+\lambda_1)}+\frac{\lambda_1\lambda_3}{(\lambda_1-\lambda_2)(\lambda_3-\lambda_1)(s+\lambda_2)}+\frac{\lambda_1\lambda_2}{(\lambda_1-\lambda_3)(\lambda_2-\lambda_3)(s+\lambda_3)} \tag{8-76}$$

通过对式（8-73）进行逆变换，可得

$$R(t)=\sum_{j=1}^{n}\frac{A_j}{B_j}\mathrm{e}^{-\lambda_j t} \tag{8-77}$$

当 $\lambda_i=\lambda_0$ 时，由式（8-69）有

$$R^*(s)=\frac{1}{s}\left[1-\left(\frac{\lambda_0}{s+\lambda_0}\right)^n\right]$$

$$= \frac{1}{s+\lambda_0} + \frac{\lambda_0}{(s+\lambda_0)^2} + \frac{\lambda_0^2}{(s+\lambda_0)^2} + \cdots + \frac{\lambda_0^{n-1}}{(s+\lambda_0)^n} \tag{8-78}$$

经逆变换，则为

$$R(t) = e^{-\lambda_0 t} + e^{-\lambda_0 t}\lambda_0 t + e^{-\lambda_0 t}\frac{(\lambda_0 t)^2}{2!} + \cdots + e^{-\lambda_0 t}\frac{(\lambda_0 t)^{n-1}}{(n-1)!}$$

$$= e^{-\lambda_0 t}\sum_{i=1}^{n-1}\frac{(\lambda_0 t)^i}{i!} \tag{8-79}$$

式（8-79）中的形状参数是整数 n 的 Γ 分布。当 n 大时，此分布接近于正态分布 $N(u,\ \sigma^2)$，而且有

$$u = n\overline{T}_0, \sigma^2 = n\overline{T}_0^2 \tag{8-80}$$

n 大时，还可用下式进行计算：

$$R(t) = 1 - \frac{1}{\sqrt{2\pi}\sigma}\int_0^t e^{\frac{-(t-u)^2}{2\sigma^2}}dt \tag{8-81}$$

下面，试比较一下待命冗余系统的 MTTF $\overline{T}_S$ 和并联系统的 MTTF $\overline{T}_p$。图 8-8 是根据对应于部件数 n 的计算值绘成的曲线图。$\overline{T}_S$ 与 n 成正比，而 $\overline{T}_p$ 根据式（8-41）有

$$\overline{T}_p = \frac{1}{\lambda_0}\left(1 + \frac{1}{2} + \cdots + \frac{1}{n}\right) = \overline{T}_0 A(n) \tag{8-82}$$

$A(n)$ 只是随着 n 的增加而缓慢增加。$n>10$ 时，可近似用下式表达：

$$A(n) = 0.57721 + \ln n + \frac{n}{2} \tag{8-83}$$

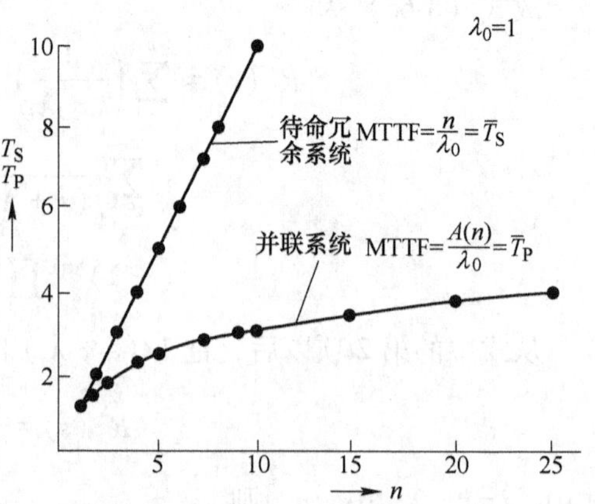

图 8-8　待命冗余系统和并联系统的 MTTF 比

8.1.8　双部件待命冗余系统

上节阐述了理想型待命冗余系统的一般性质。现实型的待命冗余系统的开关及其条件必然与理想条件不同，因此，有必要进行深入的探讨。在此分析一下由两单元组成的双部件待命冗余系统。这里的单元是指前述部件的简称。

理想型待命冗余系统的可靠度 $R(t)$，在式（8-59）中取 $n=2$，则可得如下形式：

$$R(t) = 1 - F_1(t) * F_2(t) = 1 - \int_0^t F_2(t-x)f_1(x)dx$$

$$= r_1(t) + \int_0^t r_2(t-x)f_1(x)dx \tag{8-84}$$

式（8-84）的意义如下：第 1 项表示第 1 个工作中的单元，达到 t 时刻时没有发生故障，由第 2 个单元来接替工作，余下的 $(t-x)$ 为无故障的概率。此值是概率元素 $r_2(t-x)f(x)dx$ 在区间 $(0,\ t)$ 上的积分值。

8.1.8.1 对开关系统的考虑

开关系统是作为待命冗余系统的一个组成部分，用以监视部件的工作状态，应根据需要完成转换动作。考虑到误动作也有可能影响系统的功能，设开关系统的可靠度为 $r_{SW}(t)$，包括开关在内的双部件待命冗余系统可以认为是开关系统和待命冗余的串联系统，其可靠度为 $R_{\mathrm{I}}(t)$ 。因此，在给出 $r_{SW}(t)$ 时，可写成

$$R_{\mathrm{I}}(t) = R(t) r_{SW}(t) \tag{8-85}$$

式中，$R(t)$ 是由式（8-84）所示的理想型待命冗余系统的可靠度。

关于开关系统的动作，有必要再作少许详尽的讨论。检测部件是为了鉴别第 1 个单元工作正常与否，并在它出现故障的时刻进行开关的控制。通常，与检测识别的误差相比，更重视开关动作的灵敏和准确，所以，可假设在第 1 个单元正常工作中不发生误判断，包括故障时刻的判断和开关的灵敏度在内，认为是恒定的成功概率 p_{SW}。因此，根据式（8-84），考虑了开关系统后的可靠度 $R_{\mathrm{II}}(t)$ 的合适表达式为

$$R_{\mathrm{II}}(t) = r_1(t) + p_{SW}\int_0^t r_2(t-x) f_1(x)\,\mathrm{d}x \tag{8-86}$$

若开关的工作概率是经历时间的函数，则系统可靠度由下式表达：

$$R_{\mathrm{III}}(t) = r_1(t) + \int_0^t r_{SW}(x) r_2(t-x) f_1(x)\,\mathrm{d}x \tag{8-87}$$

式中，$r_{SW}(t)$ 是开关工作的可靠度。

下面用式（8-84）~式（8-87）求单元的指数型可靠函数 $R(t)$，$R_{\mathrm{I}}(t)$，$R_{\mathrm{II}}(t)$，$R_{\mathrm{III}}(t)$ 等。设

$$r_1(t) = \mathrm{e}^{-\lambda_1 t},\ r_2(t) = \mathrm{e}^{-\lambda_2 t},\ r_{SW}(t) = \mathrm{e}^{-\lambda_{SW}}$$

则有

$$R(t) = \frac{1}{\lambda_2 - \lambda_1}(\lambda_2 \mathrm{e}^{-\lambda_1 t} - \lambda_1 \mathrm{e}^{-\lambda_2 t}) \tag{8-88}$$

$$R_{\mathrm{I}}(t) = \frac{\mathrm{e}^{-\lambda_{SW}}}{\lambda_2 - \lambda_1}(\lambda_2 \mathrm{e}^{-\lambda_1 t} - \lambda_1 \mathrm{e}^{-\lambda_2 t}) \tag{8-89}$$

$$R_{\mathrm{II}}(t) = \frac{1}{\lambda_2 - \lambda_1}\{[\lambda_2 - \lambda_1(1 - p_{SW})]\mathrm{e}^{-\lambda_1 t} - \lambda_1 p_{SW} \mathrm{e}^{-\lambda_2 t}\} \tag{8-90}$$

$$R_{\mathrm{III}}(t) = \frac{1}{\lambda_2 - \lambda_1 - \lambda_{SW}}\{[\lambda_2 - \lambda_1(1 - \mathrm{e}^{-\lambda_{SW\lambda}}) - \lambda_{SW}]\mathrm{e}^{-\lambda_1 t} - \lambda_1 \mathrm{e}^{-\lambda_2 t}\} \tag{8-91}$$

为了进行数值比较，设 $\lambda_1 = \lambda_2 = \lambda_0$，则这些公式变换为

$$R(t) = \mathrm{e}^{-\lambda_0 t}(1 + \lambda_0 t) \tag{8-92}$$

$$R_{\mathrm{I}}(t) = \mathrm{e}^{-(\lambda_0 + \lambda_{SW})t}(1 + \lambda_0 t) \tag{8-93}$$

$$R_{\mathrm{II}}(t) = \mathrm{e}^{-\lambda_0 t}(1 + \lambda_0 p_{SW} t) \tag{8-94}$$

$$R_{\mathrm{III}}(t) = \mathrm{e}^{-\lambda_0 t}\left[1 + \frac{\lambda_0}{\lambda_{SW}}(1 - \mathrm{e}^{-\lambda_{SW} t})\right] \tag{8-95}$$

为了将这些值和双部件并联系统的可靠度 $R_{\mathrm{p}}(t)$ 进行比较，而给出下式：

$$R_{\mathrm{p}}(t) = 2\mathrm{e}^{-\lambda_0 t} - \mathrm{e}^{-2\lambda_0 t} = \mathrm{e}^{-\lambda_0 t}(2 - \mathrm{e}^{-\lambda_0 t}) \tag{8-96}$$

图 8-9 所示为开关系统的故障率 λ_{SW} 按着与单元故障率 λ_0 成一定比率变换时所得

$R_{\mathrm{I}}(t)$ 的值。图中横轴标的是以 $\tau=\lambda_0 t$ 为基准的值。由图可知，$\lambda_{\mathrm{SW}}=0.2\lambda_0$ 时，$R_{\mathrm{I}}(t)$ 几乎与并联可靠度一致；大于此值时，待命冗余系统的可靠度比并联系统低。

应该注意，t 很小时，$R_{\mathrm{I}}(t)$ 值通常比 $R_{\mathrm{p}}(t)$ 小。

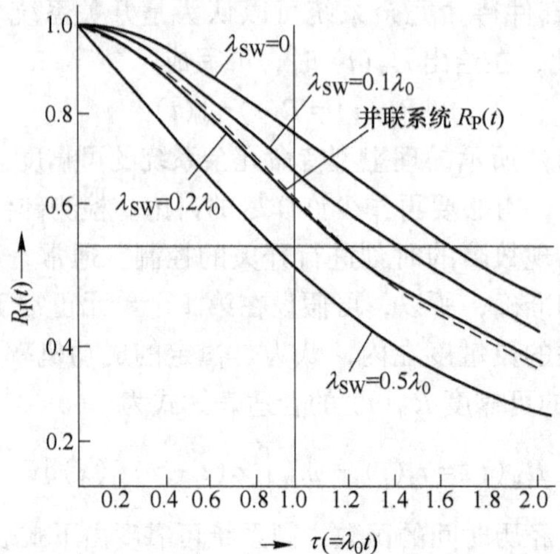

图 8-9　开关系统（λ_{SW}）对双部件荣誉系统可靠度 $R_{\mathrm{I}}(t)$ 的影响

应该注意，t 很小时，$R_{\mathrm{I}}(t)$ 值通常比 $R_{\mathrm{p}}(t)$ 小。为了表示这种情况，设 t 很小，则可求得如下 $R_{\mathrm{I}}(t)$ 及 $R_{\mathrm{p}}(t)$ 的近似式：

$$
\begin{aligned}
R_{\mathrm{I}}(t) &= 1-\lambda_{\mathrm{SW}}t-\frac{\lambda_0^2-\lambda_{\mathrm{SW}}^2}{2}t^2-\frac{(\lambda_0+\lambda_{\mathrm{SW}})^2(2\lambda_0-\lambda_{\mathrm{SW}})}{6\sigma}t^3 \\
&= 1-a\tau-\frac{\tau^2}{2}(1-a^2)-\frac{\tau^3(1+a)^2(2-a)}{6} \qquad (8\text{-}97)
\end{aligned}
$$

式中取 $\alpha=\lambda_{\mathrm{SW}}/\lambda_0$，

$$R_{\mathrm{p}}(t)=1-\lambda_0^2t^2-\lambda^3t^3=1-\tau^2+\tau^3 \qquad (8\text{-}98)$$

图 8-10 是以 $\tau\leqslant 0.3$ 时所求得的 $R_{\mathrm{I}}(t)$ 及和 $R_{\mathrm{p}}(t)$ 近似值绘成的曲线图。为了观察 $t=0$ 时，$R_{\mathrm{I}}(t)$ 及 $R_{\mathrm{p}}(t)$ 的斜率，将式（8-93）和式（8-96）进行微分，取 $t=0$，则有 $R_{\mathrm{I}}(0)=-\lambda_{\mathrm{SW}}$，$R'_{\mathrm{p}}(0)=0$。因此，$t$ 值小时，显然 $R_{\mathrm{I}}(t)$ 比 $R_{\mathrm{p}}(t)$ 小。

图 8-11 所示是在限定考虑开关系统的故障时，按所得可靠度 $R_{\mathrm{III}}(t)$ 所绘成的曲线图。

在式（8-95）中，设 $\lambda_{\mathrm{SW}}\to 0$，则有 $R_{\mathrm{III}}(t)\to R(t)$，显然，这是理想型待命冗余系统。又设 $\lambda_{\mathrm{SW}}=\lambda_0$，则有 $R_{\mathrm{III}}(t)=R_{\mathrm{p}}(t)$，与并联系统的可靠度一致。

总之，由于待命冗余系统使用转换开关，使备用中的部件尽可能小的负荷下得以停歇，以便较大地提高系统的总可靠度，首先，对工作中的单元要使用无误动作的检测器，即不发生把正常工作误断为故障。其次，开关转换工作的可靠度要尽可能高，故障率最好在 $\lambda_{\mathrm{SW}}<0.1\lambda_0$ 范围之内。

8.1.8.2　对冗余贮备状态的考虑

在第 1 个单元发生故障向第 2 个单元进行转换控制的任意时刻出现了故障时，系统就失效了。设贮备单元的可靠度为 $r_{2\mathrm{b}}(t)$，对于冷贮备，不论时间如何，其 $r_{2\mathrm{b}}(t)=1$；对于热贮备，可以认为与工作时间的可靠度 $r_2(t)$ 相等，即

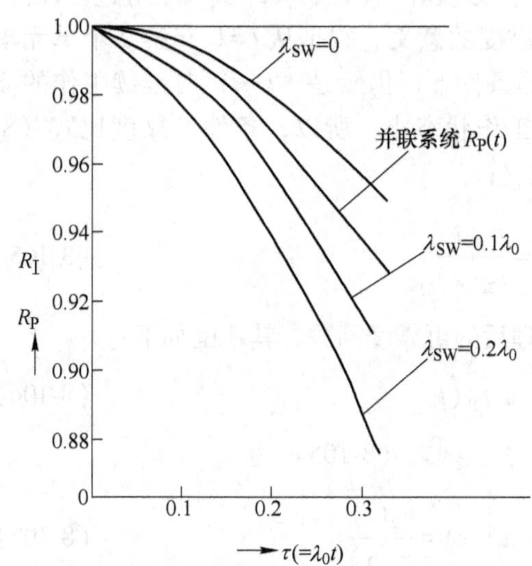

图 8-10 t 时刻的 $R_I(t)$ 和 $R_p(t)$ 的比较

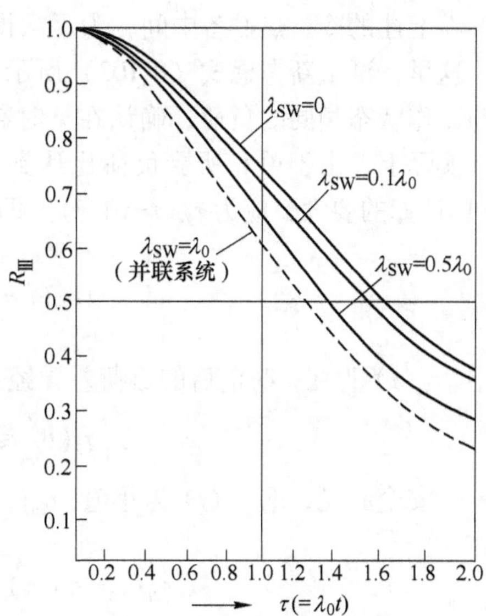

图 8-11 开关系统对双部件待命冗余系统可靠度 $R_{III}(t)$ 的影响

$$r_2(t) \leqslant r_{2b}(t) \leqslant 1 \tag{8-99}$$

第 1 个单元在 x 时刻发生故障时，第 2 个单元的有效概率为 $r_{2b}(x)$。至于剩余时间 $(t-x)$ 的可靠度，若考虑转换时贮备单元的寿命，则由条件概率 $r_2(t-x\mid x)$ 给定。因此，式（8-84）的第 2 项应作如下的修正：

$$R_{IV}(t) = r_1(t) + \int_0^t r_{2b}(x) r_{2b}(t-x\mid x) f_1(x)\mathrm{d}x \tag{8-100}$$

此式如用条件式（8-99）的上、下限，则分别变为理想型的待命冗余系统和并联系统。将其表示如下：

冷贮备时，$r_{2b}(x)=1$，其第 2 个单元在 $(t-x)$ 时的可靠度为

$$r_2(t-x\mid x) = r_2(t-x) \tag{8-101}$$

故式（8-100）为

$$R_{IV}(t) = r_1(t) + \int_0^t r_2(t-x) f_1(x)\mathrm{d}x = R(t) \tag{8-102}$$

这是属于理想型的。

对于热贮备，设在 $t=0$ 时第 2 个单元进入贮备状态，则在 x 时的有效概率为 $r_{2b}=r_2(x)$。一个寿命为 x 的单元，其在 $(t-x)$ 时继续工作的条件概率为

$$r_2(t-x\mid x) = \frac{r_2(t)}{r_2(x)} \tag{8-103}$$

因此，式（8-100）变为如下形式，显然是并联系统：

$$\begin{aligned}R_{IV}(t) &= r_1(t) + \int_0^t r_2(x)\frac{r_2(t)}{r_2(x)} f_1(x)\mathrm{d}x \\ &= r_1(t) + r_2(t)F_1(t) = r_1(t) + r_2(t)[1-r_1(t)] \\ &= r_1(t) + r_2(t) - r_1(t)r_2(t) = R_p(t)\end{aligned} \tag{8-104}$$

在上述的冷、热贮备中间，为了求得 $R_{\mathrm{IV}}(t)$，必须对 $r_{2b}(x)$，$r_2(t-x \mid x)$ 等进行评价。

这里，试重新考虑式（8-103）所示条件可靠度的意义。它是从 $t=0$ 起第 2 个单元承受与工作状态相同的负荷，确认在 x 时起作用的条件下，仍然是（$t-x$）时继续工作的概率。实际上，由于单元所受负荷比达到 x 时的工作状态小，所以，条件可靠度比式（8-103）计算的要大，应为 $r_{2a}(t-x \mid x)$。即下式成立：

$$r_{2a}(t-x \mid x) = \frac{r_{2a}(t)}{r_{2a}(x)} \tag{8-105}$$

式中，$r_{2a}(t)$ 为在 x 时前后的负荷差异经平滑处理后的可靠度函数，其范围如下：

$$r_2(t) \leqslant r_{2a}(t) \leqslant r_{2b}(t) \tag{8-106}$$

为安全起见，取 $r_{2a}(t)$ 为小值，$r_{2a}(t) \approx r_2(t)$，则式（8-105）为

$$r_{2a}(t-x \mid x) = r_2(t-x \mid x) = \frac{r_2(t)}{r_2(x)} \tag{8-107}$$

将此式（8-107）代入式（8-100），则得

$$R_{\mathrm{IV}}(t) = r_1(t) + r_2(t)\int_0^t \frac{r_{2b}(x)}{r_2(x)} f_1(x)\,\mathrm{d}x \tag{8-108}$$

可以认为，这就是温贮备时可靠度函数近似值得计算式。

$R_{\mathrm{IV}}(t)$ 处于 $R(t)$ 及 $R_{\mathrm{p}}(t)$ 的中间，这无须再用数值计算来验证，从式（8-102）和式（8-104）就能清楚地看出。

在此，设 $r_1(t)=\mathrm{e}^{-\lambda_1 t}$，$r_2(t)=\mathrm{e}^{-\lambda_2 t}$，$r_{2b}(t)=\mathrm{e}^{-\lambda_{2b}}t$ 等，则有

$$R_{\mathrm{IV}}(t) = \frac{1}{\lambda_2-\lambda_1-\lambda_{2b}}\{[\lambda_2-\lambda_1(1-\mathrm{e}^{-\lambda_{2b}t})-\lambda_{2b}t]\mathrm{e}^{-\lambda_1 t}-\lambda_1\mathrm{e}^{-\lambda_2 t}\} \tag{8-109}$$

又设 $\lambda_1=\lambda_2=\lambda_0$，$\lambda_{2b}=\lambda_b$ 等，则得

$$R_{\mathrm{IV}}(t) = \mathrm{e}^{-\lambda_0 t}\left[1+\frac{\lambda_0}{\lambda_b}(1-\mathrm{e}^{-\lambda_0 t})\right] \tag{8-110}$$

式（8-109）、式（8-110）与式（8-91）、式（8-95）有完全相同的形式，只是把 λ_{SW} 改换为 λ_b 而已。

因此，双部件待命冗余系统中的冗余单位对系统可靠度的影响，可用图 8-11 说明，只是把 $R_{\mathrm{III}}(t)$ 作为 $R_{\mathrm{IV}}(t)$、用 λ_b 取代 λ_{SW}。但是，要注意，如果处于备用中的单元故障率 λ_b 比工作时的效率 λ_0 大时，就不符合一般常识了。

8.1.8.3　对开关转换时间的考虑

单元转换所需要的时间取决于开关本身结构，但是，若把待命冗余系统进一步扩展，则有着重要意义。

待命冗余系统是指 1 个单元正在工作期间内，无故障概率的第 2 个单元已经作好准备，待工作单元发生故障时，即时进行替换。到目前为止，已对利用开关系统使其接近理想型待命冗余系统的问题进行研究。若用人的操作来代替开关动作时，则识别单元的正常

与否及判断备用状态等，都渗透进了人为因素，从而使参数的变化略有增大，但这对以上的研究内容无本质影响。

但是，待命冗余系统的转换，可以看做是维持整体系统正常工作的修理作业。根据这个观点，修理所需要的时间就是这里所说的转换时间，通常规定这个时间从不妨碍系统正常工作为限。这里先讨论一下转换和修理所需要的时间。

设单个单元的可靠度为 $r_0(t)=e^{-\lambda_0 t}$ 。将此单元设想为每次故障均可与等可靠度的新单元进行交换的系统。单元发生故障而进行转换时，设规定时间内成功的概率为 P_S（定值）。系统可靠度为 $R_S(t)$ 时，则此概率可表示为“达到 t 时刻时单元不发生故障”的概率和“达到 t 时刻时发生 1 次故障并转换成功”的概率、“达到 t 时刻时发生 2 次故障也都转换成功”的概率，依次顺推所得概率的和。

达到 t 时发生 i 次故障的概率为 $P_i(t)$ ，当 $r_0(t)$ 用指数函数的时间泊松分布来表示，则有

$$P_i(t)=e^{-\lambda_0 t}\frac{(\lambda_0 t)^i}{i!} \tag{8-111}$$

所以，若用单元数 n 有限时，上述概率则为

$$\begin{aligned}R_S(t)&=e^{-\lambda_0 t}+\sum_{i=1}^{n}e^{-\lambda_0 t}\frac{(\lambda_0 t)^i}{i!}p_S^i\\&=e^{-\lambda_0 t}\left\{1+\sum_{i=1}^{n}\frac{(\lambda_0 p_S t)^i}{i!}\right\}\end{aligned} \tag{8-112}$$

进而有

$$\begin{aligned}R_S(t)&=e^{-\lambda_0(1-p_S)t}\sum_{i=0}^{n}e^{-\lambda_0 p_S t}\frac{(\lambda_0 p_S t)^i}{i!}\\&=e^{-\lambda_0(1-p_S)t}B(n)\end{aligned} \tag{8-113}$$

式中，系数 $B(n)$ 为平均值 $\lambda_0 p_S t$ 的泊松分布的部分和，可由普通的数表求得。

n 充分大时，可设 $B(n)\approx B(\infty)=1$，故有

$$R_S(t)=e^{-\lambda_0(1-p_S)t} \tag{8-114}$$

系统的平均寿命 $\overline{T}_S$ 为

$$\overline{T}_S=\frac{1}{\lambda_0(1-p_S)} \tag{8-115}$$

这表明，按照规定时间内转换成功的概率 p_S 接近 1 时，系统可靠度因此而得到改善。

图 8-12 所示是由备用单元数 n 所决定的 $B(n)$ 值。此图是以横轴为备用单元数 n，以 $\lambda_0 t=\tau$ 为参量的 $B(n)$ 值所绘成的曲线图。当 τ 值小于 5，n 在 10 以内时，$B(n)$ 值接近于 1。

图 8-13 是以式（8-114）的转换成功率 p_S 为参量所表示的曲线图。即使 $p_S=0.5$，即转换成功率为 50%，系统可靠度相对于单个单元来看，可认为有较大的改善，同时，还由式（8-115）可知，MTTF 增至 2 倍。

本例是以待命冗余系统的开关转换时间作为概率换算来研究其对系统的影响，但是，从另一方面看，如上所述，这也是表示对单个单元修理时间的影响。

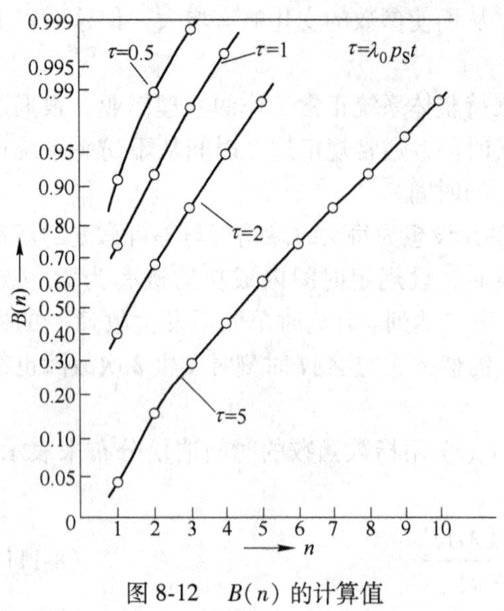

图 8-12 $B(n)$ 的计算值

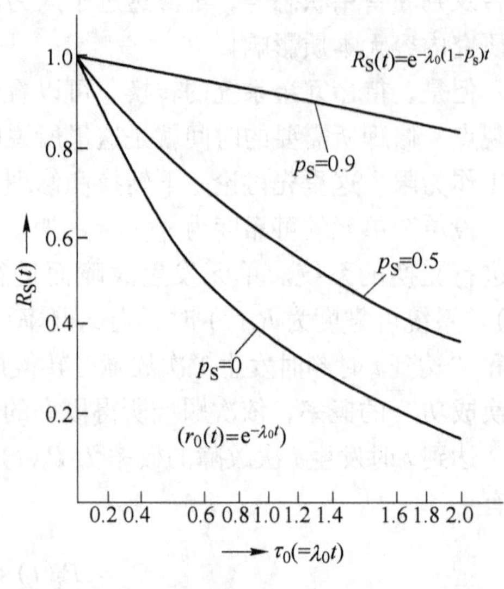

图 8-13 开关转换成功概率（p_S）的影响

本章中阐述的所有系统，都是从考虑设计的基本构思这一点出发来叙述的不可修复系统。对于可修复系统，将在其他章节叙述。

8.1.9 简单模型一览表

部件数在 n 个以内时，多是根据框图直观地求取可靠度函数及其他的特征值。它们大多数是前述串联系统和并联系统等简单的组合。若将其列成表 8-1 所示的一览表，则提供了很多方便。

表 8-1 简单模型的可靠度一览表

序号	结构	可靠度 R	可靠度函数 $R(t)\ (r_0(t)=e^{-\lambda_0 t})$	MTTF	方差	变差系数
1①		$\frac{r_0^2}{1-2p_0+p_0^2}$	$e^{-2\lambda_0 t}$	$1/2\lambda_0$	$1/4\lambda_0^2$	1
2②		$\frac{2r_0-r_0^2}{1-p_0^2}$	$e^{-\lambda_0 t}(2-e^{-\lambda_0 t})$	$3/2\lambda_0$	$7/4\lambda_0^2$	0.882
3		$\frac{2r_0^2-r_0^3}{1-p_0-p_0^2+p_0^3}$	$e^{-\lambda_0 t}(2-e^{-\lambda_0 t})$	$3/2\lambda_0$	$1/3\lambda_0^2$	0.866
4		$\frac{2r_0^2-r_0^3}{1-p_0-p_0^2+p_0^3}$	$e^{-\lambda_0 t}(1+e^{-\lambda_0 t}-e^{-2\lambda_0 t})$	$7/6\lambda_0$	$11/12\lambda_0^2$	0.821
5③		$\frac{3r_0-3r_0^2+r_0^3}{1-p_0-p_0^2+p_0^3}$	$e^{-\lambda_0 t}(3-3e^{-\lambda_0 t}+e^{-2\lambda_0 t})$	$11/6\lambda_0$	$49/36\lambda_0^2$	0.636

续表 8-1

序号	结构	可靠度 R	可靠度函数 $R(t)(r_0(t)=e^{-\lambda_0 t})$	MTTF	方差	变差系数
6	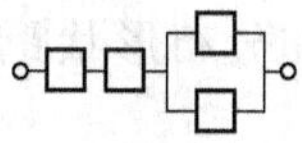	$\dfrac{2r_0^3-r_0^4}{1-2p_0+2p_0^3+p_0^4}$	$e^{-3\lambda_0 t}(2-e^{-\lambda_0 t})$	$5/12\lambda_0$	$7/48\lambda_0^2$	0.917
7	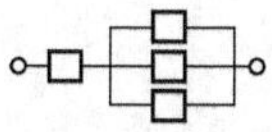	$\dfrac{3r_0^2-3r_0^3+r_0^4}{1-p_0+p_0^3+p_0^4}$	$e^{-2\lambda_0 t}(3-3e^{-\lambda_0 t}+e^{-2\lambda_0 t})$	$3/4\lambda_0$	$19/48\lambda_0^2$	0.839
8	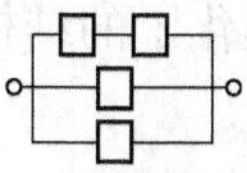	$\dfrac{2r_0-2r_0^3+r_0^4}{1-2p_0^3+p_0^4}$	$e^{-\lambda_0 t}(2-2e^{-2\lambda_0 t}+e^{-3\lambda_0 t})$	$19/12\lambda_0$	$169/144\lambda_0^2$	0.699
9	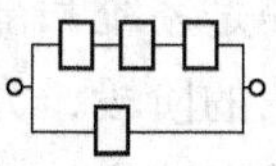	$\dfrac{r_0+r_0^3-r_0^4}{1-3p_0^2+3p_0^3-p_0^4}$	$e^{-\lambda_0 t}(1+e^{-2\lambda_0 t}-e^{-3\lambda_0 t})$	$13/12\lambda_0$	$133/144\lambda_0^2$	0.877
10④	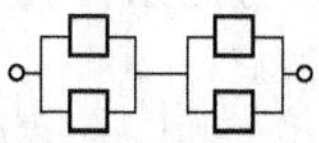	$\dfrac{(2r_0-r_0^2)^2}{1-2p_0^2+p_0^4}$	$e^{-2\lambda_0 t}(2-e^{-\lambda_0 t})^2$	$11/12\lambda_0$	$19/48\lambda_0^2$	0.686
11⑤	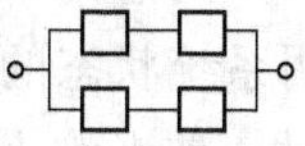	$\dfrac{2r_0^2-r_0^4}{1-4p_0^2+4p_0^3-p_0^4}$	$e^{-2\lambda_0 t}(2-e^{-2\lambda_0 t})$	$3/4\lambda_0$	$5/16\lambda_0^2$	0.745
12	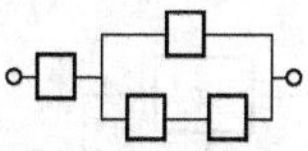	$\dfrac{r_0^2+r_0^3-r_0^4}{1-p_0+2p_0^2+3p_0^3-p_0^4}$	$e^{-2\lambda_0 t}(1+e^{-\lambda_0 t}-e^{-2\lambda_0 t})$	$7/12\lambda_0$	$35/144\lambda_0^2$	0.845
13	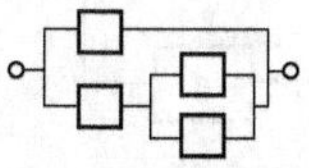	$\dfrac{r_0+2r_0^2-3r_0^3+r_0^4}{1-p_0^2-p_0^3+p_0^4}$	$e^{-\lambda_0 t}(1+2e^{-\lambda_0 t}-3e^{-2\lambda_0 t}+e^{-3\lambda_0 t})$	$5/4\lambda_0$	$11/16\lambda_0^2$	0.663
14⑥	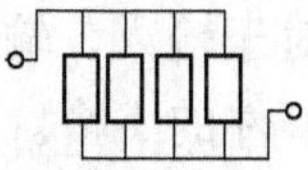	$\dfrac{4r_0-6r_0^2+4r_0^3-r_0^4}{1-p_0^4}$	$e^{-\lambda_0 t}(4-6e^{-\lambda_0 t}-4e^{-2\lambda_0 t}-e^{-3\lambda_0 t})$	$25/12\lambda_0$	$205/144\lambda_0^2$	0.573

注：①串联系统；　④2×2 串并联系统（部件冗余）；
②并联系统（2 部件系统）；　⑤2×2 并串联系统（系统冗余）；
③并联系统（3 部件系统）；　⑥并联系统（4 部件系统）。

表中第 2 列是框图。第 3 列是部件数在 4 个以内的各种组合的可靠度。设部件为等可靠度 $r_0=1-p_0$，此栏各项的上格用 r_0 表示，下格用 p_0 表示。

第 4 列列出部件可靠度函数为 $r_0(t)=e^{-\lambda_0 t}$ 时的系统可靠度函数 $R(t)$ 。第 5 列所列为

MTTF。第 6 列所列为方差。最后一列是变差系数，用下式计算：

$$变差系数=\frac{\sqrt{方差}}{\mathrm{MTTF}}$$

此值表示概率的变量在平均值附近的离散程度。对于指数型为 1，如分布形状距指数分布小于 1 时，表明是集中形式。

系统可靠度用 r_0 和 p_0 两种形式表示，这是为了方便以后的近似计算。

8.1.10　系统可靠度的一般算法

前述的一些基本模型的可靠度，不仅能简捷地导出，而且对特征值得评估也比较容易。然而，系统未必都只是串联系统和并联系统的组合。如后述将发生变化了的结构，对于这些复杂的组合，必须采用按框图求系统可靠度和故障概率的一般方法。

为此，作为系统工作的一般解析法研究出来的有结构函数方法、布尔代数运算法、概率事件集合论的运算法和其他简略法等一些有效的方法。这些方法的前提是系统和部件的工作只由正常和故障两种状态组成，这与前述的情况一样。在阐明方法论的阶段，为了容易掌握具体的框图结构，长把系统的工作用传递电路进行类推模拟。显然，这样处理是很容易掌握的。但对一些系统也有不适宜的情况。所以，需要正确地进行前提条件得详细研究。

8.1.10.1　组合事件计数法

这个方法是舒曼（shooman）的所谓事件空间法（event-space method）的意译。各部件的状态均分为正常和故障组。如罗列出部件组合时，将会有 2^n 组表明系统状态的事件集合，称为事件空间。事件空间在系统中可分为正常工作事件和故障事件。前者称为合适事件，后者称为不合适事件。系统可靠度是合适事件的和集合的概率。

事件空间地完成，必须认真地根据框图等完整地罗列出所有的而且是互斥性的事件。

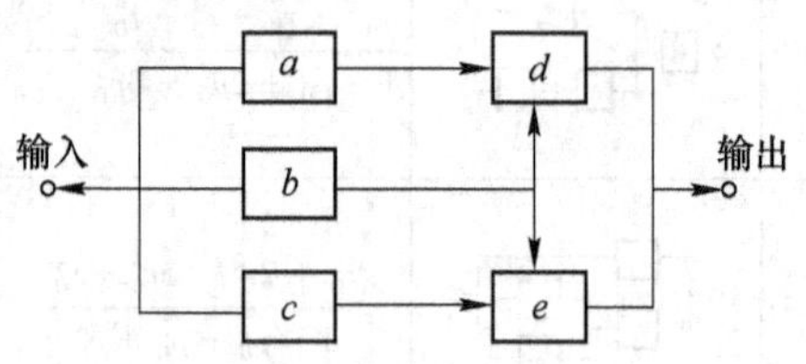

图 8-14　系统的复杂结构示例

现在来研究一下如图 8-14 所示的由 5 个部件组成的系统结构。若各部件的正常状态表示为 a，b，…，e；故障状态表为 $\bar{a}$，$\bar{b}$，…，$\bar{e}$ 时，则所有的部件相对于这些状态的组合为 $2^5=32$ 组。将其列成如表 8-2 所示的格式，再加以序号。参照框图上代号的部件状态，对于输入、输出间的信号通路闭合的，在序号上加以圆圈标记。这个事件 E_i 是表示合适事件的 1 个。按此方法，可给出 $i=1$，2，…，15 以及 19，22，23，25 的 19 组，这些均为互斥事件。系统的可靠度 P_S 就是这些事件的和，可按下式计算：

$$\begin{aligned}P_S &= P(E_1+E_2+\cdots+E_{15}+E_{19}+\cdots+E_{25})\\ &= P(E_1)+P(E_2)+\cdots+P(E_{15})+P(E_{19})+\cdots+P(E_{25})\end{aligned} \tag{8-116}$$

设各部件的可靠度为 r_a，r_b 等，则故障概率为 $1-r_a$，$1-r_b$ 等。假设为独立故障，则 $E_1=(a, b, c, d, e)$发生的概率为 $r_a r_b r_c r_d r_e$，即

$$P(E_1)=r_a r_b r_c r_d r_e \tag{8-117}$$

表 8-2 图 8-14 系统示例的部件状态组合

系统状态 E_i i	部件状态组合	系统状态 E_i i	部件状态的组合
1	$a\,b\,c\,d\,e$	17	$a\,b\,\bar{c}\,\bar{d}\,\bar{e}$
2	$\bar{a}\,b\,c\,d\,e$	18	$a\,\bar{b}\,c\,\bar{d}\,e$
3	$a\,\bar{b}\,c\,d\,e$	19	$a\,\bar{b}\,\bar{c}\,d\,\bar{e}$
4	$a\,b\,\bar{c}\,d\,e$	20	$a\,\bar{b}\,\bar{c}\,\bar{d}\,e$
5	$a\,b\,c\,\bar{d}\,e$	21	$\bar{a}\,b\,c\,\bar{d}\,\bar{e}$
6	$a\,b\,c\,d\,\bar{e}$	22	$\bar{a}\,b\,\bar{c}\,d\,\bar{e}$
7	$\bar{a}\,\bar{b}\,c\,d\,e$	23	$\bar{a}\,b\,\bar{c}\,\bar{d}\,e$
8	$\bar{a}\,b\,\bar{c}\,d\,e$	24	$\bar{a}\,\bar{b}\,c\,d\,\bar{e}$
9	$\bar{a}\,b\,c\,\bar{d}\,e$	25	$\bar{a}\,\bar{b}\,c\,\bar{d}\,e$
10	$\bar{a}\,b\,c\,d\,\bar{e}$	26	$\bar{a}\,\bar{b}\,\bar{c}\,d\,e$
11	$a\,\bar{b}\,\bar{c}\,d\,e$	27	$a\,\bar{b}\,\bar{c}\,\bar{d}\,\bar{e}$
12	$a\,\bar{b}\,\bar{c}\,d\,e$	28	$\bar{a}\,b\,\bar{c}\,\bar{d}\,\bar{e}$
13	$a\,\bar{b}\,c\,d\,\bar{e}$	29	$\bar{a}\,\bar{b}\,c\,\bar{d}\,\bar{e}$
14	$a\,b\,\bar{c}\,\bar{d}\,e$	30	$\bar{a}\,\bar{b}\,\bar{c}\,d\,\bar{e}$
15	$a\,b\,\bar{c}\,d\,\bar{e}$	31	$\bar{a}\,\bar{b}\,\bar{c}\,\bar{d}\,e$
16	$a\,b\,c\,\bar{d}\,\bar{e}$	32	$\bar{a}\,\bar{b}\,\bar{c}\,\bar{d}\,\bar{e}$

又事件 $E_2 = (\bar{a},\ b,\ c,\ d,\ e)$ 发生的概率，只在部件 a 发生故障时才发生，故为

$$P(E_2) = (1 - r_a) r_b r_c r_d r_e \tag{8-118}$$

同样，对于正常部件的可靠度设为 r_j，对于故障部件的故障概率设为 $1-r_j$，则各事件发生的概率用它们的积来表示，设 $j=a,\ b,\ c,\ d,\ e$，则可以求出式（8-116）中的各项。

当各部件的可靠度相等时，即 $r_i=r_0(i=a,\ b,\ \cdots)$，式（8-116）之和可化简如下：

$$\begin{aligned} P_S &= r_0^5 + 5r_0^4(1 - r_0) + 9r_0^3(1 - r_0)^2 + 4r_0^2(1 - r_0)^3 \\ &= r_0^5 - r_0^4 - 3r_0^3 + 4r_0^2 \end{aligned} \tag{8-119}$$

另一方面，用表 8-2 中序号不加圆圈的不适合事件的和事件求概率 P_f，通过 $P_S = 1-P_f$，当然也可以得到同样的结果。这里所阐述的事件计数法，就独立故障部件组成的整个系统来说，如果适用的话，则为正攻法。而实际上因为组合总数是 2^n 组，当 $n=5$ 时为 32 组，$n=6$ 时为 64 组，此值已相当大。超过此值时，状态的排列已相当困难，此时，可采用下节所述的简便方法。

8.1.10.2 通路追踪法

在上一节使用方法中，为了寻找合适事件，必须根据框图逐个检查输入端和输出端间的信号通路是否闭合。更简便的方法是，只拣出框图上闭合着的事件就足够了。为了说明这个方法，再看一下图 8-14 的例子。

先设全部部件处于故障状态，显然，此时通路是不存在的。若仅有 1 个部件正常，其余的全部发生故障时，也不存在通路，故这些事件都是不合适事件。在 2 个部件的组合如 ab，bc 等中，通路闭合的有 ad，bd，be，ce 等 4 组，这些合适事件一般不是互斥的，这是

因为对于事件 ad 来说，事件 be 或 ce 等可能同时发生。

系统可靠度可以用这些合适事件的和事件的概率来给定。在此，设 $A_1=ad$，$A_2=bd$，$A_3=be$，$A_4=ce$ 等，可靠度概率可用集合运算法展开成如下形式：

$$\begin{aligned}P_5 &= P(A_1+A_2+A_3+A_4)\\ &= P(A_1)+P(A_2)+P(A_3)+P(A_4)-\\ &\quad P(A_1A_2)+P(A_2A_3)+P(A_3A_4)+\\ &\quad P(A_1A_3)+P(A_2A_4)+P(A_1A_4)+\\ &\quad P(A_1A_2A_3)+P(A_2A_3A_4)+P(A_1A_2A_4)+\\ &\quad P(A_1A_3A_4)-P(A_1A_2A_3A_4)\end{aligned} \tag{8-120}$$

式（8-120）中 A 的积事件分别表示为

$$\left.\begin{aligned}&A_1A_2=abd, A_2A_3=bde, A_3A_4=bce\\ &A_1A_3=abde, A_2A_4=bcde, A_1A_4=acde\\ &A_1A_2A_3=abde, A_2A_3A_4=bcde\\ &A_1A_2A_4=abcde, A_1A_3A_4=abcde\\ &A_1A_2A_3A_4=abcde\end{aligned}\right\} \tag{8-121}$$

故

$$\left.\begin{aligned}&P(A_1A_3)=P(A_1A_2A_3)\\ &P(A_2A_4)=P(A_2A_3A_4)\\ &P(A_1A_2A_4)=P(A_1A_3A_4)=P(A_1A_2A_3A_4)\end{aligned}\right\} \tag{8-122}$$

因此，式（8-120）可整理如下：

$$\begin{aligned}P_S &= P(ad)+P(bd)+P(be)+P(ce)-P(abd)-\\ &\quad P(bde)-P(bce)-P(acde)+P(abcde)\end{aligned} \tag{8-123}$$

式（8-123）中的各项如用部件可靠度 $r_j(j=a,\ b,\ \cdots,\ e)$ 表示时，根据部件的独立性，则有 $P(ad)=r_ar_d$ 等。现设部件的可靠度相等，即取 $r_j=r_0$，则式（8-123）为

$$P_S = r_0^5 - r_0^4 - 3r_0^3 + 4r_0^2$$

与式（8-119）的结果一致。

通路追踪法在可靠度计算中，对于不能判断为互斥事件的一些类型，式（8-122）显得稍微有些繁琐，但由于可以省去编制事件空间一览表的时间，故适用于复杂的模型。

8.1.10.3　分解法

分解法是依次应用条件概率的定理来分解模型。此法与已知模型或原模型相比，是属于更容易计算的结构。

下面研究由 n 个部件组成的系统，使用符号如下：

S——系统的正常工作状态；

x_i——第 i 个部件的正常工作状态（$i=1,\ 2,\ \cdots,\ n$）；

$\overline{S}$，$\overline{x}_i$——系统和部件的故障状态；

$R=P(S)$——系统的可靠度；

$P_f=P(\overline{S})$——系统的不可靠度（故障概率）；

$r_i = P(x)$ ——各部件的可靠度；

$1 - r_i = P(\bar{x})$ ——各部件的故障概率；

$P_i(s) = P(S \mid x_i)$ ——第 i 个部件正常工作时，系统为正常的条件概率；

$P_{\bar{i}}(S) = P(S \mid \bar{x}_i)$ ——第 i 个部件故障时，系统为正常的条件概率；

$P_{ij}(S) = P(S \mid x_i, x_j)$，$i \neq j$——第 i，j 部件正常工作时，系统为正常的条件概率。

同样，此处定义：$P_{\bar{i}j}(S) = P(S \mid \bar{x}_i x_j)$，$P_{i\bar{j}}(S) = P(S \mid x_i \bar{x}_j)$，$P_{\bar{i}\bar{j}}(S) = P(S \mid \bar{x}_i \bar{x}_j)$ 等，还有高阶的 $P_{ijk}\cdots(S) = P(S \mid x_i x_j x_k \cdots)$ 等。

注意：任一 i 号部件，无论此部件为正常状态 x_i 或故障状态 $\bar{x}_i$，系统的正常状态 S 均可能发生。由于这些是互斥事件，所以可得到下式

$$S = (Sx_i) + (S\bar{x}_i) \tag{8-124}$$

根据条件概率的定理，有

$$\begin{aligned} R = P(S) &= P(Sx_i) + P(S\bar{x}_i) \\ &= P(S \mid x_i)P(x_i) + P(S \mid \bar{x}_i)P(\bar{x}_i) \\ &= P_i(S)r_i + P_{\bar{i}}(S)(1 - r_i) \end{aligned} \tag{8-125}$$

式中，$P(S)$ 为无条件概率。

同样，可得到系统的不可靠的（故障概率）P_f 为

$$P_f = P(\bar{S}) = P_i(\bar{S})r_i = P_i(\bar{S})(1 - r_i) \tag{8-126}$$

式（8-125）的 $P_i(S)$，$P_{\bar{i}}(S)$ 分别是 i 号部件的状态确定为正常和故障的系统可靠度。在框图上，其部件输入和输出端可表示成闭合（用○符号）和断开（用×符号）。就是将原系统中 i 号部件分解成闭合和断开两种形式的框图，分别求得两种框图的可靠度，再根据式（8-124）计算原系统的可靠度。

若分解后框图的可靠度为难以计算的形式时，分别将其视为新的系统，对于 j 号（$j \neq i$）部件进行如上所述的分解，若适用式（8-125），则为

$$\left.\begin{aligned} P_i(S) &= P_{ij}(S)r_i + P_{i\bar{j}}(S)(1 - r_j) \\ P_{\bar{i}}(S) &= P_{\bar{i}j}(S)r_j + P_{\bar{i}\bar{j}}(S)(1 - r_j) \end{aligned}\right\} \tag{8-127}$$

将式（8-127）代入式（8-125），于是，$P(S)$ 可用 P_{ij}，$P_{\bar{i}j}$，$P_{i\bar{j}}$，$P_{\bar{i}\bar{j}}$ 和 r_i，r_j 等求得。这样的框图分解继续下去，最后得条件概率为

$$\left.\begin{aligned} P_{ijk}\cdots(S) &= 1 \quad (i \neq j \neq k) \\ P_{\overline{ijk}}\cdots(S) &= 0 \quad (i \neq j \neq k) \end{aligned}\right\} \tag{8-128}$$

如此，式（8-125）就一定可以计算。从原理来看，式（8-125）的条件概率计算式，每重复分解一次，对于 n 个部件的结构，计算式的数目即以 2^{n-1} 的比例增加，当然这是很费事的。

实际步骤是在每次框图分解中，把选择的部件 i，j，k 置于各自框图中的重要位置。因此，条件概率 $P_{ijk}(S)$ 等，在整个计算程序中，还在远离最后分解阶段以前，就能获得已知模型或容易计算的形式，而且，总的计算工作量也明显减少。

下面说明一下分解法的应用实例。图 8-15（a）例与图 8-14 是相同的系统。

先以部件 a 为对象，并在其右上方加上黑点，若其为正常的，则如图 8-15（b）所示为闭合状态；若发生故障，则如图 8-15（c）所示为断开状态。在此阶段，若 $P_a(S)$，$P_{\bar{a}}(S)$ 不能直接计算，就另选部件 b，把图 8-15（b）分解为（d）和（e），把图 8-15（c）分解为（f）和（g）。在图 8-15（d）~（g）中，无须再对其他部件进行重复分解，而通过观察 $P_{ab}(S)$，$P_{a\bar{b}}(S)$，$P_{\bar{a}b}(S)$，$P_{\bar{a}\bar{b}}(S)$ 等得到结果。

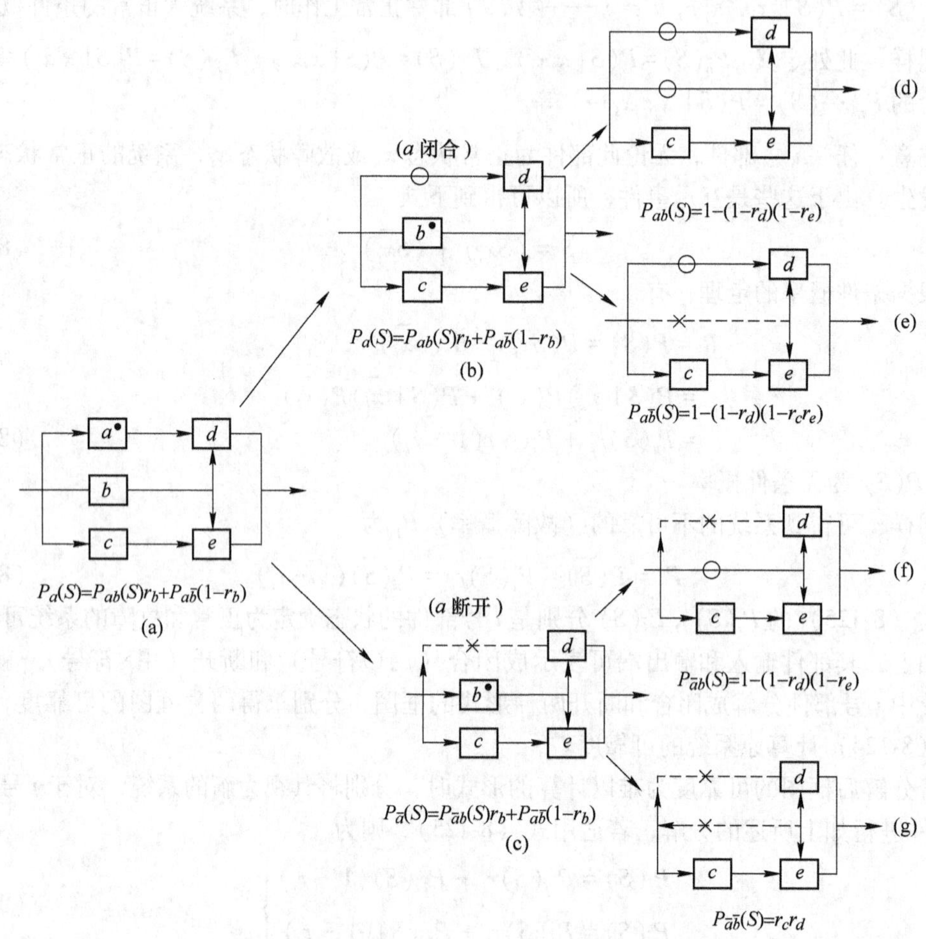

图 8-15　系统示例（图 8-14 的分解之一）

现分述如下：

图 8-15（d）中，由于部件 b 闭合，故为部件 d，e 的并联系统。因此

$$P_{ab}(S) = 1 - (1 - r_d)(1 - r_e) = r_d + r_e + r_d r_e \tag{8-129}$$

图 8-15（e）是部件 d 和 c、e 串联系统所构成的并联结构。因此

$$P_{a\bar{b}}(S) = 1 - (1 - r_d)(1 - r_c r_e) = r_d + r_c r_e - r_c r_d r_e \tag{8-130}$$

图 8-15（f）和图 8-15（d）一样，由于部件 b 闭合，故为部件 d，e 的并联系统。有

$$P_{\bar{a}b}(S) = 1 - (1 - r_d)(1 - r_e) = r_d + r_e - r_d r_e \tag{8-131}$$

图 8-15（g）由于部件 d 是不稳定形式，故仅为部件 c，e 的串联系统，故有

$$P_{\bar{a}\bar{b}}(S) = r_c r_d \tag{8-132}$$

将式（8-129）~式（8-132）的值代入图 8-15（b）和（c）的条件式，则为如下形式：

$$P_a(S) = (r_d + r_e - r_d r_e) r_b + (r_d + r_c r_e - r_c r_d r_e)(1 - r_b) \quad (8\text{-}133)$$

$$P_{\bar{a}}(S) = (r_d + r_e - r_d r_e) r_b + r_c r_d (1 - r_b) \quad (8\text{-}134)$$

将这些值代入图 8-15（a）的条件形式，可得可靠度 R。设部件均为等可靠度 r_0，则

$$\begin{aligned} P_a(S) &= \{1 - (1 - r_0)^2\} r_0 + \{1 - (1 - r_0)(1 - r_0^2)\}(1 - r_0) \\ &= r_0 + 2r_0^2 - 3r_0^3 + r_0^4 \end{aligned} \quad (8\text{-}135)$$

$$\begin{aligned} P_{\bar{a}}(S) &= \{1 - (1 - r_0)^2\} r_0 + r_0^2(1 - r_0) \\ &= 3r_0 - 2r_0^3 \end{aligned} \quad (8\text{-}136)$$

因此，可靠度为

$$\begin{aligned} R &= (r_0 + 2r_0^2 - 3r_0^3 + r_0^4) r_0 + (3r_0^2 - 2r_0^3)(1 - r_0) \\ &= 4r_0^2 - 3r_0^2 - r_0^4 + r_0^5 \end{aligned} \quad (8\text{-}137)$$

式（8-137）与式（8-119）相同。

为了便于说明本方法，以上将部件按 a，b，c 顺序进行分解，这样是很繁杂的。若仔细察看一下图 8-15（a），先选部件 b 为对象，显然是最简单的。图 8-16 所示为其分解法。图 8-16（b）是部件 b 闭合的形式，图 8-16（c）是部件 b 断开的形式。

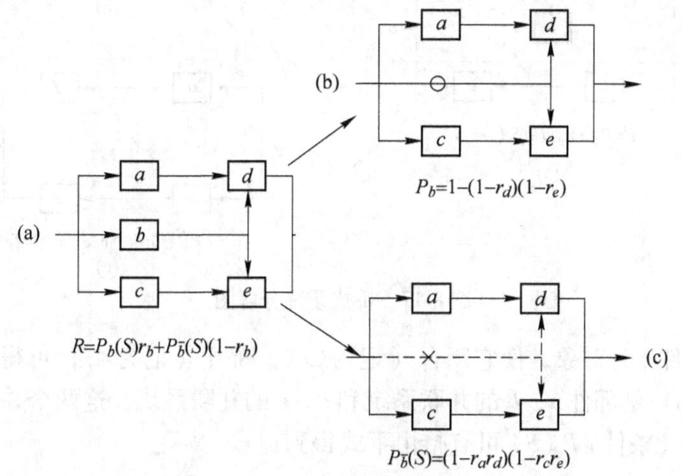

图 8-16 系统示例（图 8-14 的分解之二）

如图 8-16（b）所示，因为 b 发生了闭合，故部件 a，c 对此系统的工作再不产生影响，此系统只是部件 d，e 的并联系统，故有

$$P_{\bar{b}}(S) = 1 - (1 - r_d)(1 - r_e) = r_d + r_e - r_d r_e \quad (8\text{-}138)$$

图 8-16（c）是部件 a，d 和 c，e 分别组成串联系统后构成的并联结构，故有

$$\begin{aligned} P_{\bar{b}}(S) &= 1 - (1 - r_a r_d)(1 - r_c r_e) \\ &= r_a r_d + r_c r_e - r_a r_d r_c r_e \end{aligned} \quad (8\text{-}139)$$

把这些代入图 8-16（a）的条件式，则可得系统的可靠度。设 $r_a = r_b = \cdots = r_0$，进行验算时，可知与式（8-137）一致。

这里一般要注意的是：对于式（8-125）的分解，其前提条件是 i 号部件的断开或闭合，对系统和其他部件的固有特性均没有影响。在以信号传递作为研究对象的系统中，按部件故障产生的条件，分为有害和无害两种情况，所以，对这个前提必须加以讨论。

一般是从系统中去掉1个部件，由于这个部件断开，于是，系统立即产生故障，或是由剩下的其他部件组成的辅助系统处于容易产生故障的状态。此时，由于部件断开，系统的可靠度比原来的降低了。如果部件闭合，就不会再发生故障，即可靠度可认为是1，所以，这样的辅助系统的可靠度比原系统的可靠度增大。因而可以说与式（8-124）的关系如下：

$$P_i(S) > R > P_{\bar{i}}(S) \tag{8-140}$$

8.1.10.4　桥式系统

上节所述分解法的应用例子，在这一节以后，将阐述对它作少量变化后的模型。图8-17所示为桥式系统，其结构简单，但可靠度很难只用串联和并联系统的运算法则求得。

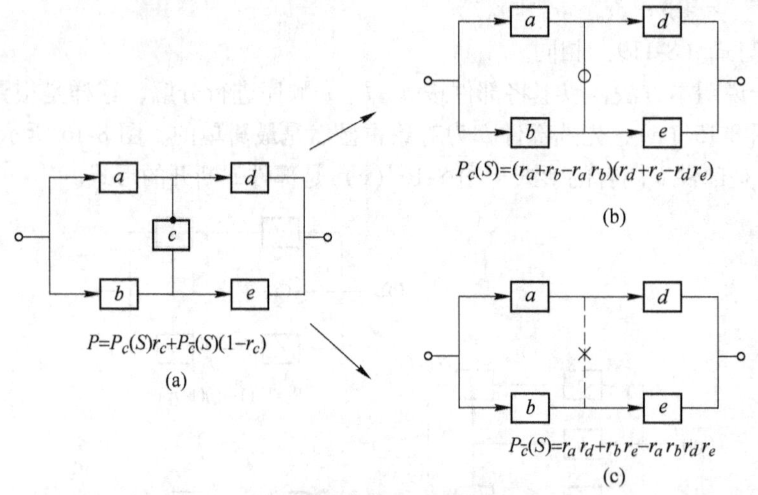

图8-17　桥式系统分解图

现选中间部件c为对象，使它闭合（记为○）、断开（记为×），可得图8-17（b）和（c）。图8-17（b）是部件a，b的并联系统和d，e的并联系统，这两个并联系统用串联连接，故其可靠度（条件）$P_c(S)$可直接由下式得到：

$$P_c(S) = (r_a + r_b - r_a r_b)(r_d + r_e - r_d r_e) \tag{8-141}$$

同样，图8-17（c）是部件a，d的串联系统和b，e的串联系统再并联而成的结构，故有

$$P_{\bar{c}}(S) = r_a r_d + r_b r_e - r_a r_b r_d r_e \tag{8-142}$$

利用式（8-141）和式（8-142）可得整个系统可靠度R：

$$\begin{aligned} R &= P(S) = P_c(S) r_c + P_{\bar{c}}(S)(1-r_c) \\ &= (r_a+r_b-r_a r_b)(r_d+r_e-r_d r_e) r_c + (r_a r_d + r_b r_e - r_a r_b r_a r_e)(1-r_c) \end{aligned} \tag{8-143}$$

设$r_a = r_b = \cdots = r$，则

$$\begin{aligned} R &= r^3(2-r)^2 + r^2(1-r)(2-r^2) \\ &= 2r^2(1 + r - 2.5r^2 + r^3) \end{aligned} \tag{8-144}$$

这里值得注意的是，图8-17（b）就是图8-5所示的2×2串并联系统，即为部件冗余系统。图8-17（c）为2×2并串联系统，即系统冗余系统。而且，可靠度$P_S(S)$和$P_{\bar{c}}(S)$可分别按式（8-141）和式（8-142）计算求得。由式（8-140）可得一般所说的$P_S(S) > R$

$> P_{\bar{c}}(S)$ 的关系。从而可知，桥式系统的可靠度显然是处于 2×2 部件冗余系统和系统冗余系统两者中间。为了更清楚地表示这个关系，把 2×2 的部件冗余系统的可靠度表示为 R_{PP}、系统冗余系统的可靠度表示为 R_{SP}、桥式系统可靠度表示为 R_{BR}，则式（8-141）可表示为

$$R_{PP} > R_{BR} > R_{SP} \tag{8-145}$$

图 8-18 是用数值来表示分解对象部件 c 的可靠度 r_c 值由 0~1 的变化，纵轴所示为桥式系统可靠度 R_{BR} 的计算值。这时 r_c 以外的部件可靠度分别为 $r=0.5$，0.6，0.7，0.8，0.9。式（8-143）可写成如下形式：

$$R_{BR} = R_{PP}r_c + R_{SP}(1 - r_c) \tag{8-146}$$

当 $r_c=0$ 时，$R_{BR}=R_{SP}$，即桥式系统可靠度与系统冗余系统可靠度一致。当 $r_c=1$ 时，$R_{BR}=R_{PP}$，即桥式系统可靠度与部件冗余系统的一致。

部件可靠度均等于 r 时，桥式系统的可靠度由式（8-144）计算所得数值结果，标示于图 8-18 的曲线上。当 r 值小时，可略去括号内 r 的 2 次幂以上的项作近似计算。此时，式（8-144）可写为

$$R_{\text{I}} \approx 2r^2(1 + r) \tag{8-147}$$

当 r 值接近 1 时，将式（8-144）以 $(1-r)$ 的幂项来表示，略去同括号内 $(1-r)$ 的 2 次幂以上的项，则得

$$\begin{aligned} R_{\text{II}} &= r^2[r + \{(1 - r) + (1 - r)^2\}](1 - r + 3r) \\ &\approx r^3(4 - 3r) \end{aligned} \tag{8-148}$$

图 8-19 中虚线表示的是近似计算值。$r<0.2$ 时使用近似式 R_{I}、$r>0.8$ 时使用近似式 R_{II} 进行计算，可以得到满意结果。

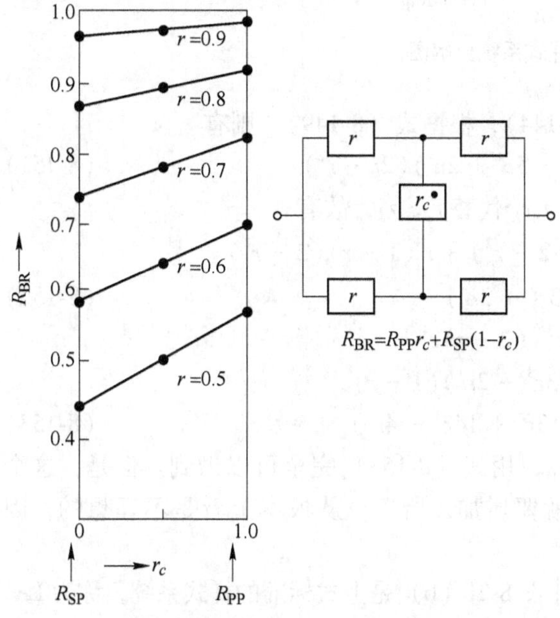

图 8-18　分解对象部件 c 的可靠度 r_c 值

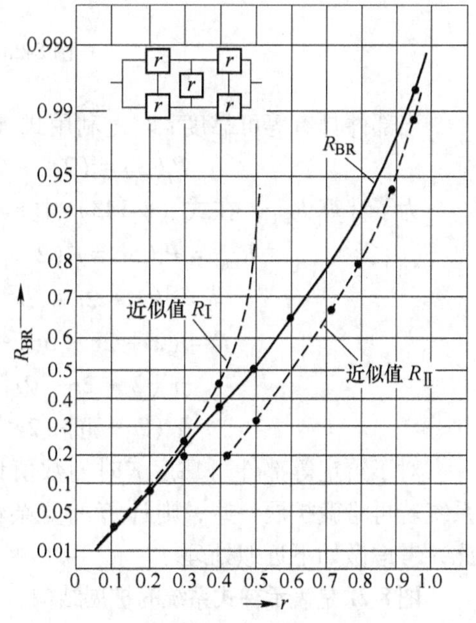

图 8-19　桥式系统可靠度计算值 R_{BR}（r）

8.1.10.5　梯式系统

在此叙述关于求解图 8-20 所示的梯形网络系统的可靠度。取图 8-20（a）的部件 f 为对象，若使其闭合，则可得图 8-20（b）。它是由左边部件 a，…，e 组成的桥式系统和右边由部件 g，h 组成的并联系统再串联连接而成的结构。如桥式系统可靠度用 R_{BR} 表示，则

$$P_f(S) = R_{BR}(r_g + r_h - r_g r_h) \tag{8-149}$$

部件 f 断开时，如图 8-20（c）所示，部件 d，g 和 e，h 分别形成串联系统，从整体来看是桥式系统。如其可靠度表示为 R_{BR}，则

$$P_{\bar{f}}(S) = R_{BR'} \tag{8-150}$$

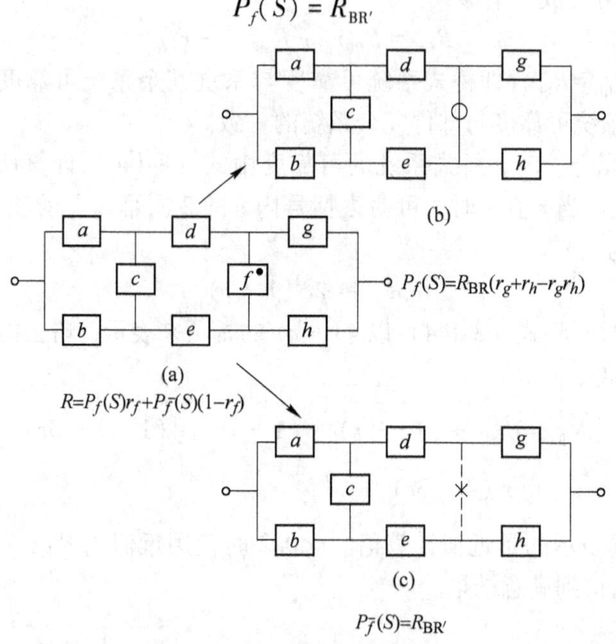

图 8-20　梯式系统分解图

当部件具有等可靠度 r 时，利用式（8-144），根据式（8-149），则有

$$P_f(S) = (2r^2 + 2r^3 - 5r^4 + 2r^5)(2r - r^2) \tag{8-151}$$

为了计算 $R_{BR'}$，在式（8-143）中 $r_d r_g$、$r_e r_h$ 代替 r_d、r_e，故有

$$\begin{aligned} R_{BR'} &= P_{\bar{f}}(S) = r^4(2 - r)(2 - r^2) + r^3(1 - r)(2 - r^3) \\ &= r^3(2 + 2r - 2r^2 - 3r^3 + 2r^4) \end{aligned} \tag{8-152}$$

$$\begin{aligned} R &= (2 + 2r - 5r^2 + 2r^3)(2 - r)r^4 + \\ &\quad r^3(2 + 2r - 2r^2 - 3r^3 + 2r^4)(1 - r) \\ &= r^3(2 + 4r - 2r^2 - 13r^3 + 14r^4 - 4r^5) \end{aligned} \tag{8-153}$$

对于给定等部件可靠度 r 时的数值计算，用式（8-153）完全可以做到。但是，这个系统若再略微扩展一些，则计算的复杂性就要增加，所以，从根本上看是不理想的，因此，考虑做如下近似处理。

图 8-21 是表示梯式系统的扩展结构。其中图 8-21（b）是上式标准的梯式系统，称为 LA1 型。LA1 是在图 8-21（a）桥式系统上，附加点划线 AB 右边部分而构成的。再附加一段后的结构称为 LA2，如图 8-21（c）所示。附加 n 段后的结构称为 LAn，如图 8-21（d）所示。

设部件可靠度均等于 r，桥式系统的可靠度用 R_{BR} 表示，以下梯式系统的可靠度分别加以相应的下标表示，根据分解法的原理，则下式成立：

$$\left.\begin{aligned} R_{LA1} &= R_{BR}(2-r)r^2 + R_{BR'}(1-r) \\ R_{LA2} &= R_{LA1}(2-r)r^2 + R_{LA1'}(1-r) \\ &\vdots \\ R_{LAn} &= R_{LA(n-1)}(2-r)r^2 + R_{LA(n-1)'}(1-r) \end{aligned}\right\} \tag{8-154}$$

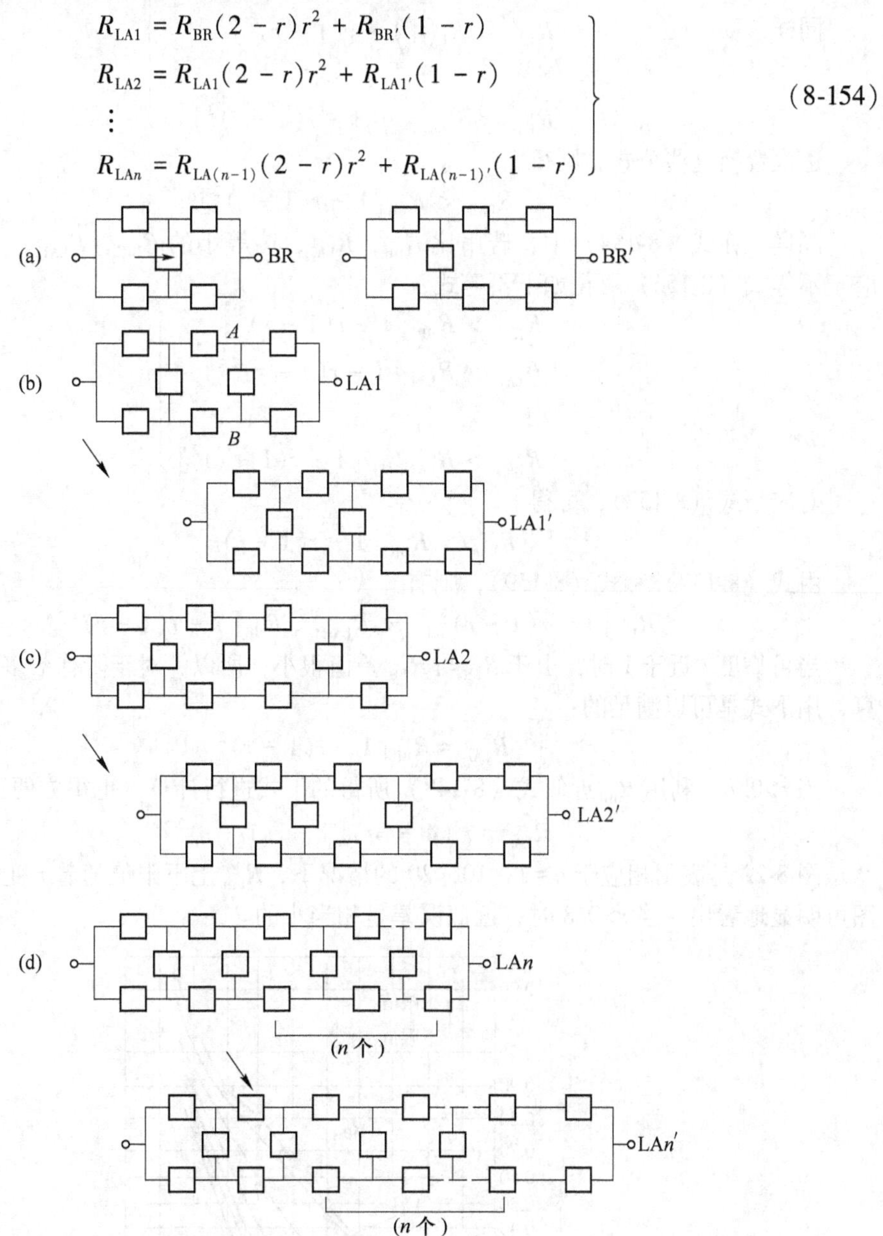

图 8-21 梯式系统的扩展结构

如图 8-21 右侧所示，$R_{BR'}$，$R_{LA1'}$，…等是桥式系统和各种梯式系统中，在它们的最末支路上加以串联部件所构成结构的可靠度。一般为

$$R_{BR} > R_{BR'},\ R_{LA1} > R_{LA1'},\ \cdots,\ R_{LAn} > R_{LAn'} \tag{8-155}$$

因此，若以 R_{BR}，R_{LA1}，…等置换式（8-155）中的 $R_{BR'}$，$R_{LA1'}$，…等，则以下不等式成立：

$$\left.\begin{aligned} R_{LA1} &< R_{BR}(2-r)r^2 + R_{BR}(1-r) \\ &= R_{BR}[1-r(1-r)^2] \\ R_{LA2} &< R_{LA1}[1-r(1-r)^2] \\ &\vdots \\ R_{LAn} &< R_{LA(n-1)}[1-r(1-r)^2] \end{aligned}\right\} \tag{8-156}$$

同样

逐次置换这些公式，则得

$$R_{LAn} < R_{BR}[1-r(1-r)^2]^n \tag{8-157}$$

同样，在式（8-154）中，若用比 R_{BR}，R_{LA1}，…等小的 $R_{BR'}$，$R_{LA1'}$，…等置换，则相应于不等式（8-156）可得如下不等式：

$$\left.\begin{aligned} R_{LA1} &> R_{BR'}[1-r(1-r)^2] \\ R_{LA2} &> R_{LA1'}[1-r(1-r)^2] \\ &\vdots \\ R_{LAn} &> R_{LA(n-1)'}[1-r(1-r)^2] \end{aligned}\right\} \tag{8-158}$$

对应于式（8-157），可得

$$R_{LAn} > R_{BR'}[1-r(1-r)^2]^n \tag{8-159}$$

由式（8-157）和式（8-159），则有

$$R_{BR'}[1-r(1-r)^2]^n < R_{LAn} < R_{BR}[1-r(1-r)^2]^n \tag{8-160}$$

当可靠度 r 近于1时，由于 R_{BR} 与 $R_{BR'}$ 差值很小，所以，对于阶梯数多的 R_{LAn} 的近似计算，用下式是可以满足的：

$$R_{LAn} = R_{BR}[1-r(1-r)^2]^n \tag{8-161}$$

当 $r>0.8$，利用 R_{BR} 近似式（8-148）所得的下式进行计算，也很方便：

$$R_{LAn} = r^3(4-3r)[1-r(1-r)^2]^n \tag{8-162}$$

图8-22是表示相应于 $n=1$，10，20的情况下，R_{LAn} 上下限值随着 r 变化的曲线图。由图可明显地看出，当 $r>0.8$ 时，近似误差是相当小的。

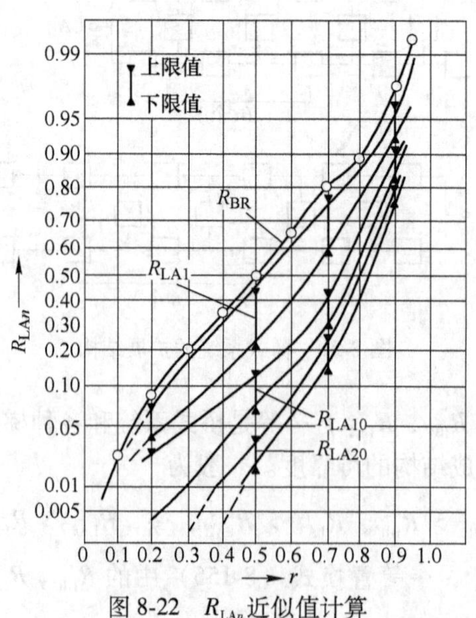

图8-22　R_{LAn} 近似值计算

8.2　可靠性分配与预测

8.2.1　可靠性指标分配原则

可靠性指标分配是将液压系统可靠性指标合理地分配给组成该系统的各个单元，确定系统各个组成单元的可靠性指标定量要求，从而使整个液压系统可靠性指标得到保证。

可靠性指标分配的本质是一个工程系统决策问题，是人力、物力、财力的统一调度和合理运用问题，需要考虑的因素很多，如技术水平、复杂程度、重要程度、工作环境、费用、重量和体积等等。其分配过程是逐步逼近的，分配给各单元的可靠性指标是各单元设计的依据，也是选择元件的依据。

可靠性指标分配是一个细致的灵活性较强的工作，必须在技术、安全、经济性、可行性、维护使用等诸多方面进行权衡。可靠性指标分配主要遵循以下原则：

（1）技术水平：对技术成熟的单元，能够保证实现较高的可靠性，或预期投入使用时的可靠性可有把握地增到较高水平，则可分配给较高的可靠性指标；

（2）复杂程度：对较简单的单元，组成该单元的零部件数量少，组装容易保证质量或发生故障后易于维修，则分配给较高的可靠性指标；

（3）重要程度：对重要的单元，该单元失效将产生严重的后果，或该单元失效常会导致系统失效，则分配给较高的可靠性指标；

（4）任务情况：对整个工作时间内均须连续工作或工作环境恶劣，难以保证较高可靠性的单元，则应分配给较低的可靠性指标。

8.2.2　可靠性预测的目的与作用

可靠性预测是根据系统的可靠性框图和使用环境，用以往试验或现场使用所得到的被系统所选用的元器件的可靠性数据，来预测产品在规定的使用环境条件下可能达到的可靠性。预测本身并不能提高产品的可靠性，但可靠性预计值提供了系统中各功能之间可靠度的相对量度，可用来作为设计决策的依据。

可靠性预测的主要目的是预测产品能否达到设计任务书规定的可靠性指标值，通过可靠性预测，还能起到如下作用：

（1）检查可靠性指标分配的可行性和合理性；

（2）通过对不同设计方案的预计结果，比较选择优化设计方案；

（3）发现设计中的薄弱环节，为改进设计、加强可靠性管理和生产质量控制提供依据；

（4）为元器件和零部件的选择、控制提供依据；

（5）为开展可靠性增长、试验、验收等工作提供依据；

（6）为综合权衡可靠性、重量、成本、尺寸、维修等参数提供依据。

可靠性预测的程序是，首先确定元器件的可靠性，进而预测部件的可靠性，按功能级自下而上逐级进行预计，最后综合得出系统的可靠性。

8.2.3　可靠性分配

8.2.3.1　等分配法

当系统可靠性指标为 R_S 时，串联系统各单元分配的可靠性指标为

$$R_i = (R_S)^{1/n} \quad i = 1, 2, \cdots, n \tag{8-163}$$

并联系统各单元分配的可靠性指标为

$$R_i = 1 - (1 - R_S)^{1/n} \quad i = 1, 2, \cdots, n \tag{8-164}$$

利用等分配法对串并联系统进行可靠性指标分配时，可先将串并联系统简化为“等效串联系统”和“等效单元”，再给同级等效单元分配以相同的可靠性指标。

8.2.3.2　再分配法

如果已知串联系统（或串并联系统的等效串联系统）各单元的可靠度预测值为 $\hat{R}_1$，$\hat{R}_2$，…，$\hat{R}_n$，则系统的可靠度预测值为

$$\hat{R}_S = \prod_{i=1}^{n} \hat{R}_i$$

若设计规定的系统可靠性指标 $R_S > \hat{R}_S$，则表示预测值不能满足要求，须改进单元的可靠性指标，并按规定的 R_S 值进行再分配计算。显然，提高低可靠性单元的可靠度，效果要好些且容易些，因此，应提高低可靠性单元的可靠度并按等分配法进行再分配。为此，先将各单元的可靠度预测值按由小到大的次序排列，则有

$$\hat{R}_1 < \hat{R}_2 < \cdots < \hat{R}_m < \hat{R}_{m+1} < \cdots < \hat{R}_n$$

令

$$R_1 = R_2 = \cdots = R_m = R_0 \tag{8-165}$$

并找出 m 值，使

$$\hat{R}_m < R_0 = \left(\frac{R_S}{\prod_{i=m+1}^{n} \hat{R}_i} \right)^{1/m} < \hat{R}_{m+1} \tag{8-166}$$

则单元可靠性指标的再分配可按式（8-167）进行：

$$\left.\begin{aligned} R_1 = R_2 = \cdots = R_m &= \left(\frac{R_S}{\prod_{i=m+1}^{n} \hat{R}_i} \right)^{1/m} \\ R_{m+1} = \hat{R}_{m+1},\ R_{m+2} = \hat{R}_{m+2},\ &\cdots,\ R_n = \hat{R}_n \end{aligned}\right\} \tag{8-167}$$

8.2.3.3　相对失效率法与相对失效概率法

相对失效率法是根据使系统中各单元的容许失效率正比于该单元的预计失效率的原则，来分配系统中各单元的可靠性指标的。此方法适用于失效率为常数的串联系统。

相对失效概率法是根据使系统中各单元的容许失效率正比于该单元的预计失效率的原则，来分配系统中各单元的可靠性指标的。因此，它与相对失效率法的可靠性指标分配原则十分类似。两者统称为“比例分配法”。

假定串联系统各单元可靠度服从指数分布，其工作时间与系统的工作时间相同并取为

t，λ_i 为第 i 个单元的预计失效率（$i=1$，2，…，n），λ_S 为由单元预计失效率求得的系统失效率，则有

$$\sum_{i=1}^{n} \lambda_i = \lambda_S \tag{8-168}$$

各单元的相对失效率则为

$$\omega_i = \frac{\lambda_i}{\sum_{i=1}^{n} \lambda_i} \quad i = 1, 2, \cdots, n \tag{8-169}$$

显然有

$$\sum_{i=1}^{n} \omega_i = 1$$

各单元的相对失效概率亦可表达为

$$\omega_i' = \frac{F_i}{\sum_{i=1}^{n} F_i} \quad i = 1, 2, \cdots, n \tag{8-170}$$

若系统的可靠性设计指标为 R_{Sd}，则系统失效率设计指标（即容许失效率）λ_{Sd} 和系统失效概率设计指标 F_{Sd} 分别为

$$\lambda_{Sd} = \frac{-\ln R_{Sd}}{t} \tag{8-171}$$

$$F_{Sd} = 1 - R_{Sd} \tag{8-172}$$

则系统各单元的容许失效率和容许失效概率分别为

$$\lambda_{id} = \omega_i \lambda_{Sd} = \frac{\lambda_i}{\sum_{i=1}^{n} \lambda_i} \lambda_{Sd} \tag{8-173}$$

$$F_{id} = \omega_i' F_{Sd} = \frac{F_i}{\sum_{i=1}^{n} F_i} F_{Sd} \tag{8-174}$$

式中，λ_i，F_i 分别为单元失效率和失效概率的预计值。从而可以求得各单元分配的可靠性指标 R_{id}。按相对失效率法求得 R_{id} 为

$$R_{id} = e^{-\lambda_{id} t} \tag{8-175}$$

按相对失效概率法求得 R_{id} 为

$$R_{id} = 1 - F_{id} \tag{8-176}$$

对于具有冗余部分的串并联系统，要想把系统的可靠性指标分配给各个单元，计算比较复杂。通常是将每组并联单元适当组合成单个单元，并将此单个单元看做是串联系统中并联部分的一个等效单元。这样便可用上述串联系统可靠性指标分配方法，将系统的容许失效率或失效概率分配给各个串联单元和等效单元，然后再确定并联部分中每个单元的容许失效率或失效概率。

如果作为代替 n 个并联单元的等效单元在串联系统中分配的容许失效概率为 F_B，则有

$$F_B = \prod_{i=1}^{n} F_i \tag{8-177}$$

式中，F_i 为第 i 个并联单元的容许失效概率。

若已知各并联单元的预计失效概率 $F'_i(i=1, 2, \cdots, n)$，则可以取（$n-1$）个相对关系式为

$$\left.\begin{aligned} \frac{F_2}{F'_2} &= \frac{F_1}{F'_1} \\ \frac{F_3}{F'_3} &= \frac{F_1}{F'_1} \\ &\vdots \\ \frac{F_n}{F'_n} &= \frac{F_1}{F'_1} \end{aligned}\right\} \tag{8-178}$$

求解式（8-177）和式（8-178），就可以求得各并联单元应该分配到的容许失效概率 F_i。

8.2.3.4 AGREE 分配法

该方法由美国电子设备可靠性咨询组（AGREE）提出，是一种比较完善的综合方法。因为考虑了系统各单元的复杂度、重要度、工作时间以及它们与系统之间的失效关系，故又称为按单元的复杂度及重要度的分配法。它适用于各单元工作期间的失效率为常数的串联系统。

单元的复杂度定义：单元中所含的重要零件、组件（其失效会引起单元失效）的数目 N_i（$i=1, 2, \cdots, n$）与系统中重要零件、组件的总数 N 之比，即第 i 个单元的复杂度为

$$\frac{N_i}{N} = \frac{N_i}{\sum_{i=1}^{n} N_i} \quad i = 1, 2, \cdots, n \tag{8-179}$$

单元的重要度定义：因该单元的失效而引起系统失效的概率。按照 AGREE 分配法，系统中第 i 个单元分配的失效率 λ_i 和分配的可靠性指标 $R_i(t)$ 分别为

$$\lambda_i = \frac{N_i[-\ln R_S(T)]}{NE_i t_i} \quad i = 1, 2, \cdots, n \tag{8-180}$$

$$R_i(t_i) = \frac{1-[R_S(T)]^{N_i/N}}{E_i} \quad i = 1, 2, \cdots, n \tag{8-181}$$

式中 N_i——单元 i 的重要零件、组件数；

$R_S(T)$——系统工作时间 T 时的可靠度；

N——系统的重要零件、组件总数，$N = \sum_{i=1}^{n} N_i$；

E_i——单元 i 的重要度；

t_i——T 时间内单元 i 的工作时间，$0 < t_i < T$。

8.2.3.5 评分分配法

当缺乏有关产品的可靠性数据时，可按照几种因素进行评分。这种评分可以由有经验的工程师用投票方法给出，根据评分情况给每个分系统分配可靠性指标。

这种方法主要考虑 4 个因素：复杂程度、技术水平、环境条件和工作时间。每一个因

素的分数在1~10之间。

（1）复杂程度：它是根据组成系统的元器件数量以及组装它们的难易程度来决定的。最简单的评1分，最复杂的评10分。

（2）技术水平：根据分系统目前的技术水平和成熟程度来决定。水平最低的评10分，水平最高的评1分。

（3）环境条件：根据系统所处的环境条件来评定。分系统在工作过程中经受极其恶劣而严酷的环境条件的评10分，环境条件最好的评1分。

（4）工作时间：根据分系统工作的时间来决定。系统工作时，分系统一直工作的评10分，工作时间最短的评1分。

这样分配给每个分系统的故障率 λ_i^* 为

$$\lambda_i^* = C_i \lambda_S^* \tag{8-182}$$

式中 λ_S^*——系统规定的故障率指标；

C_i——第 i 个分系统的评分因数，即

$$C_i = \frac{\omega_i}{\omega} \tag{8-183}$$

式中 ω_i——第 i 个分系统的评分数；

ω——分系统的评分数。

$$\omega_i = \prod_{i=1}^{4} r_{ij} \tag{8-184}$$

式中，r_{ij} 为第 i 个分系统，第 j 个因素的评分数（$j=1$ 代表复杂程度；$j=2$ 代表技术水平；$j=3$ 代表环境条件；$j=4$ 代表工作时间）。

$$\omega = \sum_{i=1}^{n} \omega_i \quad i = 1, 2, \cdots, n \tag{8-185}$$

式中，n 为分系统个数。

【例8-1】 假设某水下航行器由结构系统、动力系统、控制系统、导航系统、电路系统、推进系统和监测系统等7个系统组成，各系统之间构成可靠性串联模型。该水下航行器航行时间定为10h，工作可靠度为0.80。

按照上述评分准则，专家评分结果如表8-3所示。根据表8-3中的各系统综合评分，各系统可靠性指标分配结果如表8-4所示。

表8-3 系统评分结果

评分因素 / 评分结果 / 分系统名称	复杂程度 r_{i1}	技术水平 r_{i2}	工作环境 r_{i3}	工作时间 r_{i4}/h	各系统评分数 ω_1	各系统评分因素 C_i
结构系统	8.06	3.5	7.06	9.56	1903.9945	0.1548
动力系统	7.29	3.82	6.65	9.65	1787.063	0.1453
控制系统	8.15	4.12	6.06	9.5	1933.0855	0.1572
导航系统	9.15	4.65	6.29	9.59	2566.512	0.2087
电路系统	7.41	4.21	5.76	9.59	1723.223	0.1401

续表 8-3

评分因素 / 评分结果 / 分系统名称	复杂程度 r_{i1}	技术水平 r_{i2}	工作环境 r_{i3}	工作时间 r_{i4}/h	各系统评分数 ω_1	各系统评分因素 C_i
推进系统	7.62	5.18	6.44	3.82	971.033	0.079
监测系统	7	4	6	8.41	1412.88	0.1149
总计					12297.79045	1

表 8-4　各可靠性指标分配结果

系统名称 / 可靠性指标分配 / 可靠性指标		总体机构	动力系统	控制系统	导航系统	电力系统	推进系统	监测系统
可靠度	0.80	0.966047	0.968097	0.96553	0.954498	0.969221	0.982526	0.974687
失效率	0.22314	0.003454	0.003242	0.003508	0.004657	0.003126	0.001763	0.002564

8.2.3.6　工程加权分配法

组成系统的各个单元（或分系统）所处的环境并不一定相同，各单元所采用的元器件质量、采用的标准件的程度和维修难易也有所不同。工程加权分配法就是除了考虑各单元重要性和复杂性以外，还考虑多种因素，并将各种因素的影响用不同的加权因子来反映的一种分配方法。

各种因素的加权因子的确定，是以某单元为标准单元，取其加权因子 $K_{ji}=1$，然后将其他单元与标准单元相比较，根据经验，选取相应单元的加权因子。因此，该方案分配的结果是否符合实际的关键，就在于这些“因子”的取值。这需要从事分配的工作人员具有较丰富的科研和生产的实际经验。

对于服从指数分布的串联结构模型系统的可靠性分配指标，分配公式为

$$(\text{MTBF})_j = \frac{\sum_{j=1}^{N}\prod_{i=1}^{n}K_{ji}}{\prod_{i=1}^{n}K_{ji}}(\text{MTBF})_{\text{S}} \tag{8-186}$$

式中　$(\text{MTBF})_j$——第 j 个单元平均故障时间间隔；

$(\text{MTBF})_{\text{S}}$——系统平均故障时间间隔；

K_{ji}——第 j 个单元第 i 个分配加权因子。

通常考虑的加权因子有重要因子、复杂因子、环境因子、标准化因子、维修因子和元器件的质量因子等，根据研制产品的具体情况，还可以引进其他的一些因子。但因子的种类也不宜过多，应选取那些对系统可靠性有重大影响，且便于定量表示的项目。

其中，重要性因子、复杂因子的定义和确定方法与 AGREE 方法中的相同，并分别以 K_{j1}，K_{j2} 表示第 j 个单元的重要因子和复杂因子。

其次要考虑的是环境因子，除了温度、气候条件以外，还有一些机械的环境条件，诸如振动、冲击等。不同的环境条件，对可靠性的影响也是不同的。显然，恶劣环境条件的

设备，分配的可靠性指标应该低一些，若用 K_{j3} 表示环境因子，则 K_{j3} 应该大一些。

标准化因子、维修因子及元器件质量因子，都可以首先定性地分析。对标准化高的，元器件质量高的，维修比较方便的单元、分系统，指标可以分配得高一些；反之，指标分配得低一些。按照经验，指标的取值有一定的范围。下面通过一个实例来说明工程加权分配的方法。

【例 8-2】 假设某系统由电源、发射、接收、显示、反馈及伺服 6 个分机组成，可靠性指标 MTBF 为 40h。按总的指标要求，采用工程加权分配法对各分机进行可靠性分配。

分配中以电源作为标准单元，其各项分配加权因子取为 1；其他部分与电源分机比较，各加权因子取值见表 8-5。按分配公式和表 8-5 中列出的加权因子取值，可得分配结果为

电源：MTBF = 11.435÷1×40h≈457h

发射：MTBF = 11.435÷1.125×40h≈407h

接收：MTBF = 11.435÷4.8×40h≈95h

显示：MTBF = 11.435÷3.6×40h≈127h

反馈：MTBF = 11.435÷0.16×40h≈2859h

伺服：MTBF = 11.435÷0.75×40h≈610h

表 8-5　某系统各分机分配加权因子取值表

分配加权因子 / 分机 / 项目	电源	发射	接收	显示	反馈	伺服
复杂因子	1	0.5	2	3	0.2	0.5
重要因子	1	1	1	1	1	1
环境因子	1	1	2	2	2	1.5
标准化因子	1	3	2	2	2	1
维修因子	1	0.5	0.6	0.6	0.4	0.5
元器件质量因子	1	1.5	1	1	0.5	2
$\prod_{i=1}^{6}$	1	1.125	4.8	3.6	0.16	0.75
$\sum_{i=1}^{6}$	11.435					

8.2.3.7　系统可靠性指标最优化分配方法

若串联系统 n 个单元的预计可靠度按递增序列排列为 R_1，R_2，…，R_n，则系统的预计可靠度为

$$R_S = \prod_{i=1}^{n} R_i$$

如果要求的系统可靠性指标 $R_{Sd}>R_S$，则系统中至少有一个单元的可靠度必须提高，即单元的分配可靠性指标 R_{id} 要大于单元的预计可靠度 R_i。为此，必须花用一定的研制开发费用。令 $G(R_i,\ R_{id})$（$i=1,\ 2,\ \cdots,\ n$）表示费用函数，即为使第 i 个单元的可靠性指标由 R_i 提高到 R_d 需要的费用总量。显然，$R_{id}-R_i$ 值愈大，即可靠度值提高的幅度愈大，则

费用函数 $G(R_i,\ R_{id})$ 值也就愈大，费用也就愈高；另外，R_i 值愈大，则提高 $R_{id}-R_i$ 值所需的费用也愈高。

若要使系统可靠度由 R_S 提高到 R_{Sd}，则总费用为 $\sum_{i=1}^{n} G(R_i,\ R_{id})$。如果希望总费用为最小，那么系统可靠性指标优化分配的数学模型为

$$\left.\begin{aligned} &R=(R_{1d},\ R_{2d},\ \cdots,\ R_{nd}) \\ &\min\sum_{i=1}^{n} G(R_i,\ R_{id}) \\ &\text{s. t.}\ \prod_{i=1}^{n} R_{id} \geqslant R_{Sd} \end{aligned}\right\} \tag{8-187}$$

8.2.3.8　系统可靠性指标优化分配的分解协调法

A　分解协调规划的一般数学模型

分解协调规划是把大系统优化分解成主规划和若干相应于分系统优化的分规划。各分规划独立优化后将结果以解耦参数输给主规划（协调器），主规划按照总系统全局协调优化的主导思想优化后，将结果以协调参数下达给各分规划，以协调各分系统的优化，如此反复迭代协调直至满足要求。系统的全局分解协调规划主要有如下两种对偶的主导思想：

第一种：工程系统设计的全局协调优化应力求合理地将总设计条件分配给各分系统，以尽量提高工程系统的使用效能和工程质量。

在第一种主导思想下，各分系统的设计条件分配量是主规划协调器的设计变量、协调参数和各分规划的主要约束，总系统的使用效能和工程质量是主规划协调器的优化目标，设计条件总数量不变是主规划的主要约束。其分解协调规划的数学模型为

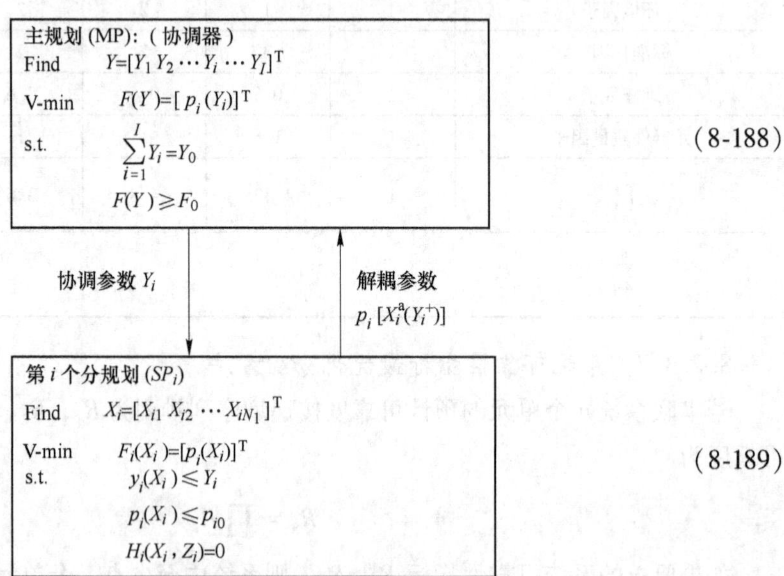

第二种：在保证工程系统总使用效能和工程质量的前提下，合理地分配各分系统所有的设计条件，以尽量降低工程系统设计所需的设计条件总数。

在第二种主导思想下，各分系统的设计条件分配量仍然是主规划协调器的设计变

量、协调参数和各分规划的主要约束。但主规划协调器的优化目标是设计条件总数量，而主规划的约束条件是保证总使用效能和工程质量不低于工程要求，即与第一种主导思想相比，仅仅是主规划协调器的目标函数与约束函数发生了对调。其分解协调规划的数学模型为

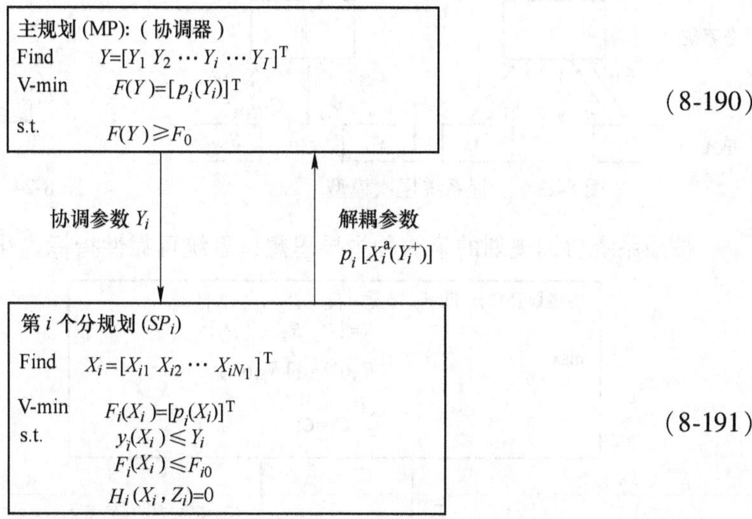

（8-190）

（8-191）

在以上两种分解协调规划的数学模型中，Y_i，y_i 和 Y_0 分别为第 i 个分系统的设计条件分配量、实际使用量和预定总数量；F_i，F 分别为第 i 个分系统、总系统对设计水平的度量，F_{i0}，F_0 分别为其预定下限；X_i 为第 i 个分系统的设计矢量，共 N_i 个分量；Z_i 为其他分系统变量中与 X_i 直接有关的变量组成的矢量；$H_i(X_i, Z_i)=0$ 为第 i 个分系统的变量弱耦合约束方程。两种对偶的全局分解协调规划主导思想的核心都是合理地分配设计条件，没有本质的不同，相应的解法也区别不大。究竟采用哪种主导思想，取决于针对不同工程系统的不同决策意图，可由方法论证确定，此外也与工程系统的总效益（成本+使用效益）有关，因为虽然设计条件越少，成本越低，但使用效能、工程质量则较差，使得使用效益下降，故仍应从总效益的角度来综合决策。

各分规划在主规划分给的设计条件下，对本分系统的细节变量进行设计，以努力提高对总系统使用效能和工程质量的贡献，并将此贡献以结构参数的形式输入主规划。

B　系统可靠性指标优化分配的分解协调模型

设工程系统具有如图 8-23 所示的层次模型。单元可靠度 R_{ij} 与其造价 C_{ij} 的关系为

$$R_{ij}(C_{ij}) = 1 - e^{-a_{ij}\left(\frac{C_{ij}}{\beta_{ij}}-1\right)} \quad C_{ij} \geqslant \beta_{ij} \tag{8-192}$$

或

$$C_{ij}(R_{ij}) = \left[1 - \frac{1}{a_{ij}}\ln(1 - R_{ij})\right]\beta_{ij} \quad C_{ij} \geqslant \beta_{ij} \tag{8-193}$$

式中，β_{ij} 为可靠度 R_{ij} 趋于零时的系统造价，也就是接近于必然失效的设计方案造价；a_{ij} 为无量纲量，它决定 $C_{ij}(R_{ij})$ 曲线的趋势。a_{ij} 值愈大，$C_{ij}(R_{ij})$ 曲线前段的坡度愈平，而后段愈陡（见图 8-24）。

这意味着 R_{ij} 值不大时，为提高 R_{ij} 所需增加的投资较小；而 R_{ij} 较大时，继续提高 R_{ij} 值就需要增加更多的投资。

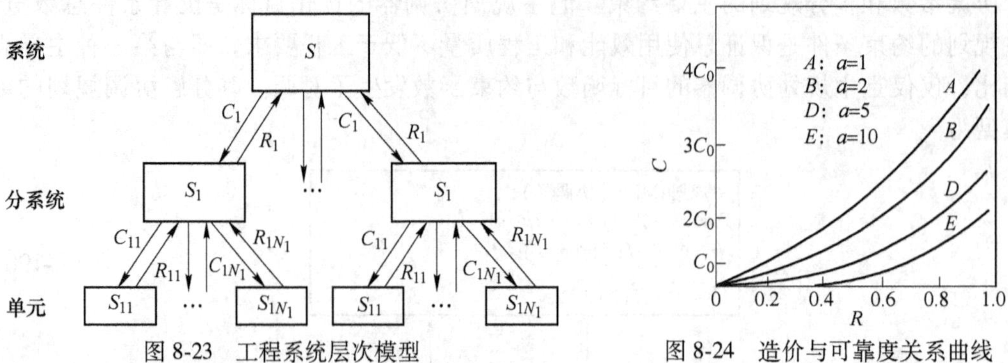

图 8-23　工程系统层次模型　　　　图 8-24　造价与可靠度关系曲线

按照系统协调规划的第一种主导思想，系统可靠性指标优化分配的分解协调模型为

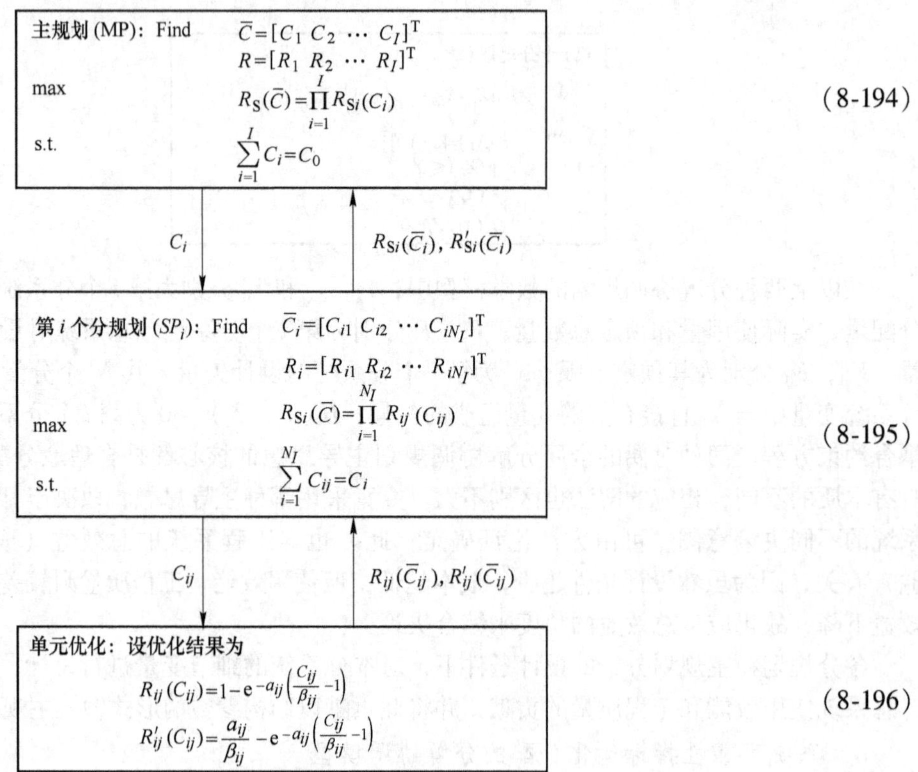

式中　R_{S}，$R_{\mathrm{S}i}$——分别为系统和分系统 i 的可靠性指标；

C_0——系统投资的总造价；

I——分系统数量；

N_I——第 I 个分系统所含单元数量。

C　系统可靠性指标优化分配的分解协调模型解法

a　主规划的求解

主规划为单目标规划，可以构造拉格朗日函数

$$L(\overline{C}) = R_{\mathrm{S}}(\overline{C}) - \lambda\left(\sum_{i=1}^{I} C_i - C_0\right) \tag{8-197}$$

最优必要条件为

$$\frac{\partial L(\overline{C})}{\partial C_i} = \frac{\partial R_{\mathrm{S}}}{\partial C_i} - \lambda = 0$$

即

$$\frac{\partial R_{\mathrm{S}}}{\partial C_i} = \lambda = 常数 \quad i = 1,2,\cdots,I \tag{8-198}$$

故主规划最优准则：总目标对分系统设计条件的导数相等，这就是主规划进行全局协调的主导机理。由于只有一个线性约束，最优点目标梯度必垂直于约束面，即投影梯度为零，故可构造如下形式的投影梯度法迭代求解公式：

$$(\overline{C})^{k+1} = (\overline{C})^{(k)} + \delta \nabla_{\perp} R_{\mathrm{S}}(\overline{C})^{(k)} \tag{8-199}$$

$$\nabla_{\perp} R_{\mathrm{S}}(\overline{C}) = \left[\frac{\partial R_{\mathrm{S}}}{\partial C_1},\cdots,\frac{\partial R_{\mathrm{S}}}{\partial C_i},\cdots,\frac{\partial R_{\mathrm{S}}}{\partial C_I}\right]^{\mathrm{T}} - [1,\cdots,1,\cdots,1]^{\mathrm{T}}\left(\sum \frac{\partial R_{\mathrm{S}}}{\partial C_i}\right)/I$$

为目标函数在约束面上的投影梯度，δ 为步长。

b 分规划的求解

由于分规划是在主规划分给的设计条件 C_i 约束下寻优，随着 C_i 的不同，最优解 $R_{\mathrm{S}i}$（$\overline{C}$）也就不同。所以，分规划最优解即可直接向主规划提供 $R_{\mathrm{S}i}(\overline{C}_i)$ 信息。可采用如下子梯度法，即按照与主规划相同的道理和方法构造拉格朗日函数

$$L_i(\overline{C}_i) = R_{\mathrm{S}i}(\overline{C}_i) - \lambda_i\left(\sum_{j=1}^{N_I} C_{ij} - C_i\right) \tag{8-200}$$

最优必要条件为

$$\frac{\partial L_i}{\partial C_{ij}} = \frac{\partial R_{\mathrm{S}i}}{\partial C_{ij}} - \lambda_i \frac{\partial C_i}{\partial C_{ij}} = 0 \quad j = 1,2,\cdots,N_i$$

或

$$\left(\frac{\partial R_{\mathrm{S}i}}{\partial C_{ij}}\right) \Big/ \left(\frac{\partial C_i}{\partial C_{ij}}\right) = \frac{\mathrm{d}R_{\mathrm{S}i}}{\mathrm{d}C_i} = \lambda_i \tag{8-201}$$

即分规划设计条件约束的拉格朗日乘子就是分目标对设计条件的导数。所有分规划的这种导数构成子梯度，求解各分规划，即可得到这种子梯度。

c 算法步骤

主规划 MP 和子规划 SP 的求解均可采用投影梯度法，SP 以子梯度法向 MP 提供梯度信息，其具体算法步骤如下：

（1）分设计条件 $C_0 \rightarrow C_1$，C_2，…，$C_I \rightarrow C_{11}$，C_{12}，…，C_{1N_1}，…，C_{I1}，C_{I2}，…，C_{IN_I}；

（2）由解析表达式（8-192）直接计算单元优化结果，即所求得 $R_{ij}(C_{ij})$，$R'_{ij}(C_{ij})$；

（3）计算 $R_{\mathrm{S}i}(\overline{C}_i) = \prod_{i=1}^{N_I} R_{ij}$ 和 $R'_{ij}(C_{ij}) = R_{\mathrm{S}i}R'_{ij}(C_{ij})/R_{ij}$；

（4）求投影梯度 $\nabla_{\perp} R_{\mathrm{S}i}$；

（5）按 $\overline{C}_i + \delta \nabla_{\perp} R_{\mathrm{S}i} \Rightarrow \overline{C}_i$ 迭代，求得新的 C_{i1}，C_{i2}，…，C_{iN_I}；

（6）如果 $\| \nabla_{\perp} R_{\mathrm{S}} \| \leqslant \varepsilon$，转到（7）；否则，转到（2）；

(7) 由 (3) 可求得 $R_{Si}(\overline{C}_i)$，即为 $R_{Si}(C_i)$，注意到 $\frac{d\overline{C}_i}{dC_{ij}} = 1$，则由 (3) 求得的 $R'_{Si}(C_{ij})$ 即为 $R'_{Si}(\overline{C}_i)$；

(8) 计算 $R_S(\overline{C}) = \prod_{i=1}^{I} R_{Si}$ 和 $R'_S(\overline{C}_i) = R_S R'_{Si}(\overline{C}_i)/R_{Si}$；

(9) 求投影梯度 $\nabla_{\perp} R_S$；

(10) 按 $\overline{C} + \delta \nabla_{\perp} R_S \Rightarrow \overline{C}$ 迭代，求得新的 C_1，C_2，…，C_I；

(11) 如果 $\| \nabla_{\perp} R_S \| \leqslant \varepsilon$，转到 (12)；

(12) 由新的 C_1，C_2，…，C_I，按原比例计算新的 C_{ij}；

(13) 转到 (2)。

【例 8-3】 某型自导鱼雷系统的层次模型如图 8-25 所示。假设该系统投资总造价为 3.14 亿元，各级系统均为任一分系统（或单元）失效即可导致系统失效的串联系统，要求采用分解协调优化方法合理地对各单元、各系统的可靠性指标、造价进行分配，以使鱼雷系统的可靠性指标最大。各单元造价可靠度系统 a_{ij}，β_{ij} 的取值如表 8-6 所示。

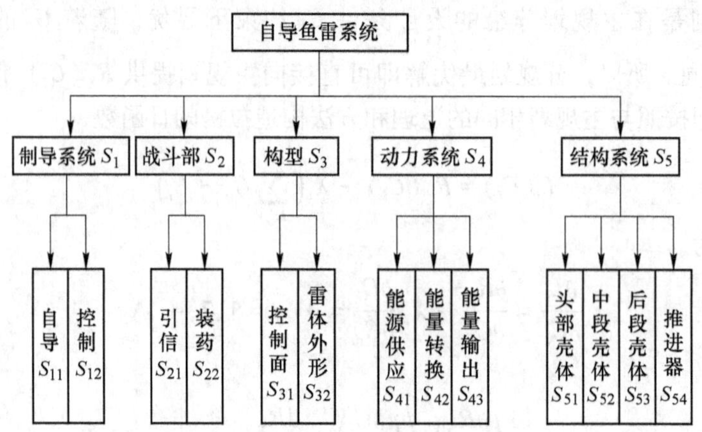

图 8-25　某型自导鱼雷系统的层次模型

表 8-6　造价可靠度系数

S_{ij}	S_{11}	S_{12}	S_{21}	S_{22}	S_{31}	S_{32}	S_{41}	S_{42}	S_{43}	S_{51}	S_{52}	S_{53}	S_{54}
a_{ij}	14	10	6	7	11	22	10	10	22	5	22	8	8
β_{ij}	0.5	0.3	0.2	0.1	0.03	0.09	0.3	0.3	0.09	0.02	0.09	0.04	0.04

分析　系统可靠性指标初始分配结果见表 8-7。从计算结果上看，由于初始分配方案的不合理，系统可靠性指标只有 0.652192。经全局分解协调优化后，在总造价 3.14 亿元不变的前提下，由于改进了分配方案，使系统可靠性指标达到了 0.946798。可见此方法可以解决目前广泛存在的为获得可靠性指标“最大”的系统而盲目投入大量不必要的资源和人力去使每一个分系统的可靠性指标均“最大”的问题，充分说明了系统可靠性指标分解协调优化分配的必要性和有效性。

表 8-7 某型鱼雷可靠性指标初始分配结果

S_i	S_{ij}	C_{ij}	R_{ij}	C_i	R_i	R_S
S_1	S_{11}	0.58	0.893541	0.96	0.831454	0.652192
	S_{12}	0.38	0.930516			
S_2	S_{21}	0.28	0.909282	0.46	0.905919	
	S_{22}	0.18	0.996302			
S_3	S_{31}	0.11	1.000000	0.28	1.000000	
	S_{32}	0.17	1.000000			
S_4	S_{41}	0.38	0.930616	0.93	0.865860	
	S_{42}	0.38	0.930516			
	S_{43}	0.17	1.000000			
S_5	S_{51}	0.10	1.000000	0.51	1.000000	
	S_{52}	0.17	1.000000			
	S_{53}	0.12	1.000000			
	S_{54}	0.12	1.000000			

8.2.4 可靠性预测

8.2.4.1 可靠性预计的基本方法

随着系统设计从方案论证，经技术设计、试验定型到生产阶段，以及描述系统设计的数据从对系统功能的定性描述发展成为可供硬件生产的详细图纸和规范，可供利用的数据逐渐增多，一套适用于不同层次的可靠性预测方法已经建立，这些方法可分为7种。

（1）数学模型法。对于能够直接给出可靠性数学模型的串联系统、并联系统、混联系统、表决系统、旁联系统，可以采用有关公式进行系统可靠性预计，通常称为数学模型法。

（2）相似设备法。将新设计的设备和已知可靠性的相似设备进行比较，从而简单估计可能达到的可靠性水平。估计值的精确度取决于历史数据的质量及设备的相似程度。

（3）相似复杂性法。将新设计产品的可靠性作为相似产品相对复杂性的函数加以估计。这种方法考虑了工作因素和质量等级的修正。

（4）功能预计法。将以前经过验证的工作功能和可靠性之间的关系联系起来，以设备的功能特性和观测的工作可靠性之间的统计相关关系为基础，根据对不同对象建立的一系列回归方程，来估计新设计的可靠性。

（5）边值法。边值法又称为上、下限法。其基本思想是将一个不能用前述数学模型法求解的复杂系统，先简单地看成是某些单元的串联系统，求该串联系统的可靠性预计值的上限值和下限值，然后再逐步考虑系统的复杂情况，并逐次求出可靠度愈来愈精确的上限值和下限值；在达到一定精度要求后，再将上限值和下限值做数学处理，合成一个单一的可靠度预计值。它应是满足实际精度要求的可靠度值。

（6）元器件计数法。这种方法把设备的可靠性作为设备内所包含的各类元器件数目的函数来估算。其优点是可以快速进行预计，以便从可靠性观点来判断设计方案是否可行，它不要求了解每个元器件的详细应力和设计数据。因此，它适用于方案论证和早期设计阶段。

（7）应力分析法。应力分析法是在考虑了元器件类型、工作应力等级以及每个元器件的降额特性后，把故障率作为所有单个元器件的可加函数来确定的。

8.2.4.2　可靠性预计的边值法

A　上限值的计算

当系统中的并联子系统可靠性很高时，可以认为这些并联部件或冗余部分的可靠度都近似于1，而系统失效主要是由串联单元引起的。因此，在计算系统可靠度的上限值时，只考虑系统中的串联单元。在这种情况下，系统可靠度上限初始值的计算公式可按串联系统考虑并表达为

$$R_{U0} = R_1 R_2 \cdots R_m = \prod_{i=1}^{m} R_i \tag{8-202}$$

式中　R_1，R_2，…，R_m——系统中各串联单元的可靠度；

m——系统中的串联单元数，如图 8-26 所示系统应取 $m=2$，$R_{U0}=R_1R_2$。

当系统中的并联子系统可靠度较差时，若只考虑串联单元则所算得的系统可靠度的上限值会偏高，因而应当考虑并联子系统对系统可靠度上限值的影响。对于由 3 个以上的单元组成的并联子系统，一般可以认为其可靠度很高，也就不考虑其影响了。

以如图 8-26 所示系统为例，当系统中的单元 3 与 5，3 与 6，4 与 5，4 与 6，7 与 8 中任意一对并联单元失效，均将导致系统失效。发生这种失效情况的概率分别为 $R_1R_2R_3R_5$，$R_1R_2R_3R_6$，$R_1R_2R_4R_5$，$R_1R_2R_4R_6$，$R_1R_2R_7R_8$。将它们相加便得到由于一对并联单元失效而引起系统失效的概率，即

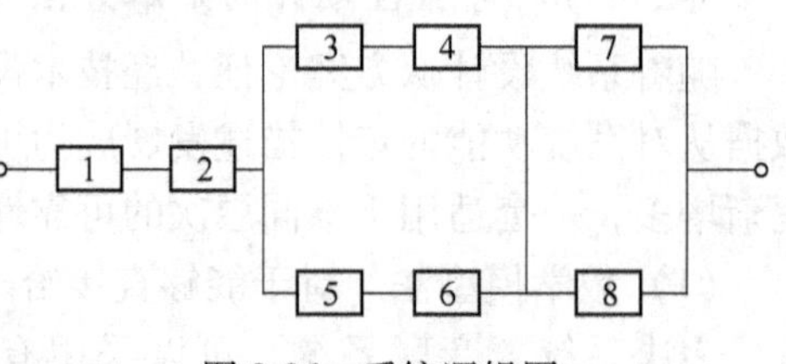

图 8-26　系统逻辑图

$$R_1R_2(R_3R_5 + R_3R_6 + R_4R_5 + R_4R_6 + R_7R_8)$$

因此，考虑一对并联单元失效对系统可靠度上限值的影响后，该系统可靠度上限值为

$$R_U = R_1R_2 - R_1R_2(R_3R_5 + R_3R_6 + R_4R_5 + R_4R_6 + R_7R_8)$$

写成一般形式为

$$R_U = \prod_{i=1}^{m} R_i - \prod_{i=1}^{m} R_i \sum_{(j,\ k)\in s} (F_jF_k) = \prod_{i=1}^{m} R_i \left[1 - \sum_{(j,\ k)\in s} (F_jF_k)\right] \tag{8-203}$$

式中　m——系统中的串联单元数；

F_jF_k——并联的两个单元同时失效而导致系统失效时，该两单元的失效概率之积，如图 8-26 所示中，F_jF_k 为 R_3R_5，R_3R_6，R_4R_5，R_4R_6，R_7R_8；

s——对并联单元同时失效而导致系统失效的单元对数，如图 8-25 所示系统中，$s=5$。

B　下限值的计算

系统可靠度下限值的计算也要逐步进行。首先是把系统中的所有单元，不管是串联的还是并联的、储备的，都看成是串联的。这样，即可得系统的可靠度下限初始值为

$$R_{L0}=\prod_{i=1}^{n}R_i \tag{8-204}$$

式中 R_i——系统中第 i 个单元的可靠度；

n——系统中的单元总数。

在系统的并联子系统中如果仅有 1 个单元失效，系统仍能正常工作。有的并联子系统，甚至允许有 2 个、3 个或更多的单元失效而不影响整个系统的正常工作。例如图 8-26 所示的系统，如果 3 与 4，3 与 7，4 与 7，5 与 6，5 与 8，6 与 8 的单元对中有一对（两个）单元失效，或 3，4，7 和 5，6，8 单元组有一组（3 个）单元失效，系统仍能正常工作。若考虑这些因素对系统可靠性的影响，则系统的可靠度下限值应按如下步骤进行计算：

$$\left.\begin{aligned}R_{L1}&=R_{L0}+P_1\\R_{L2}&=R_{L0}+P_2\\&\vdots\end{aligned}\right\} \tag{8-205}$$

式中 P_1——考虑系统的并联子系统中有 1 个单元失效，系统仍能正常工作的概率；

P_2——考虑系统的任一并联子系统中 2 个单元失效，系统仍能正常工作的概率。

对于如图 8-26 所示系统，有

$$\begin{aligned}P_1&=R_1R_2(F_3R_4R_5R_6R_7R_8+R_3F_4R_5R_6R_7R_8+\cdots+R_3R_4R_5R_6R_7F_8)\\&=R_1R_2\cdots R_8\left(\frac{F_3}{R_3}+\frac{F_4}{R_4}+\cdots+\frac{F_8}{R_8}\right)\end{aligned}$$

$$\begin{aligned}P_2=R_1R_2(&F_3F_4R_5R_6R_7R_8+F_3R_4R_5R_6F_7R_8+R_3F_4R_5R_6F_7R_8+\cdots+\\&R_3R_4R_5F_6R_7F_8)=R_1R_2\cdots R_8\left(\frac{F_3F_4}{R_3R_4}+\frac{F_3F_7}{R_3R_7}+\frac{F_4F_7}{R_4R_7}+\cdots+\frac{F_6F_8}{R_6R_8}\right)\end{aligned}$$

$$\vdots$$

写成一般式为

$$\left.\begin{aligned}P_1&=\prod_{i=1}^{n}R_1\left(\sum_{j=1}^{n_1}\frac{F_j}{R_j}\right)\\P_2&=\prod_{i=1}^{n}R_i\left(\sum_{(j,\ k)\in n_2}\frac{F_jF_k}{R_jR_k}\right)\\&\vdots\end{aligned}\right\} \tag{8-206}$$

式中 n——系统中单元总数；

n_1——系统中的并联单元数目；

R_j，F_j——分别为单元 j（$j=1$，2，…，n_1）的可靠度和不可靠度；

R_jR_k，F_jF_k——分别为并联系统中的单元对的可靠度和不可靠度，这种单元对的两个单元同时失效时，系统仍能正常工作；

n_2——并联子系统中单元对个数。

将式（8-204）代入式（8-203），得第一步、第二步、…计算所用的系统可靠度下限值公

式为

$$\left.\begin{aligned} R_{L1} &= \prod_{i=1}^{n} R_i \left(1 + \sum_{j=1}^{n_1} \frac{F_i}{R_j}\right) \\ R_{L2} &= \prod_{i=1}^{n} R_i \left(1 + \sum_{j=1}^{n_1} \frac{F_i}{R_j} + \sum_{(j,\ k) \in n_2} \frac{F_j F_k}{R_j R_k}\right) \\ &\vdots \end{aligned}\right\} \tag{8-207}$$

以此类推，可求出 R_{L3}，R_{L4}，…。随着计算步数或考虑单元数的增加，系统可靠度的上、下限值将逐渐接近。

C　按上、下限值综合预计系统的可靠度

根据上面求得的系统可靠度上、下限值 R_U 和 R_L，可求出系统可靠度的单一预计值。最简单的办法就是求它们的算术平均值，但经验表明该值偏于保守。一般都采用下式进行计算：

$$R_S = 1 - \sqrt{(1 - R_U)(1 - R_L)} \tag{8-208}$$

采用边值法计算系统可靠度时，一定要注意计算上、下限的基点一致，即如果计算上限值时只考虑了一个并联单元失效，则计算下限值时也必须只考虑一个单元失效；如果计算上限值时同时考虑了一对并联单元失效，那么计算下限值时也必须如此。

考虑的情况愈多，算出的上、下限值就愈接近，但计算也愈复杂，这样就失去了这个方法的优点。实际上，两个较粗略的上、下限值和两个精确的上、下限值分别综合起来得到的两种系统可靠度预计值，一般相差不会太大。据经验，当 $R_U - R_L \approx 1 - R_U$ 时，即可用式（8-208）进行综合计算。

8.2.4.3　指数分布的产品可靠性预计

对于复杂系统，通常假设系统的故障率服从指数分布。这种假设不仅是由于指数分布简单，使用方便，而且通过对大量电子设备和系统应用的实际现场数据的分析处理，证明这种假设是合理、有效的。

在实际工程应用中，元器件计数法和应力分析法是最常用的。它们都以指数分布作为假设前提，认为故障率是常数。这时，设备和系统的可靠性 $R_S(t)$ 为

$$R_S(t) = \prod_{i=1}^{N} e^{-\lambda_i t} = e^{-\sum_{i=1}^{N} \lambda_i t} \tag{8-209}$$

此外，有

$$\lambda_S = \sum_{i=1}^{N} \lambda_i \tag{8-210}$$

及

$$\text{MTBF} = \frac{1}{\lambda_S} = \frac{1}{\sum_{i=1}^{N} \lambda_i} \tag{8-211}$$

式中，λ_S 为系统故障率；λ_i 为系统每个独立元器件的故障率。

式（8-209）~式（8-211）是用于电子设备和可靠性预计的基本公式。

A　元器件计数法

元器件计数法的具体做法是统计每一类元器件的数目。用该类元器件的通用失效率乘

以元器件的数目，然后把各类元器件的乘积加起来，从而得到每个设备（或分系统）的故障率。这种方法的数学表达式是

$$\lambda_S = \sum_{i=1}^{n} N_i \lambda_{Gi} \pi_{Qi} \tag{8-212}$$

式中，λ_S 为系统故障率；λ_{Gi}为第 i 种元器件的通用失效率；π_{Qi}为第 i 种元器件的失效因数；N_i 为第 i 种元器件的数量（$i=1, 2, \cdots, n$），n 为元器件种类数。

若系统的各个单元在同一环境条件下工作，则可直接使用式（8-212）。如果一个系统的几个单元是在不同的环境条件下工作，则该式就应分别用于不同环境的各设备，然后再把故障率相加，计算出系统总的故障率。上述表达式也表明了应用该方法所需要的信息，即：

（1）所采用的元器件的种类和数量；

（2）元器件的质量等级；

（3）设备所处环境。

在不同环境条件下各类元器件的通用失效率和质量因数，可从有关手册中查到。

B 应力分析法

在设计基本完成，元器件的工作应力、质量因数、环境条件都确定后，可采用应力分析法，这时元器件失效率模型考虑得更加细致。例如，半导体器件的失效率模型表示为

$$\lambda_p = \lambda_b(\pi_E \pi_A \pi_{S_2} \pi_C \pi_Q) \tag{8-213}$$

式中 λ_p——器件工作失效率；

λ_b——器件基本失效率，主要考虑电应力和温度应力对器件的影响；

π_E——环境因数；

π_C——质量因数；

π_Q——应用因数（指电路方面的应用影响）；

π_A——电压应用因数（指外加电压对模型的调整因数）；

π_{S_2}——复杂度因数（指一个封装内有多个器件的影响）。

式（8-213）中多有的 π 因数都是对基本失效率进行修正。π_Q 和 π_E 在所有各类器件的模型中都采用，其余的 π 因数则根据不同类型元器件的需要而进行取舍（各种类型元器件的 π 因数在 MIL-HDBK-217 和 GJB-299A 中均有详细说明）。

应力分析法所需要的信息有：

（1）元器件的种类；

（2）元器件数量；

（3）元器件的质量等级；

（4）产品的环境条件；

（5）元器件的工作应力。

计算步骤可归纳如下：

（1）确定每个元器件的基本失效率 λ_b；

（2）确定各种 π 因数，即质量因数 π_Q、环境因数 π_E 以及其他 π 因数；

（3）计算每个元器件的工作失效率 λ_p；

（4）求设备（或产品）故障率 λ_{CB} 为

$$\lambda_{CB}=\sum_{i=1}^{n}\lambda_{pi} \tag{8-214}$$

求 MTBF 为

$$MTBF=\frac{1}{\lambda_{CB}} \tag{8-215}$$

8.2.4.4 非指数分布的产品可靠性预计

前面介绍了指数分布情况下的可靠性预计方法，而在非指数分布的情况下，由于其中有些零部件的故障率随时间的变化比较大，因此，不能简单地把所有零件的故障率相加。这时应分别考虑具有恒定故障率的部分（设该部分的可靠度为 $R_1(t)$）和具有随时间变化的故障率的部分（设该部分的可靠度为 $R_2(t)$）。如果两部分之间是相互独立的，则可靠度为

$$R(t)=R_1(t)R_2(t) \tag{8-216}$$

$$R_1(T)=e^{-\left(\sum_{i=1}^{N}\lambda_i\right)t} \tag{8-217}$$

$$R_2(t)=\prod_{i=1}^{m}R_i(t) \tag{8-218}$$

$$R_i(t)=e^{-\int_0^t h_i(T)\mathrm{d}T} \tag{8-219}$$

式中，n 为具有恒定故障率的元器件数目；m 为具有随时间变化的故障率的元器件数目；$h(t)$ 为每种元器件随时间变化的瞬时故障率。

可靠性曲线是指数分布时，系统的平均寿命 θ_S 为 0.37。对于那些可靠性曲线明显不是指数分布的系统，其平均寿命为

$$\theta_S=\int_0^{\infty}R(t)\mathrm{d}t \tag{8-220}$$

8.2.4.5 非工作故障率的修正

采用《液压工程手册》和有关标准中的元件，零部件的故障率（在手册中故障率称为失效率）都是工作失效率。有些系统和设备的非工作时间往往占据了其寿命周期的绝大部分时间，对于长时间储存、一次使用的产品，就是一个十分典型的例子。对于这类系统和设备，进行可靠性预测时，应把故障率修正成包括非工作期间在内的故障率。这种修正模型通常表示为

$$\lambda_T=\lambda_{op}d+(1-d)\lambda_{nop} \tag{8-221}$$

式中，λ_T 为总故障率；λ_{op} 为工作故障率；λ_{nop} 为非工作故障率；d 为工作时间和总时间之比。

为了完成包括非工作故障率的修正，必须大量收集积累现场非工作故障率，并应有组织、有计划地开展产品的储存试验工作。

8.3 液压系统可靠度特征值的近似计算

8.3.1 概述

由于系统可靠度函数和分布函数的表现形式与前章所述的结构模型、部件的标准可靠度特征值和分布函数等有关，所以出现了许多不同的形式，很难进行一般化处理，因此，系统中应用最多的还是比较简单的串联系统模型。近年来，随着对各种系统结构模型的深

入研究，以及部件故障特性、分布函数、可靠度函数等资料的日益充实，对复杂特征值进行计算的必要性也随之增加。由于目前已有简便适用的计算机，对于计算的复杂性不必多虑，而在实用模型的选择及其前提条件的确切性等方面，有必要进行更深入的研究[30]。因此，不但要掌握严密式的扩展，更重要的是要掌握在求取其近似式和极限式时将问题进行简化的实质，这样，才易于对各种设计方案进行对比分析。如梯式系统中，仅用严密式而不考虑取代方法，即不按所给的近似方法，则很难加以计算。

8.3.2 串联和并联系统的组合系统

本节介绍用部件可靠度多项式表达系统可靠度时的近似计算方法。由普通知识出发作简单比较，可知部件数越多越见效。

前面已叙述的串联系统和并联系统简单组合的结构模型，其可靠度是以对应于部件可靠度 r_0、部件数 n 的 r_0^n 为最高次项的多项式来表示的。其有关情况见表 8-1 的简单模型一览表就清楚了。

当 r_0 比 1 小得多时，可以略去高次项，在允许的误差范围内进行近似计算。另一方面，部件可靠度高，即当 $r_0 \approx 1$ 时，由于

$$r_0 = 1 - p_0 \tag{8-222}$$

而在系统可靠度改写为故障概率 p_0 的多项式时，则又由于

$$p_0 \ll 1 \tag{8-223}$$

故可得到略去 p_0 的高次多项式的近似计算式。

在表 8-1 中，系统的可靠度是用部件可靠度 r_0 和故障概率 p_0 两组形式表现的，这是为便于简化近似计算而做的准备。现就简单的例子来说明一下。如图 8-27 的框图，求当 r_0 值小时和 $r_0 \approx 1$ 时的近似值。这个框图与表 8-1 中的框图 13 相同。其可靠度函数为

$$R = r_0 + 2r_0^2 - 3r_0^3 + 4r_0^4 \tag{8-224}$$

$$R = 1 - p_0^2 - p_0^3 + p_0^4 \tag{8-225}$$

r_0 值小时，即 $r_0<1$ 时，在式（8-224）中取至 2 次项，当 $r_0>0.8$ 时，则取 $p_0=1-r_0<0.2$ 至式（8-225）的 2 次项，用这样的近似表示显然是足够的。图 8-28 所示曲线，表示 r_0 值在整个区间内按式（8-224）的严密计算值和按式（8-224）、式（8-225）两式中取 2 次近似值的比较。

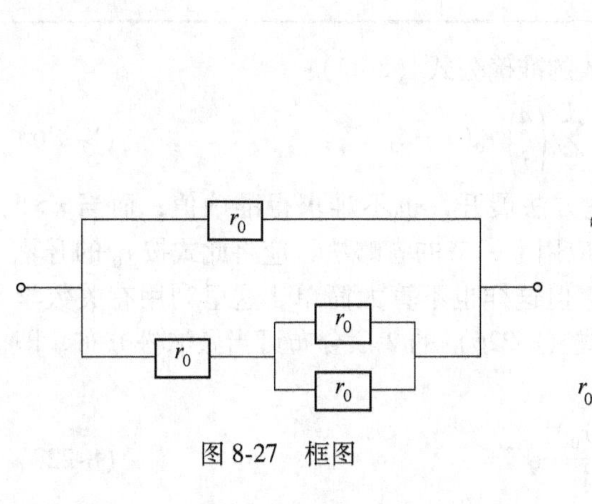

图 8-27 框图

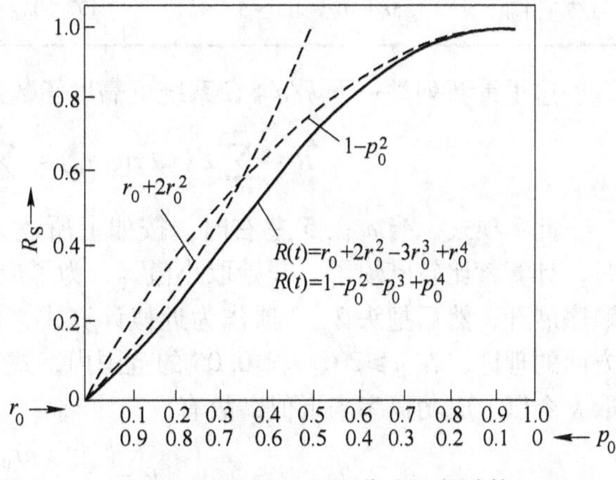

图 8-28 图 8-27 的可靠度近似计算

这个近似法的要点是，系统可靠度用部件可靠度或故障概率的多项式表示时，对于那些小范围的高次项略去不计。

8.3.3　k/n：G 系统，串联系统和并联系统

表 8-8 所列是当 $n \leqslant 5$ 时，k/n：G 系统可靠度的严密式的一览表。在实际中，这些都是经常使用的，而且被称为上节近似法应用的范例。这个表的可靠度同表 8-1 一样，使用部件可靠度 r_0 和故障概率 p_0，根据式（8-42）进行计算。同时，还列出了 $r_0(t)=e^{-\lambda_0 t}$ 时的 MTTF、方差和变差系数等。从这些值不难看出，随着 k 值的变化，接近于 $1/n$ 系统（并联系统）和 n/n 系统（串联系统）这两端时的变化情况。

表 8-8　k/n：G 系统可靠度一览表　$\begin{pmatrix} n=3,\ 4,\ 5 \\ n=2,\ 3,\ 4 \end{pmatrix}$

系统	可靠度 $(r_0=1-p_0)$	MTTF $(r_0=1-e^{-\lambda_0 t})$	方差	变差系数
1/3 （并联）	$3r_0-3r_0^2+r_0^3$	$11/6\lambda_0=1.833/\lambda_0$	$49/36\lambda_0^2=1.316/\lambda_0^2$	0.636
	$1-p_0^3$			
2/3	$3r_0-2r_0^3$	$5/6\lambda_0=0.833/\lambda_0$	$13/36\lambda_0^2=0.36/\lambda_0^2$	0.721
	$1-3p_0^2+2p_0^3$			
3/3 （串联）	r_0^3	$1/3\lambda_0=0.333/\lambda_0$	$1/9\lambda_0^2=0.111/\lambda_0^2$	1
	$1-3p_0^2+3p_0^2-p_0^3$			
1/4 （并联）	$4r_0-6r_0^2+4r_0^3-r_0^4$	$25/12\lambda_0=2.803/\lambda_0$	$165/144\lambda_0^2=1.146/\lambda_0^2$	0.153
	$1-p_0^4$			
2/4	$6r_0^2-8r_0^3+3r_0^4$	$13/12\lambda_0=1.083/\lambda_0$	$61/144\lambda_0^2=0.424/\lambda_0^2$	0.601
	$1-2p_0+2p_0^2-2p_0^3+p_0^4$			
3/4	$4r_0^3-3r_0^4$	$7/12\lambda_0=0.583/\lambda_0$	$25/144\lambda_0^2=0.174/\lambda_0^2$	0.714
	$1-6p_0^2+8p_0^3-3p_0^4$			
4/4 （串联）	λ_0^4	$1/4\lambda_0=0.25/\lambda_0$	$1/16\lambda_0^2=0.063/\lambda_0^2$	1
	$1-4p_0+6p_0^2-4p_0^3+p_0^4$			
1/5（并联）	$5r_0-10r_0^2+10r_0^3-5r_0^4+r_0^5$	$137/60\lambda_0=2.283/\lambda_0$	$5205/3600\lambda_0^2=1.446/\lambda_0^2$	0.527

这里重新列举一下 k/n：G 系统可靠度函数的准确公式（8-42）：

$$R=\sum_{i=k}^{n} B(i,\ n,\ r_0)=\sum_{i=k}^{n}\binom{n}{i} r_0^i(1-r_0)^{n-i} \tag{8-226}$$

此 2 项式，当 n 在 5 左右时，按如上所述方法展开，也不难求得准确值；而当 $n>5$ 时，计算就比较麻烦了。开始取小值 r_0，为了应用上一节的省略法，应将此式按 r_0 的升幂顺序展开，然后把头 2、3 项作为近似计算式，但这样也不算太简单。这里利用有关数学方面的理论，在 $n \geqslant 20$、$r_0 \leqslant 0.05$ 的范围内，式（8-226）的 2 项分布可当做泊松分布，即取 k 个以上成功概率来近似，故有

$$R=\sum_{i=k}^{n}\frac{(nr_0)^i}{i!}e^{-nr_0} \tag{8-227}$$

对于 r_0 接近 1 时，用式（8-45），则有

$$R=\sum_{i=1}^{k-1}\frac{[n(1-r_0)]^i}{i!}e^{-n(1-r_0)} \tag{8-228}$$

式（8-227）和式（8-228）两式中的 nr_0 和 $n(1-r_0)$ 等分别为泊松分布的平均值。这些式子的值，可按泊松分布的部分和直接在有关手册中的数值表上查取。

部件的可靠度不同时，则式（8-226）为多项式概率，n 值稍大一些，就相当麻烦，以至无法计算。这时，可按下式计算 r_i 的算数平均值 $\bar{r}$，并取代 r_0 代入到式（8-224）中计算：

$$\bar{r}=\frac{1}{n}\sum_{i=0}^{n}r_i \quad i=1,\ 2,\ \cdots,\ n \tag{8-229}$$

如此以泊松分布近似，则极为简单。r_0 值变化不大时，其误差可以不予考虑。另外，在 $r_0 \leqslant 0.5$ 和 $nr_0 \geqslant 5$，或 $r_0>0.5$ 和 $n(1-r_0)>5$ 范围内，2 项分布可用正态分布 $N(\mu,\ \sigma^2)$ 来近似。此处的 μ 和 σ^2 用下式计算：

$$\left.\begin{aligned}u&=nr_0\\ \sigma^2&=nr_0(1-r_0)\end{aligned}\right\} \tag{8-230}$$

k/n：G 系统表示系统的正常部件数 x 是 k 个以上时的概率，即求 $P(x \geqslant k)=R$。对于 n 充分大、$nr_0 \geqslant 5$ 时，则有

$$P(x \geqslant k)=1-P(x<k) \tag{8-231}$$

因此，可以考虑用如下的正态分布来表示 $P(x<k)$：

$$P(x<k)=\frac{1}{\sqrt{2\pi}\sigma}\int_{-\infty}^{k}e^{-\frac{(y-\mu)^2}{2\sigma^2}}dy \tag{8-232}$$

式中，μ，σ 可采用式（8-230）的值。以此式变换为标准正态分布时，则得如下形式：

$$P(x<k)=\frac{1}{\sqrt{2\pi}}\int_{-\infty}^{k'}e^{-\frac{y^2}{2}}dy \tag{8-233}$$

作为近似式则为

$$R(t)=1-\frac{1}{\sqrt{2\pi}}\int_{-\infty}^{k'}e^{-\frac{y^2}{2}}dy \tag{8-234}$$

式中

$$k'=\frac{k-nr_0}{\sqrt{nr_0(1-r_0)}} \tag{8-235}$$

如上所述，泊松分布近似的许用范围，按数学方面要求，为 $n \geqslant 20$，$r_0 \leqslant 0.05$，但约略超出此限，其误差还是允许的。为了考察其实用的极限，试比较一下 $n=10$ 时的近似计算和按严密式的计算结果。

图 8-29 是表示取不同的 r_0 值，当变化 k 时所得 $R_k/10$ 的计算值，对于 $r_0=0.1$，0.2，相当于近似式（8-224）。

由图中看一下大致的情况。当 $n=10$ 时，对于 $r_0=0.2$，在 7/10 系统以上，即接近于串联系统时，系统可靠度的近似值与精确值有 1 位数以上的误差；而对于 $r_0=0.8$，在 4/10 系统以下，即接近于并联系统时，误差也明显增大起来。为此，可就泊松分布近似法

作此结论：如果注意到 k 值接近于 1（并联系统）或近于 10（串联系统）时，则对于 $n\geqslant 10$，$r_0\leqslant 0.2$ 和 $r\geqslant 0.8$ 的范围是足够满足实用的要求的。

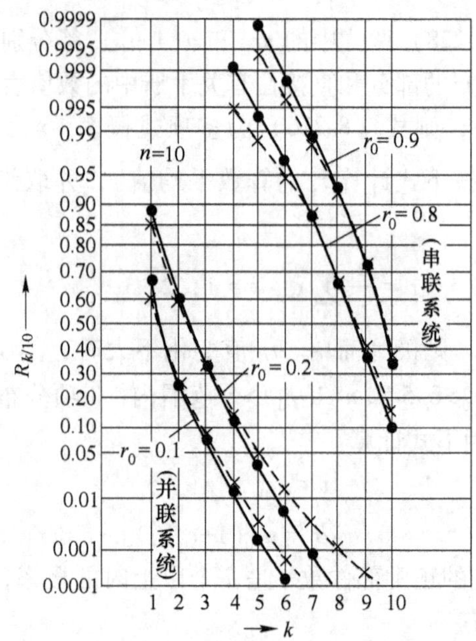

图 8-29　$k/10$：G 系统的可靠度 $R_{k/10}$（$n=10$）（×表示泊松分布近似）

图 8-30 所示为对以上相同的 $k/10$：G 系统，用正态近似式（8-234）计算的可靠度结果和精确值的对比曲线。图中，对应于各个 k 值精确值（·符号）和近似值（×符号）分别用实线和虚线连接。误差情况是，在广泛的 r_0 范围内保持稳定，同时，当 $n\geqslant 10$ 时有充分的实用意义。

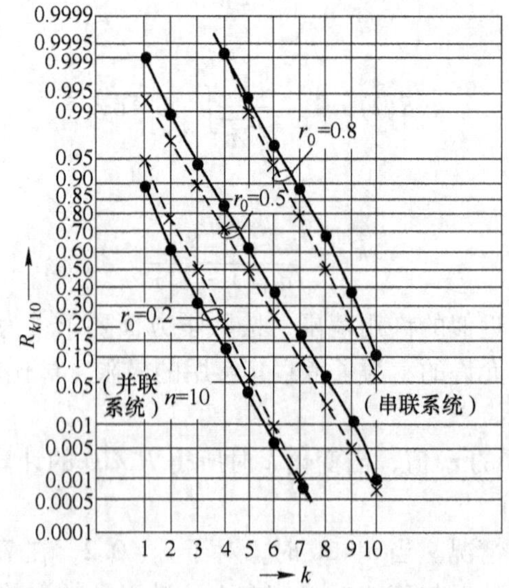

图 8-30　$k/10$：G 系统的可靠度 $R_{k/10}$（$n=10$）（×符号表示正态分布）

8.3.4　指数函数的近似

部件可靠度函数最简单并常用的模型是 $r_0(t) = e^{-\lambda_0 t}$，即指数函数。把它代入用 r_0 表示的系统可靠度概率的公式中，便可以求出系统的可靠度函数。其目的是为了计算系统的MTTF、方差和变差系数等，同时也是为了尽快获得函数形式的概略图像[31]。对于在某一时刻 t 范围内，需要图示详细函数型式的场合，与其按照指数函数计算，还不如在指数函数的级数展开式中，适当截取若干项的近似式来计算更方便。

现在，将以 $\lambda_0 t=x$ 的函数 e^{-x} 展开到第 n 项，则得如下形式：

$$e^{-x} = 1 - x + \frac{x^2}{2!} - \frac{x^3}{3!} + \cdots + \frac{(-x)^n}{n!} + R_n(x) \tag{8-236}$$

式中，$R_n(x)$ 是剩余项，其表达式如下：

$$R_n(x) = (-1)^{n+1}\int_0^x \frac{(x-\xi)^n}{n!}e^{-\xi}d\xi \tag{8-237}$$

通常，作为可靠度计算值接近于1，x 值很小，因此，x 的高次项是不必要的，项数 n 最多取3也就足够了。

图8-31是表示取式（8-236）的（$1-x$），（$1-x+x^2/2$），（$1-x+x^2/2-x^3/6$）等不同项的近似值与 e^{-x} 值的比较曲线。

其次，以双部件系统为例，由2个有等可靠度 e^{-x} 的部件组成并联系统，将此系统的可靠度函数展开，则为

$$\begin{aligned}R(t) &= 2r_0(t) - r_0^2(t) = 2e^{-x} - e^{-2x}\\ &= 1-x^2+x^3-\frac{7}{12}x^4+\cdots\end{aligned} \tag{8-238}$$

取（$1-x^2$）和（$1-x^2+x^3$）作为上式的近似值，所得的结果与原式所得结果进行比较的情况，如图8-32所示。

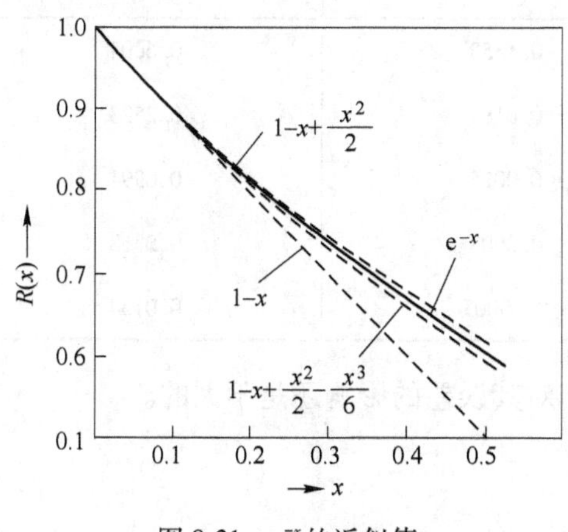

图8-31　e^{-x} 的近似值

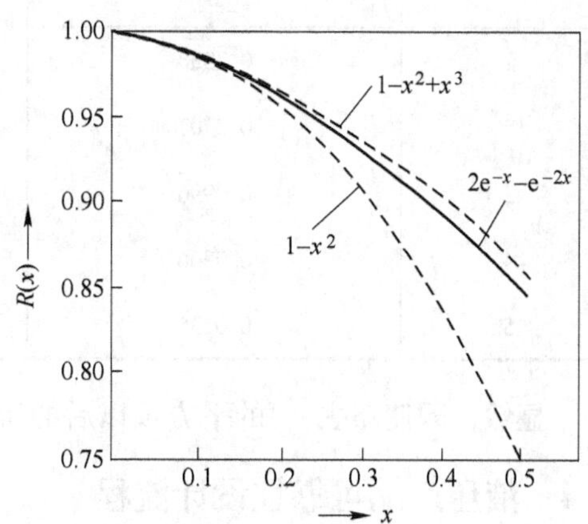

图8-32　并联系统 $2e^{-x}-e^{-2x}$ 的近似值

必须注意，如这些图所示，展开后的近似式最末项的正负就是上限与下限。为了估计截尾指数函数（$n-1$）以上各项的误差，在式（8-237）中，若考虑 $e^{\xi}<e^0=1$，则

$$|R_n(x)| = \left|\int_0^x \frac{(x-\xi)^n}{n!} e^{-\xi} d\xi\right|$$

$$\leqslant \left|\frac{1}{n!}\int_0^x (x-\xi)^n d\xi\right| = \frac{x^{n+1}}{(n+1)!} \tag{8-239}$$

即级数截取到 n 项时的误差不超过第（$n+1$）项的值。因此，对于上例中截取指数函数展开式的第 2 项和第 3 项的误差，分别取 $x^2/2$，$-x^3/6$ 为宜。

如上所述，由于 x 值小，r_0 为近于 1 的值，所以，根据原式（8-238），当可靠度用 p_0 表示，则为

$$R(t) = 2r_0(t) - r_0^2(t) = 1 - p_0^2(t) \tag{8-240}$$

取 $p_0(t)$ 的近似，则有

$$p_0 = 1 - r_0(t) = x - \frac{x^2}{2} + \frac{x^3}{6} - \cdots \tag{8-241}$$

在此，若只取第 1 项，就是 $p_0 \approx x$，也是

$$R(t) \approx 1 - x^2 \tag{8-242}$$

在 x 值小时，情况是清楚的。当 x 增大超过 1 仍用级数展开取近似时，其误差增大，这是不适宜的。此时，由于 e^{-x} 本身就是越来越小的值，所以，式（8-234）中略去 e^{-x} 的平方项以后的项，即用下式计算，是可以满足近似要求的：

$$R(t) \approx 2e^{-x} \tag{8-243}$$

其结果如表 8-9 所示。

表 8-9　计算结果

x	第 1 项 $2e^{-x}$	第 2 项 e^{-2x}	精确值 $2e^{-x}-e^{-2x}$
1	0.7358	0.1353	0.6004
2	0.2707	0.0183	0.2525
3	0.0996	0.0025	0.0991
4	0.0366	0.0003	0.0363
5	0.0135	0.00005	0.0134

显然，即使略去 e^{-x} 的平方项以后的所有项，对其误差的影响还是不大的。

8.4　液压产品可靠性设计流程

在进行新液压产品可靠性设计时，首先确定其功能要求，根据该产品的工作条件、资金投入、技术水平、可靠度等方面来考虑，尽可能设计出较优的液压产品，其设计流程如图 8-33 所示。

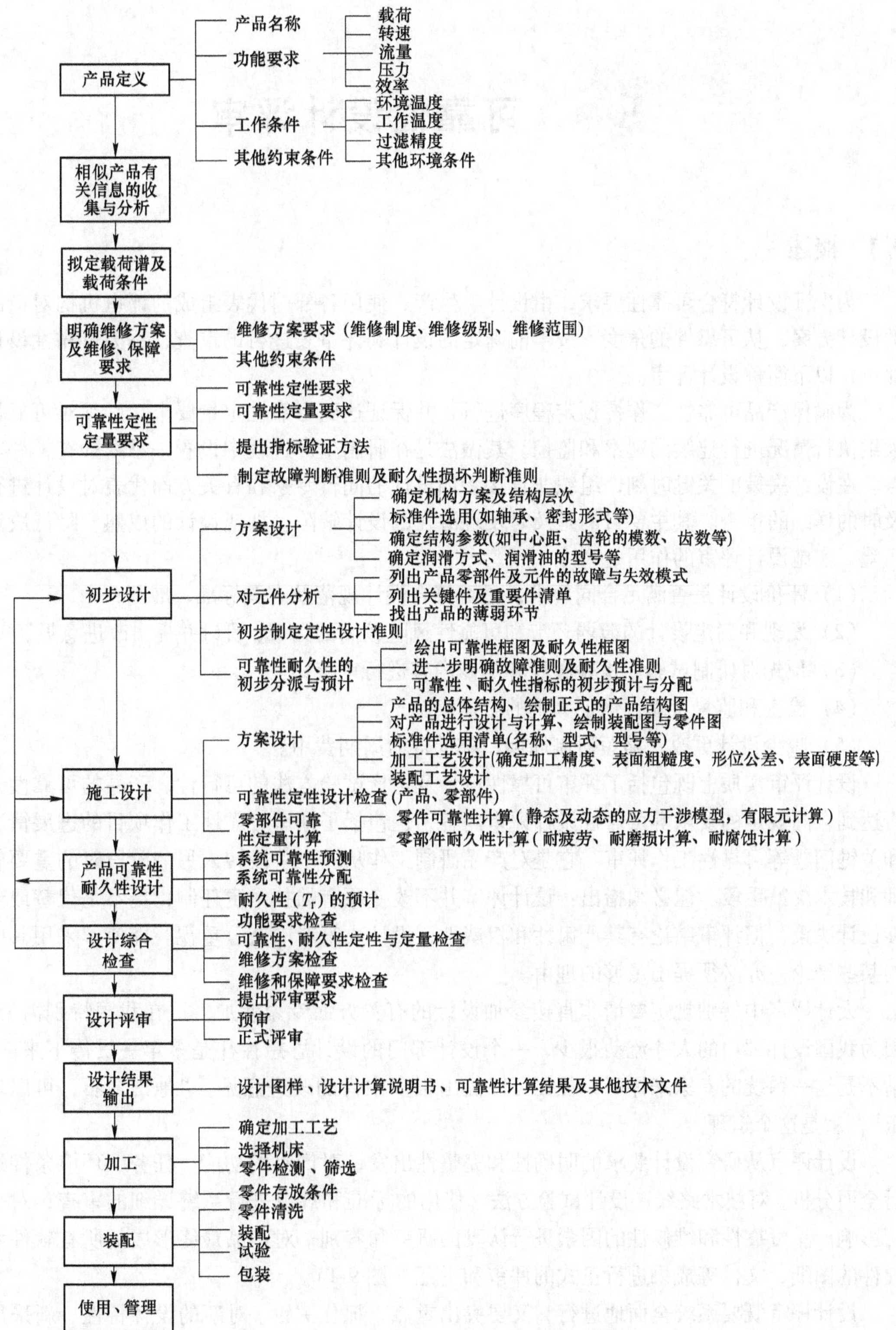

图 8-33 典型液压产品可靠性设计流程框图

9 可靠性设计评审

9.1 概述

为保证设计符合可靠性要求，由设计、生产、使用各部门代表组成的评审机构对产品的设计方案，从可靠性的角度，按事前确定的设计和评审表进行的审查，称为可靠性设计评审，以下简称设计评审。

为确保产品可靠性工作按预定程序进行，并保证达到可靠性定量要求，必须对可靠性大纲执行情况进行连续的观察和监控。其做法是在研制生产过程中设置一系列检查、评审点。在设计决策的关键时刻，组织非直接参加设计的同行专家和有关方面代表对设计进行及时的详细的审查。其主要目的是及时发现潜在的设计缺陷，加速设计的成熟，降低决策风险。实施设计评审的作用是[32]：

（1）评价设计是否满足合同要求，是否符合设计规范及有关标准、准则；

（2）发现和确定设计的薄弱环节和可靠性风险较高的区域，研讨并提出改进意见；

（3）预先对研制试验、检验程序和维修内容进行审核；

（4）检查和监督可靠性保证大纲的全面实施；

（5）减少设计更改，缩短研制周期，降低寿命周期费用。

设计评审实质上既包括了评审可靠性设计及选择试验方法的可行性、产品的可靠性是否达到合同规定的要求等可靠性设计评审内容，也包括了评审可靠性工作项目的进展情况和关键问题等可靠性工作评审。它是对产品研制工作从一个阶段转入另一阶段时的重要管理和技术决策手段。但必须指出：设计评审并不改变原有的技术责任制，更不是代替或干涉设计决策，但评审结论有其严肃性和权威性，设计决策者应充分重视。即使不采用其中的某些结论，亦必须提出足够的理由。

设计评审中特别规定要请非直接参加设计的有关方面专家参加，这在我国特别需要。因为我国设计部门的人才流动很少，一个设计部门的设计思想往往是多年一贯传下来的。请不是这一系统的专家来评审，往往可以提出很多中肯的改进意见。“他山之石，可以攻玉”，就是这个道理。

设计评审从研究设计要求的明确性和完整性出发，对产品的功能、任务、环境条件进行全面分析，对技术路线、设计试验方法、使用的标准和规范进行系统详细的审查；对一切影响产品可靠性和维修性的因素进行认真的研究和鉴别；对产品最终形成的所有软件和硬件的图纸、文件等成果进行正式的评审和论证（图 9-1）。

设计评审既要系统全面地进行，又要突出重点，抓住关键。对新的设计特性、新采用的元件和材料及外购件、新的方法和试验方法以及可靠性和维修性分析、计算结果，要作重点审查。特别是对有疑问、有分歧的地方或未知领域，应着重做出评价。

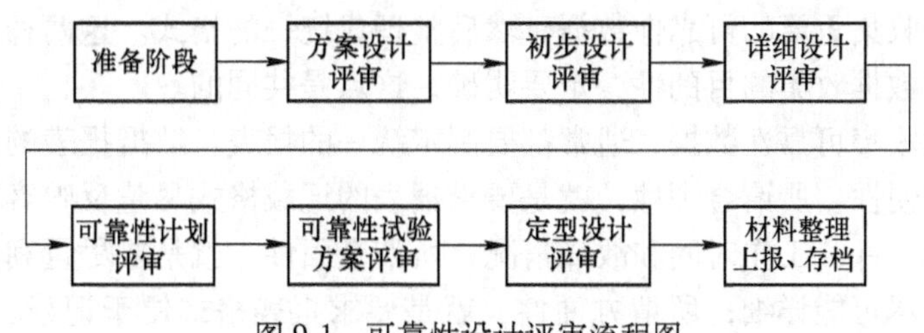

图 9-1 可靠性设计评审流程图

9.2 可靠性数据的收集

液压元件的可靠性数据是开展液压元件可靠性工作的基础之一，是提高产品质量、进行液压系统可靠性设计和预计以及开展产品可靠性试验研究的必要信息。随着我国液压产品可靠性工作的日益开展，进行产品可靠性数据的收集、处理、分析、积累及交换，已成为提高产品质量和可靠性的当务之急。

9.2.1 可靠性数据的重要性

数据是衡量产品性能的量值。可靠性数据是客观的评价产品质量及其可靠性的主要尺度。生产厂为了推销自己的商品，往往在商品广告中贴上质量可靠的标签，但它的产品是否可靠还必须用“数据”来说话。通常用平均无故障工作时间 MTBF 来说明液压设备的可靠性水平，用失效率来说明元器件的可靠性等级，用评分法来说明产品的质量评比结果。总之，只有在大量地收集了产品的现场使用和实验数据以后，才能对产品的可靠性指标作出正确的评价。

产品的失效信息暴露了产品本身的缺陷。分析产品的可靠性问题必须以产品的失效数据为依据，找到了影响可靠性的症结所在，就能促使生产厂对症下药，对产品的薄弱环节采取措施，在 P（计划）、D（实施）、C（检查）、A（处理）的循环中，不断地提高产品的可靠性水平。可靠性数据是提高产品质量的循环中不可缺少的一环。

进行设备系统的可靠性设计和预计，必须以元件的失效率数据为基础。系统是由液压元器件组成的，任何一个元器件、一个点出故障都可能导致系统出故障。对于按照串联直列方式组成的设备系统而言，整个系统的总可靠度是各分系统可靠度的乘积，整个设备的总失效率是各部分失效率的总和。因此只有掌握了元件失效率的数据后，才能对设备系统进行可靠性设计或可靠性预计。

综上所述，不难看出只有在不断地收集积累和分析各种可靠性数据的基础上，才能不断地发现问题、不断地改进设计和工艺，不断地提高产品的可靠性。从这个意义上说，提高产品可靠性的过程，实质上就是一个不断地积累可靠性信息，并进行质量反馈的过程。

9.2.2 可靠性数据的收集

人类总得不断地总结经验，有所发明、有所发现、有所创新、有所前进。在人类事业的所有领域中，几乎都需要不断地收集和积累有意义而又适应的数据。

数据的收集方法一般有两种：一种方法是对现场工作人员分发报表，令其逐项填写，然后定期回收；另一种方法是培训一批专业人员，编制调查纲目，有计划、有目的地深入现场进行调查，收集重要的可靠性数据，然后整理成统一的格式。这两种方法虽然形式上有所不同，但是数据收集的目的性一定要明确，这点是共同的。

为了有效地收集可靠性数据，通常都要制定统一的报表。数据报表的编制要注意合理性、全面性和方便性。所谓合理性，就是要求报表的记载格式尽量反映客观现实，能准确记载产品的工作条件，工作时间和故障情况；所谓全面性，就是要尽量利用现场的各种信息，记载的项目尽可能详细；所谓方便性，就是要求报表格式便于记载、便于分类查找、便于统计分析、便于制作缩微胶片、便于进入计算机、便于编制数据库管理系统。

对于收集到的数据要注意保存，要明确收集的地点、时间、方法及收集人。要弄清数据的履历，包括产品名称、生产条件、场所、时间、操作者、取样数、测试仪器及其精度、测试条件、批号等，并将其存档保管，以便今后查阅对比。随着数据收集活动的拓展，数据的信息量将会越来越大，因此必须采取先进的贮存与咨询手段与之相适应。目前，国际上已经出现了缩微图书馆和各种各样的数据库系统。数据库是一种通用化的综合性数据集合，具有独立性、安全性和完整性等特点，能使众多的用户共享数据资源。因此，将收集到的数据有机地存入数据库内，是保存可靠性数据和实现数据交换的重要途径。

可靠性数据的收集方法要根据产品对象的种类和目的来定，原则上收集可靠性数据必须注意以下几点：

(1) 产品的对象范围；

(2) 产品出故障的定义；

(3) 产品工作时间的含义；

(4) 产品的使用条件；

(5) 产品的维护条件；

(6) 产品取样的代表性；

(7) 表征产品可靠性的尺度；

(8) 产品性能的测试方法和精确度；

(9) 数据报表的形式及其应记载的项目；

(10) 观察数据的真实性和准确度。

9.2.3 收集有关数据的注意事项

科研工作包含着大量的试验。一般来说，试验的观察结果总是受当时当地条件的限制，得到的结果总具有一定的随机性，同样的事件，其试验结果可能因事件地点的不同而不尽一致。因此，如何对试验结果进行去伪存真的分析处理，以便更好地指导今后的设计和试验，是科研工作的重要内容。人们所需要的数据，应该是能够反映客观事实、准确可靠的。那些不反映实际情况的虚伪数据，将会导致错误的结论和行动。收集可靠性数据时需要层层把关，才能保证数据的准确性。影响可靠性数据准确性的因素很多，归纳起来有以下三点，即：原始数据的真实性、数据来源的信息量以及分析处理方法等。下面分别予以阐述。

9.2.3.1 原始数据的真实性

要保证可靠性数据的准确性，首先要保证原始数据的真实性。可靠性的原始数据一般是从观察现场或通过可靠性试验而获得的，试验观测的取样方式、试验方案、试验设计能否反映客观实际的真实面貌，对原始数据的真实性有着直接的影响。因此，从试验设计一开始，就要牢牢地把好数据真实性这一关。可靠性试验设计包括了产品的环境设计和统计设计问题。产品的环境设计要尽可能客观地反映产品真正的工作条件，特别要注意试验应力的选取。产品的统计设计又包含投试样品数的选取以及试验测试周期和试验截止时间的确定等问题。在产品的试验设计阶段，就必须利用抽样理论以及产品的寿命分布等可靠性知识，对产品的试验技术进行认真的考虑。

数据的真实性与试验设备及其测试仪表的精确度也有极为密切的关系。试验测试中的随机误差是正常的，但系统性误差应该尽量避免，过失误差更是不能允许。如果由于操作不当或粗枝大叶造成了过失误差，必须采取重新认真操作的办法来消除。如果由于仪器结构不良或周围环境的改变造成了系统性误差，必须校正仪器重新进行测量。如果观察的系统性误差小，则称观测的准确度高，此时可使用更精确的仪器来提高观测的准确度。如果观测的随机误差小，则称观测的精密度高，此时可增加观测次数取其平均值来提高观测的精密度。

9.2.3.2 原始数据的信息量

可靠性指标是一些统计指标。只有在进行大量调查研究并取得了丰富数据资料的基础上，才能对产品的可靠性水平作出正确的评价。随机事件出现的概率，是随机事件在极多次独立重复性观测试验中出现的可能大小的一种估量，但在有限次的试验中，某一事件的出现次数可能与它的概率值相差甚远。在掷骰子的随机事件中，某一点向上的可能性是1/6，但这并不是说在六次掷骰子实践中，某一点一定要出现一次，很可能在最初的若干次事件中，某一点一次也不出现。因此要正确地评价产品的可靠性水平，必须对产品进行大量的统计试验或长期观测，只有在原始数据达到一定的信息量以后，才能得到准确可靠的产品寿命结论。

9.2.3.3 统计分析方法的合理性

要想获得准确可靠的数据，必须要有合理的统计分析方法。一般来说，从现场所取得的试验观测值，只是产品整体中的个别样本值。要想从有限个体的观测值去推断整个总体的统计特征值，就必须要有合理的数据处理方法及统计分析手段，因此，数据处理的合理性及其统计分析的置信度是关系到数据准确性的重要问题。同一产品选取不同的样品进行试验，将会得到不同的数据；同一试验数据采取不同的分析处理方法，亦会得到不同的结果；而且同一数据、同一方法，不同的人去处理，也有可能得出不同精度的结论。如何分析研究和解决这些差异之间所造成的矛盾呢？这正是统计分析所要研究的问题。总之，可靠性数据处理及其统计分析是一门专项技术，要求从事这项工作的人员要有清晰的可靠性基本概念，以及较好的概率统计知识。

9.2.4 同型号或相近型号

在收集产品数据时，应对同型号或相近型号进行收集数据，因为不同型号的产品其性能参数不同，精度要求不同，工作条件要求也有所不同。例如直流电磁换向阀与交流电磁换向阀应分别收集，分别进行数据分析。又如电液动换向阀，其先导级的电磁换向阀与同类型的电磁换向阀可以看成同一类型电磁换向阀进行数据收集和分析。建议对同型号或相近型号的数据收集，其台数在10~20台之间。

9.2.5　数据分析及处理

数据分析及处理要注意以下两点：

（1）在同一使用厂家收集同一型号或相近型号数据，其使用条件基本相同；

（2）在不同使用厂家收集同一型号或相近型号数据，但各厂的使用条件基本相同。

综上所述，不难看出数据的真实性与试验的方案设计、技术措施及其设备条件有关，数据的准确性与数据的处理方法及其统计分析技术有关，因此，只有试验设计、试验测试以及数据处理人员层层把关，各个部门加强责任感，才能保证数据的准确度，将收集的数据填入表9-1中。

表9-1　液压元件可靠性数据收集表（供参考）　No.

生产单位			产品型号		联系人（电话、邮箱）	
生产情况	生产日期					
	出厂日期					
	质量评定					
	运输条件					
	出厂试验项目					
使用情况	入库日期					
	装上生产线日期					
	使用条件（连续）					
	使用条件（间断时间）/天					
	环境温度/℃					
	油液温度/℃					
故障情况	第一次故障	日期（已工作时间）/天				
		原因				
		修理时间/天				
	第二次故障	日期（已工作时间）/天				
		原因				
		修理时间/天				
	完全失效日期					
	累计使用时间/天					
备注						

9.3　设计评审的具体要求

在产品的整个研制设计过程中，实行分阶段的评审，以便及时处理。

A 方案设计阶段评审

这是为确定系统设计方案和审查方案的合理性与可行性而进行的评审。在方案设计完成后进行，重点评审产品规范中可靠性规定的合理性及可行性，产品参数、可靠性要求初步分配模型的正确性、定量值的合理性与实现的可能性，可靠性设计方案、技术路线的正确性，可靠性设计准则的完整性及合理性；采用新技术、新元件和新材料、新外购件的分析试验计划、周期和费用的分析，以及影响可靠性的其他问题，与其他指标的协调等。

B 初步设计阶段评审

这是为评价设计接近产品最终要求的进展，确定产品各部分参数和连接要求而进行的评审。初步设计评审在样机试制前进行，重点评审产品功能设计和结构设计，产品参数分配落实情况，元件连接设计，功能试验计划及要求，可靠性模型和可靠性预计，关键项目清单及控制规定，元器件是否可落实，可靠性设计准则的完整性，其他影响可靠性的问题以及其他指标的协调问题等。

C 详细设计阶段评审

这是为评价产品及其各功能级详细设计的结果是否符合最终要求的情况，确定是否能投入试制而进行的评审。完成试样设计评审在试生产开始前进行，重点评审功能、性能、可靠性设计结果和初步试验结果，关键项目及其控制规定，元器件大纲，产品规范中的可靠性规定与可靠性预计、分析对比，应力-强度的余量分析，容差分析，影响可靠性的其他项目等。

D 可靠性计划的评审

这是对制定的可靠性计划执行程度的评审，包括评审遗留问题的解决情况；故障分析情况和结论；可靠性试验计划的安排；元器件设计、可靠性工作的进度；规定的可靠性活动项目保证情况；可靠性工作成效的估计；需要评审的其他问题。

E 可靠性试验准备情况评审

这是在计划规定的可靠性试验开始前对准备工作是否完整进行的评审，包括有关可靠性分析情况，试验进度、试验模型、试验方案、试验装备是否符合要求，试验报告内容格式，故障报告、分析及纠正措施的执行程序等。

F 定型设计评审

这是为评价产品鉴定试验结果与最终要求符合的程度，确定是否可以定型并转入批量生产而进行的评审。重点审查产品功能、性能、可靠性鉴定试验结果，设计的成熟性、可生产性、可操作性，生产试验中问题和故障分析处理的正确性与彻底性，批量生产质量控制要求，关键件和外协件、外购件的控制要求等。

9.4 设计评审组织及程序

设计评审是由一系列活动组成的审核过程，并按一定程序逐步展开和完成。大体可分为四个阶段。

A 准备阶段

准备阶段需要做的工作为：

（1）提出评审要求、目的和范围。

（2）制订检查清单，清单中列出的项目是对可靠性有较大影响的若干重点、若干根据设计、生产、使用经验提炼出来的准则或应注意的问题。

（3）制订工作计划，规定时间、地点。

（4）组织评审组，明确分工。评审组由设计项目的管理机关负责组织，一般由7~15人组成。设组长一名，其职责是制订计划，明确审查小组分工，主持预审工作和评审会议，提出评审结论，签署设计评审报告。组长不得为被评审的设计项目的参加者。设秘书一名，一般由质量保证部门或可靠性管理部门的代表担任，对质量控制、可靠性设计和可靠性管理技术比较熟悉，组织能力较强，能协助组长做好评审的组织、计划工作。评审组成员还包括主管设计师（汇集并提供各种资料，提出设计质量分析报告，并对进一步工作的项目制订对策），同行设计师（对设计方案和特点、分析计算方法能否满足用户全部要求提出审查意见），可靠性工程师（对可靠性设计与分析结果进行评价），质量保证工程师（检查设计、试验各项工作的文件是否符合质量保证的要求），器材管理工程师（对选用的元器件、材料能否具有设计所要求的性能和可靠性进行审查），计量测试工程师（对测试仪表选择的正确性和使用合理性进行审查），生产工艺师（对设计的产品是否能经济、方便地进行加工生产并保证质量可靠性进行审查），标准化工程师（对设计文件、图纸资料是否符合标准或规范提出审查意见），以及任务书提出单位代表（对设计结构能否满足任务书要求进行审查），用户代表（从使用角度，对设计能否满足要求提出审查意见）等。

（5）主管设计师汇集提供评审所必需的设计资料、试验数据，编写设计质量分析报告，在正式评审会两周前印发各评审组成员。

B　预审阶段

由评审组成员根据检查清单按分工进行，审查中发现的问题应记录在专门的表格中。评审组汇集讨论预审中发现的问题，并反馈给主管设计师。

C　正式评审会议

由主管设计师作设计质量分析报告。评审组提出并讨论有疑问或有分歧的问题。研究和讨论评审结论。

设计质量分析报告包括：设计依据、目标和达到的水平，设计主要特点和改进，本阶段可靠性分析和试验结果，对主要问题和薄弱环节的分析及对策，提交审查的设计、试验资料目录及有关的原始资料，结论，其他说明事项。

当设计经评审认为符合要求时，编写设计评审报告。它包括：评审组成员名单及分工，设计目标及达到的水平，审查的项目及检查结果，重点问题审查结论，评审结论，不同意见备忘录，其他说明事项。

评审报告提交主管技术领导批准后，冻结技术状态，设计转入下一阶段。

若评审的结论为设计不符合要求时，则需进行改进设计或补做一定工作（如追加试验）后，再次提交评审。

D 跟踪管理阶段

对设计评审中提出的问题要制订对策，落实到人，限期解决。这些活动由质量保证部门负责。

近年来，设计评审已从可靠性设计评审扩展到全面评审，这样评审内容就大大增加。这已超出可靠性工程的范围，可参阅有关文献。

10 模糊可靠性设计

10.1 模糊可靠性的基本概念

经典可靠性定义包括对象、条件、时间、功能和能力 5 个方面的内容。这个定义的前 3 项（对象、条件和时间）是可靠性的前提，是不允许模糊化的。因此，改造经典可靠性定义的工作只能从第 4、第 5 两项内容入手。如果将原定义中“保持其规定功能”改成“在某种程度上保持其规定功能”，就实现了产品“功能”的模糊化。至于第 5 项内容（“能力”），本身就是模糊概念，只须用模糊指标描述就行了。20 世纪 80 年代，钱学森教授曾提出，把模糊数学应用于可靠性分析，很值得研究。

通过上述改造获得的模糊可靠性定义与经典可靠性定义是相对应的。显然，前者是后者的拓展，后者是前者的特例。但是这个定义能否反应模糊可靠性的内涵呢？从概率论的角度将有关模糊可靠性的种种问题归纳为 3 大类，即：（1）模糊事件，精准概率；（2）清晰事件，模糊概率；（3）模糊事件，模糊概率。显然，前面直接改造经典可靠性定义获得的结果与模糊可靠性内涵所包括的这 3 个内容是一致的。因此，将模糊可靠性定义为产品在规定的使用条件下，在预期的使用时间内，在某种程度上保持规定功能的能力。同时，将这个定义中用“某种程度”模糊化了产品的“功能”，称为模糊功能。

从这个定义看出，模糊可靠性具有很强的针对性。对于不同的模糊功能子集，模糊可靠性的指标也不相同。脱离开一定的模糊功能子集来一般地谈论模糊可靠性是毫无意义的。

为了解决如何用模糊子集表示模糊功能的问题，必须应用模糊数学中关于模糊语言的组成规则。若将模糊可靠性定义中“程度”的前缀词“某种”用“大”和“小”两个单词表示，就得到了两个表示模糊功能的模糊子集，即大程度上保持其规定功能和小程度上保持其规定功能。这两个模糊子集都用 $\tilde{A}$ 表示。至于进一步区分大和小的各种程度，就要借助于语言算子了。

在模糊数学关于模糊语言的组成规则中，将语言算子分成 3 类。

（1）语气算子：将“比较”“很”“极”这 3 个语气算子作为单词大和小的前缀词，就得到了 6 个模糊子集，加上原来没有语气算子的 2 个模糊的模糊子集，共得到 8 个表示不同模糊功能的模糊子集。

语气算子用 H_λ 表示（λ 是一个实数），其运算规则为

$$\mu_{(H_\lambda \tilde{A})}(u) \hat{=} [\mu_{\tilde{A}}(u)]^\lambda$$

式中，$\mu_{\tilde{A}}(u)$ 表示论域中任一元素 μ 隶属于模糊子集 $\tilde{A}$ 的程度的量，称之为 μ 对于 $\tilde{A}$ 的隶属度。一般，$H_{1/2}$ 称为“比较”，H_2 称为“很”，H_4 称为“极”。

（2）模糊化算子：将模糊化算子“大概”作为前缀词加到前面的 8 个模糊子集上，

又可以得到 8 个新的模糊子集。这样，已经得到了 16 个模糊子集。模糊化算子用 F 表示，其运算规则为

$$\mu_{F\tilde{A}}(u) \hat{=} \mu_{(\tilde{E}O\tilde{A})}(u) = \bigvee_{V \in U}[\mu_{\tilde{E}}(u,\ v) \wedge \mu_{\tilde{A}}(v)]$$

式中，$\tilde{E}$ 是 U 上的一个相似关系。当 $U \to (-\infty,\ +\infty)$ 时，常取

$$\mu_{\tilde{E}}(u,\ v) = \begin{cases} e^{-(u-v)^2} & |u - v| < \delta \\ 0 & |u - v| \geqslant \delta \end{cases}$$

式中，δ 为参数。

（3）判定化算子：将判定化算子“倾向于”作为前缀词加到前面的 16 个模糊子集上，又可得到新的 16 个模糊子集，加上原来的 16 个模糊子集，就得到了 32 个模糊子集。

判定化算子“倾向于”或“倾向”用 $P_{1/2}$ 表示，其运算规则为

$$\mu_{(P_{1/2}\hat{A})}(u) \hat{=} P_{1/2}[\mu_{\tilde{A}}(u)] = \begin{cases} 0 & u > u_{1/2} \\ 1 & u \leqslant u_{1/2} \end{cases}$$

式中，$u_{1/2}$ 为使 $\mu_{\tilde{A}}(u) = \dfrac{1}{2}$ 的那个 u 值。

前面得到 32 个子集，也是将模糊功能划分为 32 种类型或等级。

除了应用语言算子之外，还可以借助于余集的概念和语言值的运算规则来进一步区分模糊功能。利用余集的概念，可以形成很多否定型的模糊功能子集；而利用语言值的运算规则，可以区分更不清晰的模糊功能，比如“不大也不小”等。

总之，利用语言算子、余集概念和语言值的运算规则，可以获得上百种模糊子集，足以区分各种各样的模糊功能。

在经典可靠性中，产品的性能指标超出了规定范围，称为故障。当然，这是清晰的概念。事实上，用这种明确划界方法来定义故障往往不能反映产品可靠性的真实状态。不同程度的故障对产品性能的影响各不相同，排除它们的难易程度也不一样。所以，在许多情况下，忽视部分故障的程度而笼统地谈论故障是不够的。这里，将模糊故障定义为产品的性能指标在某种程度上超出了规定范围。而不可修复产品的模糊故障，称为模糊失效。

由这个定义可知，模糊功能子集有多少种类，模糊故障也相应地有多少种类型，两者之间存在着一一对应的关系。与最早的 8 个模糊功能子集相对应，模糊故障也可初步地分为 8 种类型（见表 10-1）。

表 10-1 模糊故障类型表

类别	特　性
极（特）大故障	（1）产品的全部性能指标超出了规定范围，功能全部丧失，无法继续使用； （2）须送修理厂大修或更换主要部件
很（重）大故障	（1）产品的全部主要性能指标超出了规定范围，功能全部丧失，无法继续使用； （2）须送修理厂大修或更换主要部件
大故障	（1）产品的大部分主要性能指标超出了规定范围，功能全部丧失，无法继续使用； （2）须送修理厂修复
较大故障	（1）产品的部分主要性能指标超出了规定范围，功能基本丧失，无法继续使用； （2）须送修理厂修复

续表 10-1

类别	特　性
较小故障	（1）产品的少数主要性能指标超出了规定范围，功能大部分保持，尚可勉强使用； （2）须送修理厂修复
小故障	（1）产品的个别主要性能指标或部分次要性能指标超出了规定范围，功能基本保持，尚可勉强使用； （2）须由专门维修人员在产品工作现场修复
很小故障	（1）产品的部分次要性能指标超出了规定范围，功能正常，可继续使用； （2）由操作人员在产品工作现场排除
极小故障	

10.2　模糊可靠性的主要指标

与经典的模糊可靠性主要指标类似，模糊可靠性的主要指标也称可靠度、故障率、平均寿命等，不过这些指标的内涵远比经典可靠性的指标丰富和复杂。在讨论模糊可靠性的定义时，从模糊概率论的角度将模糊可靠性所涉及的内容归纳为三大类，这里将模糊可靠性的指标也相应地分为三大类：

模（糊事件）-精（确概率）型指标；

清（晰事件）-模（糊概率）型指标；

模（糊事件）-模（糊概率）型指标。

本节仅讨论模糊可靠性设计最简单而又常用的模-精型指标。

10.2.1　模糊可靠度

产品在规定的使用条件下，在预期的使用时间内，在某种程度上保持其规定功能的概率，产品关于 $\tilde{A}_i$ 的模糊可靠度，记为 $\tilde{R}(\tilde{A}_i)$，简记为 $\tilde{R}$。其中 $\tilde{A}_i$ 表示要讨论的某一模糊功能子集[33]。

这里所说的“概率”，既可以是精确的概率数据，也可以是模糊的语言概率值，所以，这个意义对 3 种类型都适用。

假设用 A 表示经典可靠性定义中“产品在……保持其规定功能”这一清晰事件，用 $\tilde{A}_1$，$\tilde{A}_2$，…，$\tilde{A}_n$ 分别表示各个模糊功能子集所代表的模糊事件。显然，A 在不同程度上分别属于 $\tilde{A}_1$，$\tilde{A}_2$，…，$\tilde{A}_n$。由上述定义可知，需要注意的不是 $\tilde{A}_i$ 出现的概率，而是 A 出现时，A 属于 $\tilde{A}_i$ 的概率。因此，模糊可靠度不是 $\tilde{P}(\tilde{A}_i)$，而是 $P(A\triangle\tilde{A}_i)$。

由模糊条件概率的定义可得

$$\tilde{P}(A\triangle\tilde{A}_i) = P(\tilde{A}_i \mid A)P(A) \tag{10-1}$$

根据经典可靠性 R 和模糊可靠性 $\tilde{R}$ 的定义有

$$P(A) = R,\ \tilde{P}(A\triangle\tilde{A}_i) = \tilde{R} \tag{10-2}$$

式中，符号△为三角范算子（代数积）。

将式（10-2）代入式（10-1）得

$$\tilde{R} = P(\tilde{A}_i \mid A)R \tag{10-3}$$

式中，$P(\tilde{A}_i \mid A)$ 表示在 A 出现的条件下，$\tilde{A}_i$ 出现的概率。隶属函数 $\mu_{\tilde{A}_i}(A)$ 代替 $P(\tilde{A}_i \mid A)$。而 A 出现的可能性是由概率 R 表示的，所以 $\mu_{\tilde{A}_i}(A)$ 可由 $\mu_{\tilde{A}_i}(R)$ 表示。这时，式（10-3）可改写为

$$\tilde{R} = \mu_{\tilde{A}_i}(R)R \tag{10-4}$$

从物理意义上讲，经典可靠度 R 与模糊可靠度 $\tilde{R}$ 在定义上的区别仅在于后者多了个"某种程度上"，从而使产品功能模糊化。在式（10-4）中，这个差异由 $\mu_{\tilde{A}_i}(R)$ 反映出来。可见，$\mu_{\tilde{A}_i}(R)$ 是变清晰可靠度为模糊可靠度的模糊化因子。

从式（10-4）可以看出，离开了模糊功能子集 $\tilde{A}_i$ 而空谈 $\tilde{R}$ 是毫无意义的。显然，当经典可靠度 R 一定时，由于所讨论的 $\tilde{A}_i$ 不同，那么 $\tilde{R}$ 也就不同。

模糊可靠度 $\tilde{R}$ 也可以用经典可靠度中无故障工作时间 T 的概率密度 $f(t)$ 表示。由经典可靠性理论给出

$$R = \int_t^{+\infty} f(t)\,\mathrm{d}t$$

将此式代入式（10-4），得

$$\tilde{R} = \mu_{\tilde{A}_i}(R)\int_t^{+\infty} f(t)\,\mathrm{d}t \tag{10-5}$$

10.2.2 模糊故障率

产品工作到某时刻 t，在单位时间内发生某类模糊故障的概率，称为产品关于该类故障的模糊故障率，并记为 $\lambda(\tilde{A}_i)$，简记为 $\tilde{\lambda}$。

假设用 $\tilde{B}_1$ 表示产品在 $[0, t]$ 内无某类故障，用 $\tilde{B}_2$ 表示产品在（t，t+dt）内发生该类故障，则由模糊条件概率的定义得

$$P(\tilde{B}_2 \mid \tilde{B}_1) = P(\tilde{B}_1 \triangle \tilde{B}_2)P(\tilde{B}_1) \tag{10-6}$$

若用 T 表示产品无某类故障的工作时间，则有

$$\tilde{B}_1 \triangle \tilde{B}_2 \quad (t < T \leqslant t + \mathrm{d}t)$$

$$\tilde{B}_1 \quad (T > t)$$

将上两式代入式（10-6），得

$$P(\tilde{B}_2 \mid \tilde{B}_1) = \frac{P(t < T \leqslant t + \mathrm{d}t)}{P(T > t)} = \frac{P(T \leqslant t + \mathrm{d}t) - P(T \leqslant t)}{P(T > t)}$$

$$= \frac{\tilde{F}(t + \mathrm{d}t) - \tilde{F}(t)}{P(T > t)} = \frac{\mathrm{d}\tilde{F}(t)}{P(T > t)} \tag{10-7}$$

式中，$\tilde{F}(t)$ 为 T 的分布函数；$P(T > t) = \tilde{R}$。

根据分布函数的定义

$$\tilde{F}(t) = P(T \leqslant t) = 1 - P(T > t) = 1 - \tilde{R} \tag{10-8}$$

所以又称 $\tilde{F}(t)$ 为模糊不可靠度。

将式（10-8）代入式（10-7），得

$$P(\tilde{B}_2 \mid \tilde{B}_1) = \frac{\mathrm{d}(1 - \tilde{R})}{\tilde{R}} = -\frac{\mathrm{d}\tilde{R}}{\tilde{R}}$$

故

$$\tilde{\lambda} = -\frac{\mathrm{d}\tilde{R}}{\tilde{R}\mathrm{d}t} \tag{10-9}$$

式（10-9）是 $\tilde{\lambda}$ 的数学表达式，它表示模糊故障率与模糊可靠度之间的数学关系。下面讨论用 $\tilde{\lambda}$ 来表示 $\tilde{R}$ 的问题。由式（10-9）得

$$\tilde{\lambda}\mathrm{d}t = -\frac{\mathrm{d}\tilde{R}}{\tilde{R}}$$

在［0，t］区间积分上式，得

$$\int_0^t \tilde{\lambda}\mathrm{d}t = -\ln\tilde{R}$$

故

$$\tilde{R} = \exp\left(-\int_0^t \tilde{\lambda}\mathrm{d}t\right)$$

当 $\tilde{\lambda}$ 为常数时，上式可改成

$$\tilde{R} = \mathrm{e}^{-\tilde{\lambda} t} \tag{10-10}$$

将式（10-4）代入式（10-9），得

$$\begin{aligned}\tilde{\lambda} &= \frac{\mathrm{d}[\mu_{\tilde{A}}(R)R]}{\mu_{\tilde{A}}(R)R\mathrm{d}t} = \frac{-R\mathrm{d}\mu_{\tilde{A}}(R) - \mu_{\tilde{A}}(R)\mathrm{d}R}{\mu_{\tilde{A}}(R)R\mathrm{d}t} \\ &= -\frac{\mathrm{d}R}{R\mathrm{d}t} - \frac{\mathrm{d}\mu_{\tilde{A}}(R)}{\mu_{\tilde{A}}(R)\mathrm{d}t} = \lambda - \frac{\mathrm{d}\mu_{\tilde{A}}(R)}{\mu_{\tilde{A}}(R)\mathrm{d}t}\end{aligned} \tag{10-11}$$

10.2.3 模糊平均寿命

产品某类模糊故障工作时间的数学期望，称为产品关于该类故障的模糊平均寿命，并记为 $\tilde{\theta}(\tilde{A}_i)$，简记为 $\tilde{\theta}$。

由经典概率论关于数学期望的定义，得

$$\tilde{\theta} = \int_0^{+\infty} t\left(\frac{\mathrm{d}\tilde{F}(t)}{\mathrm{d}t}\right)\mathrm{d}t = \int_0^{+\infty} t\frac{\mathrm{d}(1 - \tilde{R})}{\mathrm{d}t}\mathrm{d}t = -\int_0^{+\infty} t\mathrm{d}\tilde{R} = \int_0^{+\infty} R\mathrm{d}t \tag{10-12}$$

将 $\tilde{R} = \exp(-\int_0^t \tilde{\lambda}\mathrm{d}t)$ 代入式（10-12），得

$$\tilde{\theta} = \int_0^{+\infty} \tilde{R}\mathrm{d}t = \int_0^{+\infty} \exp\left(-\int_0^t \tilde{\lambda}\mathrm{d}t\right)\mathrm{d}t \tag{10-13}$$

当 $\tilde{\lambda}$ 为常数时，上式可改写为

$$\tilde{\theta} = \int_0^{+\infty} \exp(-\tilde{\lambda}t)\mathrm{d}t = 1/\tilde{\lambda} \tag{10-14}$$

可见，模糊平均寿命与模糊故障率互为倒数。这时模糊可靠度又可表示为

$$\tilde{R} = \exp(-t/\tilde{\theta}) \tag{10-15}$$

用同样的思路和方法，还可以定义平均模糊故障间隔时间、模糊维修度、模糊维修率和模糊故障修复时间等指标。

10.3 液压机械零件模糊可靠度计算

10.3.1 模糊干涉概率的确定方法

在经典可靠性理论中，应力-强度模型揭示了概率设计的本质，是零件可靠性设计的基本模型。一般施加在产品或零件上的物理量，如应力、压力、温度、湿度、冲击等，统称为产品或零件所受的应力，用 y 表示；产品或零件能够承受这种应力的程度，统称产品或零件的强度，用 x 表示。若产品或零件的强度在一定程度上小于应力 y，则它们就不能完成规定的功能，称之为模糊失效。这样要使产品或零件在规定的时间内可靠地工作，必须满足[34]

$$z = x - y \tilde{\geqslant} 0 \tag{10-16}$$

符号"$\tilde{\geqslant}$"为模糊大于等于号，它表示 $x-y$ 在一定程度上大于等于零，而不是通常清晰代数意义上的大于等于号。

"$\tilde{\geqslant}$"直接来自于模糊子集（模糊数的定义）而不是模糊概率，它有着较强的实际意义，如在通常的强度判据 $\sigma \leqslant [\sigma]$ 中，规定 $[\sigma] = 80\mathrm{MPa}$，按此规定 $\sigma = 79.9\mathrm{MPa}$ 就是可靠的，而当 $\sigma = 80.1\mathrm{MPa}$ 就算失效，但在实际中，这两者并无区别。也就是从完全许用到完全不许用之间有一个中间过渡过程，或用模糊数的语言来说 $\sigma = 80.1\mathrm{MPa}$ 超过了许用强度 $[\sigma]$。

但其隶属度（或者说是不可靠的程度）也只是 0.9，而不是通常意义上的精确数学的全部失效。

若知道随机变量 x，y 的分布规律，两分布函数的概率密度曲线必定有相交的区域（图 10-1 中的阴影部分），这个区域就是产品或零件可能出现失效的区域，称为干涉区，当然该干涉区分布的阴影面积只是干涉的表示而不是干涉数值的度量。

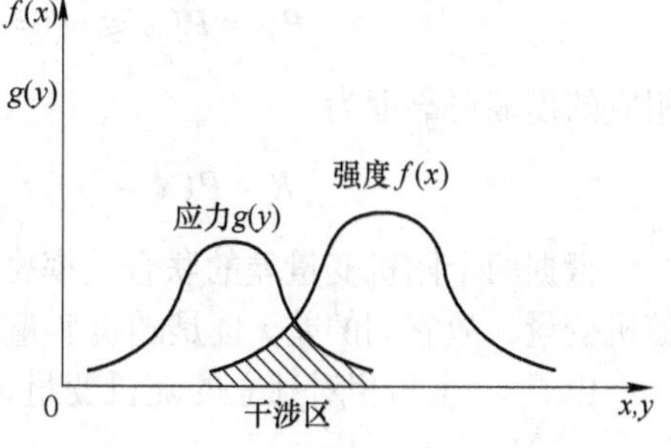

图 10-1 应力-强度分布曲线的关系

由上面分析可知，产品或零件的模糊可靠性为

$$\tilde{R} = P(z \tilde{\geqslant} 0) \tag{10-17}$$

即模糊可靠度为随机变量 z 取值在一定程度上大于等于零时的概率，相应的累积失效概率为

$$P_{\tilde{f}} = 1 - \tilde{R} = P(z \tilde{\leqslant} 0) \tag{10-18}$$

从干涉模型可以看到欲确定失效概率 $P_{\tilde{F}}$ 后模糊可靠度 $\tilde{R}$，必须研究一个随机变量在一定程度上超过另一个随机变量的概率。

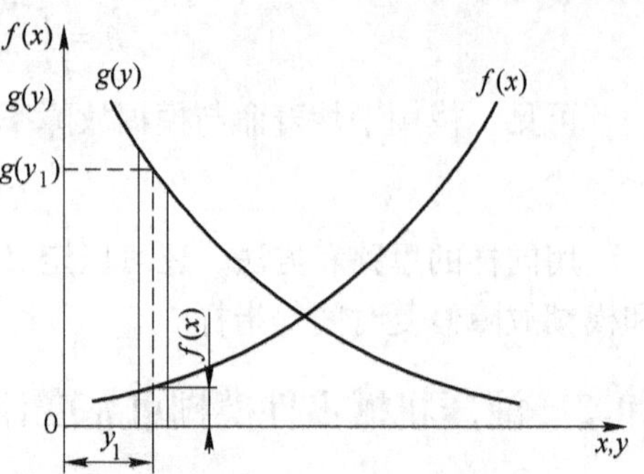

图 10-2　应力-强度分布干涉

设随机变量 x 与 y 的概率密度函数分别为 $f(x)$ 及 $g(y)$，其相应的分布函数分别为 $F(x)$ 及 $G(y)$，如图 10-2 所示。

将干涉区放大，设给定工作应力 y_1，应力 y_1 落在小区间 $\mathrm{d}y$ 内的概率为

$$p\left(y_1 - \frac{\mathrm{d}y}{2} \leqslant y_1 \leqslant y_1 + \frac{\mathrm{d}y}{2}\right) = g(y_1)\mathrm{d}y \tag{10-19}$$

强度 x 在一定程度上小于应力 y_1 的概率为

$$P(x \tilde{\leqslant} y_1) = \int_{-\infty}^{y} \mu(x) f(x)\mathrm{d}x \tag{10-20}$$

式中，$\mu(x)$ 为"一定程度上"这个模糊概念的隶属函数，视其情况一般可采用正态型或哥西型等函数来表示。其正态型隶属函数的表达式为

$$\mu(x) = \begin{cases} \exp\left[-\dfrac{(x - x_{\mathrm{m}})^2}{k}\right] & |x - x_{\mathrm{m}}| \leqslant \delta \\ 0 & |x - x_{\mathrm{m}}| > \delta \end{cases} \tag{10-21}$$

式中，$k>0$ 为一选定参数，k 值决定了元素 x 以 x_{m} 为中心可能会"左右"到什么程度。由于 $g(y_1)\mathrm{d}y$ 与 $\int_{-\infty}^{y_1} \mu(x) f(x)\mathrm{d}x$ 是两个独立的随机事件，根据概率乘法定理可知，它们同时发生的概率等于两个事件单独发生的概率的乘积，即

$$g(y_1)\mathrm{d}y \int_{-\infty}^{y_1} \mu(x) f(x)\mathrm{d}x$$

这个概率即为应力在 $\mathrm{d}y$ 小区间内所引起的干涉概率即失效概率。对整个应力分布，零件的失效概率为

$$P_{\tilde{F}} = P(x \tilde{\leqslant} y) = \int_{-\infty}^{+\infty} g(y)\left[\int_{-\infty}^{y} \mu(x) f(x)\mathrm{d}x\right]\mathrm{d}y \tag{10-22}$$

相应的模糊可靠度为

$$\tilde{R} = P(x \tilde{\geqslant} y) = \int_{-\infty}^{+\infty} g(y)\left[\int_{y}^{+\infty} \mu(x) f(x)\mathrm{d}x\right]\mathrm{d}y \tag{10-23}$$

根据两个随机变量差的联合概率密度函数计算模糊失效概率。令 $z=x-y$，由于 $x-y$ 为随机变量，故它们的差 z 也是随机变量，称为干涉随机变量。

由于 x，y 为相对独立的随机变量，故可得干涉随机变量 z 的概率密度为

$$h(z) = \int_{y}^{+\infty} f(z + y) g(y)\mathrm{d}y \tag{10-24}$$

当 $z \geqslant 0$ 时，

$$h(z) = \int_{0}^{+\infty} f(z + y) g(y)\mathrm{d}y \tag{10-25}$$

当 $z<0$ 时,

$$h(z)=\int_{-y}^{+\infty}f(z+y)g(y)\mathrm{d}y \tag{10-26}$$

干涉随机变量 z 在一定程度上小于零的概率就是模糊失效概率:

$$P_{\tilde{F}}=P(z\tilde{\leqslant}0)=\int_{-\infty}^{0}\mu(z)h(z)\mathrm{d}z=\int_{-\infty}^{0}\mu(z)\int_{-y}^{+\infty}f(z+y)g(y)\mathrm{d}y\mathrm{d}z \tag{10-27}$$

$$\tilde{R}=P(z\tilde{\geqslant}0)=\int_{0}^{+\infty}\mu(z)h(z)\mathrm{d}z=\int_{0}^{+\infty}\mu(z)\int_{0}^{+\infty}f(z+y)g(y)\mathrm{d}y\mathrm{d}z \tag{10-28}$$

10.3.2 零件强度均为正态分布的模糊可靠性设计

设应力 y、强度 x 均为正态随机变量,概率密度函数分别为[35]

$$g(y)=\frac{1}{\sqrt{2\pi}\sigma_y}\exp\left[-\frac{(y-\mu_y)^2}{2\sigma_y^2}\right]\quad -\infty<y<+\infty \tag{10-29}$$

$$f(x)=\frac{1}{\sqrt{2\pi}\sigma_x}\exp\left[-\frac{(x-\mu_x)^2}{2\sigma_x^2}\right]\quad -\infty<x<+\infty \tag{10-30}$$

式中,μ_y,μ_x,σ_y,σ_x 分别为 y 及 x 的均值和标准差。

令 $z=x-y$,则 z 的概率密度函数可由概率论得知

$$h(z)=\frac{1}{\sqrt{2\pi}\sigma_z}\exp\left[-\frac{(z-\mu_z)^2}{2\sigma_z^2}\right]\quad -\infty<z<+\infty \tag{10-31}$$

式中,$\sigma_z=\sqrt{\sigma_x^2+\sigma_y^2}$,$\mu_z=\mu_x-\mu_y$。

由于有

$$P_{\tilde{F}}=P(z\tilde{\leqslant}0)=\int_{-\infty}^{0}\mu(z)h(z)\mathrm{d}z \tag{10-32}$$

同时考虑到 $\mu(z)$ 的定义域 $[C_1,C_2]$,则有

$$\begin{aligned}P_{\tilde{F}}&=\int_{C_1}^{C_2}\exp[-(z-z_{\mathrm{m}})^2/k]\frac{1}{\sqrt{2\pi}\sigma_z}\exp\left[-\frac{(z-\mu_z)^2}{2(\sigma_x^2+\sigma_y^2)}\right]\mathrm{d}z\\&=\frac{1}{\sqrt{2\pi}\sigma_z}\int_{C_1}^{C_2}\exp[-(z-z_{\mathrm{m}})^2/k]\exp\left[-\frac{(z-\mu_z)^2}{2(\sigma_x^2+\sigma_y^2)}\right]\mathrm{d}z\end{aligned} \tag{10-33}$$

经相关数学处理后得

$$\begin{aligned}P_{\tilde{F}}&=\sqrt{\frac{k}{2\sigma_z^2+k}}\exp\left[-\frac{(z_{\mathrm{m}}-\mu_z)^2}{2\sigma_z^2+k}\right]\frac{1}{\sqrt{2\pi}}\int_{y_1}^{y_2}\exp(-u^2/2)\mathrm{d}u\\&=\sqrt{\frac{k}{2\sigma_z^2+k}}\exp\left[-\frac{(z_{\mathrm{m}}-\mu_z)^2}{2\sigma_z^2+k}\right][\varphi(y_2)-\varphi(y_1)]\end{aligned} \tag{10-34}$$

式中,$\varphi(y)$ 为标准正态分布,且有

$$\begin{aligned}y_2&=\sqrt{\frac{2\sigma_z^2+k}{\sigma_z^2k}}\left(C_2-\frac{2z_{\mathrm{m}}\sigma_z^2+k\mu_z}{2\sigma_z^2+k}\right)\\y_1&=\sqrt{\frac{2\sigma_z^2+k}{\sigma_z^2k}}\left(C_1-\frac{2z_{\mathrm{m}}\sigma_z^2+k\mu_z}{2\sigma_z^2+k}\right)\end{aligned} \tag{10-35}$$

10.4 液压机械静强度的可靠性设计

10.4.1 随机变量函数的均值和标准差的近似计算

已知各随机变量的均值和标准差，求随机变量函数均值和标准差的方法，主要有泰勒展开法、变异系数法和基本函数法。限于篇幅，这里略述。综合过程是先综合两个随机变量 x_1 和 x_2，确定已合成的变量的均值及标准差；再把已得到的合成变量与下一个变量 x_3 相综合，求出第二次合成的均值及标准差；并以此类推，直到完成所有变量的综合[36]。表 10-2 给出了均值 μ_z 及标准差 σ_z 的计算公式。在该表中，若 x 和 y 为相互独立的变量，则相关因素 $\rho=0$；如为正的完全线性相关，则取 $\rho=1$。

表 10-2 正态分布函数的统计特征值综合计算用表

序号	$z=f(x,y)$	均值 μ_z	标准差 σ_z
(1)	$z=c$	c	0
(2)	$z=cx$	$c\mu_x$	$c\sigma_x$
(3)	$z=cx\pm d$	$c\mu_x\pm d$	$c\sigma_x$
(4)	$z=x+y$	$\mu_x+\mu_y$	$(\sigma_x^2+\sigma_y^2)^{\frac{1}{2}}$ 或 $(\sigma_x^2+\sigma_y^2+2\rho\sigma_x\sigma_y)^{\frac{1}{2}}$
(5)	$z=x-y$	$\mu_x-\mu_y$	$(\sigma_x^2+\sigma_y^2)^{\frac{1}{2}}$ 或 $(\sigma_x^2+\sigma_y^2-2\rho\sigma_x\sigma_y)^{\frac{1}{2}}$
(6)	$z=xy$	$\mu_x\mu_y$ 或 $\mu_x\mu_y+\rho\sigma_x\sigma_y$	$(\mu_x^2\sigma_y^2+\mu_y^2\sigma_x^2+2\rho\mu_x\mu_y\sigma_x\sigma_y)^{\frac{1}{2}}$ 或 $[(\mu_x^2\sigma_y^2+\mu_y^2\sigma_x^2+\sigma_x^2\sigma_y^2)(1+\rho^2)]^{\frac{1}{2}}$
(7)	$z=\dfrac{x}{y}$	$\dfrac{\mu_x}{\mu_y}$ 或 $\dfrac{\mu_x}{\mu_y}+\dfrac{\sigma_y^2\mu_x}{\mu_y^3}$ 或 $\dfrac{\mu_x}{\mu_y}+\dfrac{\sigma_y\mu_x}{\mu_y^2}\left(\dfrac{\sigma_y}{\mu_y}-\rho\dfrac{\sigma_x}{\mu_x}\right)$	$\dfrac{1}{\mu_y}\left(\dfrac{\mu_x^2\sigma_y^2+\mu_y^2\sigma_x^2}{\mu_x^2+\sigma_y^2}\right)^{\frac{1}{2}}$ 或 $\dfrac{\mu_x}{\mu_y}\left(\dfrac{\sigma_x^2}{\mu_x^2}+\dfrac{\sigma_y^2}{\mu_y^2}-2\rho\dfrac{\sigma_x\sigma_y}{\mu_x\mu_y}\right)^{\frac{1}{2}}$ 或 $\dfrac{1}{\mu_y^2}(\mu_x^2\sigma_y^2+\mu_y^2\sigma_x^2)^{\frac{1}{2}}$
(8.1)	$z=x^2$	$\mu_x^2+\sigma_x^2\approx\mu_x^2$	$(4\mu_x^2\sigma_x^2+2\sigma_x^4)^{\frac{1}{2}}\approx2\mu_x\sigma_x$
(8.2)	$z=x^3$	$\mu_x^3+3\sigma_x^2\mu_x\approx\mu_x^3$	$(3\sigma_x^6+8\sigma_x^4+5\sigma_x^2\mu_x^4)^{\frac{1}{2}}\approx3\mu_x^2\sigma_x$
(8.3)	$z=x^n$	$\approx\mu_x^n$	$\lvert n\rvert\mu_x^{n-1}\sigma_x$
(8.4)	$z=x^{\frac{1}{2}}$	$\left(\dfrac{1}{2}\sqrt{4\mu_x^2-2\sigma_x^2}\right)^{\frac{1}{2}}$	$\left(\mu_x-\dfrac{1}{2}\sqrt{4\mu_x^2-2\sigma_x^2}\right)^{\frac{1}{2}}$
(9)	$z=(x^2+y^2)^{\frac{1}{2}}$	$(\mu_x^2+\mu_y^2)^{\frac{1}{2}}+\dfrac{\mu_y^2\sigma_x^2+\mu_x^2\sigma_y^2}{2\sqrt{(\mu_x^2+\mu_y^2)^3}}$	$\left(\dfrac{\mu_x^2\sigma_y^2+\mu_y^2\sigma_x^2}{\mu_x^2+\mu_y^2}\right)^{\frac{1}{2}}$
(10)	$z=\lg x$	$\approx\lg\mu_x$	$\approx0.434\sigma_x/\mu_x$

注：1. c，d 为常数；

2. 对于加、减运算，公式是精确的，其余的运算是近似的，$C_x=\dfrac{\sigma_x}{\mu_x}<0.10$，$C_y=\dfrac{\sigma_y}{\mu_y}<0.10$ 时，结果是足够近似的。

10.4.2 随机变量函数的变差因素

多维随机变量函数均值及标准差的有关计算方法相当繁琐，容易出错。若利用变差因数，则可使这些函数由其多个随机变量的乘除关系，转化为变差因数间相加的简单关系，使计算多维随机变量函数均值及标准差的过程显著地简化。

对于具有均值 μ_x 和标准差 σ_x 的随机变量 x，其变差因数可定义为

$$C_x = \frac{\sigma_x}{\mu_x}$$

10.4.2.1 变量为乘除关系的函数的变差因数

（1）二元函数： $z=xy$

当 x，y 为相互独立的随机变量时，由表 10-2 知其标准差为

$$\sigma_z = \sqrt{\mu_x^2\sigma_y^2 + \mu_y^2\sigma_x^2} = \mu_x \mu_y \sqrt{\left(\frac{\sigma_x}{\mu_x}\right)^2 + \left(\frac{\sigma_y}{\mu_y}\right)^2}$$

从而得 z 的变差因数为

$$C_z = \frac{\sigma_z}{\mu_z} = \frac{\sigma}{\mu_x \mu_y} = \sqrt{C_x^2 + C_y^2}$$

即 $$C_z^2 = C_x^2 + C_y^2$$

（2）多变量函数： $z = x_1x_2\cdots x_n$

其标准差为

$$\sigma_z = \mu_{x_1}\mu_{x_2}\cdots\mu_{x_n}\sqrt{\left(\frac{\sigma_{x_1}}{\mu_{x_1}}\right)^2 + \left(\frac{\sigma_{x_2}}{\mu_{x_2}}\right)^2 + \cdots + \left(\frac{\sigma_{x_n}}{\mu_{x_n}}\right)^2}$$

故有

$$C_z = \sqrt{C_{x_1}^2 + C_{x_2}^2 + \cdots + C_{x_n}^2}$$

或

$$C_n^2 = C_{x_1}^2 + C_{x_2}^2 + \cdots + C_{x_n}^2 = \sum_{i=1}^{n} C_{x_i}^2 \tag{10-36}$$

应指出的是，不论变量之间是相乘或相除，其函数变差因数 C_z 的近似计算式是相同的。因此，对于任何形式组成的多变量函数，其变差因数的计算要比其标准差的计算简便得多。

（3）以乘除关系的任何形式组成的多变量函数：

$$z = \frac{x_1x_2}{x_3\cdots x_n} \quad 和 \quad z = \frac{x_1}{x_2x_3\cdots x_n}$$

其变差因数均为

$$C_z = \sqrt{C_{x_1}^2 + C_{x_2}^2 + C_{x_3}^2 + \cdots + C_{x_n}^2}$$

或

$$C_n^2 = C_{x_1}^2 + C_{x_2}^2 + C_{x_3}^2 + \cdots + C_{x_n}^2$$

10.4.2.2　幂函数的变差因数

（1）幂函数：　$z = x^a$

指数 a 为任意实数，由表 10-2 可求得

$$\sigma_z^2 = (a\mu_x^{a-1}\sigma_x)^2 = \left(a\mu_x^a \frac{\sigma_x}{\mu_x}\right)^2 = a^2\mu_x^{2a}C_x^2$$

$$\frac{\sigma_z^2}{\mu_x^{2a}} = \left(\frac{\sigma_z}{\mu_x^a}\right)^2 = \left(\frac{\sigma_z}{\mu_z}\right)^2 = C_z^2 = a^2C_x^2$$

因此有

$$C_z^2 = a^2C_x^2 \tag{10-37}$$

（2）幂函数：　$z = x^{\frac{1}{n}} = \sqrt[n]{x}$

指数 $a=\frac{1}{n}$，则有

$$C_z = \frac{1}{n}C_x \tag{10-38}$$

（3）幂函数：　$z = x^{-1} = \frac{1}{x}$

指数 $a=-1$，则有

$$C_z^2 = a^2C_x^2 = (-1)^2C_x^2$$

或

$$C_z = C_x \tag{10-39}$$

（4）幂函数：　$z = a_0x_1^{a_1}x_2^{a_2}\cdots x_n^{a_n}$

则有

$$C_x^2 = a_1^2C_{x_1}^2 + a_2^2C_{x_2}^2 + \cdots + a_n^2C_{x_n}^2 = \sum_{i=1}^{n} a_i^2C_{x_i}^2 \tag{10-40}$$

在可靠性设计中应用变差因数进行计算，可使计算简化，减少计算程序量，且计算结果与按计算变量间函数关系的计算结果很近似。另外，在可靠性设计中应用变差因数进行计算，又可以部分地减少对有关材料强度、作用载荷等统计特征数据的要求。因为，各种材料的力学性能，例如其均值和标准差存在较大差异，但其变差因数的变动范围相对较小，有时甚至可以近似地看做是常数。

10.4.3　设计参数数据的统计处理与计算

在机械可靠性设计中，影响应力分布与强度分布的物理参数、几何参数等的设计参数较多。机械可靠性设计理论认为，所有这些设计参数都是随机变量，它们应该是经过多次

试验测定的实际数据并经过统计检验后得到的统计量。理想的情况是掌握它们的分布形式与参数。但关于这些设计参数的统计数据、分布形式等资料却很缺乏，尚待做大量的试验测定与统计积累。为了尽快推广可靠性设计这一现代先进设计方法，有时可作适当的假设、简化与处理。下面讨论一些主要参数及其数据的统计处理[37]。

10.4.3.1 载荷的统计分析

载荷作用在零件和系统中会引起应变和变形等效应，若不超过材料的弹性极限，则由静载荷引起的效应通常基本保持不变，而由动载荷引起的效应则是随时间而变化的。两种载荷引起的破坏形式也不大一样。

在可靠性设计中，要以载荷统计量代替上述单值载荷，它是根据实际历程的磁带记录来估计的。例如，用基于载荷测量值样本概率密度函数来估计，而这些载荷的测量值描述了特定环境中的载荷值的范围和概率。

大量统计表明，静载荷可用正态分布描述，而一般动载荷可用正态分布或对数正态分布描述。

10.4.3.2 材料力学性能的统计分析

（1）材料的静强度指标：金属材料的抗拉强度极限 σ_b 和屈服强度极限 σ_s 能较好地符合或近似符合正态分布；多数材料的伸长率 δ 符合正态分布；剪切强度极限 τ_b 与 σ_b 有近似线性关系，故近似于正态分布；剪切屈服极限 $\tau_s=(0.5\sim0.6)\sigma_s$；碳钢与低合金钢的扭转强度极限 $\tau_{ab}\approx0.288\sigma_b$；扭转屈服极限 τ_{ns}：对于碳钢，$\tau_{ns}\approx(0.5\sim0.6)\sigma_s\approx(0.34\sim0.36)\sigma_b$，对于合金钢，$\tau_{ns}\approx0.6\sigma_s\approx(0.45\sim0.48)\sigma_b$；弯曲强度：对于碳钢，$\sigma_{us}\approx1.20\sigma_s\approx(0.67\sim0.72)\sigma_b$，对于合金钢，$\sigma_{us}\approx1.11\sigma_s\approx(0.83\sim0.89)\sigma_b$。

（2）疲劳强度极限：分为弯曲、拉压、扭转等疲劳强度极限，大部分材料服从正态分布或对数正态分布，也有符合威尔分布的。

（3）硬度：多数材料的硬度接近于正态分布，也常能较好地服从正态分布。

（4）材料的伸长率：多数材料的伸长率服从正态分布。

（5）材料的弹性模量及泊松比：金属材料的弹性模量 E、剪切弹性模量 G 及泊松比 μ 也都是具有离散性的，可认为近似于正态分布。

表 10-3 给出了常用金属材料特性的变差因数。

表 10-3 金属材料特性的变差因数

材料特性	变差因数	材料特性	变差因数
金属材料的抗拉强度	0.05（0.013~0.15）	钢的布氏硬度	0.05
金属材料的屈服强度	0.07（0.02~0.16）	金属材料的断裂韧性	0.07（0.02~0.42）
钢材的疲劳强度	0.08（0.015~0.19）	钢和铝合金的弹性模量	0.03
零件的疲劳强度	0.10（0.05~0.20）	铸铁的弹性模量	0.04
焊接结构的强度	0.10（0.05~0.20）	钛合金的弹性模量	0.09

10.4.3.3 几何尺寸

由于加工制造设备的精度、量具的精度、人员操作水平、工况、环境等的影响，使同一零件、同一设计尺寸在加工完后也会有差异。零件加工后的尺寸是一个随机变量，零件尺寸偏差多呈正态分布。表 10-4 给出不同加工方法的尺寸误差。

表 10-4 不同加工方法的尺寸误差 mm

加工方法	误差（±）		加工方法	误差（±）	
	一般	可达		一般	可达
火焰切割	1.5	0.5	锯	0.5	0.125
冲压	0.25	0.025	车	0.125	0.025
拉拔	0.25	0.05	刨	0.25	0.025
冷轧	0.25	0.025	铣	0.125	0.025
挤压	0.5	0.05	滚切	0.125	0.025
金属模铸	0.75	0.25	拉	0.125	0.0125
压铸	0.25	0.05	磨	0.025	0.005
蜡模铸		0.05	研磨	0.005	0.0012
烧结金属	0.125	0.025	钻孔	0.25	0.05
烧结陶瓷	0.75	0.50	铰孔	0.05	0.0125

10.4.4 液压机械静强度可靠性设计

机械可靠性设计的基本原理和方法就在于如何把应力分布、强度分布和可靠度在概率的意义下联系起来，构成一种设计计算的依据。

下面将通过一些典型算例，简要地介绍机械强度可靠性设计。

10.4.4.1 受拉零件的静强度可靠性设计

在机械设备中，受拉零件较多。作用在零件上拉伸载荷 $P(\overline{P}, \sigma_P)$、零件的计算截面积 $A(\overline{A}、\sigma_A)$、零件材料的抗拉强度 $\delta(\overline{\delta}, \sigma_\delta)$ 均为随机变量，且一般呈正态分布。若载荷的波动很小，则可按静强度问题处理。其失效模式为拉断。

【例 10-1】 要设计一拉杆，所承受的拉力 $P \sim N(\mu_P, \sigma_P^2)$，其中 $\mu_P = 40000\text{N}$，$\sigma_P = 1200\text{N}$；取 45 号钢为制造材料，求拉杆的截面尺寸。

解： 设拉杆取圆截面，其半径为 $r(\text{mm})$，求 μ_r，σ_r。45 号碳素钢的抗拉强度数据为 $\mu_\delta = 667\text{MPa}$，$\sigma_\delta = 25.3\text{MPa}$，也服从正态分布。解题步骤如下：

（1）选定可靠度： $R = 0.999$

（2）计算零件发生强度破坏的概率：即

$$F = 1 - R = 1 - 0.999 = 0.001$$

（3）查有关手册：得

$$\beta = -z = 3.09$$

（4）强度的分布参数：

$$\mu_\delta = 667\text{MPa}, \ \sigma_\delta = 25.3\text{MPa}$$

（5）列出应力表达式：$S = \dfrac{P}{A} = \dfrac{P}{\pi r^2}$，由有关资料得

$$\mu_A = \pi\mu_r^2, \ \sigma_A = 2\pi\mu_r\sigma_r$$

取拉杆圆截面半径的公差$\pm\Delta_r=\pm 0.015\mu_r$，则按 3σ 原则可求得

$$\sigma_r=\frac{\Delta_r}{3}=\frac{0.015}{3}\mu_r=0.005\mu_r$$

$$\sigma_A=2\pi\mu_r\sigma_r=0.01\pi\mu_r^2$$

$$\mu_s=\frac{\mu_P}{\mu_A}=\frac{\mu_P}{\pi\mu_r^2}=\frac{40000}{\pi\mu_r^2}$$

$$\sigma_s=\frac{1}{\mu_A^2}=\sqrt{\mu_P^2\sigma_A^2+\mu_A^2\sigma_P^2}=\frac{1}{(\pi\mu_r^2)^2}\sqrt{(0.01\pi\mu_r^2)^2\mu_P^2+(\pi\mu_r^2)^2\sigma_P^2}$$

$$=\frac{1}{\pi\mu_r^2}\sqrt{0.01^2\mu_P^2+\sigma_P^2}$$

（6）计算工作应力，得

$$\mu_s=\frac{40000}{\pi\mu_r^2}=\frac{12732.406}{\mu_r^2}$$

$$\sigma_s=\frac{1}{\pi\mu_r^2}\sqrt{0.01^2\times 40000^2+1200^2}=\frac{402.634}{\mu_r^2}$$

（7）将应力、强度及β代入联结方程，得

$$\beta=\frac{\mu_\delta-\mu_s}{\sqrt{\delta_\delta^2+\delta_s^2}}=\frac{667-12732.406/\mu_r^2}{\sqrt{25.3^2+402.634^2/\mu_r^4}}=3.09$$

化简后，得

$$\mu_r^4-38.710\mu_r^2+365.940=0$$

解得

$$\mu_r^2=22.301\text{mm}^2 \quad 和 \quad \mu_r^2=16.410\text{mm}^2$$

或

$$\mu_r=4.722\text{mm} \quad 和 \quad \mu_r=4.050\text{mm}$$

代入联结方程验算，取$\mu_r=4.722$mm，舍去$\mu_r=4.050$mm，计算得

$$\sigma_r=0.005\mu_r=0.005\times 4.722=0.0236$$

$$r=\mu_r\pm\Delta_r=4.722\pm 3\sigma_r=(4.722\pm 0.0708)\text{mm}$$

因此，为保证拉杆可靠度为 0.999，其半径应为（4.722±0.0710）mm。为进一步分析设计计算结果，可把它与常规设计作比较。

（8）与常规设计作比较：为了比较，使拉杆的材料不变，仍用圆截面，取安全因数$n=3$，则有

$$\sigma=\frac{P}{\pi r^2}\leqslant[\sigma]=\frac{\mu_\delta}{n}=\frac{667}{3}=222.333\text{MPa}$$

即有
$$\sigma=\frac{40000}{\pi r^2}\leqslant 222.333,\ r^2\geqslant\frac{40000}{\pi\times 222.333}=57.267$$

得拉杆圆截面的半径为

$$r\geqslant 7.568\text{mm}$$

显然，常规设计结果比可靠性设计结果大了许多。如果在常规设计中采用拉杆半径$r=$

4.722mm，即可靠性设计结果，则其安全因数变为

$$n \leqslant \frac{\mu_\delta \pi r^2}{F} = \frac{667 \times \pi \times 4.722^2}{40000} = 1.168$$

这从常规设计来看是不敢采用的，而可靠性设计采用这一结果，其可靠度竟达到 0.999，即拉杆破坏的概率仅有 0.1%。但从联立方程可以看出，要保证这一高的可靠度，就要使 μ_δ，σ_δ，μ_s，σ_s 值保持稳定不变。即可靠性设计的先进性是以材料制造工艺的稳定性及对载荷测定的准确性为前提条件的。

10.4.4.2　**梁的静强度可靠性设计**

受集中载荷力 P 作用的简支梁，如图 10-3 所示。显然，载荷力 P，跨度 l，力作用点位置 a 均为随机变量。它们的均值及标准差分别如下：

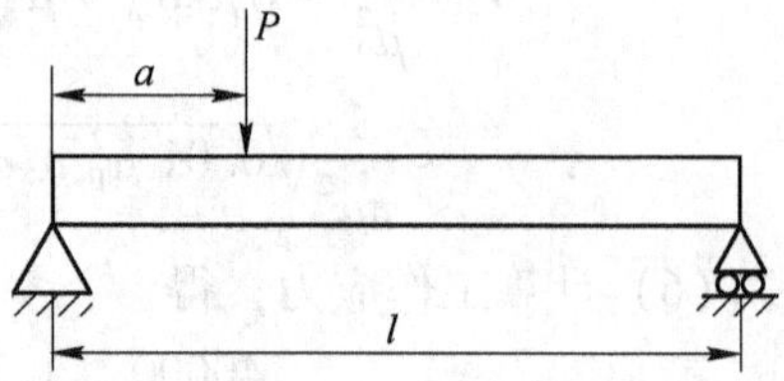

图 10-3　受集中载荷的简支梁

载荷力 $P(\bar{P},\ \sigma_P)$；

梁的跨度 $l(\bar{l},\ \sigma_l)$；

力作用点位置 $a(\bar{a},\ \sigma_a)$。

梁的最大弯矩发生在载荷力 P 的作用点处，值为

$$M = \frac{Pa(l-a)}{l}$$

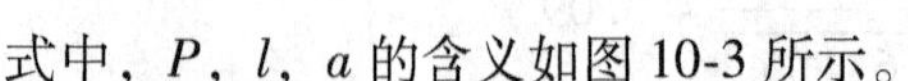

式中，P，l，a 的含义如图 10-3 所示。

最大弯曲应力发生在该截面的底面和顶面，其值为

$$S = \frac{MC}{I} \tag{10-41}$$

式中　S——应力，MPa；

M——弯矩，N · mm；

C——截面中性轴至梁的底面或顶面的距离，mm；

I——梁截面对中性轴的惯性矩，mm^4。

10.4.4.3　**承受转矩的轴的静强度可靠性设计**

研究一端固定而另一端承受转矩的实心轴的可靠性设计，假定其应力、强度均呈正态分布。

设轴的直径为 d(mm)，单位长度的扭转角为 θ(rad)，轴的材料的剪切弹性模量为 G（MPa），则转矩为

$$T = G\theta I_P$$

在转矩的作用下，产生的剪应力为

$$\tau = \frac{1}{2}Gd\theta = \frac{Td}{2I_P}$$

式中，I_P 为轴横截面的极惯性矩。

对于实心轴 $I_P = \pi d^4/32$，因此有

$$\tau = \frac{16T}{\pi d^3} = \frac{2T}{\pi r^3} \tag{10-42}$$

【例 10-2】　设计一个一端固定另一端受扭的轴，设计随机变量的分布参数为

作用转矩 $T \sim N(\overline{T}, \sigma_T^2)$：$\overline{T} = 11303000\text{N} \cdot \text{mm}$，$\sigma_T = 1130300\text{N} \cdot \text{mm}$；

许用剪应力 $\delta \sim N(\overline{\delta}, \sigma_\delta^2)$：$\overline{\delta} = 344.7\text{MPa}$，$\sigma_\delta = 34.447\text{MPa}$；

轴半径的变化为 $\sigma_r = \frac{a}{3}\overline{r}$（$a$ 为偏差因数）。

解：可靠性设计计算：

（1）确定可靠度：已知 $R=0.999$；

（2）求 F 值：$F=1-R=0.001$；

（3）求 β 值：按 F 值查附表得：$\beta=3.09$；

（4）强度分布参数：已给定，即

$$\overline{\delta} = 344.47\text{MPa}, \quad \sigma_\delta = 34.447\text{MPa}$$

（5）列出应力表达式：如式（10-41）所示，按表10-2，于是有

$$\overline{\tau} = \frac{2\overline{T}}{\pi \overline{r}^3}\text{MPa} \tag{10-43}$$

$$\sigma_r^2 = \frac{4\sigma_T^2}{\pi^2 \overline{r}^6} + \frac{36\overline{T}^2\sigma_r^2}{\pi^2 \overline{r}^8} \tag{10-44}$$

（6）计算工作应力：

$$\overline{\tau} = \frac{2\overline{T}}{\pi \overline{r}^3} = \frac{2 \times 11303000}{\pi \overline{r}^3} = \frac{7195719.365}{\overline{r}^3}\text{MPa}$$

$$\sigma_r^2 = \frac{4\sigma_T^2}{\pi^2 \overline{r}^6} + \frac{36\overline{T}^2\sigma_r^2}{\pi^2 \overline{r}^8} = \frac{4 \times 1130300^2}{\pi^2 \overline{r}^6} + \frac{36 \times 11303000^2 \times \frac{a^2}{9}\overline{r}^2}{\pi^2 \overline{r}^8}$$

$$= \frac{4 \times 1130300^2 \times [1 + (10a)^2]}{\pi^2 \overline{r}^6}$$

$$\sigma_r = \frac{2 \times 1130300}{\pi \overline{r}^3}\sqrt{1 + (10a)^2} = \frac{719571.9365}{\overline{r}^3}\sqrt{1 + (10a)^2}\text{MPa}$$

（7）求未知量半径 r：将应力、强度的分布参数代入联结方程，即

$$\beta = 3.09 = \frac{\overline{\delta} - \overline{\tau}}{\sqrt{\sigma_\delta^2 + \sigma_\tau^2}} = \frac{344.47 - (7195719.365/\overline{r}^3)}{\sqrt{34.447^2 + (719571.9355/r^3)^2(1 + 100a^2)}}$$

设 $a=0.03$，代入上式，解得

$$\overline{r} = 32.13\text{mm}$$

可满足

$$R=0.999$$

对于传递转矩并由钢管制成的转轴来说，上述可靠性设计方法也是适用的。

10.5 液压机械疲劳强度可靠性设计

10.5.1 疲劳的基本概念

机械零件在交变载荷作用下可能会发生疲劳失效。疲劳失效的过程包括裂纹形成、裂

纹亚稳态扩展和最终瞬间断裂 3 个阶段。工程中，为了避免疲劳失效的产生，应对机械零件（如液压缸的缸筒等）进行疲劳强度可靠性设计。

通常将交变应力的循环应力水平用应力变化幅 S 来表示，将疲劳失效前零件能经历的应力（或应变）循环次数用 N 来表示，并称为疲劳寿命。零件疲劳寿命的长短取决于所施加的循环应力水平。对同一种材料，循环应力水平越高，则疲劳寿命越短，反之亦然。但当循环应力低到一定程度时，寿命将变得很长，逐步达到无限寿命。通常当循环次数达到 $10^6 \sim 10^7$ 次时，视为无限寿命。

当交变载荷为对称循环载荷（$r=\sigma_{min}/\sigma_{max}=-1$），即交变应力为对称循环变应力时，机械零件疲劳寿命可根据试样由试验确定的疲劳-寿命曲线（S-N 曲线）来计算。但在工程实际中，机械零件常常遇到非对称循环载荷（$r\neq-1$），此时就必须考虑应力循环特征 r 对疲劳失效的影响。通常为了计算机械零件在不同 r 时的疲劳强度或疲劳极限，需要采用疲劳极限图（等寿命曲线图）。

10.5.2　疲劳极限图

疲劳极限图即为等寿命曲线图，有许多种，这里介绍 σ_m-σ_a 疲劳极限图。该曲线图以载荷构件上的应力幅 σ_a 和平均应力幅 σ_m 作为纵横坐标系，见图 10-4。

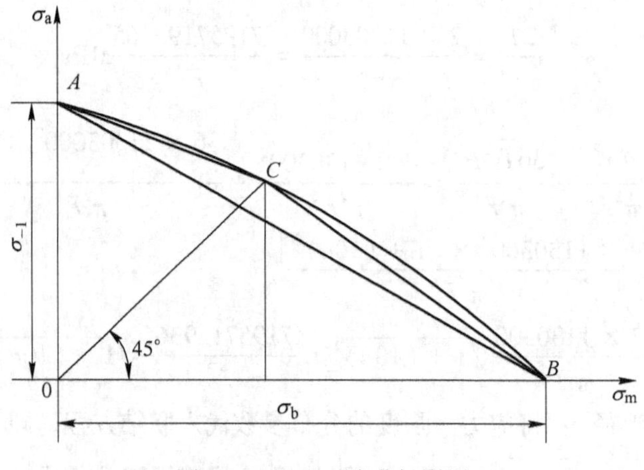

图 10-4　σ_m-σ_a 疲劳极限图

图 10-4 中，$\sigma_a=(\sigma_{max}-\sigma_{min})/2$，$\sigma_m=(\sigma_{max}+\sigma_{min})/2$；$A$ 点为对称循环（$r=-1$）条件下的应力幅，即疲劳极限 σ_{-1}；B 点为静强度条件下（$r\neq1$）的极限值，即平均应力幅 σ_m 等于材料的抗拉强度 σ_b。

设图中的任意射线 $0m$ 与横坐标的夹角为 α，则

$$\tan\alpha=\frac{\sigma_a}{\sigma_m}=\frac{1-r}{1+r}=\text{常数} \tag{10-45}$$

它表明，在 $0m$ 线上任一点的循环应力都具有相同 r 值。在 A 点，$r=-1$，$\sigma_m=0$，$\alpha=90°$，故该点为对称循环 $\sigma_a=\sigma_{-1}$；在 B 点，$r=1$，$\alpha=0$，$\sigma_a=0$，故 $0B$ 为材料的抗拉强度 σ_b；而 $\alpha=45°$时 $\sigma_a=\sigma_m$，$r=0$，是 $\sigma_{min}=0$ 的脉动循环，此时构件所允许承受的循环应力幅只

有 $\sigma_{max}/2$，小于 σ_{-1}。

不同材料有不同的 σ_b 和 σ_{-1}值，所以各种材料都有各自的等疲劳寿命条件下的疲劳极限图。连接 AB 曲线的形状也因材料而异，许多研究者根据各自的试验结果将其整理成不同的形状，如二次曲线、折线、直线等。其中直线连接的疲劳极限图被称为古德曼（Goodman）疲劳极限图。它关系简单，比较适用于塑性较差的材料。这时，可得到以下关系

$$\sigma_{-1}=\sigma_a+\frac{\sigma_{-1}}{\sigma_b}\sigma_m \tag{10-46}$$

在可靠性设计中，疲劳极限图还应考虑失效概率 P 的影响，因而疲劳极限图也有不同失效概率条件下的分布带，如图 10-5 所示。

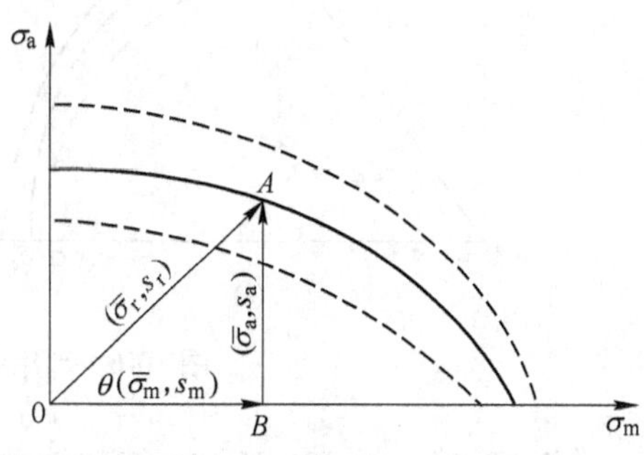

图 10-5 可靠性设计用疲劳极限图

图中不同的 r 的射线与疲劳极限图线交于 A 点，矢量 $0B$ 相当于平均应力幅 σ_m，其标准差 S_{σ_m}；矢量 $0A$ 相当于合成应力 σ_r，标准差 S_{σ_r}。由图上的几何关系可知合成应力的均值为

$$\sigma_r=\sqrt{\sigma_a^2+\sigma_m^2} \tag{10-47}$$

其标准差可用以下方法求得：

$$0A=0C+AC$$

根据两个正态分布函数之和的标准差有

$$S_{\sigma_r}=\{[S_{\sigma_m}(\cos\theta)^2+S_{\sigma_a}(\sin\theta)^2]\}^{\frac{1}{2}}=[(S_{\sigma_m}\frac{\sigma_m}{\sigma_r})^2+(S_{\sigma_a}\frac{\sigma_a}{\sigma_r})^2]^{\frac{1}{2}}$$

$$=\left(\frac{S_{\sigma_m}^2\sigma_m^2+S_{\sigma_a}^2\sigma_a^2}{\sigma_m^2+\sigma_a^2}\right)^{\frac{1}{2}} \tag{10-48}$$

因 $\sigma_a=\dfrac{\sigma_{max}-\sigma_{min}}{2}$，$\sigma_m=\dfrac{\sigma_{max}+\sigma_{min}}{2}$，$r=\dfrac{\sigma_{min}}{\sigma_{max}}$，故

$$\sigma_a=\frac{1-r}{2}\sigma_{max},\ \sigma_m=\frac{1+r}{2}\sigma_{max} \tag{10-49}$$

当 r 为常数时，设 $S_{\sigma_{max}}$ 为最大应力 σ_{max} 的标准差，则应力幅 σ_a 和平均应力 σ_m 的标准差

$$S_{\sigma_a}=\frac{1-r}{2}S_{\sigma_{max}},\ S_{\sigma_m}=\frac{1+r}{2}S_{\sigma_m} \tag{10-50}$$

因在疲劳试验中 σ_{max} 为材料的疲劳极限，因此可以用疲劳极限的标准差作为 $S_{\sigma_{max}}$，用式（10-50）求得 S_{σ_a} 和 S_{σ_m}，并用式（10-49）求得应力幅和平均应力的均值 σ_a 和 σ_m。进一步便可用式（10-47）和式（10-48）计算该不对称循环 r 值条件下的 σ_r 和 S_{σ_r}。同时，根据结构零部件的工作条件计算出工作条件的应力幅 σ_{ac} 的均值和标准差即工作条件的平均应力 σ_{mc} 的均值和标准差，并在此基础上计算工作条件的不对称循环 r 条件的均值 σ_{rc} 和标准差 $S_{\sigma_{rc}}$，则可通过图 10-6（a）建立联立方程求解系数 z 和可靠度 R。

$$z = \frac{-(\sigma_{r} - \sigma_{rc})}{\sqrt{S_{\sigma_{r}}^{2} + S_{\sigma_{m}}^{2}}} \tag{10-51}$$

$$R = 1 - \varphi(z) = \varphi(-z) = \varphi(\beta) \tag{10-52}$$

不同的不对称系数 r 可从图 10-6（b）所示的方法沿不同的射线求解。

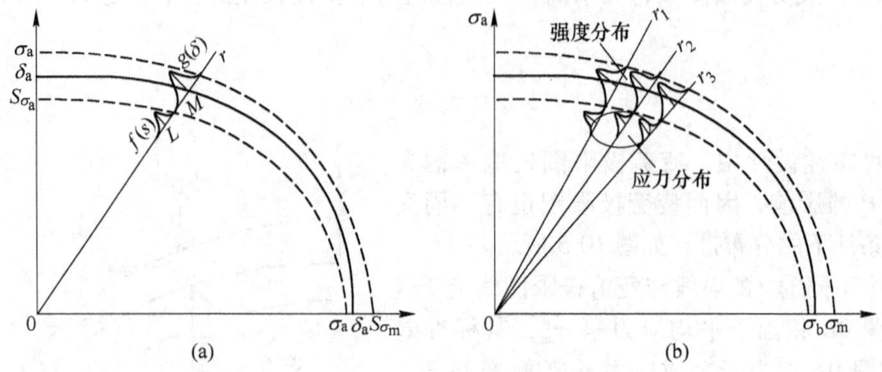

图 10-6　利用疲劳极限图进行可靠性计算

【例 10-3】　做 30CrMnSiA 钢试件在 $N=10^6$ 次的均值疲劳极限图，并做 $R=0.999$ 的曲线族。设理论应力集中系数 $a_\sigma=3.0$。

解：查材料手册知，当 $a_\sigma=3.0$，$N=10^6$ 次时 30CrMnSiA 钢在不同 r 条件下的疲劳强度如下：

$$r=-1,\quad \sigma_{max}=250.2\text{MPa},\text{标准差 } S_{\sigma_{max}}=9.81\text{MPa}$$

$$r=0.1,\quad \sigma_{max}=347.3\text{MPa},\text{标准差 } S_{\sigma_{max}}=14.39\text{MPa}$$

$$r=0.5,\quad \sigma_{max}=612.1\text{MPa},\text{标准差 } S_{\sigma_{max}}=27.47\text{MPa}$$

按 $\tan a=\frac{1-r}{1+r}$ 可计算出不同 r 时的角度 a，并由式（10-49）求出应力幅 σ_a 和平均应力 σ_m，由式（10-50）求出应力幅标准差 S_{σ_a} 和平均应力标准差 S_{σ_m}，再按式（10-48）求出 S_{σ_r} 和 $3S_{\sigma_r}$。

由于 30CrMnSiA 钢的 $\sigma_b=1180.5\sim1187\text{MPa}$，$\overline{\sigma}_b=1147.75\text{MPa}$。因此，可绘出 $N=10^6$ 次和 $a_\sigma=3.0$ 条件的疲劳极限图，如图 10-7 所示。

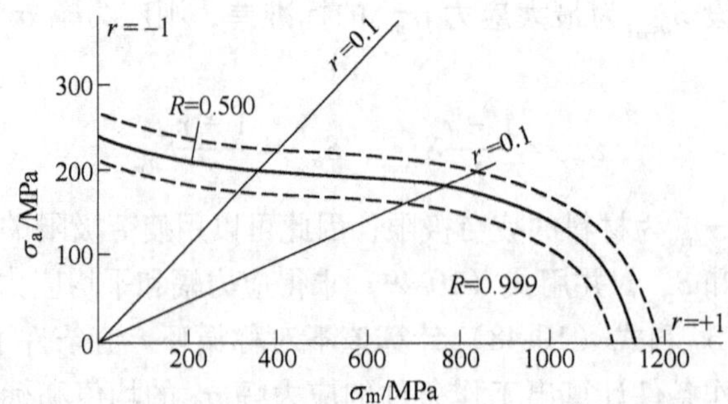

图 10-7　30CrMnSiA 钢疲劳极限图（$N=10^6$ 次和 $a_\sigma=3.0$）

10.6 液压机械零件磨损可靠性设计

10.6.1 磨损的基本概念

磨损是机械产品的主要失效模式之一。在液压机械产品中，磨损造成的失效占很大比例。磨损的概率计算是在常规磨损计算的基础上，考虑参数的分散特性进行的，其可靠度计算的基本原理是干涉理论[38]。

10.6.1.1 磨损和磨损量

在组成摩擦副的两个对偶件之间，由于接触和相对运动而造成其表面材料不断损失的过程称为磨损。例如机械轴承、传动机构的磨损。由磨损所造成的摩擦副表面材料质量的损失量，称为磨损量，常用符号 w 表示，单位 μm。

10.6.1.2 磨损量与时间的关系

磨损量是时间的函数。磨损量随时间的变化率称为磨损速度，常用符号 u 表示，单位 μm/h。

在实际中，虽然影响零件耐磨性的因素很多，如摩擦体材料的物理、化学特性，摩擦体的匹配，摩擦表面的结构特点，粗糙度和机械特性，摩擦体的工况（载荷，速度），外部条件（环境介质，润滑，温度等），很难建立通用的关系式。但是从大量的试验数据和工程实践结果来看，零件磨损量随时间的变化规律，大体上如图 10-8 所示。整个过程分为跑合期、稳定磨损期和剧烈磨损期 3 个阶段。

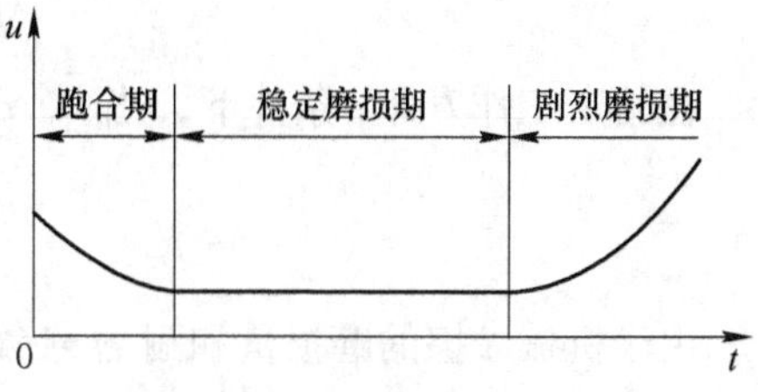

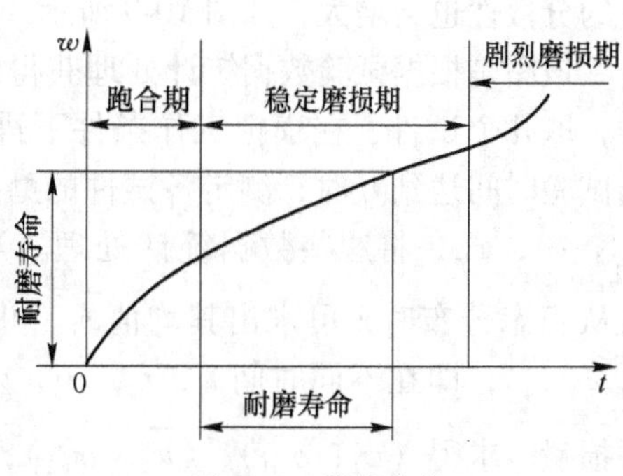

图 10-8 磨损曲线

在跑合期，由于跑损期的磨损表面加工所形成的波峰极易磨去，磨损速度 u 从很高值迅速下降，磨损量 w 会随时间的增加而逐渐减少。当表面逐步磨平，磨损速度 u 保持稳定而进入稳定磨损期，这时磨损量 w 与时间呈线性关系。当磨损量逐步增大，摩擦体工作条件将逐步恶化，磨损量 w 和磨损速度 u 也明显增大，从而进入剧烈磨损期，这时，机械会丧失运行的精度，因达不到工作性能要求而失效。

实际零件的磨损，有时不一定都具有这种典型的性质，由于第 2 阶段和第 3 阶段的界限不清楚导致加速磨损，这时就应该寻找原因加以排除。而在机械磨损可靠性设计中则主要是考虑稳定磨损阶段，在这一阶段，典型磨损过程的磨损量可用式（10-53）表示：

$$w = ut \tag{10-53}$$

式中 w——线性磨损量，是沿磨损表面垂直方向测量的表面尺寸减薄量，μm；

u——磨损速度，$u = \mathrm{d}w/\mathrm{d}t$，μm/h；

t——磨损时间，h。

若考虑跑合阶段的磨损量 w_1，则有

$$w = w_1 + ut \tag{10-54}$$

一般来说，零件的磨损速度 u 均与摩擦表面的单位压力（载荷）p，摩擦表面的相对滑动速度 v，摩擦材料表面的形态及加工、处理等情况有关，也与载荷的润滑情况、工作时间有关。可用式（10-55）表达基本关系：

$$u = kp^m v^n \tag{10-55}$$

式中　m——载荷因子（摩擦表面正压力），m=0.5~3.0，对一般磨料磨损取 m=1.0；

n——速度因子，受相对运动速度的影响，对一般磨料磨损取 n=1.0；

k——摩擦副特性与工作条件影响系数，当摩擦副与工作条件给定时，k 为常数。

10.6.1.3　磨损速度和磨损量的分散特性

在式（10-55）中，u，p，v 均具有冗散性，为随机变量，且 p 和 v 相互独立。当它们服从正态分布时，可以按正态分布的运算法则求得磨损速度 u 的均值 $\bar{u}$ 和标准差 σ_u。

$$\bar{u} = k\bar{p}^m \bar{v}^n \tag{10-56}$$

$$\sigma_u = \bar{u}\sqrt{\left(\frac{m\sigma_p}{\bar{p}}\right)^2 + \left(\frac{m\sigma_v}{\bar{v}}\right)^2} \tag{10-57}$$

在给定工作寿命 t 条件下，当 $\bar{u}$，σ_u 已知时，则可求得磨损量的均值 $\bar{w}$ 和标准差 σ_w。

$$\begin{aligned} \bar{w} &= \bar{u}t \\ \sigma_w &= \sigma_u t \end{aligned} \tag{10-58}$$

由于机械摩擦的磨损量和耐磨寿命均为随机变量，因此，随着工作时间的增加，其累积磨损量的分散性也会增大，如图 10-9 所示。

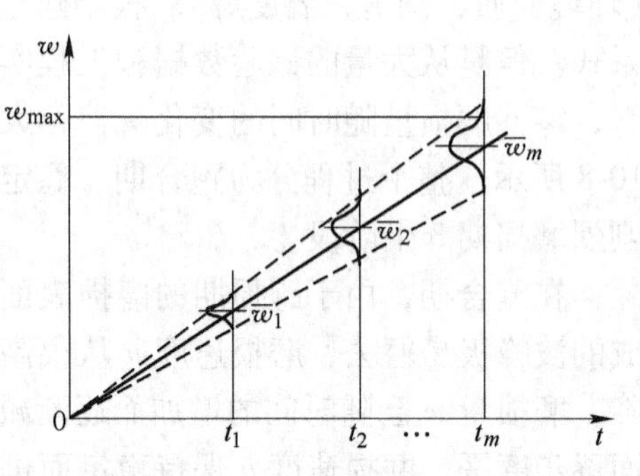

图 10-9　摩擦时的磨损寿命图

该图是根据试验数据统计处理获得的。试验时，取几个试件，在模拟工作条件下进行试验。当试验时间达到 t_i 时，测定各试件的磨损量 w_{i1}，w_{i2}，…，w_{in}，将这些数据统计处理。当磨损量服从正态分布时，可求出其均值 $\bar{w}_i$。并令 i=1，2，…，n，即在不同时间 t_1，t_2，…，t_m 时测得磨损量，求得（$\bar{w}_1$，σ_{w1}），（$\bar{w}_2$，σ_{w2}），…，（$\bar{w}_n$，σ_{wn}）。在以时间 t 和磨损量 w 为坐标轴的图上可近似地得到一条直线。再用标准差，可得其上下限值。

$$\begin{aligned} w_{Li} &= \bar{w}_i - 3\sigma_{wi} \quad i = 1,\ 2,\ \cdots,\ m \\ w_{Ui} &= \bar{w}_i + 3\sigma_{wi} \end{aligned} \tag{10-59}$$

给定寿命下的磨损量均值和标准差分别为

$$\bar{w} = \frac{1}{2}(w_U + w_L),\ \sigma_w = \frac{1}{6}(w_U - w_L) \tag{10-60}$$

同理，也可求得给定磨损量下的磨损寿命均值 $\bar{t}$ 和标准差 σ_t

$$\bar{t} = \frac{1}{2}(t_U + t_L),\ \sigma_t = \frac{1}{6}(t_U - t_L) \tag{10-61}$$

【例 10-4】 某摩擦体为磨料磨损情况，摩擦表面单位面积压力 $p=(20\pm4.5)\mathrm{MPa}$，相对滑动速度 $v=(1\pm0.2)\mathrm{m/s}$，运转 200h 时测得正常磨损量为 8μm。已知载荷变化服从正态分布，试计算磨损速度 $\bar{u}$ 及 4000h 内的磨损量。

解： 按已知条件计算磨损速度 u、压力 p、滑动速度 v 的均值和标准差。

$$\bar{u}=\frac{8}{200}=0.04\mu\mathrm{m/h}$$

$$\bar{p}=20\mathrm{MPa},\ \sigma_{\mathrm{p}}=\frac{4.5}{3}=1.5\mathrm{MPa}$$

$$\bar{v}=1\mathrm{m/s},\ \sigma_{\mathrm{v}}=\frac{0.2}{3}=0.0667\mathrm{m/s}$$

取 $m=1$，$n=1$，可得

$$\sigma_{\mathrm{u}}=\bar{u}\sqrt{\left(\frac{m\sigma_{\mathrm{p}}}{\bar{p}}\right)^2+\left(\frac{m\sigma_{\mathrm{v}}}{\bar{v}}\right)^2}=0.04\sqrt{\left(\frac{1.5}{20}\right)^2+\left(\frac{0.0667}{1}\right)^2}=0.004\mu\mathrm{m/h}$$

经 4000h 运转后，磨损量的均值为

$$\bar{w}=\bar{u}t=0.04\times4000=150\mu\mathrm{m}=0.15\mathrm{mm}$$

$$\sigma_{\mathrm{w}}=\sigma_{\mathrm{u}}t=0.004\times4000=16\mu\mathrm{m}=0.016\mathrm{mm}$$

10.6.2 给定工作寿命时液压零件耐磨性可靠度计算

当磨损量服从正态分布且均值 $\bar{w}$ 和标准差 σ_{w} 已知时，在已规定极限磨损量 $w_{\max}$ 的情况下，可以求得该摩擦副的失效概率和可靠度[39]。

计算时，可在磨损寿命图上增加极限磨损量 $w_{\max}$ 水平线，便可得给定寿命下的分布区域和极限磨损量 $w_{\max}$ 发生干涉的情况，如图 10-10 所示。情况与强度-应力的干涉相类似。

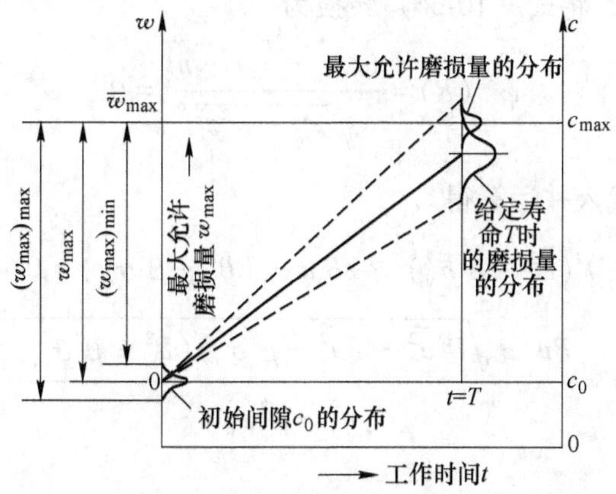

图 10-10 耐磨性可靠度计算的干涉模型

现以滑动轴承为例进行说明。

设轴承与轴的初始配合间隙 c_0，它是具有一定分散性的随机变量，并服从正态分布，其变化范围取决于配合公差。根据设计要求，磨损后的最大允许间隙为 $c_{\max}$，则最大允许磨损量为

$$w_{\max} = c_{\max} - c_0 \tag{10-62}$$

由于 $c_{\max}$ 为常量，故

$$\overline{w}_{\max} = c_{\max} - \overline{c}_0$$

$$\sigma_{w_{\max}} = \sigma_{c_0}$$

若已知最大允许磨损量 $w_{\max} = c_{\max} - c_0$ 的分布规律，并已知磨损速度 u 的分布规律，则

$$c = c_0 + ut$$

$$w = c - c_0 = ut$$

磨损量的分布规律可求得。这样 $w_{\max} = c_{\max} - c_0$ 就可以通过干涉模型计算可靠度，也就是已知磨损量 $w = ut$ 和最大允许磨损量 $w_{\max} = c_{\max} - c_0$ 两种正态分布得到干涉模型的联结方程。

$$z = -\frac{\overline{w}_{\max} - \overline{w}}{\sqrt{\sigma_{w_{\max}}^2 + \sigma_w^2}} = -\frac{c_{\max} - \overline{c}_0}{\sqrt{\sigma_{c_0}^2 + \sigma_u^2 t^2}} \tag{10-63}$$

$$R = \varphi(\beta) = \varphi(-z) = \varphi\left[\frac{(c_{\max} - \overline{c}_0) - \overline{u}t}{\sqrt{\sigma_{c_0}^2 + \sigma_u^2 t^2}}\right] \tag{10-64}$$

式中 $\overline{w}_{\max}$，$\overline{w}$，$\sigma_{w_{\max}}$，σ_w——最大允许磨损量和给定寿命时的均值和标准值；

$c_{\max}$——磨损副最大允许间隙；

c_0——摩擦副初始配合间隙，服从正态分布（$\overline{c}_0$，σ_{c_0}）的随机变量；

$\overline{u}$——磨损速度的均值；

σ_u——磨损速度的标准差。

10.6.3 给定可靠度时液压零件耐磨寿命的计算

为了计算耐磨寿命，将式（10-64）转换为

$$\varphi^{-1}(R) = \frac{(c_{\max} - \overline{c}_0) - \overline{u}t}{\sqrt{\sigma_{c_0}^2 + \sigma_u^2 t^2}} = \beta \tag{10-65}$$

令 $B = c_{\max} - \overline{c}_0$，代入并运算得

$$t^2(\overline{u}^2 - \beta^2\sigma_{\mathrm{u}}^2) - 2B\overline{u}t + (B^2 - \beta^2\sigma_{c_0}^2) = 0$$

$$t = \frac{B\overline{u} \pm \sqrt{B^2\overline{u}^2 - (\overline{u}^2 - \beta^2\sigma_{\mathrm{u}}^2)(B^2 - \beta^2\sigma_{c_0}^2)}}{\overline{u}^2 - \beta^2\sigma_{\mathrm{u}}^2} \tag{10-66}$$

式中 t——摩擦寿命；

$c_{\max}$——磨损后的最大允许间隙；

$\overline{c}_0$——初始配合间隙的均值；

σ_{c_0}——初始配合间隙的标准差；

$\overline{u}$——磨损速度的均值；

σ_{u}——磨损速度的标准差。

【例 10-5】 对 12 辆同一型号，在同一路段行驶了相同里程和相同时间的汽车制动摩擦片进行磨损测量。其结果由小到大排列于表 10-5 中，若最大允许磨损量 $w_{max}=0.30$mm，试计算该摩擦体的可靠性。

表 10-5　磨损量实验值

磨损量/mm	0.105	0.121	0.146	0.160	0.175	0.188	0.204	0.218	0.231	0.250	0.268	0.285
中位秩/%	5.61	13.68	21.75	29.82	37.89	45.96	54.04	62.11	70.18	78.25	86.32	94.39

解： 用中位秩表，并列于表 10-5 中，将表中各点描于正态标准表上，如图 10-11 所示。磨损量服从正态分布，由图可得磨损量的均值 $\overline{w}=0.195$mm，标准差 $\sigma_w=(0.285-0.105)/6=0.03$mm。$w_{max}=0.30$mm，$\sigma_{w_{max}}=0$。

故

$$z=-\frac{\overline{w}_{max}-\overline{w}}{\sqrt{\sigma_{w_{max}}^2+\sigma_w^2}}=-\frac{0.30-0.195}{\sqrt{0.03^2}}=-3.5$$

$$R=\varphi(\beta)=\varphi(-z)=\varphi(3.5)=0.99977$$

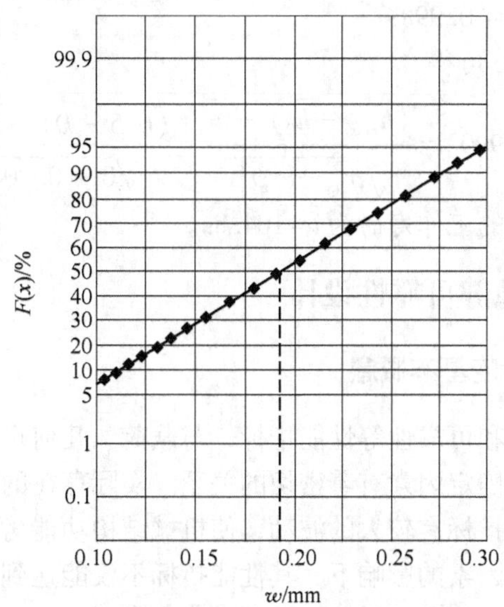

图 10-11　磨损量与中位秩的关系

10.7　液压机械腐蚀零件可靠性设计

腐蚀和磨损一样，是机械产品的主要失效模式。在机械产品中，腐蚀造成的失效也占了较大的比例。腐蚀的概率计算是在常规腐蚀计算基础上，考虑参数的分散特性进行的，其可靠度计算的基本原理同样是干涉理论。

10.7.1　腐蚀的基本概念

在环境介质的作用下，金属材料和介质元素发生化学或电化学反应引起的损坏称为腐蚀。腐蚀虽然有很多种形式，但大致可分为均匀腐蚀和局部腐蚀。本节内容仅涉及均匀腐蚀。

10.7.2　均匀腐蚀的计算

在均匀腐蚀中，腐蚀引起厚度均匀减少，直到不能保持材料允许厚度为止的时刻，称为腐蚀寿命[40]。

均匀腐蚀的概率计算方法与磨损概率的计算方法相同。

【例 10-6】　某火箭发动机喷管裙部采用玻璃钢结构，其内壁防热层在高温燃气中以近似均匀的烧蚀速度炭化。最大烧蚀深度许用值 $h_{\max}=6.5\text{mm}$，烧蚀速度均值 $\bar{u}=0.0453\text{mm/s}$，标准差 $\sigma_{u}=0.0045\text{mm/s}$。

（1）当喷管工作 110s 时，求其耐烧蚀的可靠度；

（2）当规定可靠度为 0.9999 时，求喷管的工作寿命。

解：（1）参考式（10-64）可得：

$$R=\varphi(\beta)=\varphi\left[\frac{(h_{\max}-\bar{h}_0)-\bar{u}t}{\sqrt{\sigma_{h_0}^2+\sigma_u^2t^2}}\right]=\varphi\left[\frac{(6.5-0)-0.0453\times110}{\sqrt{0+0.0045^2\times110^2}}\right]$$

$$=\varphi(3.065)=0.9989$$

（2）参考式（10-65）可得：

$$\varphi^{-1}(0.9999)=\frac{(h_{\max}-\bar{h}_0)-\bar{u}t}{\sqrt{\sigma_{h_0}^2+\sigma_u^2t^2}}=\frac{(6.5-0)-0.0453t}{\sqrt{0+0.0045^2t^2}}$$

解以上方程，得喷管的工作寿命为 $t=104.8\text{s}$。

10.8　液压机械结构稳健可靠性设计

10.8.1　稳健可靠性设计的基本概念

机械结构的承载能力和可靠性等性能指标，与载荷、几何尺寸、工程材料特性的变异以及制造、安装误差等不确定因素有着密切的关系。实际存在的各种不确定因素的变化有可能导致机械结构的性能指标有较大的波动，使机械结构功能劣化，甚至失效。为了使所设计的机械结构在不确定因素的影响下，其性能指标不仅能达到设计要求，而且对各种不确定因素的变化不敏感，这就需要用稳健设计方法来实现。

稳健设计，是关于产品质量和成本的一种工程设计方法，其目标是使设计的产品具有对设计参数变化的不敏感性，即具有稳健性。它的基本思想是当设计参数发生微小的变化时，在制造或使用中都能保证产品质量的稳健性。稳健设计和可靠性设计在本质上是一致的，若机械结构系统对不确定性是稳健的，则其抗干扰能力强，可靠性就高；反之，若机械结构系统的可靠性高，则其抗干扰能力强，稳健性就好。但在具体设计中，它们的设计方法和设计要求还是有差异的：可靠性设计利用可靠性理论处理不确定性，通过合理设计，使其满足一定的可靠性要求；稳健设计是使所设计的产品对设计变量的变化不敏感，即能抵抗一定程度的非预期的不确定性的干扰。

稳健可靠性设计是将可靠性设计和稳健设计有机结合发展出的一种工程设计方法。目前机械结构稳健可靠性设计的方法主要有基于非概率模型的稳健可靠性设计、基于凸集模型的稳健可靠性设计和基于敏感度分析的稳健可靠性设计等。本节主要介绍设计参数服从正态分布时，基于敏感度分析的稳健可靠性设计方法。

10.8.2 基于敏感度分析的稳健可靠性设计

基于敏感度分析的稳健可靠性设计的基本思想，是在可靠性设计优化模型的基础上，把可靠性敏感度加到目标函数中，将稳健可靠性设计归结为满足可靠性要求的多目标优化问题[41]。其数学模型可表示为

$$\left.\begin{aligned}&\min f(X)=\omega_1 f_1(X)+\omega_2 f_2(X)\\&\text{s. t. } R\geqslant R_0\\&p_i(X)\geqslant 0\quad i=1,\ \cdots,\ l\\&q_j(X)\geqslant 0\quad j=1,\ \cdots,\ m\end{aligned}\right\}\tag{10-67}$$

式中，$f_1(X)$ 为可靠性设计时的目标函数；$f_2(X)$ 为机械结构可靠度对设计参数向量 $\boldsymbol{X}=(X_1,\ X_1,\ \cdots,\ X_n)^{\mathrm{T}}$ 均值的灵敏度的二次方和然后再开方，即 $f_2(X)=\sqrt{\sum_{i=1}^{n}\left(\frac{\partial R}{\partial X_i}\right)^2}$；$\omega_1$ 和 ω_2 分别为目标的加权系数，其值决定于各分目标的数量及重要程度，且 $\omega_1+\omega_2=1$；R 为设计后的可靠度；R_0 为设计所要求的可靠度；p_i 和 q_j 分别为不等式和等式约束。

当设计参数向量 $\boldsymbol{X}=(X_1,\ X_1,\ \cdots X_n)^{\mathrm{T}}$ 服从正态分布，且相互独立时，根据上述应力与强度均呈正态分布时可靠度的计算可知，机械结构的可靠度 R 可表示为

$$R=\varphi\left(\frac{\mu_\delta-\mu_s}{\sqrt{\sigma_\delta^2+\sigma_s^2}}\right)=\varphi\left(\frac{\mu_y}{\sigma_y}\right)=\varphi(\beta)\tag{10-68}$$

式中，y、δ、S 为干涉随机变量，服从正态分布；μ_y 和 σ_y 分别为 y 的均值和标准差。

参阅文献［30］中式（7.97）中的约束 $R\geqslant R_0$ 可表示为

$$R=\varphi\left(\frac{\mu_y}{\sigma_y}\right)=\varphi(\beta)\geqslant R_0$$

对上式取反函数，可得

$$\beta=\frac{\mu_y}{\sigma_y}\geqslant\varphi^{-1}(R_0)$$

即

$$\mu_y-\varphi^{-1}(R_0)\sigma_y\geqslant 0\tag{10-69}$$

则基于灵敏度分析的稳健可靠性设计的数学模型式（10-67）可进一步表示为

$$\left.\begin{aligned}\min\quad & f(\boldsymbol{X})=\omega_1 f_1(\boldsymbol{X})+\omega_2 f_2(\boldsymbol{X})\\\text{s. t.}\quad & \mu_y-\varphi^{-1}(R_0)\sigma_y\geqslant 0\\& p_i(\boldsymbol{X})\geqslant 0\quad i=1,\ \cdots,\ l\\& q_j(\boldsymbol{X})\geqslant 0\quad j=1,\ \cdots,\ m\end{aligned}\right\}\tag{10-70}$$

其中，可靠度对设计参数向量 X 均值的灵敏度为

$$\frac{\partial R}{\partial \boldsymbol{X}^{\mathrm{T}}}=\frac{\partial R}{\partial\beta}\frac{\partial\beta}{\partial\mu_y}\frac{\partial\mu_y}{\partial\boldsymbol{X}^{\mathrm{T}}}=\varphi(\beta)\frac{1}{\sigma_y}\left[\frac{\partial\mu_y}{\partial X_1}\frac{\partial\mu_y}{\partial X_1}\cdots\frac{\partial\mu_y}{\partial X_n}\right]\tag{10-71}$$

可靠度对设计参数向量 $\boldsymbol{X}$ 方差的灵敏度为

$$\frac{\partial R}{\partial \mathrm{Var}(\boldsymbol{X})}=\frac{\partial R}{\partial \beta}\frac{\partial \beta}{\partial \mu_{\mathrm{y}}}\frac{\partial \mu_{\mathrm{y}}}{\partial \mathrm{Var}(\boldsymbol{X})}=-\varphi(\beta)\frac{\mu_{\mathrm{y}}}{\sigma_{\mathrm{g}}^{2}}\frac{1}{2\sigma_{\mathrm{y}}}\left[\frac{\partial \mu_{\mathrm{y}}}{\partial X}\otimes\frac{\partial \mu_{\mathrm{y}}}{\partial \boldsymbol{X}}\right] \tag{10-72}$$

【例 10-7】 某螺栓承受剪切载荷 P 为 $(\mu_{\mathrm{P}}, \sigma_{\mathrm{P}})=(24, 1.44)\mathrm{kN}$，材料强度 r 为 $(\mu_{\mathrm{r}},\sigma_{\mathrm{r}})=(143.3,11,5)\mathrm{MPa}$，剪切面数目 $N=2$。设所要求的可靠度 $R_0=0.999$，试采用常规设计方法、可靠性设计方法和稳健可靠性设计方法分别设计此螺栓的直径 d。

解：圆形螺栓的工作应力为

$$S=\frac{4P}{N\pi d^{2}}$$

（1）常规设计。取安全系数 $n=3$，则有

$$S=\frac{4P}{N\pi d^{2}}\leqslant[S]=\frac{\mu_{\mathrm{r}}}{n}=\frac{143.3}{3}=47.767\mathrm{MPa}$$

即有 $\frac{4\times 24000}{2\pi d^{2}}\leqslant 47.767$，得螺栓的直径 $d\geqslant 17.885$。

（2）可靠性设计。根据设计要求的可靠度 $R_0=0.999$，查表可知可靠性系数 $\beta=3.09$。

由圆形螺栓的工作应力 $S=4P/(N\pi d^{2})$ 知，当 $N=2$ 时，$S=2P/(N\pi d^{2})=2P/A$ 其中 $A=\pi d^{2}$，则 $\mu_{\mathrm{A}}=\pi\mu_{\mathrm{d}}^{2}$，$\sigma_{\mathrm{A}}=2\pi\mu_{\mathrm{d}}\sigma_{\mathrm{d}}$。

取螺栓的直径 d 的公差为 $\pm\Delta d=\pm 0.015\mu_{\mathrm{d}}$，则按 3σ 原则可求得

$$\sigma_{\mathrm{d}}=\frac{\Delta d}{3}=\frac{0.015}{3}\mu_{\mathrm{d}}=0.005\mu_{\mathrm{d}}\quad \mathrm{mm}$$

则有

$$\sigma_{\mathrm{A}}=2\pi\mu_{\mathrm{d}}\sigma_{\mathrm{d}}=0.01\pi\mu_{\mathrm{d}}^{2}\quad \mathrm{mm}^{2}$$

$$\mu_{\mathrm{s}}=\frac{2\mu_{\mathrm{P}}}{\mu_{\mathrm{A}}}=\frac{2\mu_{\mathrm{P}}}{\pi\mu_{\mathrm{d}}^{2}}=\frac{2\times 24000}{\pi\mu_{\mathrm{d}}^{2}}=\frac{15278.8}{\mu_{\mathrm{d}}^{2}}\quad \mathrm{MPa}$$

$$\sigma_{\mathrm{s}}=\frac{2}{\mu_{\mathrm{A}}^{2}}\sqrt{\mu_{\mathrm{P}}^{2}\sigma_{\mathrm{A}}^{2}+\mu_{\mathrm{A}}^{2}\sigma_{\mathrm{P}}^{2}}=\frac{2}{(\pi\mu_{\mathrm{d}}^{2})^{2}}\sqrt{(0.01\pi\mu_{\mathrm{d}}^{2})^{2}\mu_{\mathrm{P}}^{2}+(\pi\mu_{\mathrm{d}}^{2})^{2}\sigma_{\mathrm{P}}^{2}}$$

$$=\frac{2}{\pi\mu_{\mathrm{d}}^{2}}\sqrt{(0.01)^{2}\mu_{\mathrm{P}}^{2}+\sigma_{\mathrm{P}}^{2}}=\frac{929.3776}{\mu_{\mathrm{d}}^{2}}\quad \mathrm{MPa}$$

将应力、强度及 β 代入联结方程，得

$$\beta=\frac{\mu_{\mathrm{r}}-\mu_{\mathrm{s}}}{\sqrt{\sigma_{\mathrm{r}}^{2}+\sigma_{\mathrm{s}}^{2}}}=\frac{143.3-15278.8/\mu_{\mathrm{d}}^{2}}{\sqrt{11.5^{2}-(929.3776/\mu_{\mathrm{d}}^{2})^{2}}}=3.09$$

化简并求解取 $\mu_{\mathrm{d}}=12.188$，则

$$\sigma_{\mathrm{d}}=0.005\mu_{\mathrm{d}}=0.005\times 12.188=0.0609$$

$$d=\mu_{\mathrm{d}}+\Delta d=12.188\pm 3\sigma_{\mathrm{d}}=(12.188\pm 0.1827)\mathrm{mm}$$

因此，为保证螺栓的可靠度为 0.999，其直径应为 $(12.188\pm 0.1827)\mathrm{mm}$。

（3）稳健可靠性设计。

首先，建立目标函数：要求螺栓的重量最轻，即求螺栓横截面面积为最下；要求螺栓的可靠度对设计变量 $x=x_1=d$ 均值的灵敏度为最小，分别为

$$f_1(x)=\frac{\pi d^{2}}{4},\ f_2(x)=\left|\frac{\partial R}{\partial x_1}\right|$$

则目标函数为

$$\min f(x) = \omega_1 f_1(x) + \omega_2 f_2(x)$$

此处，加权系数 ω_1 和 ω_2 采用加权组合法中的像集法来确定：

$$\omega_1 = \frac{f_2(x^{1*}) - f_2(x^{2*})}{[f_1(x^{2*}) - f_1(x^{1*})] + [f_2(x^{1*}) - f_2(x^{2*})]}$$

$$\omega_2 = \frac{f_2(x^{2*}) - f_1(x^{1*})}{[f_1(x^{2*}) - f_1(x^{1*})] + [f_2(x^{1*}) - f_2(x^{2*})]}$$

式中，x^{1*} 和 x^{2*} 分别为目标函数仅为 $f_1(x)$ 和 $f_2(x)$ 时设计变量的最优解。

其次，建立约束条件：根据应力-强度干涉理论，干涉随机变量

$$y = r - \frac{4P}{N\pi\pi^2}$$

则约束条件为

$$\mu_y - \varphi^{-1}(R_0)\sigma_y \geqslant 0$$

$$x = x_1 = d > 0$$

再次，根据式（10-70）建立螺栓稳健可靠性设计的数学模型，选取初值为 $d = 15\text{mm}$，经优化求解可得螺栓直径为

$$d = 13.083\text{mm}$$

依据此稳健可靠性设计结果，计算螺栓可靠性指标即可靠度为

$$\beta = 4.249,\quad R = 0.999989$$

从以上设计结果可以看出，常规设计方法得到的螺栓直径最大，可靠性设计方法得到的螺栓直径最小，稳健可靠性设计方法得到的螺栓直径虽然略大于可靠性设计结果，但其同时兼顾了设计的可靠性和稳健性。

11 液压系统储存可靠性

11.1 概述

储存可靠性是影响产品总体可靠性水平的一个重要因素，尤其是对于长期储存、一次使用的产品，其储存可靠性在产品可靠性的地位则更为重要。它侧重反映产品的储存性能，而产品储存性能的好坏直接关系产品的战备完好性和保障维修性。换句话说，对长期储存的产品，一方面要求能保持较高的可靠作用能力，保证随时投入使用时能满足作战要求；另一方面又要求产品保持这一能力的时间足够长，这不仅可延长产品战备保障的时间，而且可因不必频繁检修而节省费用。

11.1.1 储存可靠性概念

储存可靠性是指产品在规定的储存条件下和规定的储存时间内，保持规定功能不变的能力。其中：

（1）“储存条件”主要指产品储存空间的自然条件（如存放环境中的温度、湿度）和人为环境条件（如运输、搬运过程中的冲击、振动等）。产品的储存条件可能有多种不同情况，如仓库存放和阵地存放，公路运输和铁路运输等。但这些不同的存放方式和运输情况都是符合有关标准或规范规定的，即所谓“规定的”。产品在储存实际中可以包含几种不同的储存条件。

（2）“储存时间”一般指产品生产完成后，从出厂开始至储存到某一时刻的时间间隔。有些情况下，储存时间要从某一产品元件甚至部件的出厂时间开始计算。一般来说，产品元件的生产时间都先于整个产品的装配时间，对某些装备来说，部分元件或部件的生产时间可能更早。这样，当以这些元件或部件的功能为主要研究对象时，储存时间的计算就应从相应元部件的出厂时间开始。

（3）“规定功能”是指根据使用目的而赋予产品的各种功能，主要有保证安全和可靠作用两方面的若干项具体功能。

在型号战术技术指标中，储存可靠性与储存寿命是一对相关的指标，常以储存期（或称可靠储存寿命）指标概括之。三者的关系可用下式表示

$$R_Z = P(T > T_R) = 1 - a$$

式中 R_Z——产品储存可靠度；

a——产品在储存期内允许的不合格概率，它是一个较小的数值，如 0.10，0.07，0.05 等，则（$1-a$）为合格概率；

T——储存寿命，指单件合格产品在规定的储存条件下，储存时仍能满足规定质量要求的时间长度，受多种随机因素的影响，是一随机变量；

T_R——储存期，指一项合格产品在规定的储存条件下，满足规定储存可靠度要求的

储存寿命。

从储存可靠度的定义不难看出，产品储存可靠度主要反映产品在长期储存过程中抵御储存环境中各种不利因素的影响，保持自身的各项功能不变的能力。产品的这种能力越强，则其储存可靠性越好，反之则越差。

11.1.2　储存可靠性研究的目的及意义

（1）储存可靠性研究的目的

1）明确储存可靠性的要求，确定实现指标的技术实施，进行设计与验证，使产品获得良好的储存可靠性。

2）为产品的使用、储存、管理与维修提供必要的信息和理论基础，以改善储存工作，提高经济效益。

3）确保产品长期储存后的工作性能。

4）对装备的订购、储存提供科学依据。

（2）储存可靠性研究的意义

1）储存可靠性是可靠性工程中的重要组成部分，通过改善储存可靠性可以提高产品的总体可靠性水平，增加产品的储存安全性和工作可靠性，将起到十分重要的作用。

2）通过这方面的研究，可明确影响产品储存可靠性的主要因素，以便从根本上采取措施来提高产品的储存可靠性，增加产品的可用品率，在经济上有十分显著的效益。

3）储存可靠性是可靠性领域中的一类特殊问题，在长期储存且一次使用的一类特殊产品可靠性问题中，占有十分重要的地位。因此，研究长储一次使用产品的储存可靠性不仅在实际中有重大的经济效益，在理论上对类似产品的储存问题研究，也同样具有重要的指导作用。

11.2　储存环境因素

产品在储存过程中主要受自然环境影响。随储存年限的增加，产品受所处环境因素和维修管理措施的影响，会使产品内部材料的性能发生变化。如长期储存后，电子设备中的一些电子元器件会产生参数漂移，焊接点会产生氧化膜，或染上杂质；机械零部件会产生腐蚀或生锈；轴承内的润滑油会氧化变质；橡胶件等材料会老化变脆；支撑结构材料微裂纹扩大，等等。这些变化都会导致产品的储存可靠性降低，如图 11-1 中的曲线所示。在检查中发现，由于环境影响导致 17.3%的储存装备不合格，有的甚至 100%报废。所以在研究产品储存寿命模型时，有必要研究储存环境对产品寿命的影响，以及储存环境的确定方法。

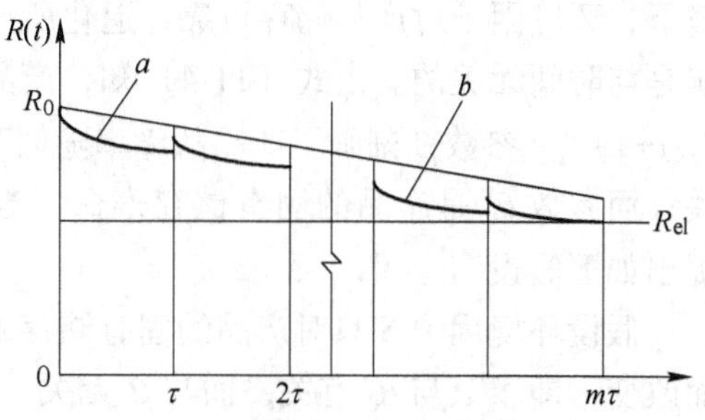

图 11-1　定期检测间隔下系统可靠性

11.2.1　液压产品储存寿命的退化模型

假设检测修复并不改变产品的失效机理，即产品在检测修复前后的储存寿命属于同一参数分布族，对于定期检测的子系统，i 为检修维修次数，假设开始储存时的可靠度 R_0，进入储存状态的可靠度为 $R(t)$，在不修复条件下的储存寿命 t 服从参数为 θ_0 的分布。在第 i 次检测修复后的储存寿命服从参数 θ_i 的分布，并且由 $\theta_0 \geqslant \theta_1 \geqslant \theta_2 \geqslant \cdots$。参考在定期检测修复条件下，服从指数分布的产品储存寿命 t 的分布密度函数式为：

$$f(t) = R_0 \frac{1}{\lambda_i} \exp\left| -\frac{t - i\tau}{\lambda_i} \right| \quad i\tau < t \leqslant (i+1)\tau,\ i = 0,\ 1,\ 2,\ \cdots,\ k \tag{11-1}$$

可确定出上述假设条件下，产品定期检测修复条件下的储存寿命 t 的分布密度函数为

$$f(t) = R_0 \frac{1}{\lambda_i} R(t) \quad i\tau < t \leqslant (i+1)\tau,\ i = 0,\ 1,\ 2,\ \cdots,\ k \tag{11-2}$$

式中　τ——检测间隔时间；

λ_i——产品经过第 i 次检测修复后的故障率，$\lambda_i = \frac{1}{\theta}$，关于 i 单调非降。

这个趋势反映了产品储存可靠度的退化机理，用近似的威布尔（Weibull）过程来描述这种退化，并假设经过第 i 次检测修复后的储存故障率满足[42]。

$$\lambda_i = \lambda_0 (i+1)^{\beta} \quad i = 0,\ 1,\ 2,\ \cdots,\ k,\ \beta > 0 \tag{11-3}$$

和

$$\theta_i = \theta_0 (i+1)^{-\beta} \quad i = 0,\ 1,\ 2,\ \cdots,\ k,\ \beta > 0 \tag{11-4}$$

式中　θ_i，λ_i——分别为经过第 i 次检测修复后的平均储存寿命和故障率；

θ_0——不修复条件下的平均储存寿命；

λ_0——固有储存故障率，θ_0 和 λ_0 受环境的影响，这种影响不因检测修复而改变；

β——储存寿命的退化参数。

11.2.2　储存环境因子对储存寿命的加速方程

在考虑储存环境因子与产品储存可靠性退化的关系时，一般可认为：在给定的储存环境下，环境因子对产品储存可靠性退化所产生的影响是不随时间而改变的。即认为这种影响是与时间无关的。由式（11-4）知，产品经过第 i 次检测修复后的平均储存寿命为 $\theta_i = \theta_0(i+1)^{-\beta}$。参数 β 刻画了产品故障率随储存时间增长而增大的规律，并假定与环境因子无关；而参数 θ_0 是产品的固有储存寿命，当然是要受到储存环境因子的影响。综上所述，提出如下假设[43]：

假设环境因子 S 只对产品的固有储存寿命产生影响，并且这种影响不因产品检测修复而改变，即 S 只与 θ_0 有关，而与 β 无关。根据产品储存的实际情况，这里主要讨论储存温度、湿度与储存寿命的关系。

（1）温度应力的加速方程：由著名的阿伦尼斯方程，可以得到环境温度 T 和平均储存寿命 θ_0 的加速方程为

$$\ln\theta_0(T) = a - \frac{b}{T} \tag{11-5}$$

式中，a、b 为加速方程系数。

（2）湿度应力的加速方程：环境湿度对平均寿命的作用可用逆幂律来描述，即在环境湿度水平 W 下，有

$$\ln\theta_0(W) = d - c\ln W \tag{11-6}$$

式中，d、c 为加速方程系数。

（3）温度、湿度双应力的加速方程：结合式（11-5）和式（11-6），得温度、湿度双应力加速方程。在环境应力 $S(T, W)$ 水平下，有

$$\ln\theta_0(T, W) = e - \frac{b}{T} - c\ln W \tag{11-7}$$

若有必要考虑温度和湿度之间的交互作用时，则可用下述方程

$$\ln\theta_0(T, W) = e - \frac{b}{T} - c\ln W + m\varphi(T, W) \tag{11-8}$$

式中，e、b、c、m 为加速方程系数；$\varphi(T, W)$ 为已知二元函数。

（4）通-断循环加速方程：对于长期储存状态的电子产品，长贮检测中会经历通-断电循环过程，因此应考虑电子产品通-断电循环对储存寿命的影响。设备通-断是指电子产品从不通电状态到加上额定功率然后再回到不通电状态的过程。仅考虑通-断电循环时，有如下通-断循环加速方程

$$\theta_0 = 1 + K_1(N_C) \tag{11-9}$$

式中，N_C 为每储存单位时间的通-断电循环数；K_1 为常数。

11.2.3 储存环境温度和湿度的模糊性确定方法

温度和湿度对储存寿命影响最大，本文主要讨论温度和湿度对系统寿命的影响。产品储存环境的温度和湿度应力因储存方式的不同而有所不同，并随储存地域、季节和晨暮的变化而变化。在整个储存过程中，温度和湿度对系统功能的影响是一个缓慢、长期的过程，其作用效果需要较长时间才能表现出来。

常规可靠性理论中，将某一储存环境的温度或湿度作为一个定值处理，但实际上储存环境是变化的，而且储存温度升高、储存湿度增大均会使产品的固有储存故障率增大，储存温度或储存湿度太低也会使产品的固有储存故障率增大。由于储存温度在时刻变化着，如果将其作为一个定值来处理，就不能较好地反映实际环境的变化情况。利用自然界中许多场合的环境温度和湿度随时间呈周期性的变化，在每一个温度或湿度周期中，不同储存时间的温度或湿度均有一个变化范围，将这一动态变化范围模糊化，引入模糊温度和模糊湿度来反映实际储存环境对产品储存性能的影响[44]。

11.2.3.1 分布函数的选取

鉴于自然界中许多场合的温度或湿度都随时间呈周期变化，而且每年都要经历四季的更替，可以设想产品储存温度或湿度的变化周期为年，每一储存年内的平均变化规律相同，温度和湿度的分布函数记为 $T(t)$ 与 $W(t)$。$T(t)$ 与 $W(t)$ 的实际分布形式可根据产品存储试验中实时测量得到的储存温度或湿度数据拟合得到。

11.2.3.2 隶属函数的确定

由于气候环境变化的不确定性因素很多，导致实际储存环境温度或湿度变化的不确定性很大，各年内相同季节、相同月份甚至相同时刻的储存温度或湿度均有一个实际动态变化范围，可用三角模糊数表示。该类模糊数的隶属函数如图 11-2 和图 11-3 所示。

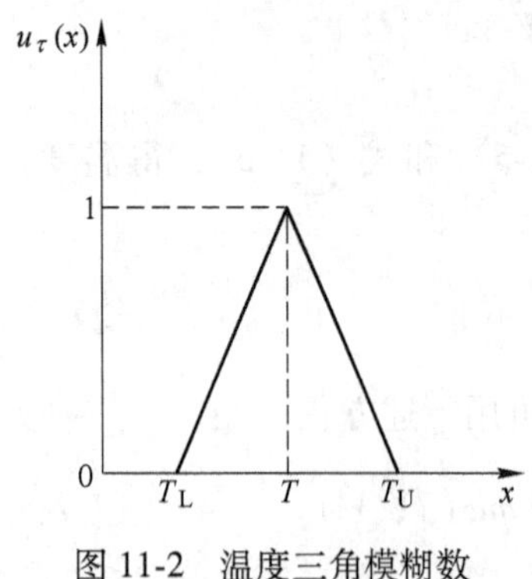

图 11-2　温度三角模糊数

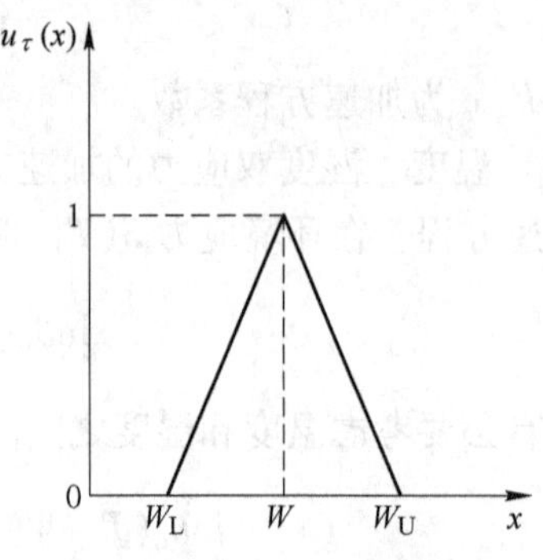

图 11-3　湿度三角模糊数

对某一储存点，三角模糊数（$\tilde{T}=(T_L,T,T_U)$）的中间值 T，为该储存点温度的均值，T_L 为该储存点温度的最低值，T_U 为该储存点温度的最高值；湿度三角模糊数（$\tilde{W}=(W_L, W, W_U)$）的中间值，W 为该储存点湿度的均值，W_L 为该储存点湿度的最低值，W_U 为该储存点湿度的最高值。

11.2.3.3　模糊储存温度模型

每一温度或湿度周期内各储存点的温度或湿度最低值构成的变化函数记为 $T_L(t)$ 或 $W_L(t)$，各储存点的温度或湿度最高值构成的变化函数记为 $T_U(t)$ 或 $W_U(t)$，各储存点的平均变化函数曲线为 $T(t)$ 或 $W(t)$，则可以确定出任意储存时刻 t 的模糊储存温度或湿度模型为

$$\tilde{T}(t)=(T_L(t),T(t),T_U(t)) \tag{11-10}$$

$$\tilde{W}(t)=(W_L(t),W(t),W_U(t)) \tag{11-11}$$

式中，t 为储存时间，单位为月，假设产品储存期为 N 年，$i=1, 2, \cdots, N$，则 $12(i-1)<t\leqslant 12i$。

由式（11-10）或式（11-11）就可确定出任意储存时刻温度或湿度的最低、最高值以及温度或湿度变化范围。由该模糊温度或湿度值代替检测点的单点温度值，将较好地反映出储存温度或湿度的实际变化区间，进而可以较好地反映储存温度或湿度最低和最高时对产品性能的影响程度。

11.3　系统储存可靠性评定方法

以军工部门为例，在现代武器系统的储存可靠性评估中，由于不少系统的结构复杂、造价昂贵、数量少、储存期长。若整机进行可靠性试验，不仅试验周期长，而且消耗很大的费用。因此，在一般情况下，整机的实际储存可靠性试验次数很少或不做，这就必须充分运用系统全寿命周期与可靠性相关的所有信息，以保证在较少现场试验次数的情况下，对系统可靠性做出科学合理的评估。一般产品储存数据的结构特点中，中小子样、区间型无具体的失效时刻，这给可靠性统计评定带来很大的不便。目前还没有特别成熟的方法利用此类数据进行系统可靠性评定。

由于在系统中，单元的失效分布类型可能不同，且当各单元的失效分布已知时，如何折合到系统可靠性的分布，这都是需要考虑的问题。常规的系统可靠性综合评定方法，在进行数据逐级综合时，除将不同分布类型的数据折合到某一指定分布中，各级的试验条件也可能存在差别，还需将试验信息折合到一个统一的环境下进行评估，这就必须考虑环境折合的问题。此外，为准确地确定全系统的薄弱环节，需对各个部件进行详细的储存可靠性分析，计算任意储存时间下的可靠度，预估部件的可靠寿命，进而采取相应的措施延长部件的使用寿命。由此提出另外一种评定系统储存可靠性的方法，即根据系统的结构模型关系，将系统的试验信息逐级下放到子系统或部件级，成为相应的子系统或部件级的试验信息，再由下向上由部件的试验数据逐级拟合系统的寿命模型，然后进行储存可靠性分析。

11.3.1　系统失效判据的模糊处理方法

产品的失效通常有两种形式：一种是成败型；另一种是性能退化型。对于成败型失效产生的试验数据，可表示为如下形式

$$(t_i,\ n_i,\ f_i)\quad i=1,\ 2,\ \cdots,\ k \tag{11-12}$$

式中，t_i 为储存时间，年；n_i 为从储存了 t_i 年的产品中抽取的试验样本量；f_i 为 n_i 个产品中出现的失效数；k 为年份点数目。

对于性能退化型失效产生的定量型数据，一种处理方法是通过规定的数据转换方法转换为成败型数据，然后按成败型数据的分析方法进行分析。但由于性能退化过程本身是一个模糊过程，如果将退化程度以成或败两种状态表示，不能较好反映实际情况。而且对储存情况来说，产品由成功到失败是一个长期的过程，检测到的产品成功数，其成功程度不可能全部为100%，也即成败程度本身也是一个模糊概念。如果以传统二值逻辑为基础将成败型数据处理为整数，也不能较好地符合实际情况。在此引入模糊理论对这些问题进行讨论[45]。

11.3.1.1　成败型数据失效判据的模糊处理

成败型系统实际获得的成功和失败次数均为整数，表示试验信息要么完全成功，要么完全失效，成功或失效的程度均为100%。但对于储存情况来说，得到的成功数（或失效数）为在某种程度上的成功数（或失效数），鉴于此，引入三角模糊数，对储存期成败型数据的失效判据进行模糊处理，用三角模糊数来代替绝对的整数成功数 S 和失效数 F，即把部件或系统试验的可靠度信息用三角模糊数（$\tilde{N}$，$\tilde{F}$，$\tilde{S}$）表示。该类模糊数的隶属函数如图 11-4 所示。

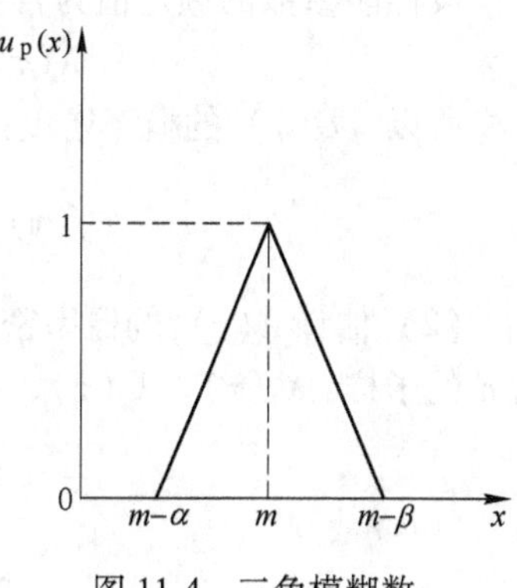

图 11-4　三角模糊数

为保证经过模糊处理后结果的保守性，提高安全性，在模糊处理时可参考以下原则：

（1）对于系统的试验成功数，取整数试验数据作为三角模糊数 $\tilde{L}=(m-a,\ m,\ m+\beta)$

的中间值（m），即 $m=S$，a 和 β 可以相同，也可以不同，二者通常的取值范围为 m 的 0.05~0.3 倍，具体取值由所研究问题的实际情况决定；

（2）试验失败数为试验总数 N 减去试验成功数；

（3）试验截尾数仍按实际截尾数计算。

这样对于三角模糊数 $\tilde{L}=(m-a,\ m,\ m+\beta)$，当 $N=S+F$ 时，系统的可靠性数据可表示如下：

试验成功数：　$\tilde{S}=(S-a,\ S,\ S+\beta)$

试验失败数：　$N-\tilde{S}=(F-\beta,\ F,\ F+a)$

将原始数据经过这样的模糊处理后，就可以按相应的寿命分布类型进行参数估计，进而求得可靠度下限，这时求得的可靠度下限为一个区间。

11.3.1.2　**性能退化型数据失效判据的模糊处理**

由于故障的发生具有从量变到质变的过程，伴随这一过程必定有性能参数的变化。在长期储存中，由于受到温度、湿度和通断电循环等的影响，产品的性能参数将产生漂移。随储存时间的增加，产品中某些信号的参数必然要在其标准状态的附近左右摆动。当性能参数值超出实际允许的容差范围时，产品才会发生失效，丧失功能。同样引入模糊理论对产品储存性能进行分析，将性能参数完全正常到完全失效的退化范围模糊化，引入模糊隶属函数，确定参数的模糊可靠度。其方法如下：

（1）确定参数退化的分布：实际统计表明，不少性能参数的变化量 $Y(\tau)$ 服从均值为 $E(\tau)$、方差为 $D(t)$ 的正态分布，且 $E(t)=C\cdot\tau$，$D(t)=D\cdot\tau$，即

$$Y(\tau)\sim N(C\tau,D\tau)$$

式中，τ 为检测间隔期；C 为参数漂移系数；D 为参数扩展系数。

实践表明：检测间隔期越长，参数变化量的均值也越大，且参数值的方差（离散程度）也越大。

设性能参数的额定值为常数 X，那么 τ 时刻后的参数值为

$$X(\tau)=X_0+Y(\tau)\sim N(X_0+C\tau,D\tau)$$

所以，$D(\tau)$ 的概率密度函数为

$$f(x)=\frac{1}{\sqrt{2\pi D\tau}}\exp\left[-\frac{(x-X_0-C\tau)^2}{2D\tau}\right] \tag{11-13}$$

（2）估计 $X(\tau)$ 的概率密度：设在每个检测间隔期 τ 内，得到参数 $X(\tau)$ 的一个容量为 n 的子样：$X_1(\tau)$，$X_2(\tau)$，…，$X_n(\tau)$，参数均值和方差的无偏估计可分别表示为

$$X_0+\tilde{C}\tau=\frac{1}{n}\sum_{i=1}^{n}X_i(\tau)=\overline{X}(\tau)$$

$$\hat{D}\tau=\frac{1}{n-1}\sum_{i=1}^{n}\left[X_i(\tau)-\overline{X}(\tau)\right]^2$$

故可求得

$$\hat{C}=\frac{\overline{X}(\tau)-X_0}{\tau};\hat{D}=\frac{\sum_{i=1}^{n}\left[X_i(\tau)-\overline{X}(\tau)\right]^2}{\tau(n-1)} \tag{11-14}$$

$X(\tau)$ 的概率密度函数为

$$f(x)=\frac{1}{\sqrt{2\pi\hat{D}\tau}}\exp\left[-\frac{(x-X_0-\hat{C}\tau)^2}{2\hat{D}\tau}\right] \tag{11-15}$$

（3）确定隶属函数：储存产品的某参数 X，在其正常工作时，要求规定值的变化幅度不能超过规定的容差限，即 $X=X_0\pm a$；式中，a 为规定的容差限。常规数理统计理论规定产品参数在此范围内时为正常，否则即为失效。实际上，由于从正常到失效间存在过渡，为了避免精确界定产生的不应有的信息损失，这里规定从完全正常到完全失效间参数还有一个变化幅度即各参数幅度变化的最大偏差可大于 a，设为 $b(b>a)$。在此动态范围内变化时，其可靠度也会相应变化。因此，引入模糊方法对失效状态进行建模。这类参数漂移的模糊现象具有以下特点：在实数的某一区间内是清晰的，而在区间的左、右两方是模糊的，可选择中平正态型隶属函数，取论域为（X_0-b，X_0+b），如果超出这个范围，认为设备彻底失效。$[X_0-a,\ X_0+a]$ 区间的隶属度为 1（如图 11-5 所示）。对于参数只能在区间左（或右）一侧变化的情况，可以取图 11-5 中点（X_0+a）以左（或点（X_0+a）以右）的部分。

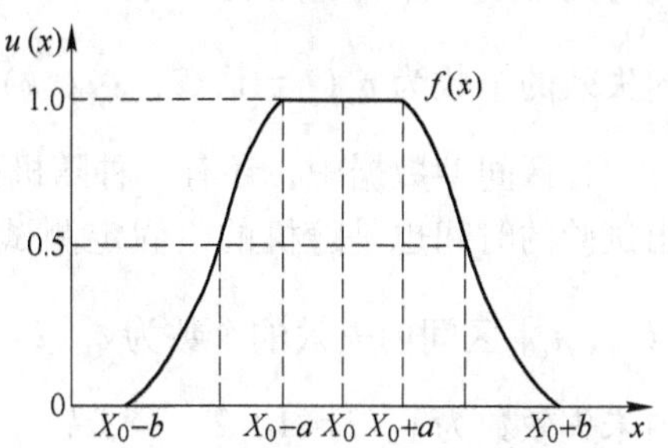

图 11-5 中平正态型隶属函数

$$\mu(x)=\begin{cases}e^{-\frac{1}{2D\tau}(x-X_0+a)^2} & X_0-b\leqslant x<X_0-a\\ 1 & X_0-a\leqslant x<X_0+a\\ e^{-\frac{1}{2D\tau}(x-X_0+a)^2} & X_0+a\leqslant x<X_0=b\\ 0 & 其他\end{cases} \tag{11-16}$$

由模糊隶属函数，就可求出系统的模糊储存可靠度，模糊可靠度预计模型为

$$R(\tau)=\int_x\mu(x)\cdot f(x)\mathrm{d}x$$

$$=\frac{1}{\sqrt{2\pi D\tau}}\left(\int_{X_0-b}^{X_0-a}e^{\frac{(x-X_0-C\tau)^2+(x-X_0+a)^2}{2D\tau}}\mathrm{d}x+\int_{X_0-a}^{X_0+a}e^{\frac{(x-X_0-C\tau)^2}{2D\tau}}\mathrm{d}x+\int_{X_0+a}^{X_0+b}e^{\frac{(x-X_0-C\tau)^2+(x-X_0+a)^2}{2D\tau}}\mathrm{d}x\right) \tag{11-17}$$

式中，中间一项即为以常规可靠性理论确定的可靠度函数，左、右两项为考虑储存性能的模糊退化时引入的可靠度函数。由此可以看出，性能退化型分布的实际可靠度要大于常规理论确定的可靠度。以上述函数式计算得到的可靠度作为产品性能退化型失效的可靠度估计值时，整个系统的储存可靠度将比常规理论计算出的可靠度要高，也即对称性能退化型产品，用常规可靠性理论评定的结果偏于保守。

11.3.2 寿命分布中参数的估计

11.3.2.1 基于有失效数据求寿命分布参数的 MLE 法

之所以采用 MLE 法估计，原因在于它是渐进无偏估计，而且对于中小子样的估计偏差也较小。另外，无论是完全试验、定数截尾、定时截尾还是随机截尾的情况，MLE 法估计都可适用。

对于大型、昂贵的设备，长期处于储存状态时，在储存期对它们做连续不间断的检测是非常困难的，实际中常进行定期检测。储存可靠性评定的关键，就是根据实测数据按经验分布（一般情况下机械和液压产品寿命服从威布尔分布、电子产品寿命服从指数分布）进行分布参数拟合。按有无失效的情况区分，储存试验得到的数据有两大类：有失效数据和无失效数据。其中有失效数据的失效时间没有观测到，所观测到的是发生在某个时间区间的失效数，即假定测试时间为 $0 \leqslant t_0 < t_1 < \cdots t_k < \infty$ 时，仅能确定出在 $[t_{i-1},\ t_i]$ 区间内失效的个数为 $r_i\ (i=1,\ 2,\ \cdots,\ k)$ 且 $\sum_{i=1}^{k} r_i = r < n$，即所谓的区间型数据。

在区间型数据中，还有一种随机截尾数据，即测试的产品有中途退出试验，而这个退出试验的时间也是随机的，假定测试时间为 $0 \leqslant t_0 < t_1 < \cdots t_k < \infty$ 时，仅能确定出在 $[t_{i-1},\ t_i]$ 区间内失效的个数为 $c_i\ (i=1,\ 2,\ \cdots,\ k)$，且 $\sum_{i=1}^{k} c_i = c < n$。假设在 $[t_{i-1},\ t_i]$ 内未失效数为 $s_i\ (i=1,\ 2,\ \cdots,\ k)$，则到试验截止时共有 r 个失效，c 个截尾，尚有 $s = n - r - c$ 个未失效，它们将在 $[t_k,\ \infty)$ 区间内失效。称上面的数据为带随机截尾的区间型数据，如表 11-1 所示。

表 11-1　区间型数据

检查时间 t_i	t_1	t_2	…	t_k	$> t_k$
时间间隔	$[0,\ t_1]$	$[t_1,\ t_2]$	…	$[t_{k-1},\ t_k]$	$[t_k,\ \infty]$
失效数目	r_1	r_2	…	r_k	$n-r$
截尾数目	c_1	c_1	…	c_k	
未失效数目	s_1	s_2	…	s_k	$n-r-c$

假设每个样品有寿命 T 和截尾时间 L，且 T 和 L 是独立的连续随机变量，其累积失效函数分别为 $F(t)$ 和 $G(t)$。下面分别确定出双参数威布尔分布和单参数指数分布的极大似然函数。

（1）单参数指数分布的极大似然函数：指数分布的寿命分布函数为

$$F(t) = 1 - \mathrm{e}^{-\lambda t},\ t \geqslant 0 \tag{11-18}$$

式中，$\lambda>0$ 为失效率。

一个产品在 $[t_{i-1},\ t_i]$ 内失效的概率为

$$p_i = p\{t_{i-1} \leqslant t \leqslant t_i\} = F(t_i) - F(t_{i-1}) \quad i=1,\ 2,\ \cdots,\ k \tag{11-19}$$

一个产品到 t_k 时点尚未失效，而在 $[t_k,\ \infty)$ 内失效的概率为

$$p_k = p(t > t_k) = 1 - F(t_k) \tag{11-20}$$

同样，一个产品在 $[t_{i-1},\ t_i]$ 内截尾的概率为

$$p'_i = p\{t_{i-1} \leqslant t \leqslant t_i\} = G(t_i) - G(t_{i-1}) \quad i=1,\ 2,\ \cdots,\ k \tag{11-21}$$

一个产品到 t_k 时点尚未截尾，而在 $[t_k,\ \infty)$ 内截尾的概率为

$$p'_k = p(t > t_k) = 1 - G(t_k) \tag{11-22}$$

于是，在测试周期 $[t_{i-1},\ t_i]$ 内，失效 r_i 个的概率为 $(p_i)^{r_i}$，截尾 c_i 个的概率为

$(p_i')^{c_i}$，到 t_k 时刻有 s 个产品尚未失效的概率为 $(p_i)^s$，则似然函数为

$$L=\left\{\frac{n!}{(n-r)!\prod_{i=1}^{k}r_i!}\prod_{i=1}^{k}p_i^{r_1}(p_k)^s\right\}\left\{\frac{n!}{(n-c)!\prod_{i=1}^{k}c_i!}\prod_{i=1}^{k}p_c'^{c_i}(p_k')^s\right\}$$

$$=\left\{\frac{n!}{(n-r)!\prod_{i=1}^{k}r_i!}\prod_{i=1}^{k}[F(t_i)-F(t_{i-1})]^{r_i}(1-F(t_k))^s\right\}\times$$

$$\left\{\frac{n!}{(n-c)!\prod_{i=1}^{k}c_i!}\prod_{i=1}^{k}[G(t_i)-G(t_{i-1})]^{c_i}(1-F(t_k))^s\right\} \tag{11-23}$$

由于求取的是寿命 T 中的相关参数，可以假设 $G(t)$ 中不含任何未知参数，则式 (11-23) 中的第二部分（即末项）就可被略掉，令

$$C=\frac{n!}{(n-r)!\prod_{i=1}^{k}r_i!}$$

可得似然函数为

$$L=C\prod_{i=1}^{k}[F(t_i)-F(t_{i-1})]^{r_i}(1-F(t_k))^s$$

则

$$\ln L=\ln C+\sum_{i=1}^{k}r_i\ln[\mathrm{e}^{-\lambda t_i}-\mathrm{e}^{-\lambda t_{i-1}}]+\left[n-\sum_{i=1}^{k}(r_i+c_i)\right](-\lambda t_k) \tag{11-24}$$

（2）双参数威布尔分布的极大似然函数：寿命分布函数 $F(t)$ 为

$$F(t)=1-\exp\left[-\left(\frac{t}{\eta}\right)^m\right]\quad t\geqslant 0 \tag{11-25}$$

式中，$m>0$ 为形状函数，$\eta>0$ 为特征寿命。

可得似然函数为

$$L=C\prod_{i=1}^{k}[F(t_i)-F(t_{i-1})]^{r_i}(1-F(t_k))^s$$

则

$$\ln L=\ln C+\sum_{i=1}^{k}r_i\ln\left[\mathrm{e}^{-\left(\frac{t_{i-1}}{\eta}\right)^m}-\mathrm{e}^{-\left(\frac{t_i}{\eta}\right)^m}\right]+\left[n-\sum_{i=1}^{k}(r_i+c_i)\right]\ln\left[\mathrm{e}^{-\left(\frac{t_k}{\eta}\right)^m}\right] \tag{11-26}$$

传统的求参数法是利用迭代法求解各参数的极大似然方程，但由于迭代初始值的选取对迭代结果的收敛性影响较大，实际应用中工作量较大。如果以随机模拟的方法求参数的估计值，试验样本数量的多少会对估计结果产生影响，样本量越少影响越大。为克服以上缺点，可通过建立分布参数的优化模型，采用遗传模型，采用遗传算法等优化方法求分布参数的估计值，优化模型如下：

（1）寿命分布为指数分布时

$$\left.\begin{aligned}&\min f(\lambda)=-\ln L(\lambda)\\&\text{s.t.}\qquad \lambda_{\mathrm{L}}\leqslant\lambda\leqslant\lambda_{\mathrm{U}}\end{aligned}\right\} \tag{11-27}$$

式中，λ_{L}、λ_{U} 分别为参数 λ 取值区间的最小点和最大点。

该目标函数中的似然函数式即为式（11-24）。

（2）寿命分布为威布尔分布时

$$\left.\begin{aligned}\min f(m,\ \eta) &= -\ln L(m,\ \eta)\\ \text{s. t.}\qquad m_{\mathrm{L}} &\leqslant m \leqslant m_{\mathrm{U}}\\ \eta_{\mathrm{L}} &\leqslant \eta \leqslant \eta_{\mathrm{U}}\end{aligned}\right\}\tag{11-28}$$

式中　m_{L}，m_{U}——参数 m 取值区间的最小点和最大点；

η_{L}，η_{U}——参数 η 取值区间的最小点和最大点。

该目标函数中的似然函数式为式（11-26）。

11.3.2.2　基于无失效数据求寿命分布参数的模糊加权最小二乘法

随着科学技术的发展和产品质量的不断提高，无失效数据的出现越来越多。特别是小样本的储存问题中，由于所研究的储存失效率很低，结果就会有许多无失效数据。无失效数据是指对 n_i（$i=1,\ 2,\ \cdots,\ k$）（包括随机截尾数目）个试验样品进行 k 次定时截尾试验，到试验结束时所有样品无一失效。对于无失效数据，如果用 MLE 法进行估计，与工程经验值偏差较大，因此要采用其他方法对这种数据进行处理。

鉴于无失效数据只提供了储存多少年基本无失效的信息，而没有提供有关失效趋势的信息，所以几乎不可能对“何时将开始出现失效”做出可靠的预测。但如果根据无失效数据直接对产品进行可靠性评定，可能会出现结果冒进。因此，根据同类产品的失效机理相同，适用于有失效数据的分布模型同样适用于零失效数据的原则，把有失效数据选择的分布类型用于零失效情况，给出一种处理无失效数据的方法。解决该问题的常规思路为：

（1）在各 t_i 处获得失效概率 $p_i=P(T<t_i)$ 的估计 $\hat{p}_i$；

（2）通过各点配一条寿命分布曲线（如威布尔分布或指数分布），通过曲线拟合，确定出寿命分布中的参数。

近年来，已有经典方法、Bayes 法、多层 Bayes 法、极小 χ^2 法、等效失效数法、拟矩估计等方法来解决上述问题。由于对于无失效问题评价的好坏标准已不能用无偏性、方差最小等常用标准，目前只能用工程经验来判断。因此，上述各种方法从工程角度来说，都可使用。相对来说，多层 Bayes 法和等效失效数法的效果较好。

A　双参数威布尔分布情况下的统计分析

由于多层 Bayes 法要计算两重积分，这里采用等效失效法可求可靠度的估计值。具体步骤如下：

（1）给出可靠度 q_i 的估计 $\hat{q}_i$。可采用经典方法或陈家鼎等人提出的样本空间排序法等方法。

（2）估计等效失效数 $\hat{\beta}$。具体方法为：对给定的 m，T^m 服从指数分布，设其失效率 $\lambda=\eta^{-m}$ 的估计为

$$\tilde{\lambda}=\frac{\beta}{\sum n_i t_i^m}$$

式中，β 即为等效失效数，待估计。

令

$$Q(m,\beta)=\sum_{i=2}^{k}\frac{n_i(\hat{q}_i-q_i(\theta))^2}{q_i(\theta)(1-q_i(\theta))} \tag{11-29}$$

使 Q 最小，即可求得 $\hat{\beta}$。

（3）若 $\hat{\beta}>1$，说明估计偏低，需用 Bayes 方法对 q_i 的估计进行调整，调整公式为

$$\hat{\hat{q}}_i=\hat{q}_i+\frac{s_i+1}{s_i+2}(1-\hat{q}_i) \quad i=1,2,\cdots,k \tag{11-30}$$

对各个 $\hat{q}_i$ 再用步骤（2），可得 β 的再估计 $\hat{\hat{\beta}}$；如此重复，直到 $\hat{\hat{\beta}}\leqslant 1$ 停止。

（4）当 $\hat{\beta}\leqslant 1$，以各 t_i 和调整后得到的 q_i 组成线性回归方程，用线性回归法估计出威布尔分布参数 $\hat{m}$，$\hat{\eta}$。

B　单参数指数分布情况下的统计分析

n 个产品中 r 个在 τ 时刻失效的概率估计值为：$\hat{F}(\tau)=(r+0.5)/(n+1)$。当 $n\to\infty$ 时，$\hat{F}(\tau)\to F(\tau)$，则无失效数据中，当时刻 t_i 有 s_i 个样本未发生失效时，失效概率为

$$p_i=\frac{0.5}{s_i+1} \tag{11-31}$$

当 $i=1$ 时，又 $r_i=0$，由式（11-31）得 p_i 的估计为

$$\hat{p}_1=\frac{0.5}{s_1+1} \tag{11-32}$$

由于储存的必然结果是导致产品最终失效，故产品的失效概率 $p(t)$ 是随时间递增的，即 $p_{i+1}>p_i$。另外，容易证明 $F(t)$ 是关于 t 的凸函数（即 $F''(t)<0$），由凸函数的性质知，当 $t_i<t_{i+1}$ 时，则有

$$p'_{i+1}\geqslant p_{i+1}\geqslant p_i$$

其中

$$p'_{i+1}=p_i\frac{t_{i+1}}{t_i} \tag{11-33}$$

依据无失效情况下，失效概率 p_i 大的可能性小，小的可能性大，取 p_i 的减函数 $(1-p_i)^2$ 作为 p_i 的先验密度的核（$\hat{p}_{i+1}\leqslant p_i\leqslant p'_i$），以 $\hat{p}'_i$ 作为 p_i 的先验信息，则 p_i 的先验分布为

$$\pi(p_i)=\begin{cases}A(1-p_i)^2 & \hat{p}_{i-1}\leqslant p_i\leqslant\hat{p}'_i\\0 & \text{其他}\end{cases} \tag{11-34}$$

其中
$$A=\frac{3}{(1-\hat{p}_{i-1})^3-(1-\hat{p}'_i)^3}$$

p_i 的后验分布为

$$h(p_i\mid s_i)=\frac{(1-p_i)^{s_i+2}}{\int_{\hat{p}_{i-1}}^{\hat{p}'_i}(1-p_i)^{s_i+2}\mathrm{d}p_i} \tag{11-35}$$

在平方损失下（p_i 的点估计值用后验均值来代替），p_i 的 Bayes 估计为

$$\hat{p}_i = \int_{\hat{p}'_{i-1}}^{\hat{p}'_i} p_i h(p_i \mid s_i)\,\mathrm{d}p_i = 1 - \frac{(s_i+3)\left[(1-\hat{p}'_{i+1})^{s_i+4} - (1-\hat{p}'_i)^{s_i+4}\right]}{(s_i+4)\left[(1-\hat{p}'_{i-1})^{s_i+3} - (1-\hat{p}'_i)^{s_i+3}\right]} \tag{11-36}$$

则相应时刻可靠度的估计值 $\hat{q}_i$ 为

$$\hat{q}_i = 1 - \hat{p}_i \tag{11-37}$$

由式（11-32）、式（11-33）、式（11-36）和式（11-37）四式，就可以求出任意观测时刻 t_i 可靠度的估计值 $\hat{p}_i$，然后将指数分布的可靠度函数通过对数变换组成线性回归方程，用线性回归法即可估计出指数分布参数 λ。

C　模糊加权最小二乘法

由前面的分析知，对无失效数据分布参数的估计要采用线性回归法。在实际回归中，如果采用常规线性回归方程模型，为避免个别异常数据影响回归精度，先要对数据进行处理，以剔除异常数据。常规数理统计理论将数据的正常和异常判断为两种截然对立的状态，实际上，在判据的正常和异常之间，存在着一些中间过渡的数据。这些数据是正常还是异常很难判定，亦即具有模糊性，所以实际中要正确地剔除异常数据并非易事。这就常使回归方程发生较大偏离，致使回归方程欠稳定。为削弱异常数据对回归方程的影响，提高方程的稳定性，提出模糊加权最小二乘法对参数进行估计。

模糊加权线性回归模型：

设有 k 组数据（x_i，y_i），$i=1$，2，…，k，利用基于最小二乘法的线性回归方程 $\hat{y}=\hat{A}x+\hat{B}$，有

$$\hat{A} = \frac{\sum_{i=1}^{k} x_i y_i - \sum_{i=1}^{k} x_i \sum_{i=1}^{k} y_i / k}{\sum_{i=1}^{k} x_i^2 - \left(\sum_{i=1}^{k} x_i\right)^2 / k} \tag{11-38}$$

$$\hat{B} = \bar{y} - \hat{A} \cdot \bar{x} \tag{11-39}$$

$$\bar{y} = \sum_{i=1}^{k} y_i / k,\quad \bar{x} = \frac{1}{k}\sum_{i=1}^{k} x_i \tag{11-40}$$

设想残差 e_i（观测值 y_i 与估计值 $\hat{y}_i$ 的差值）的函数 $\mu_L(e_i)$ 来描述观测点数据（x_i，y_i）对回归直线 L 的隶属程度，且 e_i 的分布服从正态分布

$$N\left\{0,\ \left[1 + \frac{1}{k} + \frac{(x_i - \bar{x})^2}{\sum_{j=1}^{k}(x_j - \bar{x})^2}\right]\sigma^2\right\}$$

在［0，∞）区间内，$\mu_L(e_i) \in [0,1]$，且满足：当 $e_i \to 0$ 时，$\mu_L(e_i)=1$；当 $e_i \to \infty$ 时，$\mu_L(e_i)=0$。则

$$\mu_L(e_i) = 2\int_{-\infty}^{|\hat{y}_i| - |e_i|} \frac{1}{\sqrt{2\pi}\sigma} \mathrm{e}^{-\frac{(y - |\hat{y}_i|)^2}{2\sigma^2}} \mathrm{d}y \tag{11-41}$$

式中，σ 可用 $\hat{\sigma}$ 估计。

$$\hat{\sigma} = \sqrt{\frac{1}{k-2}\sum_{i=1}^{k}(|y_i| - \hat{A}x_i - \hat{B})^2} \tag{11-42}$$

对于 $\hat{y}_i$ 同时含有正负数的情况，应将其分成正数和负数两组分别求隶属度。这样通过求取 $|\hat{y}_i|$ 的隶属度，就可以保证 $\mu_L(e_i) \in [0, 1]$，再以模糊加权残差二次方和最小为目标，构成模糊加权线性回归模型

$$\min_{A,\ B}\sum_{i=1}^{k}[\mu_L(e_i)(y_i - Ax_i - B)^2]$$

即可求出 A，B。

11.3.3 混合分布系统寿命分布类型的推断

按产品系统的结构模型可以逐级由各部件到各子系统，再由各子系统到整个系统的由下向上的顺序，按照结构关系（串联或并联等）求得系统的储存可靠度。假定某系统所有部件和子系统的结构关系为串联关系，则系统可靠度为

$$R_S(t) = \prod_{i=1}^{n}R'_i(t) = \prod_{i=1}^{n}\prod_{j=1}^{n_i}R_j(t) \tag{11-43}$$

式中 $R'_i(t)$——第 i 个子系统的可靠度，$i=1, 2, \cdots, n$

$R_j(t)$——第 j 个子系统的可靠度，$j=1, 2, \cdots, n$

n——子系统的总个数；

n_i——第 i 个子系统中部件的个数。

由于系统是由多个威布尔子系统和多个指数分布子系统组成的，系统的寿命分布即为多个威布尔分布和多个指数分布组成的混合分布，考虑到工程上常将整个系统假定为服从某单一类型的分布，这里也将其进行一些工程简化：根据产品的失效机理，选择一个适当的寿命分布函数，对由式（11-43）得到任意一组数据进行回归和分布拟合检验，确定整个系统的寿命分布类型及对应的参数估计值[46]。

11.3.3.1 寿命分布类型的统计推断法

A 可靠度函数的线性化

把选定的系统寿命分布的可靠度函数 $R(t)$，进行线性化变换，得到直线

$$y = Ax + B \tag{11-44}$$

式中，y 为 $R(t)$ 的函数；x 为 t 的函数。

（1）指数分布：可靠度函数 $R(t) = e^{-\lambda t}$ 变形得 $\ln R(t) = -\lambda t$，令 $y = \ln R(t)$，$B = 0$，$A = -\lambda$，$x = t$，则式（11-3）转化为

$$y = Ax + B$$

（2）威布尔分布（二参数）：可靠度函数 $R(t) = e^{-\left(\frac{t}{\eta}\right)^m}$ 变形得

$$\ln(-\ln R(t)) = m\ln t - m\ln\eta$$

令 $y=\ln(-\ln R(t))$，$B=m\ln\eta$，$A=m$，$x=\ln t$，则式（11-3）转化为

$$y=Ax + B$$

B 寿命分布类型的 F 检验

由于选择分布类型比较困难，在通常没有足够的合理数据去检验的情况下，就要基于

先前的经验来做分布选择。这里仅从统计角度来考察分布类型。将式（11-43）得到的 k 组数据（t_i，$R_S(t_i)$）利用模糊加权最小二乘法进行直线拟合得出回归直线方程

$$y = \hat{A}x + \hat{B}$$

然后进行线性拟合检验，即对 H_0：$A=0$ 进行显著性检验。F 检验统计量为

$$F = \frac{\hat{A}^2 l_{xx}}{l_{yy} - \hat{A}^2 l_{xx}}(k-2) \tag{11-45}$$

其中

$$l_{yy} = \sum_{i=1}^{k} y_i^2 - (\sum_{i=1}^{k} y_i)^2/k;\ l_{xx} = \sum_{i=1}^{k} x_i^2 - (\sum_{i=1}^{k} x_i)^2/k$$

它服从第一自由度为 1，第二自由度为（$k-2$）的 F 分布。在给定的显著水平 a 下，如果 $F > F_a$（1，$k-2$），则认为 $A\neq0$，回归是有效的，即试验数据符合被线性化的那个分布。

有回归值 $\hat{A}$、$\hat{B}$，即可得到所选择的寿命分布 $R(t)$ 表达式中参数的估计值，进而得到回归后的可靠度函数，记为 $R(t)$。

如果两个分布同时通过 F 检验，则认为这两个分布从统计角度来说是可行的。对于具体情况，可由经验选择一种比较符合实际的分布。

11.3.3.2　寿命分布类型的蒙特卡罗数字仿真法

由式（11-43）可得到串联系统在任一时刻的储存可靠度 $R_S(t)$，作为系统真实储存可靠度的估计值。假设储存系统的拟合可靠度为 $\hat{R}(t)$，当系统的拟合分布为指数分布时，拟合可靠度为 $\hat{R}_E(t)$；当系统的拟合分布为威布尔分布时，拟合可靠度为 $\hat{R}_W(t)$。所要研究的问题是：拟合可靠度 $\hat{R}(t)$（$\hat{R}_E(t)$ 或 $\hat{R}_W(t)$）对 $R_S(t)$ 的统计误差是否显著，其显著程度如何，下面给出评价标准。

A　可靠度的比较

主要考虑拟合可靠度对系统储存可靠度的误差之间的统计差别。这里定义如下统计量，称为综合偏差，记作 IB，其表达式为

$$IB = E\int_0^{t_R} |\hat{R}(t) - R_S(t)|\, dt \tag{11-46}$$

式中，$E(\cdot)$ 为表示期望值；t_R 为真值的可靠寿命。

记 IB_W、IB_E 分别为威布尔和指数拟合分布下的综合偏差，它反映了不同分布情况下各自的统计偏差。偏差越小，对真实系统拟合的可行性和可信度越高。

以指数拟合分布为例，对式（11-46）采用蒙特卡罗仿真求解的估计式为

$$IB_E = \sum_{m=1}\int_0^{t_R} |\hat{R}_{Em}(t) - R_S(t)|\, dt/N \tag{11-47}$$

式中　N——估计次数，也即仿真次数；

$\hat{R}_{Em}(t)$——第 m 次仿真所得的拟合可靠度估计，$m=1$，2，…，N。

$\hat{R}_{Em}(t)$ 的计算步骤如下：

（1）对系统中任一指数寿命型子系统的寿命参数进行随机抽样，得出参数值 λ_i；

（2）确定出给定参数值 λ_i 下子系统的储存可靠度函数 R_i；

（3）重复第（1）、（2）步，直至确定出所有（假定为 k 个）指数型子系统的储存可靠度函数；

（4）对系统中任一威布尔寿命型子系统的寿命参数进行随机抽样，得出参数值 m_i、η_i；

（5）确定出给定参数值 m_i、η_i 下威布尔子系统的储存可靠度函数 R_j；

（6）重复第（4）、（5）步，直至确定出所有（假定为 l 个）威布尔型子系统的储存可靠度函数；

（7）以结构串联关系确定出混合系统的储存可靠度函数 $R_S = \prod_{i=1}^{k} R_i \prod_{j=1}^{l} R_j$；

（8）以一个未知的指数分布拟合混合系统储存可靠度 R_S，求得分布参数 λ 及拟合后的系统储存可靠度 $\hat{R}_{Em}(t)$。

对威布尔拟合分布的处理情况，可完全参考指数分布的情况。

B 点估计的比较

上面的估计是基于一段时间区间（0，t_R）上的综合偏差来比较。实践中，还需要考虑单个点估计的情况，即不同分布下对可靠度或可靠储存寿命估计的影响。为此定义均方误差估计

$$\mathrm{MSE} = E(\hat{R} - R_S)^2 \tag{11-48}$$

C 分布模型的保守性

从安全的角度出发，工程中往往倾向于使所选用模型得到的可靠度或可靠寿命偏保守即偏小些，从而为设计留下更大的安全裕度。为此定义

$$\begin{cases} P_E = P(\hat{R}_E \leqslant R_S) \\ P_W = P(\hat{R}_W \leqslant R_S) \end{cases} \tag{11-49}$$

式（11-49）等号右边的符号 $P(\cdot)$ 表示在 N 次仿真中，括号内条件成立所占的比例。

依据上述思路进行仿真试验，就可确定出系统的最佳拟合寿命分布。

11.3.4 基于模糊方法确定系统的储存可靠性

系统储存可靠性与储存环境、测试效率等多种因素有关，综合考虑这些因素的模糊性时，系统储存可靠度模型讨论如下[47]。

11.3.4.1 考虑环境温度、湿度和测试效率的系统储存可靠度

A 基于模糊环境温度和湿度下系统的储存可靠度模型

假定固有储存失效率 λ_0 受温度和湿度双应力作用，由前面分析的结果可确定出产品储存可靠度模型为

$$R(t) = R_0 \cdot R(t,\lambda_i) = R_0 \cdot R(t,\lambda_0(e,b,c),\beta) \tag{11-50}$$

（1）产品进入储存状态时的可靠度 R_0 的估计：可以由出厂或开始储存时的检测结果（N_0，n_0）计算得到 R_0 的极大似然点估计值

$$\hat{R} = n_0/N_0 \tag{11-51}$$

（2）不修复条件下的平均储存寿命及储存寿命退化参数的估计：该项估计的内容即是

对未知参数 θ_0 和 β 进行最小二乘估计。

1）产品寿命服从指数分布时：由式（11-3）和式（11-51）得

$$R(i\tau)=R_0\exp[-\lambda_0(i+1)^{\beta}\tau]$$

当 τ 为计时单位时，经变换有

$$Y_i=aX_i+b\quad i=1,2,\cdots,k \tag{11-52}$$

式中

$$Y_i=\ln[-\ln(R(i\tau)/R_0)],\ b=\ln(1/\lambda_0),\ a=\beta,\ X_i=\ln(i+1) \tag{11-53}$$

因此可以得到参数 $\theta_0=1/\lambda_0$ 和 β 的最小二乘估计

$$\left.\begin{aligned}\hat{\beta}&=\frac{\sum_{i=1}^{k}(Y_i-\overline{Y})(X_i-\overline{X})}{\sum_{i=1}^{k}(X_i-\overline{X})^2}\\ \hat{\theta}_0&=\exp(-\overline{Y}+\hat{\beta}\overline{X})\end{aligned}\right\} \tag{11-54}$$

式中，$\overline{Y}=\dfrac{1}{k}\sum_{i=1}^{k}Y_i$；$\overline{X}=\dfrac{1}{k}\sum_{i=1}^{k}X_i$。

2）产品寿命服从威布尔分布时：由于威布尔储存寿命的退化极其缓慢，为简化计算，假设 $R_0=1$。对威布尔寿命型产品，其失效率函数为

$$\lambda(t)=\frac{mt^{m-1}}{\eta^m}$$

因此假设

$$\lambda=\frac{\hat{m}(i\tau)t^{\hat{m}-1}}{\hat{\eta}^{\hat{m}}} \tag{11-55}$$

当给定测试周期 τ 时，λ 为已知量。

由式 $\lambda=\lambda_0(i+1)^{\beta}$，经变换有

$$Y_i=aX_i+b\quad i=1,2,\cdots,k \tag{11-56}$$

其中

$$Y_i=\ln\lambda,\ b=\ln\lambda_0,\ a=\beta,\ X_i=i+1 \tag{11-57}$$

因此可得到威布尔分布下参数 λ_0 和 β 的最小二乘估计

$$\left.\begin{aligned}\hat{\beta}&=\frac{\sum_{i=1}^{k}(Y_i-\overline{Y})(X_i-\overline{X})}{\sum_{i=1}^{k}(X_i-\overline{X})^2}\\ \hat{\lambda}_0&=\exp(-\overline{Y}+\hat{\beta}\overline{X})\end{aligned}\right\} \tag{11-58}$$

式中，$\overline{Y}=\dfrac{1}{k}\sum_{i=1}^{k}Y_i$；$\overline{X}=\dfrac{1}{k}\sum_{i=1}^{k}X_i$。

（3）环境因子加速方程系数的估计：设对 J 个不同储存环境条件的储存点进行抽样测试，且第 i 个储存点的环境因子为 $S_i=(T_i,\ W_i)$，$i=1,\ 2,\ \cdots,\ J$。利用式（11-58）可以得到 S_i 应力水平下产品固有储存寿命的估计 $\hat{\theta}_{0i}=\hat{\theta}_0(S_i)$。在 11.2 节储存环境因子对储存

寿命的加速方程中，关于温度、湿度等可考虑的加速方程都是关于 $\hat{\theta}_{0i}$ 有一个对数线性结构，因此很容易得到加速系数的最小二乘估计。

B 基于测试效率的储存可靠度模型

储存产品必须进行定期检测，一旦发现问题要及时维修，以保证产品的储存性能。由于检测测试仪器的性能、检测人员素质等模糊因素的影响，每一次检测都难以保证故障100%被发现，故每次维修都会有一些失效未被排除。能够检测到的失效与定期检测内容及检测方法有关。通常以检测效率来反映经检测后的发现故障比率，其取值范围为区间（0，1）。测试效率的取值越靠近0，表示检测出失效的能力越差；取值越靠近1，表示检测出失效的能力越好。

对于定期检测测试的产品，假设定期检测时间间隔为 τ，每次定期检测的最佳测试效率为 $a_l^*(l=1, 2, 3, \cdots)$，则每次定期测试后产品的储存可靠度关系满足：

$$R_h(l\tau) = e^{-(1-a_l^*)|\ln[R(l\tau)]|} \tag{11-59}$$

式中 $R_h(l\tau)$ ——第 l 个周期经测试后的可靠度（l=1，2，3，…）；

$R(l\tau)$ ——到达第 l 个周期检测时刻的可靠度，对于成败型结构，$R(l\tau)=R_0e^{-\lambda_l l\tau}$；对于性能退化型结构，$R(l\tau)$ 即为性能退化型数据的 $R(\tau)$，可采用相应的方法计算出。

这里需要说明的是，当检测周期为定值时，随检测维修次数的增加，各检测周期内的可靠度要逐步下降，即失效数要逐步增大，不能及时发现的失效数会逐步增多，这同样会缩短产品的储存寿命。为解决这一问题，必须对最佳检测周期进行研究。

由于测试效率的影响，每次定期检测后的可靠度都不可能恢复到1。因此，对某些长储产品系统，进行周期性测试是加强其质量管理的有效途径。但通过测试，一方面可以保持和恢复其可靠性，另一方面又会使其可靠性完全恢复而有一定程度的下降。因此，必须在两者之间进行权衡，以确保长储装备在储存前期保持较高水平的可靠性，从而提高可用度和任务可靠性。

11.3.4.2 系统储存可靠度置信下限的Bootstrap纠偏估计

Bootstrap方法的目的是用现有的资料去模仿未知的分布，即由观测子样构造出子样的经验分布 F_n，再由 F_n 抽取子样去进一步逼近未知分布，其实质是一个再抽样过程。由于在小子样情况下，一些分布（如威布尔分布）参数的极大似然估计仍会产生偏差，对于无失效数据的模糊加权最小二乘估计也非无偏估计，所以此处采用纠偏的Bootstrap，以改进估计结果。具体步骤如下：

（1）用已知的部件试验数据，求出任一部件 i 寿命分布 θ_i 的极大似然估计（或无失效数据的模糊加权最小二乘估计）$\hat{\theta}_i$。

（2）从 $f(x, \hat{\theta}_i)$ 中独立地抽取 n 个样本，利用前 r_n 个次序统计量，按 $\hat{\theta}_i$ 的极大似然估计方法（或无失效数据的模糊加权最小二乘估计法）求得参数 $\hat{\theta}_i$ 的估计值 $\hat{\theta}_i^*$。重复这个步骤 k 次，得 $\hat{\theta}_1^*$，$\hat{\theta}_2^*$，…，$\hat{\theta}_k^*$。

（3）按下式

$$\tilde{\theta}_i = 2\hat{\theta}_i - \frac{1}{k}\sum_{i=1}^{k}\hat{\theta}_i^*$$

求得参数纠偏的 Bootstrap 估计 $\tilde{\theta}_i$。

（4）在 t_j 时刻，由 $\tilde{\theta}_i$ 求出每一部件 i 的储存可靠度 $R_{ij}=f(\theta_i,\ t_j)$，进而按系统可靠度串联模型求出系统的储存可靠度 $\tilde{R}_{\mathrm{S}}$。

（5）重复第（2）~（4）步 N 次，得到 N 个 $\tilde{R}_{\mathrm{S}}$，并按由小到大的顺序排列

$$R_{\mathrm{S}j}^{(1)} \leqslant R_{\mathrm{S}j}^{(2)} \leqslant \cdots \leqslant R_{\mathrm{S}j}^{(k)} \leqslant \cdots \leqslant R_{\mathrm{S}j}^{(N)}$$

则 $R^{(k)}$ 是置信度为 $1-\dfrac{k}{N}$ 的系统的储存可靠度下限。

12 液压可靠性设计准则

12.1 概述

12.1.1 可靠性设计准则的定义

可靠性设计准则，是把产品设计中的成功经验和失败教训加以总结和提炼，使其条理化、系统化、科学化，并在此基础上形成的条款性的约束文件。其目的就是通过制定并贯彻产品可靠性设计准则，把有助于保证、提高产品可靠性的一系列设计要求融合到产品中去。条理化、系统化、科学化的过程就是可靠性设计准则制定的过程，这个过程是相对动态的。可靠性设计准则具有相对动态性、约束性和可检查性。

所谓相对动态性，就是指可靠性设计准则并不是“一成不变”的，而是在液压产品的研制过程中不断地得到补充、修订的“动态”文件。对于某些被实践证明是有效的可靠性的设计方法和原则，要以文件的形式固定下来，要求设计人员强制执行，这也就是其约束性的体现。而对于那些尚未得到验证或未遇到的设计问题，则要根据技术发展和工程实践验证，不断补充和修订。这是动态性的体现。但必须注意，任何一条规则的修改，必须有充分的实践证明，不可随意改动，因此它是相对动态的[48]。

当设计工作完成后，可由相关的专家，依据组织评审通过的准则，逐条地检查其在设计过程中的落实情况。因此，液压可靠性设计准则还是一份可检查的法规性文件，这是可检查性的体现。

液压可靠性设计是为了在设计过程中挖掘和确定隐患（包括薄弱环节），并采取设计预防和设计改进措施有效地消除隐患（包括薄弱环节）。因此，液压可靠性设计准则是一个具有权威性的执行文件，其中的条款都是在进行产品设计时必须逐条落实的。一般来说，凡具有产品代号（即型号）的独立产品，均应建立各自的可靠性设计准则，即该产品的“专用准则”，称为《×××产品可靠性设计准则》[29]。

12.1.2 可靠性设计准则的作用

严格来讲，液压可靠性设计准则是一个质量管理文件，属于基础管理文件的范畴，建立并贯彻液压可靠性设计准则的直接目的是提高设计质量、规范设计行为，最终目的是提高液压产品的可靠性，进而提高其质量。

12.1.2.1 规范可靠性设计

为了满足规定的液压可靠性设计要求，必须采取一系列的液压可靠性设计技术，制定和贯彻液压可靠性设计准则是其中一项重要内容。液压可靠性设计准则可以为可靠性设计提供一个具体的、可操作的“指南”，使得设计人员有章可循，避免设计人员按照自己的喜好进行设计。因此，准则可用来规范设计人员的设计行为。

12.1.2.2 减少低级设计错误

事实证明，许多设计错误是低级的，不是由于技术要求太高达不到，而是由设计人员的“忽视”或“轻视”造成的，其后果往往是很严重的。产品的固有可靠性是产品的一种固有的内在属性，是靠设计赋予、靠制造和管理来保证的，但起决定性作用的还是设计过程。设计人员在进行产品设计时，如果能够认真地执行准则，就可避免一些不该发生的疏忽或者错误（低级错误、共性错误），从而提高液压产品的固有可靠性。因此，在设计过程中落实准则，是提高液压产品固有可靠性的重要手段。

12.1.2.3 检查设计质量的优劣

液压产品的可靠性指标和性能指标都是产品的质量指标。通常来说，性能指标可以用仪器仪表进行测量验证，但可靠性指标的确认比较困难，贯彻可靠性设计准则可以部分地解决这样的问题。在设计工作完成后，管理部门组织专家依据可靠性设计准则的条款，逐条检查准则的落实情况，并提交“可靠性设计准则符合性检查报告”，这样，不但可以检查设计准则的执行情况，还可以定性判定液压产品可靠性设计的优劣。

12.1.2.4 为设计评审提供依据

液压可靠性设计评审能否落实，其关键在于有无抓手，在没有抓手的情况下，空对空的“太极式评审”，对产品的实物质量提升没有太大的意义。因此，在液压产品设计评审时，将“可靠性设计准则符合性检查报告”提交评审，通过逐条审查问题清单，不仅可以对设计质量进一步确认，也可对评审工作质量进行确认和把握，以避免评审走过场，流于形式。

12.1.2.5 一般性可靠性增长的重要方式

一般性可靠性增长是指事前未给出明确的可靠性增长目标，对产品在实验或运行中发生的故障，根据可用于可靠性增长资源的多少，选择其中的一部分或全部实施故障纠正，以使产品可靠性得到确实提高的一种可靠性增长。

在通常情况下，可靠性增长不制定计划增长曲线，也不跟踪增长过程，而是采取一两次集中纠正故障的方式，使产品可靠性得到提高。在这种情况下的增长过程，通常不能满足增长模型的限定条件或假设要求，所以，可靠性增长的最终结果，即经可靠性增长后产品可靠性达到的水平，还需要借助可靠性验证试验、可靠性鉴定试验或产品运行来评估。

因此，在实际工作中，不应把一般可靠性增长复杂化、教条化。液压可靠性设计准则的制定实施过程，就是一种一般的可靠性增长的过程。一种产品的设计通过了“准则符合性检查”和设计评审，并不标志着该项工作的终结。随着液压产品研制进程的深入、关键技术的突破以及故障归零措施的落实等，都可能导致设计的更改。在设计更改过程中，往往会采用新技术、新工艺、新材料、新型元器件等，所有这些改进措施都应该补充到原有的准则中去。因此，准则的补充与修订过程，也是产品可靠性增长的过程

12.1.2.6 组织学习的重要手段

“组织学习”是组织的核心竞争力，组织学习力如何，决定了组织的生命力和成长性。可靠性设计准则是以往产品研制经验的结晶，是宝贵的技术财富。技术人员在长期的工程实践中，有很多经验教训、心得体会，都散落在个人的记事本上或脑子里。这些无形的东西，其实是企业极其宝贵的知识财富。而其重要的载体，就是可靠性设计准则。通过建立

液压可靠性设计准则，可将这些分散的、无形的知识财富收集起来，并加以归纳、提升，使其成为准则。这不仅能够指导当前的产品设计，而且有利于知识的传承和新人的培养，也是组织学习的重要方式之一，对于推动组织（而不是个人）的液压可靠性设计经验的成熟，具有现实而深远的意义[29]。

12.2 总则

1. 按绿色理念设计液压元件和液压系统，使之成为绿色产品。

2. 在可靠性设计中，应考虑其先进性，尽可能采用先进技术和先进设备。

3. 在可靠性设计中，应结合使用单位具体情况，如资金、技术水平、环境和对功能要求来确定方案。

4. 设计时，应考虑到产品失效后如何处理。例如修复再利用或者报废。

5. 工作介质合理选用，同时考虑工作介质变质或污染后如何处理，切不可污染环境。

6. 设计时，尽可能降低液压设备工作时的噪声，或采用隔声措施，因为噪声高会影响人的身体健康。

7. 液压元件和液压系统所用的工作介质不允许有外泄漏，如泄漏到外部，将污染环境，违背了绿色产品要求。

8. 液压设备从设计、加工、装配、试验、贮存、包装、运输、现场安装调试过程和使用，都应考虑可靠性。当某一环节忽视可靠性，就必然影响液压设备的可靠性。如包装、运输过程未达到要求，可能因运输过程的碰撞和震动而损坏。

9. 减额设计是提高液压设备可靠性的途径之一。如中低压系统采用高压元件，高压系统采用超高压元件。

10. 设计液压设备时，必须考虑防潮设计、防霉设计、防盐雾设计，以提高液压设备贮存和使用时的可靠性。

11. 设计液压设备时，要考虑抗震和减震技术措施。

12. 油箱加入新油和补充新油时，对新油必须过滤，保证油液清洁度和提高液压系统可靠性。

13. 设计液压系统时，应考虑到便于维修，以便提高液压系统的可靠性和有效性。

14. 液压设备要符合人-机工程学的要求，便于操作，防止由于操作不当引起安全事故。

15. 液压设备要具有报警功能，在危害情况下能自动切断事故源或自动停机，以避免事故发生，提高可靠性。

16. 设计液压系统时，尽可能减少产品组成部分（如元件、部件）的数量。

17. 尽可能实现零、组、部件的标准化、系列化与通用化，控制非标准零、组、部件的百分比。

18. 尽可能减少标准件的规格和品种数。用较少的零、组、部件实现要求的功能。

19. 采用经过性能检测，且可靠性高的零、组、部件及整机。

20. 对零、组、部件及整机进行性能检测的工具及装备，其精度高和可靠性高。

21. 尽可能采用模块化设计，减少管路连接，提高可靠性。

22. 尽可能分析并确定产品的可靠性薄弱部位，在设计中要充分考虑提高其可靠性。

23. 设计液压系统时，应考虑到操作安全和维修安全。

24. 选用液压系统工作介质时，不允许含有蒸汽、空气及其他容易气化和产生气体的物质；具有良好的润滑性能，否则会降低液压系统工作时的可靠性。

25. 在高温环境下，应选用抗燃或不燃液压油。

26. 环境温度高，配合间隙较大，压力高。此时选用黏度较高的液压油。

27. 当转速或运动速度很高，油流速也高时，选用黏度较低液压油。

28. 设计油箱时，油箱内部装设过滤网或隔板，将回油管和吸油管隔开，同时油箱盖要封闭严密，设有空气过滤器，防止灰尘、切屑等污染物进入油箱，提高液压系统可靠性。

29. 在确定设备整体方案时，除了考虑技术性、经济性、体积、重量、耗电等因素外，可靠性是首先要考虑的重要因素。在满足体积、重量及耗电等因素条件下，必须确立以可靠性、技术先进性及经济性为准则的最佳构成整体方案。

30. 在方案论证时，一定要进行可靠性论证。

31. 在确定产品技术指标的同时，应根据需要和实现可能，确定可靠性指标与维修性指标。

32. 对已投入使用的相同（或相似）的产品，考察其现场可靠性指标、维修性指标及对这两种指标的影响因素，以确定提高当前研制产品可靠性的有效措施。

33. 应对可靠性指标和维修性指标进行合理分配，明确分系统（或分机）、部件以至元件的可靠性指标。

34. 根据设备的设计文件，建立可靠性框图和数学模型，进行可靠性预计。随着研制工作的深入，预计分配应反复进行多次，以保持其有效性。

35. 提出整机的元件限用要求及选用准则，拟订元器件优选手册（或清单）。

36. 在满足技术性能要求的情况下，尽量简化方案及电路设计和结构设计，减少整机元件数量及机械结构零件数量。

37. 在确定方案前，应对设备将投入使用的环境进行详细的现场调查，并对其进行分析，确定影响设备可靠性最重要的环境及应力，以作为采取防护设计和环境隔离设计的依据。

38. 尽量实施系列化设计。在原有的成熟产品上逐步扩展，构成系列。在一个型号上不能采用过多的新技术，采用新技术要考虑继承性。

39. 尽量实施统一化设计。凡有可能，均采用通用零件，保证全部相同的可移动模块、组件和零件都能互换。

40. 尽量实施集成化设计。在设计中，尽量采用固体组件，使分立元件减少到最小程度。其优选序列为：大规模集成块-中规模集成块-小规模集成块-分立元件。

41. 尽量不用不成熟的新技术。如必须使用时，应对其可行性及可靠性进行充分论证，并进行各种严格试验。

42. 尽量减少元件规格品种，增加元件的通用性，使元件品种规格与数量比降低到最小程度。

43. 根据经济性及重量、体积、耗电约束要求，确定设备降额程度，不要因选择过于保守的组件和零件导致体积和重量过于庞大。

44. 在确定方案时，应根据体积、重量、经济性与可靠性及维修性确定设备的冗余设计，尽量采用功能冗余。

45. 设计液压系统和设备时，必须符合实际要求，无论在电气上或是液压系统上，提出局部过高的性能要求，必将导致可靠性下降。

46. 不要设计比技术规范要求更高的输出功率或灵敏度的回路及线路，但是也必须考虑在最坏的条件下使用而留有余地。

47. 在设计初始阶段就要考虑小型化和超小型化，但以不妨碍设备的可靠性与维修性为原则。

48. 如果有容易获得而行之有效的普通工艺已能够解决问题，就不必要过于追求新工艺。因为最新的不一定是最好的，并且最新的花样没有经过时间的考验；应以费用、体积、重量、研制进度等方面权衡选用，只有为了满足特定的要求时才宜采用。

49. 为了尽量降低对电源的要求和内部温升，应尽量降低电压和电流。这样可把功率损失降低到最低限度，避免高功耗电路，但不应牺牲稳定性或技术性能。

50. 对设备中的液压元件，寻找低可靠度及回路的薄弱环节，采取有效的补救措施。

51. 考虑经济性、体积及重量等，应最大限度地利用传导、辐射、对流等基本冷却方式，避免外加冷却设备。

52. 在设计上要保证设备同其他设备能协调地共同工作。

53. 尽量压缩设备工作频率带宽，以抑制干扰的输入。

54. 对于重要而又易出故障的回路和易失效的元件，在体积、重量、经费、耗电等方面允许的条件下，经可靠性预估和分配后，采用冗余设计技术。

55. 如果对设备的体积、重量等有严格要求，而提高单元的可靠性又有可能满足执行任务要求的话，就不必采用储备设计；同时应考虑经济性。

56. 对于设备（或系统）中的可靠性薄弱环节进行储备设计而采取混合储备设计措施是很可取的。这是经过可靠性、经济性及重量和体积权衡的结果。

57. 在结构设计时，除要认真进行动态、强度、刚度等计算外，还必须进行必要的模型模拟试验，以确保抗击震动的性能。

12.3 液压元件

58. 研发新的液压元件，除了型式试验，在批量生产前，应按国家标准或行业标准进行可靠性测试，达到可靠性标准后，方可批量生产，投放市场。

59. 在一些高压和关键性部位，一定要采用高可靠性密封件，并注意其安放方式，否则会影响系统可靠性。因为由于一个高压密封件不起密封作用，整个液压系统的压力无法调高，系统是不能工作的。

60. 在高温环境中，用耐高温液压油管取代普通油管，或在普通油管壁加一层耐高温材料保护，提高可靠性。

61. 液压元件中的零部件加工，对每个零件加工中应有可靠性要求。如一些精密零部件，应在恒温无尘车间进行加工和组装。

62. 组成液压元件的各个部件，如电磁铁、弹簧等，其可靠性应高于整个液压元件的可靠性。

63. 液压元件的零部件在装配前必须清洗干净，存放在清洁位置，按零部件装配顺序进行装配，装配完毕将所有油口封上，防止污物进入。

64. 每个元件出厂前必须进行性能试验，必要时做可靠性试验。

65. 安装密封件时，必须将密封件清洗干净，安装中要防止密封件被损坏。

66. 设计液压元件时，对于与密封件相配合的入口处，必须考虑防止密封件进到入口处被切坏的措施。如在零部件入口处加工倒角，采用专用工具等，以提高装配可靠性。

67. 选用液压元件时，应考虑其通用性和可靠性。

68. 液压元件中每个零部件，在装配前必须严格清洗，防止将污染物带入阀和泵体内。

69. 装配液压元件时，应有专门工具，这些工具应清洗干净，不得有污染物。

70. 装有滑阀的液压系统，必须配装 10μm 左右的过滤器，防止滑阀卡死，提高可靠性。

71. 液压元件工作时，压力发生突然变化而产生液压冲击，会影响正常工作。因此，在结构上和换向时间上，须有防液压冲击措施。

72. 密封件的预压缩率是影响液压元件和液压系统可靠性因素之一，设计时应充分考虑。如以 d 表示 O 型密封圈的断面直径，δ 表示压缩量，则压缩率为 $\Sigma=\frac{\delta}{d}\times100\%$。在设计中 Σ 值取 3%~20%。液压系统工作压力高，取大值；工作压力小，取小值。

73. 安装密封件的沟槽，应按国家有关标准进行设计，否则将会降低液压元件的可靠性，甚至使液压元件失效。

74. O 型圈用作固定密封圈时，密封沟槽设计应遵循以下原则：1）当承受内压力时，应将 O 型圈的沟槽设计成外圈与 O 型圈紧密贴合。2）当承受外压力时（如真空管道接头，真空容器等），应将沟槽设计成内圈与 O 型圈紧密贴合。这样才能保证 O 型圈在压力流体作用下始终紧压在与压力方向相对的侧壁上，提高可靠性。

75. 用 O 型圈作运动密封或用 O 型圈作圆柱表面的固定密封时，必须留有适当的间隙，间隙值的大小和 O 型圈的硬度及工作压力有关。设计间隙值时，应按国家有关标准确定，否则会影响可靠性。

76. 一般情况下，元件、部件、组件的工作压力应比额定压力低。

77. 尽可能减少元件、部件、组件在受交变应力及峰值应力的作用次数。

78. 选择液压泵的原则是根据主机工况、功率大小和系统对工作性能的要求，首先确定液压泵的类型，然后按系统所要求的压力、流量确定其规格型号。否则很难保证系统的可靠性。

79. 选择液压泵的额定工作压力时，若为固定设备，液压泵额定压力应比工作压力大25%左右；若为移动设备，液压泵额定压力应比工作压力大 45%左右，以保证液压泵有足够的寿命和液压系统可靠性。

80. 选择液压泵的流量时，不允许小于或等于液压系统工作的最大流量。

81. 不允许液压泵内装有可调压的溢流阀，只能装安全阀，否则影响液压泵的可靠性。

82. 在重载工作条件，不宜选用间隙密封液压缸，当压力增大时，泄漏量也增大，影响液压系统可靠性。

83. 压力控制阀的额定压力应大于液压系统可能出现的最高压力，以保证液压控制阀的安全。

84. 选择压力阀时，不仅考虑原理正确，还要考虑其结构正确，如有内泄式和外泄式结构，当选择不当，可能会导致液压系统不能工作。

85. 溢流阀可作安全阀或溢流阀。作安全阀使用时，此阀是关闭的，调整压力一般比液压系统的工作压力高10%~20%，与变量泵配合使用；作溢流阀使用时，其调整压力等于液压系统的工作压力，一般与定量泵配合使用。若使用不当，造成液压系统不可靠。

86. 选择减压阀时，工作流量不宜超过减压阀的额定流量，也不要使通过减压阀的流量远小于其额定流量，否则会使液压系统工作不可靠。

87. 选择或调整顺序阀压力时，顺序阀的调定压力应比先动作的执行元件的工作压力高0.5~0.8MPa，以免压力波动产生误动作，造成液压系统不可靠。

88. 设计液压系统选择换向阀时，严格按液压系统通过该阀的最大流量来选择换向阀，如果阀的通径选择小，局部压力损失增大，会给液压系统造成不可靠。设计换向阀时，通过额定流量时的压力损失为0.2~0.3MPa。

89. 根据液压系统工作要求选择换向阀滑阀中位机能时，如果选错，液压系统是不能工作的。

90. 使用流量控制阀时，不得超过该阀的额定压力和流量，否则将导致液压系统不能正常工作。

91. 单向节流阀的进出油口不能接反，否则影响液压系统正常工作。

92. 对于液压元件使用公差，需考虑设备在寿命期内出现的渐变和磨损，并保证能正常使用。

93. 注意分析回路在工作过程中出现的瞬时过载，加强保护，防止元件的瞬时过载造成失效。

94. 对设备中失效率较高及重要元件要采取特别降额措施。

95. 线圈、扼流圈除工作电源进行降额应用外，对其电压也要进行降额。

96. 继电器的接点电流按接负载降额应用外，对其温度按绝缘等级作出规定。

97. 对于电动机，应考虑轴承负载降额和绕组功率降额。

98. 对摩擦位置以及机械关节进行密封设计。

99. 选择耐磨损、抗振和抗疲劳的材料。

100. 采用抗磨损性能的特殊工艺。

101. 电子设备的元器件、机械零件存在着贮存失效，在设计上应有减少这种失效的措施，同时应采取正确存储方法。

102. 电路和设备应能在一定的过载、过热和电压突变的情况下，仍能安全工作。

103. 努力降低元件失效影响程度，力求把回路的突然失效降低为性能退化。

104. 油箱利用金属箱体和上下面进行散热，需要时可适当加散热片。

105. 力求使所有的管接头都能传热，并且紧密地联接在一起。必要时，建议加一层导热硅胶，以提高产品传热性能。

106. 气冷系统需根据散热量进行设计，并应考虑到下列条件：在封闭的设备内压力降低时应通入的空气，同时热源要保持安全的工作温度，以及冷却功率的最低限度（即空气在冷却系统内运动所需的能量）。

107. 采用新型高分子轻质材料封装元器件，可以对高冲击振动下易损坏的部件进行防护。

108. 在沿海或潮湿地区，为了防潮，元件表面可涂覆有机漆。

109. 为了防止盐雾对设备的危害，应严格电镀工艺、保证镀层厚度、选择合适电镀材料（如铅-锡合金）等，这些措施对盐雾雨海水具有较好的防护能力。

110. 选择耐腐蚀金属材料，也可以考虑选用非金属材料代替金属材料。

111. 采取耐腐蚀覆盖层。金属覆盖层（锌、镉、锡、镍、铜、铬、金、银等镀层）；非金属覆盖层（陶瓷油漆等）；化学处理层（黑色金属氧化处理（发蓝），黑色金属的磷化处理，铝及铝合金的氧化处理，铜及铜合金纯化和氧化处理等）。

112. 应尽量使用标准的电器零部件（或元件），并用标准的命名来标记。

113. 设计显示器指针还应注意，不要让指针遮住数字和刻度。

114. 尽可能采用数字跳动显示器。

115. 在符合信息要求的前提下，目视显示器越简单越好，以便迅速准确阅读。

116. 对于旋转开关的度盘应注意不应采用首尾不分的刻度方式，以免混淆正常的初始位置。

12.4　液压系统

117. 设计液压系统时，油液工作温度应在20~55℃范围内工作。

118. 设计液压系统时，对于如阀块、台架、电机和泵组合体等较重的零部件和组合单元，必须考虑吊运可靠性，避免损伤设备。

119. 在液压系统的设计中，对于高频元件及相连接的零部件和构件，安装一定要牢固，防止因高频振荡而影响液压系统工作精度，降低可靠性。

120. 通过类比与模仿进行液压系统设计，可以简化设计过程，加快设计进度，提高液压系统可靠性。

121. 为了提高液压系统可靠性，应处理好三大矛盾：1）局部与整体矛盾；2）一般性与特殊性矛盾；3）继承与创新矛盾。

122. 为提高液压系统可靠性，在液压设备上安装故障监测系统，准确监测与预报设备故障与变异，同时也有利于维修。

123. 采用比例控制技术，可以提高液压设备的可调整性和可靠性，并简化了液压设备结构。

124. 在设计液压系统时，尽可能采用自动或半自动操作方式，减少人为误操作，提高可靠性。

125. 需要调整的参数要尽可能采用数字化，以便准确可靠地调整。

126. 在设计液压系统时，高、低压管道的外表面有明显标色，便于操作维护人员识别，有利于提高可靠性。

127. 液压泵站的设计，若采用轴向柱塞泵，该泵的泄漏油管道切不可接到泵的吸油管中，这将使液压系统存有隐患，降低液压系统可靠性。

128. 设计液压系统的管道应层次分明，排列有序，相互之间有一定距离，同时应有固定装置。否则因相互干扰，降低液压系统可靠性。

129. 设计液压系统时，一定防止负载变化对系统性能的影响，要求液压元件或系统具有较高的速度-负载刚度，并能自动消除外部因素带来的不良影响。

130. 设计液压系统时，一定要防止耦合效应。它是一种动态效应，是控制信号与系统内的参数耦合，特别是能量交换回路，会造成异常不利后果，影响液压系统的稳定性和可靠性。

131. 在设计频率响应高的液压伺服系统时，应尽可能将电液伺服阀靠近执行元件，有利于提高响应速度。

132. 设计液压系统采用溢流阀作卸荷阀用时，一般常用于泵和蓄能器系统中。泵在正常工作时，当蓄能器中油压达到需要压力时，此时泵通过溢流阀卸荷，泵处于空载运行，可提高泵的可靠性，延长泵的使用寿命。

133. 设计远程调压液压系统时，将远程调压阀的进油口和溢流阀的遥控口（卸荷口）连接，必须说明其工作压力在主溢流阀设定压力范围内，超过设定范围的压力，远程调压阀不起作用。

134. 设计液压系统时，若将溢流阀的遥控口（卸荷口）与二位二通电磁阀连接，而二位二通电磁阀另一油口接油箱，通过这种连接，可使泵卸荷；若切断二位二通电磁阀与油箱相通，液压泵可以调压，但要注意二位二通电磁阀的内泄漏量。如果内泄漏量大，系统压力调不高，造成系统不可靠。

135. 设计液压系统时，溢流阀的调定压力就是液压泵的供油压力。

136. 设计液压系统时，溢流阀的流量按液压系统的额定流量选择；当溢流阀做卸荷阀使用时，不能小于泵的额定流量；做安全阀使用时，可以小于泵的额定流量。

137. 设计液压系统时，可根据系统有关参数和性能及结构选用阀类元件，如低压系统可选择直动型压力阀，而中高压系统可选择先导型压力阀。

138. 设计液压系统时，由于对液压元件选型不当造成系统不可靠。如产生冲击、共振、动作缓慢等不可靠现象。

139. 设计液压系统时，不能采用 P 型低压溢流阀作卸荷阀，因为该阀无卸荷口，不能作卸荷阀使用，否则会造成液压系统不可靠。

140. 设计液压系统采用两泵并联同时工作时，这种组合应选用一只共用溢流阀调压，防止产生共振和噪声，提高液压系统可靠性。

141. 设计液压系统时，应防止将压力表安装在溢流阀的遥控口上，这样会使压力表指针总在抖动，且溢流阀会有噪声。应将压力表改在溢流阀的进油口上。

142. 设计液压系统时，避免配管不当引起溢流阀产生噪声。

143. 设计液压系统需要减压回路时，减压阀只能起到减压作用，不起调节流量作用。若要调节流量，在回路中须再设节流阀或调压阀，否则系统的工作参数不可靠。

144. 设计液压系统选择减压阀和顺序阀时，不要使通过这些阀的流量远小于其额定流量，否则，会产生振动或不稳定等不可靠现象。

145. 设计液压系统中，当某一回路通过的流量较小，在这一回路工作的阀的流量，应按这流量来选择液压阀。

146. 先导减压阀的泄漏量均比其他控制阀大，甚至高达 1L/min 以上，而且只要调压阀处于工作状态，泄露始终存在。所以，选择泵的容量时，要充分考虑这一因素，否则系统不可靠。

147. 设计液压系统时，为了保证可靠性，在有减压回路时，一定注意最低调节压力，应保证一次压力与二次压力之差为 0.3~1MPa。

148. 减压阀的超调现象较严重，一次压力与二次压力相差愈大。超调也愈大。在设计系统时，一定注意这因素，否则由于超调量过大，造成系统不稳定。

149. 液压系统设有顺序阀时，顺序阀的调定压力应比先动作的执行元件工作压力高。还应注意控制回油方式，控制方式有内控和外控，回油有内部回油和外部回油，以免压力波动产生误动作和不能工作，使系统不可靠。

150. 在液压系统使用顺序阀时，顺序阀泄漏油口一般接到油箱，否则不可靠。

151. 液压系统装有双电磁铁换向阀时，一定注意在电路设计中防止同时给两电磁铁提供电信号，否则会烧坏电磁铁，使系统和电磁换向阀失效。

152. 在液压系统中，对于压力为 20MPa 的所有型号，需要控制油的阀，其控制油压不得低于 0.35MPa。

153. 在液压系统中，对于压力为 31.5MPa 的所有型号，需要控制油的阀，其控制油压不得低于 1.0MPa。

154. 在液压系统使用液动换向阀时，其先导控制压力必须符合阀的控制压力要求，如果低于先导控制最低压力时，电液换向阀是不可靠的。

155. 液压系统的电液动换向阀所需的电源种类和额定电压，必须符合该阀要求，否则将造成液压系统不可靠。

156. 根据液压系统工作要求，合理选择换向阀的滑阀机能，否则液压系统是不可靠的。

157. 设计液压系统时，必须选择适合系统要求的流量阀，但不允许超过流量阀的额定压力和额定流量，否则系统是不可靠的。

158. 设计液压系统时，为了降低噪声和振动，液压泵出口处采用高压软管连接。

159. 设计液压站时，功率比较大的电机泵组的基础应设防振沟和隔音墙，有利于系统正常工作，提高可靠性。

160. 设计液压系统时，当系统处于非工作状态下，防止油液通过溢流阀强行流到油箱，而应采用卸荷状态。这样可以减少液压系统发热，提高了系统可靠性。

161. 设计液压系统时，其工作压力必须小于额定压力，即正常工作时不得超载运行，否则会降低液压系统寿命，或使液压系统失效。

162. 设计回路比较多的液压系统时，应防止压力相互干扰。

163. 在阀台下方，为了防止更换元件和处理元件时其余油外流，需在阀台下部设有接油盘，防止油液污染环境，提高安全性。

164. 设计液压系统时，应考虑保证液压系统可靠性精度，如压力调节精度、速度调节精度等，否则影响液压系统可靠运行。

165. 设计液压系统时，在满足功能条件下，尽量少用液压元件，这样可以减少故障点，提高液压系统的可靠性。

166. 设计液压系统时，采用一些防止液压系统失效措施。如限位开关，限压保护装置，防止油温过高和防油液污染等措施，提高液压系统可靠性。

167. 在有高温明火的应用场合，应采用防燃防爆措施。

168. 降低液压系统能量损失，如局部损失、内外泄漏等，提高液压系统效率。

169. 液压系统工作时，如果供油量需要变化，为了减少能量损失，应选择变量泵或变流量控制，以降低系统发热，提高可靠性。

170. 设计液压系统时，应考虑其使用环境。如果在露天使用，必须有防晒防雨水设施；靠近海边或在海上工作，必须有防盐雾设施。否则，会降低液压系统可靠性。

171. 在有冲击的液压系统中，压力出现反复变化，经短时的高压后，必定又形成低压。当压力降到大气压力时，即使在短时间内，空气也可能从这些密封件进入系统中，所以选择密封件和结构设计一定要防止空气进入。

172. 液压系统的吸油管和回油管一定插入油箱油面以下，以防止空气进入系统，降低液压系统可靠性。

173. 可靠性不太高的元件、部件和组件采用冗余技术，把它们组成一个可靠性部件或系统。

174. 制定出对元器件或零部件适当的筛选方案，争取将具有早期故障的元器件或零部件在筛选中给予删除，使装在整个系统上的元器件都能进入偶然故障期。

175. 有补油的回路中，不允许未经冷却的回油提供补充回路使用。否则将使液压系统油温升高，影响液压系统可靠性。

176. 不允许溢流阀的排油管与液压泵的吸油管相连，这将使液压泵乃至液压系统温度升高，而且恶性循环，影响液压系统可靠性。

177. 使用液控单向阀的锁紧回路，其换向阀的中位机能不宜采用 O 型，而应采用 H 型或 Y 型，这样锁紧精度高，可靠、持久，经得起超负载变化的干扰。

178. 不能单纯用换向阀的中位机能来锁定定位精度要求高而且负载大的执行机构。

179. 使用液控单向阀锁紧执行机构时，在锁紧状态，其控制油口必须接到油箱中，使控制油处于低压状态，保证锁紧的精度和可靠性。

180. 双泵同时工作时的两溢流阀的回油管不能合并一起回油，否则会出现压力不稳定、振动和噪声，工作不可靠。应使两溢流阀的回油管各自单独接入油箱或加大回油总管的直径。

181. 由于先导型减压阀在工作时存在较大的外泄漏量，因此选择液压泵额定流量时必须考虑此因素，否则影响液压系统可靠性。

182. 液压系统卸荷时间长，宜采用溢流阀卸荷，可延长液压系统使用寿命。

183. 两个液压缸的负载不同时，液压系统压力应按最高负载液压缸所需的压力进行调节，否则液压系统不能正常工作。

184. 液压系统由液压回路组成，当液压系统工作时，一定要避免组合回路相互干扰，造成液压系统不可靠。

185. 避免液压系统存在多余的回路，在满足工作要求前提下，务使液压系统简单，提高可靠性。

186. 液压系统工作时，要防止系统过载，防止液压冲击，否则会造成系统不可靠。

187. 设计液压系统时，一旦系统工况不正常，如油温过高，油箱液位过低，超载和电压过高或过低等，应能发出报警讯号。

188. 设计液压系统时，当需要卸荷时，一般不要停泵，即泵仍处在极低压力下运行，有利于提高系统可靠性。

189. 在液压系统中，如果采用换向阀中位 M 型机能卸荷时，此种卸荷方式仅适用于小流量的液压系统。若用在大流量液压系统卸荷，将会使液压系统油温急剧升高，造成系统不可靠。

190. 液压系统采用的辅助元件及控制元件，例如过滤器、冷却器、蓄能器、行程开关等，一定安放在合理位置，否则会影响液压系统正常工作。

191. 液压系统采用的管道，要根据流量大小、压力高低合理选用管径和壁厚，尽可能减少弯头和接头。

192. 液压系统装配图，即正常的安装施工图，在设计图中要认真考虑到安装、使用、调试和维修的可靠性和实用性。

193. 液压站中液压泵组传动底座一定要有足够的强度和刚度，否则会造成共振和噪声，使液压系统不可靠。

194. 液压泵的泄漏油采用朝上的油口，并将其引至油箱或回油总管。

195. 设置在油箱内的加热器或冷却器始终被油液淹没，这样才能起到加热和冷却效果，提高液压系统可靠性。

196. 为了液压系统可靠性，在注入新油时，必须进行过滤。注油时油液通过的过滤器的过滤精度应小于 250μm，流量应大于 20L/min。

197. 为了液压系统可靠性，油箱上部装有空气过滤器，其过滤精度不低于 40μm，其容量应是泵容量的两倍。

198. 油箱底面不应直接放在地平面上，这样对油箱散热不利，影响液压系统可靠性。一般情况下，油箱底面距离地面不小于 150mm。

199. 液压泵的吸油管不能靠近油箱底面，若太靠近，会使一些污物进入液压泵内，降低泵的可靠性，一般情况下，吸油管距离油箱底面高度为 3~4 倍的吸油管径。

200. 为了提高液压集成阀块的可靠性，通道之间最小距离必须进行强度校核。对孔道之间最小壁厚也必须进行强度校核。

201. 液压伺服系统中的油箱和管道及其管接头和弯头尽量采用不锈钢材料，防止锈蚀污染液压系统，有利于提高可靠性。

202. 为了保证液压伺服系统能可靠工作，对安装好的液压管道和系统要进行循环冲洗，确保管道和系统清洁，使其精度达到 NAS6 级或 NAS5 级。

203. 为了保证液压伺服阀修理后能可靠工作，其修理后的配合间隙，即阀芯与阀套配合间隙必须小于 0.03mm；必须保证精确的加工定位，表面光洁度必须达到规定要求。

204. 设计电液伺服系统时，使用过滤精度高于 5~10μm 的过滤器，以滤去介质中的污物，确保液压伺服系统可靠运行。

205. 在设备研制的早期阶段，应进行可靠性试验；在设计定型后大批投产前，应进行可靠性增长试验，以提高设备的固有可靠性和工作可靠性。

206. 主要的信号线、电缆要选用高可靠连接。必要时对继电器、开关、接插件等可采用冗余技术，如采取并联接或将多余接点全部利用等。

207. 在设计时，对关键元件、机械零件已知的缺点应给予补偿和采取特殊措施。

208. 采用故障-安全装置。尽量避免由于元件或部件故障而引起的不安全状态，或使得一系列其他部件也发生故障，甚至引起整个设备发生故障。

12.5 电器组件与电路

209. 在设计电路时，应选用其主要故障模式对电路输出具有最小影响的部件及元器件。

210. 结构件降额一般指增加负载系数和安全余量，但也不能增加过大，否则造成设备体积、重量、经费的增加。

211. 为了保证设备的稳定性，电路设计时，要有一定功率裕量，通常应有20%~30%的裕量，重要地方可用50%~100%的裕量。要求稳定性、可靠性越高的地方，裕量越大。

212. 要仔细设计电路的工作点，避免工作点处于临界状态。

213. 在设计电路时，应对那些随温度变化其参数也随之变化的元器件进行温度补偿，以使电路稳定。

214. 进行传动部件强度和刚度裕度设计，要保证在恶劣环境条件下与其他电子部件同时进入“浴盆效应”的磨损期。

215. 电路设计应把需要调整的元器件（如半可变电容器、电位器、可变电感器及电阻器等）减少到最小程度。

216. 设计设备和电路时，应尽量放宽对输入及输出信号临界值的要求。

217. 当转换开关的可靠性小于单元可靠度50%时，则应采用工作储备。

218. 当体积、重量非关重要，而可靠性及耗电至关重要时，则应采取非工作贮备。非工作贮备有利于维修。

219. 贮备设计中，功能冗余是非常可取的，当其中冗余部件失效时，并不影响主要功能；而同时工作时，又收到降额设计的效果。

220. 对于易失效的元件应采取工作储备，提高可靠性。

221. 如果信息传递不允许中断，应采取工作储备。

222. 尽管“并串”比“串并”可靠性高，但考虑便于维修，“串并”也是可取的。

223. 用以冷却内部部件的空气须经过滤，否则大量污物将沉积在敏感的线路上，引起功能下降或腐蚀（在潮湿环境中会更加速进行）。污物还能阻碍空气流通和起绝热作用，使部件得不到冷却。

224. 尽量提高设备的固有振动频率，电子设备机柜的固有振动频率应为最高强迫频率的两倍，电子组件应为机柜的两倍。如舰船和潜水艇的振动频率普遍范围在12~33Hz，机柜固有振动频率不低于60Hz，组件的固有振动频率不低于120Hz。

225. 为了提高抗振动和冲击的能力，应尽可能的使设备小型化。其优点是易使设备有较坚固的结构和较高的固有频率，在既定的加速度下，惯性力也小。

226. 对于高灵敏的电子设备，安装时要注意动力供电线和避雷地线不可裸露与墙相贴，以防地线电源的一部分经墙壁流过，对电子设备形成干扰。

227. 在设计时，务必把机械断开处控制到最少。必要时可断开，但必须使接合处保持点的连续性。

228. 尽量采用单元设计，把一个小系统的各元器件或完成一种功能的各零件组合成一个可以卸下的部件，并具有互换性。

229. 保证设备上故障率高的或损坏的部分具有最大限度的互换性。

230. 尽量采用通用件。设计设备时应尽可能采用现有通用的零部件、工具和附件。

231. 尽量减少过多的目视显示，如果要观察的时候，就按一下开关显示一下。有的设备只需要显示超过正常范围的差值。

232. 仪表与指示器灯光应按人的感觉习惯和服从国际惯例。如：红色闪光表示紧急情况；红色表示设备失灵；黄色表示运行不能令人满意，性能下降；绿色表示设备正常；白色表示不存在“正确”、“错误”的问题；蓝色表示备用颜色等等。

233. 系统的操作控制器应由系统设计者按其功能统一考虑。

234. 不要在经常工作的设备旁安置高温热源。

235. 应对电器设备内各种噪声源进行控制，同时应增设消声设备。

236. 应对使用和维护设备提供温度适宜的环境，过冷或过热都是不允许的，应增设空调设备。

237. 要控制振动，大振幅、低频率的振动对人体是有害的，应采取预防措施。

238. 在电器及电路中，尽量减少接点数量，可用大规模集成电路代替一批中小规模电路。

239. 电子组合尽可能采用金属外壳屏蔽，以防产品内部各组合件的辐射耦合。

240. 三相电应有防止一相短路或缺少一相的防护，以免烧毁电机等大功率设备。

241. 当设备的输入、输出板上使用多个相同结构外形的电连接器时，在设计上应采取防插错措施，以提高可靠性。

242. 开关、按键的布局以及接通与断开的方向应按人-机工程学设计，以减少误操作，以提高可靠性。

243. 电路可靠性设计尽可能选用定型的或经受考验的精准部件、电路、功能模块等。电路中的元器件必须按降额规定使用。

244. 电路可靠性设计中，对兼有硬件、软件的产品，尽可能发挥软件功能以代替硬件功能的一部分，可减少硬件的元器件、零组部件，有利于提高可靠性。

245. 动力线的绝缘材料应不会开裂和不易老化，并具有一定抗拉能力。

246. 电气控制的顺序回路或系统，用限位开关和电磁铁换向阀配合工作较好。

247. 电液伺服阀应按该阀的额定电流输入，避免其驱动电流过大，否则会造成伺服系统不可靠。

248. 采用直接焊接引线取代插头的方法能有效提高可靠性。

249. 在设备设计上，应尽量采用数字电路取代线性电路，因为数字电路具有标准化程度高、稳定性好、漂移小、通用性强及接口参数易匹配等优点。

250. 加大电路使用状态的公差安全系数，以消除临界电路，提高可靠性。

251. 对设备和电路应进行潜在通路分析，找出潜在通路、绘图错误及设计问题，避免出现不必要功能和失误。

252. 对稳定性要求高的零部件、电路，必须通过容差分析进行参数漂移设计，减少电路在元器件允许容差范围内失效。

253. 正确选择电路的工作状态，减少温度和使用环境变化对电子元器件和机械零件特性值稳定性的影响。

254. 电路必须进行电磁兼容性设计，解决设备与外界环境的兼容，减少来自外界的干扰或其他电气设备的干扰，解决产品内部各级电路间的兼容。克服设备内部、各分板及各级之间由于元器件安装不合理、连线不正确而产生的辐射干扰和传导干扰。

255. 在设计电路及结构设计和选用元器件时，应尽量降低环境影响其灵敏性，以保证在最坏环境下的可靠性。

256. 选择接触良好的继电器和开关，要考虑截断峰值电流，通过最小电流，以及最大可接受的接触阻抗。

257. 在电路设计中应尽量选用无源器件，将有源器件减少到最低程度。

258. 避免使用电压调整要求高的电路，在电压变化范围较大的情况下仍能稳定工作。

259. 在关键性观察点应配备两套或更多的并联照明光源。

260. 采取某些故障模式可能会导致设备重复失效，降低可靠性。

261. 在电路设计中，选择最简单、最有效的冷却方法，以消除全部发热量的80%。

262. 冷却方法优选顺序为：自然冷却→强制风冷→液体冷却→蒸发冷却。

263. 在设计的初期阶段，应预先研究哪些部件可能产生电磁干扰和易受电磁干扰，以便采取措施，确定要使用哪些抗电磁干扰的方法。

264. 设备内测试电路应作为电磁兼容性设计的一部分来考虑。如果事后才加上去，就可能破坏原先的电磁兼容性设计。

265. 尽量减少电弧放电，为此尽量不用触点闭合器件。

266. 在设备电路中设置各种滤波器以减少各种干扰。

267. 保险丝和线路等过载保护器件应该便于使用（最好就在前面板上）。除非为了安全上的需要，应不使用特殊工具。

268. 如果要求电路在过载时也要工作，在主要的部件上应安装过载指示器。

269. 在前面板上应安装指示器，以指示保险丝或线路截断器已经将某一电路断开。保险丝板上应标出每一保险丝的额定值，并标出保险丝保护的范围。

270. 对所使用的每一类型保险丝都要有一个备用件，并保证备用件不少于总数的10%。

271. 必须记住，最有效的电磁干扰控制技术，应在设计部件和系统的最初阶段加以采用。

272. 电阻器除外加功率进行降额应用外，在应用中要低于极限电压及极限应用温度。

273. 电容器除外加电压进行降额应用外，在应用中要注意工作频率范围及温度极限。

274. 接插件除了电流进行降额应用外，对其电压也要进行降额，根据触点间隙大小、直流或交流要求不同而进行适当降额。

275. 对于开关器件除对开关功率降额外，对接点电流也要进行降额应用。

276. 对于电动机，应考虑轴承负载降额和绕组功率降额。

277. 对电子元器件，降额系数应随温度的增加而进一步降低。

278. 电阻器降低到10%以下，对可靠性提高已经没有效果。

279. 对电容器降额应注意，对某些电容器降额太大，将引起低电平失效。交流应用要比直流应用降额幅度大，随着频率增加，降额幅度要随之增加。

280. 正确选用那些电参数稳定的元器件，避免设备和电路产生飘逸失效。

281. 当电源电压和负荷在通常可能出现极限变化的情况下，电路仍能正常工作。

282. 使用反馈技术来补偿（或抑制）参数变化所带来的影响，保证电路性能稳定。例如，由阻容网络和集成电路运算放大器组成的各种反馈放大器，可以有效地抑制在因元器件老化等原因使性能产生某些变化的情况下，仍然能符合最低限度的性能要求。

283. 接插件、开关、继电器的触点要增加冗余接点，并联工作。插头座、开关、继电器的多余接点全部利用，多点并接。

284. 在自动控制设计中，应尽量采用自动切换装置。

285. 运动状态下的非工作贮备可以缩短信号中断时间，在贮备设计中可以根据具体情况加以说明。

286. 需散热 1 瓦以上的器件应安装在金属底盘上，或安装传热通道通至散热器。

287. 对靠近热源的热敏部件，要加上光滑涂漆的热屏蔽。

288. 选用导热系数大的材料制造热传导零件，如银、紫铜、氧化铍陶瓷及铝等。

289. 加大热传导面积和传导零件之间的接触面积。在两种不同温度的物体相互接触时，接触热阻是至关重要的。为此，必须提高接触表面的加工精度、加大接触压力或垫入软的可展性导热材料。

290. 使用通风机进行风冷，两电子元器件温度保持在安全的工作温度范围内。通风口必须符合抗电磁干扰、安全性要求，同时应考虑防淋雨要求。

291. 不要重复使用冷却空气。如果必须使用用过的空气或连续使用时，空气通过各部件的顺序必须仔细安排。要先冷却热敏零件和工作温度低的零件，保证冷却剂有足够的热容量来将全部零件维持在工作温度以内。

292. 进入的空气和排出的空气之间的温差不应超过 14℃。

293. 非经特别允许，不可将通风孔及排气孔开在机箱顶部或面板上。

294. 在计算空气流量时，要考虑因空气通道布线而减小的截面积。

295. 若设备必须在较高的环境温度下或高密度热源下工作，以致自然冷却或强制风冷法均不使用时，可以使用液冷或蒸发冷却法。

296. 注意冷却系统的吸气孔应在较低部位而排气阀应在较高部位。在每一个断开处安装检验阀。

297. 不要把传热的屏蔽罩安装在塑料底盘上。

298. 当激振频率很低时，应增强结构的刚性，提高设备及元器件的固有频率与激振频率的比值，使隔振系数接近 1，以使设备和元器件的固有频率远离共振区。

299. 应将导线编织在一起，并用线夹分段固定。电子元器件的引线应尽量短，以提高固有频率。

300. 焊接到同一端头的绞合铜线必须加以固定，使其在受振动时，使导体在靠近各股铜线焊接在一起处不致发生弯曲。

301. 连结引头处不可没有支撑物。

302. 使用软电线而不宜用硬导线，因后者在挠曲与振动时易折断。

303. 使用具有足够强度的对准销或类似装置以承受底盘和机箱之间的冲击或振动。不要依靠电气连接器和底盘滑板组件来承受这种负荷。

304. 抽斗或活动底盘须至少在前面和后面具有两个引销。配合零件须十分严密，以免振动时互相冲击。

305. 设备的机箱不应在 50Hz 以下发生共振。

306. 在使用一个继电器的地方，可同时使用两个功能相同而频率不同的继电器。

307. 继电器安装应使触点的动作方向同衔铁的吸合方向一致，尽量不要同振动方向一致。为了防止纵向和横向振动失效，可用两个安装方向相垂直的继电器。

308. 不使用钳伤和裂纹导线，在两端具有相对运动的情况下，导线应当放长。

309. 通过金属孔或靠近金属零件的导线必须另外套上金属套管。

310. 对于插接式的元器件，其纵轴方向应与振动方向一致。同时，应加设盖帽或管罩。

311. 适当的选择和设计减振器，使设备实际承受的机械力低于许可的极限值。在选择和设计减振器时，对缓冲和减振两种效果进行权衡。须知，缓冲和减振往往是矛盾的。

312. 对于含有失效率较高及价格昂贵的元器件组合装置，可以采用可拆卸灌封。如硅橡胶封、硅凝胶灌封和可拆卸的环氧树脂灌封等。

313. 对设备或组件进行密封是防止潮气及盐雾长期影响的最有效的机械防潮方法。

314. 为了防止霉菌对电子设备的危害，应对设备的温度和湿度进行控制，降低温度和湿度保持良好的通风条件，以防止霉菌生长。

315. 将设备严格密封，加入干燥剂，使其内部空气干燥，是防止霉菌的具体措施之一。

316. 使用防霉剂或防霉漆对设备进行防霉处理，即用化学药品抑制霉菌生长，或将其杀死。防霉剂的使用方法有混合法、喷漆法和浸渍法。

317. 合理选择材料，降低互相接触金属（或金属层）之间电位差。

318. 连接线布线设计要注意强弱信号隔离，输入线与输出线隔离。

319. 当强、弱信号电平差 40dB 以上时，线路距离应大 45cm。

320. 敏感的线路与中、低电平线路距离应大于 5cm。

321. 电源线应尽量靠近地线平行布线。

322. 尽量缩短各种引线（尤其高频电路），以减少引线电感和感应干扰。

323. 直流电源线应用屏蔽线；交流电源线应用扭绞线。

324. 对信号电路，要用独立的低阻抗接地回路，避免用底盘或结构架件作回路。

235. 信号电路与电源电路不应有公共的接地线。

326. 接地引线尽量短，尤其对高频电路。

327. 两种和多种设备连体工作时，为了消除环路电源引起的干扰，可采用隔离变压器、中和变压器、光电耦合器和差动放大器共模输入等措施。

328. 为了维持电的连续性，多接点弹簧压顶接触法较其他方法为优，可靠性高。

329. 在开关和闭合器的开闭过程中，为防止电弧干扰，可以接入简单的 RC 网络、电感性网络，并在这些电路中加入一高阻、整流器或负载电阻之类、如果还不行，就将输入和载出引线进行屏蔽。此外，还可以在这些电路中接入穿心电容。

330. 所有滤波器都须加屏蔽，输入引线与输出引线之间应隔离。

331. 在开关或继电器触点上安装电阻电容电路。在继电器线圈上跨接半导体整流器或可变电阻。

332. 对每个模拟放大器电源，必须在最接近电路的连接处到放大器之间加去耦电容器。

333. 尽量采用国家标准和行业标准元器件。

334. 如果必须采用非标准的元器件，应联系生产厂家共同进行质量控制，并对其进行环境实验。

335. 采用的外购产品应经过生产定型或转厂鉴定，且应是成批生产的产品。

336. 尽量减少元器件的品种，压缩品种规格比，提高同类元器件的复用率，使其品种规格比率满足控制要求。

337. 尽量避免选用已知易失效的元器件。元器件在经过长期使用和恶劣环境条件的变化而引起性能参数发生变化，在选用元器件时应考虑其变化的极限。

338. 液压元件的电器件在经过长期应用和环境条件的变化而引起元件性能参数发生变化，在选用元器件时应考虑其变化是否对整个系统有不良影响。

339. 经常在潮湿环境条件下使用的电子设备，选用元器件时要特别注意其密封性和耐潮性。

340. 在满足电路性能要求的条件下，尽量选用硅管而不用锗管。因为硅管结温（150~175℃）较锗管结温（75~90℃）高；硅管的13VCBO较锗管13VCBO高。所以在高温高压工作时应选用硅管而不选用锗管。

341. 所有的变压器、电感器和线圈均应经过浸渍处理，达到防潮的要求；变压器、扼流圈必要时应该灌封。

342. 在潮湿环境下或在海上及沿海地区应用的设备，尽量使用密封的继电器和光电耦合固体继电器。

343. 要特别注意插件接触表面的清洁，并尽可能少插拔，以减少磨损。

344. 所有的面板指示仪表，都应有外部零点调整。

345. 开关应满足接触良好、定位可靠、跳步清晰、阻力适当、转换寿命长等要求。

346. 电动机、发电机和电能变换器应使其噪声电平尽量低，必要时增设消声设备和措施。

347. 经常拨动的开关，禁止使用小型扭子开关。

348. 用于互连组件的接线端子板和接线条，应留有10%备用接线端子，至少不少于2个。

349. 端子接线板应用螺栓固定，其安装位置应便于检测和更换。

350. 断路器应能用人工控制通或断。

351. 对系统维修性指标预计，并对维修性方案进行论证，以确定系统（整机）维修性指标和确定以维修性为准则的最佳构成方案。

352. 根据产品复杂程度和使用地点拟定维修等级，以便确定配备维修设备、仪表和备件。

353. 尽量使设备结构简单以便维修，降低维修技术要求与工作量。

354. 要保证即使在维修人员缺乏经验、人手短缺而且在艰难的恶劣环境条件下也能进行维修。

355. 做到不需要复杂的有关设备就可以在紧急的情况下进行关键性调整和维修。

356. 尽可能设计少需要或不需要预防性维修的设备，使用不需要或少需要预防性维修的部件。

357. 尽量采用小型化设计，以减少包装与运输费用，并便于搬动与维修。

358. 设计时要权衡模块更换、原件修复与弃件或更换三者之间的利弊。

359. 设备应具有最轻的重量和良好的可靠性与耐用性。

360. 需要维修的零、部、整件应尽量采用快速解脱装置，以便于分解和结合。

361. 要精简维修工具、工具箱与设备的品种和数量。

362. 在总体设计方案上，应对各分机采取故障隔离措施。

363. 保证装备能满足维修者对它的各方面要求，符合人机工程学的理念，满足维修操作性、人力限度、身体各部的适合性等要求。

364. 装备上应设有成套的各种备附件。

365. 各类设备的零（元）件应尽量降低其使用额定值，以承担实际工作中可能发生的过载。

366. 应提供迅速、确定的故障鉴别方法。如提供计算机判断故障语言或提供故障树形式的逻辑故障判断表，列出可能产生的故障、排除方法和排除故障时间等。

367. 为易于寻找故障、易于隔离、易于调整和校准，进行针对性最佳设计。

368. 为了能够迅速进行故障定位，最好采用计算机或微处理机参与的故障自动检测、显示、打印，并自动切换。

369. 为尽量减少停机时间，应尽可能使用可更换的功能组件，而不需调整校准。

370. 在没有机内测试设备的地方，应指明测试点和测试设备接口，并尽可能使用通用测试设备。

371. 只要可能，关键性测试点应该安置在设备的面板上。

372. 只要可能，每一测试点都要用符号和专门术语标出。

在符合下列任意情况时，应装置内测试设备：

A. 当主要设备进行工作时，必须经常观察的部位（如面板上的表头和监视显示器）；

B. 手提式测试设备不一定总可提供必要的数据；

C. 测试时需要将设备或传输线拆开；

D. 复杂设备的维修（例如，带波段选择开关以观察各点关键波形的监视显示器）；

E. 必须作影响使用寿命的测量；

F. 可能缩短平均维修时间。

373. 所有关于正常运转的指示灯均应易于查看。

374. 设计模块和分组件时，需使它们在脱离设备时易于检查和调整。在把它们装到设备上以后，应不再需要调整。

375. 在旋转部件上应该安装旋转把手，并注明正常的旋转方向。

376. 每一个测试点应尽量标有测量的超限信号或容许极限。

377. 测试点应按照系统的测试计划设置。

378. 所设置的测试点应能精简所需的测试步骤。

379. 通常采用单元编号的方法，使得同一部件多处使用时，不必变更其内部有关标记。同一部件的编号，在各种技术资料中要一致。

380. 标识应包含必要的功能说明和性能参数，有的还要注明出厂日期和生产单位。

381. 标识必须经久耐用，不脱落、不褪色，不因腐蚀而变质模糊。

382. 标识度鲜明醒目，容易看到和辨认。

383. 标识在同一设备中有统一的格式。

384. 零件的标识应位于每一零件的近旁。

385. 设计可移动的零件时，应令其只能安装在正确的位置上。为此，可用特定的键颜色、编号、尺寸或形状。

386. 电线与电缆都要编号并加标记，以便在它的整个长度上都易于识别。

387. 在传输线端头须标明导线的特性阻抗。

388. 维修时必须拆卸的机械设备上必须作出记号，以保证重新装配时各部件的相对部位正确。

389. 需要经常检查、维护和分解结合的装置及零部件，应有最佳的可接近性。

390. 要根据人的因素特性要求，保证维修人员能够迅速到达各维修部位。

391. 装备上应设有能迅速进行观察、检查、调整、修理的通道，孔洞采用堵塞、铰链盖、门或窗等形式进行封盖，揭开时不需使用工具。

392. 各种仪表板应采用铰接或快速解脱的连接，并可作为单位卸下，进行测试和校准。

393. 保证工作人员能够方便的到达设备的各个维修部位、润滑点和燃料添加口。

394. 所有电子装置应采用快速解脱紧固件与接头；在卸下组合件时，不应干扰装备的其他部分。

395. 保证以最少的时间与人员，能把整套装置作为一个单件进行迅速更换。

396. 设计时注意使那些最容易出毛病的部件最容易接近。

397. 为最大限度地适应优良的电气和机械以及液压系统设计要求，应使电路部分和分系统局部集中。

398. 当用其他方法进行测试不方便时，应在插头与插座之间设置测试点转换接头，以提供测量输入输出的测试点。

399. 在设计设备时，应考虑当设备关闭后，将那些仍带电的元件和火线设在计时人员和操作维修人员不能（偶然）碰到的地方。

400. 电源供给电路应分别在输入或输出端加装保险丝，必要时建议加装故障自动警告装置。

401. 在进行电路设计和结构设计时，应按下述优选顺序进行安全性设计：

A. 设计使危险最小；

B. 使用安全装置；

C. 安装警报设备；

D. 使用安全操作规程和注意相符合。

402. 在安全性设计中，设备的操作者或维护者不具备电的基本常识，仍能保证最大安全性。

403. 在安全性设计中，应使设备的操作者或维护者出现最大的失误后仍能保证最大的安全性。

404. 在安全性设计中，设计时应使一切外露部分（包括机箱）处在35℃环境温度下，它们的温度不超过60°C。面板和控制器不应超过43℃。

12.6 安装与调试

405. 运输前，对元件包装应采用防振、防水措施，包装箱体要牢固，便于吊运。

406. 在安装液压系统时，进入初步调试阶段，低压油充满了系统，这时应将液压系统最高位置排气孔以及液压缸排气孔的堵头旋转几圈，直到流出的油液透明时，再将堵头扭紧。

407. 调试液压伺服系统时，一定按照电液伺服阀规定的电流参数范围输入，否则会损坏该阀，造成系统失效。

408. 安装液压元件时，凡有泄油孔的元件都应使泄油孔通过管道与低压管道（回油管道）或油箱连接，如轴向柱塞泵的泄油孔，减压阀的泄油孔，电液动换向阀的外泄油孔等；否则，该元件不可靠，也不可能工作。

409. 安装液压元件时，一定注意切勿将元件油口接错。否则会使液压系统失效。

410. 液压管道预装完，拆下进行酸洗、清洗，并将管道两端口封闭，防止污物进入。

411. 液压系统安装完毕，应进行循环冲洗，循环时间一般在24~48小时，清洗压力0.1~0.2MPa，清洗油流速尽可能大些，在5m/s左右。

412. 液压系统循环冲洗到规定时间，应对油液清洁度进行检测，达到该液压系统对油液清洁度要求，方可停止冲洗。

413. 液压系统循环冲洗完毕，应将滤芯拆下，更换新滤芯，方可投入试运行。

414. 液压站的液压泵为轴向柱塞泵，液压系统调试运转前，应注入液压油到泵内，直至泄油孔有油流出，方可启动液压泵。

415. 液压元件的零部件在装配前必须认真进行清洗，如用超声波清洗方法等，清洗干燥后再装配。

416. 液压元件只要存放时间不超过两年，可不必清洗内部，但须对外部进行清洗。须注意，所有油口堵头、塑料帽此时不能拆除。

417. 液压系统安装时，准备好安装时使用的工具，并清洗干净；对装入系统的液压元件（含密封圈等辅件）要进行严格清洗；油箱内外表面，有关各配合表面，保证清洁。

418. 为防止管道振动，根据管径大小，在0.5~1m之间装管夹将管子固定在地面上或墙上，直角拐弯的管子，两端必须装管夹。防止振动影响液压系统可靠性。

419. 安装平行或交叉的管子，管子之间必须距离10mm以上，防止接触和产生共振，影响液压系统可靠性。

420. 液压系统安装完毕，应进行试压，检查泄漏和耐压强度，为了使液压系统可靠工作，试验压力为最大工作压力的1.5倍。

421. 对于电缆、导线除了对电流进行降额应用外（铜线每1mm^{2}截面流过电流不得超过7A），要注意电缆电压。对于多芯电缆，更要注意其电压降额。

422. 电路设计应容许电子元器件和机械零件有最大的公差范围。

423. 每个接线板应有 10%的接线柱或接线点作为备用。

424. 安装零件时，应充分考虑到周围零件辐射出的热量，以使每一元件及系统的温度都不超过其最大工作温度，并避免对准热源。

425. 设计安装时，应注意使风机马达得到冷却，确保马达长时间运行。

426. 设计时注意使强制通风和自然通风的方向一致。

427. 保证进气与排气间有足够的距离，防止热空气影响冷空气。

428. 尽量降低噪声与振动，避免风机与设备之间的共振。

429. 如果必须用液体冷却，最好用水作冷却剂。

430. 注意管道必须合乎要求，而且必须严封，防止污物进入。

431. 吸气孔与过滤器必须安装适当，防止相互干扰。

432. 避免悬臂式安装元件。如必须采用时，必须经过仔细计算，使其强度能在使用设备最恶劣的环境条件下满足要求。

433. 沉重的部件应尽量靠近支架，并尽可能安装在较低的位置。如果设备很高，要在顶部安装防摇装置或托架，则应将沉重的部件尽可能靠近设备的后壁。

434. 对于陶瓷元件及其他较脆弱的元件和金属件联接时，它们之间最好垫上橡皮、塑胶、纤维及毛毡等衬垫。

435. 对于特殊振动的元器件和部件（如主振动回路元件），可进行单独的被动隔振。对振动源（如电机等）也要单独进行主动隔振。

436. 采用密封措施时，必须注意解决好设备或组合密封后的发热问题。利用导热性好的材料作外壳，或采用特殊导热措施，还必须注意消除可能在设备内部造成腐蚀条件的各种因素。

437. 当必须把不允许接触的金属材料装配在一起时，可以在两种金属之间涂敷保护层或放置绝缘衬垫；在金属上镀以允许接触的金属层；尽可能扩大阳极性金属的表面积，缩小阴极性金属的表面积。

438. 避免不合理的结构设计。如避免积水结构，消除点焊、铆接、螺纹紧固处缝隙腐蚀；避免引起应力集中的结构形式；零件最大应力值应小于屈服极限 75%。

439. 采取适当的工艺消除内应力和加厚易腐蚀部位的构件尺寸。

440. 所有位于高功率辐射装置辐射场内的紧密结合金属部件，如法兰联接、屏蔽罩、检测板、接头等，都应与底盘相联接。

441. 所有接触面在联接前都应清洁，不得有保护涂层。联接配合面时，应保证对射频电流是低阻抗通路，并降低噪声。

442. 永久性直接联接，可以采用热焊、铜焊、锻合、冷焊或拴接。

443. 半永久性直接联接，可采用螺栓和齿形防松垫圈或夹具。防松垫圈和夹具应用较连接金属电化序低的金属制成或涂敷。

444. 只有在直接连接不可能时，才可采用间接或跨线连接。例如：当互相连接的两部分之间必须留有间隙，或者安装在防振架上。

445. 可以利用控制导线间距的办法减少导线间的耦合，导线间距越大越好。

446. 使用有焊接端头的连接器时，这些端头必须有足够的长度并互相分离，以免损坏邻近的端头、线路绝缘和周围的连接器材料。

447. 安装接线板和测试点，使其在打开设备进行维修时，不用拆卸电缆或电缆引入板就能接近。

448. 螺钉的受力螺纹长度不小于其直径。

449. 已磨损或损坏的紧固件可更换，避免使紧固件与机壳成为一体的构成部分。

450. 机件上的内螺纹必须有足够承受螺钉最大扭紧力矩的强度和耐磨的极限。

451. 有足够的使用工具操作的空间位置。

452. 部件与组合件装配时要有导销保证对准定位。

453. 紧固件安装孔的口部或其他容纳部位应有合适的形状和尺寸，使其开始时易于进入而不用精确对准。

454. 在一个系统中，紧固件的种类、尺寸大小、扭矩值要求以及使用工具等的品种数，要求减少到最低限度。

455. 尽量采用标准件，避免专用紧固、装配螺纹、专用工具等。

456. 经标准化选择的紧固件要求做到：不同尺寸的紧固件，明显不同；螺纹尺寸不同的螺钉、螺栓、螺母，在实体尺寸上明显不同，并标上扭矩值。

457. 左旋螺纹要有左旋标记。

458. 一些特殊的螺栓和螺钉，头部应涂色或打印记，以保证它们能正确的发放、置换而不会搞错。

459. 紧固件所处位置对人员、线路和软管等，不构成危害。

460. 紧固件材料应能保证满足使用强度和防腐蚀性要求。例如，铝合金零件不用铝合金螺钉，可使用不锈钢、铜镍合金做紧固件材料；如使用黑色金属做紧固件，则表面应作防腐蚀处理；要防止电化偶作用而导致腐蚀等。

461. 诸如齿轮、叶片、皮带等机械运动零件，均应加防护板以保护人员安全。

462. 保护工作人员不受锋利的边、毛刺、尖角的伤害。凡向外突出物品都应尽量避免或予以包垫，或显著标明。

463. 检查要进行组装的所有零部件的质量，诸如裂纹、划伤、凹陷等机械损伤及涂覆层是否遭破坏等。超过有效期的外购件、外协件及长期库存件，应进行重新检验。

464. 零件在装配前必须先经清洗，以清理附着的杂质碎屑、油脂；在封闭的场合，需对组装工作人员净化处理。

465. 有些精密零部件应准备好能保持一定温度、湿度和清洁或密封的场合及对组装工作盒净化的物质条件。

466. 为了使设备具有良好的环境适应性和可靠地工作，对未经防腐防锈处理的零部件和紧固件，在装配前应进行工艺处理。紧固用的圆锥销、圆柱销均应经过一定的热处理。

467. 在装配前，对工作时易产生不应有的振动的旋转零件，应按技术条件进行平衡检查。

468. 装配螺钉时，用力要巧，先慢后快，先轻后重。

469. 在装配中，拧紧螺纹零件时，应按一定的顺序，对称分布交叉地分别拧紧。

470. 对有锁紧装置的产品，在调整好后，应将其上的锁紧螺母、螺钉或其他锁紧零件拧紧或固定牢靠。

471. 采用的紧固零件螺钉的螺纹圈数要足够，螺帽要正，螺杆要直；螺母的孔要正，面要平，阴螺纹圈数要足够；平垫圈大小要合适，表面平整；弹簧垫圈大小合适，刚度符合要求。

12.7　使用与维修

472. 设计冷却系统时，必须考虑到维修。要从整个系统的观点出发来选择热交换器、冷却剂以及管道。冷却剂必须对交换器和管道没有腐蚀作用。

473. 在维修液压设备时，更换零件能解决问题，就不更换液压元件。

474. 在维修液压设备时，更换元件能解决问题，就不更换液压回路或阀块。

475. 用软件处理能解决问题，就不改控制器等硬件。

476. 采用国产元器件能解决问题，就不用进口元器件。

477. 液压元件经过修复能达到基本性能要求，就不更换新的液压元件。

478. 根据不同液压系统和不同使用条件，应制订对设备使用的操作规程，降低维护费用。

479. 液压系统工作介质不能采用不同牌号的液压油混合在一起使用。

480. 拆装电液伺服阀必须注意清洁，工具先清洗干净，安放阀的位置也要干净，拆下的阀应将油口封住，防止污物进入阀内。

481. 维修电液伺服阀和电液比例阀时，应将这些阀送往专门的修理厂进行修理，非专门修理厂不能随便拆开这些阀。

482. 使用电液伺服阀和电液比例阀时，应按生产厂家规定时间使用，到达规定更换时间，必须换新阀，否则会降低液压伺服系统的可靠性。

483. 维修工作应考虑在规定的维修时间内与费用范围内，使液压系统恢复性能投入工作。

484. 维修工作中应对维修时间、维修资金和恢复性能进行优化。

485. 维修时要进行调查研究和理论分析，制订最优的维修方案。

486. 维修后的性能考核未达到要求，必须采取有效措施，尽快处理。否则影响液压系统的有效性。

487. 定期更换液压系统工作介质，清洗油箱，是保证液压系统可靠运行的重要条件之一。

488. 轴向柱塞泵拆卸检修，一定保证其原有零部件不因拆卸而损伤。拆下后认真检查各部位损伤情况，修复或更换零部件时一定用可靠性高、符合原泵要求的零部件，否则影响泵的可靠性。

489. 更换液压元件弹簧时，一定符合原液压元件弹簧性能要求，如材质、高度、压缩量等。如果不具备原弹簧所具有的性能，装入溢流阀后，可能发生调压未达到要求。这样，该阀是不能投入工作的。

490. 设计设备时，应注意使维修人员能看得见全部零件，以便迅速找出明显的故障（例如，损坏的零件，烧毁的电阻或断了的线路）。

491. 在不妨碍设备性能的情况下，为了能看得见，为了防潮、防止空气或异物入侵，可安装透明塑料窗。

492. 如果磨损或化学品侵蚀会破坏塑料的透明度，可安装不碎玻璃。

493. 如果玻璃不能满足对应力或其他方面的要求，应采用容易迅速打开的金属盖。

494. 只要办得到，应设法使维修工作不用工具就能进行。

495. 尽力减少对特殊工具的需要。如果非用不可，应在设备附近牢靠地存放这些工具，并易于取用。

496. 正常维修时，要分解的外部紧固件，应与其所在表面有明显不同的色彩；其他外部紧固件和紧配螺钉，应与其所在表面同一色彩。

497. 一个最佳维修性轴承，几乎不需要维护（润滑、调整等）。

498. 一个最佳维修性轴承，几乎不需要定期检查，或检查起来最为迅速方便。

499. 一个最佳维修性轴承，能良好地克服由于制造、使用以及随时间推移而发生的失调问题。

500. 一个最佳维修性轴承，在装备的寿命期限内工作良好。

501. 一个最佳维修性轴承，寿命周期费用最少。

502. 有普通可燃物质（如木材、纸与布类等）引起的火灾，可以用水或水溶液扑灭。

503. 由可燃性液体（如汽油与其他油料、各种溶剂、油脂及类似物质）引起的火灾，可用灭火器或覆盖法扑灭。

504. 在电气设备内发的火险（如电机、变压器以及开关等），必须用非导电物质来扑灭。

根据上述不同情况，选用不同种类灭火器。灭火器上应标明能安全有效的扑灭的火险的种类。

505. 在液压站中，有一些灭火器可作几种用途，如503-504-505或504-505，有的只能做一种用途，如503。决不可使用灭火器种类不对口的灭火器 ，也不得使用水去扑灭504类或505类火险。

12.8　可靠性设计优化

506. 设计液压系统时，保持系统既简单，又符合性能要求。不必要的元件及部件一定不装到系统中，否则会增加系统失效概率。

507. 在节约成本的情况下，提高液压系统内各元件或部件的可靠度。

508. 对不太可靠的元件或部件，可以使用并联冗余结构，以提高液压系统的可靠度。

509. 使用等待冗余结构，当某元件或部件发生失效时，快速将之切换到备用元件或部件上。

510. 进行预防性维修时，在达到原设计所确定的元件或部件的使用时间后，该元件或部件不论是否失效，均须更换新的元件或部件。

511. 液压系统在费用约束条件下，使各种结构的液压系统可靠性最大。

512. 在满足液压系统可靠性的最低限度要求下，使任何特定的费用最少。

513. 在特定费用要求条件下，尽可能减少液压系统结构组成和重量。

514. 在设计液压系统时，尽可能减少液压系统的复杂性。

515. 液压系统可靠性优化设计中，对高可靠性和高安全性、低费用、小体积、重量轻均全面考虑，按不同液压系统的要求，确定目标函数和约束条件，尽可能使液压系统达到最优。

液压元件可靠性评估方法简述

可靠度是液压设备十分重要的指标，如何获取该指标，首先是在可靠性设计中确定固有可靠度，但在设计、加工、装配中不可避免会出现一些误差，为了较准确地了解产品的可靠性，最终需要对产品可靠性进行评估，即通过进行可靠性试验和算法找到失效分布和阈值水平[49]。本章以电磁换向阀为例，阐述其可靠性评估方法。本方法可提供给其他液压元件或系统进行可靠性评估参考。

13.1 引言

现以电磁换向阀为例，并以不可修复产品的首次失效的可靠性进行评估。评估方法也适用于滑阀结构类型的电磁换向阀产品，还适用于各种滑阀类型的其他同类电磁换向阀产品。在液压系统中，这类产品用来通、断控制液流方向。

13.2 术语和定义

（1）电磁换向阀

用电磁铁驱动的滑阀芯在阀体中移动来改变液流的方向和通断功能的阀。

注：通常认为电磁换向阀是不可修复产品。

（2）可靠性

产品在给定的条件下和给定的时间区间内能完成要求的功能的能力。

注：这种能力若以概率表示，即称可靠度。

（3）失效

阀完成规定功能能力的中断。

注1：失效后，阀处于故障状态；

注2：失效与故障的区别在于，失效是一次事件，而故障是一种状态；

注3：阀作为不可修复产品，第一次出现功能中断的故障为失效。

（4）危险失效

导致液压系统处于潜在危险状态的功能失效。

注：例如，阀的换向功能丧失（不能复位或卡阻）所引起危险状态的失效模式。

（5）B_{10}寿命

在规定运行条件下，预期有10%的阀将发生失效时的平均寿命。

注：表示阀可靠度为90%时的寿命。

（6）平均失效前时间MTTF

阀从投入运行到失效时的平均工作时间，也是阀寿命的平均值。

（7）B_{10d}寿命

在规定运行条件下，预期有10%的阀将发生危险失效的平均寿命。

若无危险失效的试验数据，依据 EN ISO 13849-1：2006 允许假设：$B_{10d}=2B_{10}$。

（8）平均危险失效前时间 $MTTF_d$

阀从投入运行到发生危险失效时的平均工作时间

（9）阈值

用于与阀的试验数据进行比较的性能参数指标值（如泄漏量、压力、流量、电流及电压等）。

阈值是性能比较的关键参数，阈值可参照 JB/T 10365—2014 规定，也可根据使用要求由可靠性专家或用户给出，但达到阈值不一定表明阀失效，因为阈值是一种基本要求的指标。

（10）置信度

样本总体参数值落在样本统计值某一区间内的概率。是其合理性的量度。置信度又称置信水平并与置信区间有关，在规定的置信度下，置信区间表示了样本统计值与总体参数值之间误差范围。如只考虑误差的下限范围，即为单侧置信区间[50]。

13.3 失效判据

（1）概述

如果可靠性试验中被试阀的作用力丧失、换向动作中断或发生异常外泄漏油液或电磁铁烧坏等，现象即为失效。如果达到下面（2）、（3）规定的任何一项阈值或失效标准，则该被试阀仍被认作失效。

（2）功能性失效

如果发生性能检测中规定的任何一项功能故障，则该被试阀被认为失效。

（3）由性能值超过阈值造成的失效

若被试阀符合 JB/T 10365—2014 标准规定的应用范围，则被试阀失效前的性能不应超过以该标准的出厂指标为依据所规定的阈值（见表 13-1）。如果被试阀不符合该标准规定的应用范围，则不应超过制造商规定值或者由可靠性专家规定的阈值。

表 13-1 可靠性试验中所测性能值的规定阈值

阀类型	失效状态	所测性能值	规定阈值
电磁换向阀（滑阀芯结构式）	内泄漏增加值	内泄漏	2 倍出厂产品性能指标
	压力损失增加值	压力损失	0.8~1.5 倍出厂产品性能指标
	延长开、关动作时间	开、关动作时间	2 倍出厂产品性能指标
	作用力减小	作用力	0.5 倍出厂产品的作用力

注：作用力指电磁铁推力和弹簧力，作用力的减小可以通过正常产品出厂试验进行比较。

13.4 可靠性特征量

（1）依据 ISO19973-1：2007 标准规定，可靠性特征量包括[51]：

1）特征寿命；

2）威布尔斜率；

3）平均失效前时间 $MTTF_d$；

4）B_{10}寿命的中位值；

5）B_{10}寿命的95%单侧置信限值。

（2）依据 EN ISO 13849-1：2006 标准规定，安全可靠性特征量包括：

1）B_{10d}寿命；

2）平均危险失效前时间 $MTTF_d$。

13.5　试验装置

（1）试验台

试验台在规定的测试环境中能可靠地运行，其结构性能不应影响被试阀的运行状况和测试结果。

（2）试验回路

试验回路如图 13-1 所示。所表示的加载元件和回路不能适用于所有中位机能的被试阀。各种中位机能阀的加载元件及回路布置需根据不同型号被试阀的油口数量、工作位置及复位形式进行具体设计。

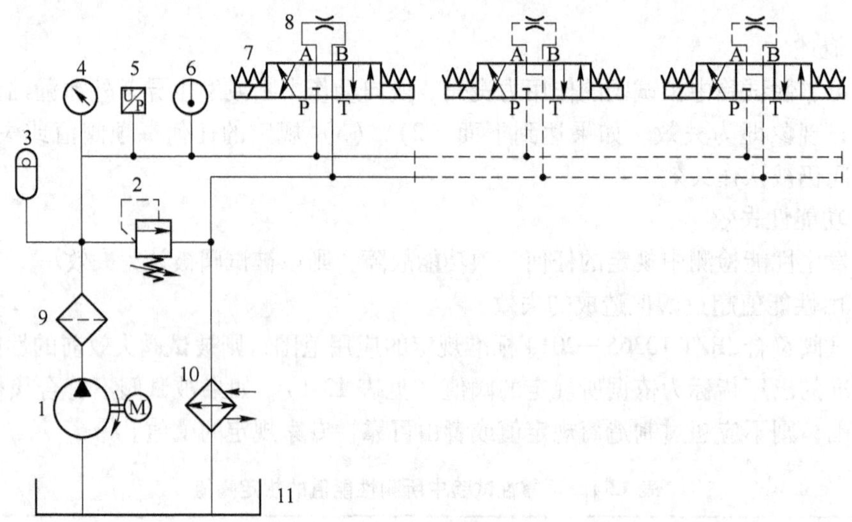

图 13-1　试验回路

1—油源；2—溢流阀；3—蓄能器；4—压力表；5—压力传感器；6—温度计；7—被试阀；8—加载节流元件（模拟负载用）；9—过滤器；10—冷却器；11—油箱

安全提示：试验过程应充分考虑人员和设备的安全。

图 13-1 所示的试验回路是完成试验所需的最简单要求，没有包含为防止任何元件失效出现意外损害所需的安全装置。采用图 13-1 所示回路试验时，应按下列要求实施[52]：

1）油源应能保证试验压力和试验流量在整个测试过程持续不变或符合规定要求；

2）与被试阀连接的试验装置的管道和管接头的内径，应保持与被试阀的通径一致；

3）允许增加为保证测试回路可靠性的措施，如增加过滤器、流量计、温度调节装置或备用油源等；

4）只要能保持被试阀稳态测试过程相互不干扰，允许多个被试阀在同一回路上连续交替测试，以提高效率；

5）测试时，回路中的非测试元件如发生失效时可更换，更换导致的设备维修时间应尽量短，最长停留时间不宜超过5天（120小时），并应对失效、维修情况做记录。

6）可以设计符合要求的各种可靠性试验回路也可参考附录A。

（3）测量点

压力、温度测量点位置应安装在被试阀进口处。对测量点的要求可参照JB/T 10365—2014标准规定执行。

13.6 试验条件

13.6.1 通用试验条件

通用试验应符合表13-2中所给出的通用试验条件。

表13-2 通用试验条件

参变量	条　件
工作介质	矿物液压油，符合GB/T 7631.2—2003的L-HL或其他适于阀工作的流体（验证试验中采用VG46或VG32液压油）
环境温度	15～35℃
油液温度范围	10～60℃，油液温度在被试阀进口处测量
油液清洁度	固体颗粒污染应按GB/T 14039—2002标准规定的代号 –/19/16
流体黏度	阀进口处为42～74cSt，黏度等级符合GB/T 3141—1994标准规定的VG32或VG46
试验压力	被试阀进口压力不低于额定压力。测试压力允许波动范围±2.5%
电磁铁电压	额定电压。直流电磁铁为24V，交流电磁铁为220V。电压允许波动范围±10%

13.6.2 试验流量

可靠性试验的流量应符合其典型工况。规定被试阀的试验流量选择范围如表13-3所示。

表13-3 试验流量范围

阀类型	通径规格	每一个阀口的流量/$L \cdot min^{-1}$
电磁换向阀（滑阀芯结构式）	6	(10～20)±20%
	10	(30～40)±20%

注：试验流量在测试过程中允许有一定变化范围，这包括因泵容积效率、油温变化等引起的流量变化。

13.6.3 换向要求

换向应满足以下要求：

（1）被试阀电磁铁的通、断电频率应与其动作停留时间交替变化形式连续进行。即电磁铁通、断电一次后，应保持一定停留时间，然后再继续通、断电动作。

（2）电磁铁通、断电一次的时间范围 0.5～2s（即电磁铁频率 20～30 次/min），每一次停顿的间隔时间 4～30s（电磁铁动作通、断电一次后的停留时间）；

（3）记录连续换向动作的电压与时间的波形曲线、进口压力与时间关系曲线及换向次数；

（4）在连续换向动作过程中，应记录被试阀的换向和复位（对中）情况是否正常，所发生的延长开、关动作时间不得超过表 13-1 规定值。

13.6.4 原始性能记录

在进行后续试验之前，被试阀是依据 JB/T 10365—2014 标准规定，经出厂检验合格的产品，应保留出厂试验性能记录，并在产品上贴上合格标牌。

13.7 可靠性试验

13.7.1 概述

按照试验目的的不同，试验分两类：可靠性测定试验与可靠性验证试验。

（1）可靠性测定试验是对可靠性未知的产品进行寿命测试，以确定产品的寿命分布和可靠性特征量；

（2）可靠性验证试验是已知产品的可靠性特征量，对新生产的同类型产品进行寿命测试，以验证新生产的或批量重复生产的产品的可靠性特征量进行试验，验证其是否达标。

在两类可靠性的试验中，寿命采用被试阀规定试验条件下的累计换向动作次数来表示。

相比于可靠性测定试验，可靠性验证试验可有效降低试验时间或样本数。

应从批量产品或成品的库存产品中，随机抽取经出厂检验合格的产品作为被试样本。

13.7.2 可靠性寿命目标

用被试阀的换向次数表达产品预期可靠性目标的计量单位（见表 13-4）。按 B_{10}寿命的 95%单侧置信限值表达可靠性目标。

表 13-4 可靠性寿命目标值

阀类型	通径规格	B_{10}寿命（阀换向动作次数）	单侧置信度
电磁换向阀	6	1×10^7	95%
	10	1×10^7	95%

13.7.3 可靠性测试流程

13.7.3.1 步骤

可靠性测试按以下步骤进行：

（1）依据 13.3（1）～（3）确定被试阀的失效判据，依据 13.7.3.2 确定抽样数，依据 10.7.3.3 确定寿命测试终止条件；

（2）依据 13.5（1）～（3）的要求确定试验装置，依据 13.6.1～13.6.3 确定试验条件；

(3) 依据 13.6.4 进行寿命测试，记录被试阀的累计换向动作次数；

(4) 在寿命测试的开始、中间以及接近完毕的整个过程中，应周期性地依据 13.8 (1)~(4) 对被试阀进行性能检测，以确定被试阀是否失效；

(5) 记录试验数据，包括失效样本、换向动作次数、失效模式等，具体可参考 13.10.2 附录 B 或自行制定表格；

(6) 若达到 13.7.3.3 规定的试验终止条件，寿命测试结束；

(7) 依据 13.7.3.3 (4) 及 13.10.3 附录 C 估算 MTTF 和 B_{10}；依据 13.10.4 附录 D 估算 B_{10d} 和 $MTTF_d$；

(8) 依据 13.9.1 完成试验报告。

13.7.3.2 样本数

可靠性测试对样本数要求如下：

(1) 被试电磁换向阀的样本数至少为 7 台；

(2) 抽样的数本应为同一种型号产品的数量。无需对同一种规格系列产品的所有型号抽样，但是应保证抽样产品中包含的关键运行状态信息满足基本性能要求。

13.7.3.3 试验终止准则

(1) 首次失效。当被试阀的测试样本数中的首次失效数达到 13.7.3.3 (2) 规定的最小失效数时，可靠性测定试验应终止。

(2) 最小失效数。不同的样本数对应的最小失效数不同，如表 13-5 所示。

表 13-5 估计特征寿命所需的最小失效数

样本数	7	8	9	10	>10
最小失效数	5	6	7	7	占样本数的 70%

注：1. 如果样本数为 11，则失效数至少为 7。

2. 依据 IEC 61649：2008 标准规定，理想情况下，失效数至少要达到 10 个；失效数偏少，会导致 B_{10} 寿命的单侧置信限值偏小，置信区间偏大。

(3) 中途检查。从被试阀试验开始至失效或试验结束前，检查功能状态。检查过程中不得进行拆卸、加固、清洗等维修。在检查期间，允许对安装面或安装螺纹口的密封件因拆卸原因造成的破损进行更换。

当被试阀达到规定的最小失效数后，认为试验已结束，可对其主要零件进行拆卸检查，并进行详细记录。

(4) 截尾及计算可靠性特征值。当被试阀达到表 13-5 中规定的最小失效数，而剩余样本未发生失效，则剩余样本的试验观测被截尾，即试验可终止。

基于试验数据，可依据 ISO/TR 19972-1：2009 标准的附录 B，计算得到可靠性特征值；同时，根据标准的附录 D，计算得到安全可靠性特征值。

13.7.4 可靠性验证流程

13.7.4.1 步骤

可靠性验证按以下步骤进行：

(1) 确认被试阀已有的可靠性指标，可靠性寿命（如 B_{10}）、置信度、威布尔斜率等；

（2）依据 13. 3（1）~（3）确定被试阀的失效判据；依据 13. 7. 3. 2 确定抽样数；依据 13. 7. 4. 3 确定寿命测试终止条件；

（3）依据 13. 5（1）~（3）的要求确定试验装置；依据 13. 6. 1~13. 6. 3 的要求确定试验条件；

（4）依据 13. 6. 4 进行寿命测试，记录被试阀的累计换向动作次数；

（5）在寿命测试的开始、中间以及接近完毕的整个过程中，应周期性地依据 13. 8（1）~（4）对被试阀进行性能检测，以确定被试阀是否失效；记录试验数据，可参考 13. 10. 2 附录 B；

（6）若达到 13. 7. 4. 2 和 13. 7. 4. 3 规定的试验终止条件，寿命测试结束；

（7）依据 13. 7. 4. 4 的判定规则，判断该批产品的可靠性是否达标；

（8）依据 13. 9. 2，完成并提交试验报告。

13. 7. 4. 2　抽样数和试验结尾时间

根据 13. 7. 2 规定寿命目标（见表 13-4），参照 13. 10. 5 附录 E，确定样本数和相应的试验截尾时间（即换向动作次数）。

13. 7. 4. 3　试验终止准则

（1）结尾时间或首次失效，在可靠性验证试验过程中，应记录被试阀的换向动作次数，直至截尾时间或至首次失效出现为止，可靠性验证试验则终止。

（2）中途检查。从被试阀试验开始至失效或结束试验前，检查功能状态。检查过程中不得进行拆卸、加固、清洗等维修。在检查期间，允许对安装面或安装螺纹口的密封件因拆卸原因造成的破损进行更换。

当被试阀达到规定的换向动作次数目标或发生首次失效后，可对其主要零件进行拆卸检查。

（3）判定规则。当试验终止时，若未出现失效，则认为该批产品可靠性指标达标；若出现失效，则认为该批产品可靠性指标不达标。

13. 8　性能检测

（1）概述

依据 JB/T 10365—2014 标准规定的出厂试验方法和要求，在可靠性试验的开始、中间以及接近完毕的整个过程中，应周期性地进行被试阀性能检测，如换向性能、压力损失、内泄漏量检测、功能性检查。

周期性检测的目的是为确认被试阀动作状态和性能是否超出阈值，或是否失效。

周期性检测的间隔时间用天（或小时）作为计量单位。若发现被试阀性能出现异常征兆，应注意适当缩短检测周期。每个样本的周期性检测占用时间不应超过 3 天（72 小时）。

（2）换向动作

对被试阀进行换向试验，停留一定时间再次试验，以确认换向动作是否处于正常状态。

（3）压力损失

使被试阀的试验流量为其出厂试验中的最大流量或元件的额定流量，测量各点的压力并计算压力损失是否变化。

（4）内泄漏量

在额定压力下，按照被试阀的滑阀机能和结构，从各油口测量阀芯在不同位置时的内泄漏量。

内泄漏量的周期性检测步骤为：

1）在可靠性试验之前，应对被试验阀进行内泄漏量检测，记录内泄漏量值；

2）若出现内泄漏量接近阈值（见表 13-1），应适当缩短检测周期。

（5）功能监测

凭听觉、视觉和触觉，以及测试仪器，对处于连续动作状态下的寿命试验样本进行监测，以确定被试阀是否正常工作。观察是否发生换向故障、阀芯卡阻或换向时间延长现象；或发生压力异常现象；或零件松脱、断裂现象；或出现异常外漏油现象；或出现电磁铁过度发热现象，以及电流或电压异常现象等失效和故障。应对各种异常现象做记录。

（6）检查对比

在额定工况下，在被试阀达到规定的换向动作次数后，其阈值不应超过表 13-1 规定的值。

寿命测试终止后，对被试阀的零件解体检测，不应有异常磨损和其他形式的损坏，电磁铁推力和弹簧力不应超过表 13-1 规定值，并对检测结果做详细记录。

13.9 试验报告

依据可靠性试验的不同目的，试验报告分为可靠性测定试验报告和验证试验报告。

13.9.1 可靠性测定试验报告

可靠性测定试验报告包括以下主要内容：

（1）可靠性试验目的；

（2）依照的标准信息；

（3）试验报告日期；

（4）产品描述，包括厂商、名称、型号、序列号、生产日期、出厂时间等，样本数；

（5）试验条件，包括压力、流量、油液温度、油液牌号、油液清洁度、油液黏度、换向频率、性能检测周期、负载及环境温度等；

（6）性能阈值；

（7）试验中的样本失效数，失效模式；

（8）B_{10}的中位值、B_{10}的 95%单侧置信限值，MTTF；

（9）B_{10d}，$MTTF_d$；

（10）特征寿命 η，威布尔斜率 β；

（11）计算威布尔分布参数的统计方法，如极大似然估计、秩回归等；

（12）试验人员姓名；

（13）试验单位名称并盖章。

13.9.2 可靠性验证试验报告

可靠性验证试验报告包括以下主要内容：

（1）可靠性试验目的；

（2）依照的标准信息；

（3）试验报告日期；

（4）产品描述，包括厂商、名称、型号、序列号、生产日期、出厂时间等；

（5）样本数；

（6）试验条件，包括压力、流量、油液温度、油液牌号、油液清洁度、油液黏度、换向频率、性能检测周期、负载及环境温度等；

（7）性能阈值；

（8）试验中的产品失效数，产品失效模式；

（9）可靠度寿命及其单侧置信度；

（10）威布尔斜率 β；

（11）试验结论；

（12）试验人员姓名；

（13）试验单位名称并盖章。

13.10　附录

13.10.1　附录 A　试验回路

三位四通电磁换向阀可靠性试验回路原理如图 13-2 所示。

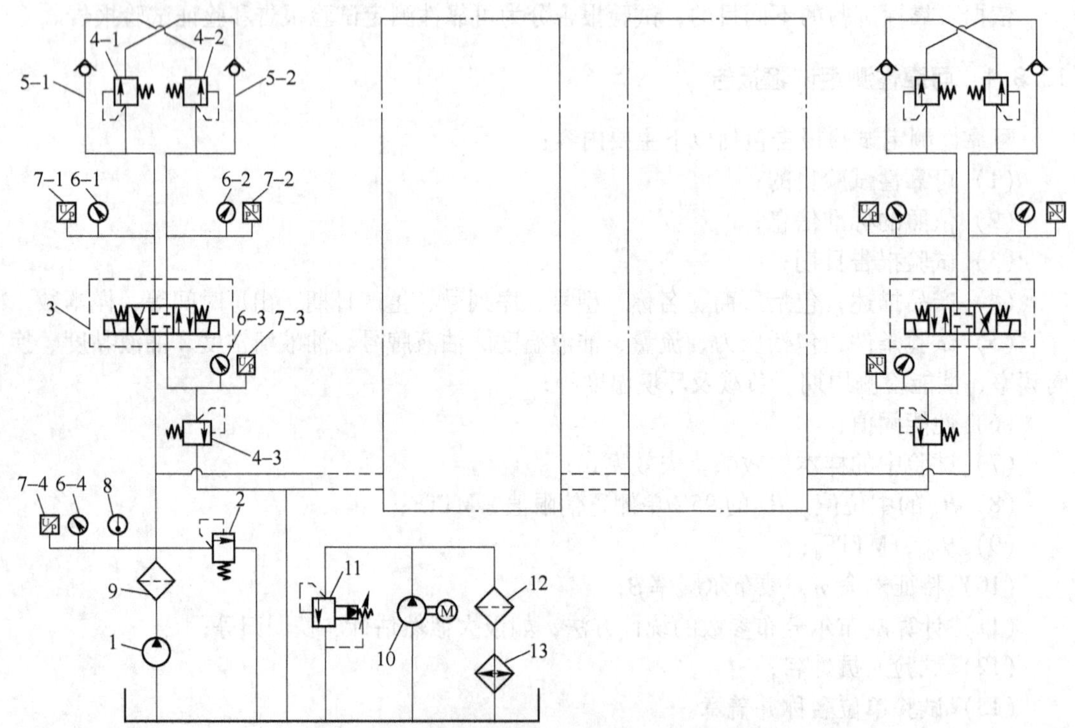

图 13-2　三位四通电磁换向阀可靠性试验回路原理

13.10.2　附录 B　可靠性试验记录试验样表

可靠性试验记录试验样表见下表。

电磁换向阀可靠性试验记录样表

试验单位					编号/样本数					操作人				
制造厂商					样本批次					产品型号/机能				
			性能周期检测							试验条件监测				其他记录
			内泄漏量（mL/min）	压力损失（MPa）		响应时间（ms）				油温（℃）	清洁度	入口压力	流量（L/min）	
				P-A	P-B	换向时间	换向滞后	复位时间	复位滞后					
阈值														
序号	日期	累计换向次数												
1														
2														
3														
4														
5														
6														
7														
8														
9														
10														
11														
12														
…														
…														

注：1. 监测试验条件目的是为了保证试验条件在规定的范围内。

2. 其他记录，包括与寿命试验过程相关的情况记录，包括非被试件的失效、更换记录、试验中止情况和观测情况等。

3. 该表仅供参考，试验记录表格的具体格式可能会因试验单位有差别，也可自行制定。

13.10.3 附录C 可靠性度量指标

C.1 MTTF计算

平均失效前时间 MTTF 是可靠性的重要度量值之一，其计算公式为：

$$\text{MTTF} = \eta \cdot \Gamma\left(1 + \frac{1}{\beta}\right) + t_0 \qquad (\text{C-1})$$

式中，η 为特征寿命；β 为威布尔斜率；Γ 为伽马分布函数，定义可参考 GB/T 3358.1—2009 标准；t_0 为位置参数，表示服从威布尔分布的寿命可以取到的极小值，对于两参数威布尔分布，$t_0=0$。

C.2　B_{10}计算

B_{10}寿命是可靠性的重要度量值之一，其计算公式为：

$$B_{10} = \exp\left\{\frac{1}{\beta}\ln\left[\ln\left(\frac{1}{0.9}\right)\right] + \ln\eta\right\} + t_0 \tag{C-2}$$

式中，0.9 为可靠度。

C.3　置信度等概率补充说明

C.3.1　区间估计

区间估计是由一个上限统计量和对应下限统计量所界定的区间。

C.3.2　置信区间

可靠度寿命 T 的区间估计（T_0，T_1），其中，作为区间限的统计量 T_0，T_1，满足 $P(T_0 < T < T_1) \geqslant 1-a$。

置信水平 $1-a$ 反映了同一条件下大量重复随机抽样中，置信区间包含参数真值的比例。置信水平通常取 95%或 99%。

C.3.3　单侧置信区间

单侧置信区间指的是其中一个端点固定为+∞、-∞或某个自然确定边界的置信区间。

单侧置信区间出现在只对一个方向感兴趣的情形。比如，对于可靠度寿命估计，关心的是寿命的置信下限，因此，寿命估计是只有一个置信下限的单侧置信区间。

13.10.4　附录 D　安全性能指标

D.1　B_{10d}计算

依据 EN ISO 13849-1：2006 标准规定，当不进行危险失效的试验时，可假设：

$$B_{10d} = 2 \times B_{10} \tag{D-1}$$

D.2　$MTTF_d$ 计算

D.2.1　参考值

如果能够满足以下要求，则单个阀的 $MTTF_d$ 的估计值为 150 年：

（1）阀是依据 GB/T 16855.2—2007 标准中的基本要求和经验值的原则。

注：该信息应能在制造商的基本数据表中查找到。

（2）阀制造商为产品规定适当的应用和工作条件，负责提供阀安全应用信息。

注：如果不能达到（1）或（2）的要求，制造商应给出单个阀的 $MTTF_d$ 值。

D.2.2　估计值

依据 EN ISO 13849-1：2006 标准规定，可根据式（D-2），由 B_{10d}推算 $MTTF_d$：

$$MTTF_d = \frac{B_{10d}}{0.1 \times n_{op}} \tag{D-2}$$

式中，$MTTF_d$ 为平均危险失效前时间，年；n_{op} 为年平均换向动作次数，n_{op} 直接影响 $MTTF_d$ 的取值。

13.10.5 附录 E 可靠性试验验证案例

E.1 目标

对产品进行可靠性验证试验。已知批量生产的电磁换向阀可靠性特征值，以确定产品在一定可靠性水平和单侧置信度下的最短寿命。此类试验的目的不是获得产品的失效概率分布，主要是为验证产品的最短寿命大于或等于指标值。

E.2 假设条件

批量生产的电磁换向阀的失效率分布为威布尔分布，且已知威布尔斜率、可靠性寿命的单侧置信限值。该试验的目的是为验证被试阀是否可达到已知的可靠性寿命。

E.3 符号说明

表 E-1 符号说明表

符　号	说　明
t	未发生失效的试验持续时间
t_p	给定可靠性寿命的单侧置信限值
N	测试样本数量
β	威布尔分布的形状参数(或斜率)
B_i	当 $i\%$ 的样本失效时的期望寿命
$R(t_p)$，即 $1-p$	给定的可靠性值
p	样本失效概率
T_d	给定的单侧置信度

E.4 计算

E.4.1 依据 ISO 19973-1：2007 标准附录 C，得出试验时间 t 与可靠性寿命、样本数，威布尔斜率之间关系式：

$$t = t_p\left(\frac{A}{n}\right)^{\frac{1}{\beta}} \tag{E-1}$$

式中

$$A = \frac{\ln(1 - T_d)}{\ln R(t_p)} \tag{E-2}$$

E.4.2 按照式（E-2），可用图 E-1 来表示 A 的取值。

E.4.3 示例。若有一种电磁换向阀的 B_{10} 寿命的 95% 单侧置信限为 107 次，且失效率服从威布尔分布，斜率为 2，如果采用 10 个同类型电磁换向阀进行可靠性验证，至少要测试多长时间？

采用式（E-1）和式（E-2），得出测试时间至少为：

$$t = t_p\left(\frac{A}{N}\right)^{\frac{1}{\beta}} = 10^7 \times \left(\frac{28.43}{10}\right)^{\frac{1}{2}} = 1.69 \times 10^7 \text{ 次}$$

即在 $t=1.69\times10^7$ 次的试验时间内（定时截尾），若 10 个样本均未发生失效，则可认为该批次电磁换向阀的可靠性达标。

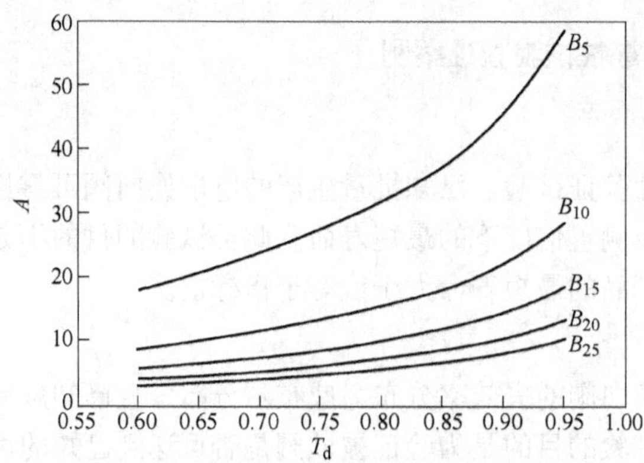

图 E-1　A 与置信度、可靠度寿命的关系图

E.5　应用

E.5.1　假设已知一种电磁换向阀的 B_{10} 寿命的 95%单侧置信限值，令 L 为测试时间比，即

$$\frac{t}{t_p} = \left(\frac{A}{n}\right)^{\frac{1}{\beta}} = L \tag{E-3}$$

式中，A=28.43。

E.5.2　可根据式（E-3），由试验样本数 n 和威布尔斜率 β 确定测试时间比 L，关系如表 E-2 所示。

表 E-2　可靠性验证试验测试时间比与样本数、威布尔斜率关系表

试验样本数 N	测试时间比 L			
	威布尔斜率 β			
	1.0	1.5	2.0	3.0
2	14.22	5.87	3.77	2.42
3	9.48	4.48	3.08	2.12
4	7.11	3.70	2.67	1.92
5	5.69	3.19	2.38	1.78
6	4.74	2.82	2.18	1.68
7	4.06	2.55	2.02	1.60
8	3.55	2.33	1.89	1.53
9	3.16	2.15	1.78	1.47
10	2.84	2.01	1.69	1.42

E.5.3　示例。

若有一种电磁换向阀的 B_{10} 寿命的 95%单侧置信限值为 10^7 次，且失效率服从威布尔分布，威布尔斜率为 2，如果采用 7 个同类型电磁换向阀进行可靠性验证，至少要测试多长时间？

通过表 E-2 可查得 L=2.02，则

$$t = t_p L = 10^7 \times 2.02 = 2.02 \times 10^7 \text{ 次}$$

即试验截尾次数为 2.02×10^7 次（定时截尾）。若试验过程中被试阀无失效，则可认为该批次电磁换向阀可靠性达标；若在试验过程中被试阀出现失效，则可认为该批次电磁换向阀可靠性不达标。

参考文献

[1] 湛从昌，傅连东，陈新元．液压可靠性与故障诊断［M］．北京：冶金工业出版社，2009.

[2] 湛从昌，陈新元．液压可靠性最优化与智能故障诊断［M］．北京：冶金工业出版社，2015.

[3] Lange T，Freiberg A，Dröge P，et al. The reliability of physical examination tests for the diagnosis of anterior cruciate ligament rupture-A systematic review［J］. Manual Therapy，2015，20（3）：402-411.

[4] 谢里阳．机械可靠性基本理论与方法（第2版）［M］．北京：科学出版社，2012.

[5] 曾声奎．可靠性设计分析基础［M］．北京：北京航空航天大学出版社，2015.

[6] 刘混举，赵河明，王春燕．机械可靠性设计［M］．北京：科学出版社，2012.

[7] 赵冬梅，郑万年．液压气动图形符号及其识别［M］．北京：化学工业出版社，2009.

[8] 赵静一，姚成玉．液压系统可靠性工程［M］．北京：机械工业出版社，2011.

[9] 戴正阳．液压管路系统可靠性设计与研究［J］．液压气动与密封，2017，37（1）：42-45.

[10] 王钢．机械液压系统的可靠性设计探究［J］．设备管理与维修，2017（15）：28-30.

[11] 董建荣，张欣．液压支架掩护梁可靠性优化设计方法研究［J］．中国矿业，2017（6）：161-165.

[12] 杨阳，邹佳航，秦大同，等．采煤机高可靠性机电液短程截割传动系统［J］．机械工程学报，2016，52（4）：111-119.

[13] Mohammad Javad Rahimdel，Mohammad Ataei，Reza Khalokakaei，Seyed Hadi Hoseinie. Reliability-based maintenance scheduling of hydraulic system of rotary drilling machines［J］. International Journal of Mining Science and Technology，2013，23（5）.

[14] 陈东宁，姚成玉，赵静一，等．液压气动系统可靠性与维修性工程［M］．北京：化学工业出版社，2014.

[15] Zhang Tianxiao，Liu Xinhui. Reliability Design for Impact Vibration of Hydraulic Pressure Pipeline Systems［J］. Chinese Journal of Mechanical Engineering，2013，26（5）：1050-1055.

[16] Jun Li，Chaokui Qin，MingQing Yan，Jiuchen Ma，Jianjun Yu. Hydraulic reliability analysis of an urban loop high-pressure gas network［J］. Journal of Natural Gas Science and Engineering，2016，28.

[17] 廖敏辉，柴光远．蒙特卡洛模拟法在液压系统可靠性设计中的应用［J］．机床与液压，2013，41（11）：194-196.

[18] Dev Raheja，Louis J. Gullo. 可靠性设计［M］．北京：国防工业出版社，2015.

[19] 郭研，王海兰，陶新良．工程机械液压系统可靠性设计分析［J］．起重运输机械，2006（4）：49-51.

[20] 王庆．防爆混凝土搅拌车液压驱动系统的设计［J］．煤矿机械，2017（9）：5-6.

[21] 王海芳，戴亚威，汪澄，等．推钢机液压系统的设计与可靠性分析［J］．机床与液压，2016（13）：178-179，190.

[22] 熊绍钧．三峡工程液压启闭机的可靠性设计［J］．液压与气动，2007（7）：31-34.

[23] Chien W T K，Yang S F. A New Method to Determine the Reliability Comparability for Products，Components，and Systems in Reliability Testing［J］. IEEE Transactions on Reliability，2007，56（1）：69-76.

[24] 川崎羲人．可靠性设计［M］．北京：机械工业出版社，1988.

[25] Yao Chengyu，Zhao Jingyi. Reliability-based Design and Analysis on Hydraulic System for Synthetic Rubber Press［J］. Chinese Journal of Mechanical Engineering，2005（2）：159-162.

[26] 曾声奎．可靠性设计与分析［M］．北京：国防工业出版社，2011.

[27] Babuska I，Nobile F，Tempone R. Reliability of computational science［J］. Numerical Methods for Partial Differential Equations，2007，23（4）：753-784.

[28] 蒋仁言，左明健．可靠性模型与应用［M］．北京：机械工业出版社，1999.

[29] 谢少锋，张增照，聂国健．可靠性设计［M］．北京：电子工业出版社，2015.

[30] 宋保维．系统可靠性设计与分析［M］．西安：西北工业大学出版社，2013.

[31] Chengyu Yao，Bin Wang，Dongning Chen. Reliability Optimization of Multi-state Hydraulic System Based on T-S Fault Tree and Extended PSO Algorithm［J］. IFAC Proceedings Volumes，2013，46（5）.

[32] 何国伟．可靠性设计［M］．北京：机械工业出版社，1993.

[33] 董玉革．机械模糊可靠性设计［M］．北京：机械工业出版社，2000.

[34] 陈东宁，姚成玉．基于模糊贝叶斯网络的多态系统可靠性分析及在液压系统中的应用［J］．机械工程学报，2012，48（16）：175-183.

[35] Qiu Z，Yang D，Elishakoff I. Probabilistic interval reliability of structural systems［J］. International Journal of Solids & Structures，2008，45（10）：2850-2860.

[36] 刘雅俊．冶金加热炉液压机机械可靠性研究与工程应用［M］．北京：科学出版社，2017.

[37] Mathews H K，Kammer L C. Reliability-Driven Sensor Selection via Observability Indices［C］. American Control Conference. IEEE，2007：3715-3720.

[38] Jaybhaye M D. Reliability Analysis of Some Machine Tool Elements［J］. Journal of the Institution of Engineers Part Pr Production Engineering Division，2006，87：7-10.

[39] Soto E，Marcos J，Villagrasa S，et al. Reliability analysis of aged components［C］. Reliability and Maintainability Symposium，2006. Rams'06. IEEE，2006：396-401.

[40] Togan Vedat，Daloglu Ayse. Reliability and reliability-based design optimization［J］. Turkish Journal of Engineering & Environmental Sciences，2006，30（4）：237-249.

[41] Puatatsananon W，Saouma V E. Reliability analysis in fracture mechanics using the first-order reliability method and Monte Carlo simulation［J］. Fatigue & Fracture of Engineering Materials & Structures，2006，29（11）：959-975.

[42] A Naikan V N A，Kapur S. Reliability modelling and analysis of automobile engine oil［J］. Proceedings of the Institution of Mechanical Engineers Part D Journal of Automobile Engineering，2006，220（2）：187-194.

[43] 陈东宁，姚成玉，党振．基于T-S模糊故障树和贝叶斯网络的多态液压系统可靠性分析［J］．中国机械工程，2013，24（7）：899-905.

[44] Dongning Chen，Chengyu Yao，Zhongkui Feng. Reliability Prediction Method of Hydraulic System by Fuzzy Theory［J］. IFAC Proceedings Volumes，2013，46（5）.

[45] 郭位．最优可靠性设计［M］．北京：科学出版社，2011.

[46] 郭进利，阎春宁．最优可靠性设计：基础与应用［M］．北京：科学出版社，2011.

[47] JOANNA SOSZYNSKA. SYSTEMS RELIABILITY ANALYSIS IN VARIABLE OPERATION CONDITIONS［J］. International Journal of Reliability Quality & Safety Engineering，2007，14（6）：617-634.

[48] 孙怀义．冗余设计技术与可靠性关系研究［J］．仪器仪表学报，2007，28（11）：2089-2092.

[49] 李良巧．可靠性工程师手册［M］．北京：中国人民大学出版社，2012.

[50] 段福斌，潘骏，陈文华，等．双筒式液压减振器阻尼力退化建模与可靠性评估［J］．机械工程学报，2017，53（24）：201-210.

[51] 陈东宁，李硕，姚成玉，等．液压软管总成可靠性试验及评估［J］．中国机械工程，2015，26（14）：1944-1952.

[52] 高强，刘小平，袁晓明，等．液压泵（马达）可靠性试验台设计与仿真［J］．液压与气动，2017（2）：86-91.